工程量清单计价造价员培训教程

安 装 工 程

（第二版）

工程造价员网　张国栋　主编

中国建筑工业出版社

图书在版编目（CIP）数据

安装工程/张国栋主编 . —2 版 . —北京：中国建筑工业
出版社，2016.7
工程量清单计价造价员培训教程
ISBN 978-7-112-19451-3

Ⅰ.①安… Ⅱ.①张… Ⅲ.①建筑安装工程-工程造
价-技术培训-教材 Ⅳ.①TU723.3

中国版本图书馆 CIP 数据核字(2016)第 106491 号

　　本书将住房和城乡建设部新颁《建设工程工程量清单计价规范》（GB 50500—2013）、《通用安
装工程工程量清单计算规范》（GB 50856—2013）与《全国统一安装工程预算定额》有效地结合起
来，以便帮助读者更好地掌握新规范，巩固旧知识。编写时力求深入浅出、通俗易懂，加强其实
用性，在阐述基础知识、基本原理的基础上，以应用为重点，做到理论联系实际，深入浅出地列
举了大量实例，突出了定额的应用、概（预）算编制及清单的使用等重点。本书系造价员培训教
材，可供工程造价、工程管理及高等专科学校、高等职业技术学校和中等专业技术学校建筑工程
专业、工业与民用建筑专业与土建类其他专业作教学用书，也可供建筑工程技术人员及从事有关
经济管理的工作人员参考。

＊　＊　＊

责任编辑：周世明
责任校对：李欣慰　刘　钰

工程量清单计价造价员培训教程
安　装　工　程
（第二版）
工程造价员网　张国栋　主编

＊

中国建筑工业出版社出版、发行（北京西郊百万庄）
各地新华书店、建筑书店经销
北京红光制版公司制版
北京市安泰印刷厂印刷

＊

开本：787×1092 毫米　1/16　印张：35¼　字数：856 千字
2016 年 9 月第二版　　2016 年 9 月第二次印刷
定价：**80.00** 元
ISBN 978-7-112-19451-3
(28713)

编 委 会

第 二 版 前 言

工程量清单计价造价员培训教程系列共有 6 本书，分别为工程量清单计价基本知识、建筑工程、装饰装修工程、安装工程、市政工程、园林绿化工程。第一版书于 2004 年出版面世，书中采用的规范为《建设工程工程量清单计价规范》（GB 50500—2003）和各专业对应的全国定额。在 2004～2014 年期间，住房和城乡建设部分别对清单规范进行了两次修订，即 2008 年和 2013 年各一次，目前最新的为 2013 版本。2013 版清单计价规范相对之前的规范做了很大的改动，将不同专业的计量规范采用不同的分册单独列出来，而且新的规范增加了原来规范上没有的诸如城市轨道等内容。

作者在第一版书籍面世之后始终没有停止对该系列书的修订，第二版是在第一版的基础上修订，第二版保留了第一版的优点，并对书中有缺陷的地方进行了补充，特别是在 2013 版清单计价规范颁布实施之后，作者更是投入了大量的时间和精力，从基本知识到实例解析，逐步深入，结合规范和定额逐一进行了修订。与第一版相比，第二版书中主要做的修订情况包括如下：

1. 首先将原书中的内容进行了系统的划分，使本书结构更清晰，层次更明了。

2. 更改了第一版书中原先遗留的问题，将多年来读者来信或邮件或电话反馈的问题进行汇总，并集中进行了处理。

3. 将书中比较老旧过时的一些专业名词、术语介绍、计算规则做了相应的改动。并增添了一些新规范上新增添的术语之类的介绍。

4. 将书中的清单计价规范涉及的内容更换为最新的 2013 版清单计价规范。

5. 将书中的实例计算过程对应地添加了注释解说，方便读者查阅和探究对计算过程中的数据来源分析。

6. 将实例中涉及的投标报价相关的表格填写更换为最新模式下的表格，以迎合当前造价行业的发展趋势。

完稿之后作者希望做第二版，为众多学者提供学习方便，同时也让刚入行的人员能通过这条捷径尽快掌握预算的要领并运用到实际当中。

本书在编写过程中，得到了许多同行的支持与帮助，在此表示感谢。由于编者水平有限和时间紧迫，书中难免有错误和不妥之处，望广大读者批评指正。如有疑问，请登录www. gczjy. com（工程造价员网）或 www. ysypx. com（预算员网）或 www. debzw. com（企业定额编制网）或 www. gclqd. com（工程量清单计价网），或发邮件至 zz6219@163. com 或 dlwhgs@tom. com 与编者联系。

目　录

第一部分

单位工程施工图工程量清单计价的编制

第一章　机械设备安装工程

一、机械设备安装工程制图

（一）图线

1. 图线的宽度 b，宜从下列线宽系列中选取：2.0、1.4、1.0、0.7、0.5、0.35、0.25、0.18（单位 mm）。

每个图样，应根据复杂程度与比例大小，先选定基本线宽 b，再选用表 1-1 中相应的线宽组。

线宽组（mm） 表 1-1

线宽比	线 宽 组					
b	2.0	1.4	1.0	0.7	0.5	0.35
$0.5b$	1.0	0.7	0.5	0.35	0.25	0.18
$0.25b$	0.5	0.35	0.25	0.18	—	

注：1. 需要微缩的图纸，不宜采用 0.18mm 及更细的线宽。
　　2. 同一张图纸内，各不同线宽中的细线，可统一采用较细的线宽组的细线。

2. 工程建设制图，应选用表 1-2 所示的图线。

图 线 表 1-2

名称		线 型	线宽	一般用途
实线	粗		b	主要可见轮廓线
	中		$0.5b$	可见轮廓线
	细		$0.25b$	可见轮廓线、图例线
虚线	粗		b	见各有关专业制图标准
	中		$0.5b$	不可见轮廓线
	细		$0.25b$	不可见轮廓线、图例线
单点长画线	粗		b	见各有关专业制图标准
	中		$0.5b$	见各有关专业制图标准
	细		$0.25b$	中心线、对称线等
双点长画线	粗		b	见各有关专业制图标准
	中		$0.5b$	见各有关专业制图标准
	细		$0.25b$	假想轮廓线、成型前原始轮廓线
折断线			$0.25b$	断开界线
波浪线			$0.25b$	断开界线

3. 同一张图纸内，相同比例的各图样，应选用相同的线宽组。

4. 图纸的图框和标题栏线，可采用表 1-3 的线宽。

图框线、标题栏线的宽度（mm） 表 1-3

幅面代号	图框线	标题栏外框线	标题栏分格线、会签栏线
A0、A1	1.4	0.7	0.35
A2、A3、A4	1.0	0.7	0.35

5. 相互平行的图线，其间隙不宜小于其中的粗线宽度，且不宜小于 0.7mm。

6. 虚线、单点长画线或双点长画线的线段长度和间隔，宜各自相等。

7. 单点长画线或双点长画线，当在较小图形中绘制有困难时，可用实线代替。

8. 单点长画线或双点长画线的两端，不应是点。点画线与点画线交接或点画线与其他图线交接时，应是线段交接。

9. 虚线与虚线交接或虚线与其他图线交接时，应是线段交接。虚线为实线的延长线时，不得与实线连接。

10. 图线不得与文字、数字或符号重叠、混淆，不可避免时，应首先保证文字等的清晰。

（二）字体

1. 图纸上所需书写的文字、数字或符号等，均应笔画清晰、字体端正、排列整齐；标点符号应清楚正确。

2. 文字的字高，应从如下系列中选用：3.5、5、7、10、14、20mm。

如需书写更大的字，其高度应按 $\sqrt{2}$ 的比值递增。

3. 图样及说明中的汉字，宜采用长仿宋体，宽度与高度的关系应符合表 1-4 的规定。大标题、图册封面、地形图等的汉字，也可书写成其他字体，但应易于辨认。

长仿宋体字高宽关系（mm） 表 1-4

字高	20	14	10	7	5	3.5
字宽	14	10	7	5	3.5	2.5

4. 汉字的简化字书写，必须符合国务院公布的《汉字简化方案》和有关规定。

5. 拉丁字母、阿拉伯数字与罗马数字的书写与排列，应符合表 1-5 的规定。

拉丁字母、阿拉伯数字与罗马数字书写规则 表 1-5

书写格式	一般字体	窄字体
大写字母高度	h	h
小写字母高度（上下均无延伸）	$7/10h$	$10/14h$
小写字母伸出的头部或尾部	$3/10h$	$4/14h$
笔画宽度	$1/10h$	$1/14h$
字母间距	$2/10h$	$2/14h$
上下行基准线最小间距	$14/10h$	$20/14h$
词间距	$4/10h$	$6/14h$

6. 拉丁字母、阿拉伯数字与罗马数字，如需写成斜体字，其斜度应是从字的底线逆时针向上倾斜 75°。斜体字的高度与宽度应与相应的直体字相等。

7. 拉丁字母、阿拉伯数字与罗马数字的字高，应不小于 3.5mm。

8. 数量的数值注写，应采用正体阿拉伯数字。各种计量单位凡前面有量值的，均应采用国家颁布的单位符号注写。单位符号应采用正体字母。

9. 分数、百分数和比例数的注写，应采用阿拉伯数字和数学符号，例如：四分之三、百分之二十五和一比二十应分别写成 3/4、25％和 1：20。

10. 当注写的数字小于 1 时，必须写出个位的"0"，小数点应采用圆点，齐基准线书写，例如 0.01。

11. 长仿宋汉字、拉丁字母、阿拉伯数字与罗马数字示例见《技术制图—字体》（GB/T 14691—93）。

（三）比例

1. 图样的比例，应为图形与实物相对应的线性尺寸之比。比例的大小，是指其比值的大小，如 1：50 大于 1：100。

2. 比例的符号为"："，比例应以阿拉伯数字表示，如 1：1、1：2、1：100 等。

平面图 1：100　⑥ 1：20

图 1-1　比例的注写

3. 比例宜注写在图名的右侧，字的基准线应取平；比例的字高宜比图名的字高小一号或二号（图 1-1）。

4. 绘图所用的比例，应根据图样的用途与被绘对象的复杂程度，从表 1-6 中选用，并优先用表中常用比例。

绘图所用的比例　　表 1-6

常用比例	1：1、1：2、1：5、1：10、1：20、1：50、1：100、1：150、1：200、1：500、1：1000、1：2000、1：5000、1：10000、1：20000、1：50000、1：100000、1：200000
可用比例	1：3、1：4、1：6、1：15、1：25、1：30、1：40、1：60、1：80、1：250、1：300、1：400、1：600

5. 一般情况下，一个图样应选用一种比例。根据专业制图需要，同一图样可选用两种比例。

6. 特殊情况下也可自选比例，这时除应注出绘图比例外，还必须在适当位置绘制出相应的比例尺。

（四）符号

1. 剖切符号

（1）剖视的剖切符号应符合下列规定：

1）剖视的剖切符号应由剖切位置线及投射方向线组成，均应以粗实线绘制。剖切位置线的长度宜为 6～

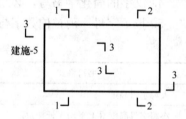

图 1-2　剖视的剖切符号

10mm；投射方向线应垂直于剖切位置线，长度应短于剖切位置线，宜为 4～6mm（图 1-2）。绘制时，剖视的剖切符号不应与其他图线相接触。

2）剖视剖切符号的编号宜采用阿拉伯数字，按顺序由左至右、由下至上连续编排，并应注写在剖视方向线的端部。

3）需要转折的剖切位置线，应在转角的外侧加注与该符号相同的编号。

4）建（构）筑物剖面图的剖切符号宜注在±0.00 标高的平面图上。

（2）断面的剖切符号应符合下列规定：

1）断面的剖切符号应只用剖切位置线表示，并应以粗实线绘制，长度宜为 6～10mm。

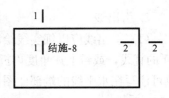

图 1-3 断面剖切符号

2）断面剖切符号的编号宜采用阿拉伯数字，按顺序连续编排，并应注写在剖切位置线的一侧；编号所在的一侧应为该断面的剖视方向（图 1-3）。

（3）剖面图或断面图，如与被剖切图样不在同一张图内，可在剖切位置线的另一侧注明其所在图纸的编号，也可以在图上集中说明。

2. 索引符号与详图符号

（1）图样中的某一局部或构件，如需另见详图，应以索引符号索引［图 1-4（a）］。索引符号是由直径为 10mm 的圆和水平直径组成，圆及水平直径均应以细实线绘制。索引符号应按下列规定编写：

1）索引出的详图，如与被索引的详图同在一张图纸内，应在索引符号的上半圆中用阿拉伯数字注明该详图的编号，并在下半圆中间画一段水平细实线［图 1-4（b）］。

2）索引出的详图，如与被索引的详图不在同一张图纸内，应在索引符号的下半圆中用阿拉伯数字注明该详图所在图纸的编号［图 1-4（c）］。数字较多时，可加文字标注。

3）索引出的详图，如采用标准图，应在索引符号水平直径的延长线上加注该标准图册的编号［图 1-4（d）］。

（2）索引符号如用于索引剖视详图，应在被剖切的部位绘制剖切位置线，并以引出线引出索引符号，引出线所在的一侧应为投射方向。索引符号的编写同上述规定（图 1-5）。

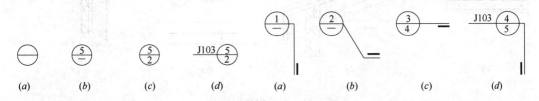

图 1-4　索引符号　　　　　　　图 1-5　用于索引剖面详图的索引符号

（3）零件、钢筋、杆件、设备等的编号，以直径为 4～6mm（同一图样应保持一致）的细实线圆表示，其编号应用阿拉伯数字按顺序编写（图 1-6）。

（4）详图的位置和编号，应以详图符号表示。详图符号的圆应以直径为 14mm 粗实线绘制。详图应按下列规定编号。

1）详图与被索引的图样同在一张图纸内时，应在详图符号内用阿拉伯数字注明详图的编号（图 1-7）。

2）详图与被索引的图样不在同一张图纸内，应用细实线在详图符号内画一水平直径，在上半圆中注明详图编号，在下半圆中注明被索引的图纸的编号（图 1-8）。

　　　　⑤　　　　　　　　　　　⑤　　　　　　　　　　　$\frac{5}{3}$

图 1-6　零件、钢筋　　图 1-7　与被索引图样同在一张　　图 1-8　与被索引图样不在同一张
　　　等编号　　　　　　　图纸内的详图符号　　　　　　　　图纸内的详图符号

3. 引出线

（1）引出线应以细实线绘制，宜采用水平方向的直线、与水平方向成30°、45°、60°、90°的直线，或经上述角度再折为水平线。文字说明宜注写在水平线的上方［图1-9（a）］，也可注写在水平线的端部［图1-9（b）］。索引详图的引出线，应对准索引符号的圆心［图1-9（c）］。

（2）同时引出几个相同部分的引出线，宜互相平行［图1-10（a）］，也可画成集中于一点的放射线［图1-10（b）］。

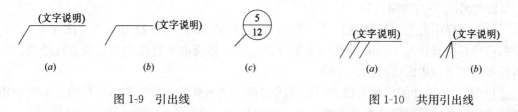

图1-9　引出线　　　　　　　　　　　　图1-10　共用引出线

（3）多层构造或多层管道共用引出线，应通过被引出的各层。文字说明宜注写在水平线的上方，或注写在水平线的端部，说明的顺序应由上至下，并应与被说明的层次相互一致；如层次为横向排序，则由上至下的说明顺序应与从左至右的层次相互一致（图1-11）。

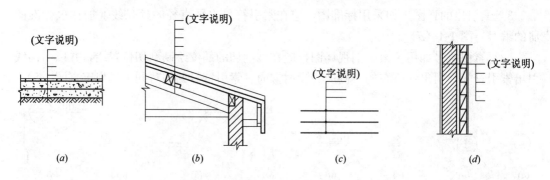

图1-11　多层构造引出线

4. 其他符号

（1）对称符号由对称线和两端的两对平行线组成。对称线用细单点长画线绘制；平行线用细实线绘制，其长度宜为6～10mm，每对的间距宜为2～3mm；对称线垂直平分于两对平行线，两端超出平行线宜为2～3mm（图1-12）。

（2）连接符号应以折断线表示需连接的部位。两部位相距过远时，折断线两端靠图样一侧应标注大写拉丁字母表示连接编号。两个被连接的图样必须用相同的字母编号（图1-13）。

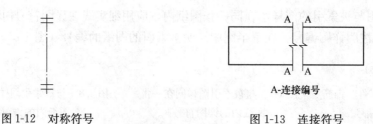

A-连接编号

图1-12　对称符号　　　　　　　　　　图1-13　连接符号

（3）指北针的形状宜如图1-14所示，其圆的直径宜为24mm，用细实线绘制；指针尾部的宽度宜为3mm，指针头部应注"北"或"N"字。需用较大直径绘制指北针时，指针尾部宽度宜为直径的1/8。

（五）定位轴线

1. 定位轴线应用细单点长画线绘制。

2. 定位轴线一般应编号，编号应注写在轴线端部的圆内。圆应用细实线绘制，直径为8～10mm。定位轴线圆的圆心，应在定位轴线的延长线上或延长线的折线上。

3. 平面图上定位轴线的编号，宜标注在图样的下方与左侧。横向编号应用阿拉伯数字，从左至右顺序编写，竖向编号应用大写拉丁字母，从下至上顺序编写（图1-15）。

图1-14　指北针

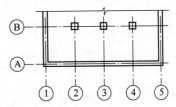

图1-15　定位轴线的编号顺序

4. 拉丁字母的I、O、Z不得用做轴线编号。如字母数量不够使用，可增用双字母或单字母加数字注脚，如A_A、B_A…Y_A或A_1、B_1…Y_1。

5. 组合较复杂的平面图中定位轴线也可采用分区编号（图1-16），编号的注写形式为"分区号—该分区编号"。分区号采用阿拉伯数字或大写拉丁字母表示。

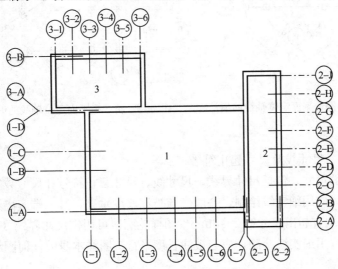

图1-16　定位轴线的分区编号

6. 附加定位轴线的编号，应以分数形式表示，并应按下列规定编写；

（1）两根轴线间的附加轴线，应以分母表示前一轴线的编号，分子表示附加轴线的编号，编号宜用阿拉伯数字顺序编写，如：

$\dfrac{1}{2}$ 表示2号轴线之后附加的第一根轴线；

$\frac{3}{C}$ 表示 C 号轴线之后附加的第三根轴线。

（2）1 号轴线或 A 号轴线之前的附加轴线的分母应以 01 或 0A 表示，如：

$\frac{1}{01}$ 表示 1 号轴线之前附加的第一根轴线；

$\frac{3}{0A}$ 表示 A 号轴线之前附加的第三根轴线。

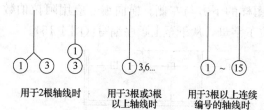

用于2根轴线时　　用于3根或3根　　用于3根以上连续
　　　　　　　　以上轴线时　　　编号的轴线时

图 1-17　详图的轴线编号

7. 一个详图适用于几根轴线时，应同时注明各有关轴线的编号（图 1-17）。

8. 通用详图中的定位轴线，应只画圆，不注写轴线编号。

9. 圆形平面图中定位轴线的编号，其径向轴线宜用阿拉伯数字表示，从左下角开始，按逆时针顺序编写；其圆周轴线宜用大写拉丁字母表示，从外向内顺序编写（图 1-18）。

10. 折线形平面图中定位轴线的编号可按图 1-19 的形式编写。

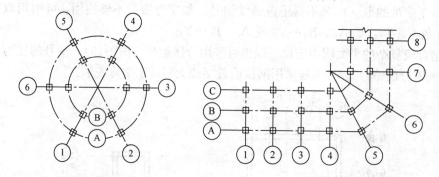

图 1-18　圆形平面定位轴线的编号　　图 1-19　折线形平面定位轴线的编号

（六）尺寸标注

1. 尺寸界线、尺寸线及尺寸起止符号。

（1）图样上的尺寸，包括尺寸界线、尺寸线、尺寸起止符号和尺寸数字（图 1-20）。

（2）尺寸界线应用细实线绘制，一般应与被注长度垂直，其一端应离开图样轮廓线不小于 2mm，另一端宜超出尺寸线 2～3mm。图样轮廓线可用作尺寸界线（图 1-21）。

（3）尺寸线应用细实线绘制，应与被注长度平行。图样本身的任何图线均不得用作尺寸线。

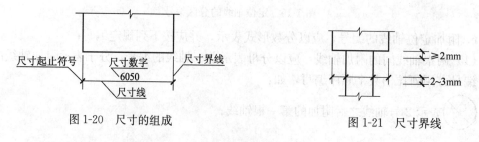

图 1-20　尺寸的组成　　　　　　图 1-21　尺寸界线

（4）尺寸起止符号一般用中粗斜短线绘制，其倾斜方向应与尺寸界线成顺时针45°角，长度宜为2～3mm。半径、直径、角度与弧长的尺寸起止符号，宜用箭头表示（图1-22）。

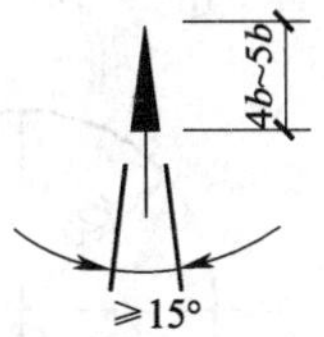

图1-22 箭头
尺寸起止符号

2. 尺寸数字

（1）图样上的尺寸，应以尺寸数字为准，不得从图上直接量取。

（2）图样上的尺寸单位，除标高及总平面以米为单位外，其他必须以毫米为单位。

（3）尺寸数字的方向，应按图1-23（a）的规定注写。若尺寸数字在30°斜线区内，宜按图1-23（b）的形式注写。

（4）尺寸数字一般应依据其方向注写在靠近尺寸线的上方中部。如没有足够的注写位置，最外边的尺寸数字可注写在尺寸界线的外侧，中间相邻的尺寸数字可错开注写（图1-24）。

3. 尺寸的排列与布置

（1）尺寸宜标注在图样轮廓以外，不宜与图线、文字及符号等相交（图1-25）。

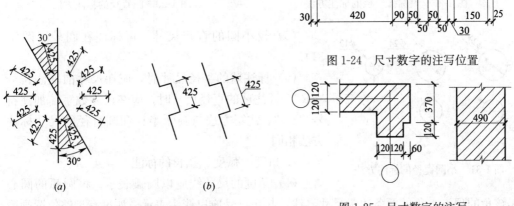

图1-24 尺寸数字的注写位置

图1-23 尺寸数字的注写方向

图1-25 尺寸数字的注写

（2）互相平行的尺寸线，应从被注写的图样轮廓线由近向远整齐排列，较小尺寸应离轮廓线较近，较大尺寸应离轮廓线较远（图1-26）。

（3）图样轮廓线以外的尺寸界线距图样最外轮廓之间的距离，不宜小于10mm。平行排列的尺寸线的间距，宜为7～10mm，并应保持一致（图1-25）。

（4）总尺寸的尺寸界线应靠近所指部位，中间的分尺寸的尺寸界线可稍短，但其长度应相等（图1-26）。

4. 半径、直径、球的尺寸标注

（1）半径的尺寸线应一端从圆心开始，另一端画箭头指向圆弧。半径数字前应加注半径符号"R"（图1-27）。

（2）较小圆弧的半径，可按图1-28形式标注。

（3）较大圆弧的半径，可按图1-29形式标注。

（4）标注圆的直径尺寸时，直径数字前应加直径

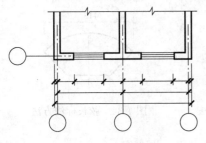

图1-26 尺寸的排列

9

符号"Φ"。在圆内标注的尺寸线应通过圆心，两端画箭头指至圆弧（图1-30）。

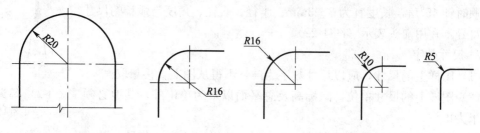

图1-27 半径标注方法　　　　　　图1-28 小圆弧半径的标注方法

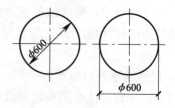

图1-29 大圆弧半径的标注方法　　　图1-30 圆直径的标注方法

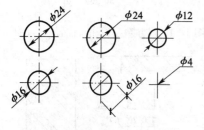

图1-31 小圆直径的标注方法

（5）较小圆的直径尺寸，可标注在圆外（图1-31）。

（6）标注球的半径尺寸时，应在尺寸前加注符号"SR"。标注球的直径尺寸时，应在尺寸数字前加注符号"SΦ"。注写方法与圆弧半径和圆直径的尺寸标注方法相同。

5. 角度、弧度、弧长的标注

（1）角度的尺寸线应以圆弧表示。该圆弧的圆心应是该角的顶点，角的两条边为尺寸界线。起止符号应以箭头表示，如没有足够位置画箭头，可用圆点代替，角度数字应按水平方向注写（图1-32）。

（2）标注圆弧的弧长时，尺寸线应以与该圆弧同心的圆弧线表示，尺寸界线应垂直于该圆弧的弦，起止符号用箭头表示，弧长数字上方应加注圆弧符号"⌒"（图1-33）。

（3）标注圆弧的弦长时，尺寸线应以平行于该弦的直线表示，尺寸界线应垂直于该弦，起止符号用中粗斜短线表示（图1-34）。

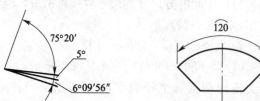

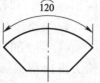

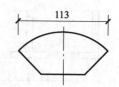

图1-32 角度标注方法　　　图1-33 弧长标注方法　　　图1-34 弦长标注方法

6. 薄板厚度、正方形、坡度、非圆曲线等尺寸标注。

（1）在薄板板面标注板厚尺寸时，应在厚度数字前加厚度符号"δ"（图1-35）。

（2）标注正方形的尺寸，可用"边长×边长"的形式，也可在边长数字前加正方形符号"□"（图1-36）。

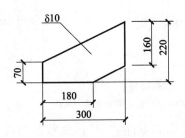

图1-35　薄板厚度标注方法　　　　图1-36　标注正方形尺寸

（3）标注坡度时，应加注坡度符号"←"［图1-37（a）、（b）］，该符号为单面箭头，箭头应指向下坡方向。

坡度也可用直角三角形形式标注［图1-37（c）］。

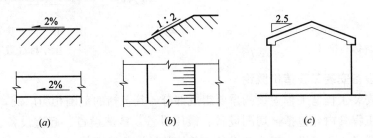

图1-37　坡度标注方法

（4）外形为非圆曲线的构件，可用坐标形式标注尺寸（图1-38）。

（5）复杂的图形，可用网格形式标注尺寸（图1-39）。

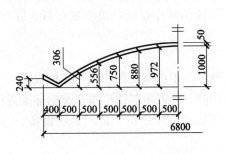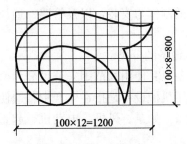

图1-38　坐标法标注曲线尺寸　　　　图1-39　网格法标注复杂图形

7. 标高

（1）标高符号应以直角等腰三角形表示，如图1-40所示形式用细实线绘制，如标注位置不够，也可按图1-40所示形式绘制。标高符号的具体画法如图1-40所示。

（2）总平面图室外地坪标高符号，宜用涂黑的三角形表示，具体画法如图1-41所示。

（3）标高符号的尖端应指至被注高度的位置。尖端一般应向下，也可向上(图1-42)。

（4）标高数字应以米为单位，注写到小数点以后第三位。在总平面图中，可注写到小数字点以后第二位。

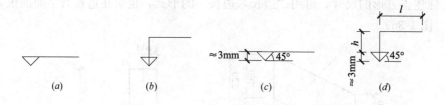

图 1-40　标高符号

l—取适当长度注写标高数字；h—根据需要取适当高度

（5）零点标高应注写成±0.000，正数标高不注"＋"，负数标高应注"－"，例如3.000、－0.600。

（6）在图样的同一位置需表示几个不同标高时，标高数字可按图 1-43 的形式注写。

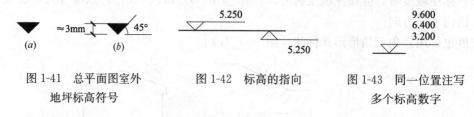

图 1-41　总平面图室外　　　　图 1-42　标高的指向　　　　图 1-43　同一位置注写
　地坪标高符号　　　　　　　　　　　　　　　　　　　　　　　多个标高数字

二、机械设备安装工程造价概论

机械设备安装工程是工程建设的重要组成部分，其包括的范围相当广泛，本节所述的机械设备安装工程其内容包括：切削设备、锻压设备、铸造设备、起重设备、输送设备、电梯、水泵、风机、压缩机、工业炉设备和其他常见设备的安装。

机械设备安装必须严格按国家颁布的各类施工及验收规范和施工组织设计进行施工。一般而言，涉及以下工作内容：设备开箱检查；基础验收；施工机具准备；起重机具的设置；设备就位；基础灌浆；机组部件的解体检查、清洗、刮泥工作；设备之间的非标准件、连接件的制作与安装，以及管路、通风装置的制作安装；单机试运行；联合试运行；交工验收。

1. 机械设备的分类

机械设备以其使用的范围来分可分为两种：通用机械设备和专用机械设备。

（1）通用机械设备是指在生产中普遍使用的，可以由制造厂按定型的标准进行批量生产的机械设备。如泵、风机、电动机、起重运输机、压缩机、金属锻压设备、铸造设备、切削设备等。

（2）专用机械设备是指专门用于某个生产方面的机械设备。如炼油机械设备、胶片生产机械设备、橡胶、化肥、医药加工机械设备、污水处理、过滤、干燥机械设备等。

机械设备以其在生产中的作用作如下分类：

① 起重机械，如龙门吊、桥式起重机等。

② 冷冻机械，如结晶器、冷冻机等。

③ 动力机械，如电动机、汽轮机等。

④ 固体输送机械，如刮板输送机、皮带运输机、提升机等。

⑤ 气体输送和压缩机械，如压缩机、风机、真空泵等。

⑥ 液体输送和给料机械，如各种泵类。

⑦ 金属加工机械，如刨铣、钻孔机床、研磨、切削及各种材料试验机械等。

⑧ 污水处理机械，如刮泥、污泥输送机械等。

⑨ 搅拌与分离机械，如脱水机、过滤机、离心机、搅拌机等。

⑩ 粉碎及筛分机械，如球磨机、破碎机、振动筛等。

⑪ 成型和包装机械，如沥青、石蜡、扒料机、硫磺产品的成型和包装机械。

⑫ 其他机械，如干燥机、水力除焦机、抽油机等。

2. 定额包含的工作内容

（1）主要安装工序：包括工作准备；设备、材料及工机具搬运；设备开箱、点件、外观检查；配合基础验收、铲麻面；划线定位；起重机具装拆、清洗；吊装、组装、联接；放置垫铁及地脚螺栓；找正、找平、精平；焊接、固定、灌浆。

（2）桅杆、人字架、三脚架、环链手拉葫芦、滑轮组、钢丝绳、地锚等起重机具及其附件的领用、搬运、搭设、埋设地锚、拆除、退库等。

（3）施工及验收规范中规定的调整、试验及无负荷试运转。

（4）与设备本身联体的平台、梯子、栏杆、支架、屏盘、电机安全罩以及设备本体第一个法兰以内的管道等安装。

（5）工种间交叉配合的停歇时间；临时移动水、电源时间以及配合质量检查、交工验收收尾结束等工作。

（6）旧设备拆除时的工作内容：拆除前检测设备精度及完好程度，填写记录；铲除设备底座灌浆层；部件、附件及地脚螺母拆除；起重机具搭拆、起吊、上排、10m 范围内的移位、涂油保护。

（7）切削设备安装中：机体安装：底座、立柱、横梁等全套设备部件安装以及润滑装置及润滑管道安装，清洗组装时结合精度检查；跑车木工代锯机包括跑车和跑车轨道安装。

（8）锻压设备安装中：机械压力机、液压机、水压机的拉紧大螺栓及立柱热装；液压机及水压机液压系统钢管的酸洗；水压机本体安装：包括底座、立柱、横梁等全部设备部件安装；润滑装置和润滑管道安装；缓冲器、充液罐等附属设备安装；分配阀、充液阀、接力电机操纵台等操纵装置安装；栏杆、梯子、基础盖板安装；立柱、横梁等主要部件安装前的精度预检；活动横梁导套的检查和刮研；分配器、充液阀、安全阀等主要阀件的试压和研磨；机体补漆；操纵台、梯子、栏杆、盖板、支撑梁、立式液罐和低压缓冲器表面刷漆；水压机本体管道安装：包括设备本体至第一个法兰以内的高低压水管、压缩空气管等本体管道安装、试压、刷漆；高压阀门试压；高压管道焊口预热和应力消除；高低压管道的酸洗；公称直径 70mm 以内的管道煨弯；锻锤砧座周围敷设油毡、沥青、砂子等防腐层以及垫木排找正时表面精修。

（9）起重设备安装中：起重机静负荷、动负荷及超负荷试运转；必需的端梁铆接及脚手架搭拆；解体供货的起重机现场组装。

（10）起重机轨道安装中：测量、领料、下料、矫直、钻孔；车挡制作与安装的领料、下料、调直、组装、焊接、刷漆等；脚手架搭拆。

（11）输送设备安装中：机头、机尾、机架、轨道、托辊、拉紧装置、传动装置等安装、敷设及拉头。

（12）电梯安装中：准备工作、搬运、放样板、放线、清理预埋件及道架、道轨、缓冲器等安装；组装轿厢、对重及厅门安装；稳工字钢、曳引机、抗绳轮、复绕绳轮、平衡绳轮；挂钢丝绳、钢带、平衡绳；清洗设备、加油、调整、试运行。

（13）风机安装中：设备本体及与本体联体的附件、管道、润滑、冷却装置等的清洗、刮研、组装、调试；离心式鼓风机（带增速机）的垫铁研磨；联轴器或皮带及安全防护罩安装；设备带有的电动机及减震器安装。

（14）风机拆装检查中：设备本体及部件以及第一个阀门以内的管道等拆卸、清洗、检查、刮研、换油、调间隙及调配重、找正、找平、找中心、记录、组装复原。

（15）泵安装中：设备本体与本体联体的附件、管道、润滑冷却装置等的清洗、组装、刮研；深井泵的泵体扬水管及滤水网安装；联轴器或皮带安装。

（16）泵拆装检查中：设备本体及部件以及第一个阀门以内的管道等拆卸、清洗、检查、刮研、换油、调间隙、找平、找正、找中心、记录、组装复原。

（17）压缩机安装中：除活塞式 V、W 型及扇形压缩机组为整体安装外，其他各类压缩机均为解体安装。往复式 D、M、H 型对称平衡压缩机还包括拆装检查；与主机本体联体的冷却系统、润滑系统以及支架、防护罩等零件附件的整体安装；与主机在同一底座上的电动机整体安装；解体安装的压缩机在无负荷试运转后的检查、组装及调整；与往复式 D、M、H 型对称平衡压缩机配套的电动机解体安装。

（18）离心式压缩机拆装检查中：原动机及主机以及与本体联体的各级出、入口第一个阀门以内的管路等拆卸、清洗、检查、刮研、调整间隙及其相对找正、找平、找中心、记录组装复原等工作；拆装检查所需增加的无负荷试运转及其停车拆卸、检查、清洗调整、组装等工作；油、水、汽系统试运转前必需的检查工作。

（19）工业炉设备安装中：无芯工频感应电炉的水冷管道、油压系统、油箱、油压操纵台等安装以及油压系统的配管、刷漆、内衬砌筑；电阻炉、真空炉以及高频、中频感应炉的水冷系统、润滑系统、传动装置、真空机组、安全防护装置等安装；冲天炉本体和前炉安装；冲天炉加料机构的轨道、加料车、卷扬装置等安装；加热炉及热处理炉的炉门升降机构、轨道、炉篦、喷嘴、台车、液压装置、拉杆或推杆装置、传送装置、装料、卸料装置等安装；炉体管道机试压、试漏。

（20）煤气发生设备安装中：煤气发生炉本体及其底部风箱、落灰箱安装、灰盘、炉篦及传动机构安装、水套、炉壳及支柱、框架、支耳安装、炉盖加料筒及传动装置安装、上部加煤机安装、本体其他附件及本体管道安装；无支柱悬吊式（W—G 型）煤气发生炉的料仓、料管安装；炉堂内径 1m 及 1.5m 的煤气发生炉包括随设备带有的结煤提升装置及轨道平台安装；电气滤清器安装包括沉电极、电晕极检查、下料、安装、顶部绝缘子箱外壳安装；竖管及人孔清理、安装、顶部装喷嘴和本体管道安装；洗涤塔外壳组装及内部零件、附件以及必须在现场装配的部件安装；除尘器安装包括下部水封安装；盘阀、钟罩阀安装包括操纵装置安装及穿钢丝绳；水压试验、密封试验及非密闭容器的灌水试验。

（21）其他机械安装及设备灌浆中：设备整（解）体安装；电动机及电动发电机组装联轴器或皮带轮；设备带有的电动机安装。

（22）附属设备安装中：制冷机械专用附属设备整体安装；随设备带有与设备联体固定的配件（如放油阀、放水阀、安全阀、压力表、水位表等）安装；容器单体气密试验

（包括装、拆空气压缩机本身及联接试验用的管道、装拆盲板、通气、检查、放气等）与排污；储气罐本体及与本体联体的安全阀、压力表等附件安装，气密试验；乙炔发生器本体及与本体联体的安全阀、压力表、水位表等附件安装；附属的密闭性和非密闭性设备安装、气密试验和试漏；水压机蓄势罐本体及底座安装；与本体联体的附件安装、酸洗、试压；空气分离塔本体及本体第一个法兰内的管道、阀门安装；与本体联体的仪表，转换开关安装；清洗、调整、气密试验；煤气站内各种设备附属的其他容器、构件安装；气密试验；分节的容器外壳组对焊接；零星小型金属构件制作，包括划线、下料、平直、加工、组对、焊接、刷（喷）漆、试漏；安装包括补漆。

3. 定额不包含的工作内容

（1）设备自设备仓库运至安装现场指定堆放地点的搬运工作。

（2）因场地狭小、有障碍物、沟、坑等引起的设备、材料、机具等增加的搬运装拆工作。

（3）设备基础的铲磨、地脚螺栓孔的修整。预压以及在木砖地层上安装设备所增加的费用。

（4）设备、构件、机件、零件、附件、管道及阀门、基础及基础盖板等的修理、修补、修改、检修、加工、制作、煨弯、研磨、防震以及测量、透视、探伤、强度试验等工作。

（5）电气系统、仪表系统、通风系统、设备本体第一个法兰以外的管道系统等的安装、调试；非与本体联接的附属设备或平台、梯子、栏杆、支架、容器、屏盘等的安装制作、刷漆、防蚀、保温等工作。

（6）设备本体无负荷试运转所用的水、电、气、油、燃料等。

（7）负荷试运转，联合试运转，生产准备试运转。

（8）专用垫铁、特殊垫铁（如螺栓调整垫铁、球型垫铁等）和地脚螺栓。

（9）特殊技术措施和大型设备安装所需的专用机具等费用。

（10）设备的拆装检查

（11）脚手架搭拆。

（12）切削设备安装工序中的：设备润滑、液压系统的管道及管道附件加工、煨弯和阀门研磨；润滑、液压系统的法兰及阀门联接所用的垫圈（包括紫铜垫）加工；跑车代锯的木结构、轨道枕木、木保护罩的加工制作。

（13）锻压设备安装中的：机械压力机、液压机、水压机拉紧大螺栓及主柱如需要热装时所需的加热材料（如硅碳棒、电阻丝、石棉布、石棉绳等）；除水压机、液压机以外，其他设备的管道酸洗；锻锤试运转中，锤头和锤杆的加热以及试冲击所需的枕木；水压机工作缸、高压阀门等的垫料、填料；设备所需灌注的冷却液、液压油、乳化液等；蓄势站安装及水压机与蓄势站的联动试运转；锻锤砧坐垫木排的制作、防腐、干燥等；设备润滑、液压和空气压缩管路系统的管子和管路附件的加工、焊接、煨弯和阀门的研磨；设备和管路的保温；水压机管道安装中的支架、法兰、紫铜垫圈、密封垫圈等管路附件的制作及管子和焊口的探伤、透视和机械强度试验。

（14）铸造设备安装中的：地轨安装；抛丸清理室的除尘机及除尘器与风机间的风管安装。

（15）起重设备安装中的：试运转所需的重物供应和搬运。

（16）起重机轨道安装中的：吊车梁调整和轨道枕木干燥、加工、制作；"8"字形轨道加工制作；"8"字形轨道工字钢轨的立柱、吊架、支架、辅助梁等的制作与安装。

（17）输送设备安装中的：钢制外壳、刮板、漏斗制作与安装；特殊试验。

（18）电梯安装中的：各种支架的制作；电器工程部分；脚手架搭拆；电梯喷漆。

（19）风机安装中的：支架、底座及防护罩、减震器的制作、修改；联轴器及键和键槽的加工制作；电动机的抽芯检查、干燥、配线、调试。

（20）风机拆装检查中的：设备本体的整（解）体安装；电动机安装及拆除、检查、调整、试验；设备本体以外的各种管道的检查和试验等工作。

（21）泵安装中的：支架、底盘、联轴器、键和键槽的加工与制作；深井泵扬水管与水平面的垂直度测量；电动机的检查、干燥、配线和调试等；试运转所需排水的附加工程（如修筑水沟、接排水管等）。

（22）泵拆装检查中的：设备本体的整（解）体安装；电动机安装及拆装、检查、调整、试验；设备本体以外的各种管路的检查和试验工作。

（23）压缩机安装中的：除定额中已包括电动机整（解）体安装的压缩机外，其他类型压缩机，均不包括电动机、汽轮机及其他动力机械的安装；与主机本体联体的各级出入口第一个阀门以外的各种管道，空气干燥设备及净化设备，油水分离设备，废油回收设备，自控系统及仪表系统安装，以及支架、沟槽、防护罩等制作加工；介质的充灌；主机本体循环用油（按设备带有考虑）；电动机拆装检查及配线接线等电气工程。

（24）离心式压缩机拆装检查中的：机械设备的整（解）体安装。

（25）工业炉设备安装中的：除无芯工频感应电炉包括内衬砌筑外，均不包括炉体内衬砌筑；电阻炉电阻丝安装；热工仪表系统的安装和调试；风机系统的安装和试运转；液压泵房站的安装；阀门的研磨和试压；台车的组立和装配；冲天炉出渣轨道的安装；解体结构井式热处理炉的平台安装；烘炉。

（26）煤气发生设备中的：煤气发生炉炉顶平台安装；煤气发生炉支柱、支耳、框架因接触不良所需的加热和修整工作。洗涤塔和木格层的制作及散片组成整块、刷防腐漆；附属设备内部及底部砌筑、填充砂浆及填瓷环；洗涤塔、电气滤清器等的平台、梯子、栏杆安装；安全阀防爆薄膜试验；煤气排送机、鼓风机、泵的安装。

（27）其他机械安装中的：与设备本体非同一底座的各种设备、起动装置、仪表盘、柜等的安装和调试；电动机及其他动力机械的拆装检查、配管、配线和调试；刮研工作；非设备带有的支架、沟槽、防护罩等的制作与安装；设备的保温及油漆工作。

（28）附属设备安装中的：各种设备本体制作以及本体第一个法兰以外的管道、附件安装。

（29）平台、梯子、栏杆等金属构件制作、安装。

（30）小型制氧设备及其附属设备的试压、脱脂、阀门研磨；稀有气体及液氧或液氨的制取系统安装。

4. 使用全国《机械设备安装工程预算定额》应注意事项

（1）关于拆装检查定额的使用。

本定额编有拆装检查定额，凡施工及验收技术规范规定的必须进行拆装检查的，方可

16

套用此定额。

（2）本定额适用于民用常用机械设备和一般工业设备的安装。此外，其中的压缩机、泵、风机的安装所增加的拆装检查定额，对化学工业的转动设备安装来说仍是适用的，但对热力工程和电站的专用机泵安装来说则不适用。

（3）旧设备拆除。

对已安装好的设备的拆除，无论是否使用过，均视为旧设备拆除。

旧设备的拆除费用，则是按安装定额基价的50％计算，基价包括人工费、材料费、机械费、而不是单独某项费用的50％计算。

拆除旧设备，包括起重机具的搭拆，上排起吊，10m范围内移动，刷油保护及对设备完好程度和精度的检查、填写记录，对设备部件，附件及地脚螺栓的拆除，对拆除设备底座灌浆层的拆除。

（4）起重机具的摊销费。

说明中规定人字架及金属桅杆等一般起重机具的摊销费，按所安装设备的净重量（包括设备底座、辅机），以每吨12.00元计取。

（5）超高费的计算。

超高费用，是指设备底座的安装标高，如超地平面正或负10m时，定额中人工和机械费用按下表乘以调整系数所得的费用（表1-7）。

安装标高超过正或负（10m）调整系数表　　　　　　　　表 1-7

设备底座正或负标高（m以内）	调整系数	设备底座正或负标高（m以内）	调整系数
15	1.25	30	1.55
20	1.35	40	1.70
25	1.45	超过40	1.90

（6）脚手架搭拆费的计算。

机械设备安装工程预算定额中关于脚手架的搭拆费的计算有以下三种方法；

1）本册定额第四章起重机械设备的安装定额包括脚手架的搭拆工作。使用本章定额时，每安装一台起重机，应按表1-8增加脚手架搭拆费用。

增加脚手架搭拆费用表　　　　　　　　表 1-8

	起重机主钩起重量	5～30	50～100	150～400
	应增脚手架费用	713.86	1335.68	1601.21
其中	人工费（元）	196.91	365.39	438.11
	材料费（元）	481.07	901.99	1082.40
	机械使用费（元）	35.88	68.30	80.70
	人工工日数（工日）	8.48	15.74	19.08

注：1. 双小车起重机按一个小车的起重重量计算。

2. 上表中人工费可按当地的规定调整人工单价，材料费和机械台班费不作调整。

2）起重机轨道安装，已将搭拆脚手架的机械、材料、人工费用并入安装定额的机械、材料、人工费用，勿需另行计算。

3）未包括脚手架搭拆费的其他章，应按当地定额另行计算。

（7）调整规定。

定额内的机械的规格、品种、数量、材料等都是综合考虑的，除非定额说明规定可以调整的，否则不允许调整。

（8）安装大型起重设备的摊销费。

对于安装 60t 以上的大型设备，除每吨计取 12.00 元的摊销费外，其他使用专用机具或需采取特殊措施产生的费用，按实际计算。

（9）另外计算的内容。

① 设备、零件、附件、阀门、基础盖板等的修理、修补、防震、研磨、煨弯、制作、检修及探伤、强度试验等工作。

② 负荷试运转、生产准备试运转、联合试运转。

③ 设备本体第一个法兰以外的管道系统，通风系统、仪表系统、电气系统的安装、调试，附属设备或容器、屏盘支架、栏杆、平台等的安装、刷漆、保温等工作，按定额另行计算。

④ 因场地，障碍物等所引起的设备、机具、材料等增加的工作量。

⑤ 设备自仓库至指定安装地点的搬运工作。

⑥ 地脚螺栓的预压、修整、设备的铲磨等费用。

⑦ 设备本体无负荷试运转所用的电气油等。

⑧ 脚手架搭拆。

⑨ 设备的拆装检查。

⑩ 地脚螺栓，特殊垫铁，专用垫铁。

⑪ 起重机使用费用。

如能利用厂房内的电动桥式起重机配合安装的，起重机费用不计，否则机械台班费及人工定额乘以相应的系数。

5. 计算规则

计算规则分工程量计算规则和按系数计取的直接费的计算规则。

（1）工程量计算规则

1）切削设备安装的工程量计算规则：

① 台式及仪表机床、车床、立式车床、钻床、镗床、磨床、铣床、齿轮及螺纹加工机床、刨床、插床、拉床、超声波加工及电加工机床、其他机床及金属材料试验机械、木工机械、跑车木工带锯机、剪切机及弯曲校正机的安装工程量计算，应按设备的不同名称和分类，区分其设备的不同重量，分别以台为单位计算。

② 其他木工设备安装的工程量计算，应区别气动拔料器或气动踢木器，均以组为单位计算。

③ 带锯机保护罩制作与安装的工程量计算，应按其不同规格，分别以个为单位计算。

2）锻压设备安装的工程量计算规则

① 机械压力机、液压机、自动锻压机及锻压操作机、剪切机及弯曲校正机的安装工程量计算，应按设备的不同名称，区分其设备的不同重量，分别以台为单位计算。

② 空气锤、模锻锤、自由锻锤及蒸汽锤的安装工程量计算，应按设备的不同名称，

区分其设备落锤的不同重量，分别以台为单位计算。

③ 锻造水压机的安装工程量计算，应按设备的不同公称压力，均以台为单位计算。

3）铸造设备安装的工程量计算规则

① 砂处理设备、造型及造芯设备、落砂及清理设备、金属型铸造设备、材料准备设备的安装工程量计算，应按设备的不同型号、规格、名称，区分其设备的不同重量，分别以台为单位计算。

② 抛丸清理室安装的工程量计算，应按设备的不同重量，以室为单位计算。

③ 铸造平台安装的工程量计算，应按方型平台或铸梁式平台，区分其安装形式的不同（安装在基础上或支架上），在基础上安装还要区分灌浆或不灌浆，分别以吨为单位计算。

4）起重设备安装的工程量计算规则

① 电动双梁桥式起重机、吊钩抓斗电磁三用桥式起重机、双小车吊钩桥式起重机、锻造桥式起重机、淬火桥式起重机、吊钩门式起重机、加料及双钩挂梁桥式起重机、梁式起重机的安装工程量计算，应按设备的不同名称，区分其不同的起重量和跨度，分别以台为单位计算。

② 壁行及旋臂起重机安装的工程量计算，应按设备的不同名称，区分其不同臂长和起重量，分别以台为单位计算。

③ 电动葫芦及单轨小车安装的工程量计算，应按设备的不同名称，区分其不同起重量，分别以台为单位计算。

5）起重机轨道安装的工程量计算规则

① 起重机轨道安装的工程量计算，应按钢轨的不同安装部位和固定型式，区分其不同纵向孔距（A）和横向孔距（B）以及轨道的不同型号，分别以米为单位计算。

② 地坪上安装的轨道工程量计算，应按预埋钢底板焊接式或预埋螺栓式，区分轨道的不同型号，分别以米为单位计算。

③ 电动葫芦及单轨小车工字钢轨道安装的工程量计算，应区分轨道的不同型号，分别以米为单位计算。

④ 悬挂工字钢轨道及"8"型轨道安装的工程量计算，应按悬挂输送机钢轨或单梁悬挂起重机钢轨，区分轨道的不同型号，分别以米为单位计算。

⑤ 车挡制作与安装：车挡制作的工程量以吨为单位计算；车挡安装的工程量计算，应按每个车挡的不同单重，均以组（4个）为单位计算。

6）输送设备安装的工程量计算规则

① 斗式提升机安装的工程量计算，应按胶带式或链式，区分其带的不同型号和公称高度，分别以台为单位计算。

② 刮板输送机安装的工程量计算，应按设备的不同槽宽，区分其输送机卡度/驱动装置的不同组数，分别以台为单位计算。

③ 板式（裙式）输送机安装的工程量计算，应按链板的不同宽度，区分其不同链轮中心距，分别以台为单位计算。

④ 螺旋输送机安装的工程量计算，应按设备的不同公称直径，区分其不同机身长度，分别以台为单位计算。

⑤ 悬挂式输送机安装的工程量计算，应按设备的不同名称，区分其不同分类和不同节距，分别以台为单位计算。

⑥ 固定式胶带输送机安装的工程量计算，应按设备的不同带宽，区分其不同输送长度，分别以台为单位计算。

⑦ 卸矿车及皮带杆安装的工程量计算，应按设备的不同名称，区分其不同带宽，分别以台为单位计算。

7) 电梯安装的工程量计算规则

① 交流半自动电梯的工程量计算，应按电梯的不同层数和站数，分别以台为单位计算。

② 交流自动电梯及直流自动快速电梯、直流自动高速电梯、小型杂物电梯安装的工程量计算，应按电梯的不同层数和站数，分别以部为单位计算。

③ 电梯增减厅门、轿厢安装的工程量计算，应按厅门或轿厢门，区分其不同控制（手动或自动）及小型杂物电梯，分别以个为单位计算。

④ 电梯增减提升高度的工程量以米为单位计算。

⑤ 电梯金属门套安装的工程量以套为单位计算。

⑥ 直流电梯发电机组安装的工程量以组为单位计算。

⑦ 角钢牛腿制作与安装的工程量以个为单位计算。

⑧ 电梯机器钢板底座制作的工程量计算，应区分交流电梯或直流电梯，分别以座为单位计算。

8) 风机安装及其拆装检查的工程量计算规则

① 离心式通（引）风机、轴流通风机、回转式鼓风机、离心式鼓风机（带增速机）、离心式鼓风机（不带增速机）安装的工程量计算，应按风机的不同名称，区分其不同重量，分别以台为单位计算。

② 风机拆装检查的工程量计算，应按风机的不同名称，区分其带增速机或不带增速机和设备的不同重量，分别以台为单位计算。

9) 泵安装及拆装检查的工程量计算规则

① 单级离心式泵及离心式耐腐蚀泵、多级离心泵、锅炉给水泵、冷凝水泵、热循环水泵、离心式油泵、离心式杂质泵、离心式深井泵、DB 型高硅铁离心泵、蒸汽离心泵、旋涡泵、电动往复泵、高压柱塞泵（3-4 柱塞）、高压高速柱塞泵（6-24 柱塞）、蒸汽往复泵、计量泵、螺杆泵及齿轮油泵、真空泵、屏蔽泵安装的工程量计算，应按泵的不同名称，区分其不同重量，分别以台为单位计算。

② 泵拆装检查的工程量计算，应按泵的不同名称，区分其不同重量，分别以台为单位计算。

10) 压缩机安装及离心式压缩机拆装检查的工程量计算规则

压缩机安装的工程量计算，应按设备的不同规格、型号、名称、区分其不同重量，分别以台为单位计算；离心式压缩机拆装检查的工程量计算，应按设备的不同重量，分别以台为单位计算。

11) 工业炉设备安装的工程量计算规则

① 工业炉设备安装的工程量计算，应按工业炉的不同名称、型号、区分其不同重量，

分别以台为单位计算。

② 解体结构井式热处理炉安装的工程量计算，应按其不同重量，分别以台为单位计算。

12）煤气发生炉安装的工程量计算规则

① 煤气发生设备安装的工程量计算，应按炉膛的不同内径（米），区分其不同重量和有无支柱，分别以台为单位计算。

② 洗涤塔安装的工程量计算，应按塔的不同直径和高度，分别以台为单位计算。

③ 电气滤清器安装的工程量计算，应按设备的不同型号，分别以台为单位计算。

④ 竖管安装的工程量计算，应按单竖管或双竖管，单竖管应区分其不同高度和直径，双竖管区分其不同直径，分别以台为单位计算。

⑤ 附属设备安装

废热锅炉、废热锅炉竖管、除滴器、旋涡除尘器、除灰水封、隔离水封安装的工程量计算，应按设备的不同名称及不同直径和高度，分别以台为单位计算。

总管沉灰箱、总管清理水封、钟罩阀、盘阀安装的工程量计算，应按设备的不同名称，区分其不同直径，分别以台为单位计算。

焦油分离机的安装工程量以台为单位计算。

13）其他机械安装及设备灌浆的工程量计算规则

① 溴化锂吸收式制冷机、膨胀机、柴油机、柴油发电机组、电动机及电动发电机组安装的工程量计算，应按设备的不同名称，区分其不同重量，分别以台为单位计算。

② 制冰设备安装的工程量计算，应按设备的不同类别和名称、型号，区分其不同重量，分别以台为单位计算。

③ 冷风机和空气幕安装的工程量计算，应按设备的不同名称，区分其不同的冷却面积或设备直径及设备的不同重量，分别以台为单位计算。

④ 润滑油处理设备安装的工程量计算，应按设备的不同名称和型号，区分其不同重量，分别以台为单位计算。油沉淀箱安装的工程量以台为单位计算。

⑤ 地脚螺栓孔灌浆的工程量计算，应按一台设备灌浆的不同体积，均以立方米为单位计算。

⑥ 设备底座与基础间灌浆的工程量计算，应按一台设备灌浆的不同体积，均以立方米为单位计算。

14）附属设备安装的工程量计算规则

① 立式管壳式冷凝器、卧式管壳式冷凝器及卧式蒸发器、淋水式冷凝器、蒸发式冷凝器、立式蒸发器、中间冷却器安装的工程量计算，应区分其不同的单台设备冷却面积，分别以台为单位计算。

② 立式低压循环贮液器和卧式高压贮液器（排液桶）、储气罐的安装工程量计算，应按不同的设备容积，分别以台为单位计算。

③ 氨油分离器、氨液分离器、氨气过滤器、氨液过滤器、集油器、油视镜、紧急泄氨器安装的工程量计算，应区分设备的不同直径，分别以台为单位计算。

④ 玻璃钢冷却塔安装的工程量计算，应区分设备的单台处理水量，分别以台为单位计算。

⑤ 制冷容器单体试密与排污的工程量计算，按设备的不同容积，以次/台为单位计算。

⑥ 乙炔发生器、小型空气分离塔、小型制氧机械附属设备安装的工程量计算，按不同的设备型号，分别以台为单位计算。

⑦ 乙炔发生器附属设备、水压机蓄势罐、安装的工程量计算，应按设备的不同重量，分别以台为单位计算。

⑧ 煤气发生设备附属其他容器构件的工程量计算，应按单台设备的不同重量，以吨为单位计算。

⑨ 煤气发生设备分节容器外壳组焊的工程量计算，应区分设备外径和组成节数，分别以台为单位计算。

⑩ 零星小型金属构件制作与安装的工程量计算，应区分金属结构件的单体重量，分别以台为单位计算。

（2）按系数计取的直接费的计算规则

有些费用是直接发生在施工过程中的，但由于它涉及面广、单个项目中测定较困难，因此编制定额量，经过综合测定、规定按系数计取。

1）超高费用。

设备底座的安装标高，如超过地平面正或负 10m 时，则定额的人工和机械台班按表1-9 乘以调整系数。

超高费用调整系数表　　　　表 1-9

设备底座正或负标高（米以内）	15	20	25	30	40	超过 40
调 整 系 数	1.25	1.35	1.45	1.55	1.70	1.90

2）安装与生产同时进行增加费按人工费的 10％计取。

3）金属桅杆及人字架等一般起重机具的摊销费，按所安装设备的净重量（包括底座、辅机）每吨 12 元计算。

4）金属切削设备安装的施工方法系按利用厂房内的电动桥式起重机配合安装考虑的，起重机的使用费，不收不付。如不能利用时，定额人工及机械台班乘以表 1-10 所列的系数。

设备重量调整系数表　　　　表 1-10

设备重量（t），≤	70	200	400	800
系　数	1.11	1.15	1.23	1.26

5）锻压设备安装的施工方法是按利用厂房内的电动桥式起重机配合安装考虑的，起重机的使用费，不收不付。如不能利用时，定额人工及机械台班乘以表 1-11 所列系数。

设备重量或分类系数调整表　　　　表 1-11

设备重量或分类（吨以内）	200	450	950	锤 类	水压机
系　数	1.1	1.17	1.21	1.21	1.15

6）起重设备安装定额包括脚手架的搭拆工作。使用本定额时，每安装一台起重机，应按表 1-12 增加脚手架搭拆费用。

起重机主钩起重量（t）		5～30	50～100	150～400
应增脚手架费用（元）		442.25	829.22	995.07
其中	人工费（元）	56.90	105.62	128.03
	材料费（元）	371.00	696.28	834.76
	机械台班费（元）	14.35	27.32	32.28
	人工工日数（工日）	8.48	15.74	19.08

注：1. 双小车起重机按一个小车的起重量计算。

　　2. 上表中人工费可按当地的规定调整人工单价，材料费和机械台班费不作调整。

7）输送设备安装中的刮板输送机定额是按一组驱动装置计算的。如超过一组时，则将输送长度除以驱动装置组数（即米/组），以所得米/组来选用相应子目，再以组数乘以该子目的定额，即得其费用。

8）两部以上并列运行及群控电梯，应增加工日：30 层以内增加 7 工日，50 层以内增加 9 工日，80 层以内增加 11 工日。

9）小型杂物电梯按载重量 0.2t 以内，无司机操作考虑，如其底盘面积超过 1m^2 时，人工乘以系数 1.2。载重量大于 0.2t 的杂物电梯，则按客、货梯相应的电梯定额执行。

10）离心式压缩机是按单轴考虑的，如安装双轴（H）型离心式压缩机时，则相应定额的人工乘以系数 1.4。

11）离心式压缩机拆装检查，原动机是按电动驱动考虑的，如为汽轮机驱动则相应定额的人工乘以系数 1.14。

12）工业炉设备安装的施工方法系按利用厂房内的电动桥式起重机配合安装考虑的，起重机的使用费，不收不付。如不能利用时，则定额人工和机械台班乘以系数 1.18。

13）无芯工频感应电炉安装是按每一炉组为二台炉子考虑的，如每一炉组为一台炉子时，则相应定额乘以系数 0.6。

14）加热炉及热处理炉如为整体结构（炉体已组装并有内衬砌体），则定额人工乘以系数 0.7。

15）煤气发生设备安装定额，如实际安装的煤气发生炉，其炉膛内径与定额内径相似，而其重量超过 10% 时，先按公式求其重量差系数，然后按表 1-13 乘以相应系数调整安装费。

$$设备重量差系数 = \frac{设备实际重量}{定额设备重量}$$

安装费调整系数表　　　　　　　　表 1-13

设备重量差系数	1.1	1.2	1.4	1.6	1.8
安装费调整系数	1	1.1	1.2	1.3	1.4

16）制冷设备各种容器的单体气密试验与排污定额是按一次考虑的。如"技术规范"和"设计要求"需要多次连续试验时，第二次的试验按第一次相应定额乘以调整系数 0.9；第三次及其以上的试验从第三次起每次均按第一次的相应定额乘以系数 0.75。

17）乙炔发生器附属设备是按"密闭性设备"考虑的。如为"非密闭性设备"时，则按相应定额的人工和机械台班乘以系数 0.8。

18）煤气发生设备除洗涤塔外，各种设备均按整体安装考虑的。如设备为解体安装需要在现场分节组对焊接时，除套用相应整体安装定额外，尚需套用"煤气发生设备分节容器外壳组焊"的相应定额。该定额是按外圈焊接考虑的。如外圈和内圈均需焊接时，则按相应定额乘以系数1.95。

19）煤气发生设备分节容器外壳组焊时，如所焊设备外径大于3m，则以3m外径及组成节数（⅔，½）的定额为基础，按表1-14乘以调整系数。

表 1-14

设备外径 φ（m），≤/组成节数	4/2	4/3	5/2	5/3	6/2	6/3
调整系数	1.34	1.34	1.67	1.67	2	2

20）制冷站（库）、空气压缩站、乙炔发生站、水压机蓄势站、小型制氧站、煤气站等工程的系统调整费，按各站工艺系统内全部安装工程人工费的35％计算（不包括间接费），其中工资占50％。在计算系统调整费时，必须遵守下列规定：

① 上述系统调整费仅限于全部采用《全国统一安装工程预算定额》中第一册《机械设备安装工程》（包括补充定额"附属设备安装"）、第二册《电气设备安装工程》、第六册《工艺管道工程》、第十一册《刷油、绝热、防腐工程》第五册有关定额的站内工艺系统安装工程。采用其他方式承包或非全部采用上述五册定额承包的站内工艺系统安装工程均不得计算上述系统调整费。

② 各站内工艺系统安装工程的人工费，必须全部由上述五册有关定额的人工费组成，如上述五册有缺项时，则缺项部分的人工费在计算系统调整费时应予扣除，可参加系统工程调整费的计算。

另外，定额未包括内容，若在施工中发生时，也应另行计算。

6. 设备重量计算方法

（1）铸造设备安装。

抛丸清理室安装的定额单位为"每一室"，是指设备基础等土建工程及电气箱、开关、敷设电气管线等电气工程外，成套供应的抛丸机、回转台、斗式提升机、螺旋输送机、电动小车等设备以及框架、平台、梯子、栏杆、漏斗、漏管等金属结构安装。设备重量，是指上述全套设备加金属结构件的总重量，使用定额时，按总重量计算。

（2）直联式或非直联式风机安装

直联式风机按风机本体及电动机和设备底座的总重量计算；非直联式风机按风机本体和底座的总重量计算。

（3）直联式和非直联式泵及深井泵安装

直联式泵按泵本体及电动机和底座的总重量计算；非直联式泵按泵本体及底座的总重量计算，不包括电机重量；但包括电机安装；深井泵按泵本体及电动机和底座及扬水管的总重量计算。

（4）活塞式压缩机及机组安装

活塞式V、W及扇形压缩机及机组的设备重量，按同一底座上的主机、电动机、仪表盘及附件底座等的总重量计算；立式及L型压缩机、螺杆式压缩机、离心式压缩机则不包括电动机等动力机械的重量。

（5）往复式对称平衡压缩机安装

往复式 D、H、M 型对称平衡压缩机计算重量时包括主机、电动机及随主机到货的附属设备重量，但不包括附属设备安装（应按其他册有关定额另行计算）。

（6）加热炉及热处理炉安装

加热炉及热处理炉如为整体结构（炉体已组装并有内衬砌体）计算设备重量时，应包括内衬砌体的重量；如为解体结构（炉体为金属结构件，需现场组合安装，无内衬砌体），则定额不变，计算设备重量时不包括内衬砌体的重量。

（7）冷风机安装

冷风机定额的设备重量按冷风机、电动机、底座的总重量计算。

（8）柴油发电机组安装

柴油发电机组定额的设备重量按机组的总重量计算。

（9）其他机械安装

其他机械安装的设备重量，在同一底座上的机组按整体总重量计算；非同一底座上的机组按主机、辅机及底座的总重量计算。

7. 几个特定词语的含义

（1）设备的水平和垂直运输

包括自安装现场指定堆放点运至安装地点的水平和垂直搬运。

（2）材料和机具的水平和垂直运输

包括自施工单位现场仓库运至安装地点的水平和垂直搬运。

（3）垂直运输基准面

在室内，以室内平面为基准面；在室外，以室外安装现场地平面为基准面。

（4）施工现场（即工地）

指工厂（或电站）建设总平面图范围内，一般也是指工厂（或电站）围墙内的范围。

（5）安装现场

是指距所安装设备的基础 70m 范围内。

（6）安装地点

是指设备基础及基础周围附近。

（7）现场仓库（工地仓库）

是指施工单位在施工现场（工地）内，存放材料和机(工)具的仓库(不是指设备仓库)。

（8）指定堆放地点

是指施工组织设计中所指定的，在安装现场范围内较合理的堆放地点。

（9）超高

设备场内搬运的垂直运距超过±10m 时为超高。

（10）解体安装

是指一台设备的结构分成几大部件供货，需要在安装地点进行清洗、组装等工作。

（11）拆装检查（解体拆装）

是指将一台整体或解体结构的设备，全部拆散（支解）进行清洗、检查、刮研、换油、调整、重新装配组合成为原形式的整体和解体结构设备。

（12）设备重量

各种设备的重量均指设备的净重量（或称铭牌重量）。

（13）出库搬运。

出库搬运分为两种：

1）设备出库搬运。是指将要安装的设备，从设备仓库（在工地内或在工地外）运到安装现场指定堆放地点的搬运工作。定额内不包括设备出库搬运工作，需按有关规定或有关定额另行计算。

2）材料或工（机）具出库搬运。是指将材料或工（机）具，以施工单位工地仓库（施工现场仓库）运到安装地点的搬运工作。其费用已包括在安装定额内。

（14）厂内搬运。

是指工厂（或电站）围墙范围内（也就是工地内）的搬运工作。

（15）场内搬运。

是指距离所安装设备的基础 70m 范围内的搬运工作。其费用已包括在定额内。

（16）二次搬运。

是指设备、材料的搬运工作，因场地狭小、有障碍物、沟、坑等阻碍，不能直接送到安装现场，所造成再次装卸搬运工作。

8. 机械设备安装工程清单工程量计算规则（GB 50856—2013）

（1）卧式车床、立式车床、钻床、镗床、磨床、铣床等按设计图示数量计算。

（2）铸铁平台按设计图示尺寸以质量计算。

（3）起重机轨道按设计图示尺寸，以单根轨道长度计算。

项目编码：030104005　项目名称：旋臂壁式起重机

【**例1**】安装一台旋臂壁式起重机，单机重量 1t，本体安装，其示意图如图 1-44 所示，求旋臂壁式起重机本体安装工程量。

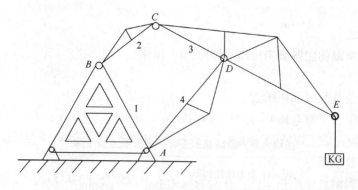

图 1-44　旋臂壁式起重机

【**注释**】设备、材料、构件、附件等均完整无损符合质量标准和设计要求，供应及时，适于安装。安装地点、建筑物、设备基础、预留孔洞等均符合安装要求。安装工程和土建工程交叉作业时不影响安装施工。水电供应均满足安装施工正常使用。地理条件和施工环境均不影响安装施工和人体健康。

【**解**】[分析] 根据小注，我们知道该台起重机的安装是在正常施工条件下进行的；我们可以对该旋臂壁式起重机的安装根据《全国统一安装工程预算定额》GYD—201—2000

第一册机械设备安装工程规定进行预算。

（1）清单工程量

旋臂壁式起重机（1t）	1 台
地脚螺栓孔灌浆（m³）	0.60
底座与基础间灌浆（m³）	0.80
一般机具重量（t）	1.00
试运转费用（元）	50.00
机油（kg）	1.01
黄油（kg）	1.82
煤油（kg）	1.79
汽油（kg）	1.530

清单工程量计算见表 1-15。

清单工程量计算表　　　　　　　　　　　　　　　　　表 1-15

项目编码	项目名称	项目特征描述	计量单位	工程量
030104005001	旋臂壁式起重机	机重 1.00t	台	1

（2）定额工程量

1）旋臂壁式起重机，重量 4.00t，本体安装（全国统一安装工程预算定额 1-370）

① 人工费：638.09 元/台×1.00 台＝638.09 元

② 材料费：105.83 元/台×1.00 台＝105.83 元

③ 机械费：108.07 元/台×1.00 台＝108.07 元

2）综合费用：

① 直接费合计(638.09＋105.83＋108.07)元＝851.99 元

② 管理费：851.99 元×34％＝289.68 元

③ 利润：851.99 元×8％＝68.16 元

④ 总计：(851.99 ＋ 289.68＋68.16)元＝1209.83 元

项目编码：030113009　项目名称：电动机

【例2】安装一台电动机，本体安装，单机重量 8.00t，如图 1-45 所示，求电动机本体安装工程量。

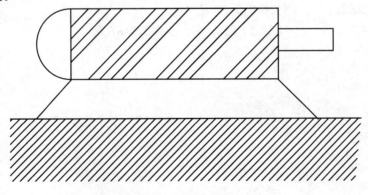

图 1-45　电动机示意图

【注释】设备、材料、构件、附件等均完整无损，符合质量标准和设计要求，供应及时，适于安装。安装地点、建筑物、设备基础、预留孔洞等均符合安装要求。安装工程和土建工程交叉作业时不影响安装施工。水电供应均满足安装施工正常使用。地理条件和施工环境均不影响安装施工和人体健康。

【解】首先分析：根据小注，我们知道该台电动机的安装是在正常施工条件下进行的，这些条件使得我们可以对该电动机的安装根据《全国统一安装工程预算定额》GYD—201—2000第一册　机械设备安装工程规定进行预算。

（1）清单工程量

电动机（8t）	1 台
地脚螺栓孔灌浆（m³）	0.20
底座与基础间灌浆（m³）	0.50
一般机具重量（t）	8.00
试运转费用（元）	250.00
机油（kg）	1.00
黄油（kg）	0.66
煤油（kg）	4.00

清单工程量计算见表1-16。

清单工程量计算表　　　　　　　　　　　　　　　　　　表1-16

项目编号	项目名称	项目特征描述	计量单位	工程量
030113009001	电动机	机重8.00t	台	1

（2）定额工程量

1）电动机，重量8.00t，本体安装（全国统一安装工程预算定额1-1282）

① 人工费：1025.16元/台×1台＝1025.16元

② 材料费：777.92元/台×1台＝777.92元

③ 机械费：889.08元/台×1台＝889.08元

2）综合费用：

① 直接费合计（1025.16＋777.92＋889.08）元＝2692.16元

② 管理费：2692.16元×34％＝915.33元

③ 利润：2692.16元×8％＝215.37元

④ 总计：（2692.16 ＋ 915.33＋215.37）元＝3822.87元

第二章 热力设备安装工程

一、热力设备工程造价概论

（一）概述

热力系统是发电厂运行时处于热力循环状态的整个系统，这个热力系统由汽轮发电机、高压加热器、低压加热器、除氧器、给水泵凝汽器，抽气器等设备及其管路组成。

由于锅炉设备消耗材料多，体积大、辅助多，因此锅炉设备的安装在火电厂安装工程中工程量最大。

1. 锅炉简要工作过程及主要设备

煤由磨煤机磨成粉，之后由给粉机或排粉机将煤粉送入炉膛，煤粉与热空气混合燃烧，产生高温火焰和烟气。

锅炉中的水将高温火焰和烟气的大部分热量吸收，形成具有一定温度和压力的过热蒸气。

热量被吸收后的炉膛烟气进入锅炉尾部，由省煤器和空气预热器进一步回收烟气的热量。之后，炉膛烟气经除尘器除去大部分灰粉后由引风机吸出，并经烟囱排入大气。

炉膛内煤粉燃烧所剩下的灰渣经渣斗排进冲灰和冲渣沟，之后由灰渣泵打入灰场。

锅炉设备主要有：锅炉本体设备，给水泵，磨煤机、给粉机、制粉设备、除尘设备、送风机、引风机等辅助设备。锅炉本体设备情况如下：

（1）锅炉炉架。锅炉炉架主要用来支承平台、扶梯、受热面、联箱、汽包及其他构件的结构。

锅炉炉架有混凝土炉架和钢结构炉架两种结构，一般为钢炉架，它是由横梁、立柱及许多斜撑支架、支柱等组成的主体井架，锅炉的容量和形式多种多样，但是其主要的结构形式是类似的。

（2）过热器。过热器由蛇形管和进、出口联箱组成。蛇形管有立式和卧式两种布置形式，进出口联箱置于炉墙的外部。以传热方式，过热器可分为高温对流过热器、屏式过热器和低温对流过热器。

过热器是将饱和蒸汽加热到一定温度的表面式换热器，具有汇集和分配蒸汽的作用。

（3）水冷壁。水冷壁由许多根 $\phi 50 \sim 83\text{mm}$ 的无缝钢管密集排列而成，下端接下接箱，上端接上联箱或汽包。

水冷壁主要使炉水变热、蒸发、发生饱和蒸汽，并具有冷却和保护炉墙的作用。

水冷壁主要以辐射换热方式吸收热量，其吸热量能够达到燃料燃烧所释放热量的一半左右。

（4）汽包即汽鼓，它是锅炉完成加热、蒸发、过热这三个过程的连接枢纽，是强制循环和自然循环设备的主要部件。汽包是锅炉单件重量最重的一个部件，大型汽包有 $100 \sim 200\text{t}$。

（5）省煤器。省煤器的主要作用是通过提高锅炉效率和降低排烟的温度而达到"省煤"的作用，它是利用烟气中的余热来加热锅炉给水的热交换器。

省煤器一般布置在锅炉尾部烟道内，其结构较简单，进出口处装有联箱，受热面许多蛇形钢管组成，水在管内流动，当水流过省煤时，吸收了通过省煤器的烟气的热量，水温升高。

（6）空气预热器。空气预热器通过对进入空气的预热，达到煤的着火条件从而达到提高锅炉效率的效果。空气预热器有回转式和管式两种。

2. 锅炉设备安装方法

锅炉设备的安装方法主要是根据吊装机具情况、现场条件和结构特性、供货状况而定的。一般有组合安装和散件安装两种安装方式。

（1）组合安装。组合安装是将能组合的零部件在组合场预先组装好，再运到安装地点，进行吊装。这种方法有许多优点：提高了起重机械的利用率，减轻了起重工作的作业量，便于检查和操作，无须等待基础施工，可以缩短工期。缺点有：组合支架和临时加固的用料较多，吊装方案和程序比较复杂，要有大面积的组合场地。

（2）散件安装。散件安装法是按顺序将零部件直接吊装安装的方法，其优点：节省了加固用料和搭组合支架，不需要大面积组装场地。其缺点：施工工期长，大量高空作业，危险性大，安装复杂。

（3）组合件划分。组合件的划分是根据安装方式、外形尺寸、构造特点、吊装机械、组合场地大小、运输条件等情况来定的，并本着以下的原则：

1）组件重量不超过现场起重和运输机械的最大承重能力。

2）保证组合件组合，安装工艺上的完整性。

3）组件运输吊装就位时方便，不妨碍下道工序。

4）组件吊装过程中，不要增加复杂的辅助安装工作，尽量减少高空作业，组件安装要方便。

5）组件要有较大的刚性，不要产生永久变形。

6）合理确定炉膛的"开口"方式，满足受热面组件安装条件。

"开口"就是钢架在安装时，留出炉顶或一侧，不上顶梁或横梁，以便受热面组件吊入。"开口"方向取决于吊装机械的能力、设备的结构特征、安装工艺的合理程度。

3. 锅炉的分类

锅炉是利用燃料燃烧释放的热能或其他热能，将工质加热到一定参数（温度和压力）的设备。

锅炉按其用途不同通常可以分为动力锅炉和工业锅炉两类。动力锅炉是用于发电和动力方面的锅炉，如电站锅炉。动力锅炉所生产的蒸汽用作将热能转变成机械能的工质以产生动力，其蒸汽压力和温度都比较高，如电站锅炉蒸汽压力大于等于3.9MPa，过热蒸汽温度大于等于450℃。用于工农业生产和采暖及生活提供蒸汽或热水的锅炉称为工业锅炉，又称供热锅炉，其工质出口压力一般不超过2.5MPa。

对于工业锅炉，按输出工质不同，可分为蒸汽锅炉、热水锅炉和导热油锅炉；按燃料和能源不同，可分为燃煤锅炉、燃气锅炉、燃油锅炉和余热锅炉；燃煤锅炉按燃烧方式不同，又可以分为层燃炉、悬燃炉、沸腾炉和流化床炉；按锅炉本体结构不同，可分为火管锅炉和水管锅炉；按锅筒放置方式不同，可分为立式或卧式锅炉；按其出厂型式不同，又可分为整装（快装）锅炉、组装锅炉和散装锅炉。

4. 锅炉设备组成

锅炉设备包括锅炉本体及辅助设备两部分。

（1）锅炉本体。锅炉本体主要是由"锅"与"炉"两大部分组成。"锅"是指容纳锅水和蒸汽的受压部件，包括锅筒（又称汽包）、对流管束、水冷壁、集箱（联箱）、蒸汽过热器、省煤器和管道组成的封闭汽水系统，其任务是吸收燃料燃烧释放出的热能，将水加热成为规定温度和压力的热水或蒸汽。

"炉"是指锅炉中使燃料进行燃烧产生高温烟气的场所，是包括煤斗、炉排、炉膛、除渣板、送风装置等组成的燃烧设备。其任务是使燃料不断良好地燃烧，放出热量。"锅"与"炉"一个吸热，一个放热，是密切联系着的一个整体设备。

此外，为了保证锅炉正常工作，安全运行，还必须设置一些附件和仪表，如安全阀、压力表、温度表、水位警报器、排污阀、吹灰器等，还有构成锅炉围护结构的炉墙，以及支撑结构的钢架。

（2）锅炉辅助设备。锅炉辅助设备是保证锅炉安全、经济和连续运行必不可少的组成部分，主要包括运煤除灰、通风、水、汽等设备以及一些控制装置。它们分别组成锅炉房的运煤除灰系统、通风系统、水、汽系统和仪表控制系统。

1）运煤、除灰系统。其作用是连续供给锅炉燃烧所需的燃料，及时排走灰渣。通常煤由煤场运来，经碎煤机破碎后，用皮带运输机，送入锅炉前部的煤仓，再经其下部的溜煤管落入炉前煤斗机将依靠自重煤落入炉排上；煤燃尽后生成的灰渣则由灰渣斗落到刮板除渣机中，由除渣机将灰渣输送到室外灰渣场。

2）通风系统。其作用是供给锅炉燃料燃烧所需要的空气量，排走燃料燃烧所产生的烟气。空气经送风机提高压力后，先送入空气预热器，预热后的热风经风道送到炉排下的风室中，热风穿过炉排缝隙进入燃烧层。

燃烧产生的高温烟气在引风机的抽吸作用下，以一定的流速依次流过炉膛和各部分烟道，烟气在流动过程中不断将热量传递给各个受热面，而使本身温度逐渐降低。

为了除掉烟气中携带的飞灰，以减轻对引风机的磨损和对大气环境的污染，在引风机前装设除尘器，烟气经净化后，通过引风机提高压力后，经烟囱排入大气。除尘器捕集下来的飞灰，可由灰车送走。

3）水、汽系统。其作用是不断向锅炉供给符合质量要求的水，将蒸汽或热水分别送到各个热用户。为了保证锅炉要求的给水质量，通常要设水处理设备（包括软化、除氧），经过处理的水进入水箱，再由给水泵加压后送入省煤器，提高水温后进入锅炉，水在锅内循环，受热汽化产生蒸汽，过热蒸汽从蒸汽过热器引出送至分汽缸内，由此再分送到通向各用户的管道。

对于热水锅炉，则有热网循环水泵、换热器、热网补水定压设备、分水器、集水器、管道及附件等组成的供热水系统。

4）仪表控制系统。为了使锅炉安全经济地运行，除了锅炉本体上装有的仪表外，锅炉房内还装设各种仪表和控制设备，如蒸汽流量计、压力表、风压计、水位表以及各种自动控制设备。

锅炉的工作包括三个同时进行着的过程，即燃料的燃烧过程，高温烟气向水或蒸汽的传热过程，以及蒸汽的产生过程。其中任何一个过程进行得正常与否，都会影响锅炉运行的安全性和经济性。

5. 锅炉安装

锅炉按结构装置可分为火管锅炉和水管锅炉。

水管锅炉是在锅筒的外面设置了很多根管子（称为受热面），通常这些管子的上端与锅筒相连，下端与集箱（或下锅筒）相连。水管锅炉的型式较多，构造也有差异，按锅筒的数目和锅筒的放置形式，可分为单纵锅筒水管锅炉，单横锅筒水管锅炉，双纵锅筒水管锅炉，双横锅筒水管锅炉等，现以双横锅筒水管锅炉的安装为例。

双横锅筒水管锅炉属于散装式，安装比较复杂，其安装主要程序为：锅炉钢架，上下锅筒，胀管，附属设备安装，水压试验，筑炉，烘炉，煮炉，定压和试运行等。

（1）锅炉钢架安装

1）基础工作。锅炉基础通常由土建单位施工，安装前应对锅炉基础进行验收。

2）锅炉钢架安装。锅炉钢架是整个锅炉的骨架，其安装质量将直接影响到锅筒、集箱、对流排管等的安装及炉墙的砌筑。

（2）锅筒安装

1）锅筒检查。锅筒安装前要进行检查，主要检查外观情况，外形，尺寸和胀接管孔的直径偏差、管孔表面凹痕及纵沟等，对环向沟纹深度不得大于 0.5mm，宽度不应大于 1mm。

2）锅筒支承物的安装。双横锅筒的支承有三种方法；第一种是下锅筒设支座，上锅筒靠对流管束（或升降管）支撑；第二种是下锅筒设支座，而上锅筒用吊环吊挂。第三种是上、下锅筒均设支座。锅筒支座由滚柱和底板两部分组成。

3）锅筒的就位与调整。上下锅筒采用吊车或扒杆进行吊装就位。锅筒就位后，应对锅筒的纵向中心线，横向中心线、锅筒两端面的垂直中心线按有关规范要求进行调整。

（3）受热面管子（对流管束）的安装

通常将对流管束，水冷壁管采用胀接法使管端与锅筒上（或集箱上）管孔进行连接。胀接前应检查管子并进行管端退火、打磨、清理，管孔清理，管子和管孔的选配。选配时，应注意全部管子胀接端与管孔之间的间隙保持均匀，以保证胀接质量，管端退火通常采用铅浴法，胀管时有两道工序，先用固定胀管器固定胀管，再用翻边胀管器继续使管端管径扩大并翻边。经翻边后，一方面胀管接头的强度大大提高，同时也减少了水出入管端的阻力损失。

（4）省煤器安装

省煤器通常由支承架，带法兰的铸铁肋片管、铸铁弯头或蛇形管等组成，安装在锅炉尾部烟管中，水进入省煤器后，经与高温烟气换热使水温提高。

省煤器在组合前应认真做好检查工作，先核对支架，再检查省煤器。铸铁省煤器每根肋片管上损坏的肋片数不应多于总肋片数的 10%，整个省煤器中有破损肋片的管数不应多于总管数的 10%；管及弯头的密封面应无径向沟槽、裂纹、歪斜坑凹及其他缺陷。对蛇形管，与联箱管接头对口前，应仔细检查联箱内部，清除杂物；对蛇形管应逐根进行通球检查，保证畅通无阻。通球检查时所用的压缩空气压力不低于 0.6MPa，通球直径为管内径的 75%。省煤器安装时，严格注意管排侧面、管端与护墙之间的间隙，应符合图纸规定，以保证自由膨胀。

（5）空气预热器安装

空气预热器分为板式、管式和回转式三种结构形式，常采用的是钢管式和回转式预热器。空气经过预热器变成热风进入燃烧室，既能改变燃烧条件，又能充分利用排烟的余热。该装置安装前，应对管箱进行外表质量检查，对损伤的管子应修复，预热器上方无膨胀节时，应留出适当的膨胀间隙。如有膨胀节时，则应连接良好，不得有变形和泄漏现象。

（6）过热器安装

过热器是将锅筒内产生的饱和水蒸气，再一次进行加热，使之成为过热蒸汽的设备，饱和蒸汽即湿蒸汽，经过热器加热后变成干蒸汽。

过热器是由进、出口联箱及许多蛇形管组装而成的，按照传热方式的不同，过热器可分为低温对流过热器、屏式过热器和高温辐射过热器。对流过热器大都垂直悬挂于锅炉尾部；辐射过热器多半装于锅炉的炉顶部或包覆于炉墙内壁上。过热器是将饱和蒸汽加热到一定温度的表面式换热器，起着分配和汇集蒸汽的作用。对于大容量锅炉的过热器都布置在烟温较高的区域内，其蒸汽温度和管壁热负荷都很高，所以，过热器的材料大多采用一些含有铬、钼、钒等元素，具有良好高温强度性能的耐热合金钢。

过热器安装时，先将过热器联箱和减温器上位。吊装组合件时，其次序是先一级后二级，每级由里向外，逐排上位，逐排焊接。焊接质量要好，防止漏烟。安装膨胀节时，注意膨胀方向不要装错，密封装置不要漏掉。

（7）炉排安装

工业锅炉中用得较多的有链条炉排、抛煤机炉炉排、往复推动炉排和振动炉排，各种形式的炉排安装工序和要求都各不相同，应按锅炉安装使用说明书的要求进行安装。一般情况下，炉排安装顺序为：

1）安装前将铸铁炉排片、炉排梁等构件配合处的飞边、毛刺磨掉，以保证各部位的良好配合。

2）安装前要进行炉外冷态空运转，运转时间不应少于2～3d，如发生卡住、跑偏等现象，应予以清除。

3）炉排安装顺序按炉排型式而定，一般是按由下而上的顺序安装。要按设计图纸核对尺寸，保证安装允许的偏差值和炉排两端的缝隙大小，以防影响炉排的运行。

4）安装炉排的变速机构。

5）炉排安装完毕，要认真检查。确认合格后，再进行冷态试运转。

（8）锅炉安全附件的安装

锅炉安全附件主要指的是压力表、水位计和安全阀。

1）压力表安装

锅炉上常用的压力表为弹簧式压力表，安装时应注意以下几点：

① 新装的压力表必须经过计量部门检验，铅封不允许损坏，压力表不许超过检验使用年限。

② 压力表要装在与汽包蒸汽空间直接相通的地方，同时便于观察、冲洗，并要避免由于压力表受到振动和高温而造成损坏。

③ 当锅炉工作压力低于 2.5MPa 表压时，压力表精度不应低于 1.5 级，压力表盘直径不得小于 100mm，表盘刻度极限值应为工作压力的 1.5～3.0 倍（最好为 2 倍），刻度盘上应划红线指出工作压力。

④ 压力表要作为独立装置安装，不应和其他管道相连。

⑤ 压力表下面要装有存水弯管，以积存冷凝水，避免蒸汽直接接触弹簧弯管，而使弹簧管过热。

⑥ 在压力表和存水弯管之间，要装旋塞或三通旋塞，以便吹洗、检验压力表。

2）水位计安装

汽包水位高低直接关系到锅炉的安全运行。锅炉上必须要安装两个彼此独立的水位计，以保证正确地指示锅炉水位的高低。中低压工业锅炉常用平板玻璃水位计和低位水位计，小型锅炉常用玻璃管式水位计。水位计与上汽包的水空间和汽空间相连接，上汽包最低安全水位至少比水位计玻璃板（管）的最低可见边缘高 25mm；上汽包内的最高安全水位至少比水位计玻璃板（管）的最高可见边缘低 25mm，水位计上装有三个管路阀，即蒸汽通路阀、水通路阀和放水冲洗阀。水位计安装时应注意以下几点：

① 蒸发量大于 0.2t/h 的锅炉，应安装两个彼此独立的水位计，以便能够校核锅炉内的水位。

② 水位计要垂直安装；连通管路的布置应能使该管路中的空气排尽；整个管路应密封良好；汽连通管不应保温。

③ 水连通管与汽连通管要尽量水平布置，其内径不得小于 18mm，连接管的长度要小于 500mm，以保证水位计灵敏准确。

④ 放水旋塞下方应装有接地面的水管，并引到安全地点，旋塞的内径以及玻璃管的内径都不得小于 8mm。

⑤ 水位计与汽包之间的汽、水连接管上不能安装阀门，更不得装设球形阀。如装有阀门，在运行时应将阀门全开，并予以铅封。

3）安全阀安装

锅炉内气体压力达到安全阀开启压力时，安全阀自动打开，排出汽包中的一部分蒸汽，使压力下降，避免过压造成事故。中、低压锅炉常用的安全阀有弹簧式和杠杆式两种。

蒸发量大于 0.5t/h 的锅炉，至少应装设两个安全阀（不包括省煤器上的安全阀），且其中一个应能够先打开。开启压力见表 2-1。

安全阀的开启压力调整表   表 2-1

锅炉工作压力（表压）（MPa）	安全阀的开启压力
<1.3	工作压力＋0.02MPa
	工作压力＋0.05MPa
1.3～3.9	1.04 倍工作压力
	1.06 倍工作压力
>3.9	1.05 倍工作压力
	1.08 倍工作压力

安全阀的阀座内径应大于 25mm；几个安全阀共同装设在一根与汽包相联的短管上时，短管通路截面积应大于所有几个安全阀门面积总和的 1.25 倍。同样，排气管的截面积亦至少为安全阀总截面积的 1.25 倍。

4）锅炉水压试验

锅炉水压试验的范围包括有锅筒、联箱、对流管束、水冷壁管、过热器、锅炉本体范围内管道及阀门等，但不包括安全阀。

① 准备工作。将上下锅筒内清理干净；对升降管水冷壁管进行通球试验；封闭人孔、手孔；拆下安全阀并以盲板堵住。每台锅炉装压力表两块；打开锅炉上的主汽阀（此时该阀代替排气阀）；关闭排污阀；将锅炉、手压泵以管道与水源连接。

② 试验压力。水压试验的试验压力见表 2-2。

锅炉水压试验压力表   表 2-2

项目名称	锅筒工作压力 P（MPa）	试验压力（MPa）
锅炉本体	<0.6	$1.5P$ 且不小于 0.2
锅炉本体	0.6～1.2	$P+0.3$
锅炉本体	>1.2	$1.25P$
过热器	任何压力	同锅炉试验压力
可分式省煤器	任何压力	$1.25P+0.5$

③ 试验介质。水压试验时，试验用水应清洁，试压环境温度不得低于 5℃，水温一般应保持 15～40℃。特殊情况下，允许在室温低于 +5℃ 但高于 −5℃ 下进行试验，但此时要使用热水，水温不宜超过 60℃，并要采用必要的防冻措施。

④ 试验过程。打开注水阀，向锅炉内注水至满，空气排尽后关闭放气阀和注水阀。以手压泵徐徐升压，升至 0.3～0.4MPa 时，进行一次检查，必要时拧紧人孔、手孔和法兰的螺栓。当升至工作压力时暂停，检查各胀口、焊口有无漏水。然后继续升压至试验压力，保持 5min，回降至工作压力，进行全面检查；以不漏水为合格。

对于泅水（水珠不往下流）和水印（有水迹）的胀口，可不补胀；漏水口可补胀，但补胀次数不得超过两次，且胀管率在允许范围内。

水压试验后，应将水全部放净，不得使锅筒、过热器、省煤器等内部有积水，以防冬天冻裂。

（9）炉墙的砌筑

炉墙直接受高温火焰的烘烤，要求炉墙：一是要具有耐高温的性能；二是在高温下要强度高、变形小。因此，对筑炉所用材料、砌筑质量要求严格。

1）筑炉常用材料

锅炉的炉墙通常分为内墙、隔烟墙和外墙。内墙、隔烟墙直接受火焰侵袭，采用耐火砖、耐火泥砌筑。耐火砖分为普型和异型两种，耐火泥由生料（生耐火泥）、熟料（熟耐火泥）配制而成。外墙不直接承受火焰的烘烤，采用优质红（青）砖和水泥砂浆砌筑。

2）材料的检查

筑炉所用砖，耐火泥、水泥及河砂要严格检查。每块砖均应棱角完整、长、宽、厚尺寸相同；无扭曲、裂纹等缺陷；耐火水泥、水泥应认真检查出厂日期及有否变质失效情况；水泥应采用 52.5 级；河砂应干净无杂物。

3）炉墙的砌筑

分为砌筑炉墙和砌筑弧形拱。

① 砌筑炉墙。砌筑内墙的灰浆配比为：当砌筑温度高，砖缝宽≤2mm 的耐火砖内墙时，用熟耐火泥 75%，生耐火泥 25% 配制；当砌筑温度较低，砖缝宽≤3mm 的耐火砖内墙时，用熟耐火泥 65%，生耐火泥 35% 配制。耐火泥的细度要满足砌筑要求，使用前要用筛孔小于灰缝宽度的筛子筛过。砌筑红（青）砖外墙时，可采用水泥、石灰混合砂浆，其配比为水泥∶石灰∶河砂＝1∶1∶(4～6)（体积比）。

在砌筑过程中，要保持内、外墙及四周的进度基本上一致，各层砖的灰缝要错开，顺砌错缝为砖长的 1/2，横砌错缝为砖长的 1/4。内、外墙不得有垂直的通缝。每砌 5～7 层时，应设置适当块数的牵联砖（用耐火砖）炉墙砌到一定高度时，应检查其垂直度和平整度：垂直度每米≤3mm，全高不超过 15mm；凹凸度≤5mm，砖缝灰浆应均匀、饱满。砖缝宽度要求符合设计要求。

耐火砖内墙的外转角处应留伸缩缝，缝内以大于间隙的石棉绳涂耐火泥填充，缝两侧的墙要平直，炉墙与钢结构的接触处应垫石棉板。

② 砌筑弧形拱。炉顶和炉墙上的门、孔上部，通常均为拱形。弧形拱用楔形耐火砖砌筑而成，拱砖为奇数，拱顶中央的一块砖称为锁砖，位于通过拱弧圆心的垂直线上。

砌拱时，从两侧向中间砌筑，砖缝≤2mm，最后一块中央锁砖的楔形缺口应略小于砖的厚度，以能插入约 2/3 砖长为宜；然后用木槌把剩余的 1/3 轻轻打入。拱两侧的砖（拱脚砖），用异型耐火砖砌筑。拱上部的炉墙，可用加工的耐火砖沿弧形竖砌。

（10）烘炉

烘炉的目的是为了将炉墙中的水分慢慢烘干，以防锅炉投入运行时，由于炉膛内火焰温度高，使炉墙内的水分急剧蒸发而产生裂纹。

烘炉前，锅炉本体要经水压试验，砌筑保温工作全部结束；引送风系统、给水系统、排污系统、运煤与除渣系统等在单机运行中，已在额定负荷下正常运转；热工仪表等仪器仪表已检验合格；照明及必要消防设施齐全、可靠。

1）烘炉前的准备工作

烘炉前的主要工作如下：一是作全面检查；二是将炉膛内的杂物清理干净；三是把锅炉房内施工时搭设的脚手架拆除，其他杂物清理干净；四是准备好足够的木柴和煤（其中不得有铁钉、铁丝）；五是备好烘炉所用工具；六是打开炉门、烟道门道等，进行自然通风，使燃烧室内的炉墙先风干几天。

2）烘炉

烘炉可采用燃料燃烧或蒸汽烘炉的方法，通常采用前者。燃料燃烧烘炉时，先注入软水，水由省煤器注入，直至达到上锅筒最低水位。在炉膛内架好木柴，开始自然通风，维持火苗，然后逐渐加大火焰。燃烧木柴一般不超过 3 天。逐渐加煤燃烧，开动引、送风机。烘炉过程温升要平稳，第一天温升不超过 50℃，以后每天不超过 20℃，后期抽气温度最高不超过 200～220℃；砖砌轻型炉墙，每天温升不超过 80℃，后期烟气温度不超过 160℃；耐热混凝土炉墙，在正常养护期满后开始烘炉，每天温升不超过 10℃，后期温度不超过 160℃，在最高温度范围内，持续时间不少于 1 天。烘炉后，炉墙灰浆试样中水分降至 2.5% 以下即为合格。

（11）煮炉

煮炉，就是将选定的药品先调成一定浓度的水溶液，而后注入锅炉内进行加热。其目的是为了除掉锅炉的油污和铁锈等。

1) 煮炉用药。煮炉时用的药品及其配方见表 2-3。

煮炉所用药品及数量表

表 2-3

化学药品	药品加入量(kg/m³ 锅水)		
	铁锈不多的新锅炉	锈蚀较大的锅炉	迁装炉
苛性钠(NaOH)	2～3	3～4	5～6
磷酸三钠(Na₃PO₄·12H₂O)	2～3	2～3	5～6

2) 加药前的准备工作。加药前，一是操作人员要配备工作服、胶皮手套、胶鞋、防护镜等劳保用品以及急用药品，操作地点附近要有清水；二是准备好加药桶和其他工具；三是将煮炉用药品先调成 20％浓度的水溶液，搅拌均匀，使其充分溶解，并除去杂质。

3) 加药。加药时，炉水应处于最低水位，用加药桶将调制的药液一次注入锅筒内。注意，不得将固体药品注入锅筒内，更不得使药液和水进入过热器内。

4) 煮炉。煮炉时间通常为 2～3d。为了保证煮炉质量，煮炉末期的蒸汽压力应保持在锅筒工作压力的 75％左右。煮炉期间，应定期从锅筒和水冷壁下集箱取样做化验分析，当炉水的碱度低于 45mmol/L 时，应补充加药。

煮炉时间一到，逐渐减小炉火；增加排污及注水次数，使炉温缓慢地降低。而后将炉水排尽，打开人孔、手孔，清除锅筒及集箱内的沉积物；冲洗锅筒内部以及与药物接触过的阀门等处，并检查排污阀是否堵塞。

煮炉后，锅筒和集箱内壁无油垢、锈斑为合格。

(12) 定压及蒸汽严密性试验

煮炉及清洗检查合格后，将人孔、手孔盖装上，向炉内注软水至正常水位。而后进行加热至 0.3～0.4MPa 作检查，无问题时继续升压至工作压力进行全面检查。若人孔、手孔、阀门、法兰等处无渗漏；锅筒、集箱等处的膨胀情况良好，炉墙外部表面无开裂，则蒸汽严密性试验合格。

安全阀的调整（定压），可与蒸汽严密性试验同时进行。过热器和锅筒上安全阀调整时，均以锅筒上的压力表为准。安全阀的开启压力应调整到表 2-4 规定的数值。

安全阀的开启压力

表 2-4

锅筒工作压力 P（MPa）	安全阀名称	开启压力（MPa）
<1.3	锅筒控制安全阀	$P+0.02$
	锅筒工作安全阀	$P+0.03$
	过热器安全阀	稍低于锅筒控制安全阀
1.3～2.5	锅筒控制安全阀	$1.03P$
	锅筒工作安全阀	$1.05P$
	过热器安全阀	$1.02P$
任何压力	非沸腾式省煤器入口安全阀	$1.25P$
	非沸腾式省煤器出口安全阀	$1.10P$

调整的顺序：先调开启压力高的，后调开启压力低的安全阀。而且，要使锅筒上两个安全阀中，有一个必须在较低压力下开启（该阀称为控制安全阀）。有过热器时，必须保

证过热器上安全阀先开启。

非沸腾式省煤器安全阀，在蒸汽严密性试验之前，以水压进行调整。

上述各项工作完成之后，锅炉即可进行全负荷试运行，连续运行72h无问题时，便可办理交工手续。

6. 锅炉给水处理

在锅炉房使用的各种水源中，无论是天然水，还是自来水，都含有一些杂质，不能直接用于锅炉给水，必须经过处理，符合锅炉给水水质标准后才能供给锅炉使用，否则会影响锅炉的安全经济运行。因此，锅炉房要设置给水处理设备。

(1) 水中杂质及其危害

天然水中的悬浮物和胶体物质通常是在水厂里通过混凝和过滤处理后大部分被清除，但仍有一部分溶解盐类（主要是钙、镁盐类）会析出或浓缩沉淀出来。沉淀物的一部分比较松散，称为水渣；而另一部分附着在受热面内壁，形成坚硬而质密的水垢。水垢的存在对锅炉安全、经济运行危害很大，主要是：

1) 水垢的导热系数为钢的导热系数的$1/30 \sim 1/50$，根据试验，受热面内壁附着1mm厚的水垢，就要多消耗煤$2\% \sim 3\%$。

2) 由于水垢导热性差，会使受热面金属壁温度升高而过热，使其机械强度显著下降，导致管壁起疱，甚至产生爆炸事故。

3) 锅炉水管内结垢后，会减小管内流通截面积，增加水循环的流动阻力，破坏正常的水循环，严重时会将水管完全堵塞，使管子烧损。且水垢很难清除，缩短锅炉使用寿命。

为了保证工业锅炉的安全、经济运行，锅炉给水必须经过处理，即降低水中钙、镁盐类的含量（软化），减少水中的溶解气体（除氧），使其符合规定的水质标准要求，防止锅内结垢，减轻对受热面金属的腐蚀。

锅炉用水，根据其所处的部位和作用不同，可分为以下几种：

1) 原水。指锅炉的水源水，也称生水。原水主要来自江河水、井水或城市自来水。一般每月至少化验1次。

2) 软化水。原水经过水质软化处理，硬度降低，符合锅炉给水水质标准的水。

3) 回水。锅炉蒸汽或热水使用后的凝结水或低温水，返回锅炉房循环利用时称为回水。

4) 补给水。无回水或回水量不能满足供水需要，必须向锅炉补充供应的符合标准要求的水称为补给水。

5) 给水。送入锅炉的水称为锅炉给水，通常由回水和补给水两部分组成。

6) 锅水。锅炉运行中在锅内吸热、蒸发的水。

7) 排污水。为除掉锅水中的杂质，降低水中杂质含量，从汽锅中放掉的一部分锅水，称为锅炉排污水。

(2) 水质标准

为了防止锅炉由于结垢、腐蚀及锅水起沫而影响锅炉的安全、经济运行，锅炉给水及锅水均要求达到一定的水质标准。

我国现行的《工业锅炉水质标准》（GB/T 1576—2008）中规定：锅炉给水应采用锅

外化学水处理，对额定蒸发量≤4t/h，且 P≤1.3MPa 的锅炉可采用锅内加药处理，水质标准要符合表 2-5 的规定。

单纯采用锅内加药处理的自然循环蒸汽锅炉和汽水两用锅炉水质   表 2-5

水 样	项 目	标准值
给 水	浊度（FTU）	≤20.0
	硬度（mmol/L）	≤4.0
	pH 值（25℃）	7.0～10.0
	油（mg/L）	≤2.0
锅 水	全碱度（mmol/L）	8.0～26.0
	酚酞碱度（mmol/L）	6.0～18.0
	pH 值（25℃）	10.0～12.0
	溶解固形物（mg/L）	≤5.0×10²
	磷酸根[a]（mg/L）	10.0～50.0

注：1. 单纯采用锅内加药处理，锅炉受热面平均结垢速率不得大于 0.5mm/a。
    2. 硬度、碱度的计量单位为一价基本单元物质的量浓度。
    a 适用于锅内加磷酸盐阻垢剂，采用其他阻垢剂时，阻垢剂残余量应符合药剂生产厂规定的指标。

单纯采用锅内加药处理的热水锅炉其水质标准要符合表 2-6 的规定。采用锅外水处理的热水锅炉的水质标准应符合表 2-7 的规定。

单纯采用锅炉内加药处理的热水器锅炉水质   表 2-6

水 样	项 目	标准值
给 水	浊度（FTU）	≤20.0
	硬度[a]（mmol/L）	≤6.0
	pH 值（25℃）	7.0～10.0
	油（mg/L）	≤2.0
锅 水	pH 值（25℃）	9.0～11.0
	磷酸根[b]（mg/L）	10.0～50.0

注：1. 对于额定功率小于等于 4.2MW 水管式和锅壳式承压的热水锅炉和常压热水锅炉，同时采用锅外水处理和锅内加药处理时，给水和锅水水质采用本表的规定。
    2. 硬度的计量单位为一价基本单元物质的量浓度。
    a 使用与结构物质作用后不生成固体不溶物的阻垢剂，给水硬度可放宽至小于等于 8.0mmol/L。
    b 适用于锅内加磷酸盐阻垢剂，采用其他阻垢剂时，阻垢剂残余量应符合药剂生产厂规定的指标。

采用锅外水处理的热水锅炉的水质   表 2-7

水 样	项 目	标准值
给 水	浊度（FTU）	≤5.0
	硬度[a]（mmol/L）	≤0.60
	pH 值（25℃）	7.0～10.0
	溶解氧[a]	≤0.10
	油（mg/L）	≤2.0
	全铁（mg/L）	≤0.30
锅 水	pH 值（25℃）[b]	9.0～11.0
	磷酸根[c]（mg/L）	10.0～50.0

注：硬度的计量单位为一价基本单元物质的量浓度。
    a 溶解氧控制值适用于经过除氧装置处理后的给水，额定功率大于等于 7.0MW 的承压热水锅炉给水应除氧，额定功率小于 7.0MW 的承压热水锅炉如果发生局部氧腐蚀，也应采取除氧措施。
    b 通过补加药剂使锅水 pH 控制在 9.0～11.0。
    c 适用于锅内加磷酸盐阻垢剂，采用其他阻垢剂时，阻垢剂残余量应符合药剂生产厂规定的指标。

（3）锅炉给水的处理

1）锅炉给水的过滤

工业锅炉房用水一般由水厂供给。如果原水的悬浮物含量较高，为了减轻软化设备的负担，必须进行原水的过滤处理。对于顺流再生固定床离子交换器，悬浮物大于等于5mg/L的原水应经过滤；进入逆流再生固定床离子交换器或浮动床交换器的原水，悬浮物含量大于等于2mg/L时应先经过滤；悬浮物含量大于20mg/L的原水或经石灰处理后的水均应混凝、澄清后经过滤处理。

工业锅炉房常用的过滤设备是单流式机械过滤器，也是最简单的一种过滤器。

单流式机械过滤器管路系统简单，运行稳定，过滤速度为 $4\sim5m^3/h$，运行周期一般为8h。单流式机械过滤器本体为密闭的钢制圆柱形容器，设有进水、排水管路，过滤器内装填过滤材料，常用的有石英砂、大理石、无烟煤等。石英砂不宜用于过滤碱性水，因为石英砂在水中溶解产生硅酸对锅炉有害；无烟煤、大理石适用于带碱性的水。滤料直径为 0.5～1.5mm。

采用压力式机械过滤器过滤原水时，台数不宜少于2台，其中1台备用。每台每昼夜反洗次数可按1～2次设计。

较大型的过滤装置多采用无阀滤池。

2）离子交换设备

离子交换设备种类较多，有固定床、浮动床、流动床等。浮动床、流动床离子交换设备适用于原水水质稳定，软化水出力变化不大、连续不断运行的情况，固定床则无需上述要求，是工业锅炉房常用的软化水设备。

① 固定床钠离子交换器。固定床离子交换器，是指运行时交换器中的交换剂层是固定而不流动的，一般原水由上而下经过交换剂层，使水得到软化，简称固定床。

固定床离子交换按其再生运行方式不同，可分为顺流再生和逆流再生两种。

顺流再生固定床的优点是结构简单，运行维修方便，对各种水质适应性强。但缺点是再生效果不理想。为了克服顺流再生的交换器底部交换剂再生程度较低的缺点，通常采用逆流再生方式。逆流再生离子交换器具有出水质量高、盐耗低等优点，所以在生产中被广泛采用。

② 浮动床离子交换器及运行。浮动床属于固定床逆流再生离子交换器的一种新工艺。交换剂几乎装满交换器，运行时原水以一定的速度从下向上通过交换器，交换剂层被水流托起呈悬浮状态，故称之为浮动床离子交换器，简称浮动床。由于运行时原水与再生液的流向相反，因而浮动床具有逆流再生的优点，即出水质量好，再生剂耗量低。此外，它还具有运行流速高（可达 40～50m/h），产水量大，自耗水量少，设备比较简单等优点。浮动床应连续运行，不宜频繁地间断运行，否则易乱层。它适用于进水总硬度小于4mmol/L，原水水质稳定，软化水出力变化不大，连续不间断运行场合。

③ 流动床离子交换设备。固定床离子交换器虽然运行可靠，但它是间歇运行的，为了保证连续供水，就要设置备用交换器。流动床则是完全连续的工作系统，能满足连续供水的要求。

流动床离子交换系统主要由交换塔和再生清洗塔组成。

流动床的工艺流程分为软化、再生和清洗三部分，并配有再生液制备和注入设备及流量计等，组成完整的工艺流程。

流动床离子交换装置敞开式不承受压力，可用塑料制作，设备简单，可连续出水，出水质量好，再生剂用量省，操作简单，便于自动化管理，但再生清洗塔的安装高度一般高于 7m，另外它对原水质量和流量变化的适应性差，树脂输送平衡不易掌握，运行调整较为麻烦。因此它适用于进水硬度小于 4mmol/L，原水质量稳定，流量变化小和操作水平高，维修能力较强的中小型锅炉房。

3）阳离子交换软化及除碱

水中的悬浮物和胶体物质通常经过水厂的沉淀、过滤等处理后被大部分去除。但水中的硬度、碱等杂质仍然存在，为了满足锅炉给水水质要求，需要对锅炉给水进行处理。工业锅炉房水处理的主要内容是软化和除氧，即除去水中的钙、镁离子，降低给水的含氧量。利用不产生硬度的阳离子（如 Na^+、H^+）将水中的 Ca^{2+}、Mg^{2+} 置换出来，从而达到使水软化的目的，这种方法称为阳离子软化法，又称离子交换软化法。离子交换软化是通过离子交换剂实现的。

常用的阳离子交换法有钠离子、氢离子交换等方法。

① 钠离子交换软化。目前在工业锅炉水处理中，钠离子交换软化用得最多。离子交换器中装入阳离子交换剂，原水流过钠离子交换剂时，交换剂中的 Na^+ 与水中的 Ca^{2+}、Mg^{2+} 离子进行置换反应，使水得到软化。钠离子交换既可除去水中的暂硬，又可除去永硬，但不能除碱，因为构成天然水碱度主要部分的暂时硬度按照等物质量的规则转变为钠盐碱度 $NaHCO_3$；另外，按等物质量的交换规则 $1molCa^{2+}$（40.08g）与 2mol（45.98g）的 Na^+ 进行交换反应，使得软水中的含盐量有所增加。

随着交换软化过程的进行，交换剂中的 Na^+ 逐渐被水中的 Ca^{2+}、Mg^{2+} 所代替，交换剂由 NaR 型逐渐变为 CaR_2 或 MgR_2 型。当软化水的硬度超过某一数值后，水质已不符合锅炉给水水质标准的要求时，则认为交换剂已经"失效"，此时应立即停止软化，对交换剂进行再生（还原），以恢复交换剂的软化能力。常用的再生剂是食盐 NaCl。

② 离子交换除碱。钠离子交换软化的主要缺点是不能除碱，对于暂硬高的碱性水，采用此法往往会使锅水碱度过高，增加锅炉排污水量和热量损失。采用氢-钠离子交换及部分钠离子交换等系统就能达到降低锅水碱度的目的。

氢离子交换软化法，从碱度消除和含盐量降低来看，具有明显的优越性，然而由于出水呈酸性和用酸作为再生剂，故氢离子交换器及其管道要有防腐措施，且处理后的水不能直接送入锅炉，因此它不能单独使用。通常它和钠离子交换器联合使用，即氢-钠离子交换，使氢离子交换产生的游离酸与经钠离子交换后水中的碱相中和而达到除碱的目的。此时中和所产生的 CO_2 可用除 CO_2 器除去，这样既消除了酸性，降低了碱度，又消除了硬度，并使水的含盐量有所降低。失效的氢离子交换剂还原时，用质量分数为 2% 左右的硫酸，或不超过 5% 的盐酸。氢—钠离子交换软化一般适用于处理暂硬较高的碱性水。

③ 部分钠离子交换。部分钠离子交换软化是让原水部分经过钠离子交换器软化，另一部分原水直接进入水箱。水中的非碳酸盐硬度经钠离子交换后，转变为 $NaHCO_3$，它在水箱中受热分解，形成的 Na_2CO_3 和 NaOH 与原水中的硬度发生反应，生成难溶于水的 $CaCO_3$ 沉淀，同时消除了一部分碱度，$CaCO_3$ 则由排污排除。

部分钠离子交换软化法可软化、除碱而不需另加药剂；可减小设备容量，减少交换剂和再生剂用量，降低费用。但软化不彻底，水箱或锅炉内有沉渣，故此法只适用于小型锅炉。

④ 部分氢离子交换。氢—钠离子交换软化设备投资和运行费用都较高，限制了在小型锅炉房的应用。对于小型锅炉，如原水碱度大于硬度，即"负硬"水，可采用部分氢离子交换法，即一部分原水经氢离子交换器除去碱度、硬度而产生游离酸，再与另一部分原水混合除去原水中多余的碱度，然后通过除气器除掉过程中生成的 CO_2 作为锅炉给水。给水的硬度不得大于锅内加药处理的标准，即硬度 4mmol/L，因此它只适用于≤2t/h 的锅炉。又称锅内与锅外相结合的方法。

7. 锅炉的烟气净化

工业锅炉主要是以煤为燃料。煤在锅炉内燃烧后，产生大量的烟尘及硫和氮的氧化物等有害气体。这些有害物排放到大气中，严重地污染了周围大气环境。

（1）烟尘与排放标准

1）烟尘

燃煤锅炉排烟中的烟尘由两部分组成。一部分是煤在燃烧过程中放出的硫及氮的氧化物气体，以及碳氢化合物在缺氧条件下分解和裂化出来的微小炭粒（炭黑），其粒径为 $0.05\sim1.0\mu m$，烟气中炭黑多时即形成黑烟。另一部分是由于烟气的扰动作用而被带走的灰粒和未燃尽的煤粒，也称飞灰，其粒径一般为 $1\sim100\mu m$。

粒径小于 $10\mu m$ 的尘粒能长期飘在空气中，称为飘尘。粒径大于 $10\mu m$ 的尘粒，由于自身重力的作用，在短时间内可以降落在地面上，称为降尘。工业锅炉排出的烟尘中 $10\%\sim30\%$ 是小于 $5\mu m$ 的尘粒。这些微粒具有很强的吸附能力。

锅炉排放的烟尘是一种空气的污染物，对人体健康、环境、生态及经济都有严重的危害，必须加以限制，不能任意排放。

2）烟气排放标准

锅炉烟尘排放标准是为防止污染，保护环境而对锅炉烟尘排入环境的数量所作的限制规定。

锅炉排出烟气中的烟尘浓度规定采用 $1m^3$ 排烟体积中含有烟尘的质量（mg）来表示，称为烟尘浓度。

根据对环境质量的不同要求，我国对工业锅炉烟尘允许排放浓度按《锅炉大气污染物排放标准》（GB 13271—2014）中的规定进行选用，见表2-8。

锅炉烟尘最高允许排放浓度和烟气黑度限值　　　　表2-8

锅炉类别		适用区域	烟尘排放浓度（mg/m³）		烟尘黑度级（林格曼黑度）
			Ⅰ时段	Ⅱ时段	
燃煤锅炉	自然通风锅炉<0.7MW（1t/h）	一类区	100	80	1
		二、三类区	150	120	
	其他锅炉	一类区	100	80	1
		二类区	250	200	
		三类区	350	250	

锅炉类别		适用区域	烟尘排放浓度（mg/m³）		烟尘黑度 级（林格曼黑度）
			Ⅰ时段	Ⅱ时段	
燃油锅炉	轻柴油、煤油	一类区	80	80	1
		二、三类区	100	100	
	其他燃料油	一类区	100	80	1
		二、三类区	200	150	
燃气锅炉		全部区域	50	50	1

注：1. 禁止新建以重油、渣油为燃料的锅炉。

2. 一类区为自然保护区、风景游览区、疗养地、名胜古迹区、重要建筑物周围；二类区为市场信息区、郊区、工业区、其县以上城镇；三类区为其他地区。

在实际燃烧过程中，要使燃料全部完全燃烧是不可能的，要烟气中一点飞灰没有也是不可能的。一般说的消烟除尘，是指把烟气的黑度和含尘量降低到不会导致污染环境和危害人体健康的程度。

（2）除尘设备

工业锅炉中常用的除尘方式有干法与湿法两种。

干法除尘，基本上是利用机械方法改变烟气流的方向时产生的惯性力，将灰粒分离出来，使排出的烟气得到净化。常用的有旋风除尘器。

湿式除尘，一般是利用水膜粘住或吸附烟气中的灰粒，或用喷雾的水使灰粒凝聚随水清洗下来。常用的有水浴式除尘器和麻石水膜除尘器。该种除尘方式除尘效率较高，但耗水量较大，排出烟气中常带水，排出的水呈酸性，如不加以处理，对地下水有污染，在寒冷地区还要考虑防冻的措施。因此，湿式除尘受到一定的限制。

1）旋风除尘器

旋风除尘器是使含尘烟气旋转运动，从而使尘粒在离心力的作用下从烟气中分离出来的装置。旋风除尘器结构简单，管理方便，处理烟气量大，除尘效率高，是工业锅炉烟气净化中应用最广泛的一类除尘设备。

目前旋风除尘器种类很多，下面仅介绍几种常用的旋风除尘器。

① 立式旋风除尘器。除尘器本体由筒体、烟气进口管、平板反射屏、烟气排出管及排灰口等组成。

该除尘器由于采用了收缩、渐扩形进口，提高了烟气进口流速，使离心力增大。

由于该设备有合理的气流组织，使已被分离出来的尘粒，有可能完全捕集下来。因此，该除尘器效率较高，热态运行效率达 90%～93%，阻力为 774～860Pa。适用于 1～4t/h 的层燃锅炉。

除了单筒立式除尘器，还有双筒、四筒或多筒组合体除尘器，以适应不同容量锅炉的需要。

② 立式多管旋风除尘器。上面介绍的旋风除尘器大多用于中、小型除尘系统中，当处理烟气量增加时，由于入口流速要保持在合适的范围内以及出口管尺寸不能太大（否则会使除尘效率下降），因此，必须用多个小型旋风除尘器并联起来组成除尘装置。立式多

管除尘器就是为这个目的而设计的。

该除尘器是由组装在一个壳体内的若干个立式小旋风，烟气进、出管，烟气分配室及贮灰斗所组成。这种除尘器的优点是可以处理较大的烟气量，并具有较高的除尘效率，多个旋风组成一个整体，便于烟道的联接和设备的布置。缺点是耗费的钢材或铸铁量大，且易于磨损。这种除尘器效率可达 92%～95%，阻力为 500～800Pa。

③ 卧式旋风除尘器。筒体为对数螺旋线的蜗壳，烟气由切向入口进入蜗壳内，使气流稳而均匀地旋转，旋转烟气沿内壁向牛角锥尖方向流动，被分离出来的尘粒落入牛角尖处，经锁气器排出。其除尘效率可达到 92%，阻力为 725Pa。由于筒体为卧式，降低了除尘器高度，使安装简便，适用于容量为 1～4t/h 锅炉。

④ 立式双旋风除尘器。这种除尘器是由一个大旋风蜗壳和一个小旋风分离器组成。

含尘烟气切向进入大旋风蜗壳，在旋转离心作用下，尘粒被抛向大蜗壳的外边缘，当烟气旋转到 270°时，最外边缘上约 15%～20% 的含尘浓缩的烟气进入小旋风分离器进一步净化。

该除尘器除尘效率为 88%～92%，阻力为 608～715Pa。除尘器下部排烟气同引风机进口连接方便。适用于容量为 1～20t/h 的锅炉。

⑤ 卧式双旋风除尘器。锅炉烟气经大旋风、小旋风及水封冲灰器将尘粒分离排出。因此，能达到较好的分离效率，提高了整个除尘设备的负荷适应性。由于卧式布置，安装高度较低，容易布置。适用于 1～20t/h 锅炉。

旋风除尘器结构简单，耗电量少，在捕集 5μm 以下的尘粒时效率很低。旋风除尘器的除尘效率，除了与其本身结构有关外，还与下列因素有关：

烟气进口速度：除尘器进口的烟气流速在 10～25m/s 范围内烟气净化效率较高。流速增大会使除尘器阻力增加，流速减小会使除尘效率降低。

烟尘的粒度和密度：烟尘粒度越粗，密度越大，除尘效率越高。

烟气的初始含尘浓度：烟气初始含尘浓度高时，一般降尘效率也高。

筒体的绝对尺寸：筒体直径越小，尘粒所受的离心力越大，除尘效率越高。

除尘装置的严密性：旋风除尘器一般是在负压下工作，排灰装置漏风会使除尘器效率下降，当漏风率为 5% 时，除尘器效率由原来的 90% 下降到 50%；当漏风率达到 15% 时，除尘效率接近于零。因此，对旋风除尘器的排灰装置（锁气器）的使用应给以足够的重视。

当锅炉容量在 1～2t/h 以下时，可在除尘器排灰口设置固定式灰斗。

在容量较大的锅炉所配的旋风除尘器上，还有采用转动式锁气器、电磁锁气排灰阀和湿式排灰装置的。

2）麻石水膜除尘器

利用水形成的水膜或水滴同含尘的烟气接触，使尘粒从烟气中分离出来，这是麻石水膜除尘器除尘的基本原理。

这种除尘器主要由圆柱形筒体淋水装置、灰斗、烟气进口、烟气出口和排灰装置等组成。

筒体用麻石花岗岩砌筑，淋水装置一般采用溢流外水槽式供水，其供水靠除尘器内外的压差溢流来实现。

含尘烟气在下部以 15～20m/s，最大不超过 23m/s 的速度切向进入筒体，形成急剧旋转的上升气流，筒体部分烟气流速一般为 4～5m/s，流速过大，水膜可能破裂而产生水滴。烟尘在离心力的作用下被甩向壁面，并被沿筒壁留下的水膜所湿润和粘附，然后同水一起流入锥形灰斗，经水封和排灰水沟冲到沉灰池，而净化后的烟气从上部出口排出。

由于这种分离出来的烟尘不可能再被烟气第二次带走，所以除尘效率较高，较小的尘粒也能除掉。同时还能把烟气中的 SO_2 和 SO_3 清除，因此该除尘器的排水呈酸性，筒体采用麻石材料主要是防止设备被腐蚀，对除尘后的含酸废水要配置处理装置。

这种除尘器效率较高，约为 90%～95%，阻力较小，约为 40～90Pa，结构简单，工作可靠。

3）自激水泡沫除尘器

该设备由烟气冲击室、洗涤反应槽、漂移凝聚室、脱水装置、脱硫液供给装置、刮板除灰机等组成。

这种形式除尘器属于湿式除尘，脱硫效果比麻石除尘器好，且耗水量少，占地小，设备简单。其与旋风除尘器组成干湿结合的二级除尘系统可适用于抛煤机倒转炉排锅炉、沸腾炉及循环硫化床锅炉。

该形式除尘器适用于 4～35t/h 锅炉中，除尘效率达 95%，脱硫效率为 50%～80%，阻力小于 1400Pa。

（3）烟气的脱硫

烟气脱硫通常有三种途径：

1）煤燃烧前脱硫。常用的方法是洗煤和煤气化后脱硫，这两种方法难于应用在工业锅炉中。

2）煤在燃烧过程中脱硫，即炉内脱硫。常用的方法有型煤固硫和向锅炉炉膛直接喷固硫剂。这在技术上都是可行的，但设备投资与运行管理费用大。

3）烟气脱硫。目前有回收法和抛弃法两大类。

回收法可回收硫，但流程长，设备多，投资大，效率低和成本高。

抛弃法分为喷雾干燥烟气脱硫和石灰湿法脱硫。这两种方法对工业锅炉尤为适用。

喷雾干燥烟气脱硫，系统简单、投资小，只要雾化和脱硫塔设计、运行良好，可得到较高的脱硫效率。

石灰湿法脱硫，是以石灰水为吸收剂，在脱硫塔内烟气与吸收液烟气与吸收液充分接触反应，最后生成硫酸钙与亚硫酸钙水溶液，经沉淀处理达到可循环使用的标准后返回使用。但系统中设备及管道易结垢，需经常冲洗。

此外，采用硫化床直接脱硫，也可以不设置投资很大的排烟脱硫装置而达到脱硫的目的。

8. 锅炉的主要性能指标

为了表明锅炉的构造、容量、参数和运行的经济性等特点，通常用下述指标来表示锅炉的基本特性

（1）蒸发量

蒸汽锅炉每小时生产的额定蒸汽量称为蒸发量，单位是 t/h。蒸汽锅炉用额定蒸发量表明其容量的大小，即在设计参数和保证一定效率下锅炉的最大连续蒸发量，也称锅炉的

额定出力或铭牌蒸发量。工业锅炉的蒸发量一般为 0.1～65t/h。

对于热水锅炉则用额定热功率来表明其容量的大小，单位是 MW。

（2）压力和温度

蒸汽锅炉出汽口处的蒸汽额定压力或热水锅炉出水口处热水的额定压力称为锅炉的额定工作压力，又称最高工作压力，单位是 MPa。

对于生产饱和蒸汽的锅炉，只需标明蒸汽压力。对于生产过热蒸汽的锅炉，必须标明蒸汽过热器出口处的蒸汽温度，即过热蒸汽温度，单位是℃。

对于热水锅炉则有额定出口的热水温度和额定的进口回水温度之分。

与额定热功率、额定热水温度及额定回水温度相对应的通过热水锅炉的水流量称为额定循环水量，单位是 t/h。

（3）受热面蒸发率和受热面发热率

锅炉受热面是指锅内的汽水等介质与烟气进行热交换的受热部件的传热面积，一般用烟气侧的金属表面积来计算受热面积，单位为 m²。

每平方米受热面每小时所产生的蒸汽量，称为锅炉受热面蒸发率，单位是 kg/(m²·h)。

热水锅炉每小时每平方米受热面所产生的热量称为受热面的发热率，单位是 kJ/(m²·h)。

锅炉受热面蒸发率或发热率是反映锅炉工作强度的指标，其数值越大，表示传热效果越好，锅炉所耗金属量越少。

一般工业锅炉的受热面蒸发率＜40kg/(m²·h)；热水锅炉的受热面发热率＜83700kJ/(m²·h)。

（4）锅炉热效率

锅炉热效率是指锅炉有效利用热量与单位时间内锅炉的输入热量的百分比，也称为锅炉效率，用符号 η 表示，它是表明锅炉热经济性的指标，一般工业燃煤锅炉热效率在 60%～82%。

有时为了概括衡量蒸汽锅炉的热经济性，还常用煤水比或煤气比来表示，即锅炉在单位时间内的耗煤量和该段时间内产汽量之比。煤水比的大小与锅炉型式、煤质及运行管理质量等因素有关。工业锅炉的煤水比一般为 1：6～1：7.5。

9. 锅炉的规格与型号

每台锅炉都用一个规定型号来表示，我国工业锅炉产品型号由三部分组成，各部分之间用短横线相连，表示方法如下：

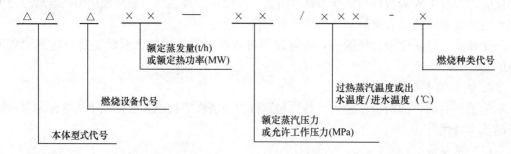

型号的第一部分分为三段：第一段用两个汉语拼音字母表示锅炉本体型式，型式代号见表2-9；第二段用一个汉语拼音字母表示锅炉的燃烧方式（废热锅炉无燃烧方式代号），

燃烧方式代号见表 2-10；第三段用阿拉伯数字表示蒸汽锅炉的额定蒸发量（t/h）或热水锅炉的额定热功率（MW），废热锅炉则以受热面（m²）表示。

锅炉型式的代号　　　　　　　　　　　　表 2-9

锅炉总体型式	代号	锅炉总体型式	代号
立式水管	LS（立、水）	单锅筒纵置式	DZ（单、纵）
立式火管	LH（立、火）	单锅筒横置式	DH（单、横）
卧式外燃	WW（卧、外）	双锅筒纵置式	SZ（双、纵）
卧式内燃	WN（卧、内）	双锅筒横置式	SH（双、横）
单锅筒立式	DL（单、立）	纵横锅筒式	ZH（纵、横）
		强制循环式	QX（强、循）

燃烧设备代号　　　　　　　　　　　　表 2-10

燃烧方式	代号	燃烧方式	代号
固定炉排	G（固）	抛煤机	P（抛）
固定双层炉排	C（层）	沸腾炉	F（沸）
活动手摇炉排	H（活）	室燃炉	S（室）
链条炉排	L（链）	振动炉排	Z（振）
往复推动炉排	W（往）	下饲炉排	A（下）

型号的第二部分表示介质参数。共分两段，中间用斜线分开。第一段用阿拉伯数字表示额定蒸汽压力或允许工作压力（MPa）；第二段用阿拉伯数字表示过热蒸汽温度或热水锅炉的出水温度/进水温度。对生产饱和蒸泡的锅炉，则无斜线和第二段。

型号的第三部分表示燃烧种类。以汉语拼音字母表示燃料种类，同时以罗马数字代表燃料分类与其并列，见表 2-11。如同时使用几种燃料，主要燃烧代号放在前面。

燃烧种类代号　　　　　　　　　　　　表 2-11

燃料种类	代号	燃料种类	代号	燃料种类	代号
Ⅰ类劣质煤	LⅠ	Ⅲ类烟煤	AⅢ	柴油	YC
Ⅱ类劣质煤	LⅡ	褐煤	H	重油	YZ
Ⅰ类无烟煤	WⅠ	贫煤	P	液化石油气	QY
Ⅱ类无烟煤	WⅡ	型煤	X	天然气	QT
Ⅲ类无烟煤	WⅢ	木柴	M	焦炉煤气	QJ
Ⅰ类烟煤	AⅠ	稻壳	D	油页岩	YM
Ⅱ类烟煤	AⅡ	甘蔗渣	G	其他燃料	T

例如，型号为 SHL10-1.25/350-AⅡ型的锅炉，表示为双锅筒横置式锅炉，采用链条炉排，蒸发量为 10t/h，额定工作压力为 1.25MPa，出口过热蒸汽温度为 350℃，燃用二类烟煤。

又如型号为 DZW1.4-0.7/95/70-AⅡ型的锅炉，表示为单锅筒纵置式，往复推动炉排炉，额定热功率为 1.4MW，允许工作压力为 0.7MPa，出水温度为 95℃，进水温度为 70℃，燃用Ⅱ类烟煤的热水锅炉。

（二）名词术语解释

1. 锅炉：利用燃料燃烧释放的热能或其他热能加热给水或其他工质，以获得规定参数（温度、压力）和品质的蒸汽、热水或其他工质的设备。

2. 锅炉机组：锅炉机组包括：锅炉本体、锅炉范围内管道，烟、风和燃料的管道及其附属设备，测量仪表和其他锅炉附属机械等。

3. 固定式锅炉：安装于固定基础上不可移动的锅炉。

4. 蒸汽锅炉：电站锅炉多采用的是蒸汽锅炉。

5. 电站锅炉：蒸汽主要用于发电的锅炉。

6. 工业锅炉：蒸汽主要用于工业生产和采暖的锅炉。

注：按 GB 1921—2004 工业蒸汽锅炉参数系列，工业锅炉出口蒸汽压力最大为 25 表大气压（2.45MPa，表压），最大连续蒸发量最大为 65 吨/时。

7. 热水锅炉：用以产生热水的锅炉。

注：出水温度 130℃ 及以上的热水锅炉称为高温热水锅炉。

8. 室内锅炉：布置在锅炉房内的锅炉。

9. 露天锅炉：布置在锅炉房外的锅炉。

10. 快装锅炉：按照运输条件所允许的范围，在制造厂完成总装整台发运的锅炉。

11. 组装锅炉：在制造厂内将整台锅炉分成几个装配齐全的大件，运到工地后可将诸大件方便地组合而成的锅炉。

12. 散装锅炉：安装工作主要在工地进行的锅炉。

13. 高压锅炉：出口蒸汽压力为 80～110 表大气压（7.84～10.8MPa，表压）锅炉。

注：按我国电站锅炉现行的蒸汽参数系列，高压锅炉出口蒸汽压力规定为 100 表大气压（9.81MPa）。

14. 中压锅炉：出口蒸汽压力 30～50 表大气压（2.94～4.90MPa，表压）的锅炉。

注：按我国电站锅炉现行的蒸汽参数系列，中压锅炉出口蒸汽压力规定为 39 表大气压（3.83MPa，表压）。

15. 低压锅炉：出口蒸汽压力不大于 25 表大气压（2.45MPa，表压）的锅炉。

16. 自然循环锅炉：工质依靠下降管中的水与上升管中汽水混合物之间的密度差进行循环的锅炉。

17. 固体燃料锅炉：燃用固体燃料（煤、油页岩、甘蔗渣、木柴和固体废料等）的锅炉。

18. 液体燃料锅炉：燃用液体燃料（燃料油、工业废液和碱液等）的锅炉。

19. 燃煤锅炉：以煤为燃料的锅炉。

20. 余热锅炉、废热锅炉：利用各种废气、废料或废液中显热或（和）可燃物质的锅炉。

21. 水管锅炉：烟气在受热面管子外部流动，工质在管子内部流动的锅炉。

22. 横锅筒锅炉、横汽包锅炉：锅筒纵向轴线与锅炉前后轴线垂直的锅炉。

23. 纵锅筒锅炉、纵汽包锅炉：锅筒纵向轴线与锅炉前后轴线平行的锅炉。

24. 锅壳锅炉：蒸发受热面主要布置在锅壳内的锅炉，包括卧式锅壳锅炉、立式锅炉和固定机车锅炉。曾称"火管锅炉"。

25. 卧式锅壳锅炉：锅壳纵向轴线平行于地面的锅炉，燃料在炉胆或外置式炉膛中燃烧后流入烟管。

26. 立式锅炉：锅壳纵向轴线垂直于地面的锅炉。

27. 额定蒸发量：蒸汽锅炉在额定蒸汽参数、额定给水温度、使用设计燃料并保证效率时所规定的蒸发量。

28. 额定供热量：热水锅炉在额定回水温度、额定回水压力和额定循环水量长期连续运行时应予保证的最大供热量。

29. 额定蒸汽参数：额定蒸汽压力和额定蒸汽温度合称为蒸汽参数。

30. 额定蒸汽压力：蒸汽锅炉在规定的给水压力的负荷范围内长期连续运行时应予保证的出口蒸汽压力。

31. 额定蒸汽温度：蒸汽锅炉在规定的负荷范围、额定蒸汽压力和额定给水温度下长期连续运行所必须保证的出口蒸汽温度。

32. 热水温度：热水锅炉在额定回水温度、额定回水压力和额定循环水量长期连续运行时应予保证的出口热水温度。

33. 给水温度：蒸汽锅炉进口处给水温度。

注：额定给水温度为在规定负荷范围内应予保证的给水温度。

34. 回水温度：供热系统中循环水在锅炉进口处的温度。

35. 给水：符合一定质量要求并用给水装置送入锅炉的水。

36. 凝结水：热力系统中蒸汽经冷凝而成的水。

37. 补给水：热力系统中，用各种汽水损失或因无生产回水而从系统外部补充的给水。

38. 锅水、炉水：锅炉循环回路中的水。

39. 火床：炉排上的燃料层。

40. 烟气露点：烟气中含有硫酸酐的水蒸气开始凝结时的温度。

41. 水循环：依靠水和汽水混合物的密度差或循环泵的压头使锅水在循环回路中循环流动的现象。

42. 汽水分离：利用各种分离原理（离心力分离、惯性力分离、重力分离和水膜分离等）分离汽水混合物并使饱和蒸汽达到一定干度的过程。

43. 压力燃烧：炉膛出口烟气静压大于大气压力的燃烧方式。

44. 负压燃烧：炉膛出口烟气静压小于大气压力的燃烧方式。

45. 火床燃烧：固体燃料以一定厚度分布在炉排上进行燃烧的方式。

46. 火室燃烧、悬浮燃烧：燃料以粉状、雾状或气态随同空气喷入炉膛中进行燃烧的方式。

47. 自然通风：依靠自生通风压头克服烟风道阻力的通风方式。

48. 机械通风：依靠机械方法所产生的压头克服烟风道阻力的通风方式。

49. 锅炉本体：由锅筒、受热面及其间的连续管道（包括烟道和风道）、燃烧设备、构架（包括平台和扶梯）炉墙和除渣设备所组成的整体。

50. 受热面：从放热介质中吸收热量并传递给受热介质的表面。

51. 辐射受热面：主要以辐射换热方式从放热介质吸收热量的受热面。

52. 对流受热面：主要以对流换热方式从放热介质吸收热量的受热面。

53. 受压部件：承受内部或外部介质压力作用的部件。

54. 受压元件：承受内部或外部介质压力作用的零件。

55. 封头：锅筒或锅壳的封口部分。

56. 集箱、联箱：用以汇集或分配多根管子中工质的筒形压力容器。

57. 管束：由同一进口集箱和出口集箱（或锅筒）之间并联管子所组成的束状对流受热面。

58. 烟道：用以引导烟气或布置受热面的通道。

59. 风道：输送空气的通道。

60. 折焰角：后墙在炉膛出口处向内延伸所形成的凸出部分，用以改善炉内气流分布。

61. 设计压力：受压部件或受压元件强度在计算时所规定的计算压力。

62. 燃烧消耗量：单位时间内锅炉所消耗的燃料量。

63. 计算燃料消耗量：扣除固体未完全燃烧热损失后的燃料消耗量。

64. 排污量：连续排污的排污水流量。

注：一般用排污时锅炉蒸发量的百分数即排污率表示。

65. 理论空气量：燃料燃烧计算中每公斤或每标准立方米燃料完全燃烧所需的空气量。

66. 过量空气系数：燃料燃烧时实际供给的空气量与理论空气量之比。

67. 热风温度：空气预热器出口的空气温度。

68. 排烟温度：锅炉最末级受热面出口处的平均烟气温度。

69. 炉膛出口烟气温度：炉膛出口截面上的平均烟气温度。

70. 炉膛容积：炉膛边界范围以内的容积。

71. 炉膛容积热负荷：每小时送入炉膛单位容积中的平均热量（以燃料应用基低位发热量计算）。

72. 炉排（面积）热负荷：每小时送往炉排单位面积上的平均热量（以燃料应用基低位发热量计算）。

73. 炉膛：燃料进行燃烧和传热的空间。

74. 炉排：火床燃烧时，承载固体燃料并从其下部送入一次风进行燃烧的装置。

75. 链条炉排：连续加入燃料和排出灰渣，具有不断移动闭合炉排面的炉排。

76. 振动炉排：以振动方式周期地加入燃料和排出灰渣的炉排。

77. 往复炉排：以往复运动方式周期地加入燃料和排出灰渣的炉排。

78. 抛煤机：用机械或（和）风力将燃料连续地抛洒到炉排上使其燃烧的装置。

79. 锅筒、汽包：水管锅炉中用以进行蒸汽净化，组成水循环回路和蓄水的筒形压力容器。上锅筒，既有汽空间也有水空间；下锅筒，只有水空间。

80. 锅壳：作为锅壳锅炉汽水空间外壳的筒形压力容器。

81. 锅筒内部装置、汽包内部装置：布置在锅筒内部用以进行给水分配、蒸汽净化以及加药和排污的装置。

82. 蒸发受热面：主要用于使工质汽化的受热面。

83. 水冷壁：布置在炉膛内壁上主要用水冷却的受热面。

84. 防焦箱：装设在炉排两侧炉墙内壁上防止炉墙粘附熔渣的水冷集箱。

85. 锅炉管束：用作对流蒸发受热面的管束。

86. 防渣管：布置在炉膛出口具有较大节距的对流蒸发受热面。

87. 烟管、火管：烟气在管内冲刷的蒸发受热面。

88. 过热器：将饱和温度或高于饱和温度的蒸汽加热到规定过热温度的受热面。

89. 省煤器：利用低温烟气加热给水的对流受热面。

90. 铸铁省煤器：由铸铁肋片管所组成的省煤器。

91. 空气预热器：利用低温烟气加热空气的对流受热面。

92. 管式空气预热器：烟气和空气分别在管内外流动的空气预热器。

93. 锅炉构架：支承锅炉各部件并保持其相对位置的构架。

94. 锅炉汽水系统：由受热面和锅炉范围内管道所组成的汽—水流程系统。

95. 锅炉范围内管道：规定接口范围内锅炉汽水管道的总称，包括水、蒸汽、减温水、排污、疏水、放水和放气等管道。

96. 安全阀：当阀门进口侧静压超过其起座压力时能突然起跳至全开的自动泄压器件，用于蒸汽或气体。

97. 水位表：显示锅筒或其他容器中水位的仪表。

98. 注水器：利用锅炉本身蒸汽喷射作用所造成的真空，吸入给水并进行混合送入锅炉的给水装置。

99. 炉墙：用耐火砖和保温材料等所砌筑或敷设的锅炉外壳。

100. 吹灰器：利用蒸汽、压缩空气或水作介质在运行中清除受热面烟气侧沉淀物的装置。

101. 除渣设备：收集由炉膛中或炉排上所落下的灰渣并将其排出的设备。

102. 锅炉效率、锅炉热效率：锅炉有效利用热量与单位时间内所消耗的输入热量的百分比。

103. 给水品质：给水酸碱度、硬度和杂质含量。

104. 蒸汽品质：蒸汽的纯洁程度。

105. 蒸汽湿度：蒸汽中所含水分的质量百分数。

106. 锅水浓度、炉水浓度：锅水的酸碱度和杂质含量。

107. 总含盐量：水中所含盐类的总量。

108. 全固形物：水中悬浮物和溶解固形物含量的总和。

109. 溶解固形物：将水样滤出其悬浮物后进行蒸发和干燥所得的残渣。

110. 悬浮物：水样中用规定过滤材料所分离出的固形物。

111. （总）硬度：水中钙盐和镁盐的总含量。

注：总硬度等于非碳酸盐硬度（永久硬度）与碳酸盐硬度（暂时硬度）之和，分析时用络合滴定法所测出的硬度为总硬度。

112. 碱度：水中所含能接受氢离子的物质的含量。

注：碱度分为酚酞碱度和甲基橙碱度（全碱度）两种。

113. 热损失：输入热量中未能为工质所吸收的部分，一般用所损失的热量与输入热量的百分比表示。

114. 排烟热损失：锅炉排出烟气的余热所造成的热损失。

115. 气体未完全燃烧热损失、化学未完全燃烧热损失：由于排烟中残留的可燃气体未放出其燃烧热所造成的热损失。

116. 固体未完全燃烧热损失、机械未完全燃烧热损失：由于飞灰、炉渣和漏煤中可燃物未放出其燃烧热所造成的热损失。

117. 散热损失：炉墙、锅炉范围内管道和烟风道向周围环境散热所造成的热损失。

118. 灰渣物理热损失：锅炉排出的炉渣的显热所造成的热损失。

119. 飞灰可燃物含量、飞灰含碳量：锅炉对流烟道飞灰中的可燃物含量。

120. 炉渣可燃物含量、炉渣含碳量：锅炉冷灰斗或出灰口处炉渣中可燃物含量。

121. 漏煤可燃物含量：炉排下漏煤中的可燃物含量。

122. 烟气含尘量：单位容积的烟气中所含飞灰量。

123. 负荷试验：为确定锅炉的经济负荷、最低负荷以及相应于机组各种出力的负荷所进行的试验。

124. 通球试验：对弯管或对接焊接的管子，通入规定直径的球以判定管子内径收缩程度的检查项目。

125. 安全阀校验：用升压方法测定安全阀起座压力是否准确可靠和符合有关规程要求的检验项目。

126. 启动：锅炉由点火、升压到并汽或向汽轮机供汽至所规定负荷的过程。

127. 上水：在点火前将符合给水品质要求和一定温度的水送入锅炉的过程。

128. 水位：容器（锅筒或汽水分离器等）中水面的位置。

129. 点火水位：上水时锅筒中所建立的水位。

注：应根据点火后锅水膨胀的汽化使水位上升的数值确定点火水位。

130. 放水：将锅炉中的水放出。

注：主要有升压时放水以排出水渣和使受热面受热均匀，停炉时放水以防止腐蚀和满水时放水以降低水位。

131. 疏水：将受热面或管道中所产生的凝结水放出。

132. 排污：运行将带有较多盐类和水渣的锅炉水排放到锅炉外。

133. 升压：点火后工质受热汽化，锅炉压力按规定速度升至工作压力的过程。

134. 并汽：母管制锅炉启动时将压力和温度均符合规定的蒸汽送入母管的过程。

135. 停炉：按规定程序切断燃料和给水，停止送、引风，使锅炉停止运行的过程。

136. 停用：锅炉因检修或其他原因需较长时间停止运行的状态。

137. 压火：炉排锅炉作热备用时，暂停供给燃料但适当进行通风，使火床保持适量燃烧不致熄灭的状态。

138. 停炉保护：在锅炉停用时期，为防止汽水系统金属内表面受到完全或水中溶解氧的腐蚀而采取的保护措施。

139. 化学清洗：用酸性或碱性化学药品的水溶液清除汽水系统内表面上杂物和沉积

物的方法，用以确保运行中有良好的汽、水品质和防止发生腐蚀或结垢。

140. （碱）煮炉：在汽水系统内部加入碱性溶液，点火后维持一定压力和排汽量以清除汽水系统内表面上杂物和沉积物的方法。

141. 冲管：用具有一定流速的清水清除汽水系统和管道内表面上杂物的方法。

142. 吹管：用具有一定参数的蒸汽清除过热器、再热器和蒸汽管道内表面上杂物的方法。

143. 钝化：在经酸洗后的金属表面上用钝化液进行流动或浸泡清洗以形成保护层的方法。

144. 烘炉：用点火或其他加热方法以一定的温升速度和保温时间烘干炉墙的过程。

145. 汽水分层：汽水混合物在水平或倾角较小的管内流动，当流速较低时水在下部，汽在上部分层流动的现象。

146. 汽塞：蒸汽泡在蒸发受热面上升管中聚集，阻塞水循环的现象。

147. 汽水共腾：当蒸发量瞬时增加使锅筒水位急剧变化或水位上升超过极限水位时，由于大量锅水被带入蒸汽空间，使机械携带大幅度增加的现象。

148. 泡沫共腾：当锅水中含有油脂、悬浮物或锅水浓度过高时，蒸汽泡表面水膜因含有杂质而不易撕破，在锅筒水面上产生大量泡沫的现象。

149. 烟气侧沉积物：从烟气中沉积到受热面外表面或炉墙内壁上的物质，包括烟炱、熔渣、高温粘结灰、低温沉积灰和松灰等。

150. 汽水侧沉积物：从水或蒸汽中沉积到受热面和管道内表面或汽轮机叶片上的矿物质或盐类，包括水渣、水垢和积盐等。

151. 结渣：熔渣或高温粘结灰粘附在炉膛或高温对流受热面上的现象。

152. 积灰：低温粘结灰或松灰聚积在对流受热面上的现象。

153. 堵灰：对流受热面的烟气侧沉积物厚度不断增加，使烟气通道堵塞的现象。

154. 点状腐蚀：由于给水中溶解氧含量过大，造成给水系统和省煤器内表面上电化学腐蚀，状如麻点。

155. 延性腐蚀：水垢或水渣下的受热面由于锅水中游离碱所产生的腐蚀凹坑，腐蚀部位的金相组织和机械性能均无变化。

156. 氢脆：水垢或水渣下的受热面由于锅水中的氢所产生的细小裂纹，腐蚀部位的金相组织和机械性能发生变化，有明显的脱碳现象。

157. 苛性脆化：锅筒的铆接或胀接部位因局部应力集中和游离碱含量过高产生晶间裂纹的脆化现象。

158. 高温腐蚀：烟气中所含碱金属的复合硫酸盐以液态在过热器等高温受热面上沉积所造成的腐蚀。

159. 低温腐蚀：当壁温低于烟气露点时，烟气中含有硫酸酐的水蒸气在壁面凝结所造成的腐蚀。

二、热力设备安装工程工程量计算

1. 有关规定

（1）《热力设备安装工程》（以下简称本定额）的适用范围

《热力设备安装工程》适用于新建、扩建项目中 25MW 以下汽轮发电机组、130t/h 以下锅炉设备的安装。

（2）关于增加系数规定

1）安装与生产同时进行增加的费用，按人工费的10%计算。

2）在有害身体健康的环境中施工增加的费用，按人工费的10%计算。

3）脚手架搭拆费，按下列系数计算，其中人工工资占25%：

本定额第一章至第五章按人工费的10%计算；

本定额第六章按人工费的5%计算。

4）双汽包安装按相同项目乘以系数1.40。

5）35～130t/h锅炉机组压力在8MPa以上时，应按表2-12增加无损检验探伤人工、材料、机械费。

无损检验探伤人工、材料、机械增加量

表2-12

子 目 名 称	人 工（%）	材 料（%）	机 械（%）
水冷壁系统安装	10	47	47
过热器系统安装	10	49	49
省煤器系统安装	10	49	49
本体管路系统安装	10	120	120

注：1. 材料指子目中的软胶片、增感屏等21种探伤用材料乘以上表系数；

2. 机械指子目中的X光探伤机械乘以上表系数；

3. 人工指子目中总人工费乘以上表系数。

6）方、圆、异型管道、配风箱及与管道一起配制的法兰，安装时不计施工损耗；无缝钢管、低压流体输送钢管按设计重量加3.5%的施工损耗；管道连接用螺栓按设计数量加2%的施工损耗。

7）汽轮发电机的油管，包括设计单位设计的油管道的安装，执行《全国统一安装工程预算定额》第六册《工业管道工程》中的中压碳钢管安装定额，并均乘以系数2.20。

8）本体管道的无损检验费未计入定额，执行本定额时，按机组供货重量每t增加1071.15元，其中人工为14.37工日。

9）定额中卸料车按轻型卸料车考虑的，如采用重型卸料车时，乘以系数1.50。

10）阴阳离子交换器的树脂装填高度，每增加1m定额乘以系数1.30，增加不足1m时不予调整。

11）采用体内再生的阴阳混合离子交换器时，定额乘以系数1.10，但对体外再生的阴阳混合离子交换器，逆流再生或浮床运行的设备，执行定额时均不作调整。

12）体外再生罐安装中，带有空气擦洗装置的设备时，定额乘以系数1.10。

13）搅拌器安装中，带有电动搅拌装置时，定额乘以系数1.20。

14）锅炉本体下部组件包括链条炉排、底座等。如为散件供货需在现场组合安装时，应按定额基价乘以系数1.20。

15）炉后体外省煤器如为散件供货，需在现场接口研磨、上弯头、组合、水压试验、安装时，应按定额基价乘以系数1.06。

（3）炉墙砌筑材料、半成品损耗率见表2-13。

序号	材料名称	损耗率（%）	序号	材料名称	损耗率（%）
1	标准耐火砖	7	28	合金钢管	4.5
2	异型耐火砖	4	29	铸铁板	8
3	硅藻土砖	4	30	高压螺栓、螺帽、垫圈	5.5
4	红砖	3	31	平板：设计选用的规格钢板	6.2
5	硅藻土板	6	32	平板：非设计选用的规格钢板	经测算后确定
6	水泥珍珠岩板	12			
7	水玻璃珍珠岩板	12	33	管材、管件（包括无缝、焊接钢管及电缆管）	3
8	微孔硅酸钙板	10			
9	瓷板	6	34	紧固件（包括螺栓、螺母、垫圈、弹簧垫圈）	2
10	水泥	4			
11	耐火泥	4	35	型钢	5
12	生料硅藻土粉	6	36	带帽螺栓	3
13	珍珠岩粉	6	37	砂	8
14	石英粉	4	38	焦炭	5
15	菱苦土粉	6	39	锯条	5
16	氯化粉	10	40	铅油	2.5
17	石棉粉	4	41	机油	3
18	高压氯纤维	4	42	油麻	5
19	超细玻璃棉缝合毡	1	43	青铅	8
20	硅质酸泥及环氧胶泥	5	44	木柴	5
21	石棉剂	4	45	橡胶石棉板	15
22	耐火混凝土	6	46	线麻	5
23	耐火塑料	6	47	铜线	0.5
24	保温混凝土	6	48	砂浆	3
25	炉墙抹料	6	49	木材	5
26	密封涂料	5.1	50	塑料布	6.42
27	高压碳钢管	4.5	51	铁丝网	5

（4）周转性材料折旧率见表 2-14。

序号	材料名称及用途	折旧率（%）	序号	材料名称及用途	折旧率（%）
一、	枕木及运输排子		（2）	阀门	50
1	滚杠运输用枕木		（3）	冲管支架	25
	设备重量在 80t 以下	5	（4）	水压试验堵头	25
	设备重量在 80t 以上	7	（5）	安装用特配工具模具	25
2	垫用枕木	10	（6）	其他周转钢材	25
3	运输用排子	5	三、	热处理周转材料	
二、	周转性钢材		1	预热用导线	5
1	受热回校管平台	4	2	热处理用导线	20
2	钢架组合平台	8	3	热处理用石棉布	50
3	受热面组合架	10	四、	锅炉砌筑用模板	
4	受热面加固铁构成型件	10.5	1	预制锅炉炉墙	33.30
5	冲管临时系统		2	现浇锅炉炉墙	50
（1）	管道	25			

（5）地震区锅炉防震结构安装的定额规定

地震区锅炉防震结构的安装应按定额另行计算。

（6）皮带运输机安装的定额规定

定额系以整台机按 10m 长度考虑的，实际长度不同时，可按皮带运输机中间构架定额进行调整。

（7）配仓皮带机安装的定额规定

定额系以整台机按 10m 考虑的，实际长度不同时，可按皮带运输机中间构架定额进行调整。

（8）敷管式与膜式水冷壁炉墙工程量计算的规定

在计算工程量时应扣除加热管道埋入炉墙部分。

（9）炉墙中局部耐火混凝土、耐火塑料及保温混凝土浇灌、炉墙填料填塞计算工程量的规定：

在计算工程量时应扣除管道穿墙部分的体积。

（10）轻炉墙砌筑及设备内衬定额单位"m³"或"m²"的含义：

指砌体的实际体积或面积。计算工程量时，以下部分不作扣除：

1）小于 25mm 的膨胀缝所占体积；

2）断面积小于 0.02m² 的孔洞；

3）炉门喇叭口的斜度；

4）墙根交叉处的小斜坡。

2. 需另行计算的定额未包括项目

本定额不包括下列工作内容，应另行计算：

（1）中压锅炉设备

1）锅炉本体

① 露天电站锅炉的特殊防护措施。

② 炉墙砌筑、保温及保温表面的油漆。

③ 膨胀指示器的制作。

④ 重油或轻油点火管路、阀门及油枪的安装。

⑤ 安全门排汽管、点火排汽管及消声器的安装。

⑥ 省煤器支撑梁的通风管制作与安装及支撑梁耐火塑料的浇灌。

⑦ 炉墙砌筑用的小型铁件（炉墙拉钩、耐火塑料的挂钩）的安装。

⑧ 燃油燃烧器的检查、组合、安装。

⑨ 给水管路的冲洗、附属机械的静态、动态联动试验。

⑩ 锅炉配备蒸汽管路的冲洗工作。

2）锅炉附属机械设备

① 电动机检查、干燥、电气检查、接线与空载试运转。

② 整套设备的电气联锁试验。

③ 轴承等设备冷却水管、油管的主材费。

④ 电动机吸风管的制作材料费。

3）锅炉专用辅助设备

① 设备的周围平台、扶梯、栏杆、撑架及防雨罩的配制、组合、安装。

② 设备的附件、支吊架、风门、人孔门等的配制。

③ 不随设备供货而与设备连接的各种管道安装。

④ 设备保温及保温面油漆。

⑤ 基础的二次灌浆。

4) 烟、风、煤管道。

① 烟、风、煤管道、附件及支架的配制。

② 保温、保温面或金属面油漆。

③ 管道内部防腐衬里及防磨罩壳内混凝土或铸石板的砌筑。

④ 混凝土或砖烟、风道的砌筑。

⑤ 制粉系统的蒸汽消防管道安装。

⑥ 煤粉仓煤粉放空管道安装。

5) 煤粉分离器

防爆门引出管及防雨罩的配制安装。

6) 除尘器安装

① 水膜式、文丘里式除尘器内衬的砌筑。

② 混凝土或砖砌水膜式、文丘里式除尘器筒体的砌筑。

③ 多管式除尘器上下部密封填料的浇灌。

④ 旋风子除尘器内衬的灌砌。

7) 排汽消声器安装

消声器本体及支架的制作与安装。

8) 暖风器安装

管路系统的安装。

(2) 汽轮发电机设备

1) 汽轮发电机本体

① 基础二次灌浆。

② 设备或管道保温及保温面油漆。

③ 汽轮机叶片频率测定。

2) 发电机本体

① 发电机及励磁机的电气部分检查、干燥、接线及电气调整试验。

② 随机供应以外的水冷发电机冷却水管安装。

3) 备用励磁机安装

电动机、励磁机电气部分检查、干燥、接线及电气调整试验。

4) 汽轮机本体管道安装

① 蒸汽管道用蒸汽吹洗。

② 电动与自动阀门的电气部件检查、接线及调整。

③ 由设计部门设计的非厂供的本体管道（整套设计或补充设计）安装。

5) 汽轮发电机整套空负荷试运转

调试人员及电厂运行人员发生的费用。

6）汽轮发电机成套附属机械设备

① 电动机的检查、干燥、接线与空运转试验。

② 平台、梯子、栏杆、基础框架、地脚螺栓的配制。

③ 基础二次灌浆。

④ 设备保温及保温面油漆。

⑤ 铜管及铜管头退火，以及退火工具的制作（铜管如需退火时，按设备缺陷处理）。

⑥ 凝汽器水位调整器的汽、水侧连接管道安装。

⑦ 凝汽器水封管及放水管安装。

⑧ 除氧器蒸汽压力调整阀的自动调整装置安装。

⑨ 疏水器及危急泄水器支架制作与安装。

⑩ 疏水器与加热器间汽、水侧连接管的安装。

⑪ 加热器空气门及空气管的配制与安装。

⑫ 加热器液压保护装置阀门及管道系统安装。

⑬ 加热器水侧出、入口自动阀检修与安装。

⑭ 电磁阀、快速电动闸阀电气系统的接线与调整。

⑮ 抽气器的空气箱、射水管或蒸汽管安装。

⑯ 油箱支吊架制作与安装。

⑰ 滤油器支架制作与安装。

（3）燃料供应设备

1）电动机的检查、电气检查、接线及空载试转。

2）油罐、平台、扶梯、栏杆、基础框架及地脚螺栓的配制。

3）大型设备的轨道安装。

4）落煤管及挡板的配制。

5）电子设备及其他电气装置的安装调试。

6）设备的制作和保温。

（4）水处理专用设备

1）水处理专用设备

① 不随设备供货的平台、梯子、栏杆的制作与安装。

② 设备接口法兰以外管子安装及管道支吊架配制与安装。

③ 设备的保温和保温面油漆。

④ 基础二次灌浆。

⑤ 填料(石英砂、磺化煤、无烟煤、活性炭、焦炭、树脂、瓷环、塑料环等)的本身费用。

2）钢筋混凝土池类工艺流程装置安装

① 混凝土预制件的安装。

② 池与池及池体外部的平台、梯子、栏杆的制作与安装。

③ 池体范围内的钢制平台、梯子、栏杆、反应室、导流窗、集水槽、取样槽的配制。

④ 池体范围各部件及池壁的防腐和油漆。

3）水处理设备及箱罐安装

① 水箱信号装置的安装。

② 除二氧化碳器风道的制作与安装。

③ 除二氧化碳器平台、梯子、栏杆的制作与安装。

④ 酸碱储罐内外壁的防腐。

⑤ 取样设备安装中取样架的主材。

4）油处理设备安装

油处理设备内部的除锈和防腐。

5）水处理设备系统试运转

水处理设备系统试运转未包括的费用：

① 机、炉试运转时，需要配合发生的人工、材料及机械费（以成品单价计入机、炉试运转的有关定额中）。

② 水处理设备在制出合格产品后，为检验设计质量和设备质量，以及为取得经济合理的运行方式而进行各种生产调整试验费用（属全厂联合试运转）。

（5）工业与民用锅炉

1）工业与民用锅炉

① 电机检查接线等电气性工作。

② 设备基础二次灌浆工作。

③ 炉墙砌筑、保温及油漆。

④ 给水设备、鼓（引）风机安装，烟囱、烟（风）道制作与安装，除尘设备安装。

上述不包括的内容执行相应册定额或本章相应项目。

2）常压、立式锅炉本体设备安装

① 锅炉本体一次门以外的管道安装、保温、油漆工程。

② 各种泵类、箱类安装工程。

3）快装锅炉成套设备安装

① 锅炉本体一次门以外的管道安装及其保温油漆工程。

② 除上述外的非锅炉生产厂供应的设备和非标构件的制作与安装。

4）组装锅炉本体安装

① 锅炉本体一次门以外的管道安装及其保温油漆工程。

② 除上述外的非锅炉生产厂供应的设备和非标构件的制作与安装。

③ 锅炉本体组件接口的耐火砖砌筑、门拱砌筑、保温油漆工程。

④ 本定额只限锅炉本体组件分为两大件。

5）散装锅炉本体安装

① 炉墙砌筑、保温和油漆工程。

② 各型锅炉的辅助机械、附属设备的安装。

③ 锅炉本体一次门以外的管道、管件、阀门的安装。

④ 不属于锅炉生产厂随机供货的金属构件、煤斗、连接平台的安装。

⑤ 锅炉热工仪表的校验、调整、安装。

上述未包括的工作内容，执行本章相应项目或相应册定额。

6）燃油（气）锅炉本体安装

① 炉墙砌筑、保温和油漆工程。

② 各型散装燃油（气）锅炉的泵类、油箱、水箱类的安装。

③ 不属于制造厂供货的金属结构件、煤斗、连接平台的安装。

④ 不论整装或散装炉本体一次门以外的汽、油、水管道、管件、阀门、热工仪表的安装，以及保温、水压试验。

⑤ 整装炉的上水系统（给水泵和管路、注水器及管路）的安装。

⑥ 试运行所需用的轻油或重油、软化水、电力的消耗量均未计入定额，但烘炉、煮炉的油、水、电已计入定额。

⑦ 本定额所选用的燃油（气）锅炉型号、规格、种类是按一般普通常规产品考虑的，特殊特种燃油（气）锅炉均不适用本定额。

7）烟净化设备安装

旋风子的蜗壳制作、内衬的镶砌，另执行加工配制和保温、砌筑相应定额项目。

8）锅炉水处理设备安装

① 设备及管道的保温、油漆、设备的二次灌浆、地脚螺栓的配制。

② 设备进、出口第一片法兰以外的管道安装工程。

9）板式换热器设备安装

① 设备及管道的保温、油漆、设备的二次灌浆、地脚螺栓配制。

② 设备进、出口第一片法兰以外的管道安装工程。

10）输煤设备安装

① 框架、支架的配制及油漆工作。

② 电机的检查接线工作。

11）除渣设备安装

电机的检查接线及油漆工作。

3.《热力设备安装工程清单工程量计算规则》（GB 50856—2013）

（1）钢炉架按制造厂设备安装图示质量计算。

（2）水冷系统、过热系统、省煤器等按制造厂的设备安装图示质量计算。

（3）管式空气预热器按制造厂的设备安装图示质量计算。

（4）回转式空气预热器按设计图示数量计算。

（5）锅炉清洗及试验按整套锅炉计量。

（6）敷管式及膜式水冷壁炉墙和框架式炉墙砌筑、循环流化床锅炉旋风分离器内衬砌筑、炉墙耐火砖砌筑等按设计图示的设备表面尺寸以体积计算。

（7）汽轮发电机组空负荷试运按设计系统计算。

（8）皮带机：

1）以台计量，按设计图示数量计算；

2）以米计量，按设计图示长度计量。

（9）散装和组装锅炉：

1）以台计量，按设计图示数量计算；

2）以吨计量，按设计图示设备质量计算。

项目编码：030204001　　项目名称：除尘器

【例1】除尘设备是锅炉机组净化烟气，保护环境卫生，满足国家排放标准的重要设备。其工作原理是：含尘气体在高压静电场中电离并使尘粒具有负电性，在电场的作用下，尘粒趋向阳极并释放电子被吸附在阳极板上，通过定期振动而落入灰斗，达到除尘目的。现安装一台电气除尘器如图 2-1 所示，电气除尘器 FAA 型主要技术参数如下：

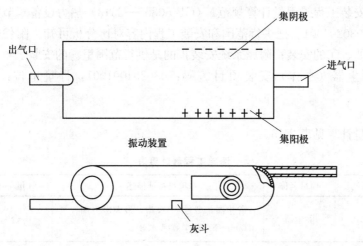

图 2-1　电气除尘器示意图

（1）配套锅炉容量：1200t/h

（2）每台锅炉配置台数：3 台

（3）最大出力烟气量：3600m³/h

（4）烟风阻力损失：<294Pa

（5）处理烟气温度：>400℃

（6）电场个数：4 个

（7）极板高度：4m

（8）异极间距：260mm

（9）漏风率：4%

（10）烟气最大压力：−5884Pa

（11）有效截面积：180m²

（12）阳极形式：大 C 型

（13）阴极形式：螺旋线

（14）振打方式：程控电动振打

（15）总收尘面积：24000～45000m²

（16）除尘效率：>98%

（17）结构荷重：500～800t/台

求其工程量。

【解】［分析］电气除尘器的供货范围一般包括：

① 本体部分：包括除尘器顶部小室及灰斗下法兰或星形排灰阀；

② 电气部分：振打电机，排灰阀电机，电加热器等全套低压电气即低压控制、检测设备，全套高压整流电源设备（包括变压器、阻尼电阻、控制柜、高压隔离开关等）；

③ 顶部起吊设备专用工具；

61

④ 外护板及露天防护；

⑤ 管道系统，进出口烟道，检修平台扶梯。

(1) 清单工程量

查《通用安装工程工程量计算规范》(GB 50856—2013) 热力设备章节可知道除尘器的项目编码是 030204001。把供货范围和安装工程内容对比分析可知，附件安装指的是供货范围里②、③、④的安装；附属系统安装指的是供货范围里⑤的安装。

FAA 型除尘器（本体）安装项目编码：030204001001，计量单位：台，工程量：$\dfrac{1（台数）}{1（计量单位）}=1$。

清单工程量计算见表 2-15。

清单工程量计算表   表 2-15

序号	项目编码	项目名称	项目特征描述	计量单位	工程量
1	030204001001	除尘器	除尘器，型号 FAA 型，最大出力烟气量 3600m³/h；除尘效率＞98%	台	1

(2) 定额工程量

1) 电气除尘器本体安装定额，型号为 FAA 型，定额编号 3-121，计量单位：t。

人工费：196.91 元/t×1t=196.91 元

材料费：147.45 元/t×1t=147.45 元

机械费：205.53/t×1t=205.53 元

直接费用合计：196.91＋147.45＋205.53=549.89 元

管理费：549.89 元×34%=186.96 元

利润：549.89 元×8%=43.99 元

综合费用：549.89 元×(1＋34%＋8%)=780.84 元

2) 电气除尘器附件安装定额，定额编号 3-122。

人工费：352.48 元/t×1t= 352.48 元

材料费：176.90 元/t×1t=176.90 元

机械费：196.46 元/t×1t=196.46 元

直接费用合计：(352.48＋176.90＋196.46)元=725.84 元

管理费：725.84 元×34%=246.79 元

利润：725.84 元×8%=58.07 元

综合费用：725.84 元×(1＋34%＋8%)=1030.69 元

3) 附属系统安装定额；因为附属系统尺寸价格未知，此处只能暂作估计 800 元。

4) 保温：毡类制品，定额编号：11-2021，总计 20m³。

人工费：36.69 元/10m³×2=73.38 元

材料费：67.91 元/10m³×2 =135.82 元

机械费：6.75 元/10m³×2=13.50 元

直接费用合计：73.38＋135.82＋13.50=222.70 元

管理费：222.70 元×34%=75.72 元

利润：222.70 元×8％＝17.82 元

综合费用：222.70 元×(1＋34％＋8％)＝316.23 元

5) 油漆：定额编号：11-305，11-306，计量单位：10m²。

人工费＝第一遍人工费用＋第二遍人工费用＝(1.86＋1.86)×10＝37.20 元

材料费＝第一遍材料费用＋第二遍材料费用＝(0.38＋0.35)×10＝7.30 元

机械费＝第一遍材料费用＋第二遍材料费用＝(9.94＋9.94)×10＝198.80 元

直接费用合计＝37.2＋7.30＋198.8＝243.30 元

管理费：243.3 元×34％＝82.72 元

利润：243.3 元×8％＝19.46 元

综合费用：243.3 元×(1＋34％＋8％)＝345.49 元

【注释】由于油漆要两遍，所以费用＝第一遍费用＋第二遍费用

6) 所以安装电气除尘器的费用等于各费用之和即：

① 安装电气除尘器的定额直接费：

各直接费用之和＝(549.89＋725.84＋222.70＋800＋243.3)元＝2541.73 元

② 安装电气除尘器的总价：

各综合费用之和＝(780.84＋1030.69＋316.23＋800＋345.49)元＝3273.25 元

各项综合费用之和＝(23868.34＋1723.18＋745.98＋4136.18＋22545.74＋193.03＋
　　　　　　　　　2453.93＋345.49)元

　　　　　　　＝56011.87 元

项目编码：030224001　　项目名称：成套整装锅炉

【例2】某工厂为供应员工日常生活用热水的需要安装一台低压成套整装锅炉，型号
LHG1-0.8-A，重 2.5t，锅炉为立式横火管固定炉排，蒸发量 1t/h，工作压力 0.5MPa，
燃用烟煤。求其相关工程量。

注：施工条件符合预算定额规定的正常施工条件，预算定额采用 2000 年发布的《全国统一安装工
程预算定额》中的第三册"热力设备安装工程"。

【解】(1) 清单工程量

锅炉本体设备安装 LHG1-0.8-A，项目编码：030224001001，计量单位：台

工程量：$\frac{1（台数）}{1（计量单位）}=1$

清单工程量计算见表 2-16。

清单工程量计算表　　　　　　　　　　　　　　　　表 2-16

项目编码	项目名称	项目特征描述	计算单位	工程量
030224001001	成套整装锅炉	型号为 LHG1-0.8-A，锅炉重 2.5t，锅炉为立式横火管固定炉排，蒸发量 1t/h，工作压力 0.5MPa，燃用烟煤	台	1

(2) 定额工程量

1) 锅炉本体安装

① 锅炉本体设备安装：蒸发量 1.0t/h，本体安装，套用预算定额 3-395。

人工费为：1084.84 元/台×1 台＝1084.84 元

材料费为：759.86 元/台×1 台＝759.86 元

机械费为：959.22 元/台×1 台＝959.22 元

② 综合：

直接费合计：（1084.84＋759.86＋959.22）元＝2803.92 元

管理费为：2803.92 元×34％＝ 953.33 元

利润为：2803.92 元×8％＝ 224.31 元

综合费用：（2803.92＋953.33＋224.31）元＝3981.56 元

2）地脚螺栓孔灌浆

① 地脚螺栓孔灌浆 1.0m³，套用预算定额 1-1414，则其中

人工费为：81.27 元/m³×1m³＝81.27 元

材料费为：213.84 元/m³×1m³＝213.84 元

机械费为：无

② 综合

直接费合计：（81.27＋213.84＋0）元＝295.11 元

管理费为：295.11 元×34％＝100.34 元

利润为：295.11 元×8％＝23.61 元

综合费用：（295.11＋100.34＋23.61）元＝419.06 元

3）设备底座与基础间灌浆

① 设备底座与基础间灌浆 1.0m³，套用预算定额 1-1419，则其中

人工费为：119.35 元/m³×1m³＝119.35 元

材料费为：302.37 元/m³×1m³＝302.37 元

机械费为：无

② 综合

直接费合计：（119.35＋302.37＋0）元＝421.72 元

管理费为：421.72 元×34％＝143.38 元

利润为：421.72 元×8％＝33.74 元

综合费用：（421.72＋143.38＋33.74）元＝598.84 元

4）安装成套整装锅炉的费用等于各项安装费之和，即：

① 安装成套整装锅炉的定额直接费：

各项直接费之和＝（2803.92＋295.11＋421.72）元＝3520.75 元

② 安装成套整装锅炉的总价：

各项综合费用之和＝（3981.56＋419.06＋598.84）元＝4999.46 元

第三章　静置设备与工艺金属结构
制作安装工程

一、静置设备与工艺金属结构制作安装工程制图

（一）金属结构施工图的种类

金属结构施工图的表达方式有许多种，常用的一般有以下 12 种：

1. 简图

简图是用来表示构件的高度、跨度、杆件的几何轴线长度，它是用比较小的比例画出杆件轴线的单线图，金属结构件就是依据简图来制作的。

2. 装配图

装配图是用来表达设备或结构件的工作原理、整体结构，零件或杠杆之间装配关系的图样，其基本内容有以下几个方面：

（1）设备或结构构件在检验、安装、调配、调整中要达到的技术标准，在图中要加以说明。

（2）因装配图复杂、零件、杆件较多，所以应对结构构件中所有的零件杆件进行编号，并于标题栏的上方，由下向上填写零件及材料的明细表以便于装配、看图。对于复杂的金属结构件，也可把零件，材料明细表装订成册。

（3）装配图上的尺寸主要表达零件、杆件的装配关系，对于它们的形状则不能全部表达。

（4）用一组视图表示各零件、杆件的工作原理，装配关系及相互位置，设备或结构构件的结构特点。

（5）在装配图上标注的代号或序号，应依顺时针或逆时针的顺序在水平或垂直方向排列。只有在图上无法连接时，可只在水平或垂直方向排列。

3. 剖视图

剖视图用来表达物体被遮盖部分或内部的结构情况，可用全剖、局部剖、半剖、斜剖、阶梯剖等多种方法表达金属结构件的内部结构情况。

（1）全剖图，即用一平面将一金属结构构件全部剖开。主要用于外形简单的对称机件或构件和内部复杂且不对称的机件或结构构件。

（2）局部剖视图，即用一平面将机件或结构构件某一局部剖切而得的剖视图。局部剖切是一种很灵活的表现方法，但在一个视图中局部剖切不宜太多。剖切部分与未剖切部分应以波浪线分开，波浪线不宜和其他图线重合。

（3）半剖视图，当结构构件或机件相对于某一平面对称时，可采用半剖视图。即以对称中心线为界，一半画成主视图，一半画成剖视图，这样既可以表达外部形状，又可以表达内部结构。

（4）斜剖视图。即用一剖切平面剖切结构构件中与水平轴线倾斜的部分，并投影到辅助投影面上得到的剖视图。斜剖视图与基本视图保持投影关系，按投影方向配置，也可将

剖视图作适当的移动或旋转。

斜剖视图具有很强的灵活性，常用于金属结构件，特别是屋架之类的构件中。

（5）阶梯剖视图，即用几个相互平行的平面剖切结构机件或构件所得的剖视图。识读时要注意剖切的位置，剖切平面的起始，终止和转折处的代号及粗短实线。

（6）旋转剖视图，即用两个相交的剖切平面剖切构件，并将结构件中的倾斜部分旋转到平行的投影面进行投影所得的剖视图。此类剖视图多用于对回转件的盖、盘、轮零件的表示。在剖切位置的起始，终止相交处用箭头标示投影方向，用短粗实线标明剖切位置。

4. 详图

详图是结构件中的零件、杆件的图形，表达了杆件的节点构造、连接方式、规格组成、技术要求、详细尺寸等，用以指导零件、杆件装配部件的加工制造。

（二）金属结构施工图的特点

金属结构施工图，有以下几个特点：

1. 比例大，金属结构施工图的比例范围为 1：10～1：50，细部图的比例一般在 1：5～1：10，内容表达得详细具体。

2. 视图或剖视图较多，为了能详细地表达金属构件的全部构造及各个组合件的细部，以满足加工制造、安装的要求，往往采用多种视图和剖视方法来表达。

3. 每一视图上都注有各零件、杆件的编号，并列有详细的零件、杆件明细表。

4. 同一构件在不同方向上可用不同的比例。在绘制桁架施工图时，往往断面和节点用一个比例，轴线用一个比例，其优点是可以把重点部分放大，以便了解内部结构。

5. 各杆件的重心线和中心线是绘制金属结构杆件图的基准，也是放样划线的依据，因此在识读金属结构施工图时，首先应了解清楚各杆件重心线和中心线的尺寸及它们之间的关系。

（三）金属结构施工图的识读

识读金属结构施工图的顺序。

（1）看标题栏，了解结构件的代号，比例及名称等。

（2）结合其他视图，识读主视图，掌握结构件的构造。

（3）看图例和设计说明。掌握视图的表达方法及金属构件的安装要求和技术标准。

（4）以主要零件为中心，结合材料明细表，以零件编号或编号顺序，掌握各个零件的具体情况及与整个结构的连接关系。

二、静置设备与工艺金属结构制作安装工程造价概论

安装后处于静止状态即在生产操作过程中无须动力传动的设备称为静置设备。这些设备大都不能作为定型设备批量生产，而是按照设计图纸，由制造厂生产或由施工单位在现场制造，故又称之为非标准设备或非定型设备。

在设备安装工程中，还有一部分与设备相关联的辅助设施，主要包括设备框架、管廊柱子、桁架结构、联合平台、设备支架、梯子、平台及料仓、烟囱、漏斗等，称为金属构件。

本节所述工艺金属结构除包括上述内容外，还包括容器、塔油罐、球罐、气柜、火炬、排气筒等。

（一）静置设备的分类

静置设备通常可按如下方法进行分类：

（1）按设备的设计压力（P）分类

常压设备：$P<0.1$MPa；

低压设备：0.1MPa$\leqslant P<1.6$MPa；

中压设备：1.6MPa$\leqslant P<10$MPa；

高压设备：10MPa$\leqslant P<100$MPa；

超高压设备：$P\geqslant100$MPa。

注：$P<0$ 时，为真空设备。

（2）按设备在生产工艺过程中的作用原理分类

1）反应设备（代号 R）。是指主要用来完成介质化学反应的压力容器。如反应器、反应釜、分解锅、聚合釜、高压釜、超高压釜、合成塔、变换炉、蒸煮锅、蒸球（球形蒸煮器）、磺化锅、煤气发生炉等；

2）换热设备（代号 E）。主要用于完成介质间热量交换的压力容器称为换热设备。如管壳式余热锅炉、热交换器、冷却器、冷凝器、蒸发器、加热器、硫化锅、消毒锅、染色器、烘缸、蒸锅（蒸缸或炒锅）、预热锅、煤气发生炉水夹套等。

3）分离设备（代号 S）。主要用于完成介质的流体压力平衡和气体净化分离等的压力容器称为分离设备。如分离器、过滤器、集油器、缓冲器、洗涤器、吸收塔、铜洗塔、干燥塔、气提塔、分气缸、除氧器等。

4）储存设备（代号 C，其中球罐代号 B）。主要是用于盛装生产用的原料气体、流体、液化气体等的压力容器。如各形式的贮槽、贮罐等。

（3）按"压力容器安全技术监察规程"（即按设备的工作压力、温度、介质的危害程度）分类

一类容器。

1）非易燃或无毒介质的低压容器；

2）易燃或有毒介质的低压分离器外壳或换热器外壳。

二类容器。

1）中压容器；

2）剧毒介质的低压容器；

3）易燃或有毒介质（包括中度危害介质）的低压反应器外壳或贮罐；

4）低压管壳式余热锅炉；

5）搪玻璃压力容器。

三类容器。

1）毒性程度为极度和高度危害介质的中压容器和 $P \cdot V$ 大于等于 0.2MPa·m³ 的低压容器；

2）易燃或毒性程度为中度危害介质且 $P \cdot V$ 大于等于 0.5MPa·m³ 的中压反应容器和 $P \cdot V$ 大于等于 10MPa·m³ 的中压储存容器；

3）高压、中压管壳式余热锅炉；

4）高压容器、超高压容器。

（4）按结构材料分类

制造设备所用的材料有金属和非金属两大类。

金属设备中，目前应用最多的是低碳钢和普通低合金钢。在腐蚀严重或产品纯度要求高的场合使用不锈钢，不锈复合钢板或铝制造设备；在深冷操作中可用铜和铜合金；不承压的塔节或容器可用铸铁。

非金属材料可用作设备的衬里，也可作独立构件。常用的有硬聚氯乙烯、玻璃钢、不透性石墨、化工搪瓷、化工陶瓷以及砖板、橡胶衬里等。

（5）按设备重量（G）等级分类

小型设备：$G \leqslant 40t$；

中型设备：$40t < G \leqslant 80t$；

大型设备：$G > 80t$。

（6）按介质安全性质分级

1）易燃、易爆介质。易燃介质亦即爆炸危险介质，系指其气体或液体的蒸汽、薄雾与空气混合形成爆炸混合物，且其爆炸下限小于10%（体积百分数），或爆炸上限与下限之差值不小于20%的介质。如氢的爆炸下限为4.00%，上限为74.20%；乙醇（蒸汽）的爆炸下限为3.28%，上限为18.95%。

2）介质毒性的分级。化学介质的毒性危害程度以国家有关标准规定的指标为基础进行分级。依据危害情况可分为极度危害、高度危害、中度危害和轻度危害四级。

① 极度危害（Ⅰ级）。其最高允许浓度不大于$0.1mg/m^3$。如乙撑亚胺（乙烯胺）、二甲基亚硝胺、二硼烷、三乙基氯化锡、甲基对硫磷、异氰酸甲酯、汞、硫芥（芥子气）、氯甲醚等。

② 高度危害（Ⅱ级）。其最高允许浓度（C）为：$0.1mg/m^3 < C \leqslant 1.0mg/m^3$。如：三甲肼、二硝基苯、二硝基氯化苯、三氯化磷。丙烯腈、丙烯酰胺、甲醛、甲酸（蚁酸）、对硝基苯胺、呋喃丹、苯胺、肼、环氧乙烷、臭氧、菾碱、硫酸二甲酯等。

③ 中度危害（Ⅲ级）。其最高允许浓度（C）为：$1.0mg/m^3 < C \leqslant 10mg/m^3$。如一氧化碳、一氯醋酸、乙二胺、乙酸、乙酸酐、二甲胺、二氧化硫、二氯乙烷、丁胺、三氧化硫、三溴甲烷、四氯化碳、甲醇、环己酮、苯、苯酚、苯乙烯、α-萘胺、硝酸、乙炔、糠醛、磷酸三丁酯等。

④ 轻度危害（Ⅳ级）。其最高允许浓度$C > 10mg/m^3$。

（二）容器

容器一般是由筒体（又称壳体）、封头（又称端盖）及其附件（法兰、支座、接管、人孔、视镜、液面计）所组成。容器结构如图3-1所示。

容器可根据不同的用途、选用材质、制造方法、形状、承压要求、装配方式、安装位置、器壁厚薄而有各种不同的分类方法。若根据形状，容器主要有圆筒形、球形、矩形三种。如图3-2所示。

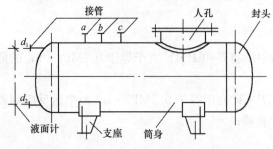

图3-1　容器的结构

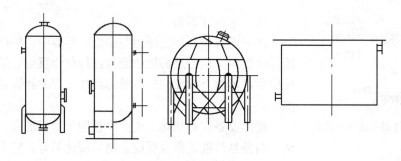

图 3-2　容器形状示意图

　　矩形容器由平板焊接而成，制造简便，但承压能力差，只用作小型常压储槽。球形容器由数块弓形板拼焊而成，承压能力好，但由于安置内件不方便和制造工艺复杂，故一般用作内有一定压力的大中型贮罐。圆筒形容器是由圆柱形筒体和各种成形封头所组成，作为容器主体的圆筒，制造容易，安装内件方便，而且承压能力较好，因此这类容器被广泛应用。圆筒形容器是用钢板卷制成筒体（也可采用无缝钢管做筒体），然后分别与平盖、锥形盖、椭圆形封头组成平底平盖、平底锥盖、椭圆形封头等立式、卧式容器。

　　（1）一般容器

　　容器的形式类别如表 3-1 所示。

容器的形式　　　　　　　　　　　　　　　　表 3-1

容器形式	立　式						卧　式	
分　类	平底平盖	平底锥盖	90°无折边锥形底平盖	无折边球形封头	90°折边锥形底椭圆形盖	椭圆形封头	无折边球形封头	椭圆形封头
标准号	JB1421—74	JB1422—74	JB1423—74	JB1424—74	JB1425—74	JB1426—74	JB1427—74	JB1428—74
示意图								
公称压力 MPa	常　压		0.07	0.6	0.25～4.0	0.07	0.25～4.0	

69

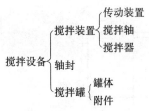

图 3-3 搅拌设备构成形式

（2）带搅拌容器

在一定容积和一定压力与温度的容器中，借助于搅拌器搅拌功能向介质传递必要的能量进行化学反应，故称有搅拌反应器，习惯上称反应釜，或称搅拌罐。搅拌设备的结构如图 3-4。

搅拌设备在石油化工生产中被用于物料混合、溶解、传热、制备悬浮液、聚合反应、制备催化剂等。它主要由搅拌装置、轴封和搅拌罐三大部分组成。其构成形式如图 3-3 所示。

1）搅拌装置。搅拌装置按其安装形式可以分为立式容器中心搅拌、偏心式搅拌、倾斜式搅拌、底搅拌、卧式容器搅拌、旁入室搅拌等。由于搅拌操作的多种多样，也使搅拌器存在着许多形式。典型的搅拌器形式有桨式、涡轮式、推进式、锚式、框式、螺杆式等。

2）轴封。轴封是搅拌设备的一个重要组成部分。转轴密封的形式很多，最常用的有填料密封、机械密封、迷宫封、浮动环密封等。虽然搅拌器轴封也属于转轴密封的范畴，但由于搅拌器轴封的作用是保证搅拌设备内处于一定的正压或真空，防止反应物料逸出和杂质的渗入，因此不是所有转轴密封形式都能用于搅拌设备的。

3）搅拌罐。搅拌罐包括罐体和装焊在罐体上的各种附件。常用的罐体是立式圆筒形容器，它由顶盖、筒体和罐底组成，通过支座安装在基础或平台上。罐体在规定的操作温度、操作压力下，为物料完成其搅拌过程提供了一定的空间。由于物料在反应过程中一般都伴有热效应，即反应过程中放出热量或吸收热量，因此在罐体的外部或内部需设置供加热或冷却用的传热装置。例如在罐体外部设置夹套；在罐体内部设置蛇管等。

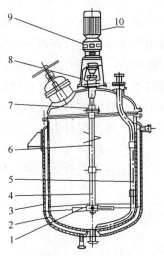

图 3-4　搅拌设备结构图

1—搅拌器；2—罐体；3—夹套；4—搅拌轴；5—压出管；6—搅拌轴连杆；7—联轴器；8—轴承装置；9—减速器；10—电动机

（3）高压容器

操作压力大于 10MPa 的设备通常称为高压容器。如合成氨中的操作压力 15～32MPa 的氨合成塔、操作压力为 20MPa 的尿素合成塔、30MPa 的甲醇合成塔；又如高压聚乙烯装置中的 150～200MPa 的聚乙烯反应釜等均属超高压容器。这些设备通过高压操作强化介质的化学反应和化工操作的过程而生成新的物质。高压容器的主要构件是筒体、密封件、端盖和筒体端部以及紧固连接件等。其内件按其工艺要求不同，形式多样。高压筒体是高压容器的主体。其基本结构如图 3-5。

由于操作压力较高，所以高压容器是一个壁厚很厚的设备，因而它出现了许多筒体结构形式。以筒体的组成结构分类有整体式和组合式两大类。其中，整体式高压筒体又可分为铸钢筒体、无缝钢管筒体、单层厚板

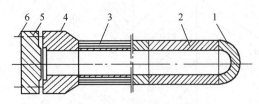

图 3-5　高压容器（多层筒体、单层筒体）

1—球底；2—单层筒体；3—多层筒体；4—端部法兰；5—定盖；6—螺栓螺母

焊接筒体（单层卷板式、单层瓦片式）和整体锻造式筒体。组合式高压筒体又分为多层包扎式筒体、热套式筒体、错绕扁平钢带式筒体、绕板式筒体、多层卷板式筒体等。

（三）塔器

塔设备是化工、石油等工业中广泛使用的重要生产设备。用以实现蒸馏和吸收两种分离操作的塔设备分别称为蒸馏塔和吸收塔。这类塔设备的基本功能在于提供气、液两相以充分接触的机会，使质、热两种传递过程能够迅速有效地进行；还要能使接触之后的气、液两相及时分开，互不夹带。

根据塔内气、液接触部件的结构形式，可将塔设备分为两大类：板式塔与填料塔。

板式塔内沿塔高装有若干层塔板（或称塔盘），液体靠重力作用由顶部逐板流向塔底，并在各块板面上形成流动的液层；气体则靠压强差推动，由塔底向上依次穿过各塔板上的液层而流向塔顶。气、液两相在塔内进行逐级接触，两相的组成沿塔高呈阶梯式变化。板式塔结构如图 3-6 所示。

填料塔内装有各种形式的固体填充物，即填料。液相由塔顶喷淋装置分布于填料层上，靠重力作用沿填料表面流下；气相则在压强差推动下穿过填料的间隙，由塔的一端流向另一端。气、液在填料的润湿表面上进行接触，其组成沿塔高连续地变化。填料塔结构参见图 3-7 所示。

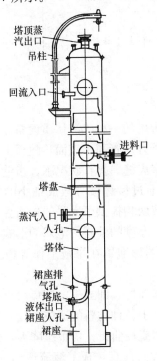

图 3-6 板式塔的总体结构

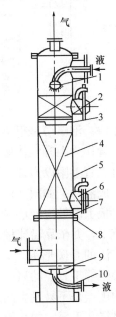

图 3-7 填料塔示意图

1—莲蓬头（喷淋装置）；2—装填料孔；
3—液体再分配器；4—填料；5—塔体；
6—卸填料孔；7—格栅；8—支持圈；
9—出料装置；10—支座

塔设备的结构，除了种类繁多的各种内件外，其余构件大致相同，如塔体、塔体支座、除沫器、接管、人孔和手孔、吊柱等。

1. 板式塔。

按照塔内气、液流动方式，可将塔板分为错流塔板与逆流塔板两类。

错流塔板如图 3-8 (a) 所示，板间有专供液体流通的降液管（又称溢流管）。适当安排降液管的位置及堰的高度，可以控制板上液体流径与液层厚度，从而获得较高的效率。但是降液管大约占去塔板面积的 20%，影响了塔的生产能力；而且，液体横过塔板时要克服各种阻力，降低分离效率。

逆流塔板如图 3-8 (b) 所示，板间不设降液管，气、液同时由板上孔道逆向穿流而过，故又称穿流塔板。这种塔板结构简单，板上无液面落差，气体分布均匀，板面利用充分，可增大处理量及减小压强降，但需要较高的气速才能维持板上液层，操作弹性差且效率较低，目前在蒸馏、吸收等气-液传质操作中应用上远不及错流塔板广泛。

常用的板式塔有泡罩塔、筛板塔、浮阀塔、舌形喷射塔以及新发展起来的一些新型塔和复合型塔（如浮动喷射塔、浮舌塔、压延金属网板塔、多降液管筛板塔等）。

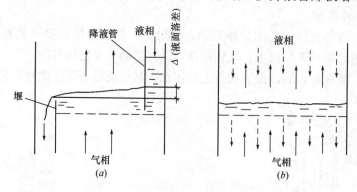

图 3-8　错流塔板与逆流塔板

（1）泡罩塔。泡罩塔是很早就为工业蒸馏操作所采用的一种气液传质设备。每层塔板上装有若干短管作为上升气体通道，称为升气管。由于升气管高出液面，故板上液体不会从中漏下。升气管上附以泡罩，泡罩下部周边开有许多齿缝。操作状况下，齿缝浸没板上液层之中，形成液封。如图 3-9 (a) 所示。上升气体通过齿缝被分散成细小的气泡或流股进入液层。板上的鼓泡液层或充气的泡沫体为气、液两相提供了大量的传质界面。液体通过降液管流下，并依靠溢流堰以保证塔板上存有一定厚度的液层。泡罩的形式不一，化工中应用最广泛的是圆形泡罩，如图 3-9 (c) 所示。圆形泡罩在塔板上作等边三角形排列，泡罩中心距等于直径的 ⅓～⅔。

泡罩塔的优点是不易发生漏液现象，有较好的操作弹性，即当气、液负荷有较大的波动时，仍能维持几乎恒定的板效率；塔板不易堵塞，对于各种物料的适应性强。缺点是塔板结构复杂，金属耗量大，造价高；板上液层厚，气体流径曲折，塔板压降大，兼因雾沫夹带现象较严重，限制了气速的提高，故生产能力不大。而且，板上液流遇到的阻力大，致使液面落差大，气体分布不匀，也影响了板效率的提高。因此，近年来泡罩塔已很少建造。

（2）筛板塔。筛板塔是在塔板上开有许多均匀分布的筛孔，上升气流通过筛孔分散成细小的流股，在板上液层中鼓泡而出，与液体密切接触。筛孔在塔板上作正三角形排列，其直径宜为 3～8mm，孔心距与孔径之比常在 2.5～4.0 范围内。塔板上设置溢流堰，以使板上维持一定浓度的液层。在正常操作范围内，通过筛孔上升的气流，应能阻止液体经

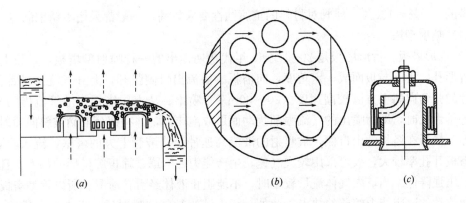

图 3-9　泡罩塔板

（*a*）抱罩塔板操作状态示意图；（*b*）抱罩塔板平面图；（*c*）圆形泡罩

筛孔向下泄漏。液体通过降液管逐板流下。

筛板塔的突出优点是结构简单，金属耗量小，造价低廉；气体压降小，板上液面落差也较小，其生产能力及板效率较泡罩塔高。主要缺点是操作弹性范围较窄，小孔筛孔容易堵塞。近年来对大孔（直径 10mm 以上）筛板的研究和应用有所进展。大孔径筛板塔采用气、液错流方式，可以提高气速以及生产能力，而且不易堵塞。

（3）浮阀塔。浮阀塔于 20 世纪 50 年代开始在工业上广泛使用，目前已成为国内许多工厂进行蒸馏操作时最乐于采用的一种塔形。在吸收、脱吸等操作中也有应用，效果较好。浮阀塔板的结构特点，是在带有降液管的塔板上开有若干大孔（标准孔径为 39mm），每孔装有一个可以上下浮动的阀片。由孔上升的气流，经过阀片与塔板的间隙而与板上横流的液体接触。国内最常采用的阀片形式有 F1 型，另外还有 V-4 型及 T 型浮阀。F1 型浮阀国外称为 V-1 型。

F1 型浮阀的结构简单，制造方便，节省材料，广泛用于化工及炼油生产中。F1 型浮阀又分轻阀与重阀两种。一般场合都采用重阀，只在处理量大并且要求压强降很低的系统（如减压塔）中，才用轻阀。V-4 型浮阀的特点是阀孔被冲成向下弯曲的文丘里形，用以减小气体通过塔板时的压强降。阀片除腿部相应加长外，其余结构尺寸与 F1 型轻阀无异。V-4 型浮阀适用于减压系统。T 型浮阀的结构比较复杂，是借助固定于塔板上的支架以限制拱形阀片的运动范围，多用于易腐蚀、含颗粒或易聚合的介质。

浮阀塔具有下列优点：

1）生产能力大。由于浮阀安排比较紧凑，塔板的开孔面积大于泡罩塔板，故其生产能力约比圆形泡罩塔板的大 20%～40%，而与筛板塔相近。

2）操作弹性大。由于阀片可以自由升降以适应气量的变化，故其维持正常操作所容许的负荷波动范围比泡罩塔及筛板塔的都宽。

3）塔板效率高。由于上升气体以水平方向吹入液层，故气液接触时间较长而雾沫夹带量较小，板效率较高。

4）气体压强降及液面落差较小。因为气、液流过浮阀塔板时所遇到的阻力较小，故气体的压强降及板上的液面落差都比泡罩塔板的小。

5）塔的造价低。浮阀塔的造价约为具有同等生产能力的泡罩塔的 60%～80%，而为筛板塔的 120%～130%。浮阀对材料的抗腐蚀性要求较高，一般都采用不锈钢制造。

（4）喷射型塔。

1）舌形塔板。舌形塔板是 20 世纪 60 年代初期提出的一种喷射型塔板，塔板上冲出许多舌形孔，舌叶与板面成一定角度，向塔板的溢流出口侧张开。上升气流穿过舌孔后，沿舌叶的张角向斜上方以较高速度（20～30m/s）喷出。从上层塔板降液管流出的液体，流过每排舌孔时，即为喷出的气流强烈扰动而形成泡沫体，并有部分液滴被斜向喷射到液层上方。最后在塔板的出口侧，被喷射的液流高速冲至降液管上方的塔壁，流入降液管。舌形塔板开孔率较大，故可采用较大气速，生产能力比泡罩、筛板等塔形的都大，且操作灵敏、压强降低。当塔内气体流量较小时，不能阻止液体经舌孔泄漏。所以舌型塔板也有对负荷波动的适应能力较差的缺点。此外，板上液流被气体喷射后，仍带有大量的泡沫，易将气泡带到下层塔板，尤其在液体流量很大时，这种气相夹带的现象更严重，将使板效率明显下降。这是喷射型塔板一个值得注意的问题。

2）浮动喷射塔板。浮动喷射塔体是综合舌形塔板的并流喷射与浮阀塔板的气道截面积可变两方面的优点而提出的一种喷射型塔板。这种塔板的主体由一系列平行的浮动板组成，浮动板支承在支架的三角槽内，可在一定角度内转动。由上层塔板降液管流下来的液体，在百叶窗式的浮动板上面流过，上升气流则沿浮动板间的缝隙喷出，喷出方向与液流方向一致。由于浮动板的张开程度能随上升气体的流量而变化，使气流的喷出速度保持较高的适宜值，因而扩大了操作的弹性范围。

浮动喷射塔的优点是生产能力大，操作弹性大，压强降低，持液量小。缺点是操作波动较大时液体入口处泄漏较多；液量小时，板上易"干吹"；液量大时，板上液体出现水浪式的脉动，因而影响接触效果，板效率降低。塔板结构复杂，浮板也易磨损及脱落。如何变更结构以改善操作性能并保证长期运转的可靠性，尚有待进一步研究。

3）浮舌塔板。浮舌塔板是综合浮阀和固定舌形塔板的长处而提出的又一种喷射型塔板。据研究，这种塔板的压强降要比浮阀塔板及固定舌形塔板都低，而操作弹性范围较二者都大，在板效率及泄漏量方面也优于固定舌形塔板。

2. 填料塔。

填料塔也是一种重要的气液传质设备。它的结构很简单，在塔体内充填一定高度的填料，其下方有支承板，上方为填料压板及液体分布装置。液体自填料层顶部分散后沿填料表面流下而润湿填料表面；气体在压强差推动下，通过填料间的空隙由塔的一端流向另一端。气液两相间的传质通常是在填料表面的液体与气相间的界面上进行的。塔壳可由陶瓷、金属、玻璃、塑料制成、必要时可在金属简体内衬以防腐材料。为保证液体在整个截面上的均匀分布，塔体应具有良好的垂直度。

填料塔不仅结构简单，而且有阻力小和便于用耐腐材料制造等优点，尤其对于直径较小的塔、处理有腐蚀性的物料或要求压强较小的真空蒸馏系统，都表现出明显的优越性。另外，对于某些液气比较大的蒸馏或吸收操作，若采用板式塔，则降液管将占用过多的塔截面积，此时也宜采用填料塔。

近年来，国内外对填料的研究与开发进展颇快。由于性能优良的新型填料不断涌现以及填料塔在节能方面的突出优势，大型的填料塔目前在工业上已非常罕见。

填料是填料塔的核心，填料塔操作性能的好坏，与所选用的填料有直接关系。填料的种类很多，大致可分为实体填料与网体填料两大类。实体填料包括环形填料（如拉西环、鲍尔环和阶梯环）和鞍形填料（如弧鞍、矩鞍）以及栅板填料。波纹填料等由陶瓷、金属、塑料等材质制成的填料。网体填料主要是由金属丝网制成的各种填料，如鞍形网、θ网、波纹网等，如图3-10所示。

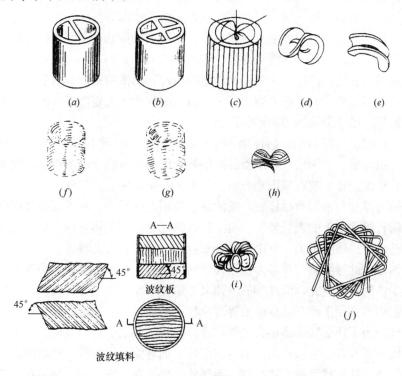

图 3-10 填料的形式

(a) θ 圈填料；(b) 十字腰填料；(c) 单螺旋式填圈填料；(d) 鞍形填料；(e) 弧鞍形；

(f) θ 网圈；(g) 双层 θ 网圈丝网填料；(h) 鞍形网；(i) Teller 花环填料；(j) 多角螺旋

为使填料塔发挥良好的效能，填料应符合以下几项主要要求：

（1）要有较大的比表面积。单位体积填料层所具有的表面积称为填料的比表面积，以 σ 表示，其单位为 m^2/m^3。填料的表面只有被流动的液相所润湿，才能构成有效的传质面积。因此，若希望有较高的传质速率，除须有大的比表面积之外，还要求填料有良好的润湿性能及有利于液体均匀分布的形状。

（2）要有较高的空隙率。单位体积填料层所具有的空隙体积称为填料的空隙率。以 ε 表示，其单位为 m^3/m^3。一般说来，填料的空隙率多在 0.45～0.95 范围以内。当填料的空隙率较高时，气、液通过能力大且气流阻力小，操作弹性范围较宽。

（3）从经济、实用及可靠的角度出发，还要求单位体积填料的重量轻、造价低，坚固耐用，不易堵塞，有足够的机械强度，对于气、液两相介质都有良好的化学稳定性等。

上述各项条件，未必为每种填料所兼备，在实际应用时，可根据具体情况加以适当选择。

（四）工艺金属结构

工艺金属结构是指在工业生产中用来支承和传递工艺设备、工艺管道以及其他附加应力所引起的静、动荷载，或者为了方便工艺操作，保证生产正常进行，在主体单元中所设置的辅助设施。它主要包括设备框架、支架、管廊、柱子、桁架结构、联合平台、一般梯子、平台等。此外，按照全国统一安装工程预算定额的归类，还包括服务于工业生产在现场制造的物料储存设备，排放处理生产废气的大型金属构造物以及相应的附属设施，包括金属油罐、气柜、火炬、排气筒、漏斗、料仓、烟道、烟囱等。

金属油罐是石油化工工业的主要存储容器。金属油罐按其在空间的位置可分为立式油罐、无力矩油罐、拱顶油罐、浮顶油罐等。

无力矩油罐即悬链式油罐。它是根据悬链线原理，用薄钢板制造的顶盖和中心柱组成顶部。这种悬链形顶板只有拉应力而无弯曲应力，故称为无力矩油罐。由于这种油罐有一定的缺点，近年来已逐渐被拱顶油罐所代替。

拱顶罐是指罐顶为球冠状，罐体为圆柱形的一种容器。罐顶盖是由 4~6mm 的薄钢板和加强筋压制而成。这种罐顶可承受较高的剩余压力，有利于减少贮液蒸发损耗。由于其制作较易、造价较低，故在国内外石油、化工工业中使用较为广泛。

浮顶油罐的浮顶与油面直接接触，随油品收发而上下浮动，在浮顶与罐内壁之间的环形空间，有随着浮顶上下的密封装置，由于这种罐几乎没有气体空间，从而大大减少了油品的挥发损耗。浮顶罐的种类，有单盘式、双盘式、浮子式等几种。

内浮顶油罐。此种贮罐的顶部为拱顶与浮顶的结合，外部为拱顶，内部为浮顶。内部的浮顶可减少油的挥发损耗，而外部的拱顶又可避免雨水、尘土等污物从环形空隙处进入罐内。这种贮罐主要用于储存航空煤油等要求较高的油品。

油罐附件。为了使金属油罐正常工作，适应各种油品的贮存、发放、计量和维修等要求，在罐体内需要安装一些特殊用途的附属配件，通称为油罐附件。这些附件有：进出接合管、人孔、透光孔、排污孔、清扫口、通气管、呼吸阀、安全阀、量油孔、旁通管、膨胀管、升降管、喷淋管、加热器、防火器及空气泡沫发生器、静电接地及避雷针、梯子、平台、栏杆等。

钢制球罐简称为球罐。球罐与圆柱形贮罐相比具有许多优点。在相同的容积下，球罐表面积最小；在压力和直径相同的条件下，球罐壁的内应力最小，而且均匀，其壁厚仅为立式贮罐的一半。球罐还具有占地面积小，基础工程量小等特点。因而，球罐作为压力容器在国内外得到广泛的应用。

球罐的完整结构包括：球壳支撑结构，人孔和罐壁接合管、阀及过流阀，内外梯子平台、温度、压力、液位检测表，隔热喷淋装置，保温保冷刷油，紧急切断装置、安全阀装置、防震、减震和防雷接地装置等。球罐的本体结构是由多块球壳板拼装而成。球壳板可分为赤道板，上、下温带板，南、北极板。球壳板是通过下料、切割、板边坡口后压制而成。将各板片对接焊成整个球体，即成为球罐。球罐的接管、支柱等各个部件均用焊接方法连在球壳上。在建造球罐时一般都设置内外盘梯，盘梯是由球顶至地面沿球壁设置的圆弧形梯子。盘梯有两种结构形式：一种是可以沿赤道导轨以球顶部为中心旋转360°称为旋转梯，一种是固定的螺旋形盘梯，不能旋转。球罐的支撑结构是由与赤道、球壳板连接的几根支柱（包括上支柱、下支柱、支柱盖板）和连接支柱的拉杆、支柱底板、地脚螺栓和加强筋等构成。

气柜是石油化工、冶金工业生产过程中储备和在城市煤气供应中也用气柜作为储备和输送气体的容器，它还能起均衡气体压力的作用。调节煤气成分的设备，所以通常称用煤气柜。常用的气柜有低压湿式直升储气柜和低压湿式螺旋储气柜两种。干式直升储气柜近年来已开始在某些工程中建造，但使用尚不广泛。低压湿式储气柜的优点是构造简单、制造和安装较为方便、应用较广，缺点是有外部导轨和联系杆件，钢材用量较多。

火炬和排气筒是石油化工装置中的大型钢结构，是用来燃烧装置开工时或在运转中出现异常情况和停车检修时，排放出来的可燃气体。在正常生产过程中一般不点燃。目前常用的火炬筒有 $\phi400 \sim \phi1200$mm，高度 120m 以内的风缆绳锚定式和塔架固定式两种。一般炼油系统采用风缆式，化工系统采用塔架式，国外引进装置中的火炬大多是塔架式。火炬的塔架为碳钢制造，而筒体有碳钢和不锈钢两种。火炬的特点是高大，吊装难度较大，尤其是塔架式火炬吊装更为困难。近来一般是采取整体吊装，避免了繁重的高空作业，又能保证吊装进度，是一种既经济又实用的施工方法。

金属结构与混凝土、砖木结构相比具有强度高、塑性和韧性好、重量轻、制作和安装工业化程度高的特点。在现行建筑和安装工程预算定额中，将金属结构分为两大类型，一类是工艺金属结构，另一类是建筑金属结构。

工艺金属结构除了前述的油罐、球罐、气柜、火炬外，主要是指在工业生产装置中，为支承和传递工艺设备或工艺管道本身的重量，以及其他附加应力所引起的荷载而制作安装的钢结构工程，包括设备框架、管廊、柱子、桁架、联合联台、设备支架、梯子、平台、漏斗、料仓、烟道、烟囱等。此外，本册定额还包括一些辅助工程如设备容器开孔、现场组装平台、角钢法兰煨制等，同时还包括无损探伤检查。

（五）换热设备

换热器是用来完成各种不同传热过程的设备，它是化工、石油、动力原子能和其他许多工业部门广泛应用的一种通用工艺设备。在化工厂建设中，换热器约占全部工艺设备投资的 11%，在现代石油炼厂中换热器约占全部工艺设备投资的 40%左右。

1. 换热设备分类

换热器依据不同的传递机理设计。热传递有 3 种基本方式：传导、对流和辐射。换热器的类型随着工业发展而逐渐扩大。在工业生产中，由于用途、工作条件、载热体的特性等不同，对换热器提出了不同的要求，出现了各种不同形式和结构的换热器。

（1）按作用原理或传热方式分类。

1）混合式换热器。混合式换热器（或称直接式换热器）是通过换热流体的直接接触与混合的作用来进行热量交换的。

2）蓄热式换热器。蓄热式换热器大多是用耐火砖垒砌而成。其内部用耐火砖垒砌成的"火格子"或者用成形填料填充。它是让两种不同的流体先后通过同一固体填料的表面，热载体先通过，把热量蓄积在填料中，冷流体通过时将热量带走，从而实现冷、热两种流体之间的热量传递。如炼焦炉的蓄热室的多孔格子砖、空分蓄冷器中卵石等的表面。

3）间壁式换热器。它是利用一种固体壁面将进行热交换的两种流体隔开，使它们通过壁面进行传热。这种形式的换热器使用最广泛。

（2）按生产中使用目的分类。分成冷却器、加热器、冷凝器、汽化器（或再沸器）和换热器等。

（3）按换热器所用材料分类。一般分成金属材料和非金属材料换热器。

（4）按换热器传热面的形状和结构分类。

2.几种常用换热器

常用的换热器有夹套式、蛇管式、套管式、列管式、螺旋板式、板式、板翅式等。

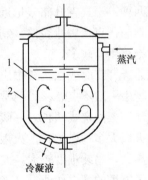

图 3-11　夹套式换热器
1—容器；2—夹套

（1）夹套式换热器。这种换热器构造简单，如图 3-11 所示。换热器的夹套安装在容器的外部，夹套与器壁之间形成密封的空间，为载热体（加热介质）或载冷体（冷却介质）的通路。夹套通常用钢或铸铁制成，可焊在器壁上或者用螺钉固定在容器的法兰或器盖上。

夹套式换热器主要用于反应过程的加热或冷却。在用蒸汽进行加热时，蒸汽由上部接管进入夹套，冷凝水则由下部接管流出。作为冷却器时，冷却介质（如冷却水）由夹套下部的接管进入，而由上部接管流出。

该种换热器的传热系数较小，传热面又受容器的限制，因此适用于传热量不太大的场合。为了提高其传热性能，可在容器内安装搅拌器，使器内液体作强制对流；为了弥补传热面的不足，还可在器内安装蛇管等。

（2）蛇管式换热器。其传热面是由弯曲成圆柱形或平板形的蛇形管子组成，蛇管形状如图 3-12 所示。蛇管的材料有钢管、铜管或其他有色金属管、陶质管、石墨管等。蛇管式换热器又可分沉浸式和喷淋式两种，如图 3-13 所示。

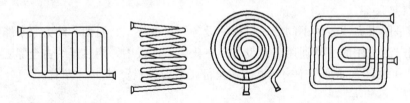

图 3-12　蛇管的形状

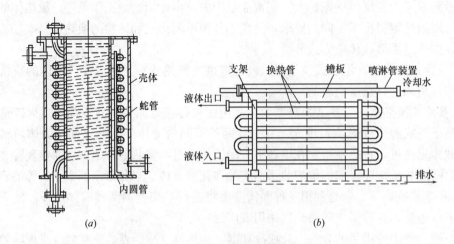

图 3-13　蛇管式换热器
（a）沉浸式蛇管换热器；（b）喷淋式换热器

78

1）喷淋式蛇管换热器。喷淋式换热器多用作冷却器。固定在支架上的蛇管排列在同一垂直面上，换流体在管内流动，自最下管进入，由最上管流出。冷水由最上面的多孔分布管（淋水管）流下，分布在蛇管上，并沿其两侧下降至下面的管子表面，最后流入水槽而排出。冷水在各管表面上流过时，与管内流体进行热交换。这种设备常放置在室外空气流通处，冷却水在空气中汽化时，可带走部分热量，以提高冷却效果。它和沉浸式蛇管换热器相比，还具有便于检修和清洗、传热效果较好等优点，其缺点是喷淋不易均匀。

2）沉浸式蛇管换热器。沉浸式蛇管换热器的蛇管多以金属管子弯制而成，或制成适应容器要求的形状，沉浸在容器中。两种流体分别在蛇管内、外流动而进行热量交换。这种蛇管换热器的优点是结构简单，价格低廉，便于防腐蚀，能承受高压。主要缺点是由于容器的体积较蛇管的体积大得多，故管外流体的对流换热系数较小，因而总传热系数 K 值也较小。如在容器内加搅拌器或减小管外空间，则可提高传热系数。

（3）套管式换热器。套管式换热器系用管件将两种尺寸不同的标准管连接成为同心圆的套管，然后用 180°的回弯管将多段套管串联而成。每一段套管称为一程，程数可根据传热要求而增减。每程的有效长度为 4～6m，若管子太长，管中间会向下弯曲，使环形中的流体分布不均匀。

套管换热器的优点是：构造较简单；能耐高压；传热面积可根据需要而增减；适当地选择管子内径、外径，可使流体的流速较大，且双方的流体作严格的逆流，有利于传热。缺点是：管间接头较多，易发生泄漏；单位换热器长度具有的传热面积较小。故在需要传热面积不太大而要求压强较高或传热效果较好时，宜采用套管式换热器。

（4）列管式换热器。列管式换热器是目前生产中应用最广泛的传热设备，与前述的各种换热器相比，主要优点是单位体积所具有的传热面积大以及传热效果好。此外，结构简单，制造的材料范围较广，操作弹性也较大等，因此在高温、高压和大型装置上多采用列管式换热器。

列管换热器中，由于两流体的温度不同，使管束和壳体的温度也不相同，因此它们的热膨胀程度也有差别。若两流体的温度相差较大（50℃以上）时，就可能由于热应力而引起设备的变形，甚至弯曲或破裂，因此必须考虑这种热膨胀的影响。根据热补偿方法的不同，列管换热器有下面几种形式：

1）固定管板式换热器。所谓固定管板式即两端管板和壳体连接成一体，因此它具有结构简单和造价低廉的优点。但是由于壳程不易检修和清洗，因此壳方流体应是较洁净且不易结垢的物料。当两流体的温度差较大时，应考虑热补偿。图 3-14 为具有补偿圈（或称膨胀节）的固定管板式换热器，即在外壳的适当部位焊上一个补偿圈，当外壳和管束热膨胀不同时，补偿圈发生弹性变形（拉伸或压缩），以适应外壳和管束的不同的热膨胀程度，这种补偿方法简单，但不宜用于两流体的温度差太大（大于 70℃）和壳方流体压强过高（高于 600kPa）的场合。

2）U 型管换热器。U 型管换热器如图 3-15 所示。管子弯成 U 型，管子的两端固定在同一管板上，因此每根管子可以自由伸缩，而与其他管子和壳体均无关。这种形式换热器的结构也较简单，重量轻，适用于高温和高压场合。其主要缺点是管内清洗比较困难，因此管内流体必须洁净；且因管子需一定的弯曲半径，故管板的利用率差。

3）浮头式换热器。浮头式换热器如图 3-16 所示，两端管板之一不与外壳固定连接，

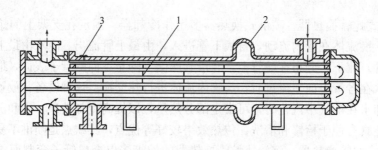

图 3-14　具有补偿圈的固定管板式换热器
1—挡板；2—补偿圈；3—放气嘴

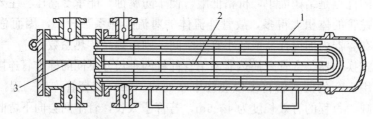

图 3-15　U 型管换热器
1—U 型管；2—壳程隔板；3—管程隔板

该端称为浮头。当管子受热（或受冷）时，管束连同浮头可以自由伸缩，而与外壳的膨胀无关，浮头式换热器不但可以补偿热膨胀，而且由于固定端的管板是以法兰与壳体相连接的，因此管束可从壳体中抽出，便于清洗和检修，故浮头式换热器应用较为普遍，但结构较复杂，金属耗量较多，造价较高。

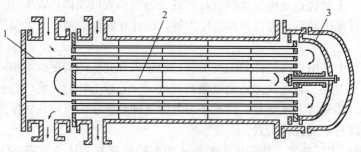

图 3-16　浮头式换热器
1—管程隔板；2—壳程隔板；3—浮头

以上几种类型的列管换热器，都有系列标准可供选用。规格型号中通常标明形式、壳体直径、传热面积、承受的压强和管程数等。

4）填料函式列管换热器。填料函式列管换热器的活动管板和壳体之间以填料函的形式加以密封。在一些腐蚀严重、温差较大而经常更换管束的冷却器中应用较多。其结构较浮头简单，制造方便，易于检修清洗，如图 3-17 所示。

图 3-17　填料函式列管换热器

（5）板片式换热器。板片式换热器的传热面是由冷压成形或经焊接的金属板材构成的。属于这类的换热器有螺旋板式换热器、板式换热器和板翅式换热器等。

1）螺旋板式换热器。螺旋板式换热器是用两张平行的金属薄板卷制而成，见图 3-18。

2）板式换热器。板式换热器由很多波纹或半球形突出物的传热板按一定间隔通过垫片压紧而成。

3）板翅式换热器。板翅式换热器主要是由平板、翅板、封条 3 部分组成。

（6）非金属换热器。在化工生产中有不少具有强腐蚀性的物料，这时用普通材料制成的换热设备不能满足需要。随着化学工业的发展，出现和发展了许多耐腐蚀的新型材料（如陶瓷、玻璃、聚四氟乙烯、石墨等）的换热器。

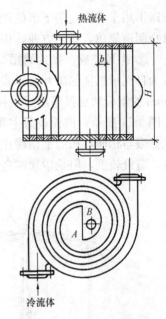

图 3-18　螺旋板式换热器

（六）油罐

储罐按其制造材质可分为金属罐和非金属罐。在化工、石油化工和石油等工业中储存液化气以外的原料油和其他油主要采用金属储罐，即金属油罐。

1. 油罐分类

金属油罐分类可根据油罐所处位置、几何形状和不同结构形式等几方面来划分。

（1）按油罐几何形状划分。

1）立式圆柱形罐；

2）卧式圆柱形罐；

3）球形罐。

（2）按油罐所处位置划分。分为地上油罐、半地下油罐和地下油罐三种。

1）地上油罐。指油罐的罐底位于设计标高±0.00 及其以上；罐底在设计标高±0.00 以下但不超过油罐高度的 1/2，也称为地上油罐。

2）半地下油罐。半地下油罐是指油罐埋入地下深于其高度的 1/2，而且油罐的液位的最大高度不超过设计标高±0.00 以上 0.2m。

3）地下油罐。地下油罐指罐内液位处于设计标高±0.00 以下 0.2m。

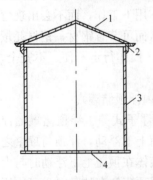

图 3-19　自支承锥顶罐简图
1—锥顶；2—包边角钢；
3—罐壁；4—罐底

（3）按不同结构形式划分。分为固定顶储罐、浮顶储罐、无力矩储罐和套顶储罐。

1）固定顶储罐。固定顶储罐可分为锥顶储罐、拱顶储罐、自支承伞形储罐。

① 锥顶储罐。锥顶储罐又可分为自支承和有支承锥顶罐两种。自支承锥顶罐是一种形状接近于正圆锥体表面的罐顶，锥顶载荷靠顶板周边支承于罐壁上，如图 3-19 所示；有支承式锥顶罐，如图 3-20 所示。

梁柱式锥顶罐是另一种形状接近正圆锥体表面的罐顶，罐顶的载荷主要由梁和柱上的檩条或置于有支柱或无支柱的桁架上的檩条承担。一般用于容积大于 1000m³ 的贮罐。梁柱式锥顶罐不用于有不均匀下沉的地基或地震载荷较大的地区。锥顶罐与相同容积拱顶罐相比，锥顶制造简单，施工方便，但钢材耗用较多。

② 拱顶储罐。拱顶储罐是我国石油、化工各部门广泛采用的一种储罐。拱顶储罐可分为自支承拱顶储罐和支承式拱顶储罐。拱顶储罐是指罐顶形状接近于球形，罐顶由 4～6mm 的钢板和加强筋组成。拱顶载荷靠顶板周边支承在罐壁上的储罐为自支承拱顶罐，如图 3-21 所示。拱顶载荷主要靠柱和罐顶桁架支承于罐壁上的储罐为支承式拱顶罐。拱顶储罐与相同容积的锥顶罐比较，耗用钢材量较少，能承受较高的剩余压力，减少储液蒸发，造价较低，但是罐顶制造施工较复杂。

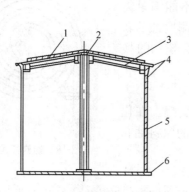

图 3-20　有支承式锥式顶罐简图
1—锥顶板；2—中间支柱；3—梁；
4—承压圈；5—罐壁；6—罐底

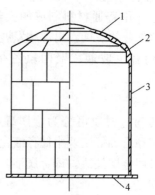

图 3-21　自支承拱顶罐简图
1—罐顶；2—包边角钢；
3—罐壁；4—罐底

③ 自支承伞形储罐。自支承伞形储罐顶是一种修正的拱形罐顶，其任何水平截面都是规则的多边形，与罐顶板数有同样多的棱边，罐顶载荷靠拱顶板支承于罐壁上，因此是自支承拱顶的变种。这种伞形罐顶在美国和日本的规范中被列为罐顶的一种结构形式。

2）无力矩顶储罐（悬链式无力矩储罐）。无力矩顶储罐是根据悬链线理论，用薄钢板制造的。其顶板纵断面呈悬链曲线状。由于这种形状的罐顶板只受拉力作用而不产生弯矩，所以称为无力矩顶油罐。

无力矩顶盖的一端支承在中心柱顶部的伞形罩上，另一端支承在储罐圆周装有包边角钢或刚性环上形成一悬链曲线。在这种曲线下，钢板仅在拉力作用下工作，而不会出现弯曲力矩。其特点是结构简单，施工方便，钢材得到充分利用，从而可节省钢材，钢材耗量比拱顶罐要少 15％左右。但是由于顶板太薄，易积水、易腐蚀、操作行走不便、不安全，故近年建造较少，如图 3-22 所示。

3）浮顶储罐。浮顶储罐分为浮顶储罐、内浮顶储罐（带盖内浮顶储罐）。

① 浮顶储罐。浮顶储罐的种类很多，如单盘式、双盘式、浮子式等。浮顶储罐的浮顶是一个漂浮在贮液表面上的浮动顶盖，随着储液的输入输出而上下浮动，浮顶与罐壁之间有一个环形空间，这个环形空间中有一个密封装置，使罐内液体在顶盖上下浮动时与大气隔绝，从而大大减少了储液在储存过程中的蒸发损失。采用浮顶罐储存油品时，可比固定顶罐减少油品损失 80％左右。

单盘式浮顶罐在浮顶周围建造环形浮船，用隔板将浮船分隔成若干个不渗漏的舱室，

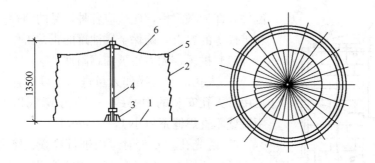

图 3-22　无力矩顶立式油罐示意图

1—罐底；2—罐壁；3—支座；4—中间立柱；5—刚性环；6—悬链顶板

在环形浮船范围内的面积以单层钢板覆盖。如图 3-23 所示。

双盘式浮顶罐的上下分别以钢板全面覆盖，两层钢板之间由边缘环板、径向与环向间隔板隔成若干个不渗漏的舱室，如图 3-24 所示。双盘式浮顶从强度来看是安全的，并且上下顶板之间的空气层有隔热作用。我国浮顶油罐系列中，容量在 $1000 \sim 5000 \mathrm{m}^3$ 的浮顶油罐采用双盘式浮顶。双盘式材料消耗量大、造价高，不如单盘式浮顶经济。

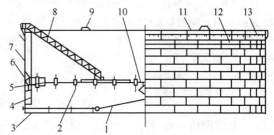

图 3-23　单盘式浮顶罐

1—中央排水管；2—浮顶立柱；3—罐底板；4—量液管；
5—浮船；6—密封装置；7—罐壁；8—转动浮梯；
9—泡沫消防挡板；10—单盘板；11—包边角钢；
12—加强圈；13—抗风圈

一般情况下，浮顶罐用于原油、汽油、溶剂油、重整原料油以及需要控制蒸发损失及大气污染、控制能放出不良气体、有着火危险的产品的储存。

② 内浮顶储罐。内浮顶储罐是带罐顶的浮顶罐，也是拱顶罐和浮顶罐相结合的新型储罐。内浮顶储罐的顶部是拱顶与浮顶的结合，外部为拱顶，内部为浮顶。如图 3-25。

内浮顶储罐具有独特优点：一是与浮顶罐比较，因为有固定顶，能有效地防止风、砂、雨雪或灰尘的侵入，绝对保证储液的质量。同时，内浮盘漂浮在液面上，使液体无蒸发空间，减少蒸发损失 $85 \% \sim 96 \%$；减少空气污染，减少着火爆炸危险，易于保证储液质量，特别适合于储存高级汽油和喷气燃料及有毒的石油化工产品；由于液面上没有气体空间，故减少罐壁罐顶的腐蚀，从而延长储罐的使用寿命；二是在密封相同情况下，与浮顶相比可以进一步降低蒸发损耗。

内浮顶储罐的缺点：与拱顶罐相比，钢板耗量比较多，施工要求高；与浮顶罐相比，维修不便（密封结构），储罐不易大型化，目前一般不超过 $10000 \mathrm{m}^3$。

2. 金属油罐附件

罐体上安装的一些供特殊用途的附属

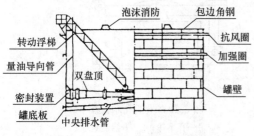

图 3-24　双盘式浮顶油罐示意图

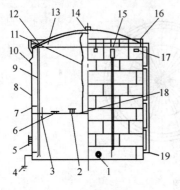

图 3-25　内浮顶储罐

1—罐壁人孔；2—自动通气阀；3—浮
盘立柱；4—接地线；5—带芯人孔；
6—浮盘人孔；7—密封装置；8—罐壁；
9—量油管；10—高液位警报器；11—
静电导线；12—手工量油口；13—固定
罐顶；14—罐顶通气孔；15—消防口；
16—罐顶人孔；17—罐壁通气孔；18—
内浮盘；19—液面计

配件，即油罐附件，应适应各种油品的储存、发放、计量和维修等的要求，确保金属油罐的正常工作。

（1）拱顶、无力矩顶油罐附件。

1）人孔。专为操作人员进出油罐检查、清洗和修理之用。人孔安装的中心线一般位于罐底以上700mm处，距罐壁垂直焊缝不得小于1500mm。

2）透光孔。专为对罐内进行检查、修理、刷洗时透光、通风之用。一般安装在罐内的顶部。

3）排污孔（管）。用于清扫油罐时排出淤泥油污，平时可以通过放水管排泄罐底的沉积水。

人孔如图3-26所示；透光孔如图3-27所示；排污孔（管）如图3-28所示。

4）放水管。用于排除罐底的沉积水。

5）罐顶结合管与罐壁接合管。用于进出储存介质之用。

6）量油孔。用于测量罐内油品的液面、温度及取样。量油孔一般与测量液位的仪表相连。通常安装在罐顶平台附近，距管壁应不小于1500mm。量油孔如图3-29所示。

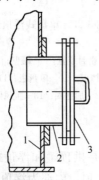

图 3-26　人孔示意图

1—罐壁；2—接管；3—盖

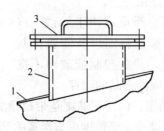

图 3-27　透光孔示意图

1—罐顶板；2—接管；3—盖板

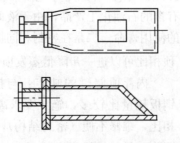

图 3-28　排污孔（管）示意图

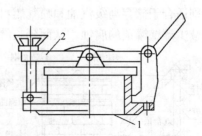

图 3-29　量油孔示意图

1—孔本体；2—开启装置

84

7）呼吸阀、安全阀、通气管。呼吸阀的作用是调节罐内油气压力，当罐内压力过高时，通过呼吸阀将部分多余油气排出，使罐内压力下降；当罐内压力过低时，通过呼吸阀从罐外吸入空气，使罐内压力升高，始终保持与大气压恒定的状态，呼吸阀安装在油罐的顶部。

安全阀的作用是当油罐在操作过程中，由于呼吸阀失灵或其他原因影响正常工作时，可通过它调节罐内压力，从而防止由于罐内正压或负压太高、罐壁应力过大而造成油罐外形破坏或油罐被抽瘪。安全阀安装在罐顶中部。

通气管是为罐内通风和调节罐内气压而设，安装在油罐的最高点。

8）防火器。用来防止火星、空气经过安全阀或呼吸阀进入罐内引起意外。它安装在呼吸阀或安全阀的下面。

9）内部关闭阀操纵装置。该装置用来连接罐内外自动关闭阀，完成进油和出油。它安装在油罐进出口连接管上，与罐内自动关闭阀和罐外自动关闭阀的手摇操作器连在一起。

10）加热器。加热器分局部加热器和全面加热器两种。其作用是通过蒸汽对原油和重油加热，以防止油品凝固。局部加热器安装在进出油接合管附近。全面加热器安装在罐底上。油罐加热盘管示意图见图3-30。

11）升降管。通过回转接头与出油接合管相连接，用卷扬机带动升降，可选择抽取罐内任何部位油品，一般只安装在润滑油或特种油品罐上。

12）泡沫发生器。当罐内油品发生意外起火燃烧时，利用泡沫发生器产生泡沫剂灭火。泡沫发生器一般安装在油罐上部的罐壁上，也可安装在油罐顶的边缘处。为了提高灭火效能，一般油罐通常都需要两个或更多的泡沫器对称安装。

13）回转接头与升降管。回转接头与出油管相连接。升降管又与回转接头和出油管相连，以卷扬机带动升降，可选择抽取罐内任何部位的油品，一般只安装在润滑油或特种油品罐上。

14）进料孔。用于进料。

（2）浮顶油罐附件。

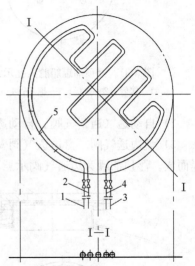

图3-30 油罐加热盘管示意图
1、2—蒸汽进口；3、4—蒸汽出口；
5—支架

1）浮船人孔、单盘顶人孔、试验人孔盖板。浮船人孔也称船舱人孔，每个船舱有一个人孔，船舱数与人孔数量相等。它由接管、卡环、盖板等组成。

单盘人孔安装在浮船的单盘板上，一般数量为2个。它由接管（与油面相通）通过法兰与盖紧固住，接管直径为600mm左右。

试验人孔盖板，由厚钢板加工而成，它与人孔接管上安装的折页式关节轴连接，当打开盖板与法兰连接螺栓时，盖板可以由关节轴旋转张开，关闭时可以旋转与接管上法兰对齐位置，再压上软垫，将螺栓紧固住。浮顶油罐船舱人孔如图3-31所示。浮顶油罐单盘人孔如图3-32所示。罐壁人孔示意图如图3-33所示。

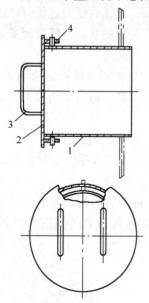

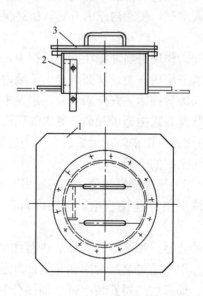

图 3-31　浮顶油罐船舱人孔示意图
1—接管；2—盖板；3—提手；4—卡环

图 3-32　浮顶油罐单盘人孔示意图
1—条板；2—接管；3—盖

2）自动透（通）气阀。自动透气阀是对罐体内气压起自动调节作用的附件。

3）盘边透气阀。盘边透气阀安装在单盘上靠近船舱相对称的位置上，由无缝钢管组焊而成。浮顶油罐旁边通气阀示意图如图3-34所示。

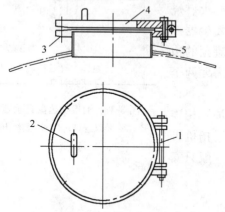

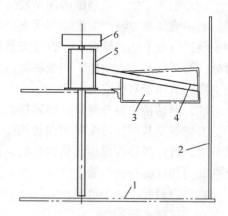

图 3-33　罐壁人孔示意图
1—关节轴；2—手柄；3—平焊法兰；
4—法兰盘；5—接管

图 3-34　浮顶油罐通气阀示意图
1—罐底；2—罐壁；3—浮顶；
4—通气管；5—阀体；6—阀盖

4）浮顶支柱与单盘支柱。浮顶支柱由无缝钢管制成，支柱靠近罐底一面焊有盲板，顶部与套管有销轴联结，不致掉下，浮顶支柱可随浮顶的上升而上升。单盘支柱由无缝钢管制成，在单盘上均匀分布对称安装，支柱的底部与罐底焊接的底板接触，以支持单盘的重量。

5）中央排水管。主要用于单盘顶的排水之用，由无缝钢管制成。为便于折叠，安设有直角旋转接头、闸阀，可以将浮顶的水排出罐外。

6）量油管。每台油罐有一套量油管，它安装在罐顶平面平台之上。量油管由无缝钢管制成，下端距罐底 500～600mm 位置有一喇叭口，浮船顶板上有耐油橡胶石棉垫密封。量油管顶上有法兰盖，用螺栓紧固住。量油时，打开法兰盖即可。

（七）球罐

近几年来球形罐在国内外发展很快，在我国石油、化工、冶金等工业部门，广泛采用钢质球形储罐。它可以用来作为液化石油气、液化天然气、液氧、液氨、液氮及其他中间介质的储存容器。也可作为压缩气体（空气、氧气、氮气、城市煤气）的储罐。球罐通常为大容量有压力的储存容器。

球形罐与通常立式圆筒形储罐相比，在相同容积和相同压力情况下，球罐的表面积最小，故所需钢材面积最小；在相同直径情况下，球罐壁内应力最小，而且均匀，因此其承载能力比圆筒形容器大 1 倍，故球罐的板厚只需圆筒形容器板厚的一半。

由上述特点可知，在制造球罐时，钢材消耗量可大幅度减少，一般可节省钢材 30%～45% 以上。此外，球罐占地面积小，基础工程量小，可有效利用土地面积。

球罐的结构与分类：

（1）球罐的构造。球罐由本体、支柱（承）及附件组成。

1）球罐本体。球罐本体是球罐结构的主体，它是球罐储存物料承受物料工作压力和液体静压力的构件。它是由壳板拼焊而成的一个圆球形容器。其结构外形如图 3-35 所示。由于球壳体直径大小不同，球壳板的数量也不一样。球壳有环带式（橘瓣式）、足球瓣式（图 3-36）、混合式结构三种形式。

2）球罐支柱（承）。球罐支柱（承）是用于支承本体重量和储存物料重量的结构部件，有柱式及裙式两种结构。

3）球罐的附件。

图 3-35　球罐结构外形示意图

1—南极板；2—拉杆；3—下温带板；4—支柱；
5—中间平台；6—上温带板；7—螺旋盘梯；
8—赤道带板；9—北极板；10—顶部平台

① 梯子平台。一般球罐设置顶部平台和中间平台。顶部平台是工艺操作平台，球罐的工艺接管及人孔、仪表等，大部分都设置在上极板处。中间平台是为了操作人员上下顶部平台时中间休息或作为检查球罐赤道部位外部情况而设置的，如图 3-37 所示。球罐梯子和平台结构与球罐的数量有关。根据现场布局和工艺操作、工艺要求的不同而设置。两台球罐采用联合顶部平台，并共用方形柱式螺旋盘梯组合结构。多个球罐采用中部栈桥把各球罐联合起来的组合式平台和梯子结构。为了满足对低温球罐、高强钢制和有腐蚀介质的球罐经常检查的需要，避免事故出现而设置了内外旋转梯。

② 人孔和接管。人孔是为了操作人员进出球罐进行检验和维修而设置的，同时也用于现场组装焊接球罐时进行焊后整体热处理、进风、燃烧口和烟气排出等。一般人孔选用 $DN500～DN600$。人孔与球壳相焊部分的材质要选用和球壳相同或相当的材质。根据结

构需要球罐装有各种接管及补强圈、补强接管。

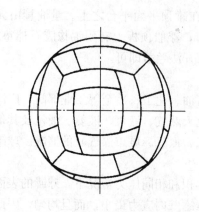

图 3-36　足球瓣式结构球罐示意图

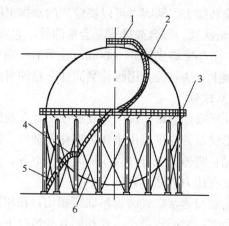

图 3-37　球罐平台

1—顶部操作平台；2—上部盘梯；3—中间平台；
4—中部平台；5—下部盘梯；6—球罐

③ 水喷淋装置。球罐上装设水喷淋装置是为了内盛的液化石油气可燃气体和毒性气体的隔热需要，同时也可起消防保护作用。

④ 隔热和保冷设施。隔热和保冷一般是为了保证介质的一定温度。储存液化石油气、可燃性气体和液化气及有毒气体的球罐和支柱，应该设置隔热设施。球罐储存低温物料（如乙烯液氨）时应设保冷装置。

⑤ 液面计。为了观测球罐内液位情况，一般在储存液体和液化气的球罐中装置液面计。

⑥ 压力表。为了测量球罐内的压力而设置压力表。考虑到压力表由于某种原因而发生故障或由于仪表检验而取出等情况，应在球壳的上部和下部各设一块压力表。

（2）球罐分类。球罐的结构是多种多样的，根据不同的使用条件（介质、容量、压力湿度）有不同的结构形式。通常按照外观形状、壳体构造和支承方式的不同来分类。

1）按形状分为圆球形和椭圆形。

① 图 3-38 为圆形单层纯橘瓣赤道正切柱式支承的球罐。这种球罐由壳体、支柱、拉杆、操作平台、爬梯及各种附件等组成。在某些情况下，罐内设有转梯，外部设有隔热保温层或防火水喷淋管等。

② 图 3-39 为椭圆形罐，使用它是为了防止罐内液体产生蒸发损失，特别适用于汽油和天然气的储存。

2）按壳体层数分为单层壳体和双层壳体。

① 单层壳体最常见，多用于常温高压和高温中压气体。

② 双层壳体球罐由外球和内球组成，如图

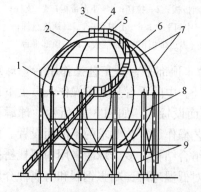

图 3-38　赤道正切柱式支承单层壳球罐

1—球壳；2—液位计导管；3—避雷针；
4—安全泄放阀；5—操作平台；6—盘梯；
7—喷淋水管；8—支柱；9—拉杆

88

3-40，由于双层壳体间放置了优质绝热材料，所以绝热保冷性能好，故能储存温度低的液化气。双层壳体球罐采用双金属复合板制造，适用于超高压气体或液化气的储存，目前使用不多。

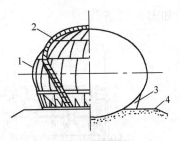

图 3-39　椭球罐
1—椭球壳；2—盘梯；3—托架；
4—基础

3）按球壳的组合方式分为纯橘瓣式、纯足球瓣式和足球橘瓣混合式。

① 纯橘瓣式球壳是按橘瓣结构形式（或称西瓜皮瓣）进行分割组合的，这种结构形式称纯橘瓣球壳。这种球壳的特点是球壳拼装焊缝较规则，施工简单，可加快组焊进度。纯橘瓣式球壳结构有赤道带，球罐支承大多数为赤道正切柱式支承。纯橘瓣式球壳适用于任何大小的球罐，为世界各国普遍采用的一种结构方式。目前我国自行设计制造的球罐都是采用纯橘瓣式球壳。

② 纯足球瓣式球壳。其优点是球瓣的尺寸相同或相近，制作开片简单省料。缺点是组装比较困难，有部分支柱搭在球壳的焊缝上造成该处焊接应力较复杂。

③ 足球橘瓣混合式球壳。其结构特点是，赤道带采用橘瓣式，上下极板是足球瓣式。优点是制造球皮工作量小，焊缝短，施工进度快，另外可以避免支柱搭在球壳焊缝上带来的不足。缺点是两种球瓣组装校正麻烦，球皮制造要求高。

4）按支承结构分为柱式支承和裙式支承。

① 柱式支承中又以赤道正切柱式用得最多，在国内较为普遍。此外还有 V 型柱式支承、三柱合一型支承。支柱由各种规格大小的无缝钢管制成。

② 裙式支承分为圆筒裙式支承、锥形支承、钢筋混凝土连续基础支承和半埋式支承、锥底支承和高架式支承。这种结构的特点是支座较低，稳定性好，由钢板制作时，可节省钢材。

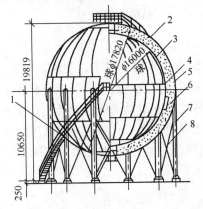

图 3-40　双重壳体球罐的结构图
1—盘梯；2—外球壳；3—内球壳；4—拉条；5—悬挂吊杆；6—绝缘材料；7—支柱；
8—拉杆

（八）气柜

气柜是煤气和混合气的储存设备。它可以用来调节煤气高低不均匀的供气负荷。气柜实际上就是储气柜，按储气压力大小可分为低压储气柜和高压储气柜两种。低压储气柜按密封方式分类为：湿式和干式两种，湿式有直立式和螺旋式；干式气柜是利用弹性垫片及油封填充方法，保持密封，目前使用很少。高压气柜通常称为高压储气罐，有圆筒形（立式或卧式）和球形。

低压湿式气柜。湿式气柜属于低压储气罐，主要由水槽和钟罩组成。钟罩分为数节（随煤气进出而升降），按升降方式不同，可分为直立式和螺旋式两种。下面介绍几种常用的低压湿式气柜结构。

（1）直立式低压湿式气柜。低压湿式直立式气柜由水槽、钟罩、塔节、水封、顶架、导轨立柱、导轮、配重及防真空装置等组成。直立式储气柜外形如图 3-41 所示。结构示意如图 3-42 所示。

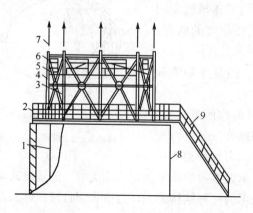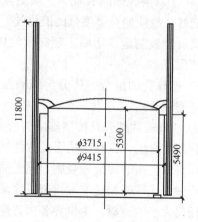

图 3-41　300m³ 湿式储气罐外形

1—水槽；2—护栏走台；3—钟罩；4—导轨；5—托辊；

6—重锤托架；7—避雷针；8—外围墙；9—外梯

图 3-42　300m³ 湿式储气罐
结构示意图

（2）螺旋式低压湿式储气柜。低压湿式螺旋气柜的结构由水槽、塔节、钟罩、导轨、平台、顶板和顶架、进出气管等部分组成。气柜本体由钢板拼焊成。直立式气柜安设有立柱式导轨，每个塔节靠其侧面的斜导轨与相邻塔节上的导轮相互滑动而缓慢旋转上升或下降，如套筒式结构。螺旋式低压湿式气柜则是沿着螺旋式导轨升降，它和直立式低压湿式气柜相比较，可节约钢材 15%～30%，但不能承受强烈风压，故在风速太大的地区不应采用。低压螺旋式气柜如图 3-43 所示。

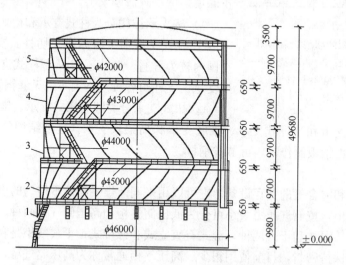

图 3-43　5000m³ 低压湿式螺旋气柜结构示意图

1—水槽；2—1 塔节；3—2 塔节；4—3 塔节；5—4 塔节

（3）低压干式气柜。低压干式气柜同低压湿式气柜一样，是一种压力基本稳定、储气容积可以在一定限度内变化的低压储气设备。它是在低压湿式气柜的基础上发展起来的。低压干式气柜的外形有多角形和圆筒形两种。罐筒由钢板焊接或铆接而成，筒内装有一个可以移动的活塞，其直径和罐筒内径相等。为了使活塞上下移动稳定，设有导架装置。进气时，活塞上升；用气时，活塞下降，借助活塞本身的重量把煤气压出。由于造成煤气压力的设备是活塞，故可使输出煤气的压力基本保持稳定。

（九）火炬及排气筒

火炬及排气筒是石油化工装置中的大型钢结构设备。用于将连续或间断地排放的尾气（可燃气体）燃烧后成为无害气体，直接排放到大气中。这些可燃气体包括用作燃料后剩余的部分及生产停车、发生事故时需排放的废气。将这些废气送入火炬总管燃烧掉，或由高耸的排气筒排放到大气中。这是保证安全生产的一项重要措施，也是减少化工废气对周围环境污染的重要手段。

送往火炬系统的排放气，先由装置区的管路进入气液分离罐进行气液分离，在这里分离出来的凝液，用泵送往不合格油的储罐。排出气则送往火炬，从火炬头喷出在大气中燃烧。

火炬筒头上安装有点火烧嘴（长明灯）经常燃烧，排放气不论何时出来，均能燃烧。另外在点火烧嘴上设有点火设施，从地面上就可以点燃火嘴。在烟囱的底部设有水封装置，以防止回火。

火炬及排气筒有塔式、拉线式、自立式三种形式。塔式是经常被采用的一种形式。其中，多数是塔架扶直自立式筒体，也有少数是塔架支撑悬挂式筒体的。火炬筒及排气筒可用钢板卷制而成，也可以用无缝钢管、不锈钢管制成。火炬及排气筒塔架是用型钢或钢管组焊制成一定高度的塔架，均为碳钢材料。火炬筒或排气筒固定竖立于塔架中心。火炬筒顶部安装有火炬头，作火炬燃烧排气用。

（1）钢管制塔架。钢管塔架结构一般制成截面为三棱体的空间桁架，它由各种规格的无缝钢管焊接的竖杆、横杆、斜杆等组成。塔架高度由设计规定。

几何断面形状为三棱体的塔架，内有爬梯、平台；维修人员可从底部由爬梯通向顶部平台。由于塔架为变截面结构，截面的尺寸随不同高度而改变。图3-44～图3-49为塔架结构示意图。

（2）型钢制塔架。型钢塔架由工字钢、槽钢、角钢制成，其断面一般为四方形空间桁架结构。高度一般为50～120m。其截面尺寸根据高度不同逐渐变小。为便于维修操作，塔架应安装花纹板平台。

（3）风缆绳式火炬、排气筒。风缆绳式火炬排气筒的结构为立式筒体，靠筒体安设引火管、导火管，火炬筒顶部安装有点火头组件。筒体底部固定在混凝土基座上，用6根缆绳固定。这种火炬设两套点火系统：自动

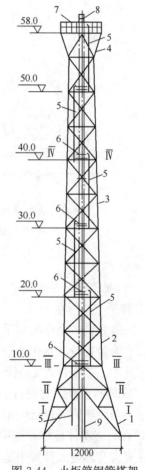

图3-44　火炬筒钢管塔架
外形示意图

1—无缝钢管 $\phi180\times14$；2—无缝钢管 $\phi159\times12$；3—无缝钢管 $\phi127\times10$；4—无缝钢管 $\phi95\times6$；5—爬梯；6—平台；7—顶部平台；8—火炬头；9—火炬筒

点火系统和手动点火系统。

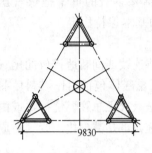

图 3-45 火炬筒钢管塔架
Ⅰ-Ⅰ剖视图

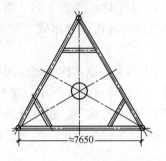

图 3-46 火炬筒钢管塔架
Ⅱ-Ⅱ剖视图

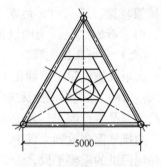

图 3-47 火炬筒钢管塔架
Ⅲ-Ⅲ剖视图

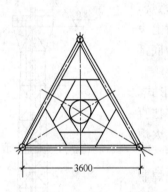

图 3-48 火炬筒钢管塔架
Ⅳ-Ⅳ剖视图

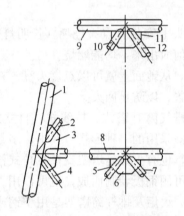

图 3-49 钢管制塔架结构示意图
1—竖杆；2、3、4、5、7、10、12—斜杆；
6、11—筋板；8、9横杆

（十）关于增加系数规定

1. 脚手架搭拆费

（1）静置设备制作的脚手架搭拆费，按人工费的 5％计算，其中人工工资占 25％；

（2）除静置设备制作工程外，本定额其他项目的脚手架搭拆费，按人工工资的 10％计算，其中人工工资占 25％。

2. 安装与生产同时进行增加费

安装与生产同时进行的增加费用，按人工费的 10％计算。

3. 在有害身体健康环境中施工增加费

在有害身体健康环境中施工的增加费用，按人工费的 10％计算。

4. 低碳不锈钢的定额系数规定

金属材质是分别以碳钢、低合金钢、不锈钢的制造工艺进行编制的。除超低碳不锈钢按不锈钢定额基价乘以系数 1.35 调整外，其余材质不得调整定额基价。

5. 矩形容器按平底平盖的定额系数规定

矩形容器按平底平盖定额乘以系数 1.10。

6. 夹套式容器按内外容器的容积定额系数规定

夹套式容器按内外容器的容积分别执行本定额的相应项目，并乘以系数 1.10。

7. 不锈钢椭圆双封头容器设计压力 $PN>1.6MPa$ 时的系数规定

当碳钢椭圆双封头容器设计压力 $PN>1.6MPa$ 时，执行低合金钢容器定额的相应项目。当不锈钢椭圆双封头容器设计压力 $PN>1.6MPa$ 时，定额乘以系数 1.10。

8. 碳钢塔内件执行填料塔定额相应项目的系数规定

碳钢塔的内件为不锈钢时，则内件价格另计，其余部分执行填料塔定额的相应项目，定额乘以系数 0.90。

9. 塔器设计压力 $PN>1.6MPa$ 时的系数规定

当塔器设计压力 $PN>1.6MPa$ 时，按定额相应项目乘以系数 1.10。

10. 热交换器管径的系数规定

定额中热交换器的管径均按 $\phi25mm$ 考虑的，若管径不同时可按系数调整：当管径 $<\phi25$ 时乘以系数 1.10；当管径 $>\phi25$ 时，乘以系数 0.95。

11. 热交换器要求胀接加焊接再焊胀时的系数规定

热交换器要求胀接加焊接再焊胀时，按胀接定额乘以系数 1.15。

12. 热交换器设计压力 $PN>1.6MPa$ 时的系数规定

当热交换器的设计压力 $PN>1.6MPa$ 时，按相应定额项目乘以系数 1.08。

13. 分段设备组装的有关调整系数

（1）分段容器按两段一道口取定，每增加一道口时，定额乘以系数 1.35。

（2）分段塔器按三段两道口取定，若分段到货一道口时，定额乘以系数 0.75；三段以上每增加一段，定额乘以系数 1.35。

14. 不同材质的分段、分片设备组装

按表 3-2 系数调整。

不同材质的分段、分片设备组装调整系数　　　　　　　　表 3-2

材　　质	合　金　钢	低　温　钢	复　合　钢	
			碳　　钢	不　锈　钢
人工费	1.15	1.20	1.15	1.20
材料费	1.02	1.12	1.02	1.10
机械费	1.12	1.20	1.12	1.20

注：1. 合金钢、低温钢设备以碳钢设备为基数；

　　2. 复合板设备只计算复合板部分。

15. 热交换器抽芯检验的系数规定

热交换器安装不包括抽芯检验，如需抽芯检验时，应执行热交换器抽芯检验的相应定额项目，其人工、机械乘以系数 1.30。

16. 容器若为壳体与内芯分别安装时的系数规定

整体设备安装，若容器为壳体与内芯分别安装时，其定额人工、机械乘以系数 1.50。

17. 常压设备注水试漏的系数规定

常压设备注水试漏：若在基础上试漏，按 1MPa 的定额基价乘以系数 0.60；若在道木堆上试漏，定额基价乘以系数 0.85。

18. 容器、热交换器水压试验系数调整

容器、热交换器水压试验，定额是按一般容器、固定管板式测算的；其他结构型式的容器、热交换器的水压试验按表 3-3 的系数调整。

容器和热交换器（除一般容器、固定管板式外）调整系数　　　　表 3-3

设 备 名 称	调整系数	设 备 名 称	调整系数
带搅拌装置的容器	0.90	蛇管式热交换器	
内有冷却加热及其他装置的容器	1.10	U 型管式热交换器	
浮头式热交换器	1.30	套管式热交换器	0.95
螺旋板式热交换器	0.85	排管式热交换器	

19. 设备水压试验定额的系数规定

设备水压试验定额是按设备吊装就位后进行取定的，若必须在道木堆上进行水压试验时，则定额基价乘以系数 1.35。

20. 金属抱杆定额项目的系数规定

（1）抱杆安装拆除按单金属抱杆以"座"为单位计算；若采用双金属抱杆时，每座抱杆均乘以系数 0.95；

（2）抱杆台次使用费规定（见表 3-4）。

抱杆台次使用费（万元）　　　　表 3-4

序号	抱杆名称	起重能力及规格	摊销次数	台次使用费	辅助抱杆台次使用费	备　注
1	格架式金属抱杆	100t/50m	10	8.08	1.86	1. 抱杆以起重能力为计价依据，抱杆高度只供参考； 2 每安装、拆除一次，计算一次台次使用费； 3. 抱杆增设灵机时，灵机的台次使用费以相应主抱杆的台次使用费为基数，乘以系数 0.08； 4. 抱杆摊销次数是综合计算取定的，计价时不得调整
2	格架式金属抱杆	150t/50m	10	11.13	1.86	
3	格架式金属抱杆	200t/55m	8	19.41	3.14	
4	格架式金属抱杆	250t/55m	8	29.98	3.41	
5	格架式金属抱杆	350t/60m	6	46.25	4.22	
6	格架式金属抱杆	500t/80m	5	64.92	5.94	

注：抱杆加设摇头吊杆称为灵机吊。

21. 油罐制作安装的系数规定

油罐制作安装定额是按一个工地同时建造同系列两座以上（含两座）油罐考虑的；如果只建造一座时，其定额人工、机械乘以系数 1.25。

22. 油罐整体充水试压的系数规定

整体充水试压定额是按同容量的两座以上（含两座）油罐连续交替试压考虑的，若一座油罐单独试压时，其定额人工、机械、水均乘以系数 1.40。

23. 内浮顶油罐与拱顶油罐的水压试验系数规定

内浮顶油罐与拱顶油罐的水压试验同列为一个定额项目，但内浮顶油罐水压试验中的人工、机械应乘以系数 1.20。

24. 球形罐水压试验的系数规定

球形罐水压试验定额是按一台单独进行计算的，若同时试压超过一台时，每台试压定额乘以系数 0.85。

25. 角钢揻八字的系数规定

角钢揻八字按角钢圈煨制定额乘以系数 1.10。

26. 格栅板为成品供货时的系数规定

格栅板按原材料供货，需在现场下料制作，若格栅板系成品供货时，定额乘以系数 0.90，主材格栅板的重量不得计算损耗率。

27. 火炬、排气筒的筒体制作组对的系数规定

火炬、排气筒的筒体制作组对是按钢板卷制计算的，若采用无缝钢管时，除主材外均乘以系数 0.60。

（十一）工程量计算规则

1. 静置设备制作工程

（1）金属容器、塔器、热交换器的"容积"是指按制造图示尺寸计算（不考虑制造公差）以"m³"表示，不扣除内部附件所占体积。"金属净重量"是指以制造图示尺寸计算的金属重量，以"t"为计量单位。

（2）金属容器、塔器、热交换器的设备重量，以金属净重量"t"为计量单位，不扣除开孔割除部分的重量；不包括外部附件（人、手孔，接管，鞍座，支座）和内部防腐、刷油、绝缘及填充物的重量。塔器的工程量应包括基础模块的重量。

（3）外购件和外协件的重量应从制造图纸的重量内扣除，其单价另行计算。

（4）计算材料消耗量时，应以金属净重量区分各结构组成部分的材质，按定额规定的主材利用率分别计算。

（5）鞍座、支座制作，按制造图纸的金属净重量，以"t"为计量单位。

（6）人孔、手孔、各种接管制作，按图纸规定的规格、设计压力，以"个"为计量单位。

（7）设备法兰制作，按设计压力、公称直径以"个"为计量单位。

（8）地脚螺栓制作，按螺栓直径以"个"为计量单位。

（9）定额中金属容器、塔器、热交换器分别为碳钢、低合金钢、不锈钢材质，除超低碳不锈钢执行不锈钢定额乘以系数 1.35 外，其余材质均不得调整定额。如设计采用复合钢板时，按复合层的材质执行相应定额项目。

（10）当碳钢、不锈钢平底平盖容器有折边时，执行椭圆形封头容器相应定额项目；当碳钢、不锈钢锥底平盖容器有折边时，执行锥底椭圆封头容器相应定额项目。

（11）无折边球形双封头容器制作，执行同类材质的锥底椭圆封头容器相应定额项目。

（12）碟形封头容器制作，执行椭圆形封头容器相应定额项目。

（13）矩形容器执行平底平盖定额乘以系数 1.1。

（14）金属容器已综合考虑了简单内件和复杂内件的含量，除带有内角钢圈、筛板、栅板等特殊形式的内件，执行填料塔相应定额项目外，其余均不得调整。

（15）夹套式容器按内外容器的容积分别执行相应定额项目乘以系数 1.1。

（16）当立式金属容器带有裙座时，应将裙座金属重量计入容器本体内。

（17）当碳钢椭圆双封头容器设计压力 PN 大于 1.6MPa 时，执行低合金容器定额相应项目。当不锈钢椭圆双封头容器设计压力 PN 大于 1.6MPa 时，定额乘以系数 1.1。

（18）塔器内件采用特殊材质时，其内件应另行计算。

（19）碳钢塔的内件为不锈钢时，其内件价格另行计算，其余部分执行填料塔相应定额项目乘以系数 0.9。

（20）当塔器设计压力 PN 大于 1.6MPa 时执行相应定额乘以系数 1.1。

（21）组合塔（两个以上封头组成的塔）应按多个塔计算，塔的个数按各组段计算，并按每个塔段重量分别执行相应定额项目。

（22）定额中热交换器管径均按 $\phi25$ 考虑。当管径小于 $\phi25$ 时定额乘以系数 1.1，当管径大于 $\phi25$ 时定额乘以系数 0.95。

（23）热交换器如要求胀接加焊接再焊胀时，执行胀接定额乘以系数 1.15。

（24）当热交换器压力 PN 大于 1.6MPa 时，执行相应定额乘以系数 1.08。

2. 静置设备安装工程

（1）分片、分段设备组装。

1）"分片设备组装"和"分段设备组装"项目内均不包括设备吊装就位工作内容，应按"设备整体安装"定额另行计算。

2）分片、分段设备组装根据设备名称、不同材质焊接形式、设备直径等条件，按设备金属重量以"t"为计算单位。

3）"设备金属重量"包括设备本体以及随设备供货的内部固定件、设备开口件、加强板、裙座、支座等全部金属件的重量，但不包括设备填充、内衬、塔盘和内部可拆件、外部梯子、平台、栏杆以及采用立装法施工的内件重量。

4）分段容器是按两段一道口取定，分段塔器是按三段两道口取定，如实际到货情况与定额不同时，应按规定调整。

5）不同材质的分片、分段设备组装，应按定额有关规定调整。

（2）整体设备安装。

1）根据设备类型、基标高、设备重量范围分别以"台"为计量单位。

2）"设备重量范围"是指整体设备的本体、附件、吊耳、绝缘内衬以及随设备一次吊装的管线、梯平台、栏杆和吊装加固件等的全部重量，但不包括立式安装的塔盘和填充物的重量。

3）整体设备安装定额基础标高在 10m 以内、设备吊装重量达到 80t，基础标高在 10m 以上至 20m 以内、设备吊装重量达到 60t，基础标高在 20m 以上、设备吊装重量达到 40t 时，均选用格架式金属抱杆吊装。若实际采用的吊装机具和吊装方法与定额不同时，定额不得调整。但超出定额范围以外的设备吊装，经批准可按实际计算。

4）整体设备安装中已按不同安装高度划分定额项目，不得再计取超高费。

（3）塔盘与塔内固定件安装。

1）塔盘安装，根据塔盘形式和设备直径以"层"为计量单位。

2）塔内固定件安装，按设备直径以"层"为计量单位。

3）塔内衬合金板，区分不同的构造部位，按合金板的重量以"t"为计量单位。

4）设备填充，按填充物的种类、材质、排列形式和规格，以"t"为计量单位。

3. 金属油罐制作安装工程

（1）罐本体制作安装。

1）金属油罐本体制作安装定额不包括配件、加热器、胎具、临时加固件和压力试验等工作内容。区别不同种类、容量和构造形式，按设计排版图（如无设计排版图时，可按经过批准的制作下料配板图）所示几何尺寸计算金属重量，以"t"为计量单位。

2）金属油罐本体的金属重量包括罐底板、罐壁板、罐顶板、角钢圈、支持圈以及罐体上的搭接、垫板、加强板等的金属重量。

3）金属油罐底板、罐壁板、罐顶板均按几何面积展开计算，不扣除罐体上所有孔洞所占面积。

4）油罐上的梯子、平台、栏杆，应按工艺金属结构制作安装定额另行计算。

5）金属油罐定额不包括型钢圈煨制和撇八字的工作内容，应按工艺金属结构计算。

6）不锈钢储罐本体制作安装工程量计算规则与碳钢油罐的工程量计算规则完全一致。

（2）碳钢油罐的各种配件，应区别不同种类和不同规格，以"个"、"套"、"台"、"t"为计量单位。不锈钢储罐配件安装按定额规定执行。

（3）油罐水压试验，区别不同的规格，以"座"为计量单位。定额包括临时管线的敷设和拆除，并考虑了材料回收利用和批量施工等因素，定额不得调整。

4. 球形罐组装工程

（1）球形罐定额以罐体分片到货，现场拼装、就位、焊接为依据。罐体拼装就位，按罐体不同容积、板厚计算，其重量包括球皮（球壳板）、支柱、拉杆及接管的短管、加强板等全部重量，以"t"为计量单位，不扣除人孔、接管孔面积所占的重量。罐体上的螺旋梯、平台、栏杆制作安装工程量应按相应定额计算。

（2）球罐的入孔、接管孔开孔现场组对安装，根据不同孔径与板厚，以"套"为计量单位，执行相应定额。

（3）球罐压力试验。

1）球罐的水压试验，按球罐不同容积，以"台"为计量单位。定额内包括了临时水管线敷设与拆除的工作内容。

2）球罐的气密性试验，按球罐不同容积不同设计压力，以"台"为计量单位。

5. 气柜制作安装工程

（1）气柜制作安装。

1）气柜制作安装应根据气柜的结构形式和不同容积，按设计排版图（如无设计排版图时，可按经过批准的下料配板图）所示几何尺寸计算，以"t"为计量单位，不扣除孔洞和切角面积所占重量。

2）计算气柜重量时还应包括轨道、导轮、法兰的重量，不包括配重块、平台、梯子、栏杆的重量。

（2）气柜充水、气密、快速升降试验，根据气柜结构形式和不同容积，以"座"为计量单位。定额包括临时水管线的敷设、拆除和材料摊销量。

6. 工艺金属结构制作安装工程

（1）金属结构制作安装。

1）各类金属构件的制作安装，均按施工图纸所示尺寸计算，不扣除孔眼和切角所占重量，以"t"为计量单位。

2）多角形联接筋板以图示最长边和最宽边尺寸，按矩形面积计算重量。

3）工艺金属结构制作安装定额内已考虑安装时焊接或螺栓联接增加的重量，不得另行计算。

（2）烟囱、烟道制作安装

1）烟囱以直径大小、烟道以构造形式分别按设计排版图所示尺寸计算，不扣除孔洞和切角所占重量，以"t"为计量单位。

2）烟囱、烟道的金属重量包括筒体、弯头、异径过渡段、加强圈、人孔、清扫孔、检查孔等的全部重量。

（3）漏斗、料仓制作安装，根据设计排版图所示尺寸，按不同材质和构造形式，分别以"t"为计量单位，不扣除孔洞切角所占的重量。定额不包括角钢圈的煨制和擗八字的工作内容。

（4）火炬及排气筒制作安装。

1）火炬、排气筒筒体制作组对，根据不同直径，按施工图纸所示尺寸计算，不扣除孔洞所占面积及其配件的重量，以"t"为计量单位。

2）型钢塔架与钢管塔架制作安装，根据塔架的重量范围，按施工图纸所示尺寸计算，不扣除孔洞切角所占的重量，以"t"为计量单位。塔架上的平台、梯子、栏杆应按相应定额另行计算。

3）火、柜、排气筒整体吊装，区分为不同形式，按火炬、排气筒的高度以"座"为计量单位。

4）火炬、排气筒整体吊装的加固件以"t"为计量单位，执行相关"设备吊装加固件"的定额项目。

5）火炬头安装以"套"为计量单位。

7. 设备压力试验与设备清洗、钝化、脱脂

（1）"设备压力"是指设计压力；"设备容积"是以设计图纸的标准为依据，如图纸无标注时，则按图纸尺寸以"m³"计算，不扣除设备内部附件所占体积。

（2）容器、反应器、塔器、热交换器设备水压试验和气密试验，根据设备容积和压力，以"台"为计量单位。设备水压试验项目内已包括水压试验临时水管线（含阀门、管件）的敷设与拆除。定额内已列入管材、阀门、管件的材料摊销量，不得再计算水压试验的措施工程量及材料摊销量。

（3）设备水冲洗、压缩空气吹洗、蒸汽吹洗，根据设备类型和容积以"台"为计量单位。设备压缩空气吹洗和蒸汽吹洗措施用消耗材料摊销应不分数量以"次"为计量单位。

（4）设备酸洗钝化，根据设备材质和容积，以"台"为计量单位。设备酸洗钝化措施用消耗量摊销，按容积以"次"为计量单位，另行计算。

（5）焊缝酸洗钝化，区分不同材质以"m"为计量单位。

（6）设备脱脂，根据设备类型、脱脂材料和设备直径，以"m²"为计量单位。

（7）钢结构脱脂，根据脱脂材料按钢结构净重量，以"t"为计量单位。

（8）设备压力试验与设备清洗、钝化、脱脂项目内所有临时措施的摊销次数及每次（或每台）的摊销量均为综合取定，不得调整。

8. 设备制作安装其他项目

(1) 金属抱杆的选用：

1) 根据设备吊装重量与吊装高度，按照本定额规定的范围选用金属抱杆。

2) 金属抱杆规格的选定，应以审批后的施工组织设计（或施工方案）为依据。

3) 金属抱杆的选用以抱杆起重量为依据，金属抱杆的高度只作参考，不作为取定的依据。

(2) 金属抱杆的安装、拆除、移位及抱杆台次使用费均按单金属抱杆，以"座"为计量单位。如采用双金属抱杆时，应按规定进行调整。

(3) 金属抱杆的安装、拆除，不论采用那种施工方案，均不得调整。定额内不包括拖拉坑埋设。

(4) 金属抱杆水平位移的次数应以审批后的施工组织设计为计算依据，水平移位的距离可按设备平面布置图测算，每移位 15m 计算一次水平移位（不足 15m 的按 15m 计算），当移位距离累计达到或等于 60m 时，按新立一座抱杆计算，移位次数应为（$n-1$）次。一次移位距离大于或等于 60m 时，在计算新立一座抱杆后，不再执行移位定额。

(5) 金属抱杆每安装、拆除一次，可计取一次台次使用费。同一规格的金属抱杆在一个装置内最多只能计算三次台次使用费。

(6) 金属抱杆水平移位距离累计达到或超过 60m 及一次移位达到或超过 60m，均应分别按新立一座抱杆计算台次使用费，但不再计算辅助抱杆台次使用费。

(7) 拖拉坑挖埋的计算，应根据承受能力，按审批后的施工组织设计以"个"为计量单位。若实际采用的埋件与定额不同时，埋件材料费可以换算，其余不得调整。

(8) 吊耳的数量以审批后的施工方案为依据，按荷载能力以"个"为计量单位。

(9) 吊耳的构造形式与选用的材料，是根据其荷载要求综合取定的，若实际吊耳选用与定额取定不同时，不得调整。

(10) 封头压制胎具按胎具直径以"每个封头"为计量单位。铸造胎具适用于整体封头压力制，焊接胎具适用于分片封头压制。

(11) 筒体卷弧胎具按每台制作设备扣除外部附件的金属重量，以"t"为计量单位。

(12) 浮头式热交换器试压胎具，根据热交换器设备直径以"台"为计量单位。

(13) 设备分段组装胎具及设备分片组装胎具均按设备金属重量范围以"台"为计量单位。

(14) 设备组装及吊装加固，根据审批后的施工方案以"t"为计量单位。

(15) 胎具及加固件的定额，均已综合了重复利用和材料回收率，不得调整。

9. 综合辅助项目

(1) X（γ）射线焊缝无损探伤，应区别不同板厚，以胶片"张"为计量单位。拍片张数按设计规定计算的探伤焊缝总长度除以定额取定的胶片有效长度计算，胶片有效长度为 250mm。

(2) 超声波、磁粉、渗透金属板材对接焊缝探伤，以焊缝长度"m"为计量单位；金属板材板面探伤，以板材面积"m²"为计量单位。

(3) 焊接工艺评定、产品试板按设备以"台"为计量单位，不分设备容积和重量，每台计算一次。

（4）钢卷板开卷与平直以金属重量"t"为计量单位，按平直后的金属板材重量计算。

（5）现场组装平台的铺设和拆除应根据批准的施工组织设计，按其搭设方式，以"座"为计量单位。

（6）焊缝预热后，应根据板厚不同按实际热处理焊缝长度，以"m"为计量单位。

（7）液化气焊缝预热、后热器具制作，应根据设备类型和容积以"台"为计量单位。容器、塔器类设备，如容积大于 $300m^3$ 时，可执行球罐定额。

（8）设备整体热处理，应根据设备重量以"t"为计量单位。

（9）焊后局热处理，应根据设备板厚以焊缝"m"为计量单位。

（10）钢材半成品运输应按运输方式，以"t"为计量单位。定额内的"每增加 1km"是指超出定额范围所增加的运输距离，不包括二次装卸。

（十二）静置设备与工艺金属结构制作安装工程清单计算规则

1. 容器制作、塔器制作、换热器制作等按设计图示数量计算。

2. 加热器制作安装：盘管式加热器按设计图示尺寸以长度计算；排管式加热器按配管长度范围计算。

3. 联合平台制作安装、平台制作安装梯子、栏杆、扶手制作安装、桁架、管廊、设备框架、单梁结构制作安装等按设计图示尺寸以质量计算。

4. 超声波探伤：

1）金属板材对接焊缝、周边超声波探伤按长度计算。

2）板面超声波探伤检测按面积计算。

5. 渗透探伤按设计图示数量以长度计算。

项目编码：030302003001   项目名称：塔器组装

【例1】某厂化工装置安装静置设备三台，需采用桅杆吊装就位，试计算其工程量。

【解】（1）清单工程量

静置设备安装，计量单位：台

工程量：$\dfrac{3（台数）}{1（计量单位）}=3$

清单工程量计算见表3-5。

清单工程量计算表   表 3-5

项目编码	项目名称	项目特征描述	计量单位	工程量
030302003001	塔器组装	静置设备安装	台	3

（2）定额工程量

1）三台静置装置安装

① 第一台：安装标高 9m，计量单位：t，总重 155t

工程量：$\dfrac{155（t）}{1（t）}=155.00$

② 第二台：安装标高 12m，总重 172t，计量单位：t

工程量：$\dfrac{172（t）}{1（计量单位）}=172.00$

③ 第三台：安装标高 8m，总重 100t，计量单位：t

工程量：$\dfrac{100（t）}{1（计量单位）}=100.00$

2）桅杆使用

应按最重设备选取桅杆，依据最重静置设备单重 172t，可选用 200t/55m 规格的桅杆。在起吊第一台设备后，位移 18m，再起吊第 2 台设备，接着移位 13m，再起吊第 3 台设备。则桅杆移位的次数为 3 次，根据第一台与第二台中心间距为 18m，此时应计算 2 次（因为每移位 15m 及以内计算一次，而大于 15m 小于 30m 则应新立一座桅杆，应记 2 次），而第二台与第三台之间中心间距为 13m，则应计 1 次，即总的移位为 2＋1＝3。

具体工程量计算如下

① 桅杆安装拆除，选用 200t/55m 规格，计量单位：座

工程量：$\dfrac{1（座）}{1（计量单位）}=1$

② 桅杆水平移位，总次数为 3 座，计量单位：座

工程量：$\dfrac{3（座）}{1（计量单位）}=3$

③ 拖拉坑挖埋 40t，1×8 个＝8 个，计量单位：个

工程量：$\dfrac{8（个）}{1（计量单位）}=8$

④ 设备吊装加固 3t，计量单位：t

工程量：$\dfrac{3（t）}{1（计量单位）}=3.00$

项目编码：030310001　　项目名称：X 射线探伤
项目编码：030310003　　项目名称：超声波探伤

【例2】某容器直径 5m，长度 20m，板厚 10mm，椭圆形封头，设计规定探伤方法：X 射线透照 20％，超声波探伤 40％，计算其探伤工程量，示意图如图 3-50 所示。

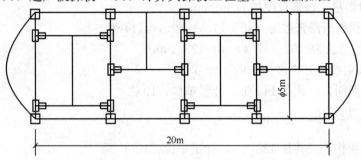

图 3-50　容器探伤位置示意图

【解】（1）清单工程量

1）X 射线探伤：一共是 144 张，X 射线透照 20％，板厚 10mm，计量单位：张

工程量：$\dfrac{144\ 张}{1（计量单位）}=144$

2）超声波探伤

项目编码：030310003，超声波探伤，圆柱筒体直径为 5m，长 20m，板厚 10mm，椭圆形封头，其中探伤比率为 40%，总长 133.40m，计量单位：m

工程量：$\dfrac{133.4\text{m}}{1\text{（计量单位）}}=133.40$

清单工程量计算见表 3-6。

清单工程量计算表

表 3-6

序号	项目编码	项目名称	项目特征描述	计量单位	工程量
1	030310001001	X 射线探伤	X 射线探伤	张	144
2	030310003001	超声波探伤	超声波探伤	m	133.40

（2）定额工程量

1）计算容器的焊缝总长度

① 容器的椭圆封头两个焊缝的展开长度为

$$L_1=2\times\pi D=2\times3.1416\times5\text{m}\approx31.42\text{m}$$

② 筒体纵横焊缝的总长度为

筒体圆周横缝有五条，纵焊缝有六条，则其长度为

$$L_2=5\pi D+6L=5\times3.1416\times5+6\times20=78.54+120=198.54\text{m}$$

则全部焊缝总长为

$$(31.42+198.54)\text{m}=229.96\text{m}\approx230.00\text{m}$$

2）按探伤百分比来计算探伤延长米

X 射线透照：230m×20%＝46.00m

超声波探伤：230m×40%＝92.00m

计算复验数量：

X 射线增加：46×25%＝11.50m

超声波增加：92×45%＝41.40m

3）计算摄影量，每张长度约为 400mm

则 X 射线探伤所需张数为（46＋11.5）/0.4≈144 张

超声波探伤总长为（92＋41.4）m＝133.40m

4）计算 X 射线与超声波探伤的工程量

① X 射线照明，一共是 144 张，计量单位：10 张

工程量：$\dfrac{144\text{ 张}}{1\text{（10 张）}}=14.40$

② 超声波探伤：一共是 133.4m，计量单位：10m

工程量：$\dfrac{133.4\text{m}}{1\text{（10m）}}=13.34$

第四章　电气设备安装工程

一、电气设备安装工程制图

电气施工图是编制电气预算和指导电气施工的主要依据。

（一）电气施工图的分类。

按分项工程可划分为：照明工程施工图、动力工程施工图、防雷接地工程施工图、弱电工程施工图、变配电工程施工图及架空线路施工图等。

电气施工图以图纸的不同表现功能可分为以下内容：

1. 基本图

电气施工基本图包括设计说明，图纸目录、平面图、剖面图、系统图、控制原理图、设备材料表等。

（1）设计说明：设计说明包含有图纸中无法表达的主要技术数据、电气安装高度、施工验收要求、线路敷设方式、电压等级及供电方式等事项。

（2）平面图，电气平面图有照明平面图、动力平面图、变配电平面图、弱电平面图、干线布置图等。

识读电气平面图，可了解到以下内容：

1）各种配电线路的起点和终点、规格、型号、敷设方式等以及在建筑物中的走向，平面垂直位置。

2）各种变配电设备的名称，编号及在平面图上的位置。

3）建筑物的尺寸，图纸比例，轴线分布及平面布置。

（3）系统图，系统图是用单线连接形式来表示工程供电线路而不表示空间位置关系的线路图。

系统图有以下内容：

1）主干线路的规格、型号、敷设方式；

2）主要变配电设备的名称、规格、型号及数量；

3）整个变配电系统的连接方式等。

（4）控制原理图

控制原理图是按规定绘制的电路展开图，对于电气元件的空间位置则一般不表示。

控制原理图是二次配线的依据，其特点是易分析识读，顺序分明，线路简单等。

识读控制原理图应与平面接线图核对，以免漏算，并掌握不在控制盘上的控制线路和控制元件的连接方式。

2. 详图

（1）标准图，标准图是表示一组部件或设备的详细尺寸和具体图形，具有通用性质的详图。

（2）电气工程详图是指某些电器部件的安装大样图，和盘柜盘面电器及线路布置图。具有尺寸标注详细的特点。

（二）电气施工图的表示方法

1. 符号

在电气施工图中，用标准的图形和文字符号来表示各种电气设备及元件，因此要了解并掌握这些符号及它们之间的关系。

（1）当电气图形标准符号出现几种形式时，应遵循以下原则：

1）在同一图号的图中使用同一种形式。

2）尽量采用最简单的形式。

3）尽可能采用优越的形式。

（2）电气图形符号新标准具有科学性、实用性、通用性的特点，但在使用新标准时应注意以下事项：

1）标准图中出示的符号方位是不强制的。图形符号可根据图面布置的需要成镜像或旋转放置，但文字和指示方向不得颠倒。

2）导线符号可以用不同粗细的线条表示。

3）同一张图中，应采用"优选形"一种图形形式，图形符号的大小和线条的粗细要基本一致。

4）图形符号中的物理量符号，文字符号等应视为图形符号的组成部分。

5）在图形符号的应用中，可根据需要放大或缩小，放大或缩小时，符号本身及相互间的比例应保持不变。

6）标准中只给出了有限的组合符号，在应用时，可用规定符号进行适当的组合派生。

（3）文字符号，电气技术中的文字符号分为基本文字符号和辅助文字符号。

1）基本文字符号。基本文字符号有单字母符号和双字母符号。将各种装置，设备元件分为23大类，每一大类用拉丁字母单字母表示即单字母符号；为了更具体地表述电气设备，装置和元器件，用双字母符号表示即以单字母符号在前，另一字母在后排列次序表示。

2）辅助文字符号，辅助文字符号用来表示线路，电气设备，装置及元器件的状态特征和功能。辅助文字符号可以单独使用，也可以放在单字母符号后边组成双字母符号，但在多个字母组成的情况下，采用第一位字母进行组合。

2. 线型

电气施工图上线型的含义与其他专业施工图是不同的，具体如下：

（1）实线：表示基本线，可见导线，可见轮廓线，简图主要内容用线。

（2）点画线：表示功能围框线，分线围框线，结构围框线，分界线。

（3）双点画线：辅助围框线。

（4）虚线：表示不可见导线，不可见轮廓线，屏蔽线，计划扩展内容线，辅助线。

图线的宽度有 0.25mm、0.35mm、0.5mm、0.7mm、1.0mm、1.4mm，通常选用两种，粗线为细线的 2 倍，当需要多种图线时，线宽以 2 的倍数递增。

平行线间的最小间距应不小于粗线宽度的 2 倍，并不小于 0.74mm。

指引线用细的实线，指向注释处，并在末端标注以下标记：

1）在末端的电路线上，用一短斜线；

2）在末端的轮廓线上，用一箭头；

3）在末端的轮廓线内，用一黑点。

（三）电气施工图的识读。

1. 电气施工图的特点

对于接线图，原理图和系统图，都是各种符号绘制的示意性图样，只表示各种电气设备及其部件之间的关联关系，不表示平面与立体的实际情况；对于投影图，其关键是平面与立体的关系。因此应按以下要求进行识读。

（1）熟悉各种电气设备的图例符号。

（2）搞清控制原理图的控制原理，主电路和辅电路的相互关系。

（3）掌握电气的一般原理及电气施工技术。

（4）识读每一回路从电源线开始，顺电源线识读遇到每一电气元件时都要弄清楚它们的作用。

2. 识读电气施工图的程序和要求

首先识读外部接线图，在平面布置中搞清电气设备元件之间的连接关系，进而识读高低压配电系统图，理清电源的进出，分配情况，重点了解控制原理图，了解各电气设备、元件在系统中的作用，然后识读平面图，全面了解电气施工图。

在编制预算时，要对平面图、立面图进行重点识读，并结合其他相关图纸对照识读以加深理解。

是否掌握平、立面图，由以下问题可作出判断。

1）对电力保护、控制、传动原理有大致的了解；

2）对各种管道、导线、电缆的起止位置，敷设方式、长度、根数有详细的了解；

3）对需要试验、调整的设备系统，结合项目划分及定额规定，要有明确的数量概念；

4）对整个工程选用的设备的作用及数量有全面的了解；

5）对需加工制作的非标准件、设备的规格、品种、数量有精确的统计；

6）对防雷、接地装置的布置、材料的型号、品种、规格数量要有清楚的了解；

7）对高低压电源的进出回路，电压等级及电力的具体的分配情况有清楚的概念；

8）对设计说明中的施工要求，技术标准，及有关数据已掌握；

3. 变配电工程施工图的识读

电气设备以其使用的功能分一次设备和二次设备，一次设备是指配电、变电、输电、发电系统上使用的设备，如电压互感器、电流互感器、熔断器、电抗器、发电机等；二次设备指对一次设备的运行进行调节、控制、监测、保护所需要的电气设备，如信号设备，继电器自动控制设备及供给这些设备电能的供电装置，如整流器等。

一次回路是指一次设备相互连接，构成的电气回路，其图样为一次回路接线图或一次回路图；二次设备相互连接构成的回路为二次回路，其图为二次回路接线图或二次回路图。二次回路包括操作电源回路、励磁回路、信号回路等。

变配电工程常用的图有：一次回路系统图，二次回路展开接线图，二次回路原理接线图，设备布置图安装接线图。

（1）一次回路系统图，即主回路，一般采用单线图的形式图 4-1 为某变电所的一次回路系统图，图中表明了各电气设备的连接方式，及电气设备：避雷器 BL，自动开关 ZK 电流互感器 LHa、LHc，三相高压隔离开关 GK，油断路器 YOD，电力变压器。

（2）二次回路原理接线图，用来表示二次回路工作原理及其相互作用的图样。原理接线图表示了二次回路中各元件的连接方式及与其有关的一次回路和一次设备。根据二次回路原理接线图可以绘制安装接线图和二次回路展开图。

图4-2为变压器过电流保护二次原理接线图，由图可知过电流继电器LJ的线圈串接在A相和G相电流互感二次回路2LHc、2LHa中，形成了电流速断保护。

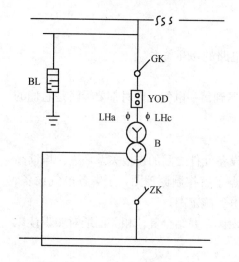

图4-1　某变电所一次回路系统图

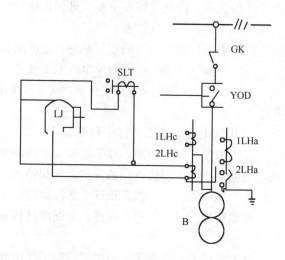

图4-2　过电流保护二次原理接线图

（3）二次回路展开接线图。二次回路展开接线图具有简单明了，易于看清动作顺序的特点。

必须将属于同一个继电器的电压线圈，电流线圈及各种触点，分别画在不同的回路中。为此，将属于同一个继电器的各个元件用统一的文字标号。

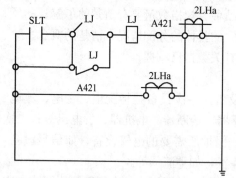

图4-3　二次电流回路展开图

图4-3为二次电流回路展开图，图中每个设备的线圈和接点是按它们所完成的动作排列在各自的回路中。

（4）安装接线图。安装接线图用来表达各种仪表电器的接线方式和安装位置；配电盘柜的型号，安装位置及分支回路标号；电源引入线的位置、电缆线的穿管直径、规格、型号。安装接线图是现场配线和安装的主要依据。安装接线图分端子排图，盘面布置图，盘背面接线图。

1）端子排图。端子排图表示箱、盘、柜内需要装设端子排的位置、次序、型式、数目以及与箱、盘、柜上设备和外部设备连接情况。

2）盘面布置图。盘面布置图是加工制造箱、盘、柜及安装箱、盘、柜上面设备的依据。

3）盘背面接线图。盘背面接线图表明了盘上设备与端子排间的连接情况以及各设备引出端子之间的连接情况，它是盘上配线的依据。

二、电气安装工程造价概论

（一）电气安装工程

工业建设项目中的电气工程包括 10kV 以下的动力设备、控制设备、变配电设备和起重设备、电梯电气装置、架空线路以及照明器具、配管配线、电缆等工程。

1. 电机及电气控制设备

电气控制是指安装在车间，控制室的动力配电控制设备、主要有继电器、测量仪表、各类开关以及动力配电箱、控制柜、盘、箱等。这些设备对用电设备起送电、停电、保证安全的作用。

2. 起重设备及电梯的电气装置

起重设备电气装置是指电动葫芦、梁式、门式起重机等起重设备电气装置的安装。主要包括滑动线，移动软电缆，辅助母线及操作室内控制设备的安装。

电梯电气装置指信号、配电柜、开关等的安装，电梯的电源分交流电梯和直流电梯；以控制方式分为自动电梯和半自动电梯。

3. 变配电装置

变配电装置有室外室内两种，它是用来分配电能和变换电压的电气装置。一般由整流器、测量仪表、蓄电池、母线、保护电器、变压器等组成。厂矿的变配电设备一般安装在室内。

4. 10kV 以下架空线路

10kV 以下的架空线路主要指厂区内的高低压架空线路和从区域性变电站至厂内总降压站的配电线路。架空线路往往对远距离输电使用。

横担有瓷横担、角铁横担、大横担。

导线分裸导线和绝缘导线两种。

拉线有弓形拉线、水平拉线、V（Y）型拉线。

架空线路一般由拉线、导线、电杆、金具、绝缘子、横担组成。

5. 照明器具

照明以系统分类可分为一般照明、工作照明、事故照明、局部照明、综合照明。

照明按电光源分为热辐射光源，气体发电光源。白炽灯、卤素灯属热辐射光源；紫外线杀菌灯、日光灯、高压钠灯、高压氙气灯等属气体放电光源。

照明装置的电源电压有 220V 和 36V，一般为 220V。

照明工程系统包括灯具安装工程，配线工程、配管工程、配电箱及开关插座安装工程及附属工作等。

照明灯具以安装形式可分为吊灯、壁灯、吸顶灯和弯脖灯等。吊灯又分管吊灯、链吊灯、软线吊灯等。

6. 电缆

电缆按电压分类有 500V、1000V、6000V、10000V 甚至 110、220、330kV 等多种。按用途分有控制电缆、电力电缆和通讯电缆。控制电缆是配电装置中在自动控制、继电保护、连接电气仪表、传递操作电流等回路中使用的；电力电缆是输送和分配大功率电能用的。

电缆的敷设方式有：沿钢索敷设、沿支架敷设、穿导管敷设、沿槽架敷设、埋地敷设等。由于电缆占地面积小、敷设及维护方便，耐压性能好，因此厂区内的控制、通讯、动力照明等多采用电缆。

7. 配管配线

配管配线是指从配电箱到用电器具的控制和供电线路的安装，有明配和暗配两种。其敷设方式有：塑料槽板配线、针式绝缘子配线、瓷瓶配线、塑料夹配线等。配管工程分钢结构支架配管，钢模板配管，沿砖或混凝土结构明配和暗配等。

管内穿线比配线具有以下优点：

（1）能防水、防潮、防腐蚀等；

（2）因绝缘线老化及混线而发生的火灾较少；

（3）电线受保护管保护，不易受损伤；

（4）更换导线容易；

（5）管路接地可靠，对断路，短路等情况也无危险。

8. 电气调试

调试包括以下内容：

起重机电气调试、静电电容器调试、电动机调试、电力变压器系统调试、汽轮发电机及调相机系统调试，送配电系统调试、硅整流设备调试、特殊保护装置调试等。所有的电气设备在供电运行之前都必须进行这样的调试过程。

（二）常用的电气材料，电器和设备

1. 型钢

型钢在电气工程中广泛用作配电屏的基础，室外架空线路的横担，设备、电缆、电线的支架及各种接地装置中的引下线，地极等。型钢有：工字钢、扁钢、槽钢、角钢等。

2. 管材

电气安装工程中用的管子主要用来保护电缆、电线。绝缘电线穿在管子内敷设，具有更换导线方便、保护安全、增强美观的特点。

管材有塑料管、电线管、低压流体输送钢管等。电线管多用于照明配线，低压流体输送钢管用于底层地墙内或动力线路的暗配管。

3. 电线

电线分绝缘电线和裸导线。

（1）绝缘电线，绝缘电线用于管内穿线和各种配线。绝缘电线以材料可分为聚氯乙烯、丁腈聚氯乙烯橡皮绝缘电线等。

（2）裸导线。裸导线没有绝缘保护，有 TMY 型铜母线，LMY 型铝母线，LJ 型铝绞线，LGJ 型钢芯铝绞线几种类型。

TMY 型铜母线和 LMY 型铝母线即铜排、铝排，用于变配电工程中的高、低压母线，车间配电干线。

4. 电缆

电缆分控制电缆和电力电缆。

控制电缆是供直流 1000V 或交流 500V 及以下配电装置中电器，仪表，电路控制之用，也可作为信号电缆用。常用的控制电缆有 KXV 系列橡皮绝缘控制电缆和 KLVV、K 系列聚氯乙烯绝缘控制电缆。

由于电力电缆采用的保护层、绝缘材料、电压等级不同，电力电缆可分为多种系列产品。如 ZLL、ZL 系列油浸纸绝缘铝包电力电缆，ZLQ、ZQ 系列油浸纸绝缘电力电缆，VLV、VV 系列聚氯乙烯绝缘，聚氯乙烯护套电力电缆等。

5. 动力工程常用设备

动力工程常用的设备有十三大类，它们有不同的用途和结构且都属于低压电气产品，根据有关规定产品的全型号指产品型号附加规格及其他字母或数字，这样可以确定产品的规格和派生特征，如图 4-4 所示。

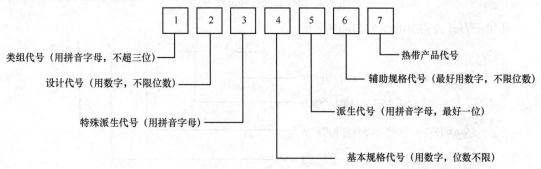

图 4-4　低压电气型号表示方法

设计代号与类组代号组合，表示产品的系列。

电缆型号的表示方法如图 4-5 所示。

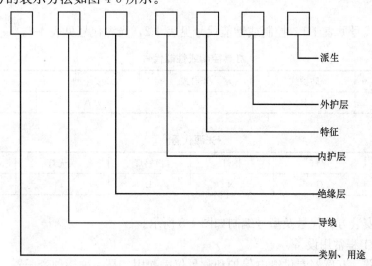

图 4-5　电缆型号表示方法

类组代号的汉语拼音字母方案见表 4-1

灯具类型代号　　　　　　　　　　　　　　　　　表 4-1

普通吊灯	投光灯	吸顶灯	隔膜灯	工厂一般灯具	剧场及摄影灯	卤钨控制灯	信号标志灯	防水防尘灯	柱灯	花灯	壁灯
P	T	D	按专用符号	G	W	L	X	F	Z	H	B

例如接触器的型号如图 4-6 所示。

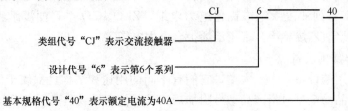

图 4-6 接触器的型号示意图

又如：刀开关类组的型号如图 4-7 所示。

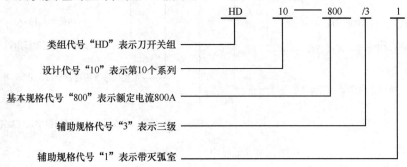

图 4-7 刀开关组的型号示意图

6. 灯具

灯具类型代号见表 4-1，控制或性能代号见表 4-2，光源代号见表 4-3。

灯具控制或性能代号　　　　　　　　　　　　　　　表 4-2

密闭式	防护式	开启式	安全型	隔膜型
M	B	K	A	专用型号

光源代号　　　　　　　　　　　　　　　表 4-3

白炽灯	泵灯	钠灯	卤钨灯	荧光灯	金属卤素灯
B	G	N	L	Y	J

常用灯具安装方式代号及型号编制如图 4-8 所示。

7. 变配电工程常用设备

（1）互感器。互感器专供继电保护和测量仪表配用，是一种特种变压器。互感器以用途分有电流互感器和电压互感器。仪表配用互感器是为了扩大量程，隔离被测量的高压，保证安全。

（2）变压器。变压器的作用是变换电压，通过升压或降压以满足用电设备的需要。

按用途变压器可分为电力变压器和特种变压器，城乡变电所用的降压变压器，发电厂用的升压变压器属于电力变压器；自耦变压器、试验变压器等则属于特种变压器。

各种变压器的型号都是用汉语拼音字母表示的。不同的字母，具有不同的含义。如：S—三相；F—风冷；L—铝线；Z—有载调压；G—干式；D—单相；B—全密封式；J—油浸自冷式。以 SJL—1000/10 型为例，表示三相油浸式铝线电力变压器，数字部分斜线的

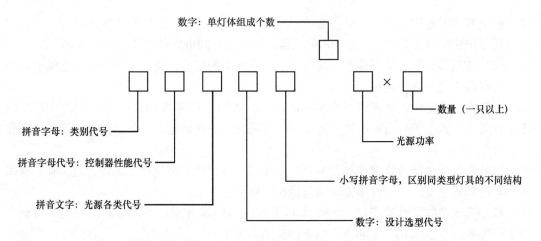

图 4-8　常用灯具安装方式代号及型号编制示意图

左面表示额定容量（kVA），右面表示一次测的额定电压，则此例的额定容量为1000kVA，高压侧电压为10kV。

（3）电容器即电力电容器，用于提高工频电力系统的功率因素，可以单独使用，也可装于电容器柜内成套使用。通常用于10kV以下的串联电容器和移相电容器。

（4）静电电容器柜。电容器柜用于电力设备较集中的地方，以改善电力系统的功率因素，减少电能损失。

（5）熔断器，熔断器是串接在电路中的最简单的一种保护电器，一般用于保护电压互感器和小容量电气设备。

（6）开关设备。开关设备是电力系统中重要的控制设备，产品的型号，种类众多，常用的有负荷开关，隔离开关，高压断路器三大类。

（7）低压配电柜。低压配电柜广泛用于500V以下，三相三线或三相四线制系统的照明配电及户内动力配电使用。按结构形式可分为：抽屉式、靠墙式、离墙式三类。

（8）高压支持绝缘子。高压支持绝缘子并不属于电气设备，它主要在电气设备和变配电装置中作导电部分绝缘和固定之用。按结构分有可击穿式、不击穿式；按外形分有少棱形和多棱形。

（9）高压开关柜。高压开关柜有固定式、活动式、手动式三类，通常使用于3-10KV变（配）电所，进行接收和分配电能或控制高压电机。

（10）操作机构。操作机构是作为高压开关设备中配套装置而使用的。以安装要求和操作形式分有手动操作机构，弹簧储能操作机构，电磁或电动操作机构等。

（11）避雷器。避雷器是用来保护变电所或其他建筑物内电气设备的绝缘装置，当雷电产生的高电位侵入电气设备时，设备线路上的避雷器对地放电，从而保护了电气设备。避雷器有管式避雷器和阀式避雷器等系列。

（12）穿墙套管。高压穿墙套管适用于35kV以下变电所、电站、配电装置及电气设备中，当导线穿过电器设备箱壳或建筑物墙板时起导电部分与地的绝缘及支持作用。

（三）电气设备安装工程定额说明

1. 变压器

（1）带负荷调压变压器，并联电抗器及自耦变压器的安装同样可以应用变压器的定额。整流变压器按同容量，同电压变压器定额乘以系数1.6，电炉变压器按同容量，同电压变压器定额乘以系数2.0，油浸式电抗器以同容量，同电压的变压器定额直接套用。

（2）变压器的安装及石棉布，绝缘导线，干燥中的枕木是按一定的折旧率摊销的，摊销量与定额不附则不作换算。

（3）变压器干燥是使用涡流干燥法，2000kVA以上的采用抽真空，2000kVA以下的不用抽真空，人工工日及耗电量不因干燥的时间长短而作调整，充氮运输的变压器则不作干燥考虑。

（4）变压器水冷系统以冷却器为界，冷却器外部管道安装使用《工业管道工程》有关定额，冷却器至变压器的管道安装则包括在定额内。

（5）变压器的器身检查，4000kVA以上的按吊钟罩考虑，当需吊芯检查时，机械台班费定额乘以系数2.0，4000kVA以下的按吊芯考虑。

（6）本章定额不包括下列内容：

1）端子箱的制作安装；

2）变压器母线铁构件及铁梯的制作安装；

3）瓦斯继电器的解体检查及试验；

4）变压器滤油棚，干燥棚的搭拆工作；

5）二次喷漆；

6）油样的化验，试验及色谱分析。

2. 配电装置

（1）设备安装定额不包括油过滤，支架端子箱的制作安装。

（2）信号接点和连锁装置的定额包括安装检查，不包括设备费用。

（3）设备本体需要的液压油，六氟化硫气体，绝缘油均按设备处理。

（4）互感器不考虑绝缘油过滤及吊芯，系按单相考虑。

（5）成套母线桥定额作为一项设备安装，如果为自行制作时，另套有关定额。

（6）安装用的脚手架，已按摊销量计入定额（10kV以下的除外）如包干使用则不作换算。

（7）混凝土电抗器安装是按6～10kV定额编制的，对一相平放、二相叠放、三相平放、三相叠放安装方式，均不作换算。

3. 蓄电池

（1）蓄电池定额适用于固定型电池，专用蓄电池套用相应密闭式蓄电池定额。

（2）蓄电池定额的隔板，电极板、容器、螺母、连接铅条、垫圈等均按设备带有考虑。

4. 控制、继电保护屏

（1）集中控制台安装，适用于长度在2m和4m之间的集中控制台，其他长度的另套相关定额。

（2）屏上辅助设备安装有：分流器、信号灯、二次回路熔断器、附加电阻、连接片等。

（3）户外端子箱含电压互感器、断路器、变压器等的端子箱。

（4）未包括的工作内容有：

1）电器及设备的干燥；

2）焊（压）接线端子及端子排外部接线。

3）设备基础、角钢、槽钢的制作和二次喷漆、喷字。

5. 母线、绝缘子

（1）软母线的定额中不包括带形母线、支持瓷瓶及组合导线两端的构件制作安装。

（2）组合软母线的安装只按标准跨距考虑，其他情况不作换算。

（3）设备连线，跳线及引下线均已作综合考虑。

（4）户内支持绝缘子定额已综合考虑了铁构架或墙上安装，定额末包括金属构架的制作安装。

（5）设备安装定额均不包括支架的制作，需另套有关定额。

6. 动力照明控制设备

（1）控制设备安装，均未包括基础型钢和支架的制作安装，但水位电气信号装置及限位开关除外。

（2）铁构件的制作安装适用于本范围内各种支架的制作安装；铁构件制作不包括镀锌。

（3）"端子板外部接线定额"，适用于台、箱、柜、盘的端子外端接线。

（4）设备的安装定额不包括二次喷漆，设备的补充注油按设备考虑。

7. 电缆

（1）本章包括 10kV 以下的控制电缆和电力电缆的敷设，至于井下水底、河流积水区等条件的电缆敷设则未包括。

（2）电缆敷设定额未包括预留富余长度，波形增加等长度，其长度应计入工程量。

（3）在丘陵山地直埋敷设电缆时，所需材料按实际情况计算，人工费乘以系数 1.3。

（4）电缆头制作安装和电缆敷设均按铝芯电缆考虑的，电缆头制作安装乘以系数 1.2，铜芯电缆敷设以截面的人工和机械定额乘 1.4。

（5）电缆保护钢管的敷设，支架的制作安装，电缆沟挖填土及人工开挖路面，顶管土方工程均套用相关定额。

（6）37 芯以下控制电缆敷设，套用 $35mm^2$ 电力电缆定额。

8. 配管、配线

（1）配管工程均未包括插接式母线槽支架制作，钢索架设及拉紧装置制作安装，接线支架、盒、箱制作安装，配管支架及槽架制作。需套用铁构件制作定额。

（2）定额工程量计算方法：

1）配管工程量，不扣除管路中间接线箱，盒等所占长度。

2）瓷瓶，塑料护套线定额均按单根线路延长米计算，不分芯数；木槽板，瓷夹按二线、三线延长米计算。

3）瓷瓶、瓷夹、塑料槽板、木槽板、塑料线夹、塑料护套线的水弯，分支接头均已考虑在定额内，计算时，按图示计算绕梁柱、水平、上、下走向的长度。

4）灯具、按钮、插销、明暗开关的预留线，已综合在定额内，不计工程量。但配线入开关柜、箱的预留线，应按规定的预留长度，计入工程量内。

5）钢索架设工程量，不扣除拉紧装置所占长度，以墙、柱内橡按延长米计算。

9. 起重设备的电气设置

（1）起重机电气设备安装是按成套起重机计算的，若非成套，则按分部分项定额计算。

（2）滑触线及支架安装，按10m以下标高考虑，其刷漆工程量，按刷一遍考虑。

（3）软电缆敷设未包括滑轮制作和轨道安装。

（4）滑触线的辅助母线安装，套用车间干线定额。

（5）座式电车绝缘子支持器和滑触线伸缩器的安装，已包括在"滑触线支架安装"和"滑触线安装"定额内，不另行计算。

10. 电机及调相机

（1）电机干燥定额只包括一次干燥，干燥所需的电量及人工量均不按实际情况调整。

（2）本章只有电机检查接线定额，至于电机本体安装见其他章节。

（3）连接设备导线预留长度表（表4-4）。

连接设备导线预留长度表 表 4-4

序号	项　目	预留长度	说明
1	电源与管内导线连接	1.5m	以管口计算
2	出户线	1.5m	以管口计算
3	分支接头	0.2m	分支线预留
4	单独安装的启动器、闸刀开关等	0.3m	以对高的中心算起
5	各种箱、盘、板、盒、柜	高＋宽	盘面尺寸
6	由地平管子出口引至动力接线箱	1m	以管口开始计算

11. 照明器具

（1）水塔指示灯、氙气灯、碘钨灯、烟囱、路灯、投光灯、高空作业的因素应考虑进去。至于安装高度超过5m的其他器具，则应按定额说明中的超高系数另行计算。

（2）定额内已包括利用仪表测量绝缘及一般灯具的试亮工作（但不包括调试工作）。

（3）灯具安装定额适用范围见表4-5。

灯具安装定额适用范围 表 4-5

定额名称	灯具种类
座灯头	一般塑胶、瓷质座灯头
圆球吸顶灯	材质为玻璃的螺口，卡口圆独立吸顶灯
防水吊灯	一般防水吊灯
方型吸顶灯	材质为玻璃的独立的矩形罩吸顶灯、方型罩吸顶灯，大口方罩顶灯
半圆球吸顶灯	材质为玻璃的独立的半圆球吸顶灯、平圆形吸顶灯扁圆罩吸顶灯
一般弯脖灯	圆球弯脖灯、风雨壁灯
声光控座灯头	一般声控光控座灯头
吊链灯	利用吊链作辅助悬吊材料、独立的、材质为玻璃、塑料罩的各式吊链灯
一般墙壁灯	各种材质的一般壁灯、镜前灯
软线吊灯头	一般吊灯头

定额名称	灯具种类
腰形舱顶灯	腰形舱顶灯 CCD_2-1
碘钙灯	DW 型，220V300～1000W 内
防潮灯	扁形防潮灯（GC-31）、防潮灯（GC-33）
防爆灯	CB3C-200 型防爆灯
大口方罩	大小口方罩，大小矩形罩顶灯
庭院路灯	圆球柱灯、高压水银柱灯、玉兰花柱灯
投光灯	TG_1、TG_2、TG_5、TG_7、TG_{15} 型室外投光灯
管型氙气灯	自然冷却式 220、380V、20kW 内
直杆工厂吊灯	配照（GC_1-A）、广照（GC_3-A）、深照（GC_5-A）、斜照（GC_7-A1）、圆球（GG_7-A）
吊链式工厂灯	配照（GC_1-B）、广照（GC_3-B）、深照（GC_5-B）、斜照（GG-B）圆球（GG_7-B）
无影灯	3-12 孔管式无影灯
面包灯	面包灯、大小口橄榄罩等
高压水银灯镇流器	外附式镇流器 125～450W

12. 电梯电气装置

（1）本章适用于国内生产的各种客、货、病床和杂物电梯的电气装置安装，但不包括自动扶梯和观光梯。

（2）项目划分以原一机部发布的 JB/Z110—74《电梯系列型谱》为依据，项目与型谱的关系参照表 4-6。

表 4-6

项目	电梯型号		
类别	类型	操纵方式	起重量及速度
小型	杂物梯	轿外按钮控制无司机	0.2t 以下，1m/s 以内
电厂专用电梯	客货梯		
交流自动	客货、病床梯	信号控制、集选控制、有/无司机	3t 以下，1m/s
交流半自动	同上	手柄操纵、按钮控制	5t 以下，1m/s
直流自动高速	客梯	集选控制、有/无司机	1.5t 以下，2～3m/s
直流自动快速	客货、病床梯	信号控制、集选控制、有/无司机	15t 以下，1.5～1.75m/s

（3）电梯是按每层一门为准，增或减时，另按增（减）厅门相应定额计算。

（4）电梯安装的楼层高度，是按平均层高 4m 以内考虑的，如平均层高超过 4m 时，其超过部分可另按提升高度定额计算。

（5）两部或两部以上并行或群控电梯，按相应的定额基价增加 20%。

（6）本定额是以室内地坪±0.000mm 以下为地坑（下缓冲）考虑的，如遇有"区间电梯"（基站不在首层），下缓冲地坑设在中间层时，则基站以下部分楼层的垂直搬运应另行计算。

（7）电梯安装材料、电线管及级槽、金属软管、管子配件、紧固件、电缆、电线、接线盒（箱）、荧光灯及其他附件、备件等，均按设备带有考虑。

（8）小型杂物电梯是以载重量在 200kg 以内，轿厢内不载人为准。载重量大于 200kg 的轿厢内有司机操作的杂物电梯，执行客货电梯的相应项目。

（9）定额未包括内容：

1）电动发动机组；

2）电源线路及控制开关的安装；

3）基础型钢和钢支架制作；

4）按地极及干线敷设；

5）配合机械部试运转；

6）电气调试；

7）电梯的喷漆；

8）轿厢内的空调、冷热风机、闭路电视、步话机、音响设备；

9）群控集中监视系统以及模拟装置。

13. 防雷及接地装置

（1）本章定额适用于建筑物、构筑物的防雷接地，变配电系统接地，设备接地以及避雷针的接地装置。

（2）户外接地母线敷设定额系按自然地坪考虑的，包括地沟的挖填土和夯实工作，套用本定额时不应再计算土方量。遇有石方、矿渣、积水、障碍物等情况时另行计算。

（3）本章定额不适于采用爆破法敷设接地线、接地极的安装。也不包括接地电阻率高的土质而需要换土或化学处理的接地装置及接地电阻的测定工作。

（4）本章定额除避雷网安装定额外，均已综合考虑了高空作业的工作。

（5）避雷针制作套用第六章构件制作定额。

14. 10kV 以下架空线路

（1）本章定额按平原条件编制，如在丘陵、山地、泥沼地带施工时，其人工和机械乘以表 4-7 所列地形系数。

地形系数表 表 4-7

平　　原	丘　　陵	一般山地、泥沼地带
1.0	1.2	1.6

（2）地形

地形一般可分为：平原地带、丘陵地带、一般山地、泥沼地带，地面较干燥，地形较平坦的地带为平原地带；地形变化起伏的土丘、矮岗等地带为丘陵地带；山岭、沟谷、高原台地等为一般山地；有地面积水、泥水淤积的地带为泥沼地带。

（3）线路一次施工工程量按 5 根以上电杆考虑，如 5 根以内者，其人工和机械乘以系数 1.2。

（4）导线跨越：

1）每个跨越间距均按 50m 以内考虑的，大于 50m 而小于 100m 时按两处计算，以此类推。

2）在同一跨越档内，有两种以上跨越物时，则每一跨越物视为"一处"跨越，分别套用定额。

3）单线广播线不算跨越物。

（5）横担安装定额已包括金具及绝缘子安装人工，但绝缘子及金具的材料费应另行计算。

（6）线路土（石）方工程及工地运输，套用《送电线路》手册相应定额。

（7）铁构件套用本册第六章有关定额。

15. 电气调整

（1）本章各项调试定额均已包括本系统范围内所有设备的本体调试工作，一般情况不作调整；但由于控制技术发展很快，新的调试项目和调试内容不断增加，因此凡属于新增加的调试内容可以另行计算。

（2）本定额已包括调试用的消耗材料和仪表使用费，该两项费用合计按调试人工费的100％取费（其中仪表使用费平均为人工费的95％，具体仪表费见各项定额）。

本定额不包括更新换代仪表和特殊仪表使用费，新式仪表使用费可参照第十册《自动化控制仪表安装工程》定额的规定执行。

（3）定额不包括设备的烘干处理、电缆故障查找、电动机抽芯检查以及由于设备元件缺陷造成的更换、修理和修改。亦未考虑由于设备元件质量低劣对调试工效的影响，遇此情况时，可以另行计算。

（4）本定额的调试范围只限于电气设备本身和调整试验，不包括电动机带动机械设备的试运工作，应另行计算。

（5）各项调试定额均包括熟悉资料、核对设备、填写试验记录和整理、编写调试报告等附属工作，但不包括试验仪表装置的转移费用。

（6）发电机及大型电机调试定额，不包括试验用的蒸汽、电力和其他动力能源消耗。

（7）电力变压器如有"带负荷调整装置"的调试时，定额乘以系数1.12。

（8）变压器系统调试未包括避雷器、自动装置、特殊保护装置和接地网的调试，可另套用专项调试定额。

（9）单相变压器如带一台备用变压器时，定额乘以系数1.2。

（10）供电桥回路的断路器，母线分段断路器，均按独立的送配电设备系统计算调试费，送配电设备系统调试，是按一侧有一台断路器考虑的，若两侧均有断路器时，则应按两个系统计算。电动机的调试定额已包括电动机至配电箱的供电回路。系统的调试包括瓷瓶耐压，电缆试验等全套工作，送配电调试定额中1kV以下适用于像从低电压配电装置至配电箱回路这样的所有低压供电回路。

（11）两部或两部以上并列运行或群控的电梯，按相应的定额乘以系数1.5。

16. 装饰灯具安装工程

（1）灯具的安装有组装式、吸顶式、吊式三类方式由于灯具型号未注明在定额中，故应将灯具的图片及相应长度外缘尺寸分列子目于定额中，套用定额时按设计要求参照图号确定定额子目。

（2）在宾馆、饭店、影剧院、商场等安装装饰灯具，如因营业干扰安装工作的正常进行时，其降效增加的费用，按人工费的10％计算。

(3) 高层建筑增加费按第二册规定费用计算。

（四）电气设备安装工程量计算规则

1. 变压器

(1) 变压器安装及干燥，按不同电压等级、不同容量分别以"台"为计量单位。

(2) 变压器油过滤，以"吨"为计量单位，可按制造厂规定充油量计算。

计算公式：

$$油过滤数量（吨）＝设备油重（吨）\times（1＋损耗率）$$

2. 配电装置

(1) 断路器、负荷开关、电流互感器、电压互感器、油浸电抗器、电力电容器及电容柜的安装以"台（个）"为计量单位。

(2) 隔离开关、负荷开关、熔断器、避雷器、干式电抗器的安装以"组"为计量单位，每组按三相计算。

(3) 交流滤波装置的安装以"台"为计量单位，每套滤波装置包括三台组架安装，不包括设备本身用铜母线的安装，其工程量应按本册相应定额另行计算。

(4) 高压设备安装定额内均不包括绝缘台的安装，其工程量应按施工图设计执行相应定额。

(5) 高压成套配电柜和箱式变电站的安装以"台"为计量单位，均未包括基础槽钢，母线及引下线的配置安装。

(6) 配电设备安装的支架，抱箍及延长轴、轴套、间隔板等，按施工图设计的需要量计算。

(7) 绝缘油，六氟化硫气体，液压油等均按设备带有考虑；电气设备以外的加压设备和附属管道的安装应按相应定额另行计算。

(8) 配电设备端子板外部接线，按本册第四章相应定额另行计算。

(9) 设备安装用的地脚螺栓按土建预埋考虑，不包括二次灌浆。

3. 母线、绝缘子

(1) 悬式绝缘子串安装，指垂直安装的跳线、引下线或阻波器等设备用的绝缘子串，按单、双串分别以"串"为计量单位。耐张绝缘子串的安装，已包括在软母线安装定额内。

(2) 软母线的安装，指直接由耐张绝缘子串悬挂部分，按软母线截面大小分别以"跨/三相"为计量单位。设计跨距不同时，不得调整。导线，绝缘子，线夹等均按施工图设计用量加定额规定的损耗率计算。

(3) 软母线引下线安装，指由 T 型线夹或并沟线夹从软母线引向设备的连接线，以"组"为计量单位，每三相为一组；软母线经终端耐张线夹引下（不经 T 型线夹或并沟线夹引下）与设备连接的部分均执行引下线定额，不得换算。

(4) 两跨软母线间的跳引线安装，以"组"为计量单位，每三相为一组。不论两端的耐张线夹是螺栓式或压接式，均执行软母线跳线定额，不得换算。

(5) 组合软母线安装，按三相为一组计算。跨距（包括水平悬挂部分和两端引下部分之和）是以 45m 以内考虑，跨度的长与短不得调整。导线、绝缘子、线夹、金具按施工图设计用量加定额规定的损耗率计算。

（6）设备连接线安装，指两设备间的连接部分。不论引下线、跳线、设备连接线，均应分别按导线截面，三相为一组计算工程量。

（7）支持绝缘子安装分别安装在户内、户外、单孔、双孔、四孔固定，以"个"为计量单位。

4. 控制、继电保护屏

（1）控制、继电保护屏安装以"台"为计量单位。

（2）电器、仪表、分流器以"个（块）"为计量单位。

（3）穿通板制作安装以"块"为计量单位，采用电木板或环氧树脂板时应另行计算其材料费。

（4）在屏、柜上加装少量小电器、设备元件时，套用"2-310""屏上其他辅助设备"定额子目。

（5）单独的电气仪表安装执行电器、仪表、小母线安装的相应项目，电度表安装套用2-307"测量表计"和套用定额2-308"继电器"定额子目。单独仪表的调试不另取费。

5. 蓄电池

（1）蓄电池支架：应按蓄电池支架的不同结构形式，区别其不同安装方式（即单排式和双排式），分别以米为单位计算。

（2）穿通板组合安装：应按穿通板组合的不同孔数，均以块为单位计算。

（3）绝缘子、圆母线安装：绝缘子安装工程量以个为单位计算；圆母线安装工程量，应按不同材质，区别其不同直径，分别以米为单位计算。

（4）蓄电池安装：应按蓄电池的不同形式和容量，分别以个为单位计算。

（5）蓄电池充放电：应按蓄电池充放电的不同容量（安培小时），分别以组为单位计算。

（6）蓄电池支架安装未包括支架制作及干燥处理，另按成品价计算。

（7）穿通板组合安装未包括穿通板和穿墙套管，另按成品计算。

（8）绝缘子、圆母线安装不包括支架制作安装和母线、绝缘子的价值，应另行计算。

6. 动力、照明控制设备

（1）配电盘、箱、板安装：配电盘（箱）安装的工程量，应区别动力和照明；小型配电箱和配电板安装应按不同半周长，分别以台（块）为单位计算。事故照明切换盘的安装工程量以台为单位计算。

（2）可控硅柜、模拟盘安装：可控硅柜的安装工程量应按不同千瓦；模拟盘的安装工程量应按其不同宽度，均以台为单位计算。

（3）控制开关安装：控制开关安装的工程量应按不同种类和名称，其中：空气自动开关应区别手动和电动；组合控制开关应区别普通型和防爆型，分别以个为单位计算。

（4）熔断器、限位开关安装：熔断器安装应按不同形式（瓷插、螺旋式、防爆式）；限位开关应区别普通型和防爆型，分别以个为单位计算。

（5）控制器、起动器安装：控制器安装应区别主令、鼓型、凸轮不同类型；起动器应区别磁力起动器和自耦减压起动器；以及交流接触器安装的工程量，分别以台为单位计算。

（6）电阻器、变阻器安装：电阻器安装的工程量应区别一箱和每增加一箱，以箱为单位计算；变阻器安装的工程量应区别油浸式和频敏式，以台为单位计算。

（7）按钮、电笛安装：按钮和电笛安装的工程量，应区别普通型和防爆型，均以个为单位计算。

（8）水位电气信号装置及制动器安装：水位电气信号装置应区别机械式和电子式；制动器安装应区别电磁式和电磁铁式，分别以套（台）为单位计算。

（9）盘柜配线：盘柜配线的工程量应按导线的不同截面积，分别以10m为单位计算。

（10）端子板安装及外部接线：端子板的外部接线，应按导线的不同截面积，并区别有端子和无端子，分别以10个头为单位计算；端子板安装的工程量以组为单位计算。

（11）焊、压接线端子：焊、压接线端子安装的工程量，应按不同材质，区别导线的不同截面积，分别以10个为单位计算。

（12）铁构件制作安装及箱、盘、盒制作：铁构件制作安装的工程量，应区别一般铁构件和轻型铁构件；以及箱、盒制作，分别以吨为单位计算。

网门、保护网制作安装及二次喷漆的工程量均以平方米为单位计算。

（13）木配电箱制作：木质配电箱制作应区别木板配电箱和墙洞配电箱，按其不同半周长划分子目，分别以套为单位计算。

（14）配电板制作及包铁皮：配电板制作应按不同材质，均以平方米为单位计算。

木配电板包铁皮的工程量以平方米为单位计算。

（15）裸母线木夹板制作安装：应区别三线式和四线式，并按其不同截面积划分子目，分别以10套为单位计算。

（16）电镀用母线木夹板制作安装：应区别二线式和三线式，并按每极母线不同片数划分子目，分别以10套为单位计算。

7. 电机及调相机

（1）发电机及调相机检查接线：应按发电机及调相机不同型式（空冷式、氢冷和水氢式、水冷式），区别其不同容量（千瓦），分别以台为单位计算。

（2）直流发电机组安装接线：应区别直流发电机组的不同容量，分别以台为单位计算。

（3）直流、交流电动机检查接线：应区别直流、交流电动机的不同容量，分别以台为单位计算。

（4）交流防爆电动机及立式电动机检查接线：应区别交流防爆电动机及立式电动机的不同容量，分别以台为单位计算。

（5）发电机电阻器安装：应区别发电机励磁电阻器的不同容量，分别以台为单位计算。

8. 起重设备电气装置

（1）普通桥式起重机电气安装：应按普通桥式起重机的不同形式（吊钩式、抓斗式及电磁式），区别其不同起重量，分别以台为单位计算。

（2）双小车、双钩梁起重机电气安装：应按双小车、双钩梁起重机的不同起重量，分别以台为单位计算。

（3）门型、单梁起重机及电葫芦电气安装：单梁起重机应区别其不同控制方式（地面控制和操纵室控制）；电葫芦应区别其不同起重量，分别以台为单位计算。

门型起重机电气安装的工程量以台为单位计算。

（4）滑触线安装：应按钢材的不同种类和名称，区别其不同型号和规格，分别以100m/单相为单位计算。

（5）移动软电缆安装：应按软电缆的不同型号规格、移动方式（沿钢索和沿轨道）。沿钢索安装区别其不同长度，均以根为单位计算；沿轨道安装区别其不同截面积，均以米为单位计算。

（6）滑触线支架安装：应按滑触线安装的不同型式（3横架式和6横架式），区别其不同固定方法（螺栓固定和焊接固定），分别以付为单位计算。指示灯的安装工程量以套为单位计算。

（7）滑触线拉紧装置及挂式支持器制作安装：滑触线拉紧装置应区别不同材质（扁钢、圆钢），均以套为单位计算；挂式支持器制作安装的工程量以套为单位计算。

9. 电缆

（1）电缆沟铺砂、盖砖及移动盖板安装：电缆沟铺砂、盖砖、盖保护板安装应区别不同根数和每增加1根，分别以100m为单位计算。

电缆沟揭盖盖板，应区别不同板长，分别以100m为单位计算。

（2）电缆保护管、顶管敷设：电缆保护管安装应按不同材质，区别不同管径，分别以10m为单位计算。

顶管敷设工程量，应区别每根不同长度，分别以根为单位计算。

（3）电缆敷设：电缆敷设的工程量应按不同安装方式，区别电缆不同截面积，分别以100m为单位计算。

（4）户内浇注式电力电缆终端头制作安装：应按电力电缆的不同电压，区别不同截面积，分别以个为单位计算。

（5）户内干包式电力电缆终端头制作安装：应按电力电缆的不同电压，区别不同截面积，分别以个为单位计算。

（6）户外电力电缆终端头制作安装：应按电力电缆的不同浇注形式和电压，区别不同截面积，分别以个为单位计算。

（7）电力电缆中间头制作：应按电力电缆的不同电压，区别不同截面积，分别以个为单位计算。

（8）控制电缆头制作安装：应区别控制电缆的终端头和中间头，按控制电缆的芯数划分子目，分别以个为单位计算。

（9）电缆保护管长度，除按设计规定长度计算外，遇有下列情况，应按以下规定增加保护管长度：

1）横穿道路，按路基宽度两端各增加2m；

2）垂直敷设时，管口距地面增加2m；

3）穿过建筑物外墙时，按基础外缘以外增加1m；

4）穿过排水沟时，按沟壁外缘以外增加0.5m。

（10）电缆保护管埋地敷设时，其土方量的计算：凡施工图有注明的，按施工图规定计算；未注明的一般按沟深0.9m，沟宽按导管两侧边缘各加0.3m工作面计算。

（11）直埋电缆挖、填土（石）方量的计算可参考表4-8规定计算。

直埋电缆挖、填土（石）方量的计算参考表 表 4-8

项　目	电缆根数	
	1～2	每增一根
每米沟长挖方量（m³/m）	0.45	0.153

注：1. 两根以内的电缆沟，是按上口宽度 600mm，下口宽度 400mm、深度 900mm 计算的常规土方量（深度按规范的最低标准）；

2. 每增加一根电缆，其宽度增加 170mm；

3. 以上土方量系按埋深从自然地坪起算，如设计埋深超过 900mm 时，多挖的土方量另行计算。

（12）单芯电缆敷设可按同截面的三芯电缆敷设定额基价乘系数 0.66 计算。

（13）电缆敷设长度应根据敷设路径的水平和垂直距离，另按表 4-9 规定增加附加长度。

电缆敷设的附加长度 表 4-9

序号	项目	预留长度（附加）	说明
1	电缆敷设弛度、波形弯度交叉	2.5%	按电缆全长计算
2	电缆进入建筑物	2.0m	规范规定最小值
3	电缆进入沟内或吊架时引上（下）预留	1.5m	规范规定最小值
4	变电所进线、出线	1.5m	规范规定最小值
5	电力电缆终端头	1.5m	检修余量最小值
6	电缆中间接头盒	两端各留 2.0m	检修余量最小值
7	电缆进控制保护屏及模拟盘等	高+宽	按盘面尺寸
8	高压开关柜及低压配电盘箱	2.0m	盘下进出线
9	电缆至电动机	0.5m	从电机接线盒起算
10	厂用变压器	3.0m	从地坪起算
11	电缆绕过梁柱等增加长度	按实计算	按被绕物的断面情况计算增加长度
12	电梯电缆与电缆架固定点	每处 0.5m	规范最小值

注：电缆附加及预留的长度是电缆敷设长度的组成部分，应计入电缆长度工程量之内。

（14）电缆终端头及中间头均以"个"为计量单位。一根电缆有两个终端头，中间电缆头根据设计需要确定。

（15）电缆支架及吊索：

1）电缆支架、吊架、槽架制作安装，以"吨"为计量单位，执行本册第六章定额。

2）吊电缆的钢索及拉紧装置，分别执行相应的定额。

3）钢索的计算长度，以两端固定点的距离为准，不扣除拉紧装置的长度。

10. 配管、配线

（1）各种配管应区别不同敷设方式、位置及管材材质、规格，以延长米计算。不扣除管路中间的接线箱（盒）、灯头盒、开关盒所占的长度。

（2）定额中未包括钢索架设及拉紧装置、接线箱（盒）、支架的制作安装，其工程量另行计算。接线箱区别以明、暗装及其半周长，按个计算。接线盒区别其明、暗装及类

122

型，按个计算。

（3）管内穿线的工程量，应区别线路性质，导线材质、导线截面，以单线"延长米"为计量单位计算。线路分支接头线的长度已综合考虑在定额中，不得另行计算。

照明线路中的导线面积，大于或等于 $6mm^2$ 时，应执行动力线路穿线相应子目。

（4）线夹配线，区别瓷夹配线和塑料夹配线、两线式和三线式；按敷设在木、砖、混凝土等不同结构和导线规格，以线路延长米计算。

（5）绝缘子配线，包括鼓形绝缘子、针式绝缘子及蝶式绝缘子配线，以单线延长米计算。

（6）槽板配线，应区别木槽板、塑料槽板配线和二线、三线式线路，按延长米计算。

（7）瓷瓶暗配，按线路支持点至天棚下橡距离的长度计算。

（8）钢索架设，按图示墙（柱）内缘距离，以延长米计算。不扣除拉紧装置所占长度。

（9）塑料护套线配线，区别二芯线或三芯线，按单根线路延长米计算。

（10）灯具、明、暗开关，插座，按钮等的预留线，已分别综合在相应定额内，不另行计算。

配线进入开关箱、柜、板的预留线，分别计入相应的工程量。

（11）在空心板内穿线可按"管内穿线"定额执行。

（12）插座盒安装执行"开关盒"定额子目。

11. 照明器具

（1）照明灯具的工程量计算，应区别灯具的种类、型号、规格，以"10套"为计量单位。

（2）各种开关、插座、安全变压器、电铃、电风扇的工程量，应区别其安装方式、规格分别以"10套"或"台"为计量单位。

（3）多联插座安装的计算，如遇双联，按单联定额基价乘以系数 1.5；三联乘以系数 2.0 计算。

（4）非本章定额适用范围内的装饰灯具安装，套用装饰灯具安装工程补充定额。

12. 电梯电气装置

（1）电梯电气装置安装应区别自动控制或半自动控制，交流信号或直流信号，自动快速或自动高速，集选控制电梯或小型杂物电梯及电厂专用电梯，按不同规格（层/站），分别以部为单位计算。

（2）电梯增加厅门和自动轿厢门的安装工程量均以个为单位计算。电梯增加提升高度的工程量以米为单位计算。

13. 防雷及接地装置

（1）户外接地母线敷设，按图示长度以"米"为计量单位。定额内已包括挖土、填土、夯实。

（2）接地母线、避雷线敷设，其长度按施工图设计水平和垂直规定长度另加 3.9％的附加长度（指转弯、上下波动、避绕障碍物、搭接头所占长度），按延长米计算。

（3）避雷针、独立避雷针安装，分别按每根或每支为单位计算。针体的加工，按第六章"铁构件制作"定额相应项目以"吨"计算。接地极以"根"为计量单位，其长度按设计长度计算，设计无规定时，每根长度按 2.5m 计算。如设计有管帽时，另按加工件计算。

（4）一般避雷针制作执行"轻型构件"制作定额；独立避雷针制作执行"一般构件"制作定额。

（5）电缆支架的接地线应执行室内接地母线安装定额。

（6）户外接地母线敷设包括的土方量是按沟深 750mm，每米沟长的土方量为 0.34m³ 考虑的，如设计要求深度不同时，可按实际土方量计算其增（减）土方量。

（7）电梯的接地干线和接地极的安装应套用本章相应定额。

14.10kV 以下架空线路

（1）杆基挖地坑的土方量按施工图杆基尺寸，分别不同土质，以"立方米"为计量单位。

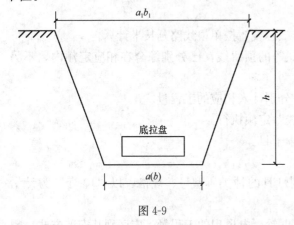

图 4-9

土方量计算公式如下：

$$V = \frac{h}{6}\left[ab + (a+a_1) \times (b+b_1) + a_1 b_1\right]$$

式中　V—土(石)方体积(m^3)（图 4-9）；

　　　h—坑深(m)；

　　　$a(b)$—坑底宽(m)，$a(b)=$ 底拉盘底宽$+2\times$每边操作富裕度；

　　　$a_1(b_1)$—坑口宽(m)，$a_1(b_1)=a(b)$ $+2\times h\times$边坡系数

设计无规定时，可按表 4-10 计算杆坑土方量。

杆坑土方计算表　　　　　　　　　　表 4-10

放坡系数	土方量 (m³)	不带底盘	0.82	1.07	1.21	2.03	2.26	2.76	4.12	5.26
		带底盘	1.36	1.78	2.02	3.39	3.76	4.60	6.87	8.76
1：0.25		埋深（m）	1.2	1.4	1.5	1.7	1.8	2.0	2.2	2.5
		杆高（m）	7	8	9	10	11	12	13	15
		底盘规格（mm）	600×600			800×800			1000×1000	

注：1. 木杆，按不带底盘的土方量计算。

　　2. 双接腿杆坑，按带底盘的土方量计算。

　　3. 土方量的计算公式亦适用于拉线坑。

（2）杆塔组立，分别杆塔形式按根计算。

（3）横担组装，按施工图设计规定，分不同形式，以"组"为计量单位。

（4）拉线制作安装，按施工图设计规定，分不同型式，以"组"为计量单位。拉线长度按设计全根长度计算。设计无规定时按表 4-11 计算。

说明：水平拉线间距以 15m 为准，如实际间距每增大 1m，则拉线长度相应增加 1m。

（5）导线的架设，按不同截面分别按单线每公里计算。导线预留长度规定见表 4-12。

拉线长度（m/根）

表 4-11

项目		普通拉线	V（r）形拉线	号型拉线
杆高/m	8	11.47	22.94	9.33
	9	12.61	25.22	10.10
	10	13.74	27.48	10.92
	11	15.10	30.20	11.82
	12	16.14	32.28	12.62
	13	18.69	37.38	13.42
	14	19.68	39.36	15.12
水平拉线		26.47		

导线预留长度（m/根）

表 4-12

项目名称		长度
高压	转角	2.5
	分支、终端	2.0
低压	分支、终端	0.5
	交叉、跳线、转角	1.5
与设备连线		0.5
进户线		2.5

（6）10kV 架空线路的电杆定位可执行第三册《送电线路安装工程》的土石方工程施工定位定额的相应项目。

15. 电气调整

（1）电气调试系统的划分以电气系统图为单位。电气设备元件的调试均包括在相应定额的系统调试之内，不另行计算。其中各工序调整费用需单独计算时，可按表 4-13 所列比例计算。

电气设备元件的调试调整费用比例

表 4-13

比率 % 项目 工序	发电机 调相机系统	变压器 消弧线圈	输配电 设备系统	电动机系统
一次设备本体试验	30	30	40	30
附属高压二次设备试验	20	30	20	30
一次电流及二次回路检查	20	20	20	20
继电器及仪表试验	30	20	20	20

（2）电气系统调整所需电力消耗已包括在定额内，不另计算。但大型电机及发电机的联合启动调试用蒸气、电力和其他动力能源消耗及变压器的空载试运转电力消耗，另行计算。

（3）供电桥回路的断路器、母线分段断路器，作为独立的系统计算调试费。

（4）送配电设备系统调试，以一侧一台断路器为准。若两侧均设计有断路器时，则按两个系统计算。

（5）送配电设备系统调试，适用于各种供电回路（包括照明供电回路）的系统调试。凡供电回路中设有仪表、继电器、电磁开关等调试元件的（不包括刀闸开关、保险器），均作为调试系统计算。

（6）变压器系统的调试，以每个电压侧一台断路器为准。多出部分，按相应电压等级的送配电设备系统调试的相应定额，另行计算。

（7）特殊保护装置，均以构成一个保护回路为一套，其工程量计算规定如下。

1）发电机转子接地保护，按全厂发电机共用一套考虑。

2）距离保护，按设计规定所保护的送电线路断路器台数计算。

3）高频保护，按设计规定所保护的送电线路断路器台数计算。

4）故障录波器的调试，以一块屏为一套系统计算。

5）失灵保护，按设置该保护的断路器台数计算。

6）失磁保护，按所保护的电机台数计算。

7）变流器的断线保护，按变流器台数计算。

8）小电流接地保护，按装设该保护的供电回路断路器台数计算。

9）保护检查及打印机调试，按构成该系统的完整回路为一套计算。

（8）自动装置及信号系统调试，均包括继电器、仪表等元件本身和二次回路的调整试验，具体规定如下：

1）备用电源自动投入装置，按联锁机构的个数确定备用电源自投装置系统数。一个备用厂用变压器，作为三段厂用工作母线备用的厂用电源，计算备用电源自动投入装置调试时，应为三个系统。装设自动投入装置的两条互为备用的线路或两台变压器，计算备用电源自动投入装置调试时，应为两个系统。备用电动机自动投入装置亦按此计算。

2）线路自动重合闸调试系统，按采用自动重合闸装置的线路自动断路器的台数计算系统数。综合重合闸也按此规定计算。

3）自动调频装置的调试，以一台发电机为一个系统。

4）同期装置调试，按设计构成一套能完成同期并车行为的装置为一个系统计算。

5）蓄电池及直流监视系统调试，一组蓄电池按一个系统计算。

6）事故照明切换装置调试，按设计能完成交直流切换的一套装置为一个调试系统计算。

7）周波减负荷装置调试，凡有一个周率继电器，不论带几个回路，均按一个调试系统计算。

8）变送器屏以屏的个数计算。

9）中央信号装置调试，按每一个变电所或配电室为一个调试系统计算工程量。

10）不间断电源装置调试，按容量以"套"为单位计算。

（9）接地网的调试规定如下：

1）接地网接地电阻的测定。一般的发电厂或变电站连为一体的母网，按一个系统计算；自成母网不与厂区母网相连的独立接地网，另按一个系统计算。大型建筑群各有自己的接地网（接地电阻值设计有要求），虽然在最后也将各接地网联在一起，但应按各自的接地网计算，不能作为一个网，具体应按接地网的试验情况而定。

2）避雷针接地电阻的测定。每一避雷针均有单独接地网（包括独立的避雷针、烟囱避雷针等）时，均按一组计算。

3）独立的接地装置按组计算。如一台柱上变压器有一个独立的接地装置，即按一组计算。

（10）避雷器、电容器的调试，按每三相为一组计算；单个装设的亦按一组计算，上述设备如设置在发电机、变压器、输、配电线路的系统或回路内，仍应按相应定额另外计算调试费用。

（11）高压电气除尘系统调试，按一台升压变压器、一台机械整流器及附属设备为一组计算。

（12）硅整流装置调试，按一套硅整流装置为一个系统计算。

（13）电动机的调试，分别按电机启动方式、功率、电压等级，以"台"为计量单位。

（14）电梯电气调试，以"部"为计量单位。

16. 装饰灯具安装工程

（1）吊式艺术装饰灯具安装，以10套为单位计算。

（2）吸顶式艺术装饰灯具安装，以10套为单位计算。

（3）荧光艺术装饰灯具安装：其组合光带和内藏组合式灯按10m为单位计算；发光棚安装按10m² 为单位计算；立体广告灯箱、荧光灯光沿按10m为单位计算。

（4）几何形状组合、标志、诱导、水下、点光源艺术装饰灯具及草坪灯和歌舞厅灯具安装均以10套为单位计算。

（五）电气设备安装工程量计算注意事项

1. 变压器

（1）不是所有变压器都需干燥，应根据绝缘情况而定，只有需要干燥的变压器才可计取干燥费。

（2）在特殊情况下，如需搭干燥棚和滤油棚，可另行计算搭棚费。

（3）变压器基础型钢（指非设备配套供应）制作安装本定额未包括，应另行计算。

（4）电炉变压器、消弧线圈、并联电抗干燥，可按同电压、同容量的变压器干燥定额执行（但电炉变压器应按规定乘系数）。

（5）变压器油的试验、化验发生的费用均按实际发生计算。

（6）变压器安装的部分金属件如需做无损探伤检验，发生时，可按第五册《静置设备与工艺金属结构制作安装工程》无损探伤检验定额执行。

（7）电压等级在110kV以上的变压器安装采用真空注油，如制造厂家对注油油温及铁芯温度提出要求时，可按批准的加温技术措施另行计算。

2. 配电装置

（1）联锁装置及信号接点的安装检查不包括该设备的费用。

（2）电力电容器安装仅指本体安装。与本体连接的线段及安装，均按导线连接形式套用相应定额，其主材另按设计规格、数量计算。

（3）阻波器在支撑绝缘台上安装不包括支撑绝缘台的材料及安装，应另行计算。

（4）结合滤波器安装定额，已包括隔离刀闸的安装，抱箍和紫铜母线材料应另行计算。

(5) 本章"配电装置"定额未包括基础型钢的安装埋设，若设计采用槽钢或角钢时，可套用 2-393、2-394 定额子目；需要二次灌浆的，可执行第一册《机械设备安装工程》第十三章"设备底座与基础间灌浆"的定额。

3. 母线、绝缘子

(1) 车间带形母线安装不能套用本章定额。

(2) 人工乘系数后，增加的人工费应加入基价。

(3) 本章未计价材料（详见本章定额子目）较多，应按设计用量乘损耗系数后另行计算。

(4) 母线的预留长度应计入工程量。

4. 控制、继电保护屏

(1) 所有表计试验均包括在系统调试内。有些不作系统调试的一次仪表，只收校验费，校验费的标准，可按校验单位的收费标准计算。

(2) 电气设备的基础槽钢、角钢安装的工程量计算，按基础槽钢、角钢的单根延长米计算。

(3) 屏、柜、箱通常可以根据以下解释，选用定额（本划分也适用于配电设备）：

1) 柜：尺寸较大，四面封闭（背面有网栅），一般用于高压；

2) 屏：尺寸小于柜，正面安装设备，背后敞开，一般用于低压及直流控制保护；

3) 箱：尺寸小于柜，四面封闭，一般来说用途单一，易于维护；

4) 柜和屏通常安装在基础型钢上或落地安装，箱一般安装在墙柱上或支架上。

5) 关于"控制"和"操作"是同一概念。通常用于电站的热力设备称"操作"，用于电气设备称"控制"。

(4) 用在蓄电池项目的整流器设备，本册未编制该项定额，可套用第十二册《通信设备及线路工程》第一章"安装通信电源设备"定额的"安装通信用配电换流设备"的相应项目。如果是硅整流柜安装，仅包括安装、固定、盘内校线、接地等，其配件和附属设备另执行其他有关定额。

5. 蓄电池

电气工程用的蓄电池执行本册定额，通信工程用的蓄电池应执行第十二册《通信设备及线路工程》定额第一章"安装通信电源设备"有关定额子目。

6. 动力、照明控制设备

(1) 小型配电箱（板）内设备元件安装和配线应另套单项安装定额。

(2) 各定额子目中的接线端子是指接地用接线端子，配电用接线端子应另套定额。

(3) 水位电气信号装置的安装已包括支架的制作和安装。但不包括水泵房电气控制开关设备、晶体管继电器安装及水泵房至水塔、水箱的管线敷设。

(4) 变配电装置的低压柜执行第四章"电源屏"2-366 安装子目；车间的低压柜执行2-438 安装子目。

(5) 电缆托架的制作和安装按以下规定执行定额：

1) 主结构厚度在 3mm 以下的执行"轻型铁构件"定额；

2) 主结构厚度大于 3mm 的，执行"一般铁构件"定额；

3) 需要镀锌时另行计算。

（6）木配电箱制作安装不包括箱内配电板制作和安装，也不包括箱内电气装置的安装及盘上配线和元件安装，均应另行执行有关定额。

（7）木配电箱和插座箱的安装应执行"小型配电箱"有关定额子目。

（8）铁构件制作安装及箱、盘、盒制作，如需镀锌应另行计费。

（9）配电板制作及包铁皮定额已包括制作配电板所需板材和铁皮用量，不得另计费用。

7. 电机及调相机

电机解体检查的电气配合用工已包括在电机检查接线定额中。电机解体拆装检查应编补充定额。

8. 起重设备电气装置

（1）滑触线安装定额未包括绝缘子安装，应另套用 2-250 定额子目。

（2）滑触线支架安装定额未包括支架制作，应按支架主结构厚度套用第六章铁构件制作有关定额。

（3）本定额所指的"成套设备"是按起重设备在生产厂已经全部制作、配套齐全并试验合格，附有试验记录的，即使为运输方便而分装成若干箱件的，仍然属于成套设备，可以直接执行定额。

有些起重设备，生产厂只供设备和材料（如电缆、导线、管道、角钢之类）等散件成品，并未经生产厂配套试车，即为"非成套设备"。对于"非成套设备"不能直接执行整体起重设备安装定额，应分别执行有关子目，即配管执行配管定额，电缆执行电缆定额，穿线执行穿线定额。

（4）滑触线辅助母线安装，应根据其具体的安装位置，选用相应定额。

（5）滑触线拉紧装置和挂式支持器的固定支架应套用第六章构件制作定额。

（6）滑触线安装，应计算预留长度，其预留长度按表 4-14 规定计算。

滑触线安装预留长度（m/根）　　　　　　　　　　　　　　表 4-14

项　目	说　明	预留长度
角钢母线终端	从最后一个支持点起算	1.0
圆钢铜母线终端	从最后一个支持点起算	0.5
圆钢铜母线与设备连接	从设备端子接口起算	0.2
轻轨母线终端	从设备接线端子接口起算	0.8
扁钢母线分支	分支线预留	0.5
扁钢母线与设备连接	从设备接线端子接口起算	0.5
扁钢母线终端	从最后一个支持点起算	1.3

9. 电缆

（1）电力电缆敷设定额的截面是按电缆的单芯截面计算的，不得将三芯和零线截面相加计算。电缆头制作安装定额也与此相同。

（2）计算"竖直通道电缆"时，应按竖井内电缆的长度及穿越过竖井的电缆长度之和计算。

（3）电缆沟盖板揭盖，是按揭盖一次考虑的，如多次揭盖应另行计算增加揭盖部分。

（4）厂外电缆（包括进厂部分）敷设，套用第三册《送电线路安装工程》35kV电缆敷设相应定额乘以系数0.9。

（5）厂内外电缆的划分原则上以厂区的围墙为界，没有围墙的以设计的全厂平面范围来确定。

（6）竖井电缆敷设定额是按电缆垂直敷设的安装条件综合考虑的，应和其他电缆一样按规定条件计取各种应该计取的费用。如高层建筑中的施工电缆，则应计取高层建筑增加费。

（7）电力电缆头制作安装定额中已包括了接线端子的压（焊）接工作，不得另行计算。

（8）干包电缆头适用于塑料绝缘电缆和橡皮绝缘电缆。

（9）10kV以下塑料电缆终端头、中间对接头用手套、雨罩、中间连接盒属未计价材料，其规格按表4-15～表4-18规定选择。

三叉塑料手套规格选择   表4-15

型　　号	适用线芯截面（mm²）		
	1kV	6kV	10kV
	（三芯）	（三芯）	（三芯）
ST-31	16及以下	—	—
ST-32	25	—	—
ST-33	35～50	16	—
ST-34	70～95	25～35	—
ST-35	120～150	50～95	16～35
ST-36	185～240	120～185	50～70
ST-37	—	240	95～150
ST-38	—	—	185～245

四叉塑料手套规格选择　　表4-16

型　　号	适用线芯截面（mm²）
	1kV（四芯）
ST-41	3×25+1×10－3×25+1×10
ST-42	3×50+1×16－3×95+1×35
ST-43	3×120+1×35－3×185+1×50

塑料雨罩规格选择　　表4-17

型　　号	适用线芯截面（mm²）	
	6kV	10kV
YS-1	16～120	16～50
YS-2	150～240	70～240

塑料中间盒规格选择   表4-18

型　　号	适用线芯截面（mm²）		塑料盒内径（mm）
	kV	6kV、10kV	
	（三芯、四芯）	（三芯）	
LSV-1	50及以下	—	80
LSV-2	70～120	—	100
LSV-3	150～240	—	125
LSV-4	—	50及以下	100
LSV-5	—	70～120	125
LSV-6	—	150～240	150

注：1. 塑料中间连接盒带有浇灌孔。

　　2. 单芯、二芯塑料电缆的塑料中间连接盒规格，可根据与其相接近的三芯电缆外径来选用。

10. 配管、配线

（1）在吊顶（顶棚）内配管应执行明配管定额子目。

（2）电气配管需要在混凝土地面刨沟时，执行本章"2-934～2-938"子目。

（3）钢管在砖、混结构中暗配，其刨沟、填补工作已包括在定额内（旧房维修除外），不得另行计算。

（4）对于旧房维修将明装改为暗配所需的"剔墙槽"可参考湖北省定额管理站制订的"剔墙槽"定额规定执行，见表4-19。

剔墙槽（10mm）　　　　　　　　　　　表4-19

工作内容：测位、剔槽、清理土渣

定额编号			鄂补2—1	鄂补2—2	鄂补2—3
项　目			管　径（mm以内）		
			20	38	75
基　价			5.03	6.04	7.52
名　称	单　位	单　价	数　量		
综合工日	工　日	6.71	0.75	0.90	1.12

注：1. 剔墙槽以砖墙为准。

　　2. 本定额以单管为准，多根管剔墙时，按单根延长米计算。

　　3. 本定额适用于旧房（民用、公用）维修工程。

（5）车间带形母线安装定额未包括支架制作和母线伸缩器制作安装，应另行计算。但包括了绝缘子的安装工作。

（6）插接式母线槽及进出线盒安装定额，不包括母线槽及配件的价值（如：绝缘隔板、绝缘螺栓、压板等），应另行计算其材料费。

（7）塑料槽板配线、塑料护套线明敷设定额，已包括了分支线用接线盒，不得另行计算。但开关、插座如需安装接线盒应另行计算。

11. 照明器具

（1）吊链式荧光灯的引下线已综合在定额内，不另行计算。

（2）吊管式的电线管和法兰座按灯具带考虑，如灯具未带应另计材料费。

（3）荧光灯具安装组装型定额适用于散件供货灯具，其需对灯架、镇流器、启动器座等进行组装和接线；成套型是指已组装好的灯具。

（4）如成套灯具如未带灯泡或灯管，应另计材料费，并应乘灯泡或灯管的损耗率。

（5）套用成套型吊链式荧光灯定额时，如灯具未带吊盒和瓜子链，应另计其材料费。

（6）艺术灯的引下线按灯具自带考虑。

（7）碘钨灯、投光灯、密闭灯具、路灯的安装定额已考虑了支架安装，但未包括支架制作。如其他灯具安装需用支架，应计算支架的制作安装费。

（8）安全变压器安装定额包括了支架安装，未包括支架制作，应另行计算制作费用。

（9）吊风扇的安装定额已包括了吊钩的制作安装，不另计算。

（10）本章所指的"灯具调试"不是指所有灯具安装都要进行调试，而是指有特殊要求（如要求亮度可调等）的灯具调试，其具体内容按产品出厂要求。

12. 电梯电气装置

（1）本章定额未包括的工作内容，应另套用有关定额。

（2）本章定额未包括的工作内容中：电源线路是指配电柜到电梯控制柜之间的线路，由控制柜到电机的线路安装已包括在定额中；不包括的控制开关是指不属电梯应带范围的控制开关。

13. 防雷及接地装置

（1）接地母线的挖沟是按一般土质综合考虑的，如果土质不同（指遇有石方、矿渣、积水、流沙、障碍物等），可按第三册《送电线路安装工程》第二章"土石方工程"说明中有关规定进行调整。

（2）户外接地母线是指挖沟埋地的接地母线，其他应套用户内接地母线定额。

（3）避雷网安装定额已包括了支架的制作和安装，不另计算。

（4）避雷网安装如未做混凝土块，则不应计算此项费用。

（5）构架接地定额包括 4m 以内接地线，不包括接地极及超过 4m 的接地线。

（6）特殊需要对管道法兰及阀门进行接地跨接的，应套用 2-1224 定额子目。

（7）高层建筑需要防雷接地的门窗的接地，可套用接地跨接线有关定额。

14.10kV 以下架空线路

（1）π 形杆安装应按两根计算。

（2）杆上变压器安装及台架制作安装定额，未包括变压器干燥、检修平台和防护栏杆的制作安装。

（3）配电箱安装未包括焊压接线端子。

（4）横担安装定额，未包括横担、支撑、绝缘子的价格，应另行计算其材料费；导线架设未包括导线、金具的价格，应另行计算材料费。

（5）未计价的绝缘子和金具，按设计选用的国标图中的用量乘损耗系数进行计算。低压线路中：直线杆和直线转角杆通常采用 PD-1T 针式绝缘子；承力杆通常采用 ED 型蝴蝶绝缘子，其中导线为 16～150mm² 时，采用 ED-2 型，导线为 185～240mm² 用 ED-1 型。常用的绝缘子和金具可按表 4-20 进行计算。

绝缘子组合表（10套）   表 4-20

名　　　称	单位	低压绝缘子						高压绝缘子（10kV）				
		针　式			蝶　式			悬垂、蝶式组合		针式	瓷拉棒	瓷横担
		PD1-1	PD1-2	PD1-3	ED-1	ED-2	ED-3	X-4.50	X-4.5	P-10	SL-10	（跳线用）
低压针式绝缘子	个	10.12	10.12	10.12								
低压蝶式绝缘子	个				10.12	10.12	10.12					
高压针式绝缘子	个									10.05		
高压蝶式绝缘子	个							10.05	10.05			
高压悬式绝缘子	个							10.05	10.05			
瓷拉棒	个										10.20	
瓷横担　CD-10	个											10.20
铁拉板　40×200	块					20.10	20.10					
铁拉板　40×230	块							20.10	20.10			
铁拉板　40×300	块				20.10			20.10	20.10			
六角螺栓　M12×110	套											

名称	单位	低压绝缘子						高压绝缘子（10kV）				
		针式			蝶式			悬垂、蝶式组合		针式	瓷拉棒	瓷横担
		PD1-1	PD1-2	PD1-3	ED-1	ED-2	ED-3	X-4.50	X-4.5	P-10	SL-10	（跳线用）
六角螺栓 M16×40	套					20.40	20.40					30.60
六角螺栓 M16×65	套							20.40	10.20			
六角螺栓 M16×110	套							10.20	10.20			
六角螺栓 M16×130	套											
六角螺栓 M16×200	套				20.40			10.20	10.20		20.40	
瓷横担支座 50×8×274	个											10.05
销钉 φ6×30	个											10.05
球头挂环	个							10.05				
碗头挂板	个							10.05				

注：以蝶式代针式绝缘子时，按实际换算。

15. 电气调整

（1）汽轮发电机及调相机系统调试定额，不包括特殊保护装置、信号装置、同期装置、备用励磁机系统的调试，应另套相应定额。

（2）三相电力变压器系统调试定额，不包括避雷器、自动装置、特殊保护装置和接地网的调试。如遇三卷变压器则按同量定额乘以系数1.2，单相电力变压器系统调试定额同比。

（3）送配电设备系统调试适用于各种送配电设备和低压供电回路的系统调试，当断路器为六氟化硫断路器和空气断路器时，定额乘以系数1.3。

（4）特殊保护装置调试，均以构成一个保护回路为一套计算。失灵保护套用故障录波器定额；高频保护包括收（发）讯机；定子接地保护和负序反时限保护套用失磁保护。

（5）线路自动重合闸装置，不论电气型或机械型均适用于本定额；双侧电源自动重合闸是按同期考虑的。

（6）母线系统调试定额：不包括特殊保护装置的调试以及35kV以上母线和设备耐压试验；1kV以下的母线系统适用于低压配电装置母线及电磁母线，不适用于动力配电箱母线，动力配电箱至电动机的母线已综合考虑在电动机调试定额内；母线系统是以一段母线上有一组电压互感器为一个系统计算的。

（7）接地装置调试定额不适用于岩石地区。

（8）高频阻波器调试，按同电压的避雷器调试定额乘以系数1.4。

（9）可控硅整流设备的调试按相应硅整流设备定额乘以系数1.4。

（10）低压笼型电机中的"可调试控制"是指带调速器的电机可逆式控制或以其他特殊方式的控制（如：带能耗制动的电机、多速电机、降压起动等笼型电机）。

（11）电机联锁装置调试不包括电机及其起动控制设备的调试，应分别套定额。

（12）起重机电气调试定额不包括电源滑触线、联锁开关、电源开关的调试工作，应另套1kV以下供电系统调试。

（13）发电机组起动调试定额，只包括发电机组本身的电气起动调试，不包括外围电气设备的配合运行。

（14）电梯调试定额均不包括电源开关系统的调试，应另套用1kV以下送配电设备系统调试定额；半自动电梯调试定额亦适用于手动操作电梯的调试。

（15）接地装置调试定额 2-1415"接地极"单位应为"组"。

（16）变压器吊芯试验已包括在变压器系统调试定额内，不另计算。

（17）开关柜和电缆的试验已包括在"送配电设备系统调试"定额子目内，不另计算；为电动机供电的电缆和开关柜的试验则包括在"电机系统调试"子目内；开关柜若无输出供电回路，但柜内设有仪表、继电器、电磁开关等调试元件的可作为调试系统计算。

（18）电机调试定额，并不是工程中所有的电机不分大小都可套用本定额，一般三相电机可按控制方式套用本章定额；一般小型单相电机不计调试费，但伺服电机等特殊小型电机需要进行调试的仍可计取调试费。

（19）接地装置调试应分不同情况按试验次数计算：

1）接地极不论是由一根或二根以上组成的，均作一次试验；如果接地电阻达不到要求时再打一根地极，再作试验，则另计一次试验费。

2）接地网是由多根接地极连成的，只套接地网试验定额，包括其中的接地极；如果接地网是由若干组构成的大接地网，则按分网计算接地试验，一般分网由 10~20 根接地极构成。如果分网计算有困难，可按网长每 50m 为一个试验单位，不足 50m 也按一个网计算。设计有规定的，可按设计数量计算。

（20）有继电保护的低压电机调试定额适用于有过压、过流、过热等多种保护的电机调试。不适用于只有热继电器保护的电机。

（21）避雷器放电记录工作包括在避雷器调试定额内。

（22）变电所的 10kV 供电电缆与变压器系统调试按图 4-10 进行划分。

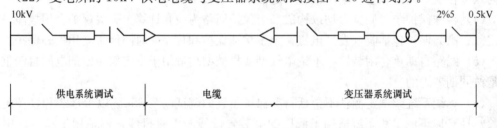

图 4-10　变压器系统调试分类图

（23）调试用的仪表和装置的转移：属现场范围内的转移费已包括在定额内；现场范围外的转移费应另行计算。

（24）送配电设备系统调试 1kV 以下定额，适用于所有低压供电回路，该回路必须设有仪表、继电器、电磁开关等调试元件。低压配电装置输出回路输出 M 个回路，其中有 N 个回路符合该规定，则可计算 N 个系统，但从配电装置到电动机的供电回路除外。

（25）一个单位工程最少要计算一个回路的低压供电系统的调试。例如一栋楼房的照明，各分配电箱内只有闸刀开关和保险器，这些分配电箱就不能作为独立的"低压供电系统"，只能计算该楼总配电箱为一个"低压供电回路"的调试费。如分配电箱内装有仪表、继电器、电磁开关等调试元件，则分配电箱可作为独立的"供电系统"计算调试费。

（26）自动投入装置调试定额，应区别备用电源自投与线路重合闸：

1）备用电源自投是指两路电源同时送到一个配电装置，它分为下面两种：

① 一路电源工作，一路电源备用，当工作电源发生故障时，备用电源自动投入，这

种情况可计算一个备用电源自动投入调试。

② 两路电源互为备用，不论那路电源发生故障，另一路都能自动投入，这种自动投入装置应计算二个备用电源投入装置调试。

③ 以上两种备用电源投入装置不得套用重合闸定额。

2）自动重合闸装置：是用来消除或减轻架空线路遭受瞬时故障引起停电事故和装置，当发生瞬时故障使断路器跳闸后，它可经延时后重新自动合闸，合闸成功，电网可继续运行。

（27）如果两台电机是互为备用，则应计算二个备用电动机自投系统调试。

（28）电动机联锁装置：是指电动机必须按工艺要求顺序（先后次序）起动，要有两台以上的电机。如制冷系统中的冷冻循环泵和冷却循环泵，必须先开动冷却循环泵电机进行循环后，才能开动冷冻循环泵。

16．装饰灯具安装工程

（1）本定额已综合考虑了脚手架搭拆费用，不另计算。

（2）串、挂、组装装饰物，均按在脚手架上操作考虑，超高作业已考虑在定额内，不另计超高作业费用。

（3）本定额未包括金属支架制作和安装，应另行计算。

（4）水下艺术装饰灯具安装，其移动防水线未计材料费。

（5）草坪灯具安装，其混凝土底座未计材料费。

（六）送电线路工程

送电线路分两大类：即主要材料（装置性材料）的数量统计及计价，安装工程量的统计、分类及汇总，以及各种系数的正确应用。

送电线路工程受地形地质条件影响较多，因此在统计工程量时必须具备：设计图纸；编制原则；主要材料价格；预算定额；其他费用规定。在具体编制中顺序：统计杆塔明细表，将工程数量列入各类表格内，（见"上东线升压工程）编制主材各单位工程预算价并将数量逐一统计换算成运输总重量，以作编制"工地运输"单位工程预算书。

1．送电线路

（1）工地运输：指定额内的未计价材料，自工地集散仓库（或集放点）运至沿线各杆（塔）位的装卸、运输及空载回程等全部工作。

1）工地运输的地形，应按运输路径的地形来划分，也可与工程地形相同。

2）工地运输平均运距计算，应根据沿线交通运输条件，选择不同的运输方式，采用加权平均的方法计算平均运距。

就运输方式而言，仅分人力运输和机械运输两大类。人力运输的定额单位为（T-KM）；机械运输的定额单位分装卸（T）和运输（TKM）两项。

如图4-11所示，计算人力、汽车的平均运距。

说明：A. 先用汽车将线路器材运送
　　　　　到 B、E、G 三点。

　　　　B. 从 B、E、G 三点将器材以

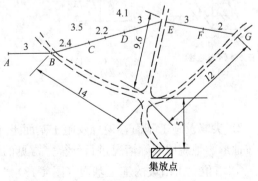

图4-11

135

人力运送至各桩位。

平均运距计算：

汽车运距（若控制段不同，运距有变化，现按两种控制段分别计算）

$$L_{\text{CP汽1}} = \frac{5.4 \times 19 + 14.6 \times 8.2 + 17 \times 2}{15.6} = 16.43 \text{km}$$

$$L_{\text{CP汽2}} = \frac{7.6 \times 19 + 14.6 \times 6 + 17 \times 2}{15.6} = 17.05 \text{km}$$

按同理求人力运距（考虑线路的弯曲系数 1.2）。

$$L_{\text{CP人}} = \frac{(3 \times 1.5 + 3.5 \times 1.75 + 4.1 \times 2.05 + 3 \times 1.5 + 2 \times 1) \times 1.2}{15.6} = 1.96 \text{km}$$

3）运输是按下式计算

概、预算量＝设计量×（1＋损耗量）

运输量＝概预算量×毛重系数（或单位重量）

注：毛重系数或单位重量按统一预算定额规定。

（2）土（石）方工程量：坑、槽的土质，应以设计提供的地质资料划分，但不作分层计算；凡同一坑、槽中出现两种以上土质时，以厚度最大的一种作为类别；若遇有流沙时，则均作流沙计算。

杆、塔坑，拉线坑的土（石）方量以 m³ 计算，并按设计图的基础底面积为基数，考虑不同土质的操作裕度和不同埋深的边坡系数进行计算。

1）杆、拉线、塔坑土（石）方量

① 正方体(不放边坡)$V = a^2 \times h (\text{m}^3)$（图 4-12a）

② 长方体(不放边坡)$V = a \times b \times h (\text{m}^3)$（图 4-12b）

③ 平截方尖柱体(放边坡)$V = \dfrac{h}{3} \times (a^2 + aa_1 + a_1^2) (\text{m}^3)$（图 4-12c）

④ 平截长方尖柱体(放边坡)$V = \dfrac{h}{6} \times [ab + (a + a_1)(b + b_1) + a_1 b_1] (\text{m}^3)$（图 4-12d）

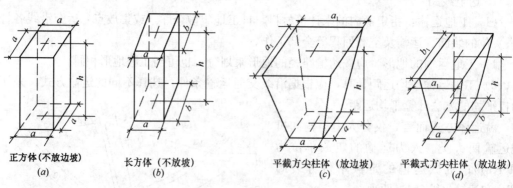

正方体(不放边坡) 　长方体 (不放坡) 　平截方尖柱体 (放边坡) 　平截式方尖柱体 (放边坡)
　　(a) 　　　　　　(b) 　　　　　　(c) 　　　　　　(d)

图 4-12

2）尖峰及施工基面。尖峰及施工基面土（石）方量计算，应按设计提供的基面标高并按地形、地貌以实际情况进行计算。常见的计算方法如下：

① 塔位立于山坡的施工基面（图 4-13）

a. 不放坡部分的体积（$ABCDEF\triangle$）$V_a = L \cdot S \cdot H$

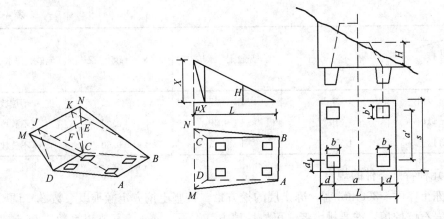

图 4-13　塔立于山坡上施工基面示意图

b. 放坡部分体积由三个部分组成：μ 为放坡系数

上坡方向 CDEFCK 体积

体积 $V_2 = \mu x \cdot x \cdot \dfrac{S}{2} = \mu x^2 \cdot \dfrac{S}{2}$

c. 左右两侧（ADMGA + BCKNB）

体积 $V_3 = 2\left(\mu x \cdot x \cdot \dfrac{L}{6}\right) = \mu x^2 \dfrac{L}{3}$

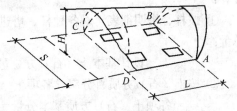

图 4-14　塔立于山脊上施工基面示意图

基面总体积 $V = V_a + V_2 + V_3$

② 塔位立于山脊上的施工基面（图 4-14）

由于山脊两侧坡度的陡缓不同，不按近似长方体积计算，但应乘以小于 1 的修正系数 K。一般可取 0.6。

$$V = K \cdot L \cdot S \cdot H + \mu H \cdot H \cdot S$$
$$= KLSH + \mu H^2 S$$

式中　μ——边坡系数。

3）其他土、石方量

① 无底盘、卡盘的电杆坑：$V = 0.8 \times 0.8 \times h$（m³）。

② 带卡盘的电杆，如原计算坑的尺寸不能满足安装时，因卡盘超长而增加的土（石）方量另计。

③ 电杆坑的土（石）方量，未包括马道的土（石）方量，需要时按每坑 0.6m³ 另计。

④ 接地槽土（石）方量计算：$V = 0.4 \times$ 长度 $\times$ 槽深（m³）。

⑤ 电力电缆沟土（石）方量套 2m 以内计算。

4）施工操作裕度按基础底宽（不包括垫层）每边增加量见表 4-21。

5）各类土（石）质的边坡系数见表 4-22。

表 4-21

土质分类	普通土、坚土 松砂石土、水坑	泥水、流沙	岩　石	
			无模板	有模板
每边裕度（m）	0.2	0.3	0.1	0.2

表 4-22

坑深 \ 边坡系数 \ 土质	坚 土	普通土、水坑	松 砂 石	流砂、泥水、岩石
2.0m 以内	1：0.10	1：0.17	1：0.22	不放坡
3.0m 以内	1：0.22	1：0.30	1：0.33	不放坡
3.0m 以上	1：0.30	1：0.45	1：0.60	不放坡

6）几种特殊条件的规定：

① 冻土厚度≥300mm 者，冻土层的挖方量，按坚土挖方定额乘以系数 2.0 调整；

② 岩石坑挖填，需要排水者，可按挖填方（岩石）人工定额乘以系数 1.05 调整。

7）如不具备逐项基础的地质资料，可以土（石）质所占百分率，按下列方法进行计算：

① 按杆、塔明细表，对各种杆、塔进行分类汇总，按下式求出设计基本土（石）方总量：

$$设计基本土（石）方总量 = \sum 基础底面积 \times 埋深 \times 基数$$

② 按土（石）方质百分率求各项土（石）质基本分量：

$$各项土（石）方质基本分量 = 设计基本总量 \times 土（石）质百分率$$

③ 各类土（石）质的代表底宽计算公式为：

$$各类土（石）质代表底宽 = \sqrt{\dfrac{各类土（石）质基本分量}{平均埋深 \times 总基数 \times 土（石）质百分率}} \quad (m)$$

④ 求得各类土（石）质的代表底宽，再按土（石）质分类加操作裕度，并按埋深和土（石）质分类规定的安全边坡，套用"土（石）方工程量计算表"或按计算公式求出单基的预算土（石）方量。

⑤ 各类土（石）质的预算土（石）方量 = 单基预算量 × 总基数 × 土（石）质百分率

8）回填土方已包括在定额内，不再计算。

（3）基础工程

1）基础工程分为预制式和现浇式两类。预制件均按"基"为计量单位，并按每基的重量选用子目；现浇基础应按施工图规定的混凝土（或砂浆）配合比，根据定额配合比用量表计算其砂、石、水泥的用量，再按规定的损耗率计算材料用量，计价后并入材料费。

$$砂、石、水泥预算用量 = 定额用量 \times （1 + 损耗率）$$

2）爆扩桩和灌注桩的超灌量，设计有规定时，按设计规定计算；无规定时，则按本定额说明（即下列规定）计算：

① 爆扩桩基础，按设计浇制量的 8% 计算；

② 灌注桩基础，按设计浇制量的 23% 计算。

3）铺石垫层石方量，按设计的体积换算成重量，并按规定的损耗率计算，计价后列入材料费。

铺石灌浆垫层，除按铺石计算石方量外，其砂浆用量，如设计有规定者按设计规定计算，设计未作规定时，可按 M5 砂浆计算，其用量为垫层体积的 2.5%，计价后列入材料费。

4）基础防腐按涂刷一遍为准，其工程量应按设计规定需要涂刷的面积计算；如需涂刷两遍时，按相应定额乘以系数1.8。

（4）杆塔工程

1）杆、塔组立，以"基"为计量单位。定额所列的每基重量，是指整基杆（塔）组合杆件（不包括基础、拉线盘、卡盘及套筒的重量）的总重量。

2）拉线的制作安装，以"根"为计量单位。拉线长度按下式计算，计价后列入材料费。定额对不同材质和规格已作综合考虑，它适用于单根拉线的制作与安装，若安装V型、Y型或双拼型拉线时，应按两根计算。

$$拉线的预算用量＝（设计斜长＋把头留长）×（1＋损耗率）$$

3）接地，以"根"为计量单位。接地体长度按下式计算，计价后列入材料费。

$$接地体预算用量＝设计用量×（1＋损耗率）$$

4）混凝土塔的基础及筒身，按图示尺寸以立方米计算，并执行建筑工程预算定额有关基础和烟囱的相应定额项目。

塔头部分的支架及横担（型钢）的吊、组装，可按塔头的总重量（t）与塔全高（m）的乘积，以"t·m"为计算单位。其基价按每吨米3.6元计算，其中人工费占28%，机械费占53%，并按塔位所在地形增加相应的地形增加费。

（5）架线工程

1）避雷线、导线的架设，是以不同截面和根数，以"m"为计量单位，导线、避雷线按预算用量计价后列入材料费内，预算用量按下式计算，计价后，列入材料费。

$$避雷线、导线的预算用量＝线路亘长（km）×根数×线的单位重量（kg/km）$$
$$×（1＋损耗率）$$

预算用量已包括弧度增长量和跨接线的长度，如设计采用不同规格的线材时，跨接线用量另计。

2）架线，其工程量以线路的设计亘长为准，不扣除跨越架线档的长度。定额中的跨越架设，系指越线架的搭、拆和越线架的运输以及因施工困难增加的工作量，以"处"为计量单位。

2. 电缆工程

（1）土（石）方工程

1）路面开挖，执行"通信线路工程"定额"开凿路面"项目及其相应的工程量计算规则。

2）电缆槽（沟）的土（石）方开挖和回填，应在扣除路面开挖部分的实际挖填量后，按不同土质套用坑深2m以内的电杆坑挖、填方定额，并按"土（石）方工程量计算表"计算基础土（石）方量。

3）电缆沟（槽）土石方量计算及图示（图4-15）：

① 直埋方式：$V=aLh=[0.6+0.35(n-1)]×(h-d)L(\text{m}^3)$

② 保护管方式：$V=aLh\left[\dfrac{n}{2}(d+D)+0.1(n-1)+0.4\right]×(h-d)L(\text{m}^3)$

式中　V——体积（m^3）；

a——沟（槽）实宽（m）；

L——沟（槽）长度（m）；

h——沟（槽）实深（m）；

n——电缆并列埋设根数；

d——电缆直径或保护管内径（m）；

D——保护管插口外径（m）。

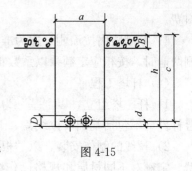

图 4-15

（2）电缆敷设的预算用量＝设计长度×（1＋损耗率）

（3）电缆中间接头和终端头的制作安装

1）中间接头的数量，按设计规定计算。如设计无规定时，可参照制造厂的生产长度和线路敷设条件确定；也可按下列方法计算。

① 35kV：

$$n（套/三相）＝\frac{L}{l}-1＝\frac{L}{200}-1＝0.005L-1$$

式中　n——中间接头数（套/三相）；

L——电缆施工图设计的计算长度，即："设计用量"（m）；

l——每段电缆的平均长度按 200m 考虑。

说明：计算结果如遇小数时，其第一位小数，一舍二进。

② 110～220kV 电缆，根据施工图设计和施工组织设计的要求计算。

2）电缆终端头数量的确定应根据施工图设计和施工组织设计计算。

项目编码：030404017　　项目名称：配电箱

项目编码：030411001　　项目名称：配管

项目编码：030411004　　项目名称：配线

【**例 1**】某车间总动力配电箱引出三路管线至三个分动力箱，各动力箱尺寸（高×宽×深）为：总箱 1800mm×800mm×700mm；①、②号箱 900mm×700mm×500mm；③号箱 800mm×600mm×500mm。总动力配电箱至①号动力箱的供电干线为（3×35＋1×18）G50，管长 6.5m；至②号动力箱供电干线为（2×25＋1×16）G40，管长 6.8m；至③号箱为（3×16＋2×10）G32，管长 7.6m。计算各种截面的管内穿线数量，并列出清单工程量。

【**解**】（1）定额工程量

1）35mm² 导线：（6.5＋1.8＋0.8＋0.9＋0.7）×3＝32.10m

【**注释**】　6.5 是管道的长度，1.8＋0.8 是总动力配电箱的半周长，0.9＋0.7 是①号动力箱的半周长，3 表示有 3 根 35mm² 的导线。

2）18mm² 导线：（6.5＋1.8＋0.8＋0.9＋0.7）×1＝10.70m

3）25mm² 导线：（6.8＋1.8＋0.8＋0.9＋0.7）×2＝22.00m

4）16mm² 导线：［（6.8＋1.8＋0.8＋1.6）×1＋（7.6＋1.8＋0.8＋0.8＋0.6）×3］
＝45.80m

5）10mm² 导线：（7.6＋1.8＋0.8＋1.4）×2＝23.20m

6）配电箱 900mm×700mm×500mm：2 台

140

7）配电箱 800mm×600mm×500mm：1台

8）总配电箱 1800mm×800mm×700mm：1台

9）G50，6.5m；G40，6.8m；G32，7.6m

（2）清单工程量

1）35mm² 导线：$6.5×3=19.50$m

2）18mm² 导线：$6.5×1=6.50$m

3）25mm² 导线：$6.8×2=13.60$m

4）16mm² 导线：$6.8×1+7.6×3=29.60$m

5）10mm² 导线：$7.6×2=15.20$m

清单工程量计算见表4-23。

清单工程量计算表　　　　　　　　　　　　　　　　　　　表 4-23

序号	项目编码	项目名称	项目特征描述	计量单位	工程量
1	030404017001	配电箱	配电箱悬挂嵌入式，1800mm×800mm×700mm	台	1
2	030404017002	配电箱	配电箱悬挂嵌入式，900mm×700mm×500mm	台	2
3	030404017003	配电箱	配电箱悬挂嵌入式，800mm×600mm×500mm	台	1
4	030411001001	配管	砖、混凝土结构暗配，钢管 G50	m	6.50
5	030411001002	配管	砖、混凝土结构暗配，钢管 G40	m	6.80
6	030411001003	配管	砖、混凝土结构暗配，钢管 G32	m	7.60
7	030411004001	配线	管内穿线，铝芯 35mm²，动力线路	m	19.50
8	030411004002	配线	管内穿线，铝芯 18mm²，动力线路	m	6.50
9	030411004003	配线	管内穿线，铝芯 25mm²，动力线路	m	13.60
10	030411004004	配线	管内穿线，铝芯 16mm²，动力线路	m	29.60
11	030411004005	配线	管内穿线，铝芯 10mm²，动力线路	m	15.20

项目编码：030411001　项目名称：配管

【例2】某工程设计图示有一仓库，如图4-16所示，它的内部安装有一台照明配电箱 XMR-10（箱高0.3m，宽0.4m，深0.2m），嵌入式安装；安装防水防尘灯，GC1-A-150；采用 3 个单联跷板暗开关控制；单相三孔暗插座二个；室内照明线路为刚性阻燃塑料管 PVC15 暗配，管内穿BV-2.5导线，照明回路为 2 根

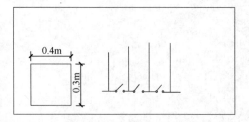

图 4-16　电气照明配电图

线，插座回路为 3 根线。经计算，室内配管（PVC15）的工程量为：照明回路（2 个）共 42m，插座回路（1 个）共 12m。试求其相关工程量并制配管配线的分部分项工程量清单。

【解】（1）清单工程量

电气配管（PVC15）：$42+12=54.00$m

管内穿线（BV-2.5）：$42×2+12×3=120.00$m

【注释】 照明回路共有 2 个共 42m，插座回路一个共 12m，电气配管（PVC15）的总长度为（42＋12）m，照明回路为 2 根线，插座回路为 3 根线，管内穿线（BV-2.5）的总长度为（42×2＋12×3）m。

清单工程量计算见表 4-24。

清单工程量计算表 表 4-24

序号	项目编码	项目名称	项目特征描述	计量单位	工程量
1	030411001001	配管	材质、规格：刚性阻燃塑料管 PVC15 配置形式及部位：砖、混凝土结构暗配 （1）管路敷设 （2）灯头盒、开关盒、插座盒安装	m	54.00
2	030411004001	配线	配线形式：管内穿线 导线型号、材质、规格：BV-2.5 照明线路管内穿线	m	120.00

（2）定额工程量

1）配管：54.00m

套用预算定额 2-1110。

2）配线：120.00m

套用预算定额 2-1172。

第五章 建筑智能化工程

一、建筑智能化工程造价概论

智能型建筑 IB（Intelligent Building）是以计算机和网络为核心的信息技术向建筑行业的应用与渗透，它完美地体现了建筑艺术与信息技术的结合，形成既有安全舒适和高效特性又将科学技术与文化艺术相互融合的综合体，现在已经成为评价综合经济国力的具体表征之一，并将以龙头产业的面貌进入 21 世纪，成为当今世界各类建筑特别是大型建筑的主流。

智能型建筑主要由土建、机电、装潢、弱电智能化四部分组成。土建部分犹如人之躯体，机电设备部分如人之器官，装潢部分如人之衣着，智能化设备部分如人之大脑，而计算机网络则如人之神经。智能型建筑的基本要素是通信系统的网络化、办公业务自动化和智能化、建筑柔性化和建筑物管理服务的自动化。可以说智能型建筑是今日科技与智慧的结合，明日安全与舒适的保证。

智能型建筑的最终目标是系统集成，也就是能将建筑物中用于综合布线、楼宇自控、计算机系统的各种相关网络中所有分离的设备及其功能信息，有机地组合成一个既相互关联又统一协调的整体，各种硬件与软件资源被优化组合成一个能满足用户功能需要的完整体系，并朝着高速度、高集成度、高性能价格比的方向发展。

从系统的观点而言，系统性能的优劣既反映在系统总体结构的合理性上，也反映在所采用的技术层次上和选用的设备是否具有 RAS 特性（可靠性、适用性和可维护性），在此基础上，系统达到的目标及优化程度则成为评价系统水平的核心。在信息发展浪潮的带动和驱使下，楼宇智能化系统迈入数字化和网络化将是大势所趋，其实现功能将会有很大的提升，逐步融入可视化、网络化、集成化与智能化的发展大潮之中。

智能建筑的系统集成经历了从子系统功能级集成到控制系统与控制网络的集成，再到当前的信息系统与信息网络集成的发展阶段。在媒体内容一级上进行综合与集成，可将它们无缝地统一在应用的框架平台下，并按应用的需求来进行连接、配置和整合，以达到系统的总体目标。

新近有人提出智能建筑的新定义，认为智能建筑是根据适当选择优质环境模块来设计和构造，通过设置适当的建筑设备，获取长期的建筑价值来满足用户的要求。他们提出智能建筑的核心是下列 8 个优质环境模块：

(1) 环境友好——包括健康和能量；

(2) 空间利用率和灵活性；

(3) 生命周期成本——使用与维修；

(4) 人的舒适性；

(5) 工作效率；

(6) 安全——火灾、保安与结构等；

(7) 文化；

（8）高科技的形象。

（一）智能建筑系统的基本知识

1. 智能建筑的分类

智能建筑的发展已经并将继续呈现出多样化的特征，从单栋大楼到连片的建筑广场，从大到摩天大楼到小至家庭住宅，从集中布局的楼宇到地理分散的居民小区，均被统称为智能建筑。智能建筑能使人与人之间的距离拉得很近，实现零时间、零距离的交流。对智能建筑可有如下的类型和层次结构：

（1）智能大楼。智能大楼主要是指将单栋办公类大楼建成为综合智能化大楼。智能大楼的基本框架是将 BA、CA、OA 三个子系统结合成一个完整的整体，发展趋势则是向系统集成化、管理综合化和多元化以及智能城市化的方向发展，真正实现智能大楼作为现代化办公和生活的理想场所。

（2）智能广场。未来智能建筑会从单幢大楼转变为成片开发，形成一个位置相对集中的建筑群体，称之为智能广场（plaza）。而且不再局限于办公类大楼，会向公寓、酒店、商场、医院、学校等建筑领域扩展。

智能广场除具备智能大楼的所有功能外。还有系统更大、结构更复杂的特点，一般应具有智能建筑集成管理系统 IBMS，能对智能广场中所有楼宇进行全面和综合的管理。

（3）智能化住宅。智能化住宅的发展分为三个层次，首先是家庭电子化（HE，Home Electronics），其次是住宅自动化（HA，Home Automation），最后是住宅智能化，美国称其为智慧屋（WH，Wise House），欧洲则称为时髦屋（SH，Smart Home）。

智能化住宅是指通过家庭总线（HDS，Home Distribution System）把家庭内的各种与信息相关的通信设备、家用电器和家庭保安装置都并入到网络之中，进行集中或异地的监视控制和家庭事务性管理，并保持这些家庭设施与住宅环境的协调，提供工作、学习、娱乐等各项服务，营造出具有多功能的信息化居住空间。

智能化住宅强调人的主观能动性，重视人与居住系统的协调，从多方面方便居住者的生活环境，全面提高生活的质量。

（4）智能化小区。智能化小区是对有一定智能程度的住宅小区的笼统称呼。智能化小区的基本智能被定义为"居家生活信息化、小区物业管理智能化、IC 卡通用化"。智能小区建筑物除满足基本生活功能外，还要考虑安全、健康、节能、便利、舒适五大要素，以创造出各种环境（绿色环境、回归自然的环境、多媒体信息共享环境、优秀的人文环境等），从而使小区智能化有着不同的等级。

小区智能化将是一个过程，它将伴随着智能化技术的发展及人们需求的不断增长而增长和完善，它表明了可持续发展性应是小区智能化的重要特性。

（5）智能城市。在实现智能化住宅和智能化小区后，城市的智能化程度将被进一步强化，出现面貌一新以信息化为特征的智能城市。

智能城市的主要标志首先是通讯的高度发达，光纤到路边 FTTC（Fiber To The Curb）、光纤到楼宇 FTTB、光纤到办公室 FTTO、光纤到小区 FTTZ、光纤到家庭 FTTH；其次是计算机的普及和城际网络化，届时，在经历了"统一的连接"、"实时业务的集成"、"完全统一"（Full Convergence）三个发展阶段后，将出现在网络的诸多方面进行统一的"统一网络"。计算机网络将主宰人们的工作、学习、办公、购物、炒股、休闲等几乎所有领域，电子商务成为时尚；再次是办公作业的无纸化和远程化。

（6）智能国家。智能国家是在智能城市的基础上将各城际网络互联成广域网，地域覆盖全国，从而可方便地在全国范围内实现远程作业、远程会议、远程办公。也可通过 Internet 或其他通信手段与全世界相沟通，进入信息化社会，整个世界将因此而变成地球村一般。

2. 智能大楼的基本模型

智能大楼代表着对物业自动化的需求，最基本的是实现楼宇控制的自动化 BA、楼宇通讯自动化 CA 和办公自动化 OA。但更重要的是应以信息集成为核心，能够连接所有与之相关的对象，并根据需要综合地相互作用，以实现整体的目标。最新的技术是将智能大楼信息集成建立在建筑物内部网 Intranet 的基础上，通过 Web 服务器和浏览器技术来实现整个网络上的信息交互、综合与共享，实现统一的人机界面和跨平台的数据库访问，因此能够做到局域和远程信息的实时监控、综合共享数据资源、对全局事件作快速处理和一体化的科学管理。

智能大楼的建设途径通常遵循设计自上而下、一步到位，实施则自下而上、分步进行的原则。核心则是选择好智能大楼解决方案，应考虑的重要因素有：

（1）价格因素。包括系统解决方案定价是否合理，是否提供了较好的性能价格比，系统功能是否齐全等。

（2）系统本身的性能。整体解决方案应考虑 21 世纪员工对办公环境和舒适性的要求，采用的系统和设备应是标准化的，具有良好的开放性、灵活性和可扩充性，是一个面向未来的解决方案。

（3）选择一个好的总承包商是实现系统方案的关键。一个好的总承包商应具有丰富的系统集成和工程管理经验，拥有优秀的项目管理和综合技术人才，熟悉各种智能系统产品，并能承担起整个大楼工程的责任。

（4）选择技术先进而且成熟的方案。考虑到智能大楼本身未来的飞速发展以及将来业主对智能大楼的功能需求，应尽可能采用先进的技术和设备，选用的系统应是标准化的，具有良好的开放性、灵活性和可扩展性。

例如针对智能大楼中的智能建筑物管理系统 IBMS，若选择 IBM 公司最新推出的"智能大楼综合管理平台系统"，可将大楼的智能化推上一个更高的层次，是完整的智能大楼解决方案之一，代表了智能大楼发展的方向和潮流。

（5）系统规划和设计要满足工程分阶段实施的可能性。这是因为智能大楼是高新技术项目，用户对系统的功能要求以及对工程费用的承受能力均具有分阶段性的特点所致。

3. 智能大楼的集成模式

（1）子系统集成与中央集成。智能大楼的系统集成有两个层面，即中央的集成（它代表系统从总体到局部自上而下的整体规划）和子系统的集成（即从下而上实现子系统各项功能的集成）。为此首先要在用 BA、CA、OA 三个子系统级各自集成，子系统集成是以功能实现为目标的基础集成，在形成建筑物管理系统 BMS、计算机网络系统 CNS、办公自动化系统 OAS 这三个独立的子系统之后，在此基础上再对各子系统作中央集成，这是以提高效率为目标的高层次集成。

智能大楼的中央管理机系统本质上是一个复杂的计算机网络系统，各个子系统与该网络的接口方式，也就是两者之间的硬件连接，大致可分为如下 4 种情况：

1）直接与主网接口方式，如 OA 子系统中的工作站等。

2）子系统本身有自己的监控主机，而且其主机可与主网直接接口，如 BAS 子系统等。

3）子系统本身虽然有自己的监控主机，但因其主机没有与主网直接接口的功能，需要通过网络接口设备与主网相联，如低档巡更系统、门禁系统等。

4）子系统本身没有自己的监控主机，只能将其通过智能网络接口设备与主网相联，如有线电视系统等。

（2）软件集成的两种模式。智能大楼的软件集成有下列两种不同的模式：

1）子系统集成模式。即各个子系统的操作与管理软件可以不在同一个计算机平台上，中央管理机系统在进行系统集成时，需要与各子系统之间建立通信协议，其集成难度和造价较高。

2）控制器集成模式。它采用统一的操作系统，运行在同一个计算机平台上，各子系统与中央管理机系统之间没有明显的主从管理关系，而是并行处理、资源与任务共享关系。

其实现方法是将各子系统采集和控制的信号都汇总到现场控制器，通过分布式操作系统软件来调度现场控制器采集到的信息，并设置信息传送路径（目标接点），而中央管理机系统可以有一台或者多台并行处理主机，任何一台并行处理主机可以接受和处理智能管理系统的全部信息，也可以通过系统的信息途径分配、接受和处理某一个系统的信息。

控制器集成模式不但可以实现一体化的集成，而且系统的并行处理主机是互为热备份的，因此被认为是一种先进的系统集成方式。

（3）为实现系统集成对子系统的要求。为了保证系统集成的实现，要求各子系统应具备以下性能：

1）网络模型采用 TCP/IP 协议，可以方便地实现网络互联和信息交换。

2）局域网组网技术采用符合国际标准 IEEE802. X 的以太网技术联网，保证各系统信息的传递。

3）局域网操作系统采用 Windows NT 网络操作平台，可不仅具有开放式的体系结构，还有众多用户的运行在 Windows 平台上的应用软件，这样，统一的操作环境、统一的 ODBC 技术使信息共享，交换非常方便。

4）网络计算采用客户机/服务器模式，网络服务器采用高配置与高性能的计算机。以集中方式管理局域网的共享资源，而工作站为本地用户访问本地资源和访问网络资源提供服务，在服务器上运行 SQL Server 数据库服务器，可以保证资源的开放和信息的共享。

上述要求对于基于计算机网络技术和计算机应用软件技术开发的系统来说，是非常容易实现的。如办公自动化系统、物业管理系统、视频点播系统、卫星通信系统、程控交换机系统等都不难做到。但是，某些楼宇自控系统则不一定具备，特别是那些自身有一定特点但又不是标准的运行在以太网上的系统更是如此，这需要注意。

4．建筑物自动化系统的集成内容

（1）楼宇设备自控系统

楼宇设备自控系统是智慧型大楼的基础，目标是对大楼的机电设备和能源实现智能化管理，为创建安全、舒适的生活与工作环境所必备，它包括楼宇的变配电、空调与通风、给排水、照明、电梯以及停车场管理，故也称为建筑物自动化，它对保证建筑物的运行是必不可少的。

从广义的意义上讲，楼宇的闭路电视监控、防盗报警、出入口管理等保安自动化以及与大楼生命攸关的消防自动化，也属此范畴。

目前，楼宇设备自控系统 BAS 刚开始步入现场总线控制系统 FCS，大多数仍采用以分散控制与集中管理为其特点的集散控制系统 DCS，它有着可靠性高、灵活经济、易于扩展等优点，楼宇设备 DCS 自动控制系统一般具有下述的三级控制和二级网络结构：

1）现场级采样控制部件——硬件为直接数字控制器（DDC），DDC 具有可靠性高、控制功能强、易于编写程序的特点。它能对位置分散的传感器及电动调节阀门等就地采集特征参数、测量过程参数并予以存储，也可以根据上位机指令或运算结果来驱动控制执行机构达到控制目标。现场信号有数字量输入 DI、数字量输出 DO、模拟量输入 AI、模拟量输出 AO 等 4 种，因均是低压弱电信号，故要求传感器和执行机构连接到 DDC 的线缆长度一般不超过十几米。

2）监控级网络控制器——也称为控制分站，通常选用工业控制现场总线，较常用的是 RS485 或 LonWorks。该级起着承上启下的作用，它一方面接收并指令执行管理层级发送来的控制命令，使现场级的 DDC 按规定执行检测、控制、管理动作，另一方面它对现场级上传来的信息进行存储、转发、报警、打印。

3）管理信息级——使用以太网、ARCNET 等类局域网，以 PC 机作为中央监控主机和实时操作系统平台。该级是对所有的楼宇自控系统实行集中监测、管理和优化控制的场所，一方面操作管理人员可通过组态软件经由局部网络对监控层传送控制命令，另一方面又通过逆向途径随时了解系统和被控设备的运行状况。

就集散系统的发展而言，由于现场总线的引入，不仅将传统的传感/变送器、执行机构等现场仪表与终端控制器之间的多回路直接连接方式过渡到全数字化、多变量、双向、多站并有冗余功能的异步串行通信方式，甚至两者合二为一。楼宇自动化系统从而也将进入全分布式控制方式，此时中央监控作用为监视下层智能节点的独立运转，以及方便地实现点到点通讯。应用现场总线的分散控制系统结构图如图 5-1 所示。

（2）保障楼宇安全的系统

智能大楼从万丈平地屹立，费时耗资，如若疏忽一时，则将毁于一旦，因此必须真正做到安全第一，增强防范意识。为此，除设置围墙和栏杆等实体防护装置以及采用人工巡更等措施外，最有效的手段是技术防范，即采用消防报警系统和灭火联动控制、闭路电视监控和防盗探测报警。出入口控制与管理等技术与设施，在严格日常管理的基础上，才能确保大楼的平安。

1）消防报警系统

① 火灾报警对确保建筑物的安全重要非凡，有消防报警系统是大楼投入使用的先决条件。火灾探测器是及时发现和报警火情的关键，根据使用环境的不同，产生火灾报警信号的探测装置，可以是传统烟感、温感、光感等各类火灾探测器，也可以是自带 CPU 的智能离子烟感探测器或者烟感复合智能探测器。火灾报警信号通过数据总线传送给判定单元和火灾报警监控主机。在对火灾信息进行处理后，如果确认发生火灾及其部位后，将产

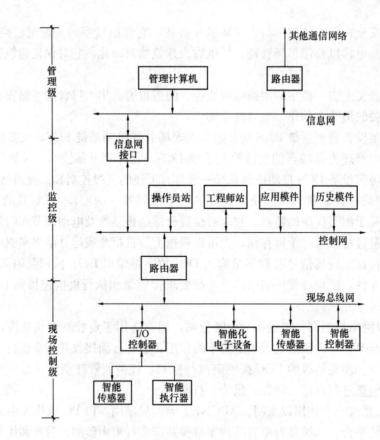

图 5-1　应用现场总线的分散控制系统结构示意图

生火灾报警信号、触发消防设备的联动、运转消防水泵和喷淋系统、启动排烟机、落下防火卷帘门，以将火灾消灭在萌芽状态。

除此之外，智能化的消防系统还通过通信或计算机网络与城市消防调度指挥系统相联，以获得更为强有力的消防后援。

② 为了满足消防紧急广播疏散人员以及日常的公共广播和背景音乐之需，在大楼内装设公共广播系统，既是现代化的标志之一，也在一定程度上体现了办公环境的文明层次。

2）楼宇的安全防范系统

① 为了对整幢大楼提供安全防范保障，要确定是否需要对大楼建立周界保护，对大楼是否作巡视监控，对大楼的哪些出入口需要进行控制和管理；对楼内需要防护的区域和某些特定的目标则需作出监控报警的方案和设计，确保不存在视觉盲区和报警探测盲区；对重点保护目标更需有实体防护措施付诸实现。

② 按大楼使用类别的不同，采用不同等级的安防标准与技术措施。政府机关大楼应重点放在出入口严格管理上，采用刷卡是一种方便实用的方法，可限定进出区域和时间，对保密要求较高的场合，可采用 IC 卡；对于公共性和人员流动量大的楼宇，采用通道式出入口辅之以闭路电视监控，不失为优选方案；对于楼内计算中心、控制中心等机要场所，实行刷卡加上输入密码方能开启门锁的门禁控制是必要的。

③ 闭路电视监控分为一般性监控和密切监控两类，前者适用于门厅和楼道等场所，

可采用云台扫描作全方位大面积的巡视；而对于固定场所或目标的监控，宜采用定位定焦死盯方式；监控部位应注意少留盲区与死角，对电梯内外的监控要引起重视并从技术上予以保证。

④ 对于智能化大楼而言，位于大楼地下层部位和楼区的停车场应实现有效方便的监控与管理。政府办公大楼的停车场管理，在停车位不够用时的重点是停车泊位权限及允许泊车时间长短，常用方法是汽车贴有不同颜色标签来注明该车允许泊位的日期；对于高档写字楼这类大楼，则采用收费管理方式为主，在汽车驶入时通过读卡机、开具票据或记帐后开启栅栏机，从停车场驶出时验票后开启出口栅栏放行；而对于仅限于内部使用的停车场并且重点是防范车辆丢失情况，则可以采用认车不认人的技术方案。

⑤ 如有必要，在大楼周界及底层可设置玻璃破碎探测报警等传感装置，在易于发生危害之处安装紧急报警按钮，及时通知大楼监控中心是必要的。对于楼内需要严格控制出入的场所，应用电视摄像视频移动探测报警装置，或人体生物特征识别装置，如指纹、掌纹、视网膜、脸形等，是非常实用和有效的。

（3）建筑物自动化系统的集成

完成保安、消防、楼宇设备自控三大子系统之后，初步实现了建筑物的自动化系统，在此基础上应进行功能集成，作三位一体式的集中管理，最终构造出建筑物管理系统BMS（Building Management System），这不仅提高了建筑物自动化系统的综合服务功能，也将增强物业管理的效益，成为智慧性大楼系统集成最根本的基础。

5. 通信自动化系统与网络集成

通讯自动化 CA 的系统集成主要是网络集成，是智能化大楼最重要的组成部分，号称3A 之首，它贯穿于大楼建设的全过程，是依靠综合布线这种物理网来加以实现的。

通信网络有电信综合网络、有线电视网络和以 Internet 为代表的计算机网络三种类型。虽然它们各自的业务范围、服务领域、管理体制、网络结构、传输介质等方面均有所不同，但也有相互融合之处，而且未来的发展是三网合一，从而使智能化大楼真正从幕后走向现实，通过网络技术带给人们快捷便利和高效的生活节奏。

（1）电信综合网络是由电信部门运营管理的公共电信网络，如电话网、电报网、帧中继、DDN 网等，以向用户提供电话、传真、会议电视以及数据通信等通信业务，连接范围最广，服务范围也最广。综合业务数字网络 ISDN，特别是宽带 ISDN（B-ISDN）是近期发展的目标。

（2）有线电视网络（CATV）提供电视和图文电视等广播业务，一般由有线电视公司运营，CATV 网采用模拟传输方式，是一种模拟网络，一般覆盖一个城市，在城市之间可通过微波、卫星和光纤相连，CATV 也正在逐渐开辟数据传输和可视电话业务。利用有线电视技术和机顶盒技术，可以提供丰富信息，支持服务，包括游戏和电视放送节目，甚至 Internet 上网技术，为人们提供无限的想象空间。

（3）计算机网络为各个部门自己管理、实现计算机的互联，为计算机之间进行文件传送和资源共享提供服务，它以实现大数据量和多媒体通信、高频率度为其特点。以大楼为节点的 Internet 网最具发展潜力，通过综合布线技术加上网络服务器来构架出 Internet 内部局域网，从而使数据能在大楼内外流通，这是智能大楼的真正内涵。

智能大厦一种可能的网络结构如图 5-2 所示。

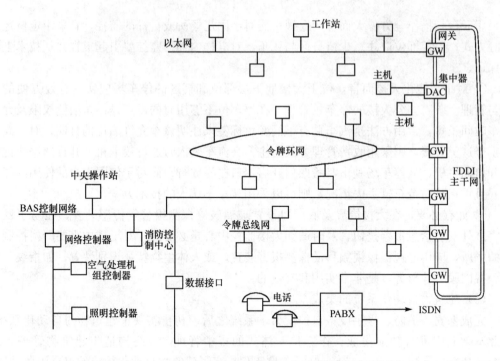

图 5-2　智能大厦网络总体结构图

6. 办公业务的自动化支持及软件网络

办公自动化是用高新技术来获取信息和辅助办公的先进手段，其基本用途主要表现在下列三个方面：

（1）信息管理系统（MIS），将电子数据处理通过信息交换及资源共享而相互联系起来，通过组织与访问数据库或建立数据仓库来达到准确、快速、高效之目标。

（2）辅助决策系统（DSS），它包括提出问题、收集资料、建立数学模型、分析评估、优选方案等一系列环节，辅助决策者作出正确有效的选择，它是办公自动化中的上层建筑。当前正在与人工智能、知识挖掘等技术相结合而推动发展。

（3）网络应用与电子商务，是通过网络应用来满足人们工作、商务、学习、生活、休闲、娱乐等多方面的需要，沟通与外部世界的联系。电子商务的主要角色是企业（Business）和消费者（Consumer），因此在企业之间的网上交易 B to B（Business to Business）和企业与消费者之间的网上交易 B to C（Business to Consumer）将是两种最有发展潜力的电子商务模式，将深刻地影响整个社会。

办公自动化系统的技术核心是计算机网络支持下的各类应用软件。办公自动化系统的集成主要是各种软件界面的集成。

7. 智能建筑物管理系统 IBMS

智能化大楼的技术演变要求建筑物自动化联网运行，并最终形成智能建筑物管理系统 IBMS，对建筑物作中央集成管理。

IBMS 是智能型建筑的综合管理系统，从功能平面图上看，它是 BA、CA、OA 三者的交集，代表的是大楼所有物理资源的"总管"，硬件核心是大楼主干网络管理服务器；网络协议目前有 ISO 的七层协议和 TCP/IP 网络通信协议，两者并存；网络操作系统可以是中小型主机上运行的 Unix，也可以是 PC 类服务器上适用的 Windows NT 客户机/服务器模式。

智能化大楼的网络结构通常是层次性结构，如图 5-3 所示。从系统管理层次结构而言，实现 BA、CA 和 OA 的系统为中低层，而 IBMS 则为在它们之上的中央高层，呈现出典型的递阶性结构。

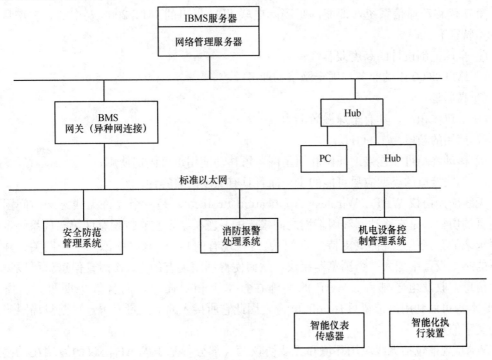

图 5-3　智能建筑物管理系统 IBMS

8. 电信通信网络

电信通信系统包括音频通信、数据通信、图像传输、多媒体通信四个方面。音频通信采用电话机和手机，是最普及的系统。而通过电信系统实现高速数据传输则是技术的核心。这样不仅可传送文字和数据，也可传输图像，特别是数据量很大的视频动态图像，令人鼓舞。多媒体通信离不开计算机和网络，发展前景最被看好。

（1）音频通话电信网络

1）无线音频通信

无线通信系统的发展是最激动人心的。人们预言无线通信使世界发生的巨变将超过汽车和计算机的发明。

移动通信系统经历了采用模拟和频分多址（FDMA）技术的第一代通信系统，采用数字式技术、包括以 GSM 为代表的时分多址 TDMA 和数字式窄带 CDMA 的第二代（2G）系统后，现正向以宽带码分多址技术为核心的第三代（3G）宽带系统发展。移动通信和 Internet 这两个快速发展的技术相结合产生的多媒体通信技术，将是未来移动通信的发展方向。

国际电信联盟总称第三代移动通信系统为 IMT-2000（International Mobile Telecommunications-2000），即 2000 年左右投入业务，其核心工作频段为 2000MHz，多媒体业务最高接入速率第一阶段为2000kbits。IMT-2000的主要目标和要求有：全球漫游、低成本的多模终端、多种应用环境、高话音质量和频谱效率、灵活的空中接口、与2G的兼容性、高速接入速率（用户高速移动时为144kbs、满速移动时为384kbs、静止时为2Mbs）、丰富的图像媒体业务以及快速的新业务提供等。在IMT-2000时代的通信网络将是固定、移动和因特网融合在一起的网络，无线风光在三代。

第三代移动通信系统，即能满足国际电联ITU提出的IMT-2000要求的，它需具备的基本特征有：

① 全球范围设计的高度兼容性；

② IMT-2000中的业务与固定网络的业务兼容；

③ 高质量；

④ 手机体积小，具有全球漫游能力；

⑤ 使用的频段为1.9GHz；

⑥ 移动终端可以连接地面网和卫星网，可移动使用也可固定使用；

⑦ 无线接口的类型应尽可能的少，而且具有高度的兼容性。

无线应用协议WAP（Wireless Application Protocol）是一个允许无线终端访问因特网主页的协议，是在移动网和因特网之间搭起的一座桥梁，它支持现有的第二代系统，也将对未来的第三代系统提供支持。WAP通过在现有的GSM网络中添加一个网关，并在现有的终端设备中加入一个浏览器模块，从而使得利用现有的GSM话音信道就可以浏览网上信息，收发电子邮件。WAP的实施在技术上相对简单，而且效果明显。但由于WAP本身可供利用的带宽只有9600bit/s，因此它所接入的信息量有限，目前只局限于简单的文字信息。

WAP规范包括无线应用环境和无线协议两大部分，基于WAP协议的终端在线接入互联网不需要Modem，WAP还开发出一种新的网页撰写格式WML（Wireless Mark-up），这是一种网页语言，应用这种语言设计的网页可在手机的微型浏览器上产生图示、按钮等功能，简化了网页的复杂程度。

第三代手机的特征是彩色＋大屏幕＋上网，采用WAP手机的直接接入上网，主要目标是实现可视通话、互联网浏览和上网等崭新的多媒体功能，真正使无线通信融入网络世界。

2）有线音频通信

传统电信通信网络是以电话网为主，采用基于时分复用电路交换技术，包括电路交换或分组交换来实现各用户之间的通信，从交换局到用户之间为点到点连接，为通信双方建立了一条点到点的通信链路。在通信过程中通信双方始终占有这一条通路。电信网络结构如图5-4所示，电信网络的核心是数字程控交换机PABX（Private Automatic Branch Exchange）。

3）可视电话系统

在通电话的同时能见到通话人的影像是人们的愿望，可视电话可满足这种要求。但通话方和受话方均需有可视电话设备，包括内嵌摄像机、电路板、外接电视机和外接电话机，这样通话双方都可既听到对方的声音，又能见到对方的活动影像。以STARTEL-2001型可视电话系统为例，典型规格如表5-1所示。其操作过程和功能包括有：

图 5-4　有线电信网络结构

可视电话系统典型规格　　　　　　　　　　　　　　　　　　　　　表 5-1

传输模式	话音和影像同步传送与接收
影像清晰度	CIF　　　　352×288
	QCIF　　　176×144
	SQCIF　　 128×96
影像传输速度	最大 15 帧/s
电话线传输速度	最大 33.6kbps
视讯标准	系统 ITU-T　H.324
	话音 ITU-T　G.723
	影像 ITU-T　H.263
内嵌摄像机	1/4″
显示画面	全屏幕，1/4 屏幕，1/8 屏幕，分割双画面
话音规格	频率响应　50Hz-3.4kHz
	自动增益控制 AGC
	自动回音消除 AES
影像规格	NTSC/PAL 切换式
连接插座	音频/视频输出插座
	电话线插座
	电话机插座
电话线规格	POTS，一般电话线

① 在开启电源后，拿起听筒或有电话打进来，首先会看到自己的影像，之后便可直接作影像通话，包括直接拨号出去或接收来电。

② 当电话接通后，在电话键盘上按"♯"键后，显示选单，再按启动影像通话模式代码键后，则进行线路连接。

③ 当影像通话接通后，按下"♯"键后则显示出主功能菜单，以此可改变屏幕上影像的显示方式（只显示对方、只显示己方、双方同时显示）、显示影像大小（全屏、1/4屏、1/8 屏）、选择影像清晰度和影像显示速度的快慢、镜头动作。见表 5-2。

按下"♯"键后选单　　　　　　　　　　　　　　　　　　　　　　　表 5-2

显示对/己方画面	2—尺寸	3—画质	4—镜头	5—结束

④ 选择 4 后按不同数字键可控制镜头动作，包括作左右移动、上下调整、拉近推远、停格静止或连续动态画面显示、镜头开启（可视）或关闭（非可视）。见表 5-3。

按下"4"键后选单　　　　　　　　　　　　　　　　　　　　　　　表 5-3

1—左右移动	2—上下调整	3—拉近推远	4—停格	5—开关

⑤ 在设定响铃次数和密码后，若对方无人接电话，拨号者仍可于远端启动影像通话，即进行远距离监控。

4）数字式程控交换机

在现阶段，虽然语普通信也是重要环节，但是非话通信业务的增长率已超过电话业务的增长率，目前，具有 ISDN 功能的数字程控交换机 PABX 已经将计算机的数据通信和语音通讯结合在一起，实现语音、数据、图文和视频信息的一体化传输与交换，为此而建立和利用各种公共数据网，实现与外界的通信与联网。有 X.25 分组交换数据网 PSPDN、数字数据网 DDN 以及综合业务数字网 ISDN，如有需要和可能，也可利用卫星通信网或建立微波通讯网。PABX 结构如图 5-5 所示。

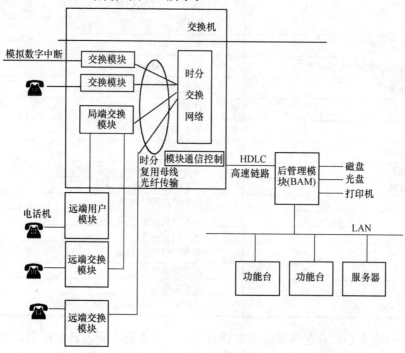

图 5-5　PABX 结构

智能大厦的全数字式程控交换机一般应具备 500 门和 50 对中继线，采用功能分配的分布分级控制方式，具有 ISDN 接口功能和自诊断功能，以满足多样化的通信业务需要。此类型可选机型有 SIEMENS（西门子）的 HICOM300E、372，HARRIS 的 H20-20MAP640 端口非冗余系统、H20-20MAP768 端口冗余系统、华为公司的 C&C08A 系统等。其规格和配置见表 5-4。

数字程控交换机选型比较　　　　　　　　　　　　　　　　　表 5-4

序号	产地	制造商	型号/规格	配　　置
1	德国	SIEMENS	HICOM-300E	模拟用户数：512 门 模拟中继线：48
2	德国	SIEMENS	HICOM-372	模拟用户数：512 门 模拟中继线：48
3	中国	HARRIS	H20-20MAP640 端口	模拟用户数：512 门

序号	产地	制造商	型号/规格	配　　置
4	中国	HARRIS	非冗余系统	数字用户数：8 模拟中继线：40 数字中继线：0
5	中国	HARRIS	H20-20MAP768 端口 冗余系统	模拟用户数：512 门 数字用户数：8 模拟中继线：40 数字中继线：0
6	中国	华为	C&C08A	模拟用户数：512 门 模拟中继线：48

（2）数据通信电信网络

数据通信是继电报、电话业务之后的第三种最大的通信业务，但它与电报、电话业务不同，它所实现的主要的是"人（通过终端）—（计算）机"通信和"机—机"通信，但也包括"人（通过智能终端）—人"的通信，它是依照一定的协议，利用数据传输技术在两个终端之间传输数据信息的一种通信方式和通信业务，可实现计算机和计算机、计算机和终端、终端与终端之间的数据信息传递，数据通信现已成为时代的主题，因为只有实现了完全的数据通信才能实现完全的网络通信。与网共舞，数据为先。

数据通信有两个特点，一是数据通信中传递的信息均以二进制数据形式来表现，一是数据通信总是与远程信息处理相联系的。

虽然在传统的电话网中采用 Modem 可以进行数据通信，但是，为了满足数据通信日益增长的需求，电信部门还建立了独立于电话网的数据网，数据网采用基于统计复用的分组交换技术，即将信息分解为一个个数据包（分组），并以包的形式进行传输与交换，在整个通信过程中通信双方不是自始至终占有一条通路，而只有在传递数据包时才占有通路，这样通信节点处的分组交换机在找不到空闲路由时需将数据包暂存，故节点分组交换机具有存储和转发功能。目前，国内面向用户的通信网络主要有：

低速网络——公用交换电话网 PSTN、分组交换网 X. 25。

中高速网络——综合业务数据网 ISDN、数字数据网 DNN、帧中继网络（Frame Relay）。

数据通信的传输手段如图 5-6 所示。将在下面分别论述

1）有线数据通信网络

① 公用电话网 PSTN（Public Switched Telephone Network）

模拟电话线路属于电路交换，其

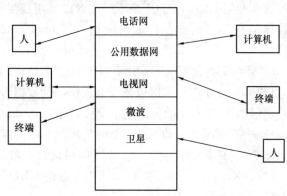

图 5-6　数据传输手段

特点是呼叫一旦建立起来，两个用户之间就有了通过网络中交换机形成的直通网络，在模拟电话线上只能传输模拟信号，可用带宽为 300~2400Hz，为了传输数字信息必须利用调制解调器，速率大多为 28.8kbit/s 和 33.6kbit/s。

155

假设用户（A）与 ISP（B）都以模拟电话线路经 V.34Modem（即普通 28.8/33.6k Modem）连接至公用电话网 PSTN，由于现在的 PSTN 主干网都已采用数字传输系统，因此无论是上行数据还是下行数据都至少要经过一次 A/D（模拟信号到数字信号）和 D/A（数字信号到模拟信号）转换，而 A/D 转换过程会不可避免地产生量化噪声，在理论上，量化噪声的存在使得 V.34Modem 通过 PSTN 的传输速率被限制在 35kbit/s 以内。

现在绝大多数 ISP 都能通过 ISDN、DDN、TI 等数字专线与 PSTN 相连，这就意味着 ISP 端并不需要进行 A/D 转换，下行数据不受量化噪声的影响，X2、K56Flex、V.90 正是利用了这一点来使下行数据达到 56k 的传输速度，而上行数据仍按 V.34 进行传输，这种上下行速率不一样的非对称结构体系是 56k Modem 具有的特点。电路交换方式如图 5-7 所示。

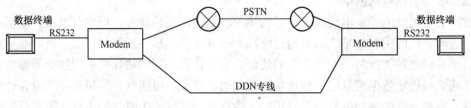

图 5-7　电路交换方式

模拟电话线因其线路可联结到世界任何地方，传输成本低，传输延迟小，因此对多媒体通信具有现实意义。但模拟电话线传输速率低，区区 56kbit/s 对于包括视频信号的多媒体传输而言，显然是浅溪行大船。

② 数字数据网 DDN（Digital Data Network）

DDN 是点对点的数字电路固定连接，不需呼叫建立过程。只是物理层的连接，链路层及以上协议都由用户来定。物理层最常见的是 V.35 和 V.24 接口；链路层最常用的是 PPP 协议（HDLC 的一个变种）；网络层当然可以是 IP（RFC 里有 IP Over PPP）。

DDN 以光纤传输系统为主传输数据信号，它提供中高速率、高质量点到点和点到多点的数字专用电路，作为用户专线或者以其组成专用计算机网来传送数据、图像、语音、多媒体信息等。优点是传输时间短，可利用带宽从 1.2kbit/s 至 2.08Mbit/s，传输质量高。

③ 分组交换数据网 PSPDN（Packet Switched Public Data Network）

PSPDN 建立在模拟信道基础上工作，其数据传输速率在 64kbit/s 以下，网络的分组平均延迟达 1s 左右，故只适用于交互短报文，分组网很难支持多媒体通信，也不能满足总线速率为 10Mbit/s 和 100Mbit/s 局域网互联的需要。

X.25 定义了分组交换网的用户-网络接口，覆盖了七层协议中的 1～3 层，物理层可用 V.24，X.21 等；链路层是 LAP-B（也是 HDLC 的一个变种）；还有 X.25 分组层协议（网络层协议）。

④ 宽带 ISDN（Broadband-ISDN）

B—ISDN 是当前世界各国竞相发展的网络与技术，其用户线上的信息传输速率能高达 155.52Mbit/s，目标是实现未来通信网所能提供的全部业务，包括连续的恒定比特速率（如话音）和不连续的可变比特速率（如计算机通信及某些压缩的图像信号等）的信息传输。B—ISDN 使用的交换技术是异步传送模式 ATM，而 ATM 的物理基础是采用

SDH 标准的光纤传输网络。目前 ATM 产品仅能实现不同制式计算机或不同制式计算机网络的连接和交换，真正要将计算机业务与电话业务合并应用，更进一步组成电话、计算机、电视等多种业务的宽带网还将待以时日。

⑤ 通过电话双绞线实现的宽带传输

主要采用 xDSL 数字用户环路，是一种先进的调制技术，它是在双绞铜线的两端分别接入 DSL 调制解调器，利用数字信号的高频宽带特性，进行高速传送数据。与传统 Modem 相比，因 DSL 直接将数字信号调制在电话线上，免去了 A/D 转换之劳，故可获得高得多的带宽和速率，这正是 DSL 技术的迷人之处。

最常用的是非对称用户数字环路 ADSL（Asymmetric Digital Subscriber Line），只要在局端和用户端的电话线输入口各用一台 ADSL 调制解调器即可连通。它不仅可以传送高品质的视频信号，而且还可以实现话音/数据混合传输。其下行通信速率远比上行通信的速率高，ADSL 的下行速率受传输距离影响，在 2700m 时能达到 8.4Mbit/s，而在 5500m 时则降为 1.54Mbit/s，ADSL 的上行速率介于 16kbit/s～640kbit/s 之间。因此 ADSL 比较适合视频点播类的分布式服务，不太适用于点对点之间的连接。

ADSL 利用传统的电话线，将非对称的传输特点与 Internet 浏览下行数据多、上行数据少的特点相结合，它解决了发生在 ISP 和最终用户间的"最后一公里"传输瓶颈问题，因此被认为是新一代 Internet 接入技术的热门候选。1999 年 6 月 ITU 通过了 G. Lite 标准（又称为 G. 992.2），由于其选用了 1.5M 的下行速率，因而又被称为"轻量级的 ADSL"。

除 ADSL 外，还有高速率数字用户环路 HDSL（High data rate Digital Subscriber Line）、单用户数字环路 SDSL（Single-line Digital Subscriber Line）、甚高速数字用户环路 VDSL（Very high data rate Digital Subscriber Line）等，各有其利弊及应用领域。HDSL 是利用两对或三对双绞线进行传输的对称型，其上下行最高速率可达 2.048Mbit/s，传输距离为 3～5km。

xDSL 从电信网这种思路解决多媒体接入。DSL 技术利用现有的电话线提供 Internet 接入，下行速率可达 8Mbit/s 以至更高。因此，DSL 技术受到电信公司欢迎。用于小型办公室和家庭（small office and home office，SOHO）的 xDSL 调制解调器，除可提供传输接口，支持传统的 LAN/WAN 协议外，也可以接入 Internet 和帧中继网等，有的还在一个设备上提供以太网端口和 ISDN 远程访问端口，成为新的热点。

⑥ 光纤通信

目前使用的光纤通信系统，普遍采用的是数字编码、强度调制—直接检波通信系统，如图 5-8 所示。强度这里指的是光源，指单位面积上的光功率，所谓强度调制是用信号直接调制光源的光强，使之随信号电流呈线性变化，直接检波是指信号直接在接收机的光频上检测为电信号。图中 PCM 复用设备为电端机，发送光端机是将电信号变换为光信号的光发射机、采用的光源是半导体激光器（LD）或半导体发光二极管（LED），它们都是通过加正向偏帜电流而使其发光的半导体二极管，但 LD 发出的是激光，而 LED 发出的是荧光。发送光端机将已调制的光波送入光导纤维，经光导纤维传送至接收光端机。接收光端机是将光信号变换成电信号的光接收机，光信号先经光电二极管（PIN）或雪崩二极管（APD）检波变为电脉冲，然后经过放大、均衡、判决等适当处理恢复成发送端时的电信号，再送至接收电端机。

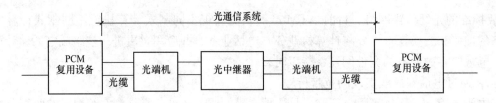

图 5-8 光纤通信系统

光纤通信是当前通信网络最重要和最发达的传输手段，目前光通信主要有同步数字序列 SDH（Synchrous Digital Hierachy）和准同步数字序列 PDH，但是光纤传输正从 PDH 转向 SDH。

SDH 除了容量很大外，其最大特点是具有统一的比特率，有规定的不同速率等级，因而不存在码速调整的问题。SDH 还规定统一的光接口标准，为不同厂家设备的互连提供了条件。SDH 有其独特的复用结构技术和防止传输媒介中断确保通信安全可靠的自愈保护环，以及很强的网管功能。

我国采用的 SDH 系列按国际电讯联盟建议，其基本信号是 STM-1(155.52Mbit/s)，更高的等级是用 N 个 STM-1 复用组成，如 STM-4（622.8Mbit/s）、STM-16（2488.32Mbit/s）、STM-64(10Gbit/s，达 12 路话路)。其中密集波分复用(DWDM)设备最为引人注目。DWDM 技术可将光纤的容量扩大数十倍上百倍。

2）无线数据通信系统

主要介绍扩频无线通信（Spread spectrum Communication）

天线通信系统，特别是无线移动通讯方式，可随时随地不受地理环境影响进行数据信息交换，具有方便快捷的应用特性，可弥补智能大厦有线数据通信的不足。

仙农（Shannon）定理指出，在被传输的基带信号速率一定时，可以用不同的传输频带和相应的信噪比来实现传输，即传输频带和信噪比是可以互换的，传输频带越宽，传输信噪比可以降低，甚至在信号被噪声淹没的情况下，只要传输频带足够宽，仍能保证可靠通信。扩频通信技术正是应用仙农定理，利用扩展基带信号频谱的方法来实现低信噪比的可靠传输，而且能带来抗干扰性强、保密性好等一系列的好处，成为当前最先进的无线通信制式。无线扩频通信的实现方法有下列几种：

① 直接序列扩频方式（Direct sequece Spread Specturm，DSSS）；

② 跳频扩频方式（Frequency Hooping Spread Specturm，FHSS）；

③ 跳时方式；

④ 宽带线性调频方式；

⑤ 上述方式的混合方式。

在这几种方式中，最常用的是直接序列扩频方式。该方式首先将模拟系统中的调频（FM）或调相（PM）等基带信号、数字系统中的脉冲编码调制（PCM）信号、计算机直接输出的数据信号在扩频调制器被扩频成宽带信号，也就是把被传数字信号的每一个"1"与"0"都用其特定的伪随机数序列去代替，例如"1"用"11100010010"而"0"用"00011101101"去代替，经扩频调制后的信号再送至射频调制器，再经天线发射到接收端，再经过射频解调器后由扩频解调器进行解扩，即将收到的序列"11100010010"恢复为"1"，把序列"00011101101"恢复为"0"，从而恢复成基带信号，再经过信息解调器而还原成信息信号，实现了扩频通信信息传输，如图 5-9 所示。

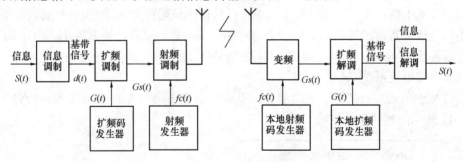

图 5-9　DSSS 扩频无线通信系统

扩频微波通信有使用 900MHz 频带的，但国外正越来越多地使用 2.4GHz、5.7GHz 和 24GHz 的低功率微波带。在国内，无线扩频传输的工作频段可选 2.4～2.4385GHz，扩码长度为 N×16 位，在点对多点连接时，中心采用全向天线，子站采用定向天线，以码分多址 CDMA 信道管理方式工作。无线扩频传输距离可达 30km，高分辨率彩色或黑白视频信号，通过扩频可以 128kbps 或更高的速率传输。

扩频通信网络的拓扑结构有无中心和有中心两种形式，如图 5-10 所示。

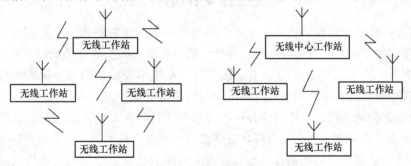

图 5-10　扩频无线网络的二种拓扑结构

（二）电视通信网络

电视通信网络包括有线电视系统 CATV 和卫星电视系统。有线电视系统包含有：

早期的共用天线电视系统 CATV（Community Antenna Television），现已改名为 MATV（Master Antenna Television）。传统的共用天线电视网是一个模拟频分的单向广播式网络，优点是传输带宽，缺点是不经改造无法开通交互式业务。

当前的邻频有线电视系统 CATV（Cable Television），系统内传输的频道数较多，卫星和微波传送的节目也馈入系统，包括利用增补频道方式进行传输，传输距离远。近年付载波多路复用技术被应用到 CATV 接入网中，接入网的主干部分采用光缆传输，而分配网络仍采用同轴电缆。这种光电混合的接入网也需将现有的单向 HFC 接入网改造成双向 HFC 接入网，再利用电缆调制解调器开展双向宽带业务。

未来的宽带综合数字业务网。目前正在发展第三代 CATV（城市综合信息网）和融合多媒体技术与有线和无线通信网络、广播和 CATV 网络的多媒体通信系统，多媒体通信系统融计算机的交互性、通信的分布性和广域性、电视的真实性为一体，会成为 21 世纪的主要通信方式。从上网角度而言，可以认为交互式 CATV＋多媒体化＝信息高速公路。

随着技术上的进步，有线电视系统现在已从初期只能传递 12 个频道发展到能提供 40 个以上的频道，当前已规范的有频带为 300MHz 的 28 个频道，频带为 450MHz 的 47 个频道，频带为 550MHz 的 60 个频道，以及 750MHz 的频道。

（1）有线电视系统 CATV 的组成

CATV 由信号接收部分、前端部分、干线传输部分和分配网络等组成。CATV 具有如图 5-11 所示的树状拓扑结构。

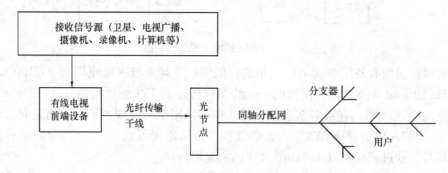

图 5-11　CATV 网络

1）信号接收部分可提供通过高增益多单元定向天线接收的无线电视信号、通过专用微波设备接收的当地有线电视台节目、各种口径抛物面天线接收并经变频放大和制式转换后输出频率为 970～1470MHz 的卫星电视信号、系统本身播放的摄像机、影碟机、录像机输出等自办节目，是单路的通过线路传输的模拟电视信号。

2）前端部分的功能是将接收的各种电视信号进行处理，使之成为符合系统传输要求的高频电视信号，并送入多路混合器，最终输出一个复合信号，送入干线传输网中。

3）干线传输部分的功能是将前端部分输出的高频电视信号不失真地传送到系统分配网络的输入端口，同时信号电平要满足系统分配网络的要求。干线传输系统大多采用 VHF 频段，20km 内传输媒介以同轴电缆为主，30～40km 或更长的传输干线以光缆或微波线路为宜。

4）分配网络则是将干线传输过来的高频电视信号分配到每个用户终端，保证每个用户终端的信号电平为 70±5dB，分配网络中使用了大量的分支器，以将信号从信号源分配到网络中的所有用户，一般无法区分网络上的各个用户，如果要对用户进行控制，则只能通过对信号加密来实现。

（2）CATV 用于可视图文通信

CATV 除以同一前端不同终端方式正向传输图像外，也可提供逆向传输通路，并且提供数字编码和视频压缩，完成传输的数字化，实现可视图文的双路交互式通信。为了适应信息高速公路的需要和向增值服务提供良好的平台，CATV 宜采用 5～750MHz 双向邻频传递方式，即以频率分割方式经同一电缆分别传送上下行信号，上行频段为 5～40MHz，下行频段为 50～750MHz，其中 50～550MHz 用于电视广播信号传输，550～750MHz 为数据信息传输。

为此，有线电视光纤网络的运行可设置两个 1550nm 波长的光学系统数字平台，其中一个数字平台用来传输广播电视节目；另一个数字平台用来满足双向数据业务和部分广播电视业务的需要，包括互联网业务、计算机业务、数据广播业务及高清晰度电视等。

有线电视网络 CATV 采用光纤和同轴电缆传输的混合光纤同轴网络 HFC（Hybrid Fiber/Coax），宽带化程度最高，能够采用最新技术率先跨入宽带交换。但是 CATV 是以一对多的模式建立的，难以建立点对点的对称式连接。另外从理论上讲，HFC 虽大多支持双向传输功能，但要进行不间断数据通信就必须进行双向改造，主要是应用线缆调制解调器 Cable modem 技术。用户经由线缆调制解调器，可以通过有线电视混合光纤同轴网络 HFC 接入 Internet 网，并实现高速传输，通常下行速率可达 36Mbps，用于影视点播、网上购物、电子银行、远程会议、函授教育等。上行速率也有 10Mbps，用于上网和多媒体通信。是一种很有前途的宽带 IP 接入技术。但对于 Cable modem，最大的缺点恐怕也是 QOS 问题。

近来，不断有开发 CATV 网宽带资源的技术方案提出和实施，归纳起来，就是要对 CATV 进行改造还是不进行改造的问题。改造的目的是克服双向 HFC 网络固有的误码率高和有反向通道噪声的缺陷，改为以单向 HFC 网络来实现的方案。如在原有的单向 HFC 网络上叠加高速以太网来向用户提供上网，还有以单向 HFC 网络上增加 N—ISDN 网来提供多功能服务等。

但是不对 CATV 进行改造的方案更好，其中以 IP 网架构在 HFC 的光缆上最为可取，将是未来开展多媒体业务的发展方向。特别是如若再采用波分复用及密集波复用技术（DWDM），每根光纤的带宽将从 20Gbps 提高到 400Gbps，此种宽带传输能力再与 G 位路由交换机的交换及选路能力结合起来，就将构成 IP 优化光纤网络，会成为 21 世纪通信网的主流。

利用 HFC 技术可以实现将 PC 接入 Internet，HFC 网络很有可能发展成为宽带通信网的主体，异与多媒体计算机结合实现多媒体通信。由于 HFC 基于模拟传输方式，所以可以综合接入多种业务信息，目前可以实现的业务有电话、模拟广播电视、数字广播电视、点播电视、数字交互业务等，将电话网、数据网和 CATV 网合并在一起构成的 HFC 网可以提供原来三个网的各种业务，也就是人们常说的"三网合一"。在当前 FTTH 还不现实的情况下，采用主干线为光纤、接入网为同轴电缆的 HFC 系统，能够将电话、数据通信和 CATV 三者配合在一起经济有效地传送。

（三）宽带接入网技术

接入网（Access Network）除包含用户线传输系统、复用设备外，还包括数字交叉连接设备和用户/网络接口设备。接入网技术可分为有线接入技术、无线接入技术和标准接口三个方面。根据传输媒体的不同，目前的接入方案见表 5-5，可分为如下 5 类，这 5 种网络系统被称为信息高速公路的五大干道。

1. 宽带接入方式分类

（1）基于电信网用户线的 DSL 接入技术，铜线和光纤是有线接入的两大类。

铜线是传统接入网的主要媒体，由此产生了数字用户线（DSL）技术。包括 ADSL、HDSL、SDSL、VDSL，统称为 xDSL。ADSL 下行速率达 8Mbps，上行速率达 640Kbit/s，能传输 3～5km 的距离，所支持的主要业务是因特网和电话。VDSL 在双绞线上下行传输速率可扩展至 25Mbit/s～52Mbit/s，同时允许 1.5Mbit/s 的上行速率，其传输距离则分别缩减至 1000m 或 300m 左右。很适合光纤到小区的接入方式。

光纤是未来接入网的主要实现技术，从应用角度分类，光纤接入网（optic Access Network，OAN）可划分为两种不同的类型：光纤到大楼（FTTB—Fiber To The Building）与光纤到路边（FTTC—Fiber To The Curb）；光纤到家庭（FTTH—Fiber To The Home）与光纤到办公室（FTTo—Fiber To The office）。FTTH 和 FTTo 为一种全光纤的网络结构，把用户侧的光纤网络单元（ONU）设置在用户家里，用户与业务节点之间以全光纤作传输，因此无论在带宽方面还是在传输质量和维护方面都十分理想，适合各种交互式业务。解决宽带接入的最终途径是 FTTH，但这离现实还很遥远。而 FTTB 是用光纤代替主干铜线电缆，光纤网络单元（ONU）置放在大楼内，用铜线或同轴电缆延伸到用户。用户可以广泛使用高速数据、电子检索、电子邮件、可视图文、远程教育等宽带业务，非常适合现代智能大楼。由于用户对带宽的需求不断提高，密集波分复用（DWDM）正在从网络核心向终端用户推进。

接入方式一览表   表 5-5

接入方式	媒体	分类		带宽	速率（bit/s）	传输距离	传输方式	传输信息
有线接入网	铜双绞线	DSL	HDSL	窄带	1～2M	3～5km	数字模拟	语音数据
			ADSL	窄带	7～10M	3～5km	数字	语音数据 VOD
			SDSL	窄带	1～2M	3.3km	数字	数据
			VDSL	窄带	13～52M	1.5km	数字	数据
	光纤	光纤	FTTH	无限	高速	远距离	任何方式	语音数据图像
			FTTO	无限	高速	远距离	任何方式	语音数据图像
			FTTC	宽带	高速	远距离	数字模拟	语音或图像
			FTTB	宽带	高速	远距离	数字模拟	语音或图像
	同轴	HFC		1000M	高速	远距离	数模兼容	语音数据图像
无线接入网	移动无线接入网	蜂窝区移动电话网		窄带				电话
		无线寻呼网		窄带				
		无绳电话网		窄带				电话
		集群电话网		窄带				电话
		卫星全球移动通信网		窄带				电话
		个人通信网		窄带				电话
	固定无线接入网	微波一点多址		窄带				电话
		蜂窝区移动接入		窄带				电话
		无线用户环		窄带				电话
		蜂窝移动通信		窄带				电话
		无线技术		窄带				电话

（2）基于有线电视网络的 Cable Modem 接入技术，基于 CATV 发展起来的 HFC 系统是当前最适合应用的并能向 FITL 过渡的最佳宽带接入网，它将光纤用于宽带传输，同轴电缆用于连接用户终端，带宽可接近 1000MHz，可提供多种业务，具有广阔的发展前景。Cable Modem 用户共享下行数据带宽，而每一个子信道下行通道的数据吞吐量都可以达到 25Mbit/s～40Mbit/s。但需要将传统的有线网升级为双向的 HFC 网络才能实现双向宽带传输数字化多媒体信息，开通因特网高速接入等增值业务。

（3）卫星通信广播系统，固定卫星接入是从交换节点到固定用户终端采用无线接入，它实际上是 PSTN/ISDN 网的无线延伸。固定无线接入方式有微波一点多址、蜂窝区移动接入的固定应用、无线用户环路、卫星 VSAT 网等。

（4）无线移动通信系统，移动无线接入网包括蜂窝区移动电话网、无线寻呼网、无绳电话网、卫星全球移动通信网直至个人通信网等，是当今通信行业中最活跃的领域之一。在用无线通信技术来连接交换机到用户终端的无线本地环路（Wireless Local Loop）中，宽带 CDMA 可在宽频带内优化高速分组数据传输，能满足无线 Internet 接入的高数据率要求。此外，本地多路分配业务接入（LMDS）已经面市，它利用地面转接站而不是卫星来转发数据，通过 RF 频带最多可提供 10Mbps 的数据流量，它采用蜂窝单元，以毫米波 28GHz 的带宽向用户传送 VOD、广播和电视会议等宽带业务。

（5）基于以太网的高速局域网接入。基于 IP 的宽带城域网技术有 POS（Packet Over SDH）和 GE（Gigabit Ethernet）。以太网接入方式与 IP 网很相似，在技术上可以达到 10/100/1000Mbps 三级，采用专用的无碰撞全双工光纤连接，已可以使以太网的传输距离大为扩展。以太网技术将 IP 包直接封装到以太网帧中，是目前与 IP 配合最好的协议之一，它使以变长帧来传送变长的 IP 包。在当前因特网迅速发展的情况下，以太网正在转变成一种主要的接入方式。今年初，加拿大的 CANARIE 公司提出了 G 比特 Internet 到家（Gigabit Internet To the Home—GITH）网络。其费用远远低于 FTTH，比 XDSL 高一些而低于 HFC。

2. 三网合一的实现途径

所谓三网合一指的是将有线电视网、电信网和计算机网合并成一线三通的公众信息网。融合（Convergence）成为一道亮丽的风景线。所有的通信设备都可以高速接入 Internet 业务，而视频、音频及图像在数字化后与数据一样传输，TV、PC 甚至手机都可以成为 Internet 的终端，但是，三网融合应该是高层应用以及接入和用户终端的融合。是宽带城域网的一个发展方向。由于电信网和有线电视网是各自分立并分别运营但都在每个家庭会合的系统，而计算机是依托电信网传输数据但有它自己的 Modem、网络协议和应用软件，为了实现"三网合一"，需要进行下列改造：

（1）有线电视网升级改造为双向化和多媒体化，这是因为交互式 CATV＋多媒体化＝信息高速公路。

（2）入户网选择 CATV，城市间互连利用电信网，从而使有线电视与电信相融合。

（3）PC 机加插图文电视接收卡，从而使 PC 成为有线电视业务的家庭终端。

有线电视网、电信网和计算机网这三大独立系统性能与未来要建立的公用高速通信网络平台的关系见表 5-6。

网络	电信网	有线电视网	计算机网	公用高速通信网
速度	低速	高速	高速	高速
带宽	窄	宽带	窄	宽带
交互性	交互式	目前为单向	交互性	交互式
信息量	一般	一般	大	将很大量
使用方便	方便	方便	目前欠方便	方便
到家庭	到	到	将来可到	通过 CATV 可到

　　从技术与成本等方面考虑，比较适宜的方案是在原有线电视网络的基础上利用 Cable Modem 技术来实现"三网合一"，构建一个统一的网络。使之能够承载多种服务类型，有灵活的用户接口和从窄带到宽带的广谱的接入带宽，利用有线电视网的设备与特有优势，能提供高速的 Internet 接入，从而有良好的性能价格比。

　　如此构建的网络，将有 Internet、本地城域网、局域网三层结构。视应用端数据流量大小而可选择宽带 IP 网络、光纤同轴电缆混合网（HFC）、拨号上网这三种不同的接入方式。图 5-12 给出了一个实际使用的城域宽带多媒体网的逻辑结构图。

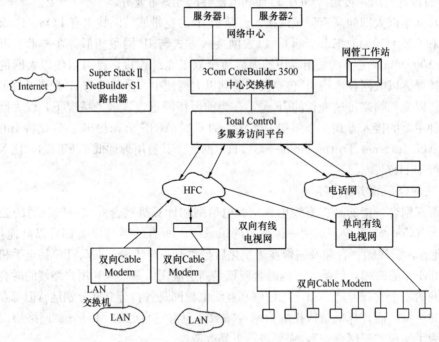

图 5-12　一个城域宽带多媒体网的逻辑结构图

　　电信、电脑、电器三者实现的一体化则称为"三电合一"，其技术支撑点是数字化，是在网络中传输的比特流，三电一体化产品的核心是计算机，它们将成为"三网合一"的终端。

（四）小区三表远传自动抄表系统

　　小区三表远传系统有多种多样的实现方案。首先是采用脉冲式电表、水表、燃气表，输出电信号，供给数据采集器进行收集和处理，然后由小区的管理计算机接收由数据采集器发送的资料数据，存入其收费数据库中，必要时沟通电力公司、自来水公司、煤气公司和银行，完成用户三表信息的数据交换和费用收取。

自动抄表系统的实现主要有几种模式，即总线式抄表系统、电力载波式抄表系统和利用电话线路载波方式等。总线式抄表系统的主要特征是在数据采集器和小区的管理计算机之间以独立的双绞线方式连接，传输线自成一个独立体系，可不受其他因素影响，维修调试管理方便。电力载波式抄表系统的主要特征是数据采集器将有关数据以载波信号方式通过低压电力线传送，其优点是一般不需要另铺线路，因为每个房间都有低压电源线路，连接方便。其缺点是电力线的线路阻抗和频率特性几乎每时每刻都在变化，因此传输信息的可靠性成为一大难题，故要求电网的功率因数在 0.8 以上。另外，电力总线系统是否与（CATV、无线射频、互联网络等）其他总线方式的相互开放和兼容，也是一个要考虑的因素。

1. 电力载波三表远传系统

即采用电力载波方式来传送三表集抄数据，可以连接城市和乡镇，应用范围包括380V 低压配电网的小区、10kV 中高压配电网的城市和乡镇，也可对电力网络、供水管路、供气管路作智能综合管理。如图 5-13 所示。

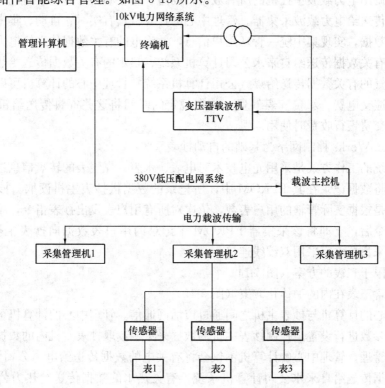

图 5-13　电力载波三表远传系统

（1）传感器——传感器是加装在电表、水表和煤气表内的脉冲电路单元，信号采样是采用无接触的光电技术。

（2）电力载波采集管理机——电力载波采集管理机通过传感器对管辖下的电表、水表、煤气表进行实时记录，并将记录到各电表、水表和煤气表的数据予以存储、调用，同时接收来自主控机的各种操作命令和回送各用户表的数据。电力载波采集管理机的精度与电表、水表、煤气表的精度一致。电力载波采集管理机内设断电保护器，数据在断电后长期保存。

（3）电力载波主控机——电力载波主控机负责对管辖下的电力载波采集器传送来的数据进行实时记录，并将数据予以存储和等候管理中心的调用，同时将管理中心的各种操作命令传递给电力载波采集器。电力载波主控机的 RS232 通信接口可与便携式终端直接通信，利用便携式终端可用于在现场设置参数及电表、水表和煤气表的初始值。

电力载波采集器与电表、水表、煤气表内传感器之间采用普通导线直接连接，电表、水表、煤气表通过安装在其内传感器的脉冲信号方式传输给电力载波采集器，电力载波采集器接收到脉冲信号转换成相应的计量单位后进行计数和处理，并将结果存储。电力载波采集器和电力载波主控机之间的通信采用低压电力载波传输方式。电力载波采集器平时处于接收状态，当接收到电力载波主控机的操作指令时，则按照指令内容进行操作，并将电力采集器内有关数据以载波信号形式通过低压电力线传送给电力载波主控机。

管理中心的计算机和电力载波主控机之间是通过市话网进行通信的，管理中心的计算机可以随时调用电力载波主控机的所有数据，同时管理中心的计算机通过电力载波主控机将参数配置传送给电力载波采集器。管理中心的计算机具有实时、自动、集中抄取电力载波主控机的数据，实现集中统一管理用户信息，并将电的有关数据传送给电力公司计算机系统、水的有关数据传送给自来水公司计算机系统、热水的有关数据传送给热力公司计算机系统、煤气的有关数据传送给煤气公司计算机系统。管理中心的计算机可以准确、快速的计算用户应交电费、水费和煤气费，并在规定的时间将这些资料传送给银行计算机系统，供用户交费银行收费时使用。

2. 以 LonWorks 控制网络为基础的自动抄表系统

此类系统的工作方式是采用光电技术对电表、水表、煤气表的转盘信息进行采样，采集器计数并将数据记录在其 EPROM 中，所记录的数据供抄表主机读取。抄表主机读取数据的过程是根据实际管辖的用户表数，依次对所有用户表发出抄表指令，采集器在正确无误接收指令后，立即将该采集器 EPROM 中记录的用户表数据向抄表主机发送出去，抄表主机与采集器之间采用双绞线连接。

（1）仅限于三表的方案（图 5-14）

（2）包含三表在内的一体化方案（图 5-15）

管理中心的计算机与抄表主机之间通过市话网通信。管理中心的计算机可对抄表主机内所有环境参数进行设置，控制抄表主机的数据采集、读取抄表主机内的数据、进行必要的数据统计管理。管理中心的计算机不仅会将有关电的数据传送给电力公司计算机系统、有关水的数据传送给自来水公司计算机系统、有关热水的数据传送给热力公司计算机系统、有关煤气的数据传送给煤气公司计算机系统，而且管理中心的计算机同时会准确快速地计算出用户应交纳的电费、水费和煤气费，并将这些资料传送给银行计算机系统，供用户在银行交费时使用。

3. 以公共电话网作传输媒介的自动抄表系统（图 5-16）

该系统由脉冲电能表或多功能电能表、远程抄表终端、公共电话网、中心通信控制器、PC 机或工作站等部分组成。其中远程抄表终端由数据处理单元和数据通信单元组

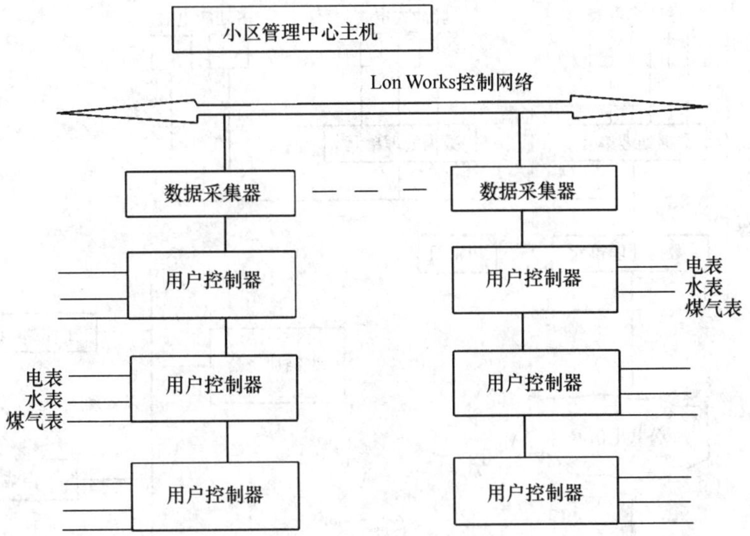

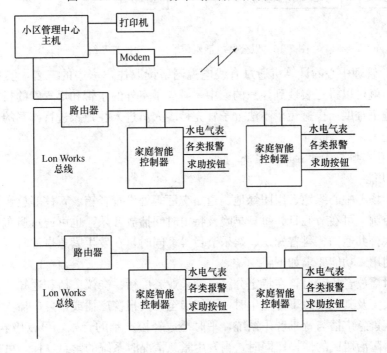

图 5-14　LonWorks 分布式控制网络自动抄表系统

图 5-15　包含三表在内的一体化方案

成，数据处理单元能够记录、处理、储存电能计量数据，数据处理单元能够通过市话线路将有关数据传输到管理中心。远程抄表终端可完成多表输入、多种费率、多种时段划分方式的电能计量、负荷管理、通过公共电话网实现远距离传输数据等功能。

该系统这种通过市话线路实现远程计量方式，较之用无线信道或电力线载波进行通信干扰小，因而更为可靠，不但节省初期投资，而且安装使用简便。

4. 通过有线电视网作传输媒介的自动抄表系统

采用电子水表、电子电表、电子煤气表，电缆数据终端对三表进行读数，将其存储在

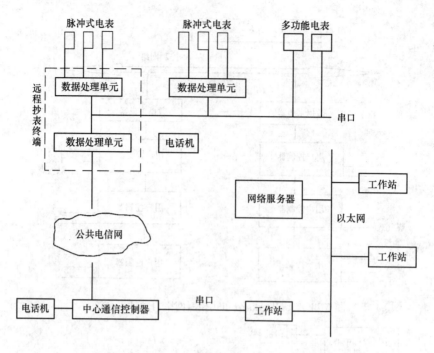

图 5-16　以公共电话网传输的自动抄表系统

E-PROM 中，管理中心的计算机通过有线电视网络读取住户家中的三表，实现远程自动抄表。这样，就可以将三表装到住户的家中，减少了室外的水管和煤气管的投资建设，同时也减轻了施工难度。也避免了不法分子冒充抄表人员进入住户家进行作案的可能，保障了住户的安全。

（五）紧急广播与背景音乐子系统

1. 系统功能

在小区广场、中心绿地、组团绿地、道路交汇等处设置音箱、音柱等放音设备，由管理中心集中控制，可在节假日、每日早晚及特定时间播放音乐，也可通过遍布于小区内的音箱播放一些公共通知、科普知识、娱乐节目等。同时，在发生紧急事件时可作为紧急广播强制切入使用。功能要求如下：

（1）平时播放音乐节目，在特定分区可插入业务广播、会议广播和通知等；

（2）当火灾及其他紧急事件发生时，可切换至火灾报警广播或紧急广播。

建立小区紧急广播与背景音乐系统，平时播放轻松幽雅的音乐，可以培养小区温馨、和谐的氛围，陶冶居民的情操；同时，当发生紧急情况时系统的紧急广播，可以高效、简捷地通知到每一个被通知人，起到防范和救灾的作用，有效的保障小区居民的生命财产安全，提升整个小区的档次。

背景音乐系统应能实现中央控制多种音源的背景音乐广播并能进行呼叫广播以及紧急情况时插入报警。

背景音乐系统向小区的公共场所提供背景音乐和公共传呼服务，加配模块可在火灾情况下自动转换为火灾紧急广播。

2. 背景音乐与紧急广播基本组成

背景音乐和紧急广播控制系统由音源设备、信号处理设备、传输线路和放音等部分组成。原理图如图 5-17 所示。

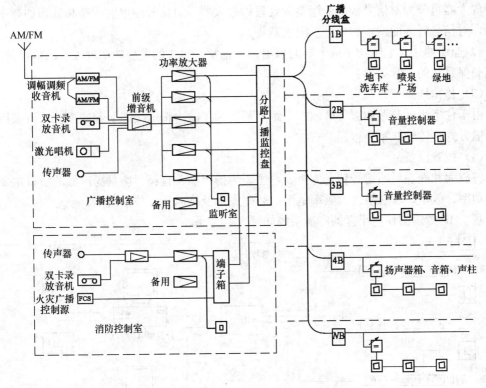

图 5-17　背景音乐和紧急广播系统原理图

（1）音源设备

提供节目源信号，有 AM/FM 调谐器、电唱机、激光唱机、自动循环双卡座、话筒和现场播音器、麦克风等。

1）AM/FM 调谐器用于接收无线电广播节目，满足小区住户对音乐和信息的需求。

2）激光唱机也称为 CD 唱机，是广播系统的主要节目源，可编辑播放的音乐节目，音质好。

3）自动循环卡座可对语音节目和音乐节目进行反复播放，大大减少更换节目带来的麻烦。

4）现场播音其主要用于消防指挥等紧急情况。

（2）信号处理设备

将音源信号进行放大、加工、处理和调整。主要完成信号的放大、电压的放大和功率的放大，其次具有音源信号选择的功能。有节目选择器、前置放大器、功率放大器、监听器和多区输出选择器等。

1）节目选择器对背景音乐和紧急广播系统提供的可供选择的节目源如 AM/FM 无线节目广播，CD 唱碟节目、循环卡座节目和正常语音广播等进行选择，选出一路后送到后级进行放大播出。

2）前置放大器完成选出信号的前置放大，还可对重放声音的音色、音量和音响效果进行调整和控制。

169

3）功率放大器将前置放大器送来的信号进行功率放大，通过传输线路送到扬声器。功率放大器可分为对信号幅度的调整和处理如放大器，对信号频率的调整和处理如频率均衡器，对信号时间的调整和处理如混响器等。

4）监听器用于监听功率放大器的输出是否正常，尽快的发现功率放大器的输出故障，从而确保系统的正常运行。

（3）传输线路

由于住宅小区分散和服务区域广、距离长，为了减少传输线路引起的损耗，可采用高压传输方式，传输线不必很粗。

（4）放音设备

将放大和处理后的信号转变为声音，主要为扬声器及音箱。衡量扬声器的质量主要根据其功率、效率、输入阻抗、频率范围、频率失真及指向性的技术指标。

基于 IP 传输的住宅小区的广播系统如图 5-18 所示。

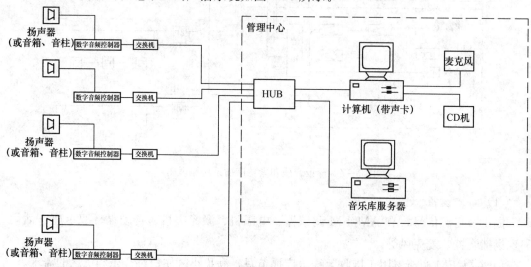

图 5-18　基于 IP 的公共广播系统

3．系统设计

（1）设计原则

1）根据住宅小区的定位和对系统的要求对广播区域进行分区，确定扬声器的数量、型号，根据所需功率，确定功率放大器的型号和数量。

2）根据系统对音源的要求，选定节目源设备和相关的前级放大器或信号切换放大装置。

3）确定信号流的优先切换权。

4）划分分区：

① 根据楼层的功能划分；

② 根据对音源播放的声级、内容、音量等的要求划分；

③ 根据分布区域划分，如某些区域的广播比较集中，可划分为一个区；

④ 根据火灾事故广播控制划分；

⑤ 根据用户类别划分；

⑥ 根据广播线路路由划分。

5）分区广播，在进行划分分区后，按照一定的处理使得扬声器能够适应不同区域对音频信号的不同要求。

6）紧急广播的设计：

① 消防报警信号具有最高优先权，可切断背景音乐和其他广播状态；

② 便于消防值班人员的操作；

③ 紧急广播时，使用消防电源供电；

④ 传输电缆和扬声器应具有阻燃特性，紧急广播线路应独立敷设；

⑤ 紧急广播用扬声器的额定功率不小于3W，间距不大于15m。

⑥ 背景音乐和紧急广播控制系统应公用扬声器，所有广播区域平时播放背景音乐，一旦被某楼层的火警信号触发，广播主机应自动控制相关层所有扬声器播发紧急消息。

⑦ 线路的垂直部分沿竖井内的线槽敷设，水平部分用镀锌钢管。

⑧ 消防紧急广播部分的电源应采用消防电源，同时应具有直流备用电池。消防联动装置的直流操作电源应采用24V。

⑨ 音乐信息源采用双卡磁带机、CD多盘激光唱机、广播用话筒。

⑩ 在消防中心同时设置紧急广播播放控制系统，配置紧急广播控制机，话筒播放等设备，平时处于热备用状态，一旦发生火灾等异常情况，即可受控于消防联动信号，自动放送预先录制的紧急疏散广播或通过话筒广播现场疏散指令。

⑪ 系统提供的多套音源，经过调音台可任选一路音源，将其音量调整到合适水平，输出至主放大器。

⑫ 系统采用智能型专业消防紧急广播设备，可与消防系统联动。当收到消防系统传来报警信号后，可自动对着火层及相邻层进行消防紧急广播，亦可用话筒进行人工指挥。系统所在功能可以现场中文菜单式编程完成。

⑬ 控制主机能自动对本系统进行监测，系统的各种状态（报警、广播、联动等）均通过指示灯显示，使操作人员对系统状态一目了然。

SM40系统其各种功能模块的灵活配置能满足各种需求：可根据系统的规模和功能组建特殊呼叫站；各路音频信号可经特殊处理（音调、音频动态压缩、动态音量控制）；系统可组建多个通道，即各扬声器区可被指定同时播放不同音乐内容，而各区间无相互影响；提示信号和录音信息按预编程序要求自动指定区域播放；由程序指定控制继电器卡实现对外围设备的联动和显示。

（2）Panasonic智能公共广播系统

Panasonic智能公共广播系统为了满足大型建筑物开发，为复杂的保安和管理系统提供了可靠性极高的紧急广播。

该系统的功能特点如下：

1）传输各种业务信息的灵活性。模拟了计算机设计的矩阵系统能够同时从16个复杂的BGM或自动广播声源中随心所欲地选择8个，同时传送至各个楼层、各个房间和各个角落。

多功能遥控麦克风可以从远离传送设备的地方广播或回答，最多可以控制160路扬声器回路，且传送地点可以根据需要自由选择。

2）在一个保安管理系统中建立准备快速的紧急广播系统。可以根据不同的保安和管理系统，设计紧急呼叫网络，①在多处控制到全楼的紧急传输系统。②由 20 个基站系统控制器和扩展控制器构成的系统最多可以容纳 160 个扬声器。

系统控制器装有中央处理器（CPU），紧急广播的操作过程将会由一个发音设备和一个带背景光的液晶显示屏来引导，所以，在任何紧急情况下，都能保证操作的准确性。

本系统提供 RS232C 接口可以和个人计算机相连，系统的传输状态可以在显示屏上显示出来。

3）优良的结构与维护，简单易行的操作。在设备动作的同时，系统操作和设备维护的状态都可以监测到。系统设置、调整及更换简单。

除设置需要进行少量的连线外，系统采用前端接线，安装容易。

为了实现快速且准确的传输，将由一台内置的计算机以声音和液晶显示屏上的字符进行引导操作，系统控制器的液晶显示屏最多可显示 120 个英文字符（30 字×4 行），控制面板上的发光提示使系统状态一目了然。

4. 系统示例

根据小区规划设计的具体情况，可以把整个小区的每一栋楼室内、室外、地下停车库分区。

（1）系统配置要求

1）背景音乐系统

该系统提供三路音源，一路卡座机，一路调谐机和 CD 播放机，经过程控功能可以任意选择。

使用分区选择器可控制任一分区广播的通断。

使用分区呼叫站可以对整个小区任一分区进行业务和商情及音乐广播。

使用背景音乐时，输入到扬声器的功率为 3W，业务及紧急广播时为 4.5W。

2）消防紧急广播

该系统采用专业的紧急广播设备，可与消防系统相连接并联动。当收到消防系统传来的报警控制信号后，可自动对有警情的楼栋及相邻的楼栋进行消防紧急广播，亦可手动使用所附话筒进行人工指挥。

当进行正常背景音乐广播时，一旦需要进行紧急广播，本系统会自动切断背景音乐，进行紧急广播。

紧急广播时输入到音响的输出功率为 4.5W。

所有音箱的连线均直接从中心接出，方便快捷，有利于今后的日常维护。

（2）背景音乐系统

1）设备选型。背景音乐系统采用飞利浦 SM30 系统，系统主要由以下几个部分组成：

系统中心机房设备：循环双卡座、SM-30 中央控制器 19in 架装式、SM-30 广播控制台输入模块、SM-30 中央控制输入模块、SM-30 留言输入模块、SM-30 音乐输入模块、SM-30 继电器模块、SQ-45 功率放大器、调谐接收器/CD 播放机、SM-30 呼叫站。

系统传输线路：双绞线。

前端设备：室内吸顶扬声器，室外音响。

① SM-30 中央控制器（LBB1280/40）

SM-30 扩音管理系统的中央控制器，可接纳 10 个应用模块，发出 50 种不同的报时、报警讯号，台式和机架安装式。

这个控制中心是 SM-30 扩音管理系统的主机，它包括：机壳、装在机壳内的系统主微处理器及 10 个附加应用模块的插槽。机壳正面有 LCD 显示器、各种功能键、电源开关。SM-30 没有放大器，必须与一个或多个 SQ45 放大器一起使用。

② 呼叫站输入模块（LBB1283/00）

这种 SM-30 的模块线路卡为 2 个呼叫站提供接口，每个都有独立的音量控制。系统最多可容纳 3 个 LBB1283 呼叫站的最远距离 1km。

③ 中央控制模块（LBB1284/00）

该模块的功能为可将 8 个遥控开关接入 SM-30，是插入式模块，光学隔离开关。

每个模块最多可将 8 个遥控开关接到控制中心，中心最多可接纳 6 个 LBB1284/00 模块，即 48 个遥控开关。这些开关在内部有隔离光处理。

可以控制输入触发报警信号和录音口信并将它们按优先顺序送入相应的通道，也可以用控制输入直接触发某些指定的区，采用插入式安装。

④ 留言输入模块（LBB1285/00）

技术指标：数字化记录 4 段讲话资料，每段都可以单独提取，关断电源后，录音可保存 30d，总录音时间 65s。

模块含 1 个记忆芯片，它可用数字方式记录口信。最多可记录 4 段分开的口信，累计时间 65s。

选播口信之前可以先播 1 个提醒听众注意的报警信号。口信之后可以接播音员的现场讲话，这种连贯的行为按 SM-30 的程序执行。用户只需使用 1 只外加的话筒就可以把口信记录或转录到集成电路芯片上。市电保持芯片的记忆内容，万一断电，备用电池可接续 30d。

⑤ 音乐输入模块（LBB1286/10）

技术指标：用它可将 3 个独立的音源接入 SM-30；所有输入独立调节音量。

通过这个模块可以把 3 个不同的音源输入 SM-30，适合输入唱片放出的信号。每路输入有 2 个荷花插口，可以输入立体声信号，在模块内混合成单声道。各输入的音量可以单独调整。

操作者可用系统主机正面板上的 4 个功能键控制输入的音源音量。

⑥ 继电器模块（LBB1287/00）

技术指标及功能：将放大器信号送到各播音区；接纳 2 路独立模块信号。

在 SM30 系统中可以装备 2 台独立的放大器（或多声道放大器中的 2 个声道），1 个播放背景音乐，另一个处理喊话信号。

分区继电器模块可把放大后的音乐、喊话信号分送到 6 个独立的扬声器区。最多可以并用 6 个 LBB1287/00 模块，因此可控制 36 个区。

⑦ SM-30 呼叫站（LBB9568/30）

技术指标与功能：可选择的扬声器区多达 18 个，4 个功能键，每个 SM-30 系统可装入 6 个此种呼叫站。

操作者不仅可以用呼叫站的话筒转入讲话，还可以用呼叫站控制音乐和讲话的传送路线。用数码键盘可以对 18 个扬声器区进行选择。

设有 1 个回忆键，用它可以重新调出上一次的状态。用 4 个功能键可对报警和钟声信号、预录口信、优先顺序、扬声器区的放声路线、触发控制继电器、音量控制等功能预编程序。

⑧ 功率放大器（LBB1348/40）

技术指标：含 1 路、2 路、4 路放大器的多种机型，音频输入带输出变压器，装入 19in 机架，内装扬声器匹配变压器，备有后台放置的安装附件。

LBB1348/40 是完整系列的功率放大器，有的机型在同一机壳中装入多至 4 台放大器。适合多播音区的公共广播系统，也可以用在 SM30 和 SM40 扩音管理系统中。

每个放大器模块有 2 路平衡音频线路电平输入："音乐"和"优先呼叫"。音乐输入有可调的预制音量控制器，在选择从不同音源来的音乐作输入时，这一功能使音量调整十分方便。"优先呼叫"可以使音乐信号自动消声，以播放讲话。SQ45 的特点还有：输出变压器有 50、70、100V 抽头，可以推动不同的扬声器组。变压器的输出通过 12 芯的插头与扬声器连接。还有一个特点是，可以在监听信号中插入一个 20kHz 的平衡测试信号，以监测放大器的性能。

放大器可以用市电供电，也可以用 48V 电池直流供电（带极性保护），随机带 1 根 2m 长的电源线，终端接 2 芯并带接地触点的电源插头，还带一个 CEE 电源插头。

⑨ 扬声器

室外立柱式扬声器（YXLH10-1）额定噪声功率 10W；吸顶式扬声器（YXX3-07）额定噪声功率 3W。

SM30 系统的原理图如图 5-19 所示。

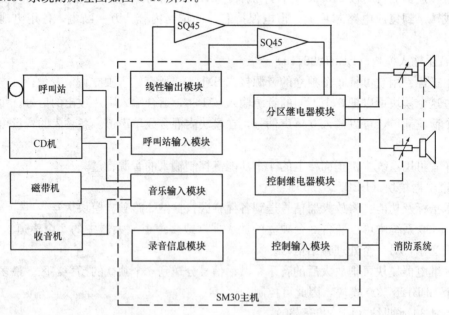

图 5-19 SM30 系统原理图

SM30 扩音管理系统可将扬声器分为 36 个区，微处理机按预编程序处理不同优先等级的喊话、报警时指定区域的录音信息播放及控制继电器对指定外围设备的驱动等功能，实现紧急广播时扬声器音量越权，可方便的与多个SQ45功放环接成双通道系统以灵活驱动各扬声器区，并设有与消防系统的联动接口。

2）背景音乐系统的主要特点

扬声器的分布均匀，确保满意的背景音乐，分区的功能使播放背景音乐和呼叫讲话能够同时分区进行而互不干扰；道路两侧采用的室外立柱式扬声器，绿化带中采用草地音箱。该扬声器外观大方、频带宽、失真小，草地蘑菇音箱外形、颜色与自然和谐统一。

系统在平时可作为背景音乐系统使用，有利于培养小区温馨、和谐的氛围，陶冶居民的情操；紧急情况时，起到防范和救灾的作用，能有效保障小区居民的生命财产安全，从而提升小区的档次。

（3）紧急广播系统

1）紧急广播系统的特点

符合紧急广播设备的技术标准：由于火灾事故具有突发性，就要求紧急广播系统能够迅速地进行疏导广播，其紧急广播设备严格按照技术标准设计，所采用的零部件符合技术标准。

先进的电子技术：连接遥控控制器的控制方式，采用串行传输方式。用于语言报警的音源，采用EPROM的DVAS系统（Digital Voice Announcement System）。

声音警报：无论是在自动（与火灾报警系统联动）还是手动的情况下，都能发出声音警报，其声音警报是由旋律音和语言组成的三阶段（火灾警报联动广播、火灾广播、非火灾广播）自动广播。

2）系统组成

采用智能化紧急广播设备。设备具有群体广播以及与消防报警系统联动等功能。可以自由设定广播区域，一旦火灾或其他紧急情况发生时，可以完成背景音乐与紧急广播的切换。

主机部分：紧急/业务控制主机与增设控制面板配合可以负责各区的紧急广播，根据具体情况划分分区。发生火灾时可先进行确认，确认是发生火灾时可立即进行紧急广播。如果是误报，可进行解除并恢复待机状态。

连接扩展部分：消防广播控制切换端子具备与消防报警系统连动的功能，可接收火灾报警系统传来的无电压干触点的24V报警信号。以自然楼层为紧急联动分区，主要用于和消防报警系统的联动及紧急广播与背景音乐的切换。一旦接到消防报警信号则相关区域进入紧急状态，并进行紧急广播，而其他区域可不受影响的播放背景音乐。

（六）楼宇的安全防范

对于楼宇安全保障系统应具备的功能及涵盖的范围，目前还没有严格的界定，我们将楼宇安全保障系统的体系结构及其功能定位于图像监视功能、探测报警功能、控制功能和自动化辅助功能这四大功能的框架上。

1. 楼宇安全保障系统的功能分析

（1）楼宇安全保障系统的四项功能

一方面，大型安全防范系统由于设备众多和功能繁杂，为了能够有效地进行管理，必须周密组织，另一方面针对特定的系统，必须强化其主要功能，形成以中央监控室内的计算机系统为核心的综合性楼宇安全保障系统，功能框图如图5-20所示，其可能实现功能包括下列四大类。

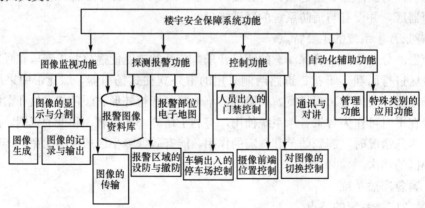

图 5-20 楼宇安全保障系统功能框图

1）图像监控功能

视像监控（video surveillance）——采用各类摄像机和闭路电视技术、模拟或数字记录、多屏幕显示、红外照明装置及切换控制主机，对大楼内部与外界进行有效的监控。

影像验证（visual verification）——在出现报警时，显示器上显示出报警现场的实况，以便直观地确认报警，并作出有效的报警处理。

图像识别系统（video identification system）——在读卡机读卡作凭证识别时，可调出所储存的员工相片加以确认，并通过图像扫描比对来鉴定访者。

2）探测报警功能

① 内部防卫探测（internal intrusion detection）——所配置的感应器包括双鉴移动探测器，被动红外探测器、玻璃破碎探测器、声音探测器、光纤回路、门接触点及指示门锁状态。

② 周界防卫探测（perimeter intrusion detection）——精选拾音电缆、光纤、惯性传感器、地下电缆、电容型感应器、微波和主动红外探测器等探测技术、对围墙、高墙及无人区域进行保安探测。

③ 报警点监控（duress alarm points）——工作人员可通过按动蜂鸣报警按钮或在读卡机输入特定的序列密码发出警报。通过内部通信系统和闭路电视系统的联动控制，将会自动地在发生报警时进行监听和监视。

④ 图形鉴定（graphical verification）——监视控制中心自动地显示出楼层平面图上处于报警状态的信息点，使值班操作员及时获知报警信息，并迅速、有效、正确地进行报警处理。

3）控制功能

① 对于图像系统的控制，最主要的是图像切换显示控制和操作控制，控制系统结构有：

A. 中央控制设备对摄像前端——对应的直接控制

B. 中央控制设备通过解码器完成的集中控制

C. 新型分布式控制

② 识别控制，包括：

176

A. 门禁控制（door access control）——可通过使用 IC 智能卡、感应卡、威根卡、磁性卡、磁性编码等对出入门进行有效的控制。

B. 车辆出入控制（vehicle access control）——采用停车场收费管理系统，对出入停车场的车辆通过出入栅栏和防撞挡板，进行控制。

C. 专用电梯出入控制（lift access control）——安装在电梯外的读卡机限定只有具备一定身份者方可进入，而安装在电梯内部的装置，则限定只有授权者方可抵达指定的楼层。

响应报警的联动控制（door interlocking control）——这种联动逻辑控制，可设定在发生紧急事故时关闭保管库、控制室、主门及通道等关键出入口，提供高级的保安控制功能。

4）自动化辅助功能

① 内部通信（intercom）——内部通信系统提供中央控制室与员工之间的通信功能。这些功能包括召开会议、与所有工作站保持通信、选择接听的副机、防干扰子站及数字记录等功能，它与无线通信、电话及闭路电视系统综合在一起，能更好地行使鉴定功能。

② 双向无线通信（2way radio）——双向无线通信为中央控制室与动态情况下的员工提供灵活而实用的通信功能，无线通信器也配备防袭报警设备。

③ 有线广播（public address）——矩阵式切换设计，提供在一定区域内灵活地播放音乐、传送指令、广播紧急信息用。

④ 电话拨打（telephone）——在发生紧急情况下，提供向外界传送信息的功能。当手提电话系统有冗余时，与内部通讯系统的主控台综合在一起，提供更有效的操作功能。

⑤ 巡逻管理（guard tour）——巡更点可以是门锁或读卡机，巡更管理系统与闭路电视系统结合在一起，检查巡更员是否巡更到位，以确保安全。

⑥ 员工考勤（time attendance）——读卡机可方便地用于员工上下班考勤，该系统还可与工资管理系统联网。

⑦ 资源共享与设施预定（resource & facilities booking）——综合保安管理系统与楼宇管理系统和办公室自动化管理系统联网，以有效地共享会议室等公共设施，如通过读卡机才能进入和使用，同时自动启动灯光、空调等设施。

（2）楼宇安全保障系统的三大组成部分

闭路电视监控子系统、防盗防侵入探测报警子系统和门禁控制子系统是楼宇安全保障系统基本和通用的三大组成部分，楼宇安全保障系统的组成框图如图 5-21 所示。

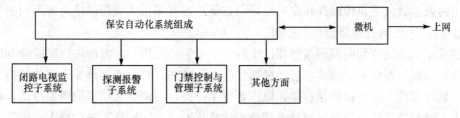

图 5-21　安全防范系统组成框图

1）闭路电视监控系统

闭路电视监控系统也称为 CCTV（Closed circuit Television），如图 5-22 所示，包括：

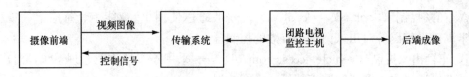

图 5-22　闭路电视监控系统

摄像前端装置，包括有各类摄像机、定焦或变焦变倍镜头、实现摄像机上下左右运动及旋转扫描的云台、保护摄像机与镜头的防护罩等。

既有摄像前端向控制主机传输的视频图像，传输介质有同轴电缆、光缆和双绞线构成的有线传输方式以及由发射机、接收机组成的无线传输信道，也有从控制主机传送给摄像前端的控制信号。

闭路电视监控主机，也称为视频信号矩阵切换控制器，是闭路电视监控系统的核心。主要功能是接收传输来的视频图像并按需要切换到指定的显示器上，但也具有控制功能，如能对前端装置执行云台上下俯仰、左右旋转运动；对镜头光圈、聚焦和变倍进行调节控制；对云台运动和镜头设置进行按预置位的快速定位；让摄像机按预定日期和指定时间段执行巡回扫描，记录和打印系统内发生的所有操作动作。

后端设备，主要是成像和记录装置，包括视频显示器、视频分配器、多画面图像分割器、录像设备等。

2）防盗防侵入探测报警系统（Detection & Alarm）

系统如图 5-23 所示，主要包括：

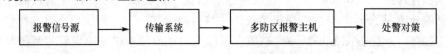

图 5-23　探测报警系统

① 报警探测信号源

产生报警的基础是采用红外、微波、超声、磁开关、光遮断、玻璃破碎声音与频率、振动、视频图像灰度变化等各种物理传感方式制成的探测报警器。为了实现有效的防盗报警功能，一要选择可靠适用的探测报警器，灵敏度不够将导致漏报；灵敏度过高将产生误报。二是要对各监视部位合理布局所选择的探测报警器。

② 报警信号向监控主机的自动传输

传输途径有各探测报警器向主机直接连线传输方法、有对各探测报警器作地址编码然后共用两条总线向主机传输并在主机端译码方案，还有采用无线传输信息等不同的渠道。

③ 监控主机响应报警的联动控制

监控主机在接收到由探测报警器产生的任一报警信号后，一方面将以防区分割的形式确定和显示报警源位置，调出相应防区部位的电子地图，自动将屏幕显示图像切换为产生报警区域的影像，并予以记录存储，以声音或字符提示对该防区应采取警发措施，必要时还需人工将复核后的报警信号通过电话线或计算机网络向区域性警报监视中心传送。另一方面将通过继电器常开触点 NO 或常闭触点 NC 执行相关的报警联动控制动作，以作处警对策予以防范。

3）人员出入管理系统（Access Control）

图 5-24 给出了人员出入管理系统的构成，主要包括：

图 5-24　人员出入管理系统

① 凭证识别与验证放行

仅当进入者具有有效出入凭证时才予以放行，否则将拒绝其进入，出入凭证有磁卡、IC 卡、感应卡等各类卡片；由固定代码式或乱序式键盘输入密码；（指纹、掌纹、视网膜、脸面、虹膜等）人体生物特征，多种多样五花八门。

② 出入口控制主机及管理法则

对保安密级要求特高的场合可设置出入单人多重控制（需要二次输入不同密码）、二人出入法则（即要有二人在场方能进入）等出入门管理法则，也可以对允许出人者设定时间限制。出入凭证的验证可以仅限于进入验证，也可以为出入双向验证。出入口控制主机将根据制定的出入管理法则，对验证人员控制其进出。

③ 锁具启闭的控制以及登录所有的进出记录。所有的人员进出记录均存入存贮器中，可供连机检索和打印输出。

出入口控制系统不仅适用于人员的进出管理，还可应用于车辆，实现对停车场的管理，出现了专门的停车场管理与收费系统，这对于政府办公大楼、智能楼宇等建筑物底层附有停车场的建筑，有着重要的意义。

（3）楼宇安全保障系统的本质分析

楼宇安全保障系统，除了控制云台的运动和镜头的缩放外，从本质上而言，可归纳为实现如图 5-25 所示的四种切换控制，即：

视频矩阵切换控制——摄像机的图像经切换而送往不同的监视器。

音频矩阵切换控制——各个拾音器输出的声音经切换而送往不同位置处的扬声器。

报警信号与对应摄像机的切换控制——当探测到报警信号后，能够立即显示发生报警部位的图像实况。

出入口控制条件与对应门锁的启闭控制——允许符合条件的人与车进入，拒绝不符合条件的人与车闯入。

依技术层次的不同，实现楼宇安全保障系统的技术途径可分为以下三类：

1）全模拟实现方案——技术成熟并已被广泛地使用

视频矩阵切换和音频矩阵切换全部采用模拟开关实现，以确定模拟视音频信号的传送通道，而报警信号与对应摄像机的切换、门禁控制信号与对应门锁的开启控制，则属于开关量控制，信号以数字方式传送。图像的显示用监视器，图像的记录用模拟录像机，图像的分割用模拟式图像分割器装置。

2）部分模拟、部分数字实现方案——当今正在成为主流

在此种方案中，报警信号与对应摄像机的切换、门禁控制信号与对应门锁的开启控制，因都是开关量控制，信号以数字方式传送。图像的记录将更多地采用硬磁盘以数字方

179

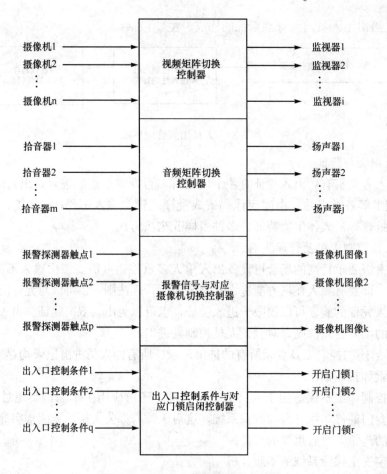

图 5-25　楼宇安全保障系统的技术核心

式存储，不仅存储容量巨大，也能快速读取和检索。图像的分割既可以模拟式装置、也可通过计算机以软件实现。但是视频和音频的矩阵切换，由于技术上的限制和性能价格比考虑，大多仍将采用模拟开关来选择视音频信号的传送通道。

3）全数字实现方案——未来之星

上述的 4 种（视频、音频、报警、门禁）切换在条件成熟后将会采用数字方式来实现，在写出对应输入输出间的逻辑表达式之后，可对其通过专用大规模集成电路 VLSI，或者以可编程门阵列器件 FPGA（Field Programmable Gate Arrays）来构成，这样可将输入图像对应的像素组送往指定监视器的显示存储器。图像数据或者是数字摄像机输出的 DV 格式，或者是模拟摄像机的输出经由图像采集板作数字化采样和对图像作 MPEG 压缩从而也将每幅图像转化为一组像素流，并被记录于硬磁盘中。这种经压缩编码的数字信息称为 TS（Transport Stream）流，需要时可以规定的码率读出 TS 流，从而快速读取或检索出所需要的图像，专门记录 TS 流的装置被称为数字内容记录与放送器（digital content recorder and player）。图像的分割显示则是通过计算机以软件快速读取多幅图像的像素流并将它们定位于屏幕的不同位置来实现的。报警信号与对应摄像机的切换、门禁控制信号与对应门锁的开启控制，仍会以数字方式传送。这种以通用性部件来构成应用安防系统的思路将被发扬光大，同时它将打破各厂家对其产品的垄断与不可互换性。

（4）楼宇安全保障系统的构建方式

根据所要完成功能的复杂程度以及要求达到的智能化水平，组建楼宇安全保障系统比较优选的方法是有针对性的组合集成，特别是以网络为连接纽带的智能化组合。系统具有微机控制和能够在 Windows NT 操作系统环境下上网运行，从而可在网络上遥控或远程观看电视监控图像，已成为衡量楼宇安全自动化系统档次和水平的不争事实。

组建楼宇安全保障系统主要有下列几种方式

1）以视频矩阵切换控制器为主构成系统

该类系统具有结构简单、容易实现的特点，矩阵切换控制设备与每台摄像机间视频与控制信号的传输，既可以是同轴电缆加多芯缆线传输的常规类型，也可以是以单根同轴电缆传输的同轴视控型。视频矩阵切换控制器也实时响应由各类报警探测器发送来的报警信号并联动实现对应报警部位摄像机图像的切换显示。但其本质是独立式系统，不一定具备连机上网能力。

该类结构的发展趋势之一是不局限于视频切换，而将音频也包纳在其中，从而实现视频音频同步全交叉矩阵切换。趋势之二是键盘以有线方式连接外，有的增配红外无线遥控器，趋势之三是增强视频矩阵切换控制器本身的菜谱编程功能，可通过选择菜单完成系统状态、工作方式和显示方式、预置位设置与快速预置定位、报警探测的布防与撤防、报警联动控制等编程项目的设置和执行，也有将汉字字库芯片植入其中以实现用汉字标识摄像机名和工作状态等提示性信息。

2）网络式结构系统

这是以网络为核心的系统，所有的子系统或设备均可上网运行，并通过网络完成信息的传送和交互，此时监控装置完成基本监视与报警功能，网络通信实现命令传递与信息交换，计算机系统则统一整个保安管理系统的运行。其特点一是能组合成大范围的监控系统，二是监控图像与报警信息具有在网上传输的能力，特别是影像的传输。网络的类型主要有以太网或快速以太网、光纤网络等。三是可以实现综合性保安管理功能，从而有可能在图像压缩、多路复用等数字化进程基础上，实现将电视监控、探测报警和出入口控制安防三要素真正有机结合在一起的综合数字网络，特别是将其建立在社会公共信息网络之上。四是它能够较好地与智能大厦管理控制系统相结合，成为智能化楼宇管理系统 IBMS 的有机组成部分或者融合成一体。如图 5-26 所示给出了一种实用系统的结构框图。

3）微机连接视频矩阵切换控制器组成系统

在该结构中完成视频切换与控制的仍是视频矩阵切换控制器，但微机起着上位机指挥命令的作用，既可以替代专用键盘实现视频切换显示及控制前端等动作，也可以其显示屏作为主监视器显示任何视频图像。若在微机中配备视频图像采集卡，则可具有报警时刻报警现场图像采集存储及报警图像资料库检索查询等功能，该微机同时还可以管理门禁控制装置。微机本身也可参与联网以接收来自网上的其他信息源，图 5-27 给出了其基本结构。视频矩阵切换控制器与上位微机之间通过 RS-232 或 RS-485 标准接口相连和进行通信。

视频矩阵切换控制器连接微机组成的上下位式系统不仅将系统的控制档次升级，而且微机的引入将大大丰富系统的信息资源，如可以很方便地实现汉字系统、快速查询报警信息等等，运行这类系统时，只需要通过按动微机的鼠标或者键盘，就可以选择和运行系统控制软件，控制软件的主要功能有：

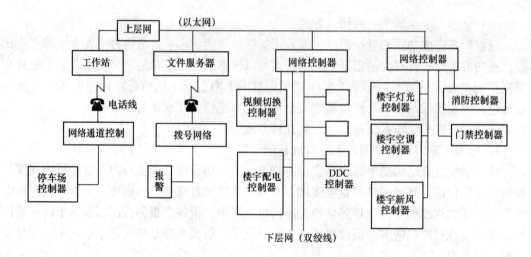

图 5-26　大型网络式监控系统框图

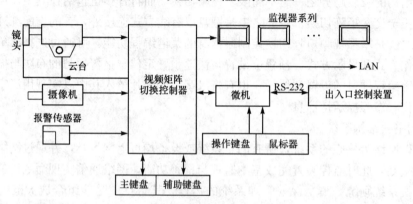

图 5-27　连接微机的方案

① 输入保密字以隐含显示方式完成系统注册，防止无关人员非法使用系统。

② 对于报警区域作设防或撤防处理，可对报警记录进行查询。

③ 定义报警图像的捕获方式，对报警图像作图像处理、存储、检索和回放。

④ 可查询系统控制范围内人员的出入记录，并以统计报表方式打印输出。

⑤ 完成各个监视器上的视频切换显示，也可定义单台显示器顺序显示的间隔时间。

⑥ 选择需要控制的云台与镜头，并对其实施相应的控制操作。

⑦ 对视频图像的颜色、亮度、灰度、对比度可进行调整。

⑧ 设置云台定时扫描巡检的启停日期与时间。

⑨ 对监听、照明等装置的手动加电控制。

电脑的高速发展，不仅体现在现有 PC 机提高主频、更新芯片、提高性能和降低价格上，未来更耀眼的光辉是可能实现把各种功能都集中在芯片上的概念，迎来"芯片电脑"时代，在此背景下，将视频矩阵切换控制器、报警控制装置、门禁控制设备等作为电脑芯片的通用外围设备将是发展的必然趋势，电脑将成为安全防范系统的核心主体，同时将视频、声音、传输通信等多媒体功能全部纳入其中。

4）基于现场总线和控制软件包构成的分布式安全自动化系统

在楼宇安全自动化系统中，视频切换、选择被控摄像前端、各类报警信号的输入等多数是开关量信号，因此，可采用工业控制中的可编程序控制器硬件或者软件包来实现对开关量的控制。

但由于硬件 PLC 中的 I/O 模块与中央控制单元结构集中在一起，从而使得 PLC 中的 I/O 模块与受控设备之间的信号传输线依然很长，为此，本书作者引入现场总线控制系统 PCS（Fieldbus Control System），进而提出了基于现场总线和软件 PLC 的分布式安全自动化系统，以实现信号传输的全数字化、系统结构的全分散式、通信网络的开放互连性和技术标准的全开放性。

基于现场总线的楼宇安全自动化系统的总体结构如图 5-28 所示。它采用两层网结构，上层局域网采用 100Base-T 快速以太网（Fast Ethernet），图像数据库、文件服务器、网络控制器、工作站等之间可以实现高速通信，并可通过标准拨号电话线或网关与异地通信，实现多媒体数据远传。下层网采用现场总线 PROFIBUS 标准，以德国倍福电气有限公司（Elektro Beckhoff GmbH）的现场总线控制系统 FCS（Fieldbus Control System）产品为实现基础。

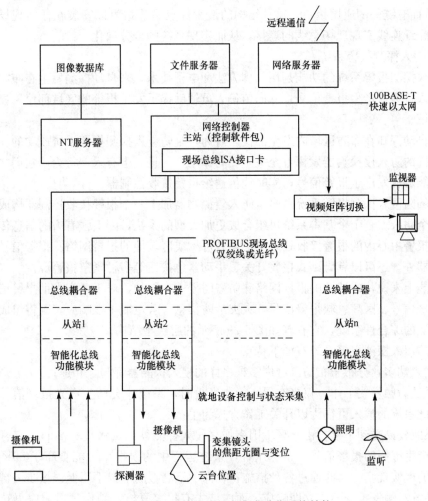

图 5-28 基于现场总线的安全自动化系统结构

183

在此结构中，主站采用具有 Windows NT 操作系统的 PC 机，主站内装有包含 PLC 控制软件在内的 WinCAT 实时控制软件包。主站上接上层以太网，可以扩展和延伸系统资源，并且很容易接入智能楼宇管理系统，与其形成统一的控制与管理；下接下层现场总线，主站通过一块插在 PC 机内的接口板与从站相连，实现对各个从站的功能模块进行通信和控制。

从站由一个总线耦合器（bus coupler）及最多 64 个总线功能模块（bus terminal）和一个总线结束模块（bus end terminal）构成。总线耦合器是集成式通信处理器，它能通过内部总线和各个功能模块之间进行通讯，也可和现场总线通讯。总线耦合器内嵌微处理机，其 CPU 是一个带有外围电路的 Intel 芯片，外围电路包括 4MB 快闪存储器、4MB 动态随机存储器、8kB Nov-RAM，512kB EPROM、两个串行接口、一个扩展用的接插位置和同步串行端子总线插孔。嵌装 PC 的智能化总线耦合器可用于输入/输出通道、对设备进行控制、实现调节功能。功能模块则包括有数字输入 DI 板、数字输出 DO 板、继电器输出板、模拟输入 AI 板、模拟输出板 AO 等，外形尺寸很小（为 12mm×100mm×68mm），它们均可嵌装在符合 DIN 标准的 35mm 宽滑轨上，形成现场总线"电子接线端子排"。从而有统一的通用接口。这种结构的最大优点是从站可以安装在任何现场，通过双绞线或光纤连线实现现场总线的连接，从而实现系统的全分散化。

2. 防侵入探测报警系统

防侵入探测报警系统的功能是用物理方法和电子技术，来自动探测发生在布防监测区域内的侵入行为，产生报警信号，并向值班人员辅助提示发生报警的区域部位、显示可能采取的对策。

能够自动探知在布防区域内发生的侵入行为，是防侵入探测报警系统成功的关键，在此各种各样的防入侵探测器发挥着至关重要的作用，一旦发生有入侵行为，它们之中至少要有一个能够触发产生报警信号，实时地传送给报警接收控制器。

基本的防侵入探测报警系统由多个防入侵探测器加上一个报警接收控制器构成，监视一个或几个防区。若干个基本系统可组合成更加大型的系统，配上强有力的信息传送线路和区域性报警中心内的报警接收处理主机，就可构成区域性的报警网络。报警信号除各类侵入探测器外，还可以有脚踏式报警开关、手动紧急按钮等多种紧急报警源。

从功能上来说，区域性的报警网络除防盗防侵入功能外，对于各类求助报警信号、煤气泄漏报警信号、医疗急救报警信号、火灾消防信息等若也能予以响应，则将组成报警内容更加广泛的综合性系统，它有着如图 5-29 所示的层次型结构。

（1）防侵入探测报警系统有如下特点

1）输入端多，分布于布防区域内多种多样的侵入探测器都与之相连；

2）系统为触发式工作，仅当有侵入行为发生时，系统才会产生声光报警信号，警铃大作，因此系统的输入可视为以开关工作方式为主；

3）系统较易受到干扰，由于环境因素加之侵入探测器的灵敏度较高时，有可能触发误报警，产生虚假的报警信号。根据统计，系统运行中的误报率可能会高于 80%，成为必须面对的严峻现实，因此通过各种措施，在保证不漏报的前提下降低误报是关键；

4）系统对触发报警不应立即响应，而应该先有报警复核，稍作延迟响应再转发报警则更为稳妥，当然，这里存在着应立即报警和因要执行复核而造成时间延误之间的矛盾，

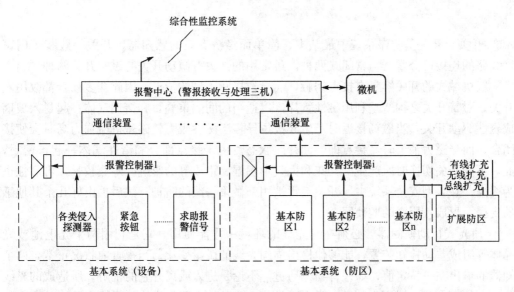

图 5-29　楼宇防盗报警系统的结构

这需要视具体情况而加以妥善设置。作为触发报警复核的最强有力手段，则是报警与监控摄像机及灯光的联动，当某一部位发生报警时，除能够指示出报警部位外，更能将发生报警部位的监控图像在监视上显示，使值班人员一目了然，这是将防侵入探测报警系统与闭路电视监控系统二者合一的方法，是安全防范系统发展的必然趋势之一，此时报警区域图像的实时捕捉与记录，形成报警图像资料库文件，更是微机化报警处理系统的用武之地。

（2）楼宇内的探测与报警

任何防盗报警系统，都会受到某些意想不到的情况或者受环境因素的影响而被触发，发出错误的警报。一套较完善的系统，需要各种不同感知探测器配合及合理的部署，才能取长补短，有效过滤错误的警报，但又不至于漏报，完成周密而有效的安全防护。

1）室内探测传感器（sensor）

① 热感红外线探测器。其原理是任何物体包括生物或矿物，因表面热度的不同，都会辐射出强弱不等的红外线。红外光是波长介于微波与可见光之间、具有向外辐射能力的电磁波，红外光的波长范围是 $0.78 \sim 1 \times 10^3 \mu m$，频率范围是 $3 \times 10^5 \sim 3.84 \times 10^8 MHz$，因物体的不同，其所辐射之红外光波长亦有差异。人体所辐射的红外线波长在 $10 \mu m$ 左右，热感式红外线侦测器，即利用此方式来侦测人体。

执行红外光能量侦检的感知器，依侦测原理的不同，分量子型及热能型两种。由于热能型感知器的灵敏度与波长没有依存关系，可在室温下使用，因此是目前防盗系统中作为人体感知器及自动灯控所使用最多的。它有 7 到 $15 \mu m$ 之带通特性的光学滤波器，当接近人体的温度发生变化时，就能产生反应。被动红外探测器中的 IFT 技术可自动调节报警触发阈值。传感器中的红外传感源有双源、四源等种类，红外源几何形状有方形和交叠形，有模拟式或数字式自动脉冲数调节。

② 微波物体移动感知器。是利用超高频无线电波的多普勒频移来进行侦测。由于它的频率与雷达所用的频率相近，有人称为雷达警报器，其实这并不适合，真正的雷达除了能够测出物体的出现以外，还能够测出物体的方位、距离与速度等。由于微波的辐射可穿过干的水泥墙及玻璃，在使用时需考虑方向与位置的问题。通常适合于开放式空间或

广场。

③ 开关。开关是防盗系统中最基本、简单而经济有效的感知器。开关一般装于门窗上，线路的连接可分常开与常闭式两种。最常用的开关有微动开关与磁簧开关两种。

一般机械式的开关容易有接点锈触，而导致接触不良的情形，因此众多场合都改用磁簧开关。磁簧开关之构造是利用磁性簧片，以适当的间隔重叠，和惰性气体一起封入玻璃内成磁性驱动开关，当磁场接近时产生异极诱导，当磁性吸力较磁簧机械弹力高时会使接点闭合，而当磁力消失时，接点即弹回开路状态。由于接点部分和惰性气体一起被密封，因此，不受开关切换时所产生的火花和大气中潮湿、尘埃等的影响。寿命较长，可靠性也大为提高。在大型安全系统中，开关最常被用来做第一线的防护，然后再由好几个其他感知器支援，形成较周密的监侦网。

④ 侦光式行动侦测器。必须在有光线的环境中才能使用。它是利用两个光电池或光电晶体等组成差动检知装置，能够侦检出周围光线的微量变化。当视野内状况正常，两个感知器的输出在一特定值；如果有物体通过，不论是进入或离开它的视野，所造成的光线变化，会使两个感光器产生差异，脱离正常值。而整体性背景光线的强弱变化，并不会造成它的差异。侦光式行动侦测器，由于不需发送出任何能量，因此，可以做得体积小及非常省电，也不易被人察觉。唯一的条件是需要有稳定的背景光源，一般用于室内，利用灯光作为光源较适合。

⑤ 接近式感测器。所感测的距离通常在几十厘米以内，甚至不到 1cm。依感测方式，可分为电磁式、电容式及光电式三种，接近式感测器用于防盗系统，大多用于定点检测，如检测门把是否被人触动，保险柜是否被移动、是否有人经过门等等。

⑥ 玻璃破碎感知器。将压电式微音器装于对着玻璃面之位置，由于只对 10～15kHz 高频的玻璃破碎声音进行有效的检测，因此不会受到玻璃本身的振动而引起反应。普遍应用于玻璃门窗的防护。

⑦ 超声波物体移动探测器。20kHz 以上的声波称为超声波。超声波物体移动感知器，需要一个能够发送超声波及另一个负责接收回波的换能器，也有发射及接收换能器共存在一个本体上的。平常发射用的换能器，发送出一固定频率的超声波，散布在侦测的空间中，如果有一物体反射回来超声波，其频率会发生频率偏移，借以检测出是否有物体移动。这种频率偏移现象，称为多普勒效应。但超声波物体移动感知器，容易受到振动和气流的影响。

⑧ 振动探测器。依其原理，可分机械惯性及压电效应式两种。机械惯性式是利用软簧片终端之重锤，当受到振动时因而产生惯性振动，振幅够大时，即碰触到其旁的另一金属片，因而引发警报。压电效应式是利用压电材料因振动产生的机械变形，而产生出电荷，由此电荷的大小来判断振动的幅度，并可借电路调整来改变灵敏度。目前由于机械式较容易锈蚀，且体积也较大，逐渐以压电式为主。

2）降低误报率的措施与途径

① 为了降低采用单一探测原理装置易产生的误报，途径之一是将红外、微波、超声等探测方法组合成双鉴式，也就是基于两种技术原理的复合式报警器。据统计，双鉴探头与单技术探头相比，误报率可相差 400 倍。更有两次信号核实的自适应式双鉴探测器和以两组完全独立的红外探测器双重鉴证来减少误报。Pyronix 公司还推出了微波＋红外＋

IFT（双边独立浮动触发阈值）＋微波监控（微波故障指示）的四鉴探测器。

②采用智能微处理器技术来进一步降低误报率，使探测装置智能化，采取的主要措施有：

A. 探测器内装有微处理器，能够智能分析人体移动速度和信号幅度，即根据人体移动产生信号的振幅、时间长度、峰值、极性、能量等信号，与 CPU 内置的"移动/非移动信号特性数据库"作比较，如果不符合特性，则立即将其排除；如果属移动信号，则再进一步分析移动的类型，从而作出是否输出报警或者等待下一组信号的决断。

B. 在双鉴器内当一种传感器技术发生故障时，能自动转换到以另一种传感器技术作单技术探测器。C&K 则采用灵敏度均一的光学透镜与 S 波段微波相结合来使探测器能准确地区分人与动物的移动。

C. 对被动红外探测器，以微处理器控制数字式温度补偿，实现温度的全补偿，并有非常理想的跟踪性，从而可克服因温度升降而导致的误报和漏报。

D. 采用全数字化探测方案——即把被动红外传感器上的微弱模拟信号，不经模拟电路作放大和滤波等处理，而是将其直接转换为数字信号，输入到功能强大的微处理器中，再在软件的控制下完成信号的转换、放大、滤波和处理，从而获取不受温度影响和没有变形的高纯度、高精度及高信噪比的数字信号，之后再通过软件对信号的性质及室内背景的温度与噪音量作进一步分析，最终决定是否报警。此种措施提高了探测器对环境的适应性。

③工艺和技术上的改进

A. 在含红外源探测器中，对红外源作全密封处理，从而能够防止气流干扰。

B. 有的探测器能自动调整报警阈值，通过具有可调脉冲数来减少误报和漏报，克服各类电磁波对其的干扰，例如采用双边独立浮动阈值技术 IFT，仅当检测到频率为 0.1～10Hz 的人体信号时，才将报警阈值固定在某一数值，超过此数值则触发报警；对非人体信号则视为干扰信号，此时报警阈值随干扰信号的峰值自动调节但不给报警信号。有的探测器装有精密的电子模拟滤波器来消除交流电源干扰或用电子数字滤波器来减少电子干扰，更有通过在高频率的动态数字采样后，由微处理器软件来分辨射频/电磁干扰，并将干扰与移动信号相分离。

C. 有的探测器采用四元热释电传感器或独特的算法使之具有防止小动物触发误报的机制与功能。

D. 有独特的防遮盖功能，在 1m 内发生的遮盖或破坏探测器企图，都将触发报警，探测器的球形硬镜片能增大所封锁的角度和范围，准确接收任何方向的信号。

E. 将微型摄像机与探测传感器相结合，形成多功能探测器，将更为全面有效，例如由带针孔镜头的扳机式 CCD 摄像机与双元红外及微音监听器构成的产品。

F. 开发高可靠性低价位的新型探测技术也在进行之中，例如微功耗的防盗雷达扫描技术已进入实用阶段。

G. 有 3 个微波工作频率可供选择，如 10.515G、10.525G、10.535G，这样在某一区域内安装多只微波探测器时，不会产生同频干扰。此外，采用 K 波段（24G）微波探测，可有效地降低微波的穿透能力，减少环境干扰，既提高了灵敏度，还降低了误报。

（3）视频移动探测报警

视频移动探测器的工作原理非常简单，如果在摄像机视野范围内有物体运动，它们必然会引起视频信号对比度的改变，通过对有一定时间间隔的两个图像进行比较，就能判断出在这段时间内在这台摄像机的视野范围内是否有警报发生。对于金融系统和文博场馆内要害部位的安全防范，特别是在下班期间，这是一种既方便又可靠的适用途径。在发生紧急事件时，保安人员也可走进任何一个检测区域触发报警，以便寻求帮助。

1）视频移动探测器的基本功能

视频移动探测器原理虽然简单，但因光照变化、摄像机抖动和雨雪等自然现象也会引起对比度的改变，进而引发报警，为了避免此类情况发生，从设计上要采取一系列措施来抑制误报，并能据以分析引起警报的原因，这是与红外线或超声波运动追踪器所不同的。

① 视频移动探测器以事先用摄像机拍摄下的一幅监控目标图像作为标准，并与随后一段时间的摄像机图像进行分析对比，在对比图像的改变后迅速做出反应，高指标的系统即使图像的对比度在测量中只改变 0.01%，系统仍可判断出来，而且测量速度很快，最快时 100ms 可测比 2.5 幅半屏图像，基本达到实时。

② 用户可以调整每个探测区的大小、形状、位置和灵敏度，有的还能用逻辑操作和时间函数而与其他的探测区域相连，从而可以设定在某一方向上的警报标准。

③用户可选择测量时间段（如从 40ms 到 10s 分为几档），并以此时间段得到的结果进行结论分析，从而将缓慢运动的物体和快速运动的物体区分开来。

这样，高性能的视频移动探测器可让用户根据非常复杂的监控环境来设定相应的警报标准，并保证了极高的可靠性，有的装置对探测到的运动物体还可进行跟踪。用户也能很方便地将它连接到警报图像存储记录系统。

2）视频移动报警器的性能指标

① 可以在摄像机图像中指定多个（如 64 个）独立的探测区域，每个探测区域可以是任意形状的并可有大小不同的面积，以适应不同的探测要求，此外，对每个探测区域的检测灵敏度参数也可进行设置，还可定义目标与背景之间总的对比度变化。

② 每个探测区域可单独地作"布防"或"撤防"设置，以适应各出入口、大厅、停车场等检测区域特殊时间段的作业要求。

③ 在警报探测到以后 40ms 内发出报警信号，包括警报发出位置、摄像机编号等辅助信息。

④ 可以有下列多种不同的探测触发报警方式，详如图 5-30 所示。

A. 标准触发报警方式——在定义区域内的任何变化均可触发报警。如在监控区域中设置 A 和 B 两个传感区，并把敏感度调节到所需水平，当运动物体出现在传感区 A 或 B 中时，警报就被触发。

B. 根据目标大小确定警报标准——传感区域上下排列，两个传感区域不一定要同样大小，如果只侦测到运动目标出现在一个传感区中，则不会触发警报，只有当目标同时出现在两个传感区中时，才会触发警报。

C. 根据目标运动方向确定警报标准——只有当运动目标先出现在 A 中，再出现在 B 中时，警报才被触发，如果方向相反，则不会触发，而且只需调换传感区，就能轻易地改变追踪方向。

D. 根据目标运动速度确定警报标准——传感区设置于重点防卫部位（如档案室或保

(1) Simple Protection.A or B operation

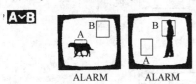

ALARM　　　　ALARM

(2) Alarm criterion object size

ALARM　　　　NO ALARM

(3) Alarm criterion direction of motion

ALARM　　　　NO ALARM

(4) Alarm criterion motion speed

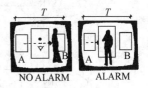

NO ALARM　　　ALARM

(5) Alarm criterion direction and speed

NO ALARM　　　ALARM

ALARM　　　　NO ALARM

图 5-30　多种不同的探测触发报警方式

密地区入口）的两侧，只要运动物体出现在任一传感区（A 或 B），而超过设定的时间（0.1～10s）还未出现在另一传感区，警报即被触发。

E. 根据目标运动方向和速度确定警报标准——同时设定方向和速度两种不同标准。第一种情况是运动目标在特定的时间内先出现在 A 中，又出现在 B 中，警报即可触发，这样可消除运动过快或过慢引起警报。第二种情况是运动目标在特定时间内经过 A 传感区，而未经过 B 传感区，警报即触发。

⑤ 可有透射补偿校正功能，用来标定监视区域各位置的物体大小容差。

⑥ 每个探测器可储存 4 个半图，它们可以是不同警报发生时刻的 4 个图像。也可以是同一个警报发生时的 4 个过程图像（警报前、报警时、报警后）

（4）报警的接收与处理装置

早期的报警接收与处理系统是在报警中心有单独的报警接收机与电话网络相连，接收上报的报警信号，再以报警中心的 PC 机对报警信号进行处理，如图 5-31（a）所示。接收报警的装置视其管辖防区的多少，可以只有一个报警接收控制器。但是如果有众多的防区，或者因为报警探测器布局地域分散而使各个防区的报警信号众多时，一般可有二级结构，下一级为报警接收控制器，上一级为警报接收与处理主机。报警探测器发出的警报信号先接至与其相连接的报警接收控制器，再由报警接收控制器传送到报警接收与处理主机，构成二级系统。

现实的报警系统则是不设报警接收机，而用一台或多台 PC 机直接连接众多的调制解调器，PC 机上运行接警软件，同时也具备数据处理和管理功能。如图 5-31（b）所示。

更先进的是网络服务器方案，如图 5-31（c）所示。它适用于中大规模的报警网，系统局域网内设服务器，上报的报警信息以数据库形式存放在网络服务器上，相关的处理也由服务器来完成，PC 机作为客户端负责接收报警信号和数据处理任务的提交，从而真正

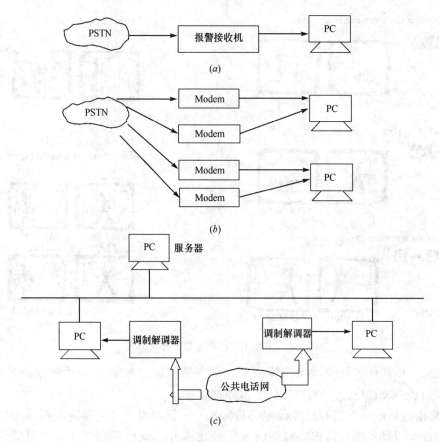

图 5-31　报警系统不同的结构方案

解决了系统在信息接收与数据处理上存在的资源争用矛盾。

本书作者提出了就地采用工业控制技术中的可编程序控制器（PLC）取代报警控制器和防盗主机的方案，并且已经成功地应用于工程实践中，被证明有性能高、连线少、易组网的特点，系统结构如图 5-32 所示，对这种结构的主要考虑是：

1）作为报警控制器或防盗主机的输入和输出绝大部分是开关量，而 PLC 正是开关逻辑的典型控制装置，其内含开关量输入和输出模块，可视需要选择模块数量和控制点数。

2）PLC 含有标准的 RS232 通信接口，便于信息的传输和联网运行，在其就地安装时，很容易与各类防盗传感器连接，可有效地减少连线长度。

3）PLC 可以串行通讯方式通过单根连线与上位计算机通信，上位机可以视窗软件windows 和 VB 等高级语言软件编程方便地控制 PLC 作为防盗主机的动作。

4）PLC 的可靠性高，能适应恶劣环境情况，有利于减少误报警。

5）如上位机采用多媒体计算，不仅可以具备警报发生时现场图像的同步切换，而且可以动态图像资料库方式存贮报警历史资料，提供快速检索之需，重现发生警报之过程。

6）PLC 价格虽比传统防盗主机略高，但因性能的提升幅度和迈入高档连机系统而被补偿，特别是采用现场总线的 I/O 模块可以软件 PLC 来实现真正分布式的系统，更能适应分布式网络控制的要求。

（5）报警图像资料库

190

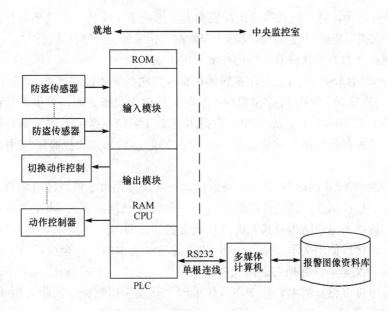

图 5-32　防盗主机的新型结构

防盗报警系统除具备报警提示与报警部位指示外，最具实际使用价值的是将发生报警部位的摄像机图像记录下来。不仅需要记录发生报警之后的图像，而且希望能够记录下发生报警时刻之前的图像，这样对于证实报警或追踪破案均有现实意义，这就是智能化报警系统的体现。

报警信号来源于各类防盗传感器，而摄像机图像的捕获与采集则需要计算机硬件和软件的支持。报警图像资料库的形成过程如图 5-33 所示。

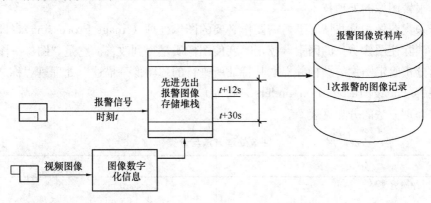

图 5-33　报警图像资料库的形成过程

在重点监控的场所或部位，不仅要求装备有当发生报警时能够自动切换显示与之相对应部位摄像机图像的联动系统，而且在平时以巡回方式逐个对监控部位的摄像机图像进行采集，之后将结果暂时贮存于计算机中开辟的专用报警图像存贮堆栈中，该堆栈以先进先出（FIFO）方式工作，在防盗传感器没有任何报警信号发生时，该存贮堆栈内容随时间推移而被不断地刷新；当有任一报警信号发生，则暂时停止刷新过程，转而将发生报警部位的摄像机图像保存并缩短图像采集间隔时间，以记录到该摄像机每秒数帧的图像；这样在发生报警瞬间以及其前后时刻的图像均有记录。在此之后，将该摄像机长约 2～3min 的若干帧图像视作一次报警事件记录，将其转入报警图像资料库，形成历史文件，可供事后作连机检索调阅。在完成一次报警的处理后，系统又转入正常的巡检采样与存储刷新过程。

对图像捕获参数调整软件有下列两种实用的方法：

1) 在 Visual BASIC 平台上利用多媒体视窗软件中的媒体控制接口 MCI（Media control interface）来实现。MCI 在控制视频、音频、外设等设备方面，提供了与设备无关的应用程序正是由于 MCI 的设备无关性，使得用它来开发应用系统无须了解每种多媒体产品的细节，为各种各样的多媒体设备提供一个共同的接口，大大提高了应用系统的开发效率。

可以使用两种 MCI 接口与 MCI 设备通信，一种是使用命令消息接口函数，另一种是使用命令字符串接口函数，这两种函数中的任一种都可访问所有的 MCI 设备性能，不同之处在于它们的基本命令结构及其发送信息到设备的原型。

命令字符串接口使用文本串命令控制 MCI 设备，文本串中包含执行一个命令所需的信息。MCI 分析文本串，并把它翻译成能送到命令消息接口中的消息、标志和数据结构。由于命令字符串接口编程简单，易于在 VB 平台上开发应用软件，因此可用 MCI 命令字符串接口来实现图像的单帧捕捉、调整图像的大小及在屏幕上的位置，以及包含色调（hue）、饱和度（saturation）、对比度（contrast）、亮度（brightness）在内的彩色设置。

2) 利用 video for windows 软件。

video for windows 是对 windows 的一种扩展，它能把模拟视频转化为数字化数据，可播放从传统模拟视频源得到的视频剪贴，视频剪贴的框架大小可选，但最大为整屏的 1/4（320×240）；色调亮度等显示参数可调；图像捕捉可有单帧捕捉、带 MCI 控制的单帧捕捉、动态视频捕获、带 MCI 控制的动态视频捕获等多种方式。

（6）报警图像的处理技术

报警采集图像在某些情况下，需要作必要的图像处理（Image Processing），即对给定的图像，消除使图像劣化的因素，校正畸变使图像质量得到改善。它是"图像→图像"的变换。而分析给定图像的结构并提取其特征所进行的"图像→描述"处理过程称之为图像识别和理解（image recognition/understanding）。

图像处理方法的分类见表 5-7。

图像处理方法与分类　　　　　　　　　　　　　　　　表 5-7

分　　类	方　　法
图像质量改善	锐化（sharpening） 平滑化（smoothing） 模糊的复原（restoration）
图像分析（image analysis）	边缘和线检测（edge&line detection） 区域划分（region segmentation） 形状特征测量 几何计算（geometric transformation） 纹理分析（texture） 匹配（matching）
图像重建（image reconstruction）	投影像的重组 利用体视对形成的立体像 全息图的再生

模拟图像首先要通过采样而数字化，也就是把时间上和空间上连续的图像变换成离散的像素的集合，其次由于像素的值（浓淡值）还是连续值，还需要通过量化（quantization）将浓淡值变换成离散整数值，即灰度等级（gray level），此后即可对其进行数字化处理，图像的运算处理方式有：

1）局部处理（local operation）和大局处理（global operation），这其中包括点处理（浓淡图像的二值化处理、灰度变换等）、邻域处理和大局处理。

2）迭代处理（iterative operation），是反复地运用一种运算直至满足给定条件，从而得到输出图像的一种处理方式。

3）跟踪处理（tracking operation），从起始像素开始，检查输入图像和已得到的输出结果，求出下一步应该处理的像素，抑或终止处理。

4）位置不变处理（position invariant operation）和位置可变处理（position variant operation），即求输出图像像素 JP（I，J）值的计算方法与其在图像内的（I，J）有无关系。

对图像的处理，有对整个画面进行处理，但也有仅对画面中特定部分进行处理的窗口处理（window operation）和模板处理（mask operation）。

对报警图像的处理而言，主要的是作图像增强，以改善图像的视觉效果，提高图像的清晰度，同时也便于计算机做图像轮廓抽取和各种特征分析。从增强处理的作用域出发，图像增强有空间域法和频率法两大类。空间域法处理时直接对图像灰度作运算。灰度变换有全域线性变换、分段线性变换等方法，灰度变换可使图像动态范围加大、图像对比度扩展，从而使图像清晰、特征明显。对于图像灰度级分布情况的统计可以用直方图来表示。而频率法处理是在图像的某种变换域内，对图像的变换系数值进行运算，即作某种修正，然后通过逆变换获得增强图像，是一种间接增强的方法。频域增强处理主要采用各类低通滤波或高通滤波器。

由于闭路电视摄像系统拍下的影像经常不清晰，可能难以从中辨认出疑犯的面目。英国斯塔福德郡大学正在开发一种软件，把闭路电视系统记录下的活动影像分解为多幅静止图像，再对不同角度的图像进行分析，从中选取出面部如眼睛、鼻子、嘴、头发等重要的特征数据，再在计算机上"拼合"出头部完整的三维图像，特别是清晰的疑犯面部图像。日本卫生医学工程公司开发出人脸影像超级姿势比对系统（3D Rugle for Superimposition），辨识技术的研究非常活跃。

二、建筑智能化工程工程量计算

项目编码：030503009　项目名称：建筑设备自控化系统调试

【例1】　为了更好地保护自身人身及财产安全，某别墅需在原有线路及设备的基础上安装一套自控系统，其示意图如图 5-34 所示，图中所示设备（除原有家居电器外）全为本次需安装的新设备，包括家居管理计算机 1 台（需安装管理软件 1 套）、家居智能控制箱 1 台（暗装，包括箱内智能控制器和扩展器各一套）、家居智能布线箱 1 台（暗装，包括箱内配线架 1 套、网络设备 1 台）、家庭报警控制装置 1 套、家居三表计量与远程传输装置 1 套、家居电器监控装置 1 套（监控别墅内客厅冰柜、厨房冰柜等家用电器）、可视对讲户内机 1 套、可视对讲户外机 1 套。该别墅的家庭报警控制装置、家居三表计量与远程传输装置、可视对讲户内机和可视对讲户外机要求安装后进行调试。

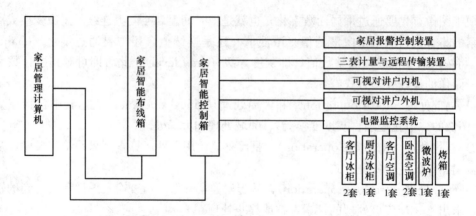

图 5-34　某别墅自控系统示意图

试结合该工程的具体情况计算该别墅自控系统设备安装工程的工程量并套用定额。

【解】（1）定额工程量

套用定额，并按照定额工程量计算规则计算定额工程量，并找出其价格

1）家庭报警控制装置：

① 家庭报警控制装置的安装　　　　　　1 套　　　　　套用定额 13-10-1

② 家庭报警控制装置的调试　　　　　　1 台　　　　　套用定额 13-10-16

2）家居三表计量与远程传输装置：

① 家居三表计量与远程传输装置的安装　1 套　　　　　套用定额 13-10-2

② 家居三表计量与远程传输装置的调试　1 台　　　　　套用定额 13-10-17

3）家居电器监控装置（8 点）：

① 家居电器监控装置（8 点）的安装　　1 套　　　　　套用定额 13-10-3

② 家居电器监控装置（8 点）的调试　　1 台　　　　　套用定额 13-10-18

【注释】 家居电器监控装置的点数为所监控家居电器的数量，图 5-34 中家居电器数量为 2＋1＋1＋2＋1＋1＝8 点：

式中　2——客厅冰柜的数量；

　　　1——厨房冰柜的数量；

　　　1——客厅空调的数量；

　　　2——卧室空调的数量；

　　　1——微波炉的数量；

　　　1——烤箱的数量。

4）可视对讲户内机：

① 可视对讲户内机的安装　　　　　　　1 套　　　　　套用定额 13-10-4

② 可视对讲户内机的调试　　　　　　　1 台　　　　　套用定额 13-10-19

5）可视对讲户外机：

① 可视对讲户外机的安装　　　　　　　1 套　　　　　套用定额 13-10-5

② 可视对讲户外机的调试　　　　　　　1 台　　　　　套用定额 13-10-20

6）家居智能控制箱（暗装，包括箱内智能控制器和扩展器各 1 台）：

① 家居智能控制箱暗装　　　　　　　　1 台　　　　　套用定额 13-10-7

② 箱内智能控制器　　　　　　　　　　　1 台　　　　套用定额 13-10-8
③ 扩展器　　　　　　　　　　　　　　　1 台　　　　套用定额 13-10-9
7）家居智能布线箱（暗装，包括箱内配线架 1 套、网络设备 1 台）：
① 家居智能布线箱暗装　　　　　　　　　1 台　　　　套用定额 13-10-11
② 箱内配线架　　　　　　　　　　　　　1 套　　　　套用定额 13-10-12
③ 网络设备　　　　　　　　　　　　　　1 台　　　　套用定额 13-10-13
8）家居管理计算机（需安装管理软件 1 套）：
① 家居管理机　　　　　　　　　　　　　1 台　　　　套用定额 13-10-14
② 管理软件　　　　　　　　　　　　　　1 套　　　　套用定额 13-10-15
（2）清单工程量
住宅（小区）智能化设备：
① 家庭报警控制装置　　　　　　　　　　　　　　　　　　　　1 套
② 家居三表计量与远程传输装置　　　　　　　　　　　　　　　1 套
③ 家居电器监控装置　　　　　　　　　　　　　　　　　　　　1 套
④ 可视对讲户内机　　　　　　　　　　　　　　　　　　　　　1 套
⑤ 可视对讲户外机　　　　　　　　　　　　　　　　　　　　　1 套
⑥ 家居智能控制箱（暗装，包括箱内智能控制器和扩展器各 1 台）　1 台
⑦ 家居智能布线箱（暗装，包括箱内配线架 1 套、网络设备 1 台）　1 台
⑧ 家居管理计算机（需安装管理软件 1 套）　　　　　　　　　　1 台
然后根据以上计算的清单工程量列出清单工程量计算见表 5-8。

清单工程量计算表　　　　　　　　　　　　　　　　表 5-8

序号	项目编码	项目名称	项目特征描述	计算单位	工程量
1	030503009001	建筑设备自控化系统调试	家庭报警控制装置	户	1
2	030503009002	建筑设备自控化系统调试	家居三表计量与远程传输装置	户	1
3	030503009003	建筑设备自控化系统调试	家居电器监控装置	户	1
4	030503009004	建筑设备自控化系统调试	可视对讲户内机	户	1
5	030503009005	建筑设备自控化系统调试	可视对讲户外机	户	1
6	030503009006	建筑设备自控化系统调试	家居智能控制箱（暗装，包括箱内智能控制器和扩展器各 1 台）	台	1
7	030503009007	建筑设备自控化系统调试	家居智能布线箱（暗装，包括箱内配线架 1 套、网络设备 1 台）	台	1
8	030503009008	建筑设备自控化系统调试	家居管理计算机（需安装管理软件 1 套）	台	1

项目编码：030507　项目名称：安全防范系统工程

【例 2】某商场地下停车场管理系统简图如图 5-35 所示。试求其相关工程量。

该系统的基本情况如下所示：

（1）本系统的车辆出入检测系统为环形感应线圈的方式，通过环形感应线圈使通行信号灯 S 动作。为了提高用户存车的安全性，在出入口各安装了红外线车型识别仪 1 套，车牌识别装置 1 套，车辆分离器 1 套，便于储存更为详细的用户车辆信息。为防止意外事件的发生，在出入口分别配置了紧急报警器一套。这些仪器分别与出（人）口控制机（各一

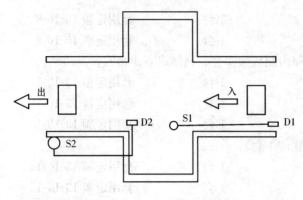

图 5-35　某商场地下停车场管理系统设备安装工程

套）相连接。

（2）本系统的收费系统采用电子收费形式，在出入口分别配置对讲分机各一套，电动栏杆各一套，车辆计数器各一套，非接触式 IC 卡通行阅读机各一套，并在入口相应的配置非接触式 IC 卡发卡机一套。在出口的电子收费系统由硬币自动收款机、停车计费显示器、语音报价器、收据打印机（各一套）组成。

（3）为方便客户更好地了解停车上的空位信息，在入口处配置了停车场标志牌、空满显示板、入口标志板、模拟地图屏（1m×1m）、限速标志各一套；在通行通道上设置了诱导信息牌 15 套。并且在出口处设置了出口标志板一套。另外，在停车场内部的每个车位设置了车位探测器一套（共 400套）、监视器架（2×6）20 套。

（4）监控中心设备有监控中心控制台 2 套，停车场管理软件 3 个。

（5）监控管理中心需进行系统调试。

【解】（1）定额工程量

1）车辆检测识别设备：

① 电感线圈车辆探测器	2 套	套用定额 13-8-1
② 车位探测器	400 套	套用定额 13-8-3
③ 车辆分离器	2 套	套用定额 13-8-4
④ 红外线车型识别仪	2 套	套用定额 13-8-5
⑤ 车牌识别装置	2 套	套用定额 13-8-6

2）出入口设备：

① 出入口控制机	2 套	套用定额 13-8-7
② 出入口对讲分机	2 套	套用定额 13-8-11
③ 电动栏杆	2 套	套用定额 13-8-13
④ 车辆计数器	2 套	套用定额 13-8-14
⑤ 非接触式 IC 卡发卡机	1 套	套用定额 13-8-17
⑥ 非接触式 IC 卡通行阅读机	2 套	套用定额 13-8-21
⑦ 硬币自动收款机	1 套	套用定额 13-8-24
⑧ 停车计费显示器	1 套	套用定额 13-8-25
⑨ 语音报价器	1 套	套用定额 13-8-26
⑩ 收据打印机	1 套	套用定额 13-8-27
⑪ 紧急报警器	2 套	套用定额 13-8-28

3）显示和信号设备：

① 停车场标志牌	1 套	套用定额 13-8-29
② 空满显示板	1 套	套用定额 13-8-30

③ 出入口标志板　　　　　　　　　　2 套　　　　　　套用定额 13-8-31
④ 诱导信息牌　　　　　　　　　　　15 套　　　　　套用定额 13-8-33
⑤ 通行信号灯　　　　　　　　　　　2 套　　　　　　套用定额 13-8-34
⑥ 限速标志　　　　　　　　　　　　1 套　　　　　　套用定额 13-8-35
⑦ 模拟地图屏（1m×1m）　　　　　1 套　　　　　　套用定额 13-8-38
⑧ 监视器架（2×6）　　　　　　　　20 套　　　　　套用定额 13-8-39

4）监控管理中心设备：

① 监控中心控制台　　　　　　　　　2 系统　　　　　套用定额 13-8-40
② 停车场管理软件　　　　　　　　　3 系统　　　　　套用定额 13-8-41
③ 监控管理中心调试　　　　　　　　1 系统　　　　　套用定额 13-8-42

（2）清单工程量

1）车辆检测识别设备（按设计图示数量计算）：

① 电感线圈车辆探测器　　　　　　　　　　　　　　　　　　　　2 套

【注释】出入口各一套电感线圈车辆探测器，共两套

② 车位探测器　　　　　　　　　　　　　　　　　　　　　　　400 套

【注释】在停车场内部的每个车位设置了车位探测器一套（共 400 套）

③ 车辆分离器　　　　　　　　　　　　　　　　　　　　　　　　2 套

【注释】出入口各有车辆分离器 1 套，共两套。

④ 红外线车型识别仪　　　　　　　　　　　　　　　　　　　　　2 套

【注释】出入口各有红外线车型识别仪 1 套，共两套

⑤ 车牌识别装置　　　　　　　　　　　　　　　　　　　　　　　2 套

【注释】出入口各有车牌识别装置 1 套，共两套

2）出入口设备（按设计图示数量计算）：

① 出入口控制机　　　　　　　　　　　　　　　　　　　　　　　2 套

【注释】出入口各有出入口控制机 1 套，共两套

② 出入口对讲分机　　　　　　　　　　　　　　　　　　　　　　2 套

【注释】出入口各有出入口对讲分机 1 套，共两套

③ 电动栏杆　　　　　　　　　　　　　　　　　　　　　　　　　2 套

【注释】出入口各有电动栏杆 1 套，共两套

④ 车辆计数器　　　　　　　　　　　　　　　　　　　　　　　　2 套

【注释】出入口各有车辆计数器 1 套，共两套

⑤ 非接触式 IC 卡发卡机　　　　　　　　　　　　　　　　　　　1 套

【注释】仅在入口有非接触式 IC 卡发卡机 1 套，共 1 套

⑥ 非接触式 IC 卡通行阅读机　　　　　　　　　　　　　　　　　2 套

【注释】出入口各有非接触式 IC 卡通行阅读机 1 套，共两套

⑦ 硬币自动收款机　　　　　　　　　　　　　　　　　　　　　　1 套

【注释】仅在出口有硬币自动收款机 1 套，共 1 套

⑧ 停车计费显示器　　　　　　　　　　　　　　　　　　　　　　1 套

【注释】仅在出口有停车计费显示器 1 套，共 1 套

⑨ 语音报价器　　　　　　　　　　　　　　　　　　　　1 套

【注释】仅在出口有语音报价器 1 套，共 1 套

⑩ 收据打印机　　　　　　　　　　　　　　　　　　　　1 套

【注释】仅在出口有语音报价器 1 套，共 1 套

⑪ 紧急报警器　　　　　　　　　　　　　　　　　　　　2 套

【注释】出入口各有紧急报警器 1 套，共两套

3）显示和信号设备（按设计图示数量计算）：

① 停车场标志牌　　　　　　　　　　　　　　　　　　　1 套

【注释】仅在入口有停车场标志牌 1 套，共 1 套

② 空满显示板　　　　　　　　　　　　　　　　　　　　1 套

【注释】仅在入口有空满显示板 1 套，共 1 套

③ 出入口标志板　　　　　　　　　　　　　　　　　　　2 套

【注释】出入口各有出入口标志板 1 套，共两套

④ 诱导信息牌　　　　　　　　　　　　　　　　　　　 15 套

【注释】在通行通道上设置了诱导信息牌 15 套

⑤ 通行信号灯　　　　　　　　　　　　　　　　　　　　2 套

【注释】出入口各有通行信号灯 1 套，共两套

⑥ 限速标志　　　　　　　　　　　　　　　　　　　　　1 套

【注释】仅在入口有限速标志 1 套，共 1 套

⑦ 模拟地图屏（1m×1m）　　　　　　　　　　　　　　　1 套

【注释】仅在入口有模拟地图屏（1m×1m）1 套，共 1 套

⑧ 监视器架（2×6）　　　　　　　　　　　　　　　　 20 套

【注释】在停车场内部的监视器架（2×6）20 套

4）监控管理中心设备（按设计图示数量计算）：

① 监控中心控制台　　　　　　　　　　　　　　　　　 2 系统

【注释】监控中心设备有监控中心控制台 2 套

② 停车场管理软件　　　　　　　　　　　　　　　　　 3 系统

【注释】监控中心设备有停车场管理软件 3 个

③ 监控管理中心调试　　　　　　　　　　　　　　　　 1 系统

【注释】监控管理中心共一个，需进行系统调试

然后根据以上计算的清单工程量列出清单工程量计算表见 5-9。

清单工程量计算表　　　　　　　　　　　　　　　　　　表 5-9

序号	项目编码	项目名称	项目特征描述	计算单位	工程量
1	030507001001	入侵探测设备	电感线圈车辆探测器的本体安装	套	2
2	030507001002	入侵探测设备	车位探测器的本体安装	套	400
3	030507001003	入侵探测设备	车辆分离器的本体安装	套	2
4	030507001004	入侵探测设备	红外线车型识别仪的本体安装	套	2
5	030507001005	入侵探测设备	车牌识别装置的本体安装	套	2

序号	项目编码	项目名称	项目特征描述	计算单位	工程量
6	030507006001	出入口控制设备	出入口控制机的本体安装	台	2
7	030507007001	出入口执行机构设备	出入口对讲分机的本体安装	台	2
8	030507007002	出入口执行机构设备	电动栏杆的本体安装	台	2
9	030507007003	出入口执行机构设备	车辆计数器的本体安装	台	2
10	030507007004	出入口执行机构设备	非接触式 IC 卡发卡机的本体安装	台	1
11	030507007005	出入口执行机构设备	非接触式 IC 卡通行阅读机的本体安装	台	2
12	030507007006	出入口执行机构设备	硬币自动收款机的本体安装	台	1
13	030507007007	出入口执行机构设备	停车计费显示器的本体安装	台	1
14	030507007008	出入口执行机构设备	语音报价器的本体安装	台	1
15	030507007009	出入口执行机构设备	收据打印机的本体安装	台	1
16	030507007010	出入口执行机构设备	紧急报警器的本体安装	台	2
17	030507014001	显示设备	停车场标志牌的本体安装	台	1
18	030507014002	显示设备	空满显示板的本体安装	台	1
19	030507014003	显示设备	出入口标志板的本体安装	台	2
20	030507014004	显示设备	诱导信息牌的本体安装	台	15
21	030507014005	显示设备	通行信号灯的本体安装	台	2
22	030507014006	显示设备	限速标志的本体安装	台	1
23	030507014007	显示设备	模拟地图屏（1m×1m）的本体安装	台	1
24	030507014008	显示设备	监视器架（2×6）的本体安装	台	20
25	030507016001	停车场管理设备	监控中心控制台的本体安装	台	2
26	030507016002	停车场管理设备	停车场管理软件的本体安装	台	3
27	030507016003	停车场管理设备	监控管理中心联试	套	1

第六章 自动控制仪表安装工程

一、自动控制及仪表安装工程制图

（一）自控仪表施工图中仪表位号的表示方法

1. 仪表位号由数字及字母代号组成，在位号中，第一个字母表示被测变量，第二个字母表示仪表的功能；数字编号的编制则是按工段或装置进行的。

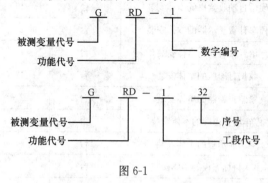

图 6-1

（1）以工段编制的数字编号，一般用三四位数字表示，它包括回路顺序号和工段号。

（2）以装置编制的数字编号，只编回路的顺序号。如图 6-1 所示。

2. 仪表的位号以被测变量分两类：①不同被测变量的位号是不能连续编的；②同一工段（装置）的相同被测变量可以进行连续编号，且中间可以有空号。

3. 在工业管道的仪表系统图和控制流程图中，仪表位号的标注应该把数字编号写在下半圆中，字母代号写在上半圆中。如图 6-2 所示，（a）图表示就位安装仪表；（b）图表示集中仪表盘面安装。

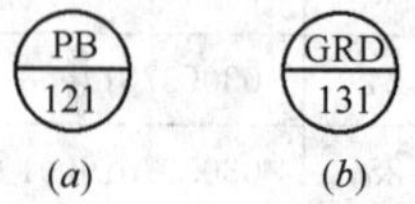

4. 当不同工段多个检出元件共用一台显示仪表时，仪表位号不表示工段号，只编顺序号即可。

5. 当一台仪表由两个以上回路共用时，标注各回路的仪表位号。如：一台双笔记录仪若用于记录两个回路的流量和压力时，仪表位号为：PR123/124 或 PR-123/PR-124。

$$\begin{array}{cc} \text{PB} & \text{GRD} \\ \hline 121 & 131 \\ (a) & (b) \end{array}$$

图 6-2 仪表位号标注

（a）就位安装；

（b）集中仪表盘面安装

6. 多机组的仪表位号不用相同位号加尾缀而是按一般顺序编制的方法。

7. 如果同一回路中，有两个以上相同功能的仪表，为了区别它们，可在仪表位号后附加尾缀。如：FV-201A、FV-210B 表示同一仪表回路的两台控制阀；FT-401A、FT-401B 表示同一回路中的两台变送器。

8. 在工艺管道的设计文件及控制流程图中，可以用仪表位号及其组合来表示构成一个回路的一组仪表。如：TRC-134 可以代表一个温度控制回路。

9. 随设备成套购进的仪表，在工艺管道及其控制流程图上应标注位号，但在位号表示的圆外应注"成套"或其他相应符号。

10. 仪表的位号标注圆圈内，后续字母应按 IRCTQSA 的顺序进行标注（代号字母最好不超过 5 个）。

仪表及其标注圆内，有报警、开关功能时只标注代号"A"，不标注"S"，当用"SA"标注时，表示具有报警及联锁功能。

当具有记录、指示功能时，只标注代号"I"，而不标注"R"。

当具有多种功能时，用多功能代号"U"标注。如 FU，表示一台具有流量指示、控制、记录、流量变送、流量低报警等诸多功能的仪表。

另外，当一台仪表由于具有多种功能或有多个变量而易产生混淆时，其标注应以多个相切的圆表示，并填入相应的字母代号和被测变量。

11. 仪表的附件，如隔离装置、冷凝器等则不用标注仪表位号。

12. 在工业管道及其流程图上，一般不表示仪表冲洗或吹气系统的转子流量计、空气过滤器、压力控制器等，应另画详图表示。

13. 为了表达得更清楚，可以在仪表图形符号旁边附以简单的文字说明。

(二) 自控仪表施工图的分类

根据自控仪表工程的简繁及对自控仪表施工图的绘制编排方式的不同，自控仪表施工图分以下几种：

1. 仪表供电系统和接地系统图

由于不同用途的仪表有使用交流、直流电源的差异，因此在供电系统图中应有电源的种类及开关，并用单线画出从电源到仪表的分配情况。

接地，有仪表信号回路与屏蔽线的接地、仪表盘和分电盘的安全接地等不同的接地方式，因此，它们也应该在接地系统图中表示出来，也可画在电源系统图上。

2. 盘内接线图

盘内接线图是用来表示仪表、仪表盘、电源及接线端子相互之间的配线关系的。有以下两种用途：

(1) 还表示一次端子到盘上仪表的配管、配线的连接关系，一般不属于现场施工范围，仅作现场施工参考。

(2) 用于控制室内一次端子和现场仪表的连接，是现场安装施工的主要依据。

3. 仪表信号系统图

包括全部仪表、信号传递系统、仪表信号。它是用单线图表示从调节器到调节阀、从变送器到二次仪表之间信号管线的连接关系的。

4. 控制室仪表盘平面布置及安装图

该图表示控制室内机架、电源设备、控制台、仪表盘等仪表设备的安装定位点、尺寸、平面布置。其内容包括仪表设备的有关尺寸、位置、定位点；基础槽钢的尺寸、预留孔洞的位置尺寸及地脚螺栓的定位点；电缆管线的尺寸、定位点与平面位置等。

5. 电缆槽 (架、沟) 敷设图

内容有：电缆槽 (架、沟) 的走向、标高、位置、形式、定位尺寸、材料等安装的具体要求。

6. 仪表导压管安装图

仪表导压管安装图是表示设备及工业管道从检测点到一次仪表的连接关系的。有以下内容：节流装置的形式、接管方位、隔离容器、导压管等的规格、材质、安装位置及与其他相关专业的关系，工业管道的安装标高、规格、材质，工艺介质名称、仪表位号、导压管配管方式等。

仪表导压管安装图是以轴测图表现示意图的，其安装配管方式有专门的图册，施工中套用即可。

7. 气动仪表配管图（气动信号管、气源管）

它表示从主管来的信号管、气源管的走向、规格等，是根据工艺设备安装图和工艺配管图来绘制的。

气动仪表配管图有仪表气动信号配管图和仪表配管图。内容有：管子的走向、数目，分管箱的标高、位置。气源管有主管道的标高、位置、尺寸，主管道出口阀的尺寸、位置及工艺管道与其他专业的关系，配管的规格、尺寸等。

8. 电缆、管线敷设平面图

电缆、管线敷设平面图表示电缆、管线的终端位置，控制电缆、管线的走向、规格及数目。内容主要有：检测点的位置，从检测点到变送器的管路布置情况及毛细管的走向、规格、数目等，控制电缆的分布、编号及其走向，规格、数目，还有分管箱及其标高、编号、现场盘和分析仪的位置及编号。

从控制室到现场的配线、配管一般采用多芯管缆、多芯控制电缆。

9. 分析仪表配管图

每台分析仪表都应绘出配管图，其内容有：工艺管道代号、工艺设备名称、公用工程配管形式、取样配管的形式、仪表的位号，样品介质名称、使用材料的规格、材质、名称以及与其他专业的关系。标明分析仪表的名称（如：CH_4 气象色谱仪，O_2 分析仪等）。

二、自动控制及仪表安装工程造价概论

（一）自动化仪表的基本知识

在现代化工业生产过程中，为保证生产操作能够在预定的工作情况下顺利进行，需要对工艺流程的温度、压力、流量、位移、速度、浓度、黏度和成分等各种工艺参数进行测量与监视或加以操作调节。检测和调节这些参数的仪表叫工业自动化仪表。评价和比较仪表的优劣是反映仪表基本性能的指标。

1. 仪表的测量过程。所谓测量，就是用实验的方法，求出某个量的大小。测量方法有直接测量、间接测量和联立测量。将被测参数与其相应的测量单位进行比较过程叫测量过程。

2. 仪表的测量误差。人们总是希望把测量参数的真实值（称约定真值）反映出来，但实际测量值（测量值）与真实值之间始终存在着一定差值，这一差值就称为测量误差。

测量误差可分为三类：系统误差（称规律误差）、疏忽误差、偶然误差。

测量误差有两种表示方法：绝对误差、相对误差。

一台仪表在其标尺范围内各点读数的绝对误差，是指标准仪表与该仪表对同一变量进行测量时所得的两个读数之差，表示为绝对误差，绝对误差＝该仪表的读数（测量值）－标准仪表读数（约定真值）。一台仪表在其确定的参比工作条件使用时所产生的误差叫该仪表的基本误差。

（1）绝对误差表示的基本误差限为：

$$\Delta = \pm a$$

式中　Δ——用绝对误差表示的基本误差限；

　　a——一个有量纲的常数。

（2）相对误差表示的基本误差限为：

$$S = \pm \frac{\Delta}{x} \times 100\%$$

式中 S——用相对误差表示的基本误差限；

Δ——绝对误差表示的基本误差限；

x——被测变量的约定真值。

（3）引用误差（也称相对百分误差或允许误差）表示的基本误差限为：

$$\gamma = \pm \frac{\Delta}{标尺上限 - 标尺下限} \times 100\%$$

式中 γ——用引用误差表示的基本误差限；

Δ——绝对误差表示的基本误差限。

3. 仪表的基本性能。

（1）计量特性。如精度等级、漂移大小、变现性等。

（2）使用与操作特性。

（3）抗干扰性能的大小。

（4）可靠性与耐用性。

4. 仪表的品质指标。仪表的品质指标是用来衡量、测量仪表好坏的参数指标。

（1）测量仪表的精确度。精确度是用来表示仪表测量结果可靠程度的指标，它用引用误差来表示，这是因为精确度不仅与绝对误差值的大小有关，还与仪表的量程有关。精确度等级是引用误差去掉"±"号和"％"号后的数字。国家就是利用这一办法规定仪表的精确度等级。

我国常用仪表的精确度等级大致有：0.005、0.01、0.02、0.04、0.05、0.1、0.2、0.35、0.5、1.0、1.5、2.5、40 等。

（2）测量仪表的恒定度。测量仪表的恒定度常用变差（又称回差）来表示。指仪表在外界条件不变的情况下，用同一仪表对某一参数值进行正反行程（即逐渐由小到大和逐渐由大到小）测量时，仪表正反行程指示值之间存在的差值，此差值即为变差。

$$变差 = \frac{最大绝对差值}{标尺上限值 - 标尺下限值} \times 100\%$$

造成变差的原因很多。例如：传动机械的间隙、动件摩擦、弹性气件的弹性滞后的影响等。变差值不能超过精度允许的误差范围，否则为超差仪表。

（3）测量仪表的灵敏度与灵敏限（静态特性）。灵敏度是表示仪表对被测变量变化灵敏程度，是仪表的静态特性。当仪表达到稳定后，输出增量 ΔX（指针位移量）与输入增量 $\Delta \overline{X}$（被测变量的变化量）之比来表示，即：

$$灵敏度 = \frac{\Delta X}{\Delta \overline{X}}$$

（4）测量仪表的反应时间（动态特性）。"时间常数"指在参数值作阶跃变化后仪表值达到参数变化值 63.2％所用的时间。"阻尼时间"指仪表突然输入参数值到仪表增大值与输入值之差为该表标尺范围 ±1％ 为止的时间间隔。

（5）漂移。漂移一般发生在电动单元组合仪表或电子仪表中，指在保持一定输入信号的工作条件下，经过一段时间后输出的变化。漂移越小越好，漂移发生在起始点称为零点漂移。

综上所述，对自动化仪表进行的单体调试就是为了检查仪表本身性能是否达到指标要求。

（二）自控仪表的分类

工业系统使用仪表的种类繁多，功能各异，分类方法很多，一般有下列几种。

1. 按仪表的能源分类

这是一种常用的分类方法，可分为液动仪表、气动仪表、电动仪表。

（1）液动仪表具有推力大、动作平稳、作用可靠等特点，但附加设备多，目前已不广泛使用，液动仪表的能源是水或油。

（2）气动仪表在国内使用时间已很长，是一种成熟可靠的、品种齐全的自动化仪表，气动仪表可以现场安装，直接显示被测参数或进行控制，或形成气动单元系列。

（3）电动仪表由于它的反应速度快、精度高，产品齐全，维修方便而深受欢迎，电动仪表是以电作为能源的自动化仪表，可以现场安装，进行显示或控制，也可形成电动单元仪表系列。

2. 按仪表安装位置分类

现场仪表。泛指安装在现场的仪表，如压力表、温度计、液面计和现场安装的变送器，基地式仪表也包括在内，所以又称就地仪表。

控制室仪表。一般是指安装在控制室的仪表。控制室仪表又分中央控制室仪表和现场控制室仪表，盘装仪表和架装仪表，盘面仪表和盘后仪表。这些都是按仪表安装位置来分。

3. 按检测、调节的工艺参数分类

用最常用的分类方法可分为压力仪表（包括差压、真空、绝压）、温度仪表、流量仪表、物理仪表、化学分析仪表和机械测量仪表。

以上几种分类方法不是机械的和孤立的，可以互相叠加称呼，如气动压力仪表、电动流量仪表、温度可编程调节器、现场温度指示仪表等。

4. 按仪表发展阶段分类

（1）常规仪表

凡不含微处理器（CPU）的都称常规仪表。一般指进行 PID 模拟量控制的调节系统及检测仪表。因此，常用的气动仪表、电动仪表、引进的 I 系列、EK 系列仪表等都属常规仪表。

（2）数字式过程控制仪表（或装置）

数字式过程控制仪表（或装置）包括由通用计算机发展起来的过程计算机系统和函数处理核心的仪表（或装置）。具有自动补偿功能并有 CPU 单元的仪表都可称为智能仪表。单回路数字调节仪表就是其中的一种。单回路数字调节仪表是单元组合仪表向微机化发展和计算机控制向分散化发展相结合的是分散型综合控制装置的最低级的过程控制级。单回路调节器有固定程序和可编程序两型。

我国主要产品有四川十八厂引进美国霍尼韦尔公司的 KMK、KMP 系列，日本公司研制由我国仪表厂制造的 YS-80 系列，美国 Foxboro 公司开发、上海福克斯波罗有限公司生产的 SPC200VMICRO 组装式仪表等。与常规仪表相比，可编程单回路调节器主要有如下优点：

1）运算控制功能丰富，可构成模拟仪表无法实现或很难实现的一些复杂的调节系统。

2）具有 DDZ-Ⅲ 型仪表的特点，且维护量小。由于具有自诊断能力、逻辑判断及多种报警功能，其安全性优于模拟仪表。

3）控制方案改变容易实现，因此对于原料、产品结构经常变化的生产过程适合。

4）具有通讯功能，易于实现集中显示、操作和监督控制。

5）容易构成复杂调节系统、特殊调节回路，且投资少。

在计算机过程控制中，尤以集散系统发展最快，是完成过程控制与生产经营管理的多级网络控制系统极好的现代化设备，是一种新型的控制系统，适用于大中小型化工生产。

5. 按仪表在生产过程中的功能分类

这也是一种常见的仪表分类方式，可分为检测仪表、自动调节仪表、集中控制仪表（或装置）和执行器。

（1）在生产过程中仅起监视、测量的仪表，称为检测仪表。

（2）自动调节仪表是指在生产过程中起自动调节作用的仪表。电动、气动单元组合仪表中各种调节单元就是这种仪表。调节仪表又分双位调节仪表，比例调节器、重定调节器（比例积分）和三作用调节器（比例＋积分＋微分）等。

（3）集中控制装置是多回路过程检测、控制仪表的总称。凡是具有集中显示、操作、调节功能的装置都包括在内。主要有各种巡回检测仪、遥控、遥测、遥信、遥调、程序控制器、数据处理机、工业计算机系统、集散系统等。

（4）执行器通常是由执行机构和调节机构两部分组成，是直接改变操纵变量的仪表，是自动控制系统终端主控元件。按执行器驱动能源划分，可分为气动执行器、电动执行器和液动执行器。

1）气动执行器中以气动调节阀应用最广泛，它是以压缩空气为动力源的仪表。气动调节阀品种很多，各种气动执行机构与各种阀组合成各种形式的气动调节阀产品，最典型的为气动薄膜调节阀。气动执行机构是气动调节阀的推动部分，调节部分是阀。常用的气动执行机构有薄膜式执行机构、活塞式执行机构、长行程执行机构。阀按调节形式划分为调节型、切断型、调节切断型。气动调节阀常带有附件，如阀门定位器、阀位传送器、手轮机构等。电动执行器是在控制系统中以电为动力源的仪表，按结构划分为电动调节阀、电磁阀、电动调速泵等。电动执行机构分为直行程电动执行机构和角行程电动执行机构。气动调节阀与电动调节阀相比，具有结构简单、动作可靠、性能稳定、成本较低、维修方便和本质防爆等特点。

2）电动执行器具有信号传递迅速，与调节仪表连接距离长，与计算机连用方便，安装、接线简单，能源取用方便等特点。一般说，阀是通用的，可与气动执行机构配套成气动调节阀，也可与电动执行机构配合构成电动调节阀。

3）液动执行机构使用较少，驱动能源多为油。执行机构分为曲柄式、直柄式和双侧连杆直柄式，因受附加设备的限制，应用范围有限。

直接作用调节器很像调节阀，也可归到执行器中，又称自动式调节器（阀）。由于不需要其他能源，并且直接安装在管道上，具有两位式调节作用和调节阀的功能，因此常用于自动化水平要求不高的地方，如自动式压力调节器、自动式温度调节器等。

6. 按仪表的组成分类

这也是一种常见的分类方法，可分为基地式仪表、单元组合仪表、组装式电子综合仪表装置。

（1）基地式仪表又称复合型仪表，是一种多功能的仪表，把调节器及其他附加装置（显示、记录、报警、累积等部位）装在一台表中。有的甚至把测量元件也组装在一起，安装在现场，如温度调节器、流量调节器、压力调节器等。

（2）单元组合仪表是现在使用的最为普遍的仪表，分为电动单元组合仪表、气动单元组合仪表。

1）气动单元组合仪表在国内使用很普遍，在易燃、高温、有毒场合中常用的仪表。它具有安全、防爆、价廉、可靠、耐腐蚀、易维修等特点。但它的传递速度较慢，滞后较大。气动单元组合仪表按检测、控制、显示、操作等功能划分成若干单元组合成各种检测和控制系统，各单元之间的联系采用统一标准信号 0.02～0.1MPa。气源压力 0.14MPa。

气动单元仪表必须配备气源装置及相应的供气系统，与电源相比，运行维修量大。气动仪表可通过气/电或电/气转换器与电动仪表及控制计算机联系，但不便于直接连通显示器屏幕显示及数据的储存及处理。

2）电动单元组合仪表分为Ⅰ型、Ⅱ型、Ⅲ型。Ⅰ型是电子管式，现已淘汰。现应用较普遍的是Ⅱ型和Ⅲ型，二者不同处见表 6-1。Ⅱ型仪表系列分成八大单元：变送单元、计算单元、给定单元、转换单元、显示单元、调节单元、辅助单元、执行单元，各功能单元组合成检测系统、调节系统，相互间构成统一信号 0～10mA 串连连接。电动Ⅱ型仪表是隔爆型仪表，在仪表的外部机械结构上未采取措施防止火花引爆，不是本质安全的。

Ⅲ型仪表是在Ⅱ型仪表的结构和性能上不断完善发展起来的，同Ⅱ型仪表的作用相同的传输信号是 4～20mA，变送器采用二线制，单元之间采用并联方式连接。Ⅲ型本质结构上采取措施防止火花引爆，是本质安全仪表。Ⅲ型仪表能满足安全火花型防爆要求，并能与工业控制计算机联用，实现特殊调节要求。

电动单元组合仪表Ⅱ、Ⅲ比较　　　　　　　　　　　　　　　　表 6-1

项　　目	Ⅲ　型　系　列	Ⅱ　型　系　列
电器元件	集成电路	晶体管分立元件
传递方式及信号	并联制传输信号，4～20 mA DC 电流传输，1～5 V 电压接收	串联制传输信号，0～10 mA DC 电流传输，电流接收
连接方式	二线制	四线制
电源形式	24 VDC 集中供电，有断电备用电源	交流 220 V，单独分散供电
防爆式	安全火花型，有安全栅	隔爆型，无安全栅
功能	除具有一般系统要求的功能外，调节器可实现双向非平衡无扰动切换，与工业控制计算机连用构成调节器调节、计算机后备调节系统。温度变送器具有线性化功能	具有一般系统要求的功能，不能与工业过程计算机直接连用

（3）组装式电子综合控制装置，是一种适应工业生产不断发展的需要而产生的新型仪表，组件装配式电子综合控制装置。组装式电子综合控制装置按其安装位置分为两大部分：组件柜和操作显示盘装仪表。以国产 TF 型（上海工业自动化研究所研制）为例，二

者既可分开设置，又可以一体设置，更灵活方便。TF 型所有功能组件都是通用的，根据工艺对象的要求，可以方便、合理、有机组合成各种自动控制系统，实现各种特殊调节规律，如，相关采样、自适应、超驰和非线性，并能与过程计算机最佳地兼容，实现过程控制、操作和全过程管理等。

组装式仪表是采用模拟技术和数字技术相结合的、一种将仪表与生产过程自动控制系统有机地结合在一起的综合性成套控制装置，因此，称为组装式综合控制装置而不称为仪表。组装式综合控制装置的硬件设备，按它们在系统中完成的功能一般分为 8 类：

1）信号转换组件。分为输入和输出组件，起信号处理和隔离作用。输入组件接受现场变送器或检测仪表的信号，并转换为系统统一信号，输出组件转换内部信号为现场统一信号（0~20mA，开关等）。

2）计算组件。用来对信号进行加、减、乘、除、开方运算。

3）信号处理组件。实现报警、信号选择、限幅、阻尼、偏置和非线性变换、跟踪、比较自动手动切换等。

4）调节组件。自动调节系统的核心部件，实现基本或复杂的调节作用。

5）监控组件（其他组件）。实现系统安全监视控制、保护功能的组件，包括监视、监控等组件。

6）操作器。按工艺要求实现对调节系统的遥控操作，是面板安装方式。

7）辅助组件及附件。包括电源箱、引接板、信号分配、电源分配等。

8）盘装仪表。面板安装方式，起显示、记录作用。

7. 回路系统的分类

自动化仪表有很多回路系统的类型，习惯上按仪表组成的系统的功能划分可分为：检测回路系统、调节回路系统、自动操控系统、信号联锁保护系统。

（1）检测回路系统是对工艺参数完成测量、放大、转换、指示、记录工作的回路系统。利用各种检测仪表对工艺参数进行测量、指示、记录的称为自动检测系统，如用热电阻配平衡电桥进行温度测量、指示、记录；用孔板配流量计进行流量测量、显示、累计等。自动检测仪表或系统基本组成见表 6-2。

自动检测仪表或系统基本组成表　　　　　　　　　　　　表 6-2

被 测 参 数	检 测 仪 表			检测表名称
	检 测	传 送	显 示	
P	弹 簧 管	机械传送放大机械	指针指示	弹簧压力表
L	浮 筒	固定在受力管上的总轴	气压转换机械传至二次表或压力表显示	浮筒液位计
F	孔 板	引压倒管	差 压 计	差压流量计
T	热 电 阻	导 线	动圈仪表	电阻温度计

气动或电动单元组合仪表是由各功能单元进行组合的，组成方式如图 6-3。

（2）调节系统是在生产过程中，要求对工艺参数按照预先设定的工况保持不变，当偏离正常指示，调节系统能自动纠正，使生产在较理想的状态下进行。这类调节系统具有反

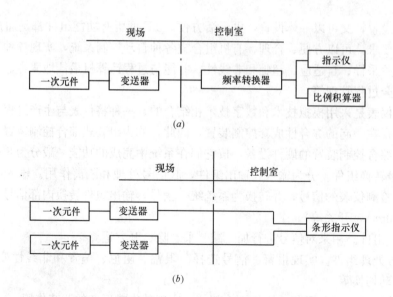

图 6-3 气动或电动单元组合仪表组成的检测系统
(a) 流量检测系统（电动单元仪表）；(b) 气动双针指示流量检测系统

馈通道，组成闭环系统，又称为自动调节系统。如果纠正偏差是由人直接操作执行机构，这种回路称为手动控制系统。自动调节系统应用最广泛。

（3）自动操控系统又称顺序控制系统或程序控制系统，是根据预先设定或规定的步骤自动对生产过程进行的周期性操作。

（4）信号联锁保护系统在工业生产过程中，因受一些因素的影响，导致工艺参数超出允许的变化范围、出现不正常的情况而引起事故，为此，常对一些关键性参数设有自动信号联锁保护系统，是自动控制系统中不可缺少的部分。信号联锁系统的种类很多，一般分为有触点和无触点两种。有触点是指使用继电器和接触器，无触点指使用电子开关电路的与门、或门、非门等。信号联锁系统在工业生产中应用很广，很重要，特别是在现代工业生产过程自动化程度高，操作人员少的情况下，信号连锁系统更显示出它的重要性。因为它能够在生产将要发生故障的时候，例如压力超过允许值但还不至于发生事故的时候，及时报警，引起操作人员的注意，告诉操作人员，再不采取措施，就要停车。若仍未采取得力措施，压力继续升高，在即将发生事故前再次报警，并发出联锁信号。

8. 自控仪表的回路系统构成方式

（1）由常规仪表组成的回路系统，这是应用最广、最成熟的系统。

（2）以过程计算机为主体得以实现的数据检测和数据处理，以及在线的直接数字控制、综合控制、控制系统；以微处理器和微处理机为基础的具有计算、存储功能的单回路、多回路调节系统和集散型综合控制系统。

（3）由模（拟）—数（字）仪表混合组成的回路系统。

以上回路的功能，对于由常规仪表组成的回路系统是由所设计的仪表硬件功能完成的。由过程计算机和以微处理器为基础的仪表是依靠丰富的软件系统功能达到的，这种功能是常规仪表不可比拟的。

9. 回路系统的表示方法

（1）用字母代号组合表示仪表设备安装的位号、功能、检测变量形式。

（2）采用专用图形符号表示安装位置以及检测元件或仪表、执行器、传送型号的电缆、管、供气、供电等在流程图上的表示方法（图6-4）。

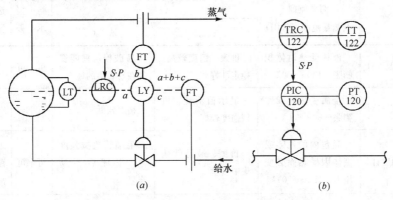

图6-4　用模拟仪表表示的回路系统流程图

（3）采用方框图，表示回路结构或画闭合图框。

（4）采用功能图形符号组合，表示回路的功能或回路的结构（图6-5）。在回路系统的表示中，带有微处理器或计算机控制系统与采用常规仪表组成的回路系统的表示方法，如图6-6所示。

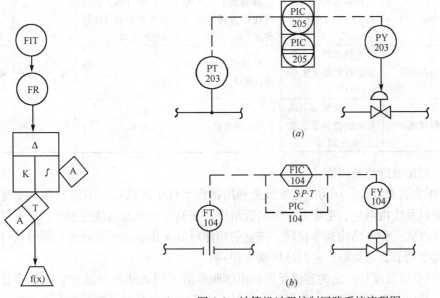

图6-6　计算机过程控制回路系统流程图
（a）带有辅助操作接口集散系统共享显示/共离控制压力调节回路系统；
（b）通过设定点跟踪（SPT）带模拟表备用的计算机控制

注：温度、压力串级调节系统中温度主调环节、输出作为压力副环的设定值，副调节器输出控制调节阀

图6-5　单回路系统功能图

（三）常用检测仪表

1. 温度检测仪表

（1）温度仪表的分类见表 6-3。

温度计的分类和性能比较表 表 6-3

形式	名　称	简单原理及测量范围（常用）	特　点 优　点	特　点 缺　点	指示	报警	远测	记录	控制变送
接触式	液体膨胀温度计	液体受热时体积膨胀－100～600℃	价廉、精度较高、稳定性好	易破损，只能安装在易观察的地方	可	可			
	固体膨胀温度计	金属受热时线性膨胀－80～600℃	显示值清楚、机械强度较好	精度较低	可	可			可
	压力式温度计	温包内的气体或液体因受热而必变压力－100～600℃	价廉、最易就地集中测量	毛细管机械强度差，损坏后不易修复	可	可	近距离	可	可
	热电阻温度计	导体或半导体的电阻值随温度而必变－200～650℃	测量准确，可用于低温或低温差测量	和热电偶相比，维护工作量大，振动场合容易损坏	可	可	可	可	可
	热电偶温度计	两种不同金属导体接点受热产生热电势－269～2800℃	测量准确，和热电阻相比安装维护方便，不易损坏	需要补偿导线，安装费用较贵	可	可	可	可	可
非接触式	光学高温计	加热体的亮度随温度高低而变化300～3200℃	测温范围广，携带使用方便，价格便宜	只能目测，必须熟练才能测得比较准确的数据	可				
	光电高温计	加热体的颜色随温度高低而变化 50～2000℃	反应速度快，测量较准确	构造复杂、价格高	可		可	可	可
	辐射高温计	加热体的辐射能量随温度高低而变化100～2000℃	反应速度快	误差较大	可		可	可	可

（2）常用温度检测仪表。

1）压力式温度计。压力式温度计是利用密封系统中测温物质的压力随温度变化来测温度。密封系统由温包、毛细管、弹簧管组成。按其所充测温物质的相态，分充气式、充液式和蒸汽式三种，结构基本相同。按它的功能可分为指示式、记录式、报警式（带接触点）和温度调节式等类型。它们结构基本相同。

2）双金属温度计。它的感温元件是由膨胀系数不同的两种金属片牢固地接合在一起而制成。其中一端为固定端，当温度变化时，由于两种材料的膨胀系数不同，而使双金属片的曲率发生变化，自由端的位移，通过传动机构带动指针指示出相应的温度。工业双金属温度计按结构形式分为指示型和指示带电接点型。

3）玻璃液体温度计。

① 工业内标准式液体玻璃温度计，其特点是将毛细管和标尺一起封闭在玻璃管内。安装方式为直插安装。

② 电接点玻璃温度计，按用途不同可分为可调式和固定式两种与继电器装置配套对某一温度点进行两位式调节和发信号。安装方式为直插安装。

③ 带保护套管玻璃温度计，其形式同内标式水银温度计。即内标式玻璃温度计外加保护套管，适用现场安装，在螺纹插座上固定安装。

4）热电偶温度计。其工作端（热端）直接插入待测介质中，自由端（冷端）则与显示仪表相连以测量产生的热动力。热电偶的基本结构由热电极、绝缘套管、保护管和接线盒等部件组成。热电偶的测量范围为液体、气体介质、固体介质以及固体表面温度。

热电偶的热电势随工作端温度的升高而增长，它的大小只与热电偶的材料和热电偶冷热两端的温度差有关，而与热电偶的长度、直径无关。各种热电偶的基本结构大致相似。其安装与使用要求如下：

① 热电偶的安装与使用。安装地点应便于工作，不受碰撞振动等机械影响，并尽可能使工作端沿着介质流动方向。其固定形式有固定螺纹、焊接固定、固定法兰、活动法兰等。

② 关于冷端补偿。在编制分度表时，冷端温度为0℃，与热电偶配套使用的温度仪表是按分度表进行刻度的，如使用中工作温度不为0℃，需将冷端温度修正到0℃，读出值才是真正的所测温度。常用的冷端补偿方法有：冰点法、计算法。校正仪表机械零点法和补偿电桥法。

③ 热电偶插入炉膛时应水平插入或垂直插入，当其长度大于500mm时，需加支撑；插入被测介质的深度不得小于150mm；陶瓷保护的热电偶应逐渐插入介质，以免保护管在温度骤变时破裂。

5）直插一体式热电偶温度变送器是一种新型的测温仪表，是将控制电路模块与热电偶的测温元件做成一体化的整体结构，变送器将转换电路、线性补偿、冷端补偿集中于一整块，安装于接线盒内，用二线制信号传输方式。

直插式集成热电偶变送器采用4～20mA DC 国际标准输出信号，可与各种数字显示仪表、电动仪表及计算机控制系统配套使用，并适用于有爆炸危险的场所。

6）铠装热电偶。铠装热电偶因直径很小，不适于安装在普通工业热电偶的固定装置上，安装固定装置的结构特点见表6-4。

铠装热电偶安装固定装置的结构特点 表 6-4

序号	结构名称		特 点	用 途
1	无固定装置		结构简单、使用方便	适用于常压、温度测量点经常移动或临时需要测量的设备
2	填料螺纹		1. 结构简单、使用方便 2. 插入长度可以调整 3. 温度高、时间长、填料易老化	适用测量温度较低、压力不高的现场
3	卡套螺纹	固定卡套	1. 使用方便 2. 结构性能可靠，多次拆装不影响耐压性能	适用具有压力生产的温度测量，可承受压力为 50×10^5 MPa
		活动卡套	1. 使用方便 2. 经过多次装拆，性能可靠，不损伤其金属套管 3. 利用松紧母，可以自由地调整插入长度	适用无压力不需密封的生产装置上的温度测量 测量端损坏可以去除重新焊接使用
4	卡套法兰	固定卡套法兰	与卡套螺纹的固定卡套相同	
		活动卡套法兰	与卡套螺纹的活动卡套相同	

7）热电阻温度计。热电阻温度计是一种较为理想的高温测量仪表，但在测量较低温度时，由于产生的热电势较小，测量精度相应降低。因此在－200～500℃范围内，使用热电阻温度计测量效果较好。

热电阻温度计是由热电阻、连接导线及显示仪表组成。由于热电阻输出的是电阻信号，所以热电阻温度计与热电偶温度计一样，也可用于远距离显示或传送信号。但是由于热电阻温度计的感温部分——热电阻的体积较大，因此热容量较大，动态特性则不如热电偶温度计。

① 热电阻的结构和类型。金属热电阻由接线盒、保护套、热电阻丝及支持电阻丝的骨架构成。热电阻有普通热电阻、半导体热敏电阻和铠装热电阻等。

② 热电阻测量电路。工程上一般采用平衡电桥电路或不平衡电桥来热测量电路，金属热电阻作为桥路中的一个臂接入电桥，接线方式有三种：

A. 由于导线感温变化的附加电阻一起串入电桥内会影响测温的准确性，热电阻的接线盒和保护管内的引线连到显示仪表的导线为两线制。

B. 引线为两线制，导线为三线制。导线的影响得到了改善。

C. 目前工业上的连线，全部采用三线制，这样可使引线和导线电阻分别接到相邻的两个臂上，只要保持其对称变化，就可以得到较高的精度。

8）辐射式温度计

① 辐射温度计的组成

A. 检测元件，也称接受器、用热电阻热电堆等热敏元件。

B. 光学系统：将被测物体的辐射能量聚集在检测元件上。

C. 测量仪表：把检测元件输出的电信号，经交换，放大以数字或指针形式显示出被测物质的温度。

D. 辅助装置：根据使用环境，有轻型辅助装置和重型辅助装置。轻型辅助装置包括内装外接电阻的配线盒，与水气接头管连接的橡胶软管及通冷凝水与压缩空气的水冷通风罩。它们用于正压和温度不高的场合。重型辅助装置包括配线盒、防护闸、防护信号器、通风管、水冷保护罩、窥视管等用于人体难以接近的场所或恶劣的现场。

② 辐射测温仪表分类见表6-5。

辐射测温仪表分类　　　　　　　　　　　　　　　　表 6-5

仪表名称	原　理	分　类	用　途
光学高温计	是利用热物体的光谱辐射亮度随温度升高而增长的原理，采用亮度均衡法实现800℃以上的高温测量	工业隐丝式光学高温计 恒亮式光学高温度计 电子式光学高温度计 精密光学高温计	金属熔炼、浇铸、热处理、锻轧、陶瓷焙烧等非接触测温
辐射温度计	仪表的光学系统中设有滤光玻璃或干涉光片，使检测元件接受某个给定波段的辐射能量	简易式辐射温度计 偏差式辐射温度计 零平衡式辐射温度计 调制放大式辐射温度计	测量移动、转动、不宜或不能安装热电偶的高、中温对象表面温度。测量快速自动指示和记录的静止或运动的炽热体表面温度

仪表名称	原　理	分　类	用　途
比色温度计	比色温度计是利用被测对象两个不同波长（或波段）光谱辐射亮度之比实现辐射测温	单通道单光路式比色温度计 单通道双光路式比色温度计 双通道（非调制）式比色温度计 双通道调制式比色温度计	测量发射率较低或测量精确度要求较高的对象的表面温度

2. 检测仪表的基本组成

检测仪表是利用各种物理学（声、光、电、磁、热、辐射等）和化学效应来实现对各种信号（包括电量与非电量）参数的测量，是自动化系统中获得各种信息的重要组成部分，也是实现参数信号与其相应的测量单位进行比较的工具。

检测仪表需要检测的变量很多，原理不同。结构也不相同，但从检测仪表的基本组成来看，是由各功能环节组成。构成的环节是由仪表的用途、原理和检测要求来决定的。一般由三部分组成，即检测环节、传送环节和显示环节。这些环节可以组合成一块检测仪表完成检测任务，也可以由具有不同功能环节的检测仪表组成自动检测系统完成检测任务。这些相互关联、具体功能不同的环节，实质都是进行信号交换、传送和显示（图 6-7）。

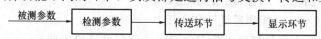

图 6-7　测量仪表组成方框图

（1）检测环节

检测环节又称传感器或敏感元件，它直接感受到被测参数的变化并输出相应的信号（电量），如测量流量的标准孔板，测量温度的电阻体、热电偶，测量压力的弹簧管等，它是与被测对象直接发生联系的部分。它是否能准确、快速地给出信号，很大程度上决定了仪表的测量质量。

（2）传递放大环节

传递放大环节也称转换器或变换器，它将检测环节输出的信号进行转换或远距离传送、放大线性化或变成统一的信号，以便于显示或控制。传递放大环节的特点是需要由转换器进行必要的加工处理，如弹簧管压力表中的杠杆齿轮机构就是将弹簧管小的变形转换成指针的转动；又如电磁流量计的转换器就是将电磁流量传感器送来的微弱信号放大且消除掉干扰信号并转换成标准信号以便能在显示器中显示。

（3）显示环节

显示环节也称显示单元，由显示仪表组成。显示仪表的作用是向观察者显示被测参数的数据量值，显示可以是瞬时量指标、累积量指示、越限报警；也可以是相应的记录。显示单元指广泛使用的是模拟量指示、数字显示和图像显示几种。

（4）压力检测及仪表

压力是一物体施加于另一物体单位面积上均匀、垂直的作用力（在物理学中称为压强），可用下式表示：

$$F = A \cdot P$$

式中　F——均匀垂直作用力（N 或 kgf）；

A——受力面积（cm^2）；

P——压力（Pa 或 kgf/cm^2）。

在压力测量中，常用大气压力（P_0）、表压力（P）、绝对压力（P_a）、负压力（真空度 P_n）。相互关系为：

$$P_{表压力} = P_{a绝对压力} - P_{0大气压力}$$
$$P_{a绝对压力} = P_{0大气压力} + P_{表压力}$$
$$P_{n负压力} = P_{0大气压力} - P_{a绝对压力}$$

1）压力测量单位：物理大气压（标准大气压）、工程大气压、毫米水银柱和毫米水柱。

2）压力检测仪表的分类：按其作用原可分为液柱式、弹性式、电气式及活塞式四大类。

液柱式压力计的主要特征及优缺点有：

① 按其工作原理和结构形式不同，可分为：U 型管式、倾斜式、杯式和补偿式等；

② 结构简单、使用方便；

③ 测量精度受工作液毛细血管作用、密度及视差等因素影响；

④ 若工作液是水银，则容易引起水银中毒；

⑤ 测量范围较窄，只能测量低压和微压。

主要用途有：用来测量低压力及真空度，或作标准计量仪器。

活塞式压力计的主要特征及优缺点有：

① 按其活塞的形式不同，可分为单活塞式和双活塞式两种；

② 测量精度很高，可达 0.05％～0.02％；

③ 测量精度受浮力、温度和重力加速度的影响，故使用时需作修正；

④ 结构较复杂，价格较贵。

活塞式压力计的主要用途有：用来检测低一级的活塞式压力计或检验精密压力表。是一种主要的压力标准计量仪器。

弹性式压力计的主要特征及优缺点有：

① 按其弹性元件的不同，可分为弹簧管式（包括单圈和多圈弹簧管），膜片式、膜盒式、波纹管式和弹簧式等种；

② 使用范围广，测量范围宽（可以测量真空度、微压、低压、中压和高压）；

③ 结构简单、使用方便、价格低廉；

④ 若增设附加机构（如记录机构、控制元件或电气转换装置），则可制成压力记录仪、电接点压力表，压力控制报警器和远传压力表。

其主要用途有：用来测量压力及真空度，可以就地指示，也可以远传，集中控制，或记录或报警，发信。

若采用膜片式或隔膜式结构尚可测量易结晶及腐蚀性介质的压力或真空度。

电气式压力计的主要特征及优缺点有：

① 按其作用原理不同分为电位器式、应变片式、电感式、霍尔片式、振频式、压阻式、压电式和电容式等种；

② 输出信号根据不同的形式，可以是电阻、电流、电压或频率等；

③ 输出信号需要通过测量线路或信号处理装置相配使用；

④ 适用范围广，发展迅速，但品种系列及质量尚需进一步完善和提高。

其主要用途有：多用于压力信号的远传、发信或集中控制，如和显示、调节、记录仪表联用，则可组成自动控制系统，广泛用于工业自动化和化工过程中。

（5）流量检测及仪表

流量是指单位时间内通过管道（或设备）某一截面的流体数量。通常又把它叫做瞬时流量。常用单位：吨/小时（t/h）、公斤/小时（kg/h）或立方米/小时（m^3/h）。累积流量是指一段时间内流过管子某一截面流体的总量。常用单位：m^3、kg、t。

流量检测包括对液体、气体、蒸气和固体流量的测量。化工生产主要是对气体、液体和蒸气流量的测量。用来测量流体流量的仪表称为流量计或流量表。

1）流量测量仪表分类：

① 速度式流量仪表：以流体在管道内的流速作为测量依据。

② 容积式流量仪表：以单位时间内所排出的液体的固定容积的数目作为测量依据。

③ 质量式流量仪表：以测量流过的质量为依据。

2）流量测量仪表原理

① 差压式流量计。差压式（也称节流式）流量计是基于流体流动的节流原理，利用流体经节流装置时产生的压力差而实现流量测量的。

A. 节流装置。节流装置是在管道中放置能使流体产生局部收缩的元件。应用最广的是孔板，其次是喷嘴、文丘里管和文丘里喷嘴。

B. 流量基本方程式。流量基本方程式是阐明流量与压差之间的定量关系的基本流量公式，它是根据流体力学中的伯努利方程式和连续性方程式推导而得的。即：

$$Q = \alpha \varepsilon F_0 \sqrt{\frac{2g}{\gamma} \Delta p} \ (m^3/s)$$

$$G = \alpha \varepsilon F_0 \sqrt{2g\gamma\Delta p} \ (kg/s)$$

式中　α——流量系数（查有关手册）；

　　　ε——膨胀校正系数（查手册）；

　　　F_0——节流装置的开孔截面积；

　　　g——重力加速度；

　　　Δp——节流装置前后的压力差；

　　　γ——流体密度。

在工业生产中，流量常以 m^3/h、kg/h 表示。Δp 以"kg/cm^2"为单位，孔板、孔径以"mm"为单位。为了便于运用，当以上各量采用前述单位时，基本流量公式可换算为实用流量公式。即：

$$Q = 1.252 \alpha \varepsilon d_t^2 \sqrt{\frac{\Delta p}{\gamma}} \ (m^3/h)$$

$$G = 1.252 \alpha \varepsilon d_t^2 \sqrt{\Delta p \gamma} \ (kg/h)$$

式中　d_t——工作温度下孔板孔口直径。

由此可知：当 α、ε、d_t、γ 一定时，流量 Q（或 G）与压差 Δp 的平方根成正比。

C. 标准节流装置的选用：

a. 当要求压力损失较小时，可采用喷嘴、文丘里管等；

b. 在测量某些易使节流装置腐蚀、沾污、磨损、变形的介质流量时，采用喷嘴较采用孔板好；

c. 在流量值和压差值相等的条件下，使用喷嘴有较高的测量精度，而且所需的直管段长度也较短；

d. 在加工制造和安装方面，以孔板为最简单，喷嘴为次之，文丘里管最复杂。造价高低也与此相应。在一般场合下，以采用孔板为多；

e. 非标准节流装置多用于黏稠、腐蚀性介质的测量。

D. 差压流量计。差压流量计一类是根据液柱压力计原理制成的，另一类是根据弹性元件变形原理制成的。节流式流量计的节流装置和差压计是配套使用的。因此不得随意调换节流装置、差压计、记录纸规格等。否则会造成完全错误的测量结果。

② 差压由导管送到变送器或差压计。接受差压信号的变送器称为差压变送器。它把输入的有关基础教育信号转换成气动 0.02~0.1MPa 的标准气信号，或电动 0~10mA、4~20mA 标准电信号，输出给相应显示单元，调节单元进行检测、调节、报警。

③ 转子流量计。转子流量计是由一个上大下小的锥形管和一个置于锥形管中可以上下自由移动的转子组成。它必须垂直安装，并且流体必须由下向上流动。转子流量计通常有指示型与远传型两类。指示型的锥管常用玻璃制成。结构简单，价格低廉。远传型则采用金属锥形管。

④ 容积式流量计。它能精确地测定流过管道内流体的瞬时流量和累积流量。特别适用于测量粘度较大的流体的流量。一般常用的有椭圆齿轮流量计和腰轮流量计。

⑤ 涡轮流量计。涡轮流量计是速度流量计的一种。它的原理是置于被测流体中的涡轮（叶轮），其旋转角速度是与流速成正比。求得涡轮旋转速度，便可求得流量。涡轮流量计是由涡轮、磁电转换、前置放大器和显示仪表组成。前三部分是一个整体，总称变送器。把矩形脉冲信号输出到显示仪表，显示仪表可以进行频率/电流转换，转换成 0~10mA 或 4~20mA 直流信号，指示瞬间流量，另一路经过单位换算运算，显示累计流量。

⑥ 靶式流量计。适用于高黏度、低雷诺数流体的流量测量。用于管径 15~200mm 管道上。靶式流量变送器，把力矩变化转换成标准气信号（0.02~0.1MPa）或标准的电信号（Ⅱ型 0~10mA 或Ⅲ型 4~20mA）。这样便可与气动仪表或电动仪表配合使用。

⑦ 电磁流量计。它的工作原理基于著名的法拉第电磁感应定律。即：

$$E_x = KQ$$

式中　K——仪表常数；

　　　Q——全积流量。

电磁流量计由变送和转换两部分组成，变送部分主要功能是把流量信号，转换成感应电势。转换部分主要是把电势转换成 0~10 mA 或 4~20 mA 的标准电信号，与电动仪表配用。常用流量计还有水表、旋涡流量计、涡轮流量计、超声波流量计等。

（6）物位检测及仪表

在化工生产中，常常需要测量两相物料（或两种不相混合的物料）之间的界面位置，我们把这种测量统称为物位测量。把气相—液相间的界面测量叫液位测量。

1）物位检测仪表。物位检测仪表分类见表 6-6。

物位检测仪表分类

表 6-6

类 别		适 用对 象	测 量方 式	使用特性	安 装方 式	原 理
直读式	金属管式	液位	连续	直观	侧面，变通管	利用连通器液柱静压平衡原理，液位高度由标尺读出
	玻璃板式	液位	连续	直观	侧面	
差压式	压力式	液位、料位	连续	用于大量程开口容器	侧面、底置	液体静压力与液位高度成正比
	吹气式	液位	连续	适用黏状液体	顶置	吹气管鼓出气泡后，吹气管内压力基本等于液柱静压
	差压式	液位、界面	连续	法兰式可用于黏性液体	侧面	容器液位与相通的差压计正负压室压力差相等
浮力式	浮子式	液位、界面	定点、连续	受外界影响小	侧面	基于液体的浮力使浮子随液位变化而上升或下降、实现液位测量
	翻板式	液位	连续	指示醒目	侧面、弯通管	由连通管组件、浮子和翻板指示装置组成，装有永久磁铁
	沉筒式	液位、界面	连续	受外界影响小	内外浮筒	测量用浮筒沉入介质中，当液位变化，沉筒位移变化，实现液位测量
	随动式	液位、界面	连续	测量范围大、精确度高	顶置、侧面	随液位上升的敏感元件可产生的感应电势输出至显示控制表
机械接触式	重锤式	液位、界面	连续、断续	受外界影响小	顶置	这类仪表是通过探头与物料面接触时的机械力来发现物位测量、报警或控制
	旋翼式	料位	定点	受外界影响小	顶置	
	音叉式	液位、料位	定点	测量比重小，非黏性物料	侧面、顶置	
电测式	电阻式	液位、料位	定点、连续	适用导电介质的液位	侧面、顶置	利用测量元件把物位变化转换成电量进行测量的仪表
	电感式	液位	连续	介质介电常数变化影响不大	顶置	
	电容式	液位、料位	定点、连续	适用范围广	侧面、顶置	
其他	超声波式	液位、料位	定点、连续	不接触介质	顶置、侧面底置	由电子装置产生的超声波，当液位变化时，接收探头接受的声波测量信号发生变化，使放大器的振荡改变，发出控制信号
	辐射式	液位、料位	定点	不接触介质	顶置、侧面	利用核辐射穿透物质，及在物质中按一定的规律减弱的现象，确定物位

类　　别	适用对象	测量方式	使用特性	安装方式	原　　理
其他	光学式 液位、料位	定点	不接触介质	侧面	由发射部分产生光源，当被测料位变化时，由接受部分的光敏元件转换为控制信号后输出
	热学式 液位、料位	定点			微波或红外线在不同的介质常数的介质中传播时，被吸收的能量不同而确定液位变化

2）常用物位仪表。

① 差压式物位计。包括压力式和差压式物位计。

差压式物位计组成如图 6-8 所示。

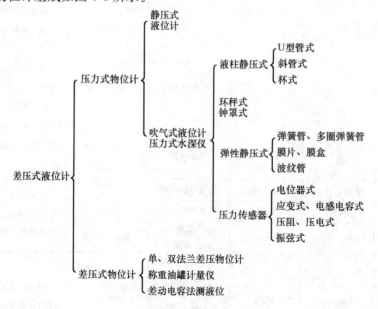

图 6-8　差压式物位计组成图

差压变送器测液位的零点迁移问题。零点迁移就是把变送器零点迁移到对应于被测液位的某一不为零的数值，作为零点输出。若迁移量是正值，叫"正迁移"，反之叫"负迁移"。力平衡差压变送器是在主杠杆上附加一个迁移弹簧来实现零点迁移的。当主杠杆施加一个迁移力时，仪表的输出则与测量力矩和迁移力矩的代数和成正比；当迁移弹簧施加主杠杆的力矩和测量力矩方向相反时，此迁移量为"正"；当迁移弹簧对主杠杆施加的力矩和测量力矩方向一致时，迁移量为"负"。迁移量的多少取决于迁移力的大小。应用零点迁移方法，可提高仪表测量灵敏度。

② 称量式油罐计量仪。可用于计量各种液体或石油产品在大型罐槽中的重量。是由油罐的面积测液位的，介质温度及重度变化对测量结果影响很小。称量仪表可集中检测，

多点测量，一台变送器可切换测量几个罐，变送器的输出信号，用编码方式传送到显示仪表。

③ 浮子式物位计。浮子式物位计应用普遍，结构简单，工作可靠，不易受外界温度、湿度、电磁场、强光、气流等影响，但可动部分易受摩擦、腐蚀及脏物影响，灵敏度变差。浮子式物位计分类如图6-9所示。

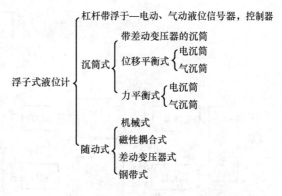

图 6-9　浮子式物位计分类图

④ 液位开关。液位开关又称液位继电器或液位控制器，广泛用于自动化检测中液位的报警及事故联锁系统，常用型号有 LS 磁感应式液位开关。采用三种结构形式：水银接点开关、干接点式开关与抗震式接点开关。

（7）机械量检测仪表

机械量是表示机械运动的物理量。机械量检测仪表是用对力、转矩、速度、位移、加速度等机械量测量的仪表。

图 6-10　机械量检测仪表的构成

机械量检测仪表的结构是由传感器和显示仪表两部分组成。传感器的输出信号需要通过测量电路进行放大、运算、变换等处理，机械量检测仪表构成如图 6-10 所示。

显示装置用来指示被测量的值，分模拟式指示装置和数字式指示装置两类。辅助电源部分则提供给各环节所需的一定频率波形和大小的电能，以保证仪表正常工作。

（四）工业过程计算机控制系统

1. 概述

电子计算机是一种能自动、高速进行大量计算工作的电子设备，它能通过对输入数据进行指定的数值运算和逻辑运算来求解各个问题，并能解决各种数据处理问题。工业过程控制计算机是利用取自过程的输入和对过程的输出进行直接控制或监视过程单元运行的以控制工业生产过程为主要用途的，实现对生产过程的实时控制的专用电子计算机。

由于微型计算机的应用，使计算机过程控制应用领域得到广泛的发展。在现代化工业生产上，由于计算机用于经营管理、生产管理和过程优化控制，实现了管控一体化，计算机的作用是举足轻重的。

（1）计算机系统的组成

计算机系统无论是通用型还是专用型或微型计算机都由硬件和软件系统两大部分组成。如图6-11所示。

计算机系统硬件是组成计算机系统的任何机械的磁性的电子装置或由部件构成的机器的实体。从计算机体系结构上看，硬件由控制器、运算器、外围设备、外部设备、通信接口组成；从安装角度，计算机系统硬件由主机箱、柜、显示器、键盘、鼠标、软硬磁盘驱动器、打印机、拷贝机等组成。

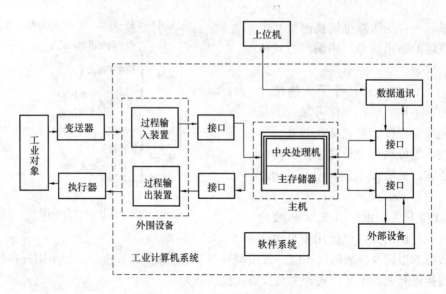

图 6-11　工业计算机系统组成

在图 6-10 中，计算机系统硬件由以下部分组成：

1）计算机。由接口、外围设备和主机组成。

① 主机由中央处理器和主存储器组成，是计算机具有控制、运算、存储和各种信息处理功能的关键和核心部分。

中央处理器。是计算机的核心部件，简称 CPU。包括计算机功能单元的控制单元和运算逻辑单元（ALU）、累加器、若干保存数据的寄存器等组成。用于解释、执行、规定基本操作命令，完成对各种信息的处理工作。

存储器是存放、保存和检索数据的功能单元，根据与中央处理器 CPU 的关系分为主存储器和辅助存储器。主存储器又称计算机内存，是可寻址存储器。辅助存储器又称外存储器（外存），是计算机的外部设备。存储器"存取"的过程是将数据或指令从存储器取出，并传送到计算单元的过程，或将计算单元的数据存入存储器内。存储元件一般采用磁芯或半导体器件，磁芯存储器的记忆信息不会因停电而丢失，是永久性的存储器，半导体存储器具有工作速度快的特点。

"寄存器"是存储器的一种，用来暂时存储一定量数据的存储器。

存储器所能存放的最大的二进制信息量是以"存储容量"衡量的，并以"字"为单位，以存储器所能记忆的字数乘以字长表示，或以存储器能记忆的全部二进制信息数直接表示。"字"是由一个或多个字节组成的一组字符，在计算机中可以作为一个整体来处理或传输。"位"是计算机存贮信息容量的单位，是一组二进制数码。"字节"是计算机存贮信息的容量，以 8 位字作为一个单位，称为一个字节。通常用字节表示一个字符。换算关系如下：

千字节：　　　　1kB＝1024 B　　　　4 kB＝4 096 B　　　　64kB＝65 536B

兆字节：　　　　1 MB＝1 024 KB　　　4 MB＝4 096 KB

千兆字节：　　　1 GB＝1 024 MB　　　4 GB＝4 096 MB 等

"字符"为表示信息而确定的一组有限的，不同的元素，如字母、数字或符号等。"字长"是计算机中字的位数或字符的数目。根据不同的机器，字长是固定的或可变的，字越

220

长，计算机处理能力越强，速度越快。

② 接口。是系统各部分之间的一种公共边界。接口通过这种边界在计算机与外围设备之间进行信息转换和通讯。不同类型的计算机，其接口电路不同，一般有直接型接口电路和条件型接口电路。

③ 外围设备。通常外围设备是指主机（运算器、控制器和内存储器）以外的设备，这些设备包括外存储器、输入输出设备及模数转换器、数模转换器、开关量输入输出器等，也是计算机的组成部分。但是在过程控制计算机中，"外围设备"一词常常专指模数、数模转换器、开关量输入输出设备等。由于这些设备是作为生产过程与主机之间的数据通路，故又称为过程通道，这也是工业过程计算机与通用计算机的不同之处。

过程输入输出通道的信号有模拟量、脉冲量（开关量）和数字量（开关量）三类。

A. 模拟量输入输出通道。模拟量输入通道的作用是将生产过程的参数转换成数字信息（A/D）送往计算机，包括采样器、数据放大器、模数转换器部件。采样器是多点切换开关，将模拟量过程参数按一定时间间隔依次或按某种规律接入数据放大器的输入端，数据放大器将采样器送来的模拟量信号进行放大，模数转换器再将放大器输出的模拟量信号转换为二进制或二~十进制的数码等价的数字量信息，然后并行或串行地送入计算机中。输入容量由被控对象，即需要检测的点数来决定，一般做成标准模块结构，并根据被控对象的要求选择一定数目的模块。

过程输出通道的主要部件是数模转换器（D/A），数模转换器将计算机的计算结果（数字量）转换成相应的模拟输出至被控制对象或执行器。输出通道的容量，表示模拟量输出通道包含的回路数目，根据控制要求确定。

B. 数字量输入输出通道。数字量输入通道对生产过程中某些参数，如阀门的开闭、开关的通断等断续量变化的信号进行处理，转换为计算机能接受的数字代码信号，传送给主机进行判断处理，包括开关量、脉冲量、频率量。

数字量输出通道对现场的电磁阀、电动机、泵或一些控制器发出开、关、启、停命令。输出容量按分组进行，如每次输出16点或分批实施，输出通道的控制点数依工业生产要求而定，如128点、256点、512点等。

C. 脉冲量输入输出通道。在生产过程中，一些流量计的输出或位置状态量是脉冲量，输入通道需要把脉冲个数（宽度）经过处理，送入主机。脉冲量输出有脉冲宽度和脉冲群两种形式，输出信号可以是接点的通断或电平的高低。

2）外部设备。计算机除主机和外围设备以外的设备，称为外部设备，包括输入输出设备（打印机、拷贝机、显示器、读取装置、感应装置、报警器、纸带机、卡片机和其他输入输出装置等）、终端、通信设备、外存储装置、实时时钟等。主要外部设备功能如下：

① 输入输出装置。起着人机联系、设备与计算机、计算机与计算机之间的通信联系作用，如控制打字机、键盘和显示终端设备等。

② 显示器。用来显示过程参数、原始数据或计算结果。计算机常采用带键盘与不带键盘的图形显示器（阴极射线管CRT），又称为屏幕显示器。图形显示器将计算机的处理结果以数字、文字、曲线或图形的形式显示出来，是人与计算机的接口设备，计算机的输入输出部件、控制部件和操作接口部件。它执行规定的控制功能，允许传送、控制、测量和操作信息，相互之间由通讯链连接。

③ 打印机、拷贝机。打印机是把计算机内部的处理结果以图形或文字形式打印在纸上的外部设备。

打印机按打印原理分为两大类：击打式和非击打式。击打式采用色带，以机械冲击力方式在纸上打印，如：电传打印机（用于小型计算机和微型计算机输入输出打印）、宽行打印机、针式打印机（9 针和 24 针）等。非击打式是利用电、磁、热、光等物理和化学效应印刷的，如静电式、喷墨式、激光等打印机。

拷贝机又称为硬拷贝装置。可与操作站或操作控制台连接，将 CRT 显示画面复制下来。拷贝机还有彩色硬拷贝机，是采用彩色喷射方式，复印正在显示的画面。

④ 其他输入输出设备。如汉字输入输出设备，赋予外部设备以处理汉字的功能，采用键盘输入方式。

⑤ 外存储设备（称为外存或辅助存储器）有磁存储器、半导体存储器和光存储器。外存储器是保存信息的主要设备。常用外存储器有以下几种：

A. 光盘。利用激光技术在非磁性介质或磁性介质上存储信息。光盘有存储信息容量大、读取数据快、寿命长，使用携带方便等优点。光盘要在光驱动器上使用。

B. 磁卡。具有磁性表面的卡，通过对平表面部分选择性磁化，能在磁性表面上存储数据。

C. 磁盘。具有磁性表面的平圆盘，通过对平表面部分选择性磁化，能在磁性表面上存储数据。

D. 磁鼓。具有磁性表面的正圆柱体或圆锥体，通过对平表面部分选择性磁化，能在磁性表面上存储数据。

E. 磁带。具有磁性表面的带，通过对平表面部分选择性磁化，能在磁性表面上存储数据。

⑥ 实时时钟。其作用是产生标准时间信号，供给计算机所需的时钟信号，或作为中断请求信号实现对生产过程的实时控制。

⑦ 终端。是指能联结通信网络与计算机进行信息交换的输入输出综合的设备可以共享整个网络的资源。按主机与终端间的距离有远程终端和近程终端。远程终端包括调制解调器与通讯控制器，近程不需要通信线路和数据传输设备。按组成终端的输入输出设备和成套性，有打印终端、CRT 显示终端和终端系统。终端系统指配备数据传输设备的成套的小型或微型计算机系统，包括计算机与 CRT 显示器、打印机、磁盘、盒式磁带机等外部设备。它可以作为网络的终端，也可以独立成为一套小型计算机系统。按处理功能分为非智能终端和智能终端，智能终端具有一定的处理功能，配备微处理器，非智能终端执行输入输出及少量的存储功能。按用途分为通用终端和专用终端。专用终端一般具有特殊用途的终端，只执行某些特殊任务。

3) 软件。"软件"是数字程序系统和相关信息的有穷集合，它是计算机过程控制系统的组成部分。包括操作规则、操作系统和维修所需要的有关文件。在计算机过程控制系统中，软件处于指挥的地位，决定计算机的功能，是计算机系统与用户或控制对象联系的桥梁。软件的功能和类型很多，但是一般分为两大类即系统软件和应用软件。

① 系统软件又称软设备或支持软件、基本软件、历史软件。是机器自身配备的指挥计算机工作的软件。系统软件分为执行软件和开发软件，执行软件包括操作系统、检查和

诊断程序，开发软件包括程序设计语言（编译程序、解释程序等）、模拟仿真系统、数据库。

② 应用软件是用户软件。包括：

A. 过程监视程序：对过程控制中大量的数据进行实时和非实时处理。其中，数据处理程序是一种开环应用系统，应用范围很广；工艺操作台服务程序可使操作人员完成参数选定，可以进行给定值修改和给定值、批量和趋势显示或打印。其他还有报警程序、巡回检测程序等。

B. 过程控制计算程序有判断、事故处理（声光报警后紧急事故处理、自动切换等）、自动开停车、开环和闭环控制程序（进行 PID 运算、最优控制等）、信息管理程序。

C. 公用应用程序，是依用户的要求编制的信息处理、文字处理、表格处理、服务等。

（2）计算机基本知识

① 数字计算机。通过对离散数据进行算术和逻辑处理并进行运算的计算机。

② 小型计算机。是一种字长 8～24 位，主存储器容量 2K～3K 字节，存储周期 2 微秒左右，结构简单、体积小、重量轻和操作简单的计算机。

③ 微型计算机。由微处理器和存储器及输入输出部件浓缩的一片或几片大规模集成电路组成，并形成一个完整的工作系统。其中央处理装置通常至少必须有一个在外部的主存储器。微型计算机的核心部件微处理器（简称为"MPU"或"μP"）是将 CPU（算术逻辑单元、控制单元）、寄存器组、控制电路和时钟浓缩在内组成的，具有中央处理功能的大规模集成电路的芯片。

④ 过程计算机。利用取自过程的输入和对过程的输出直接控制和监视过程单元运行的计算机。

⑤ 过程控制计算机。直接控制过程中全部或部分单元的过程计算机。

⑥ 冗余计算机控制系统。用于特殊配置的几台计算机，其中大多数是在线的，而其他是后备的，当任一在线计算机发生故障，即可将后备计算机投入使用。

⑦ 多处理机。具有可以使用公共主存储器的两个或多个中央处理单元的计算机。

⑧ 在线设备。又称联机设备。直接与计算机进行通讯的外围设备或各种装置。

⑨ 离线设备。又称脱机设备。不直接与计算机进行通讯的外围设备或各种装置。

⑩ 译码器。输入信号来自计算机的代码转换器。

⑪ 编码器。输出信号送入计算机的代码转换器。

⑫ 调制解调器，缩写为 MODEM。是调制和解调信号的功能单元，主要功能是使数字或数据能通过模拟传输设备进行传输。

⑬ 地址。识别寄存器或存储器的特定部分，或某些其他数据源或数据目标的一个字符或字符组。

⑭ 计算机语言。与计算机进行对话和编程用专用语言。分为高级语言和低级语言。高级语言易于理解和掌握，如 BASIC、FORTRAN、PASCAL、C 语言等，功能块语言、机器语言等都是低级语言。

⑮ 命令。起动、停止或继续某种操作的电脉冲、一个或一组信号。

⑯ 程序。将一些输出状态规定为一组输入数据或固定关系的可重复的动作序列。

⑰ 算法。是用于计算的程序，对给予的参数有完成数字运算的功能。

2. 工业过程计算机控制系统

计算机系统已广泛地应用于工业控制中，类型很多，可以进行直接控制，也可以进行分散型控制以及其他更为先进的控制。

（1）工业过程计算机控制系统分类

工业控制计算机控制系统分类方法有多种，按控制方法可分为开环控制和闭环控制，如图6-12所示。

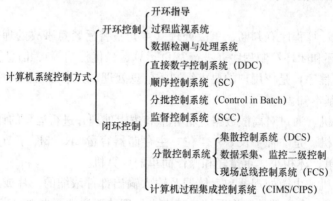

图6-12　计算机控制系统分类表

1）开环控制。指生产过程不直接受控制计算机发出的信息（信号）控制，只通过输入输出装置进行数据采集并进行处理，再将结果输出。在开环控制中，计算机仅按操作人员的要求计算出控制信息去控制生产过程，而不接受生产过程输出的反馈。开环控制包括开环指导、过程监视系统、数据检测与处理系统，开环控制系统图如图6-13所示。

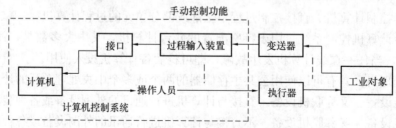

图6-13　计算机开环控制系统图

① 开环指导有时又称开环控制系统。但是开环指导和开环控制严格说还有些区别，开环指导是生产过程中的参数经检测、采样和计算机整理、加工（如进行生产过程质量及运行方法的计算，或与预定的要求进行比较等），输出结果，而不直接控制生产过程，仅供操作人员参考，由操作人员决定控制作用。有时为区别开环控制，开环指导则又称为开环操作指导。

② 计算机监视系统是指计算机对系统或其中一部分运行状态进行观察，对可通过系统的一个或多个变量测量情况的监视，并将被测值与规定值相比较的开环系统。

③ 数据检测与处理系统是在时间上不连续地取得参比变量和被控变量（采样），进行数据采集和数据转换、处理的开环系统。

2）闭环控制系统。指生产过程直接受控制计算机发出的信息（信号）控制。计算机对生产过程中的参数进行采集、存储、计算、处理，并将处理结果输出送入执行仪表，达到控制生产过程的目的。与模拟仪表控制系统相比，调节器的功能由计算机代替，计算机闭环控制图如图6-14所示；但是计算机的功能要多得多，输入输出的过程点和控制回路也多得多，并能实现最优控制和特殊控制及分级控制。应用最广的有直接数字控制、可编程逻辑控制器、集散控制系统等。

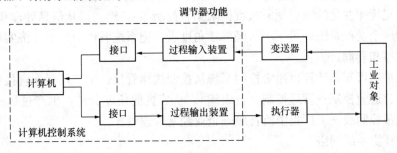

图6-14　计算机闭环控制系统图

（2）计算机递阶控制系统

工业计算机控制系统是一种由很多子系统合成的大系统，结构是递阶式的，它对子系统的控制是按一定的优先和从属关系实现，形成金字塔式结构。同一级的各决策子系统可同时对下一级施加作用，同时又受上一级的干预。子系统可通过上级互相交换信息。递阶控制结构形式有三种：多层结构、多级结构和多重结构。如图6-15和图6-16所示。

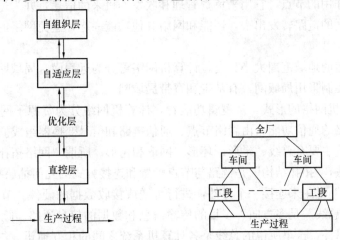

图6-15　按功能划分多层结构　　　图6-16　多机多目标结构

1）多层结构。控制功能的递阶分层可由四层实现：

直接控制层。对生产过程直接控制；

优化控制或监控层。在一定的数学模型和参数已知的条件下，按优化指标确定直接控制层的控制器设定值；

自适应层。通过对实际系统的观测来辨识优化层中所使用数学模型的结构和参数，使模型和实际过程尽量保持一致；

自组织层。按系统总控制目标选择下层所用模型结构、控制策略等。当目标变化时，能自动改变优化层性能指标。当辨识参数不满意时，能自动修改自适应层的控制策略。

2）多级结构。图 6-16 为多机多目标结构。为了减少同一级的各子系统之间信息的交换和决策的冲突而由协调级进行下级决策的协调和信息的交换。如车间级接收从各工段送来的操作决策和相应的性能信息，通过协调策略得到的干预信息再送达各个工段。

3）多重结构。是用一组模型从不同的角度对系统进行描述的多级结构。第一层把系统作为按一定规律变化的物理现象（数据采集、控制等），第二层从信息处理和控制角度，把过程作为一个受控系统；第三层从经济学角度看，把系统看作为一个经济实体，来评价它的经济效益和利润。

由以上描述可知，计算机递阶控制系统从控制规律看是：生产过程→直接数字控制→最优控制→自适应控制→管理控制（自组织）。从装置的角度看是：生产过程→装置控制级→车间监督控制级→工厂集中监督级→企业经营管理级。

（3）计算机系统网络

工业计算机是多级控制与管理一体化综合管理控制系统，需要实时快速的传送信息的网络。将地理位置不同、具有独立功能的多个计算机系统，通过通信设备和线路将其连接起来，并由功能完善的网络软件（网络协议、信息交换控制程序和网络操作系统）实现网络资源共享者称为计算机网络。计算机系统网络通常由小型计算机系统、通讯链路和网络节点（有时称为结点）组成。

"节点"是数据通信中的信号变换器、通讯控制器及其联结的设备或"站"。"网络节点"是双重作用的节点，它用来负责管理和收发本机来的信息，并为远程结点送来的信息选择一条合适的链路转发出去，还能和网络其他功能一起，避免网络的拥挤和有效使用网络资源。

从所覆盖的地域范围大小分类，计算机网络可分为远程网、局域网和分布式多处理机三类。工业控制采用局域网，有基带和宽带局域网。

1）计算机网络的形式：从逻辑功能看，计算机网络分为资源子网和通信子网。通信子网提供网络的通信功能，由网络节点、通信链路和信号变换器组成。网络结构形式按照网络拓扑结构主要有总线、星形、环形、网形和树形。所谓"网络拓扑"是网络各节点之间的连接方法，"拓扑结构"是链路与节点配置和连接方式的几何抽象描述。

"通讯链"是用来连接一个部件，进行传送或接收数据的硬件。节点之间连接的线路称为链路。"总线"是多方向、多目的传输信息和数据的信息通路。除用于计算机内部相互之间的通讯外，这里所说的总线是各计算机系统之间的相互通讯。"资源共享"是通过一通讯媒体，使通信网络中的节点实现信息的相互传送和数据库共用。

2）通信网络的规模。通信网络的规模是指网络所能覆盖的最大区域和允许连接的最多装置（站、结点数）。

3）网络"通信协议、规程"。在通信网络中，规定通信系统站之间的相互作用，并管理在这些站交换帧的相对定时和规式的一组规则或约定，称为通信协议。为了实现不同类型计算机系统互连，国际标准化组织 ISO 规定了开放系统互连模型，把各种协议分为七层，第一层物理层、第二层数据链路层、第三层网络层、第四层传输层、第五层对话层、第六层说明层、第七层应用层。每一层都包括信息从这一节点传到另一节点所用的设备，每一层提供与高一层的接口。

4）计算机的局域网。工厂计算机控制系统网络多用"局域网"，通常称为"LAN"。"局域网"是一种资源共享、相互对等、高速的具有局部地区通讯能力的网络，是一种最流行的信息传输方式。局域网覆盖的地理范围较小，用于工厂范围内的通讯，联结设备多，除多台计算机系统（计算机、磁盘、终端、打印机等）外，还可以联结可编程控制器、集散系统等，局域网适宜两级或多级控制。目前在物理层和链路层，广泛使用的网络协议是以太网。以太网是著名的总线网，是采用无源介质作为总线传输信息的一组协议，它是由物理层和链路层组成。物理层由硬件实现，以同轴电缆作为通讯媒体。链路层由硬件和软件共同实现。

具有相同拓扑结构的两个同类局域网互联，不合并成一个网络，在逻辑上连接一体，采用网桥的连接方式。网桥是网间连接器的特殊形式。

数据传送率的单位或信号速率的单位以波特表示。1波特相当于每秒1个单位时间间隔的速率。以波特表述的速率等于每秒线路状态变化的次数。

（4）双机切换系统

为提高系统的可靠性而设置的多机系统，称为主机和副机。系统中主机可以作为工作机，副机作为备用机。可以采用工作机通电，备用机不通电的方案，或者主机和副机共同承担任务，这样无论主机或副机出现故障，仍可由其中一台工作，维持正常的生产工况。备用机和工作机同时挂在总线上，共用一套外围设备。

（五）使用全国统一定额计算自动化控制装置及仪表工程量应注意的问题

1. 校验仪器使用费的取定。对电子计算机、组装仪表、Ⅲ型仪表、机械量仪表和新增调节仪表的校验用标准仪器使用费取定为校验人工费的195%，其余仪表仍为校验人工费的95%。

2. 其他用工的取定。管路敷设为基本用工的14%，基地式仪表为10%。

3. 其他材料费包括钻头、砂轮片等消耗材料费；其他机械费包括冲击钻、电动砂轮机、电动切管机、运输用少量汽车、吊车台班以及占机械使用费比重不大的其他机械台班费。

4. 钢管敷设指无缝钢管或焊接钢管。燃气管是采用焊接方式连接的，如果丝接应执行镀锌钢管敷设项目。

5. 超高增加费指操作物高度距楼、地面5m以上的工程所要增加的操作降效费。它以人工为基数计算，超高的部分按人工费的50%计取，不考虑机械和材料。超高系数一般只适用于管路、电缆敷设、管架安装或没有梯子平台的仪表设备和元部件安装。

6. 表用阀门安装均包括试压。需要研磨的阀门另套用阀门研磨定额。大于 DN50 口径的阀门套用"工艺管道"工程的阀门定额。

7. 计算机机柜安装和外围外设不包括校接线；计算机调试（单体与系统调试）不包括与电气、仪表系统调试和与其他工种的配合，其工作范围只到与外围接口部分。与电气仪表联校发生的工程量应另行计算。

计算机调试时的不停机连续通电以24h为单位，其用电量和人工工日另计。

8. 系统模拟试验的"回路"，是按自控仪表施工图中的设备表和系统回路图、原理图划分的。在定额测算时，各"回路"是按以下原则划分的：

（1）检测调节系统以回路为步距，形成"回路"至少要有两个仪表设备或元件组成。

计算两个回路的自动调节系统的工程量可套用三个回路自动调节系统的子目，三个回路以上的调节系统其工程量为两套。

（2）在控制调节系统中，除手动调节回路外，一般应具有反馈作用，是闭环的。所以基地式调节系统、程控系统等不计算调节回路数。

（3）在所有的调节系统和检测系统中，同时带报警联锁的，可计报警联锁回路。如只有两点报警（上、下两点）而没有联锁，只能计单点报警回路。

（4）调节系统带有指示的回路，一般不计指示回路。如果有单元组合仪表组成的指示回路，而且是形成主回路，应计调节回路和指示回路两套系统的回路数。

（5）在自动调节系统中，自动控制又可计入手动控制，不能再计手控回路。

（6）单元仪表组成的检测系统可以计算回路数，一般的检测系统不能计算回路数。

9. 调节阀安装除按照本册定额计算调试工程量外，本体安装应按照"工艺管道"定额中阀门安装相应项目的要求，计算调节阀安装工程量。

10. "端子板校接线"的定额是为成套盘、箱、柜（包括计算机柜、盘、专用箱、组件箱等）校接线、端子板校接线、插头等校接线而设置的。校接线的工程量应是盘、箱柜所有端子的数量，包括盘上仪表设备和元件的端子。除需要校线的仪表盘上的仪表设备、元件的端子外，其他不能重复计算工程量。

11. 定额中凡属法兰连接的各种仪表，如差压变送器、节流装置、流量仪表、调节阀、电磁阀等与工业管道或设备接口的法兰，应执行工业管道工程定额中法兰焊接的有关项目。

12. 关于"一次部件"的几个问题：

（1）"一次部件"是仪表安装的专用语。"一次部件"是指仪表设备、管路等与工艺管道或设备的接口部分，如温度部件、分析部件、压力部件等等；

（2）"一次部件"的清洗、打磨、选用、保管以及安装配合工日，均包括在相关的仪表安装子目内，并以"（ ）"表示加工配件。一次部件的安装则应另行计算工程量；

（3）一次部件的安装只包括焊接材料。

13. 关于一次仪表和二次仪表的问题：

（1）一次仪表和二次仪表是仪表安装工程的习惯用语。确切的名称应为测量仪表和显示仪表。测量仪表是与介质直接接触，安装在室外或就地安装的；显示仪表多在控制室盘上安装；

（2）一次仪表是否作为材料，可按地区或部门的规定执行。

14. 自控仪表安装定额中不包括以下内容：

（1）配合工艺无负荷和有负荷的单体与联动试车；

（2）调节系统的动态特性试验，如设计有要求时，应另行计算；

（3）调节系统与检测系统自动投入时，与正在运行的设备和管道连接发生的过渡措施费应另行计算；

（4）不包括加工胎具、样板、专用工具制作费；

（5）单体调试应按说明书的要求，在正常条件下进行，不包括修理；

（6）仪表设备安装和管、缆敷设定额包括了支架（支座）的安装工序，但不包括其制作。各种支架综合考虑按重量（100kg 为单位）另计制作工程量。

15. 电缆敷设、电气配管、接地及电气设备、元件安装，执行《电气设备安装工程》，其中电缆敷设人口乘以系数 1.05，电气配管乘以系数 1.07。但沿槽板、托盘、梯架敷设电缆和电气配管时，其支架安装不得重复计算。

16. 超高增加费（操作物高度距离楼、地面 5m 以上的工程）按人工费的 50% 计算。

17. 脚手架搭拆费按人工费的 15% 计算，其中人工工资占 25%。

（六）主要材料损耗率

自控仪表安装工程的主要材料损耗率，按表 6-7 的规定计算。

主要材料损耗率表 表 6-7

材 料 名 称	损耗率（%）	材 料 名 称	损耗率（%）
钢管	3.5	不锈钢管	3
铜管	3	补偿导线	4
铝管	3	绝缘导线	3.5
管缆	3	电缆	2
型钢	4		

【例1】计算图 6-17 电缆 $103C_{17-1}$、$103C_{17}$、$103C_{27}$、$105C_2 \sim 105C_9$ 电缆头。

【解】电缆头分为终端头和中间头。终端头按一根电缆有两个头计算。中间电缆头按实际需要计取。自控仪表控制电缆一般不允许有中间接头，只计算 $103C_{17-1}$、$103C_{17}$、$103C_{27}$、$105C_2 \sim 105C_9$ 终端电缆头。

$103C_{17-1}$ 电缆随表带来，不考虑电缆头制作电缆 $103C_{17}$、$103C_{27}$ 二根 4 个 6 芯以下终端电缆头。

$105C_2 \sim 105C_9$ 共 8 根电缆 16 个终端电缆头。

合计 20 个终端控制电缆头

清单工程量计算见表 6-8。

清单工程量计算表 表 6-8

项目编码	项目名称	项目特征描述	计量单位	工程量
030611002001	仪表附件	终端控制电缆头	个	20

【例2】如图 6-18 所示，电缆自 N1 电杆（9m）引入埋设引至 3# 厂房 N3 动力箱、4# 厂房 N2 动力箱，试求工程量（注：采用电缆沟铺砂盖砖，厂房内采用钢管保护）。

【解】（1）基本工程量：

1）电缆沟挖土方量：

① 由 N1～N2：

电缆沟长度：（80+80+60+25-10+3×2.28）m=241.84m

【注释】热力管沟所占的长度 10m，电缆沟绕弯时预留 2.28m，从 N1 到 N2 有三处绕弯，所以为 3×2.28。

该电缆敷设工程敷设 2 根电缆，则电缆沟挖土方量为：

$$241.84 \times 0.45 m^3 = 108.83 m^3$$

【注释】电缆根数为 1～2 根时，每米沟长挖方量为 $0.45 m^3$。

② 由 N1～N3：

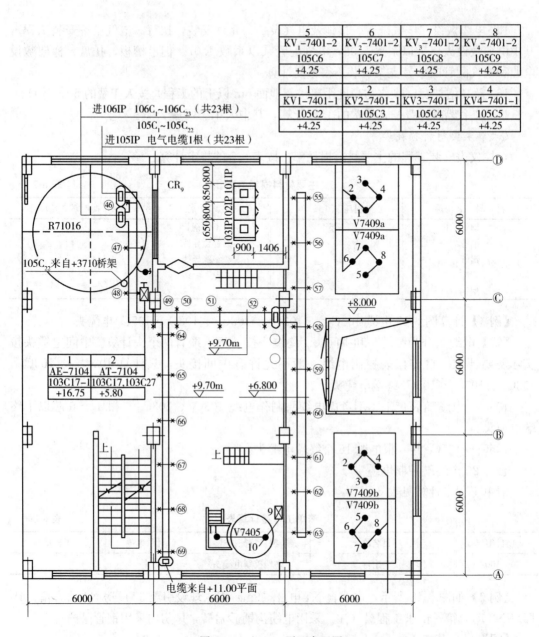

5	6	7	8
KV$_1$-7401-2	KV$_2$-7401-2	KV$_3$-7401-2	KV$_4$-7401-2
105C6	105C7	105C8	105C9
+4.25	+4.25	+4.25	+4.25

1	2	3	4
KV1-7401-1	KV2-7401-1	KV3-7401-1	KV4-7401-1
105C2	105C3	105C4	105C5
+4.25	+4.25	+4.25	+4.25

图 6-17 +0.00 平面布置图

注：在厂房内直接采用钢管保护，将电缆引出至地板表面上用钢管敷盖，引至 N3 动力箱，无需挖沟。

电缆沟长度：30.00m

则电缆沟挖土方量为：$30 \times 0.45 \text{m}^3 = 13.50 \text{m}^3$

2）电缆埋设工程量：

① 从 N1 到动力箱 N2

$(80+80+60+25+1.5 \times 2+3 \times 2.28+1.5+2+1.5) \text{m} = 259.84 \text{m}$

注：规定电缆进出沟各预留 1.5m，电缆转弯时预留 2.28m，电缆进建筑物预留 2m，电缆终端头接动力箱预留 1.5m，电缆从电线杆引下预留 1.5m，故总的电缆埋设工程量为 259.84m。

230

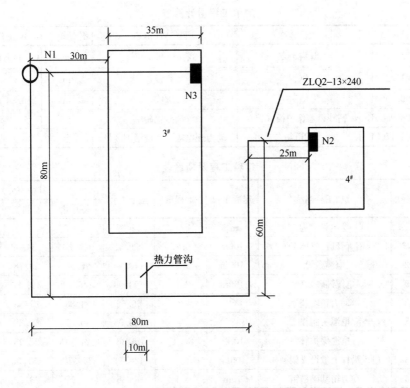

图 6-18 电缆敷设图

② 从 N1 到动力箱 N3

（30＋35＋1.5＋2＋1.5×2）m＝71.50m

注：参阅上面的解释。

3）电缆沿杆卡设：（9−1.5＋1）×2m＝17.00m　　　　（总共）

4）电缆保护管敷设：4 根　　　　　　　　　（总共）

注：在电缆沟内共需 2 根保护管，过热力管沟需要一根保护管，在厂房 3# 内需要一根保护管。

5）电缆铺砂盖砖：

由 N1 至 N2：（80＋80＋60＋25＋2.28×3）m＝251.84m

由 N1 至 N3：30m

共（251.84＋30）m＝281.84m

6）室外电缆头制作　　　　2 个（共）

7）室内电缆头制作　　　　2 个（共）

8）电缆试验　　　　　　　2 次/根

则共 2×4 次＝8 次

9）电缆沿杆上敷设支架制作　6 套（18kg）

10）电缆进建筑物密封　　　　2 处

11）动力箱安装　　　　　　　2 台

12）动力箱基础槽钢 8 号　　　2.2×2m＝4.40m

（2）清单计算工程量见表 6-9，定额工程量预算表见表 6-10。

231

清单工程量计算表

表 6-9

序号	项目编码	项目名称	项目特征描述	计量单位	工程量
1	010101007001	管沟土方	截面积 0.45m²	m³	108.83+13.5=122.33
2	031001002001	钢管	敷设	m	35+10=45
3	031103009001	电缆	埋式	m	259.84+71.5≈331
4	030408005001	铺砂、盖保护板（砖）	铺砂盖砖	m	281.84
5	030404017001	配电箱	动力配电箱，基础槽钢 8 号	台	2

定额工程量预算表

表 6-10

序号	定额编号	分项工程名称	定额单位	工程量	基价（元）	其中（元） 人工费	材料费	机械费
1	2-521	挖填管道沟	m³	122.33	12.07	12.07	—	—
2	2-1002	钢管管道（DN50）	100m	0.35	929.52	464.86	434.98	29.68
3	2-672	电缆敷设	100m	3.31	149.98	96.60	53.38	—
4	2-529	电缆铺砂盖砖	100m	2.82	793.99	145.13	648.86	
5	2-263	动力箱安装	台	2	66.66	34.83	31.83	
6	2-648	电缆头制作	个	4	146.05	60.37	53.38	
7	2-536	电缆保护管	10 根	0.4	46.36	24.38	21.98	
8	2-358	电缆沿杆上敷设支架制作	100kg	1.08	424.11	250.78	131.90	41.43
9	2-356	动力箱基础槽钢	10m	0.44	90.86	48.07	33.52	9.27

第七章 通风空调工程

一、通风空调工程制图

（一）通风空调施工图常用的表示方法

施工图是以统一规定的图形符号辅以简明扼要的文字说明，将通风空调工程的设计意图明确地表达出来，用以指导通风空调的工程施工。它是根据国家颁布的有关通风空调技术标准和通用图形符号绘制而成。在阅读通风空调安装图纸时，应仔细阅读总说明，熟悉图中图例、符号。在一些图纸中，由于设计人员的不同，有时候图例和符号不尽相同，因此，在阅读图纸时应特别注意。同时，作为专业工程技术人员，平时多收集各种零、部件图或图例、符号的表示方法，以便熟练掌握。

在建筑安装工程施工图中，一般常用的比例是：总平面图多采用 1：500、1：1000、1：2000；基本图纸一般多采用 1：50、1：100、1：150、1：200；详图（又称大样图）采用 1：1、1：2、1：5、1：10、1：20、1：50 等。在通风空调安装工程中，工艺流程和系统图有时没有比例。绘图时常把物体的实际尺寸放大或缩小，图纸上所画的尺寸与实物尺寸之比称做图纸的比例。图纸上所标注的比例，第一个数字表示图纸的尺寸，第二个数字表示实物对图纸的倍数。如 1：100，即实物是图纸尺寸的 100 倍，我们在做施工图预算时，其工程量可直接用相应的比例尺进行测量计算。

通风空调安装图中，不同的线条表示不同的含义（图 7-1）。

实线表示看得见的物体的轮廓线或两个面相交的棱线。实线又分粗、中、细实线三种，三种各有其用途，粗实线表示设备布置平面图的外轮廓线、通风管道平面图的外轮廓线、细实线用于尺寸线、引出线及图例中的线条。虚线表示看不见的轮廓线，点画线表示通过物体的中心线、轴线等，折断线表示不必完全画出来的物体或尺寸太大而省略的部分。

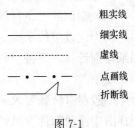

图 7-1

标高在建筑安装工程中，表示建筑物各部分或被安装物体的高度。下面横线为某处高度的界限，上面数字表示注明的标高值，一般用米表示，中间为标高符号。通风空调工程中的标高为相对标高，对于高层建筑，一般地底层平面相对标高为±0.00，而所有标准标高都是在此基础上计算出来的，低于±0.00 标高，采用负号来表示。

（二）通风空调工程施工图的组成

通风空调工程的工程图主要由基本图和详图组成，除此之外，还有主要设备材料清单和文字说明等。基本图有平面图、剖面图、系统原理图及系统轴测图。详图有安装详图和部件加工详图。

1. 设计说明

（1）工程规模、系统工作原理、性质及服务对象。

（2）通风空调系统的设计参数。如室内含尘浓度、温湿度、室外气象参数等。

（3）系统的系列组成、划分和工作方式，各风口的送、排风量等。

（4）特殊的施工方法和施工的质量要求。

（5）防腐、保温的施工要求。

2. 系统平面图

通风空调系统平面图包括：

（1）各种风管、部件及设备在建筑内平面坐标位置。

（2）通风空调设备的平面坐标、规格及外形轮廓。

（3）风口的空气流动方向。

（4）风量调节阀、测孔、风管等部件的位置、各部尺寸。

3. 系统原理方框图

一般比较复杂的通风空调才绘制此图样，系统原理方框图是将冷热源管路、通风管路、自动调节及检测系统、空气处理设备联结成一个整体的综合性示意图。它表达了系统各部之间的有机联系和工作原理。

4. 系统轴测图

通风空调系统的轴测图，是利用轴测投影原理、完整形象地把各部件、风管、设备之间的空间关系及相对位置表示出来。此外，图中还注明送、排风口的风量、各段风管的规格尺寸，风管、设备及部件的标高。轴测图一般用单线表示。

5. 剖面图

系统剖面图上注明部件、风管、设备的标高尺寸及立面位置，还有风机、风帽、风管的安装高度。

6. 设备、材料清单

通风空调的设备材料清单是将工程选用的材料设备的型号、规格、数量列于施工图中，作为建设单位采购的依据。设备材料清单是满足不了编制预算要求的，因此必须按照图纸详细计算，设备材料清单的数量只是作为参考。

7. 详图

一般对有特殊要求的工程，设计部门才根据工程的特殊情况设计详图。通风空调的施工详图中注明部件、风管及设备安装、制作的方法，详细构造、具体形式及加工尺寸。

二、通风空调工程造价概述

（一）通风、空调工程概述

随着科学技术的发展，人们对通风空调的要求也越来越高。从单一的舒适性逐步向恒温、恒湿、除尘、净化方面发展。人们生活上离不开通风空调工程，生产上更是如此，尤其是高科技产业。像生产光导纤维的车间，其温、湿、尘方面的要求是非常严格的，大约在十万级以上，像这种高标准的通风空调工程，对设计、施工、及管理来说，都不是一件轻松的事情。通风及空调、净化等工程正逐步渗入到生产、生活之中。

通风、空调工程是为使人们感到舒适，并保持必要的劳动条件，或根据生产工艺或科技实验的需要，要求在一定的空间内维持一定的温度、湿度、洁净度，排除指定空间的余热、余湿、有害气体、尘埃等，并送入一定数量与质量的新鲜空气，从而达到要求的空气环境，以满足人体卫生的要求和生产科技的工艺要求。

1. 通风按不同的作用分为

（1）全面通风　即对整个房间内的空气进行全面交换。当有害气体扩散到整个房间时，就需要全面地进行空气交换，输入大量新鲜空气，排出有害气体。

（2）局部通风　局部通风就是向某个局部范围输送新鲜的空气或者将有害、污浊的空气从产生部位直接抽走以改变空气状况，防止有害气体扩散的措施。当采用全面通风不能达到满意的效果或者不经济时，常采用局部通风。

（3）混合通风　即全部的排风、局部的送风或全部的送风、局部的排风结合的通风方式。

2. 以空气流动的动力可分为自然通风和机械通风

（1）自然通风

即利用建筑物迎风面和背风面风压的差异，及室内外热冷空气比重的不同而进行换气的方式。

自然通风又分有组织通风和无组织通风。利用空气流动的自然规律，通过在建筑物的屋顶、墙壁处，安置天窗和侧窗，以控制和调节排气的地点和数量的方式为有组织通风；而仅依靠普通门窗及其缝隙进行的通风方式为无组织通风。可以安装"风帽"或把"风帽"与排风道相连接的方法，排出室内的有害气体。

（2）机械通风

即利用风扇、风机等机械所产生的抽力或压力，通过风管，强制进行空气交换的方式。它可以从室内的任何地方，抽出任何数量的有害气体，或向室内任何位置输送适当、适量的空气。

机械通风又分为以下四种情况：

1）送风系统。靠风机的压力向房间送给空气的通风系统称为送风系统。如图 7-2 所示，室外空气由可挡住室外杂物的百叶窗 1 进入进气室，进气室为处理空气的专用房间。空气经保温阀 2 至过滤器 3，由过滤器除去空气中的灰尘，再由空气加热器 4 将空气加热到所需温度，为了调节送入空气的温度可装旁通阀 5；空气经启动阀 6，被吸入通风机 7，经风管 8，由出风口 9 送入室内。

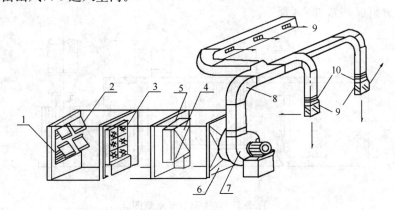

图 7-2　机械送风系统示意图

1—百叶窗；2—保温阀；3—过滤器；4—空气加热器；5—旁通阀；
6—启动阀；7—通风机；8—通风管网；9—出风口；10—调节阀

2）排风系统：利用风机从室内抽出污浊、高温或含尘的空气，并将这些气体排入大气的通风系统称机械排风系统。机械排风系统通常由吸风口或吸尘罩、蝶阀、通风机、风管和风帽组成。在排风系统中通常将输送含尘空气的排风系统，又叫做除尘系统，如图7-3所示。

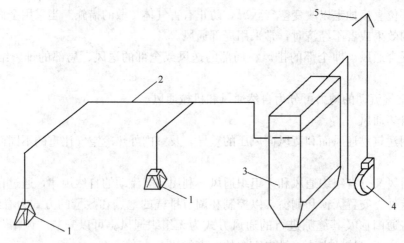

图 7-3　除尘系统（排风系统）示意图

1—伞形罩；2—排风管；3—除尘器；4—排风机；5—风帽

图 7-3 中，不要求除尘功能，即去掉 3—除尘器，即为我们认为的一般排风系统。

3）空气循环系统：如果从室内抽出的热空气不含有过多的有害气体，利用其中一部分热空气和抽进来的新鲜空气混合，经处理后再送入室内，叫空气循环系统。

4）空气调节系统：某些房间或车间根据生活或生产工艺的需要，要求室内空气的温度、湿度、风速及清洁度保持在一定范围内，并在规定范围内波动；而且要保证这种空气条件，不因室外气候条件和室内条件的变化而受到影响，否则生产就无法进行。为了保证上述条件，就需对空气进行各种处理，并随着室内、外条件的变化而进行调节。空气调节可利用专业厂生产的定型设备或按设计在现场制作的空气调节室来进行。空气调节室一般由下列各部分组成，如图 7-4 所示。

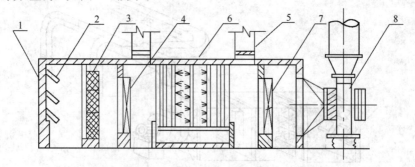

图 7-4　空气调节室示意图

1—百叶窗；2—保温阀；3—过滤器；4—一次加热器；5—调节阀；

6—淋水室；7—二次加热器；8—通风机

百叶窗：用以阻挡室外杂物的进入。

保温阀：空调室停止工作时，可防止大量室外空气进入室内。

空气过滤器：用以清除新鲜空气中的灰尘。

236

一次加热器：装在淋水室或表面冷却器部位的加热器，称为一次加热器，用以提高空气温度和增加吸湿能力。一般只在冬季使用。

淋水室：一般可用钢板或混凝土制成，其中装有喷嘴及给喷嘴供水的管道、配件等。下部水池装有放水、溢水、滤水及吸水装置。在淋水室内可根据要求喷淋不同温度的水对空气进行加热、冷却、加湿等空气处理过程。有时也用表面冷却器代替，夏季用冷却器干燥冷却，冬季另加电极或电热加湿器产生蒸汽加湿。

二次加热器：在淋水室或表面冷却器后的加热器，用以加热淋水室后面的空气，保证送入室内的空气具有一定要求的温度和湿度。

二次循环风口：利用循环风，夏季可以节约二次加热器的热量，减少淋水室或表面冷却器处理的风量，冬季也可节约二次加热器的热量。

调节阀：用以调节空气量，控制空气参数。在空气调节系统中，循环风经淋水室或表面冷却器的称一次循环；仅有一次循环的系统称一次循环系统。循环风不经淋水室或表面冷却器的叫第二次循环风；有第一次循环风和第二次循环风的系统，称为二次循环系统。

空气处理：实现对室内空气环境进行控制就是空气调节。对空气的温度、湿度、洁净度等气体参数进行调节，使符合室内所要求的参数，这就是对空气的处理。

(1) 空气加热。在通风系统中，当室外空气温度较低时，就需要对送入室内的空气进行加热。在空调系统中，为了保持房间内一定的温度、湿度，不仅在冬季应对送入室内的空气进行加热，有时在夏季也需少量进行加热，以保证一定的空气相对湿度。对空气的加热方法很多，常用的有蒸汽或热水作热媒的空气加热器加热，也有的用电加热器进行加热。

(2) 空气冷却。空气冷却的方法一般可用和空气加热器原理相似的表面冷却器，使用低温水和冷盐水作冷媒的冷却方法，这种方法叫水冷式表面冷却。另一种方法是使用制冷剂（氨或氟利昂）作为冷媒，叫直接蒸发式表面冷却器。还可以利用低温水在淋水室喷成水雾，当热空气通过时和低温水接触，进行热湿交换，由接触冷却和蒸发冷却使空气温度降低。

(3) 空气加湿减湿。冬季室外空气温度较低，含湿量小，如果只将空气加热送到室内，相对湿度就很低，因此需要加湿；同样夏季室外空气温度高，含湿量大，单将空气冷却，那么相对湿度就更大，因此需要减湿。当然有些生产车间，根据生产工艺需要，要求保持一定的相对湿度时，有时在夏季还需要加湿，冬季需要减湿。常用的加湿方法有：可用蒸汽通过管上小孔喷出和空气混合；也可用电热和电极加湿器来蒸发水分加湿。采用淋水室喷淋加湿则是较为普遍采用的方法。减湿可用表面冷却器或固体吸湿剂和液体吸湿剂来进行。

(4) 空气净化。在通风和空气调节系统中，为了保持室内空气的洁净，以满足空调房间和生产工艺要求，送入室内的新鲜空气和再循环空气按要求进行适当的净化，这种设备叫做"空气过滤器"。空气过滤器的形式很多，常用的有网格式过滤器、静电过滤器、自动浸油过滤器、泡沫塑料过滤器等。

(5) 噪声的消除。通风系统的噪声主要由通风机运转产生，经过风道谐振传入室内。为了创造一个安静的工作环境和满足生产工艺需要（如广播电台、录音室等）可采用低噪型风机以减少噪声，还可以用消声器来消除噪声。消声器的种类很多，常用的有管式、片式、弧形声流式等。

(6) 排风除尘。在机械排风系统中，排除含有大量灰尘的空气时，应对排出的空气进行一定除尘，再排入大气，以免影响周围空气，影响环境卫生。在除尘过程中有时还可回收部分有利用价值的物料，这种除尘设备叫除尘器。在排风系统中常用的除尘器有旋风除尘器、袋式除尘器、水膜除尘器和水浴除尘器等。

(二) 常用材料及设备

1. 常用板材

通风空调工程中，管道及部件主要由镀锌钢板和普通薄钢板制成，有时用不锈钢板、铝板、塑料板以及矿渣石膏板、玻璃钢、混凝土及砖等制成，以下介绍常用板材。

(1) 普通薄钢板。薄钢板即厚度小于 4mm 的钢板。它包括优质薄钢板、普通薄钢板和镀锌层薄钢板等。

普遍薄钢板（黑铁皮）：它是钢坯经轧制回火处理后制成的。普通薄钢板价格便宜、生产方便，一般用于通风的除尘、排气系统中。普通薄钢板因未经防腐处理，耐腐蚀性差，遇有潮湿或腐蚀性气体时，易生锈。

镀锌薄钢板：由普通薄钢板镀锌制成，因镀锌层起到防腐作用，故不用刷漆，因而在通风空调工程中广泛用于排风、送风、净化系统。

冷轧钢板：具有机械性能好、光滑、平整等优点，只要在其表面及时的涂刷防腐油，就可以避免生锈，延长使用寿命。冷轧钢板的价格介于镀锌板和黑铁板之间，故广泛用于空调通风工程中。

(2) 不锈钢板。由于不锈钢板具有良好的机械性能和较高的塑性及良好的耐腐蚀性，故不锈钢常用来制作输送腐蚀性气体的通风管道及部件，常用的不锈钢有铬镍钛钢板和铬镍钢板。

不锈钢之所以耐腐蚀是由于铬在其表面形成一层稳定的钝化保护膜，保护着钢板不被腐蚀，在加工运输过程中要避免钢板表面损伤。

不锈钢的强度比普通钢高，因此当厚度小于 0.8mm 时用咬口连接，当板材厚度大于 0.8mm 时采用焊接，当板材厚度大于 1.2mm 时，可采用普通直流电焊机，用反极法进行焊接，不要采用气焊，气焊会降低不锈钢的耐腐蚀性。

由于不锈钢在 450～850℃ 之间缓慢冷却会产生晶 间腐蚀，因此在使用不锈钢板条制作时需用冷弯，即使用热弯，也需把温度控制在 1100～1200℃ 的范围内。

(3) 铝板。铝板有纯铝板和合金铝板两种。由 99% 的纯铝制成的铝板，耐腐蚀性强，但强度较低。在纯铝中加入一定量的锌、镁、铜、硅等即可炼成合金铝。铝板表面易形成一层细密的氧化铝薄膜，能阻止外部的腐蚀。铝能抵抗硝酸的腐蚀，但易被碱类和盐酸腐蚀，故在运输加工过程要保护板材的表面不被擦伤或划伤。

(4) 玻璃钢。玻璃钢是新型的建筑防火材料。具有质地轻、制作安装方便、防腐、防酸、防碱和良好的阻燃性等优点，正逐步应用于防火要求高的建筑及高层建筑中。

玻璃钢风管由现场组装制成，易受外界环境的影响而变形，因此在安装玻璃管风管时应注意：安装时支架应在同一水平面上，以防风管弯、扭，产生应用；安装运输过程中严禁碰撞打击，并及时修复破损的地方。

(5) 硬聚氯乙烯塑料板。硬聚氯乙烯对各种酸、碱、盐类都具有较好的稳定性，但对强氧化剂和氯化碳氢化合物和芳香族碳氢化合物是不稳定的。

硬聚氯乙烯塑料的热稳定性较差，温度升高，则强度下降，在低温时、塑料性脆易裂纹。硬聚氯乙烯板具有良好的耐腐蚀性、较高的弹性、强度，又易于加工，故常用于风管和风机的制造，以输送腐蚀性气体。

制造方形风管用木锯切割，然后用塑料焊；制造圆形风管可先热加工成型再进行焊接。风管之间及风管与部件的连接用塑料法兰和螺栓。

2. 型钢及辅助材料

常用的型钢有工字钢、槽钢、圆钢、角钢。主要用于管道及设备的支吊架、配件及大型风管的加固等。

紧固件：主要用于通风设备与支架的连接和风管法兰盘的连接。垫圈有弹簧垫圈和平垫圈，弹簧垫圈富有弹性，可防止螺母松动；平垫圈用来保护被连接件表面，以免被擦伤，并增加接触面积，降低被连接件表面的压力。

垫料：垫料衬垫于接口处两法兰之间，以保接口的严密性。常用的垫料有石棉板、橡胶板、石棉绳、厚纸垫、软聚氯乙烯塑料板等。橡胶板一般厚度为 3～4mm，用于严密性要求较高的除尘系统和空调系统中。石棉绳使用直径为 3～5mm，用于高温空气的通风管道和空气加热器的风管中，厚纸垫由废纸和木质制成，一般厚度为 3～4mm，纸垫应满足易吸油、可挠曲、柔软、不易变质的特点。

3. 风口

送、排风口的作用是将一定量的空气以一定的流速送到固定场所，或将空气从排气点排出。为了达到良好的通风效果，送、排风口应满足以下要求：

（1）送、排风口阻力要小，以免消耗较大的动力；

（2）送、排风口的风速要适当；

（3）送、排风口的尺寸应尽量小；

（4）非工业建筑中，送、排风口的构造形式应与建筑物美观相配合。

在工业厂房中，通风量较大，风道也明装，常采用空气分布器作为风口；而民用建筑中，常采用活动百叶风口为送风口。

4. 风帽、罩类

在排风系统中，风帽用来将污浊空气排出室外。风帽的形式有锥形、伞形和筒形三种。锥形风帽采用钢板制作，适用于非腐蚀性有毒系统及除尘系统。伞形风帽有圆形和矩形两种，一般由钢板制作或硬聚氯乙烯塑料板制作，一般用于机械通风系统。筒形风帽一般还须下面装有 滴水盘，防止冷凝水滴在房间内，筒形风帽用于自然通风系统。

罩类是指在通风系统中电动机防雨罩，风机皮带防护罩，及排风系统中的抽风罩、回转罩、排气罩、侧吸罩等。一般排气罩的制作安装按其下口周长及钢板厚度以罩体展开面积计算。

5. 消声器类

通风空调系统中，常用消声器以消除噪音。常用的消声器有以下几种：

抗性消声器：又称膨胀式消声器，由管道和小室连接而成。这种消声器的原理是利用管道内截面的变化，将声波反射回去，以起到消声的作用。

阻性消声器：这种消声器使用多孔松散材，当声波经过消声器时，一部分声能被吸声材料吸收转化成热能。阻性消声器有蜂窝式、片式、管式、迷宫式和声流式。蜂窝式消声器由许多平行的小管式消声器并联而成；片式消声器是由一排平行的狭矩形管式消声器组成；管式消声器是将吸声材料贴在管道内壁而制成；迷宫式消声器由多室组成，使声波在其内部来回折射，以消减声波的能量。

除上述两种消声器外，列在定额内安装在风管上的消声器有弧形声流消声器，聚酯泡沫塑料管式消声器、矿渣棉管式消声器等。

6. 调节阀

在通风空调系统中，调节阀用来关闭有关支管及调节风量。系统中常用的阀类有风机启动阀、风管止回阀、防火阀、多叶调节阀、蝶阀等。

（1）防火阀：防火阀内部装有信号及连锁装置，发生火灾时，阀内易熔片达到一定温度会熔断，阀门即行关闭，风机便停止运转并发出信号。

（2）蝶阀：有一般、保温、防爆等形式，有拉链式和手柄式操纵形式。

（3）三通调节阀：用于调节风管内的风量，有拉杆式和手柄式两种。

7. 通风空调设备

通风空调系统中，设备安装占很大部分，以下是介绍常用通风机及空调设备的性能、安装及工程量计算规则。

（1）通风机。通风机是通风系统的主要设备，按其作用原理分离心式通风机和轴流式通风机。应掌握通风机的基本知识、安装要求和常用符号，这对于正确计算工程量和使用预算定额具有重要作用。

1）离心风机：主要构成部件有：电动机、进风口、出风口、叶轮、机壳等。其压力可分为：

低压　$P<1000\text{Pa}$

中压　$1000\text{Pa}\leqslant P\leqslant 3000\text{Pa}$

高压　$P>3000\text{Pa}$

离心风机的命名包括：名称、型号、机号、传动方式、旋转方向和出风口位置六个部分，一般书写顺序如图 7-5 所示。

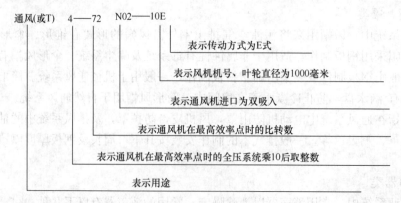

图 7-5　离心风机名称示意图

名称：一般在名称前可以加上用途字样，一般可省略，如果需要加用途字样时，可按表 7-1 规定采用汉字或汉语拼音字头。

240

用　　途	代　　　号		
	汉　　字	汉语拼音	简　　写
排尘通风	排尘	CHEN	C
输送煤粉	煤粉	MEI	M
防腐蚀	防腐	FU	F
工业炉吹风	工业炉	LU	L
耐高温	耐温	WEN	W
防爆炸	防爆	BAO	B
矿井通风	矿井	KUANG	K
电站锅炉引风	引风	YIN	Y
电站锅炉通风	锅炉	GUO	G
冷却塔通风	冷却	LENG	LE
一般通风换气	通风	TONG	T
特殊风机	特殊	TE	E

型号：基本型号分为两组，每组用阿拉伯数字表示，中间用横线隔开，内容如下：

第一组————第二组

第一组表示通风机压力系数乘 10 倍后再按四舍五入进位，取一位数。

第二组表示通风机比转数化整后的整数值。

机号：用通风机的叶轮的分米尺寸表示，尾数四舍五入。在横线前加阿拉伯数字"2"者为双侧吸入，单侧吸入则不注数字。整数前冠以符号"NO"。

传动方式：电动机与通风机的传动方式共有 A、B、C、D、E、F 六种形式，如图 7-6 所示。

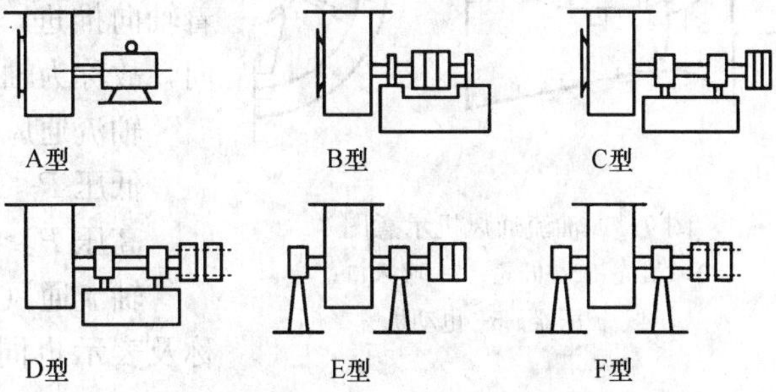

图 7-6　电动机与通风机的传动方式

图中 A 式是直联，电动机轴即为风机机轴，小型风机多采用这种连接。

B 式是间接连接，风机通过三角皮带与电动机皮带轮连接。这种连接效率低，占地面积大，大号风机常采用这种连接。

C 式也是间接连接，采用三角皮带，它与 B 式不同的是皮带轮为悬臂状，而 B 式皮带轮是在两个轴承之间。

D 式是弹性联轴器（俗称靠背轮）联接。

E 式是皮带轮连接，但风机不同于 A、B、C、D 式，风机处在两个轴承之间，对大号风机采用此种连接比较稳定。

F 式是联轴器连接，但不同于 D 式，风机不是悬臂，而在两轴承之间，此种连接多用于大号风机的连接。

旋转方向：是指风机叶轮的旋转方向，用"右"或"左"来表示。它是从电动机或皮带轮方向正视，若叶轮按顺时针方向旋转，称为右旋通风机；若叶轮按逆时针方向旋转则称为左旋通风机。

出风口位置：按叶轮旋转方向用右或左和出风口角度表示，如图 7-7 所示。

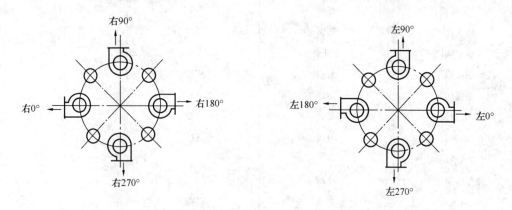

图 7-7　风机出风口位置

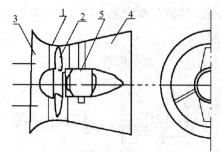

图 7-8　轴流通风机示意图
1—机壳；2—叶轮；3—吸入口；
4—扩压器；5—电动机

2）轴流风机。轴流风机的构造如图 7-8 所示，主要由机壳、叶轮、扩压器、电动机等组成。它的工作原理是由于叶轮具有斜面形状，所以当叶轮在机壳内转动时，空气一方面随叶轮转动，一方面沿着轴向推进，因空气在机壳中的流动始终沿着轴向，故称为轴流式通风机。

轴流通风机的压力划分是：

低压 $P<500\text{Pa}$

高压 $P\geqslant500\text{Pa}$

轴流通风机的名称表示方式：轴流通风机的名称及表示也同离心通风机一样，但代表的内容不一样。

例如，A6×25°　6870×36　1.5/2

A 表示电机直联；叶片数为 6，叶片位置角度为 25°；流量为 6870m³/时，全压为 360Pa，电动机功率为 1.5kW，2 级。

（2）空气加热器。在通风空调工程中，常见的空气加热器都是由金属管制成的，分为光管式和肋管式两大类。所谓光管式加热器是由若干排钢管和联箱组成，热媒在管内流动，通过管子的外表面加热空气。这种空气加热器传热表面小，传热性能较差，金属耗用量也大，在空调系统中采用较少，但由于它构造简单，阻力小，易于清扫，在含尘量较大的场合可采用。肋管式加热器的换热方式与光管式加热器相同，它是用肋片管代替光管。这种肋管式加热器在空调工程中被普遍采用。

（3）挡水板。挡水板是组成喷水室的部件之一，它是由多个直立的折板（呈锯齿）形组成的。折板一般可用 0.75～1.0mm 的镀锌钢板加工制成。也有的用玻璃条组成。挡水板的主要用途是防止悬浮在喷水室气流中的水滴被带走，同时还有使空气气流均匀分布的作用。

（4）除尘设备。在工业通风的排气系统中，对排出的含有各种粉尘和颗粒的气体，为了防止污染空气或回收部分物料，要对空气进行除尘，这种除尘设备称作除尘器。除尘器的种类很多，如水膜除尘器、旋风除尘器、袋式除尘器等。

（5）空调机。在空调机中，凡本身不带制冷机的空调机，称为非独立式空调机（或称非独立式空调器、空调机组），如装配式空调机、风机盘管空调器、诱导式空调器、新风机组及净化空调机组等。

凡是本身配带制冷压缩机的空调设备称为独立式空调机。此类设备采用直接蒸发表面式空气冷却器直接对空气进行降温或湿处理，如立柜式空调机、窗台式空调机、恒温恒湿空调机等，现分别简介如下。

风机盘管空调器是由通风机、盘管、电动机、空气过滤器、凝水盘、送回风口和室温控制装置组成。风机盘管主要用于高层建筑的宾馆、办公楼、医院等。风机盘管的特点是冬季送热水供热风用，夏季送冷冻水供降温用。机组运转时噪声小，从而使室内环境安静。风机设有高、中、低三种变速，具有调节的灵活性。

风机盘管的种类很多，有北京生产的 FP—2.5 型、FP—5 型、FP—7.5 型；上海生产的 FP—1 型、FP—2 型、FP—3 型等。这种风机盘管的缺点是对机组要求质量高，否则在建筑物内大量使用时会带来维修方面的困难。当风机盘管机组设有新风系统同时工作时，冬季室内相对湿度偏低，故此种方式不能用于全年室内湿度有要求的房间。

装配式空调器又称组合式空调器，分段组成，有进风段、混合段、加热段、过滤段、冷却段、回风段等区段。它是根据设计要求分别选配组成。

目前，装配式空调器种类很多，常用的有 ZK 型空调器、W 型空调机、JW 型空调器、JS 型空调机、WPB 型空调器等。如图 7-9 所示是 JW 型空调器示意图。

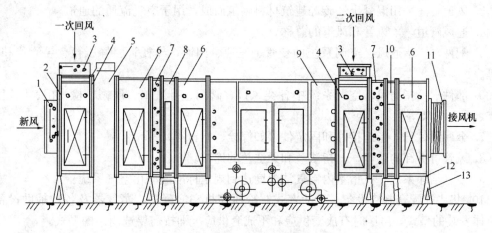

图 7-9　JW 型空调器示意图；
1—新风阀；2—混合室法兰；3—回风阀；4—混合室；5—过滤器；6—中间室；7—混合阀；
8—一次加热器；9—淋水室；10—二次加热器；11—风机接管；12—加热器支架；13—三角支架

恒温恒湿空调器适用于要求恒温恒湿的房间。它能控制房间温度在 $20\sim25$℃ 之间，温度波动范围不超过 ±1℃。控制相对湿度在 $50\%\sim70\%$，波动范围 $\pm10\%$，最小可达到

±5％。这种恒温恒湿空调器均采用F—12或F—22为工质的直接蒸发表面式冷却器作为空气的降温除湿设备。

各种型号的空调器制冷量不同，一般在25121～200966.4kJ/h，风量为1700～12000m³/h。

窗式空调器是一种小型空调机组，广泛应用于医院、宾馆、住宅等公共与民用建筑中，也应用于对温度有一定要求（一般温度偏差在±2℃）的场所。

窗式空调器结构紧凑、体积小、重量轻，可以装在墙上或窗口上，有降温、采暖、通风等性能。一般控制温度范围为18～28℃，冷量约为12560.4～41868kJ/h（3000～10000千卡/小时），风量为600～2000m³/h。

窗式空调器的主要结构分为三个部分：制冷循环部分包括全封闭式压缩机、毛细管、冷凝器及蒸发器等部件；热泵空调器并带电磁换向阀；通风部分包括空气过滤器、离心式通风机、轴流风扇、电动机、新风装置以及气流导向外壳等部件；电气部分包括开关、继电器、温度控制开关等部件。电热型空调器并带电加热器等。

（6）净化设备。空调的任务是对空气的温度、湿度进行调节和处理。由于处理的空气是新风和回风的混合气体，新风中因室外环境有尘埃的污染，因此，在某些房间或生产工艺中还要求对空气进行净化处理。所谓净化处理，主要是除去空气中的悬浮尘埃，有时在某些场合还有除臭、增加空气负离子等要求。常见的净化空气过滤器有浸油金属网格过滤器、中效过滤器、高效过滤器、空气吹淋室、超静工作台。以上各项是构成恒温洁净室的必要组成部分。

（三）名词解释

1. 通风、空调工程——通风工程是指一般送、排风和除尘、排毒工程；空调工程是指一般空调、恒温、恒湿与空气洁净工程。

2. 风管——采用金属、非金属薄板或其他材料制作而成，用于空气流通的管道。

3. 风道——采用混凝土、砖等建筑材料砌筑而成，用于空气流通的通道。

4. 通风管道——风管和风道的总称。

5. 配件——指通风、空调系统的变管、三通、四通、异径管、静压箱、导流片和法兰等。

6. 部件——指通风、空调系统中各类风口、阀门、排气罩、风帽、检视门、测定孔和支、吊、托架等。

7. 金属附件——指连接件和固定件（如螺栓、铆钉等）。

8. 风管可拆卸的接口——指法兰和无法兰的连接。

9. 空气洁净系统——指室内空气洁净度达到规定标准的净化空气系统。

10. 集中式配套制冷设备——活塞式制冷压缩机和冷凝器、蒸发器及各种辅助设备、成单体安装的型式，出厂时有成套供应和不成套供应（即按需要选用）的型式。

11. 整体组装式制冷设备——制冷机、冷凝器、蒸发器及各种辅助设备组装在同一个公共底座上或供冷供热及空气处理各部分均组装在同一个箱体内，成整体安装的型式，如各种冷水机组，各种立柜式和窗台式空气调节器等。

12. 分离组装式制冷设备——制冷机、冷凝器、蒸发器及各种辅助设备成部分集中，部分分开安装的型式。有制冷机单独设置的型式、蒸发器单独设置（直接蒸发）的型式和冷凝器单独设置的形式等。

13. 管道（制冷系统）——管子和管件组合后的总称。

14. 管子——指制冷系统中原材料的直管。

15. 管件——指制冷系统中的弯管、三通、管箍、异径管等。

16. 保温层——指隔热层、防潮层、保护层组合后的总称。

17. 隔热层——在输送冷热源的空调风管及制冷管道外的隔热措施。

18. 防潮层——防止隔热层受潮的措施。

19. 保护层——对隔热层、防潮层起保护作用的措施。

（四）通风、空调工程的分类

1. 通风工程

通风就是把室外的新鲜空气适当的处理（如净化加热等）后送进室内，把室内的废气（经消毒、除害）排至室外，从而保持室内空气的新鲜和洁净程度。

通风系统按不同方式可有下列不同的分类方法：

（1）按通风系统的动力来分

1）自然通风：依靠室内外空气温差所造成的热压，或者室外风力作用在建筑物上所形成的风压，使房间内的空气和室外空气进行交换的一种通风方式。自然通风可分为有组织的自然通风和无组织的自然通风两种。前者是按照空气自然流动的规律，利用侧窗和天窗控制和调节进、排气地点和数量；后者则是依靠门窗及其缝隙自然进行的。

2）机械通风：利用通风机产生的抽力和压力，借助通风管网进行室内外空气交换的通风方式。机械通风的方式很多，主要有：送入式通风、排出式通风、空气的循环和送入排出兼用通风这几种方式。

（2）按通风系统的作用范围分

1）全面通风：在整个房间内进行全面空气交换。当有害物体在很大范围内产生并扩散到整个房间时，就需要全面通风，排除有害气体和送入大量的新鲜空气，将有害气体浓度冲淡到容许浓度之内。

全面通风可以利用机械通风来实现，也可以用自然通风来实现。

2）局部通风：可分为局部排风和局部送风两种。局部排风就是在有害物产生的地方将其就地排走，使有害物不致在房间内扩散，污染大量的空气。而局部送风则是将经过处理的合乎要求的空气送到局部工作地点，造成一种良好的空气环境。

（3）按通风系统特征分

1）进气式通风：指向房间内送入新鲜空气。它可以是全面的，也可以是局部。

2）排气式通风：指将房间内的污浊空气排出。同样，它也可以是局部的或全面的。

2. 空调工程

空气调节工程是更高一级的通风。它不仅要保证送进室内空气的温度和洁净度，同时还要保持一定的干湿度和速度。

（1）空调工程按要求不同可分四类

1）恒温恒湿空调工程：为保证产品质量，某些空调房间内的空气湿度和相对湿度要求恒定在一定数值范围内。对于这样一些保持室内温度湿度恒定的空调工程通常称为恒温恒湿空调工程。

2）一般空调工程：在某些公共建筑，例如体育馆、宾馆以及某些车间等对空气调节基数要求不需要恒定，随着室外气温的变化允许温、湿度基数在一定范围内变化，例如 t_n ＝18～28℃，ϕ_N＝40％～70％，这类以夏季降温为主的空调称为一般空调（或舒适性空调）工程。

3）净化空调工程：某些生产工艺房间，不仅要求一定的温、湿度，而且对空气的洁净度有严格要求，这类房间采用的空调就是净化空调工程。

4）除湿性空调工程：在一些地下建筑物、洞库内的散湿量很大，需要对送入房间内的空气进行除湿处理，以保持室内达到规定的相对湿度，这类空调就是以除湿为主的空调工程。

（2）空调工程根据空气处理设备设置的集中程度可分为三类

1）集中式空调系统：所有的空气处理设备，包括风机、水泵等设备都集中在一个空气调节机房内。处理后的空气经风道输送到各空调房间。这种空调系统处理空气量大，需要集中的冷源和热源，运行可靠，便于管理和维修，机房占地面积较大。

2）局部式空调系统：所有的空气处理设备全都分散地设置在空气调节房间中或邻室内，而没有集中的空调机房。在各房间中分散设置的空气处理设备一般都集中在一个箱体内，组成空调机组。局部空调设备使用灵活，安装简便，节省风道。

3）混合式空调系统：除了设有集中的空调机房外，还在空调房间内设有二次空气处理设备，其中多数为冷热盘管，以便将送风再进行一次加热或冷却，以满足不同房间对送风状态的不同要求。

（3）按处理空气的来源分

1）全新风式空气调节系统：它所处理的空气全部来自室外，室外空气经处理后送入室内，然后全部排出室外。这种系统主要用于不允许采用回风的房间，如产生有毒气体的车间等。

2）新、回风混合式空气调节系统：这种系统的特点是空调房间送风，一部分来自室外新风，另一部分利用室内回风。既能满足卫生要求，又经济合理，故应用最广。

3）全回风式空气调节系统：它所处理的空气全部来自空调房间本身，没有室外空气补充，全部为再循环空气，这种系统冷热消耗量最省，但卫生效果差。

（4）按负担热湿负荷所用的介质分

1）全空气式空气调节系统：空调房间内的室内负荷全部由经过处理的空气来负担。

2）全水式空气调节系统：空调房间的热湿负荷全靠水作为冷热介质来负担。

3）空气——水空气调节系统：同时使用空气和水来负担空调的室内负荷。

4）制冷剂式空气调节系统：将制冷系统的蒸发器直接放在室内来吸收余热余湿。

5）按风道中空气的流速分：

① 低速空气调节系统：低速电气调节系统中空气流速一般只有 8～12m/s，风道断面较大，需占较大的建筑空间。

② 高速空气调节系统：高速空气调节系统中的流速可达 20～30m/s。由于风速大，风道断面可以减小许多，故可用于层高受限，布置管道困难的建筑物中。

（五）通风安装工程量计算

1. 通风工程系统组成

（1）送风（给风）系统组成
（J 系统）

送风（J 风）系统组成如图
7-10 所示。

1）新风口：新鲜空气入口。

2）空气处理室：空气过滤、
加热、加湿等处理。

3）通风机：将处理后的空气
送入风管内。

4）送风管：将通风机送来的
空气送到各个房间。管上安有调
节阀、送风口、防火阀、检查孔
等部件。

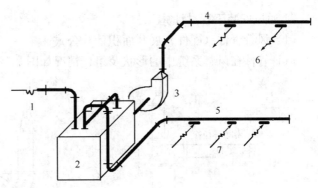

图 7-10 送（J）风系统组成示意
1—新风口；2—空气处理室；3—通风机；4—送风管；
5—回风管；6—送（出）风口；7—吸（回）风口

5）回风管：也称排风管，将浊气吸入管道内送回空气处理室。管上安有回风口、防
火阀等部件。

6）送（出）风口：将处理后的空气均匀送入房间。

7）吸（回、排）风口：将房间内浊气吸入回风管道，送回空气处理室处理。

8）管道配件（管件）：弯头、三通、四通、异径管、法兰盘、导流片、静压箱等。

9）管道部件：各种风口、阀、排气罩、风帽、检查孔、测定孔和风管支、吊、托
架等。

（2）排风（P）系统组成

排风系统一般有下面几种形式，如图 7-11 所示。其组成如下：

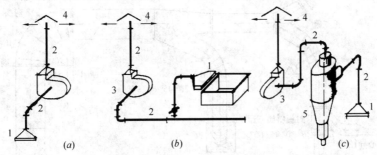

图 7-11 排（P）风系统组成示意
(a) P 系统；(b) 侧吸罩 P 系统；(c) 除尘 P 系统
1—排风口（侧吸罩）；2—排风管；3—排风机；4—风帽；5—除尘器

1）排风口：将浊气吸入排风管内。有吸风口、排风口、侧吸罩、吸风罩等部件。

2）排风管：输送浊气的管道。

3）排风机：排风机是将浊气用机械能量从排气管中排出。

4）风帽：将浊气排入大气中，防止空气倒灌及防止雨水灌入的部件。

5）除尘器：用排风机的吸力将带灰尘及有害质粒的浊气吸入除尘器中，将尘粒集中
排除。如旋风除尘器、袋式除尘器、滤尘器等。

2. 通风安装工程量计算

（1）风管管件（配件）展开面积计算公式

风管管件在风管系统中的形状及组合情况如图 7-12、图 7-13 所示。

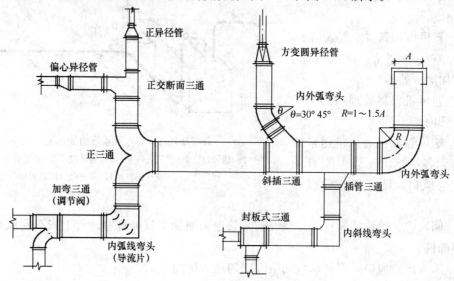

图 7-12　矩形风管管件形状示意图

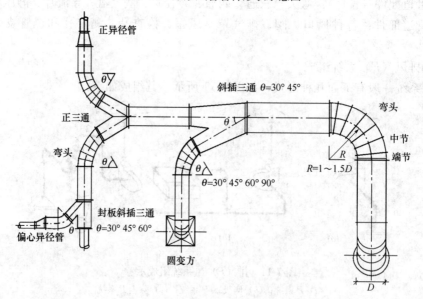

图 7-13　圆风管管件形状示意图

1）圆形、矩形直管风管。如图 7-14 所示。

①圆直风管展开面积：

$$F=3.1416DH$$

②矩形直风管展开面积：

$$F=2（A+B）H$$

2）圆形异径管、矩形异径管（大小头）。如图 7-15 所示。

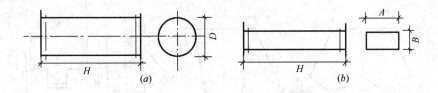

图 7-14　直风管

(a) 圆直风管；(b) 矩形直风管

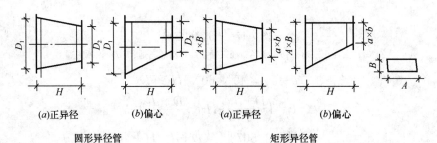

(a)正异径　　(b)偏心　　　(a)正异径　　　(b)偏心

圆形异径管　　　　　　　矩形异径管

图 7-15　圆形、矩形异径管

展开面积计算式如下：

$$圆形异径管：F_圆=\frac{(D_1+D_2)}{2}\pi H$$

$$矩形异径管：F_矩=(A+B+a+b)\ H$$

3）圆形管和矩形管弯头。如图 7-16 所示。

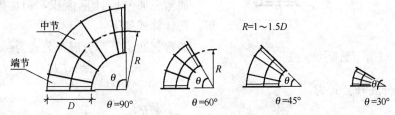

图 7-16　圆形管弯头

① 圆形管弯头展开面积计算式：

$$F_圆=\frac{R\pi^2\theta D}{180°}=0.05483RD\theta$$

当 $R=1.5D$，$\theta=90°$，公式为：

$$F_{圆90°}=7.4021D^2$$

②矩形管弯头展开面积计算式：$F_矩=\dfrac{R\pi\theta}{180°}\cdot 2\ (A+B)$

当 $l=2\ (A+B)$、$R=1.5A$ 时，公式为

$$F_矩=0.017453R\theta l$$

4）圆形管三通（裤衩管）如图 7-17 所示。

① 圆形管变径正三通展开面积公式：

$$H\geqslant 5D,\qquad F=\pi\ (D+d)\ H$$

② 圆形管变径斜插三通展开面积公式：

249

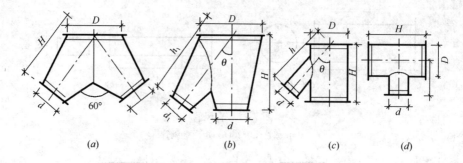

图 7-17　圆形管三通

(a) 变径正三通；(b) 变径斜插三通；(c) 斜插三通；(d) 正插三通

$$\theta=30°,\ 45°,\ 60°\quad H\geqslant 5D$$

$$F=\left(\frac{D+d}{2}\right)\pi H+\left(\frac{D+d_1}{2}\right)\pi h_1$$

$$或=1.5078\ [(D+d)\ H+(D+d_1)\ h_1]$$

③ 斜插三通展开面积公式：

$$\theta=30°,\ 45°,\ 60°\quad H\geqslant 5D$$

$$F=\pi DH+\pi dh=3.1416\ (DH+dh)$$

④ 正插三通展开面积公式：

$$F=\pi DH+\pi dh=3.1416\ (DH+dh)$$

⑤ 圆管加弯三通，如图 7-18 所示。

加弯三通分段计算面积，相加即得展开面积，其计算式如下：

加弯三通直管部分展开公式为：

$$F_1=\pi d_1 h_1$$

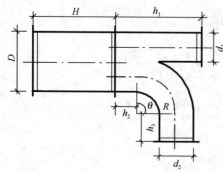

图 7-18　圆管加弯三通

弯管部分展开公式为：

$$F_2=\pi d_2\ (h_2+h_3)\ +\frac{\pi^2 R\theta}{180°}\cdot d_2$$

或

$$F_2=\pi d_2\ (h_2+h_3+0.017453R\theta)$$

合计面积 $F=F_1+F_2$

5）矩形管三通。如图 7-19 所示。

① 正断面三通展开面积公式：

$$F=\left[\frac{2\ (A+B)\ +2\ (a+b)}{2}\right]\times H+\left[\frac{2\ (H-100+B)\ +2\ (a_1+b_1)}{2}\right]h_1$$

$$=(A+B+a+b)\ \cdot H+\ (H-100+B+a_1+b_1)\ h_1$$

② 插管式三通展开面积公式：

$$F=\left[\frac{2\ (a+b)\ +2\ (a+100+b)}{2}\right]\times 200$$

$$=400\times\ (a+b+50)$$

③ 加弯三通展开面积公式：

管断面周长为：$L=2\ (A+B)$　　　$l=2\ (a+b)$　　　$l_1=2\ (a_1+b_1)$

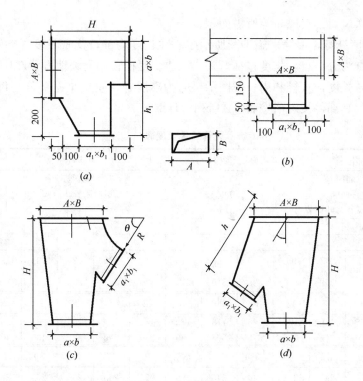

图 7-19　矩形管三通

(a) 正断面三通；(b) 插管式三通；(c) 加弯三通；(d) 斜插变径三通

$$F=(A+B+a+b)\,H+\frac{2}{5}\pi R\,(a_1+b_1)=0.5\,(L+l)\,H+0.62832l_2R$$

④ 斜插变径三通展开面积公式：

$$F=(A+B+a+b)\,H+(A+B+a_1+b_1)\,h$$

管断面周长为：$L=2\,(A+B)$　　$l=2\,(a+b)$　　$l_1=2\,(a_1+b_1)$ 时

面积也可由下式表示

$$F=0.5\,(L+l)\,H+(L+l_1)\cdot h$$

6) 天圆地方管如图 7-20 所示。

$$H\geqslant 5D$$

面积展开计算式均为：

$$F=\left(\frac{D\pi}{2}+A+B\right)H$$

(2) 风管工程量计算及定额套用。

1) 用薄钢板、镀锌钢板、不锈钢板、铝板和塑料板等板材制作安装的风管工程量，以施工图图示风管中心线长度为准，按风管不同断面形状（圆、方、矩）的展开面积计算，以"m²"计量。

① 风管展开面积，不扣除检查

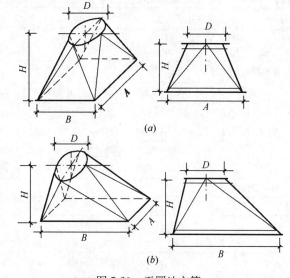

图 7-20　天圆地方管

(a) 正天圆地方管；(b) 偏心天圆地方管

孔、测定孔、送风口、吸风口等所占面积。

② 风管长度计算，一律以施工图所示中心线长度为准，支管长度以支管中心线与主管中心线交接点为分界点。长度包括弯头、三通、变径管、天圆地方管件长度。风管长度不包括部件所占长度，直径和周长按图示尺寸为准展开，咬口重叠部分已包括在定额内，不得另行增加。其部件长度值按表 7-2 所列值计取。

风管部件长度表　　　　　　　　　　　　　　　　表 7-2

序	部件名称					部件长度（mm）	序	部件名称				部件长度（mm）
①	蝶阀					150	④	圆形风管防火阀				$D+240$
②	止回阀					300	⑤	矩形风管防火阀				$B+240$
③	密闭式对开多叶调节阀					210						

密闭式斜插板阀

型号	1	2	3	4	5	6	7	8	9	10	11	12	13	14
D	80	85	90	95	100	105	110	115	120	125	130	135	140	145
L	280	285	290	300	305	310	315	320	325	330	335	340	345	350

型号	15	16	17	18	19	20	21	22	23	24	25	26	27	28
D	150	155	160	165	170	175	180	185	190	195	200	205	210	215
L	355	360	365	365	370	375	380	385	390	395	400	405	410	415

型号	29	30	31	32	33	34	35	36	37	38	39	40	41	42
D	220	225	230	235	240	245	250	255	260	265	270	275	280	285
L	420	425	430	435	440	445	450	455	460	465	470	475	480	485

型号	43	44	45	46	47	48
D	290	300	310	320	330	340
L	490	500	510	520	530	540

塑料手柄蝶阀

型号		1	2	3	4	5	6	7	8	9	10	11	12	13	14
圆管	D	100	120	140	160	180	200	220	250	280	320	360	400	450	500
	L	160	160	160	180	200	220	240	270	300	340	380	420	470	520

序	部件名称			部件长度（mm）	序	部件名称		部件长度（mm）
方管	A	120		160	200	250	320	400	500
	L	160		180	220	270	340	420	520

塑料拉链式蝶阀

型号		1	2	3	4	5	6	7	8	9	10	11
圆管	D	200	220	250	280	320	360	400	450	500	560	630
	L	240	240	270	300	340	380	420	570	520	580	650
方管	A	200	250	320	400	500	630					
	L	240	270	340	420	520	650					

塑料插板阀

型号		1	2	3	4	5	6	7	8	9	10	11
圆管	D	200	220	250	280	320	360	400	450	500	560	630
	L	200	200	200	200	300	300	300	300	300	300	300
方管	A	200	250	320	400	500	630					
	L	200	200	200	200	300	300					

注：D—风管外径；A—方风管外边宽；B—方风管外边高；L—管件长度。

③ 风管制作与安装定额包括：弯头、三通、变径管、天圆地方等管件及法兰、加固框和吊托支架的制作与安装。未计价材计算了板材料，而法兰和支架、吊架、托架按定额规定计算其价值后，还要计算其材料数量，按规格、品种列入材料汇总表中。

风管制作与安装定额不包括：过跨风管的落地支架制安。落地支架执行设备支架项目。

④ 净化通风管道及部件制作与安装，工程量计算方法与一般通风管道相同，套用相应定额。但是零部件安装要算净化费，按相应部件子目安装基价的 35% 作为净化费，其中人工费占 40%。

对净化管道与建筑物缝隙，产生的净化密封处理，按实际情况计算费用。

⑤ 塑料风管、管件制作的胎具材料费未包括在定额内，按以下另行计算。风管工程量在 30m² 以上的系统，每 10m² 风管，胎具摊销木材 0.069m³，按本地区材料预算价格计算胎具材料费。风管工程量在 30m² 以下的系统，每 10m² 风管，胎具摊销木材 0.09m³，按本地区材料预算价格计算胎具材料费。

⑥ 当风管、管件、部件、非标准设备发生场外运输时，在场外生产的施工组织设计方案必须经过审批，可按以下方法计算：

$$运费＝车次数×车核定吨位×吨千米单价×里程$$

$$车次数＝\frac{加工件总重量}{车次核定吨位×装载系数}$$

装载系数：非标准设备及通风部件为 0.7；通风管及管件 0.5；不足一车按一车计算。

⑦ 通风管制作安装，按材质、直径大小、风管形状和板料厚度不论制作方法（咬口，焊口），分别套用定额。

⑧ 薄钢钣风管中板材，设计要求厚度不同时可以换算，人工、机械不变。

⑨ 项目中法兰垫料如设计要求使用材料品种不同者可以换算，但人工不变，使用泡沫塑料者每千克橡胶板换算为泡沫塑料 0.125kg；使用闭孔乳胶海绵者每千克橡胶板换算为闭孔乳胶海绵 0.5kg。

⑩ 整个通风系统设计采用渐缩管均匀送风者，圆形管按断面平均直径，矩形管按断面平均周长套用相应规格子目，其人工乘以系数 2.5。

⑪ 空气幕送风管制作安装，按矩形风管断面平均周长，套用相应风管规格子目，其人工乘以系数 3.0，其余不变。

2）风管弯头导流叶片。按叶片图示面积以"m²"计量。不分单叶片或香蕉形双叶片，均套同一子目。

导流叶片面积计算式如下：

单叶片面积 $F_单＝0.017453R\theta h＋折边$

双叶片面积 $F_双＝0.017453h（R_1\theta_1＋R_2\theta_2）＋折边$

或按表 7-3 取叶片面积。

单导流叶片表面积表（m²/片）　　　　　　表 7-3

风管高 B	200	250	320	400	500	630	800	1000	1250	1600	2000
导流片	0.075	0.091	0.114	0.140	0.170	0.216	0.273	0.425	0.502	0.623	0.755

3）帆布接头或人造革软管接头。按接头长度以展开面积计算，以"m²"计量。使用人造革不使用帆布的接头时，不得换算。

4）风管检查孔，按定额附录《国标通风部件标准重量表》计算重量，以"kg"为计量单位。

5）温度和风量测定孔。以"个"计量。套相应子目。

6）风道。以砖、石、混凝土、木、石膏板等制作、安装的通风管道，称为"风道"。按当地土建定额有关分部规定计算。

（3）风管部件——阀类制作安装工程量

部件制作安装工程量按质量计算，以"100kg"计量。标准部件质量查阅标准图或定额《通风、空调工程》附录一《国际通风部件标准质量表》计算，非标准部件按成品质量计算。

调节阀制作安装定额包括：①空气加热器上（旁）通阀（T101-1、2）（图 7-21）。②圆形瓣式启动阀（T301-5）。③圆形保温阀（T302-2）。④方、矩形保温阀（T302-6）。⑤圆形蝶阀（T302-7）。⑥方、矩形蝶阀（T302-8）。⑦圆形风管止回阀（T303-1）。⑧方形风管止回阀（T303-2）。⑨密闭式斜插板阀（T305）。⑩矩形风管三通调节阀（T306-1）（图 7-22）。⑪对开多叶调节阀（T308-1、2）。⑫风管防火阀（T356-1、2）。通风用阀类按质量计算工程量套用相应子目。

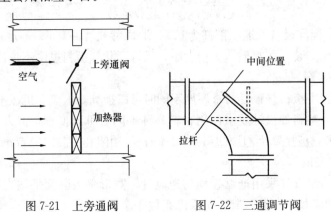

图 7-21　上旁通阀　　　　图 7-22　三通调节阀

（4）风管部件——风帽制作安装工程量

风帽制作安装定额中，除了风帽泛水是以"m"为单位，其余均以"100kg"为单位。质量计算查阅标准图或定额附录，非标准部件按成品质量计算。

风帽制作安装定额包括：圆形风帽、锥形风帽、筒形风帽、筒形风帽滴水盘、风帽筝绳和风帽泛水。套用相应子目。

（5）风管部件——风口制作与安装工程量

风口定额中，除了钢百叶窗，活动金属百叶风口以"m²"为单位外，其余均以"100kg"为单位，以"个"计算安装工程量。

风口制作安装定额包括：①带调节板活动百叶风口（T202-1）。②单层百叶风口（T202-2）。③双层百叶风口（T202-2）。④三层百叶风口（T202-3）。⑤连动百叶风口（T202-4）。⑥矩形风口（T203）。⑦矩形空气分布器（T206-1）。⑧风管插板风口（T208-

1)。⑨旋转吹风口（T209-1）。⑩圆形直片散流器（CT211-1）。⑪方形直片散流器（CT211-2）。⑫流线型散流器（T211-4）。⑬单面送吸风口（T212-1）。⑭双面送吸风口（T212-2）。⑮活动箅式风口（T261）。⑯网式风口（T262）。⑰135型单层百叶风口（CT263-1）。⑱135型双层百叶风口（T263-2）。⑲135型带导流叶片百叶风口（CT263-3）。⑳钢百叶窗（J718-1）。㉑活动金属百叶风口（J718-1）。

风口按质量和面积或"个"为单位套用相应子目。

（6）风管部件——罩类制作安装工程量

罩类制作与安装工程量，仍以质量和"个"计算。皮带防护罩、电动机防雨罩等质量《通风、空调工程》定额附录未列，可查标准图T108、T110。

侧吸罩、排气罩、槽边罩、抽风罩、回转罩等质量，可查阅《通风、空调工程》定额附录一。均套相应子目。定额中未包括的，可套用相似子目。

（7）风管部件——消声器制作与安装工程量

消声器制作安装工程量，仍以质量计算，质量计算方法同上。标准图可查T701。套相应子目。

（8）空调部件及设备支架制作安装工程量

1）金属空调器壳体、滤水器、溢水盘，设计安装为标准部件时，根据标准图，得出其重量，按重量以"100kg"为单位计算；为非标准部件时，按成品重量计算。

2）钢挡水板按空调器断面面积计算工程量。以"m²"计量。如图7-23所示。计算式如下：

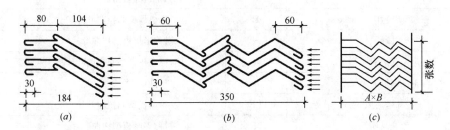

图7-23　挡水板构造

（a）前挡水板；（b）后挡水板；（c）工程量计算图

$$挡水板面积＝空调器断面积×挡水板张数$$
$$或\ 挡水板面积＝A×B×张数$$

钢挡水板制作安装以曲折数（3折、6折）和板距分档次，套相应子目。可查标准图T704。

玻璃挡水板，套用钢板挡水板相应子目，其材料、机械均乘以系数0.45，人工不变。

3）保温钢板密闭门执行钢板密闭门项目，其材料乘以系数0.5，机械乘以系数0.45，人工不变。

4）设备支架。按施工图要求以质量计算，套相应子目。

5）清洗槽、浸油槽、晾干架、LWP滤尘器支架的制作安装。按质量计算工程量（可查《通风、空调工程》附录一），套用设备支架子目。

（9）除尘器安装

无论 CLG、CLS、CLT/A、XLP 等式除尘器，还是卧式旋风水膜除尘器、CLK、CCJ/A、MC、XCX、XNX、PX 等除尘器均按"台"计算工程量，以质量分档次套用定额。每台质量可查阅定额《通风、空调工程》定额附录一。

除尘器安装不包括除尘器价值，必须另计价。

除尘器安装不包括除尘器制作，制作另行计算。

除尘器安装不包括支架制作与安装，支架以"kg"计量，套用设备支架子目。支架形式及质量查阅标准图 T501，T505，T513，CT531，CT533，CT534，CT536，CT537，CT538 等图集。

（10）通风机安装

通风工程中所用通风机，分为离心式和轴流式两种。

1）通风机名称代号。见表 7-4。

离心式风机及轴流式风机机翼型式代号　　　　　表 7-4

离 心 式 风 机		轴 流 式 风 机	
用　途	代号	机 翼 型 式	代号
排尘风机	C	机翼型扭曲叶片	A
输送煤粉	M	机翼型非扭曲叶片	B
防腐蚀	F	对称机翼型扭曲叶片	C
工业炉吸风	L	对称机翼型非扭曲叶片	D
耐高温	W	半机翼型扭曲叶片	E
防爆炸	B	半机翼型非扭曲叶片	F
矿井通风	K	对称半机翼型扭曲叶片	G
电站锅炉引风	Y	对称半机翼型非扭曲叶片	H
电站锅炉通风	G	等厚板型扭曲叶片	K
冷却塔通风	LE	等厚板型非扭曲叶片	L
一般通风换气	T	对称等厚板型扭曲叶片	M
特殊风机	E	对称等厚板型非扭曲叶片	N

2）通风机传动安装形式。见表 7-5 以及如图 7-24、图 7-25 所示。

通风机传动安装形式　　　　　表 7-5

名称	A 式	B 式	C 式	D 式	E 式	F 式
离心式风机	无轴承电机直联传动	悬臂支承皮带轮在轴承中间	悬臂支承皮带轮在轴承外侧	悬臂支承联轴节传动	双支承皮带轮在外侧	双支承联轴节传动
轴流式风机	直接传动	皮带轮在轴承中	皮带轮在轴承外侧	联轴节传动	联轴节传动不带轴承	联轴节加减速器

3）通风机安装。离心式或轴流式风机的安装不论风机是钢质或塑料质、不锈钢质，不论风机是左旋、右旋均以台计量。按风机形式和机号分别套用相应定额子目。

① 通风机和电动机直联的风机安装，包括电动机安装；皮带或联轴器传动的，则不

包括电动机安装，应另行计算（按《机械设备安装工程》定额计算）。

② 通风机设备费应另行计价，不包括地脚螺栓价值。

③ 通风机减振台座制作安装，以"100kg"计量，套用设备支架子目。减振器（橡胶板、橡胶盆，或其他减振器），定额不包括用量，依施工图按实际情况计算。

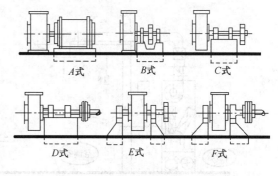

图 7-24　离心风机传动安装形式

4）工业用通风机安装。按不同种类，以设备质量分档，以台计量。按定额《机械设备安装工程》计算。

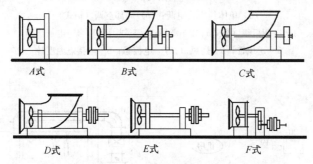

图 7-25　轴流风机传动安装形式

（六）空调安装工程量计算

1. 空调系统的组成

空调系统可以满足室内空气的"四度"要求，即温度、湿度、洁度、流动速度。为了达到这"四度"要求，空调系统由能满足这些要求的设备、部件及辅助系统组成。对空气处理和供给的方式不同，可划分如下系统及其组成：

（1）局部式供风空调系统

这类系统只要求局部空调，直接用空调机组（柜式、壁挂式、窗式等）即可达到目的。为了增加能力，根据要求可以在空调机上加新风口、电加热器、送风管及送风口等，如图 7-25（b）所示。

（2）集中式空调系统

1）单体集中式空调系统。制冷量要求不很大时，可用空调机组配上风管（送、回）、风口（送、回）、各种风阀和控制设备等而成。这种空调机组是将各单体设备集中固定在一个底盘上，装在一个箱壳里而成，如恒温恒湿空调机组。如图 7-26（a）所示。

2）配套集中式制冷设备空调系统。当制冷量要求大时，相应设备个体较大，不能同时固定在一个底盘上，装在一个箱壳里。而是将各单体设备集中安装在一个机房内，再配上风管（送、回）、风机、风口（送、回）及各种风阀、控制设备等而成。如图 7-27 所示。

3）分段组装式空调系统。将空调设备装在分段箱体内，做成各种功能的区段。如进风段、混合段、加热段、过滤段、冷却段、回风段、加湿段、挡水板段，为了检修与安装

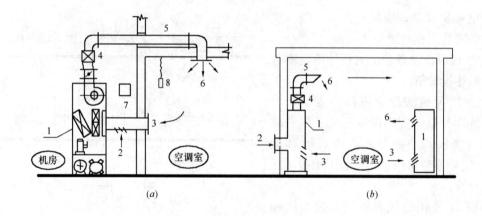

图 7-26

(a) 单体集中式空调；(b) 局部空调（柜式）

1—空调机组（柜式）；2—新风口；3—回风口；4—电加热器；

5—送风管；6—送风口；7—电控箱；8—电接点温度计

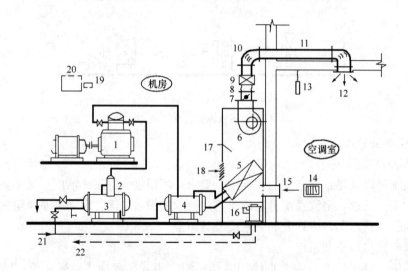

图 7-27　恒温恒湿集中式空调系统示意

1—压缩机；2—油水分离器；3—冷凝器；4—热交换器；5—蒸发器；6—风机；

7—送风调节阀；8—帆布接头；9—电加热器；10—导流片；11—送风管；12—送风口；

13—电接点温度计；14—排风口；15—回风口；16—电加湿器；17—空气处理室；

18—新风口；19—电子仪控制器；20—电控箱；21—给水管；22—回水管

用的中间段等。这些区段在工厂里加工而成，可做成卧式和重叠式。这种空调器箱体保温良好，不用做基础，根据设计需要选用所需功能段，在施工现场组装而成，故也称为装配式空调器。其型号有 ZK、W、JW、JS、WPB、CKN 等，如图 7-28 所示。若将这种空调器配上风管或风道、控制设备及辅助系统等，就成为分段式空调系统。

4）冷水机组风机盘管系统。将个体的冷水机设备，集中装在机房内，配上冷水管（送、回）；冷凝器所用的冷却塔及水池、循环水管道等；冷水管连上风机盘管，再加上空气处理机即成为一个系统，如图 7-29 所示。

258

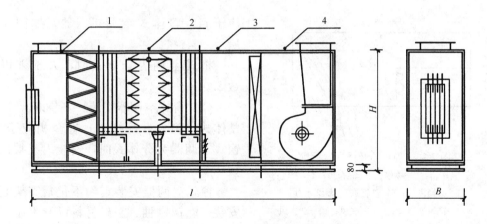

图 7-28　W 型分段组装式空调

1—混合及除尘段；2—淋水喷雾段；3—加热段；4—风机段

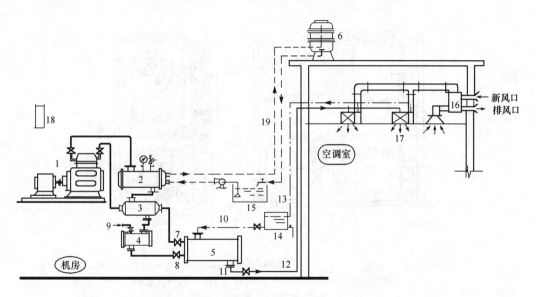

图 7-29　冷水机组风机盘管机系统

1—压缩机；2—冷凝器；3—热交换器、4—干燥过滤器；5—蒸发器；

6—冷却塔；7、8—电磁阀及热力膨胀阀；9—R_{22}入口；10—冷水进口；

11—冷水出口；12—冷送水管；13—冷回水管；14—冷水箱；15—冷水池；

16—空气处理机；17—盘管机及送风口；18—电控箱；19—循环水管

（3）诱导式空调系统

这种系统是对空气作集中处理和用诱导器作局部处理后混合供风方式。其诱导器是用集中空调室来的 15～25m/s 初次风（一次风）作为诱导力，就地吸收室内回风（二次风）加以处理与一次风混合后再次送出的供风系统，它是一种混合式空调系统。

这种系统用集中式空调系统加上诱导器组成，如图 7-30 所示。

2. 空调系统安装工程量计算

（1）整体式空调机（冷风机、冷暖风机、恒温恒湿机组等）。如 LN$_1$，HK$_1$，LH，KT$_3$ 等型，不论立式、卧式的安装，均按"台"计量。以制冷量大小分档，套用定额相

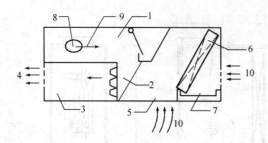

图 7-30 静压箱及诱导器示意

1—静压箱；2—喷嘴；3—混合段；4—送风；

5—旁通风门；6—盘管；7—凝结水盘；

8—一次风连接管；9—一次风；10—二次风

框和防雨装置（棚、架）等，必须另外计算。

应子目。整体式空调机（器）如图 7-31 所示。

柜式空调为分体式时，人工乘以系数 2.0。

（2）窗式空调器安装。安装以台计量。整体式（窗式、壁挂式）查套相应子目。窗式空调器为分体式时，安装人工乘以系数 2.0。

窗式空调器安装定额不包括支架制作安装、除锈刷油、密封材料以及木制安装

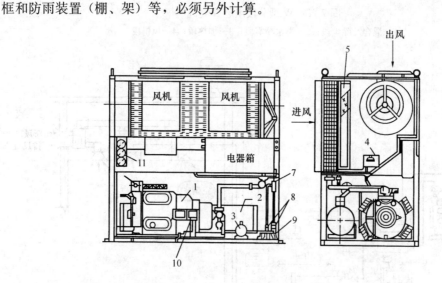

图 7-31 整体式空调机组

1—制冷机；2—水冷冷凝器；3—过滤器；4—加湿器；5—加热器；

6—蒸发器；7—热力膨胀阀；8—电磁阀；9—手动膨胀阀；

10—压力压差继电器；11—压力表

（3）风机盘管安装。不论风量、冷量、风机功率的大小，立式、卧式结构，均以台计量。按明装、暗装套用定额。如图 7-32 所示。

风机盘管连接管安装，以"m²"计量。套用各地补充定额。

（4）分段组装式空调器安装

其工程量以产品样本中所列质量或铭牌质量（各段质量）为准，以"100kg"计量，套用相应子目。

（5）玻璃钢冷却塔安装。以"台"计量。以冷却水量为档次，套用定额相应子目。与《机械设备安装工程》定额中水塔安装不混用。

（6）静压箱安装。以"100kg"计量，其制作与安装套相应子目。静压箱与空气诱导器可以连用，一次风进入静压箱保持一定的静压，使一次风由喷嘴高速喷出，诱导室内空气吸入诱导器中形成风流即二次风，达到局部空调目的。如图 7-30 所示。

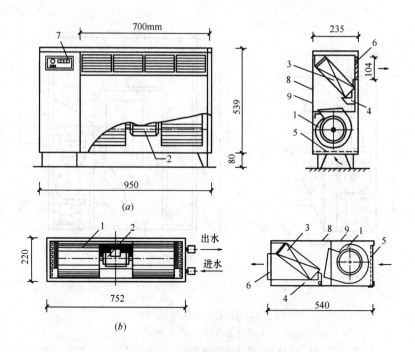

图 7-32　风机盘管构造图

(a) 立式；(b) 卧式

1—风机；2—电机；3—盘管；4—凝水盘；5—循环风口及过滤器；

6—出风格栅；7—控制器；8—吸声材料；9—箱体

（7）过滤器安装。以"台"计量。空气过滤器用多孔材料制成，如金属网、泡沫塑料、玻璃纤维、合成纤维、石棉纤维等。按过滤效果分档次套用定额。低效过滤器指：M-A、WL、LWP 型等系列。中效过滤器指：ZKL、YB、M、ZX-1 型等系列。高效过滤器指：GB、GS、JX20 型等系列。其安装形式有立式、斜式、人字形式，均以台计量。

（8）空气加热器（冷却器）安装。以质量分档，按"台"计量。不论电阻丝式、电热管式、光管式、肋片式均按"台"计量。电加热器外壳制作安装以质量"100kg"计量，套用相应子目。

（9）净化工作台、风淋室安装。以"台"计量。净化工作台安装定额指：XHK、BZK、SXP、SZP、SZX、SW、SZ、SXZ、TJ、CJ 型等系列的安装。如图 7-33、图 7-34 所示。

（10）洁净室安装。以"重量"计算，可套用《通风、空调工程》定额分段组装式空调器安装子目。

（七）空调制冷设备安装工程量计算

1. 空调制冷设备

空调系统中空气需要冷却处理，其冷源有两种：一是天然冷源（深井水、硐中冷空气、冬藏的冰块）；另一种是人工冷源。

人工冷源方法很多，一般用冷剂制冷，冷剂分有氟和无氟。用冷剂制冷方法有冷剂压缩制冷、冷剂喷射制冷、冷剂吸收制冷。而工程中常用压缩冷剂方法制冷。制冷设备通常由工厂成套生产，一般包括：制冷剂压缩机和附属装置两大部分，成套设备有三种安装

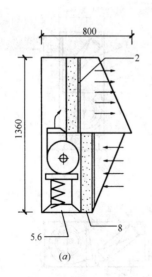

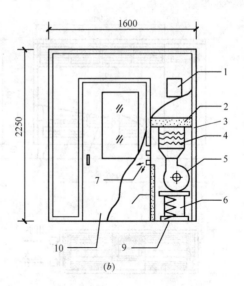

图 7-33　净化工作台与风淋室

（a）净化工作台；（b）风淋室

1—电控箱；2—高效过滤器；3—钢框架；4—电加热器；5—风机；

6—减振器；7—喷嘴；8—中效过滤器；9—底座；10—风淋室门

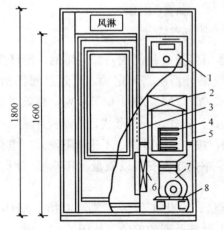

图 7-34　风淋室结构图

1—电器箱；2—高效过滤器；3—喷头；

4—电加热器；5—整体钢框架；6—中效过滤器；

7—通风机；8—减振器

方式。

（1）单体安装式。在大型集中式空调中，冷量要求大，设备本体也相应大，制冷压缩机和附属装置单机制造，将其配套分体集中安装在一个房间中（机房），配上动力及控制仪表和连通风管、水管，就成为集中式空调制冷系统。制冷压缩机和附属装置安装，执行定额《机械设备安装工程》定额。

（2）整体安装式。在制造时将制冷成套设备集中布置安装在一个底座上，装入一个箱体内，形成整体形式，即整体空调机，安装时整体安装。如恒温恒湿空调机（器）、柜式、窗式空调，均属此类，它们的安装执行《通风、空调工程》定额。

（3）分离组装式。将制冷成套设备，分成几部分，按需要装在几个底座上，形成几个分机体

箱。这类如：分段组装式空调器、空气处理室、柜式和窗式空调的分体式属此类。它们的安装按具体设备而定，或执行《机械设备安装工程》定额，或执行《通风、空调工程》定额。

2. 制冷设备的安装工程量及定额套用

（1）制冷压缩机的安装

1）活塞式压缩机安装。活塞式 V、W 及 S（扇形）压缩机安装以"台"计量，按机体质量分档，套用《机械设备安装工程》定额相应子目。不论制冷剂为氨（NH_3 或 R_{717}）、氟利昂（R_{11}、R_{12}、R_{22}），均套用此定额。

V、W、S 压缩机，定额按整体安装考虑的，所以机组的质量包括：主机、电动机、仪表盘及附件和底座等的总质量计算。

V、W、S 压缩机定额是按单级压缩机考虑的。安装同类双级压缩机时，则相应定额的人工乘以系数 1.40。

2）螺杆式制冷压缩机安装。开式（KA、KF 型），闭式（BA、BF 型）均以机体质量分档，以台计量。套用《机械设备安装工程》定额相应子目。螺杆式压缩机安装定额按压缩机为解体式安装制定的。所以与主机本体联体的冷却系统、润滑系统、支架、防护罩，同一底座上的零件和附件的质量安装定额均包括。

安装后的无负荷试运转及运转后的检查、组装、调整定额均包括。

螺杆式压缩机安装，不包括电动机等的动力机械的质量，其电动机以质量分档，按"台"计量，套用《机械设备安装工程》定额相应子目。

活塞式 V、W、S 压缩机安装和螺杆式压缩机安装，除遵守《机械设备安装工程》定额总说明有关规定外，定额不包括：

① 与主机本体联体的各级出入口第一个阀门外的各种管道，空气干燥设备和净化设备，油水分离设备，废油回收设备，自控系统及仪表系统的安装，以及支架、沟槽、防护罩等制作、加工。

② 介质（冷剂等）的充灌。

③ 主机本体循环用油（定额是按设备自带考虑的）。

④ 电动机拆装、检查及配线接线等电气工程。

（2）附属装置的安装

1）冷凝器安装。立式（卧式）管壳式冷凝器、淋水式冷凝器蒸发式冷凝器的安装，以"台"计量，以冷凝器的冷却面积分档。套《机械设备安装工程》定额相应子目。

2）蒸发器安装。立式、卧式、蒸发器，以蒸发面积分档，按"台"计量。套《机械设备安装工程》定额相应子目。

3）储液、排液器、油水分离器安装。储液、排液器按容积分档，以"台"计量。油水分离器、空气分离器，以设备直径分档，按"台"计量。套用《机械设备安装工程》定额相应子目。

附属装置安装定额包括：

① 随设备联体固定的配件安装：如放油阀、放水阀、安全阀、压力表、水位表等。

② 容器单体气密性试验与排污。试验时的连带工作：装拆空气压缩机、连接试验用管道、装拆盲板、通风、检查、放气等。

③ 制冷设备各种容器的单体气密性试验与排污，定额是按一次考虑的。如果"技术规范"或"设计要求"需做多次连续试验时，则第二次试验按第一次相应定额乘以调整系数 0.9；第三次及其以上的试验，每次均按第一次的相应定额乘以系数 0.75 计算。

附属设备的一般起重机具摊销费计算时，按设备质量计算摊销费。若用面积"m^2"；容积"m^3"；直径"m"或"mm"等的子目规格档次时，按表 7-6 所列设备质量表选用质量计算起重机具摊销费。若缺项时，可按设备实际质量计算。

单台附属设备质量对照表

表 7-6

设备名称	设备型号规格/设备参考质量（t）
立式管壳冷凝器	$\dfrac{50m^2}{3}$, $\dfrac{75}{4}$, $\dfrac{100}{5}$, $\dfrac{150}{7}$, $\dfrac{200}{9}$, $\dfrac{250}{11}$, $\dfrac{350}{11}$, $\dfrac{350}{13}$
卧式管壳冷凝器	$\dfrac{20m^2}{1}$, $\dfrac{30}{2}$, $\dfrac{60}{3}$, $\dfrac{80}{4}$, $\dfrac{100}{5}$, $\dfrac{120}{6}$, $\dfrac{140}{8}$, $\dfrac{180}{9}$, $\dfrac{200}{12}$
淋水式冷凝器	$\dfrac{30m^2}{1.5}$, $\dfrac{40}{2}$, $\dfrac{60}{2.5}$, $\dfrac{75}{3.5}$, $\dfrac{90}{4}$
蒸发式冷凝器	$\dfrac{20m^2}{1}$, $\dfrac{40}{1.7}$, $\dfrac{80}{2.5}$, $\dfrac{100}{3}$, $\dfrac{150}{4}$, $\dfrac{200}{6}$, $\dfrac{250}{7}$
立式蒸发器	$\dfrac{20m^2}{1.5}$, $\dfrac{40}{3}$, $\dfrac{60}{4}$, $\dfrac{90}{5}$, $\dfrac{120}{6}$, $\dfrac{160}{8}$, $\dfrac{180}{9}$, $\dfrac{240}{12}$
立式低压循环贮液器	$\dfrac{1.6m^2}{1}$, $\dfrac{2.5}{1.5}$, $\dfrac{3.5}{2}$, $\dfrac{5}{3}$
卧式高压贮液器	$\dfrac{1m^3}{0.7}$, $\dfrac{1.5}{1}$, $\dfrac{2}{1.51}$, $\dfrac{3}{2}$, $\dfrac{5}{2.5}$
氨油分离器	$\dfrac{DN350}{0.15}$, $\dfrac{500}{0.3}$, $\dfrac{700}{0.6}$, $\dfrac{800}{1.2}$, $\dfrac{1000}{1.75}$, $\dfrac{1200}{2}$
氨液分离器	$\dfrac{DN500}{0.3}$, $\dfrac{600}{0.4}$, $\dfrac{700}{0.6}$, $\dfrac{1000}{0.8}$, $\dfrac{1200}{1.0}$, $\dfrac{1400}{1.2}$
空气分离器	$\dfrac{0.45m^2}{0.06}$, $\dfrac{1.82}{0.13}$
氨气过滤器	$\dfrac{DN100}{0.1}$, $\dfrac{200}{0.2}$, $\dfrac{300}{0.5}$
氨液过滤器	$\dfrac{DN25}{0.025}$, $\dfrac{50}{0.025}$, $\dfrac{100}{0.05}$
中间冷却器	$\dfrac{2m^2}{0.5}$, $\dfrac{3.5}{0.6}$, $\dfrac{5}{1}$, $\dfrac{8}{1.6}$, $\dfrac{10}{2}$, $\dfrac{12}{3}$
玻璃钢冷却塔	$\dfrac{30m^2}{0.4}$, $\dfrac{50}{0.5}$, $\dfrac{70}{0.8}$, $\dfrac{100}{1}$, $\dfrac{150}{2}$, $\dfrac{250}{2.5}$, $\dfrac{300}{3.5}$, $\dfrac{500}{4}$, $\dfrac{700}{5.5}$
集油器	$\dfrac{DN219}{0.05}$, $\dfrac{325}{0.1}$, $\dfrac{500}{0.2}$
紧急泄氨器	$\dfrac{DN108}{0.02}$
油视镜	按支计，不计质（重）量
储气罐	$\dfrac{2m^3}{0.7}$, $\dfrac{5}{1.3}$, $\dfrac{8}{1}$, $\dfrac{11}{2.3}$, $\dfrac{15}{2.8}$

3. 空调设备安装工程量计算注意事项

（1）制冷机和附属设备安装定额不包括：地脚螺栓孔灌浆及设备底座灌浆，以灌浆的体积量分档，按灌浆混凝土体积"m³"计量。套用《机械设备安装工程》定额相应子目。

（2）设备安装的金属桅杆及人字架等一般起重机具的摊销费，按所安装设备的净质量（包括底座、辅机）每吨摊销费计算。每吨摊销费见各地定额规定。

（3）制冷设备若发生超高安装可按下列系数计算超高费。若设备底座安装标高超过地面正或负 10m 时，定额人工和机械台班，按表 7-7 系数调整。

设备安装超高增加系数　　　　　　　　　　　　　　　　表 7-7

设备底座正或负标高/m	15	20	25	30	40	超过 40
调整系数	1.25	1.35	1.45	1.55	1.70	1.90

（4）设备水平运输指安装现场内的水平运输，即在设备基础为点的 70m 范围内，超过这范围另计搬运费。

4. 工程量计算规则

（1）薄钢板通风管道制作安装

1）通风管道。须按其材质（如镀锌薄钢板、普通薄钢板）、制作方法（咬口、焊接）、和形状（圆、方、矩形）的不同，按风管的图注不同规格以展开面积计算，并以平方米为计算单位。但检查孔、测定孔、送风口、吸风口等所占的面积均不扣除。

计算风管长度时，一律以图注中心线长度为准，包括弯头、三通、变径管、天圆地方等管件的长度，但不得包括部件所在位置的长度。其直径和周长按图注尺寸展开，咬口重叠部分不加。

2）风管附件

① 软性接头（即帆布接口），按图注尺寸以平方米为单位计算。

② 风管导流叶片，按叶片的面积以平方米为单位计算。

③ 风管检查孔，按设计选型以千克为单位计算。

④ 温度、风量测定孔，按设计选型以"个"为单位计算。

（2）调节阀制作安装

1）调节阀。圆形、方、矩形风管蝶阀、止回阀、风管闸板阀、密闭式插板阀，通风机进、出口（插板式、百叶式、光圈式、瓣式）启动阀，手动（对开、平开）式多叶调节阀、加热口旁通阀、上通阀及方、矩形风管三通调节阀。以标准部件依设计型号规格查阅《采暖通风国家标准设计选用手册》中的标准部件重量表，按其重量计算，并以千克为计量单位。但非标准部件按成品重量计算，并以千克为计量单位。

2）密闭式调节阀。密闭式对开多叶阀与手动式对开多叶调节阀套用同一子目。

（3）风口制作安装

1）送、吸风口。送、吸风口（插板式、网式、百叶式、活动箅板式，单面、双面送、吸风口）及圆形、方、矩形空气分布器、散流器，以标准部件以设计型号规格查阅《采暖通风国家标准图集设计选用手册》中的标准部件重量表，按其重量计算，并以千克为计量单位。非标准件按成品重量计算，并以千克为计量单位。

2）百叶窗。钢百叶窗及活动金属百叶风口以平方米为单位计算。

（4）风帽制作安装

1）风帽。伞形（带扩散管、不带扩散管）风帽、筒形风帽、锥形风帽及滴水盘、槽等，以标准部件依设计型号规格查阅《采暖通风国家标准图集设计选用手册》中的标准部件重量表，按其重量计算，并以千克为计量单位。但非标准部件按成品重量计算，并以千克为计量单位。

2）风管筝绳。按重量计算，并以千克为计量单位，单独列项。

3）风帽泛水。按面积计算，并以平方米为计量单位。

（5）罩类制作安装

罩类制作安装以标准部件依设计型号规格查阅《采暖通风国家标准图集设计选用手册》中的标准部件重量表，按其重量计算，并以千克为计量单位。

（6）消声器制作安装

片式消声器、矿棉管式消声器、聚酯泡沫管式消声器、卡普隆纤维管式消音器、弧形声流式消声器、阻抗复合式消声器，以标准部件依设计型号规格查阅《采暖通风国家标准图集设计选用手册》中的标准部件重量表，按其重量计算，并以千克为计量单位。但非标准部件按成品重量计算，并以千克为计量单位。

（7）空调部件及设备支架制作安装

金属空调器壳体、滤水器、溢水盘依设计型号规格查阅《采暖通风国家标准图集设计选用手册》中的标准部件重量表，按其重量计算，并以千克为计量单位。但非标准部件按成品重量计算，并以千克为计量单位。

挡水板按空调器断面面积计算，并以平方米为计量单位。

密闭门以个为计量单位。

设备支架依照图纸按重量计算，并以千克为计量单位。

电加热器外壳依照图纸按重量计算，并以千克为计量单位。

（8）通风空调设备安装

离心式或轴流式（离心式包括塑料、不锈钢）通风和安装，按不同型号以台为单位计算。

整体式空调机组、空调器安装按不同制冷量以台为单位计算；分段组装式空调器按重量计算。

冷却塔安装按不同型号以台为单位计算。

加热器、除尘器安装以不同重量按台为单位计算。

（9）净化通风管道及部件制作安装

1）风管

① 风管按图注不同规格以展开面积计算，并以平方米为计量单位。但检查孔、测定孔、送风口、吸风口等所占面积均不扣除。

② 计算风管长度时，一般按图注中心线长度为准，包括弯头、三通、变径管、天圆地方等管件的长度，但不得包括部件所在位置的长度，其直径与周长按图注尺寸展开，咬口重叠部分不扣。

③风管导流叶片按叶片的面积计算。

2）部件按设计成品重量计算。

高、中、低效过滤器、净化工作台、单人风淋室安装以台为单位计算。

（10）不锈钢板通风管道及部件制作安装

1）风管按图注不同规格以展开面积计算。并以平方米为计量单位。但检查孔、测定孔、送风口、吸风口等所占面积均不扣除。

2）计算风管长度时，一律以图注中心线长度为准，包括弯头、三通、变径管、天圆地方等管件的长度，但不得包括部件所在位置的长度，其直径和周长按图注尺寸展开。

（11）铝管通风管道及部件制作安装

1）风管

① 风管按图注不同规格以展开面积计算，并以平方米为计量单位。但检查孔、测定孔、送风口、吸风口等所占面积均不扣除。

② 计算风管长度时，一律以图注中心线长度为准，包括弯头、三通、变径管、天圆地方等管件的长度，但不得包括部件所在位置的长度。其直径和周长以图注尺寸展开。

2）部件按设计成品计算。

（12）塑料通风管道及部件制作安装

1）风管

① 风管按图注不同规格以展开面积计算，并以平方米为计量单位。但检查孔、测定孔、送风口、吸风口等所占面积均不扣除。

② 计算风管长度时，一律以图注中心线长度为准，包括弯头、三通、变径管、天圆地方等管件的长度，但不得包括部件所在位置的长度。其直径和周长以图注尺寸展开。

2）标准部件

依设计型号规格查阅《采暖通风国家标准图集设计选用手册》中的标准部件重量表，按其重量计算；但非标准部件按成品重量计算。

（13）其他

1）通风空调工程防腐、刷油

① 风管（包括配件）、设备的刷油均以平方米为单位计算。

② 风帽、罩类、阀件、风口等的刷油均以千克为单位计算。

③ 金属支架的刷油以千克为单位计算。

2）通风空调工程绝缘、保温

①保温根据保温结构所用材质的不同，分别以立方米为单位计算。

②保护面层或保护面层的刷油按其使用材质的不同，分别以平方米为单位计算。

3）脚手架搭拆工程

按有关预算定额规定的工程量计算方法办理。

目前，在高级民用建筑中，设计常选用国外进口的铝合金百叶风口、铝合金散流器、铝合金条缝形风口等。在编制预算定额时，可采用相应的定额。另外，随着我国通风空调工程的新发展，新的产品不断出现，如 ABFK 系列百叶风口、GF 型高效过滤器、风口、孔散孔板风口、圆形直片散流器、方形直片式散流器、球形可调风口、旋转风口等。虽然目前还未纳入国家统一安装定额，但可以采用购入价或实物分析等做法来编制补充定额。

（八）通风、空调工程与安装定额其他册关系及施工预算编制的有关说明

1. 通风、空调工程与安装定额其他册关系

（1）通风、空调工程的电气控制箱、电机检查接线、配管配线等。按《电气设备安装工程》定额规定计算和套用定额。

（2）通风、空调机房给水和冷冻水管，冷却塔循环水管。用《工艺管道工程》定额的计算规则及套用定额。

（3）通风管道的除锈、刷油、保温防腐。按《刷油、防腐蚀、绝热工程》定额规定计算和套用定额。

（4）所用仪表、温度计安装。套用《自动化控制仪表安装工程》定额。

（5）制冷机组及附属设备安装。套用《机械设备安装工程》定额。

（6）设备基础砌筑、浇筑、风道砌筑及风道防腐。套用当地土建定额。

2. 施工图预算编制的有关说明

（1）通风、空调工程定额所列各章制作和安装是综合定额，制作与安装未分别列出，若需要划分制作费与安装费时，按表 7-8 比例划分。

通风、空调工程制作与安装划分比例表　　　　表 7-8

章　号	项　　　　目	制作（%）			安装（%）		
		人工	材料	机械	人工	材料	机械
第一章	薄钢钣通风管道制作安装	60	95	95	40	5	5
第二章	调节阀制作安装	85	98	99	15	2	1
第三章	风口制作安装	85	98	99	15	2	1
第四章	风帽制作安装	75	80	99	25	20	1
第五章	罩类制作安装	78	98	95	22	2	5
第六章	消声器制作安装	91	98	99	9	2	1
第七章	空调部件及设备支架制作安装	86	98	95	14	2	5
第八章	通风空调设备安装	0	0	0	100	100	100
第九章	净化通风管道及部件制作安装	60	85	95	10	15	5
第十章	不锈钢板通风管道及部件制作安装	72	95	95	28	5	5
第十一章	铝板通风管道及部件制作安装	68	95	95	32	5	5
第十二章	塑料通风管道及部件制作安装	85	95	95	15	5	5

（2）高层建筑增加费，属子目系数。系数见《通风空调工程》定额说明。

（3）操作超高增加费，属子目系数。操作物高度距楼地面 6m 以上的工程，以定额规定按人工费的百分率计取。

（4）脚手架搭拆费，属综合系数，按单位工程人工费的百分比计取，其中人工工资按百分比取后作为计费基础。

（5）通风系统调试（整）费，按下式计算：

调试费＝通风系统工程人工费×调试费率（%）

其中：人工工资占的百分率作计费基础。

调试费指送风系统，排风（烟）系统，包括设备在内的系统负荷试车。此费用于系统调试的人工、仪器使用、仪表折旧、调试材料消耗等费用。

该调试费不包括：空调工程的恒温、恒湿调试及冷热水系统、电气等相关工程的调试，发生时必须另计。

（6）薄钢板风管刷油，仅外（或内）面刷油者，其基价乘以系数 1.2；而内外均刷油者乘以系数 1.1。刷油包括风管、法兰、加固框、吊托架的刷油工作，不得重复计算。

（7）通风工程定额脚手架与风管刷油、保温定额脚手架，不分别计取，按"以主代次"原则，按通风工程定额脚手架规定计取。

（九）通风空调工程清单工程量计算规则（GB 50856—2013）

1. 空气加热器（冷却器）、除尘设备、空调器、风机盘管、表冷器等按设计图示数量计算。

2. 过滤器：

1) 以台计量，按设计图示数量计算；

2) 以面积计量，按设计图示尺寸以过滤面积计算。

3. 碳钢通风管道、净化通风管、不锈钢板通风道、铝板通风管道、塑料通风管道等按设计图示内径尺寸以展开面积计算。

4. 玻璃钢通风管道、复合型风管等按设计图示外径尺寸以展开面积计算。

5. 风管检查孔：

1) 以千克计量，按风管检查孔质量计算；

2) 以个计量，按设计图示数量计算。

6. 柔性接口按设计图示尺寸以展开面积计算。

7. 风管漏光试验和漏风试验按设计图纸或规范要求以展开面积计算。

项目编码：030701002　　项目名称：除尘设备

【例1】在某一通风空调实验室内需安装一台 XP 型旋风除尘器，直径为 400mm，试计算其工程量并套用定额。

注：支架采用风机减震台座，标准图品为 CG327，查标准图得该支架重34.00kg/个。支架刷第一遍厚漆和第二遍厚漆。

【解】（1）清单工程量

除尘设备 1 台。

清单工程量计算见表 7-9。

清单工程量计算表　　　　　　　　　　　　表 7-9

项目编码	项目名称	项目特征描述	计量单位	工程量
030701002001	除尘设备	XP 型旋风除尘器	台	1

（2）定额工程量

1) 除尘器设备的安装	台	1
2) 设备支架制作、安装	100kg	0.34
3) 除尘设备支架刷第一遍厚漆	100kg	0.34
4) 除尘设备支架刷第二遍厚漆	100kg	0.34

工程预算表见表 7-10。

工程预算表　　　　　　　　　　　　表 7-10

序号	定额编号	分项工程名称	定额单位	工程量	基价/元	其中/元		
						人工费	材料费	机械费
1	9-231	除尘设备的安装	台	1	76.92	68.27	5.08	3.57
2	9-211	设备支架制作、安装	100kg	0.34	523.29	159.75	348.27	15.27
3	11-124	除尘设备支架刷第一遍厚漆	100kg	0.34	18.98	5.11	6.91	6.96
4	11-125	除尘设备支架刷第二遍厚漆	100kg	0.34	18.14	5.11	6.07	6.96

项目编码：030702001　　项目名称：碳钢通风管道

【例 2】图 7-35 所示有直径为 600mm 的漆钢板圆形风管，求其工程量（δ＝2mm 焊接）。

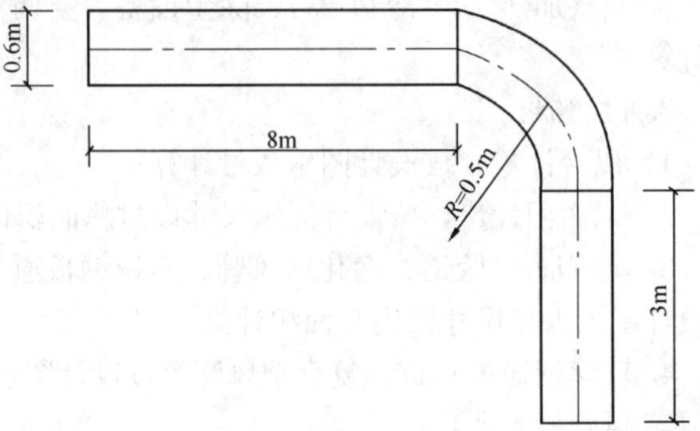

【解】（1）清单工程量

在通风空调管道制作安装中，风管按施工图示不同规格以展开面积计算，不扣除检查孔、测定孔、送风口、吸风口等所占面积。

圆管计算公式为：

$$F=\pi DL$$

式中　F——圆形风管展开面积（m²）；

　　　D——圆管直径（m）；

　　　L——管道中心线长度。

图 7-35　风管尺寸示意图

计算风管长度时，一律以施工图中心线长度为准。

工程量计算 $F=\pi DL$

$$=3.14\times0.6\times\left(8+\frac{1}{2}\pi R+3\right)$$

$$=3.14\times0.6\times\left(8+\frac{1}{2}\times3.14\times0.5+3\right)$$

$$=22.20\text{m}^2$$

清单工程量计算见表 7-11。

清单工程量计算表　　　　　　　　　　　　　　　　　　表 7-11

项目编码	项目名称	项目特征描述	计量单位	工程量	计算式
030702001001	碳钢通风管道制作安装	直径 0.6m	m²	22.20	$3.14\times0.6\times\left(8+\frac{1}{2}\pi R+3\right)$

（2）定额工程量

定额工程量计算同清单工程量。

套用定额 9-11，计量单位：10m²，基价 541.81 元；其中人工费为 256.35 元，材料费 211.04 元，机械费 74.42 元。

项目编码：030702001　　项目名称：碳钢通风管道

项目编码：030703007　　项目名称：碳钢风口、散流器、百叶窗

【例 3】计算图 7-36 所示风管的工程量。

【解】（1）定额工程量

1）风管的工程量计算：

① 干管的工程量

a）风管（1250mm×800mm）的工程量：

长度 $L_1=2.0+2.0+2.0=6.00\text{m}$

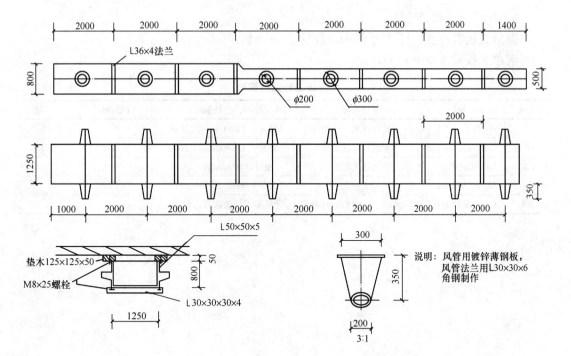

图 7-36　送风平面图

工程量 $F=(1.25+0.8)\times2\times L_1=2.05\times2\times6.0=24.60\mathrm{m}^2$

b）风管（1250mm×500mm）的工程量：

长度 $L_2=2.0+2.0+2.0+2.0+1.4=9.40\mathrm{m}$

工程量 $F=(1.25+0.5)\times2\times L_2=1.75\times2\times9.4=32.90\mathrm{m}^2$

② 支管的工程量：

长度 $L_3=0.35\times16=5.60\mathrm{m}$

工程量 $F=\dfrac{0.3+0.2}{2}\pi L_3=0.25\times3.14\times5.6=4.40\mathrm{m}^2$

2）阀件的工程量计算：

法兰的工程量：

风管外径 $D=1250\mathrm{mm}$，风管法兰用 L36×4，配用 M8×25 的螺栓制作而成，每个法兰重8.75kg/副，经查阅图纸，共有 7 副法兰，故其总重量为：8.75×7=61.25kg。

3）风口的工程量计算：

风口采用圆形直片散流器，图号为 CT211-2，风口尺寸为 φ180，每个风口的重量为4.39kg/个，经查阅图纸，共有 16 个此型号的风口，故其总重量为：4.39×16=70.24kg。

（2）清单工程量

1）清单中风管的工程量同定额中风管的工程量。

2）法兰的工程量计算：

管外径 $D=1250\mathrm{mm}$ 的风管法兰阀 L36×4 制作，配用 M8×25 的螺栓安装，其数量为 7 副，用钢制作。

3）风口的工程量计算：

圆形直板散流器，尺寸为φ180，数量为 16 个。

清单工程量计算见表 7-12。

清单工程量计算表　　　　　　　　　　　　　　表 7-12

序号	项目编码	项目名称	项目特征描述	计量单位	工程量
1	030702001001	碳钢通风管道	矩形，1250mm×800mm	m²	24.60
2	030702001002	碳钢通风管道	矩形，1250mm×500mm	m²	32.90
3	030702001003	碳钢通风管道	矩形，300mm×200mm	m²	4.40
4	031003011001	法兰	L36×4，M8×25 的螺栓连接	副	7
5	030703007001	碳钢风口、散流器、百叶窗	圆形直板散流器，φ180	个	16

第八章 工 业 管 道 工 程

一、工业管道工程制图

（一）管道施工图的基本知识

1. 管道施工图的分类。

管道施工图按专业划分可分为暖卫管道工程图和工业管道工程图。暖卫管道工程属于建筑安装工程，又可分为：供暖管道、燃气、通风空调管道、给排水管道等专业管道；工业管道属于为工业设备安装工程是生产输送介质的。

管道施工图有以下几部分：

（1）图纸目录：通过图纸目录我们可以知道成套专业图纸的数量、图号、名称等情况。可作为图纸排列和清点的索引。

（2）设计说明：设计说明主要有设计标准、工程质量标准、主要数据、设计依据及施工和验收应注意的问题等，用文字来表达施工图上无法用线型或符号表达的内容。

（3）设备材料清单：工程所需要的各类管道，阀门、管件、设备及保温、防腐材料的规格、数量、型号、名称的明细表。

（4）平面图：主要有管线的规格尺寸、坡向、坡度、管径、标高、排列、水平走向等。

（5）轴测图：即系统图，能表达管线的具体位置和空间走向，能弥补平、立面图的不足。

（6）工艺流程图：表现了生产工艺所需要的仪表装置、各种设备、管道布置、介质流向等，是生产工艺过程的形象示意。读图我们可以了解管道的编号、规格、仪表控制点、设备信号、工艺流程等内容。

（7）立面图和剖面图：主要表达管线的编号、管径、标高、垂直方向的排列和走向，建筑物和设备的立面布置等。

（8）标准图：具有通用性的图样，不作为单独施工的图纸，只作为施工图的组成部分。

（9）大样图：用双线图表示，标注了组装件各部位的详细尺寸。是表示组合配管件或配管安装的图样。

（10）节点图：节点用代号来表示在图中的具体位置，为了加工和安装的需要，需绘制有节点详细结构和尺寸的节点图。

2. 符号。

（1）管路代号。一般用实线表示输送介质的管道，同时，在实线的中间注上规定的拼音符号以区别不同的管道。如图 8-1 所示 S 为给水管，S_1 为生产给水管，S_2 为生活给水管等。

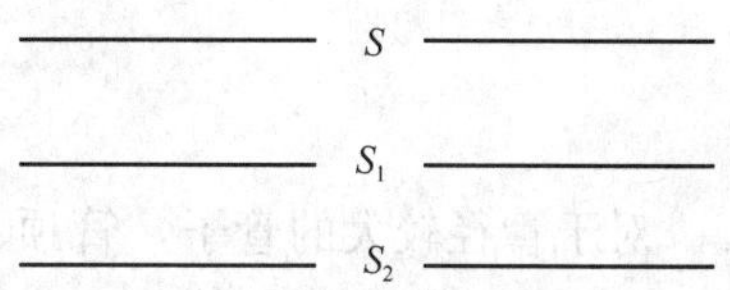

如施图中多数管道相同或一种管道，其符号可以

———————— S ————————

———————— S_1 ————————

———————— S_2 ————————

图 8-1　给水管的规定符号

不写，但需在图中说明。

施工图中，管道的技术参数也用一定的字母表示，如 D 表示焊接钢管内径，φ 表示无缝钢管外径及设备的直径，i 表示管道坡度，R（r）表示管道弯曲半径，S 表示板材和管材的厚度等。

（2）管道图例。管道施工图上的暖气片、卫生器具、阀门管件等都有规定的图例符号。

3. 管道施工图标注方法。

管道施工图的标注包括管道坡向与坡度的标注，管道安装高度的标注及管道的连接方法。

（1）坡度及坡向。

如图 8-2 所示，坡向符号用箭头表示，坡度用"i"表示。

（2）尺寸标注及尺寸单位。作为施工中制作安装的主要依据，管道施工图中必须有详细的尺寸标注。标注用的尺寸符号有四部分组成：尺寸数字、箭头，尺寸界线、尺寸线。

如图 8-3 所示，管件或管子的大小以标注的尺寸为准，与图纸绘制的准确度及图纸的大小无关。标注的尺寸数以毫米为单位，若用其它单位需加注明。

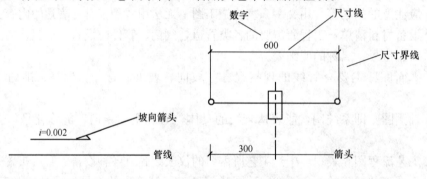

图 8-2　坡度及坡向的表示方法　　　　　图 8-3　尺寸标注示意图

（3）标高。标高用来表示管道的安装高度，以 m 为单位。不同类型的管道，标高有不同的标注部位，散热器标注底标高，同层同标高的散热器只标注右边的一组；压力管道，圆形风管应标注管道的中心标高；沟道管道应标注弯坡点，交叉点、连接点、转折点、起讫点的标高，对于管道穿外墙，不同的水位线处；土建部分和构筑物都应标注标高；构筑物和剪力墙的壁及底板处也应标注。标准标注方法如图 8-4 所示。

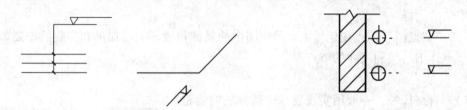

图 8-4　标高的标注方法

对于管径较大的管子，管顶、管底、管子中心都可标注标高，排水管标注管底。
远离建筑物的室外管道，一般以绝对标高标注。

在轴测图上，标高一般标注在管线的下方。一般对建筑物，以底层室内地坪为零点，±0.000，比室内地坪高低的以"＋""－"号表示（"＋"号一般不加），标高以 m 为单位，数字一般注至小数点后三位。

（4）管道的连接表示法。管道的连接形式有螺纹连接、承插连接、焊接连接和法兰连接、连接符号如图 8-5 所示。

螺纹、焊接和承插连接的图例符号一般在轴测图上，法兰连接的图例符号在平、立（剖）及轴测图中都可以看到，如果管子连接方法无法在图纸中表达时，可在说明书中用文字说明。

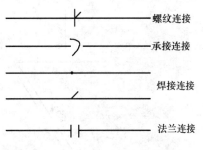

图 8-5　管道的连接形式及图例符号

（5）管线的表示方法。

管线的表示方法有多种：有标管道压力、温度和不标的；有标编号和不标的；也有标管子等级的等。简单的表示方法如图 8-6 所示。

图中 L_1 表示管线编号，$\phi 63 \times 3$ 表示管子的外径为 63mm，壁厚为 3mm，箭头表示介质流动方向。

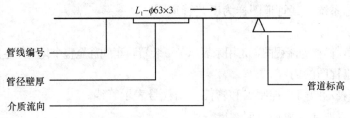

图 8-6　管线的表示方法（一）

图 8-7 为此较完整的管线表示方法。

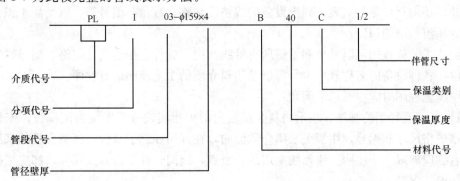

图 8-7　管线的表示方法（二）

管径的表示方法。管径尺寸以"mm"为单位，无缝钢管、螺旋缝或直缝电焊钢管、有色金属管、不锈钢管，管径以外径×壁厚表示，如 $D159 \times 4.5$；陶土管、混凝土、钢筋混凝土管，耐酸陶瓷管等，管径以内径 d 表示；低压流体用的铸铁管、不镀锌焊接钢管、镀锌焊接钢管，聚氯工烯管等，管径以公称直径 DW 表示；风管管径或断面尺寸宜标注在风管法兰处延长的细实线上方或风管上。

管径尺寸标注的位置规定如下：应标注在变径处。竖管道的管径标注在管道的左侧，如图 8-8 所示斜管道管径标注在斜上方，如图 8-8 所示。水平管道标注在上方，如图 8-9 所示，同一种管径的管道较多时，可在附注中说明而不用标注管径尺寸。当管径尺寸无法按规定位置标注时，应用引出线标注在适当位置也可。

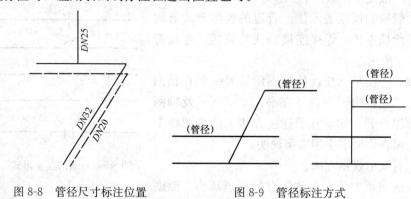

图 8-8　管径尺寸标注位置　　　　　图 8-9　管径标注方式

（二）化工工艺管道施工图的识读

在石油化工等工业中，各种管道按生产工艺流程，把泵、塔、设备等连接起来，构成完整的生产工艺系统。其管道图样为工艺管道图。

1. 工艺流程图。

工艺流程图，简称为流程图，是用来表示某一装置，车间甚至整个化工厂生产过程的图样。

（1）工艺流程图的内容。

1）用图例表示阀门、控制点和管件，用代号表示管线。

2）用箭头表明介质流动方向。

3）有设备示意性的图形应注有设备的编号、名称。

4）粗实线表示管线。对于自动控制的工艺管道，控制设备和控制点也要表示出来。

此外还附有设备一览表，列出设备的规格、名称、数量、编号等、以便易于识图。

（2）流程图的识读。

识读工艺流程图可以掌握和了解所有管线阀门、管件、控制点、规格、编号等的名称和部位，各种设备的名称规格编号等以及物料介质的工艺流向运行程序。

识读流程图时应注意以下问题：

1）了解流程图的画法。表示物料介质流向的中粗实线或粗实线为流程线，流程线注明管路规格尺寸和编号，用箭头表明介质流向，在开始和终了部位，物料介质的来源、去向及名称应加以文字注明。流程线上用的控制点，阀门管件等符号或代号，都应用标准图例，并说明含义。

2）掌握设备的名称、编号、数量。流程图上的各种塔器和设备，是用细实线按比例表示出的示意性图形，当设备过长过大或过小则不按比例绘出。

设备的编号应同反应设备的序号和工艺系统的序号相对应。对于规格和用途相同的设备一般在编号后加注脚码而不用另编新号。

3）了解物料介质的工艺流程程序。不同的产品，其生产工艺是不同的，即使同一种，由于生产方法不同，其所需的工艺流程和设备也是不同的。通过识读工艺流程图，我们可以了解车间物料介质及该装置的工艺流程程序。

2. 管道布置图。

管道布置图是管道安装施工的依据，是表示各个设备、配件、阀门、控制点安装位置，自控仪表和设备之间管道的连接，走向的图样。故管道布置图又称管道安装图。管道布置图实际上是在设备布置图上添加管道及管配件的图形或标记绘制的。因此，它有着与设备布置图大致相同的内容和要求。为了便于看图，管线采用粗实线或中粗实线把管线表示出来，而图样中的厂房建筑和设备的图形则用细实线绘制。管道布置图一般分为管道平面图、管道立面图，管段图、管架图和管件图。

（1）管道平面图

管道平面图是管道安装施工图中最关键的图样。通过对管道平面图的识读，可以了解和掌握如下内容：

1）厂房各层楼面或平台的平面布置及定位尺寸。

2）装置或厂房的设备的编号和名称，平面布置、定位尺寸。

3）管线的编号、规格和介质流向，平面位置、定位尺寸、以及每根管子的坡向和坡度横管的标高等数据。

4）仪表控制点，阀门及管配件的定位尺寸和平面位置。

5）管架及管墩的平面布置及定位尺寸。

（2）管道立面图

管道布置在平面图上无法表示清楚的部位，可采用剖面图来表示。剖面图与立面图的表达方式是完全一致的，剖面图是一种局部的立面图，只表达在平面图上的剖切部位。通过对管道立面图的识读，可以了解和掌握以下内容：

1）各层楼面或平台的垂直剖面及标高尺寸。

2）各层机器设备的立面布置、标高尺寸及设备的编号和名称。

3）管线的立面布置、标高尺寸以及编号、规格、介质流向。

4）管件、阀件以及仪表控制点的立面布置和标高尺寸。

（3）管段图

管段图用来显示整个管线系统中的某一段，表示成轴测图的形式，它能够清晰完整地表现每一路管线的具体走向和安装尺寸。它是管线中或两台设备之间某一管线及其附属管件、阀件、仪表控制点等具体配置的立体图样。利用管段图进行预制安装给施工提供方便。预算人员利用管段图计算工程量可提高工作效率和准确度。

工艺管道的管段图大多采用正等测投影的方法绘制，图样中的管件、阀件按大致比例绘出，而管子长度则不一定按比例。但尺寸标注比较详细。因此，计算管道工程量时，不能用比例尺测量，而应当按图注尺寸逐段计算。

（4）管架图及管件图

管架图及管件图属于施工图中的详图。各种类型的管道支架图，可以从标准图集中直接查到。

1）管架图。管架图是表达管架的具体结构、制造及安装尺寸的图样。其画法是支架本身用中实线等较粗线段来表示，管道、保温材料和不属于管架制作范围的建（构）筑物，一般用细实线或双点画线表示。

2）管件图。管件图是完整表达管件具体构造及详细尺寸，以供预制加工和安装用的图样。其内容与画法和机械零部件图相同，图纸除了按正投影原理绘制并标注有关尺寸外，有的图纸还列出材料明细表和标题栏等。

二、工业管道工程造价概论

在生产工艺流程中，为生产输送所需介质的管道为工艺管道，如煤气管道、油管和压缩空气管道，生产上水管、排水管等，都属于工艺管道。

工艺管道，在生产过程起输送材料的作用，包括液体，气体和流动的固体。工艺管道所采用的管材、管件、阀门是多种多样的，它们都以材料费的形式计入安装工程直接费。

以下介绍管材、管件、阀门、法兰、管道清洗、试压吹冲洗、脱脂等。

（一）管材

1. 黑色金属管材

（1）铸铁管。由含碳量在 1.7% 以上的灰口铸铁制成，具有耐腐蚀性强，性质较脆，经久耐用的特点，多用于煤气和给排水管道。对于埋地敷设的铸铁管，管壁内外都应涂有沥青，以增强其抗腐蚀性能。

铸铁管分承压铸铁管和排水铸铁管。

承压铸铁管按其制造方法的不同分为砂型离心铸铁管，连续铸铁直管和砂型铸铁管。按其材质可分为应铸铁管、球墨铸铁管和高硅铸铁管。

① 砂型离心铸铁管。如图 8-10 所示，这种铸铁管为灰铸铁管，按其壁厚不同分 P、G 两级，主要用于给水与煤气工程，可根据工作压力和埋设深度选用。

② 连续铸铁管。如图 8-11 所示，连续铸铁管即连续铸造的灰口铸铁管。按其壁厚不同，分为 LA、A、B 三级。

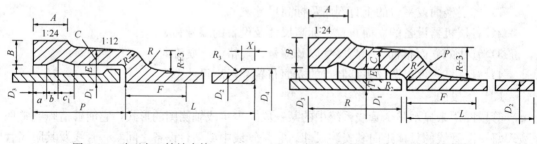

图 8-10　砂型离心铸铁直管　　　　　图 8-11　连续铸铁直管

③ 球墨铸铁管。球墨铸铁管较灰铸铁管有较高的强度，耐磨性和韧性，因而可以用于水力输送或灰口铸铁管强度满足不了工程技术要求的地方。

④ 高硅铸铁管。高硅铸铁是含碳量在 0.5%～1.2%，含硅量在 10%～17% 的铁硅合金。常用的高硅铸铁含硅量为 14.5%，它具有很高的耐蚀性，随着含硅量的增加，耐蚀性能也随着增加，但脆性也随着变大，高硅铸铁管目前尚无统一的国家标准，一般使用压力为 0.25MPa，高硅铸铁管性脆，现场无法加工，管道长度由成品件组配。

铸铁管规格以公称直径 DN 表示，直径数值写在后面，单位：mm 可不写，例如 $DN50$、$DN100$，表示公称直径分别为 50mm、100mm。

（2）焊接钢管。也称有缝钢管或水煤气管，一般由 Q235 号碳素钢制造。按管材的表面处理形式分为镀锌和不镀锌两种。表面镀锌的发白色，又称为白铁管或镀锌钢管；表面不镀锌的即普通焊接钢管。镀锌焊接钢管，常用于输送介质要求比较洁净的管道，如给水，洁净空气等；不镀锌的焊接钢管，用于输送蒸汽、煤气、压缩空气和冷凝水等。

焊接钢管是由卷成管形的钢板以对缝或螺旋缝焊接而成，由于它们的制造条件不同，又分为低压流体输送用焊接钢管、直缝卷焊钢管、电焊管。

(1) 低压流体输送用焊接钢管。是由碳素软钢制造，是管道工程最常用的一种小直径的管材，适用于输送水、煤气、蒸汽等介质。按其表面质量的不同，分为镀锌钢管（俗称白铁管）和非镀锌钢管（俗称黑铁管），内外镀锌的钢管比不镀锌的钢管重约 $3\% \sim 6\%$，按其管材的厚度不同分为薄壁管、普通管和加厚管三种，薄壁管不宜来输送介质，可作套管用。普通管用于 $PN \leqslant 1.0MPa$，加厚管的公称压力为 $PN \leqslant 1.6MPa$。镀锌钢管焊接钢管材质软，易于套丝、切割、锯割、便于连接，焊接钢管可以焊接，镀锌钢管焊接时，由于镀锌层熔化，焊缝处易锈蚀，影响使用寿命，所以一般不得焊接。

(2) 螺旋缝焊接钢管。螺旋缝焊接钢管以焊接方式分自动埋弧焊接管和高频焊接管，如果以输送介质的不同压力高低可分为甲类管和乙类管。

① 螺旋缝自动埋弧焊接管。一般情况下，用普通低合金结构钢和 Q235、Q235F 等普通碳素钢来焊制螺旋缝自动埋弧焊接钢管中的甲类管。用作低压力流体输送管材，承压流体输送用螺旋缝埋弧钢管参见石油工业部标准 SY5037—2012。一般低压流体输送用螺旋缝埋弧焊接钢管参见石油工业部标准 SY5037—2012《一般流体输送用螺旋缝埋弧钢管》。

② 螺旋缝高频焊接钢管。螺旋缝高频焊接钢管一般采用 Q235、Q235F 等钢材制造，主要用于输送石油、天然气等。承压流体输送用螺旋缝高频焊接钢管参见石油部标准 SY/T 5038—2012。一般低压流体输送用螺旋缝高频焊接钢管参见石油工业部标准 SY/T 5038—2012《一般流体输送用螺旋缝高频焊接钢管》。

③ 直缝卷制钢管：用钢板分块卷制而成，又称卷板管，适用于输送天燃气，蒸汽及其他低压流体，主要用于低压大口径的工业管道上。大口径直缝卷制钢管一般由现场自制或委托加工厂加工，材质及壁厚应根据需要由设计确定。

焊接管的连接方法较多，常用的有焊接、螺纹连接、法兰连接。

① 钢管焊接：适用于各种口径的非镀锌钢管。钢管焊接是将管子接口处及焊条加热使金属呈熔化的状态后，把两个被焊件连接成一整体的过程，它具有接口牢固严密、速度快，维修量少，节约管件等优点。一般管道工程上最常用的是电弧焊及氧-乙炔气焊两种。前者常用于管径大于 65mm 和壁厚 4mm 以上或高压管路系统的管子，后者常用于管径在 50mm 以下和壁厚在 3.5mm 以内的管路。

② 螺纹连接：适用于管径在 100mm 以下，尤其是 $DN \leqslant 80$ 的钢管。它是在管段端部加工螺纹，然后拧上带内螺纹的管子配件或阀件等，再和其他管段连接起来构成管路系统的连接方式。

③ 法兰连接：依靠螺栓的拉紧将两管段、阀件等的法兰盘紧固在一起构成管路系统的。法兰盘按其材质分为：钢板法兰、铸钢法兰和铸铁法兰等；按其形状分为：圆形、方形、椭圆形法兰等；按其与管子的连接方式分：平焊法兰、对焊法兰、翻边法兰、螺纹法兰等。铸铁法兰与钢管连接，镀锌钢管与法兰连接，应采用螺纹连接。平焊法兰、对焊法兰及铸钢法兰与管子连接，均采用焊接连接。管子与法兰连接应保证管子与法兰垂直，保证法兰间的连接面上无突出的管头，焊肉、焊渣、焊瘤等。管子翻边松套法兰适用于法兰材质与管子材质不同时连接，翻边要平正成直角、无裂口、无损伤、不挡螺栓孔。

（3）无缝钢管。按制造材质可分为碳素无缝钢管、低合金无缝钢管和不锈、耐酸无缝钢管。按公称压力可分为低压（$0 < P \leqslant 1.6\text{MPa}$）、中压（$1.6 < P \leqslant 10\text{MPa}$）、高压（$P > 10\text{MPa}$）三类。工艺管道常用的是普通无缝钢管，以下按材质分类介绍。

1）碳素无缝钢管，常用的制造材质为 10 号、20 号、35 号钢。其规格范围为公称直径 15～500mm，单根管长度 4～12m，容许操作温度为－40～450℃，广泛用于各种对钢无腐蚀性的介质管道，如输送蒸汽、氧气、压缩空气和油品油气等。

2）低合金无缝钢管，通常是指含一定比例铬钼金属的合金钢管，也称铬钼钢管。常用的钢号有 12CrMo、15CraMo、Cr5Mo 等，其规格范围为公称直径 15～500mm，单根管长度 4～12m，适用温度范围为－40～570℃。低合金无缝钢管，用于输送各种温度较高的油品、油气和腐蚀性不强的盐水，低浓度有机酸等。

3）不锈耐酸无缝钢管，由于铬、镍、钛各金属含量的不同而分许多品种，如 1Cr18Ni9Ti、Cr17Ti、1Cr13、Cr18Ni12Mo2Ti。1Cr18Ni9Ti 是用量最多的一种，在施工图上常用简化材质代号 18-8 来表示 1Cr18Ni9Ti。这些不锈耐酸钢适用于－190℃～600℃的温度范围。在化工生产中用来输送各种腐蚀性较强的介质，如硝酸和尿素等。

4）高压无缝钢管，其制造材质与上面介绍的无缝钢管基本相同，只是管壁比中低压无缝钢管要厚，最厚的管壁在 60mm 以上。其规格范围为管外径 24～325mm，单根管长度 4～12m，适用压力范围 10～32MPa，工作温度－40～400℃。在石油化工装置中用以输送：原料气、氢氮气、合成气、水蒸气，高压冷凝、水等介质。

（4）钢板卷管。是由钢板卷制焊接而成，分为直缝卷焊钢管和螺旋卷焊钢管两种。直缝卷焊钢管多数在施工现场制造或委托加工厂制造，专业钢管厂不生产。钢板材料有 A₃、10♯、20♯、16Mn、20g 等，其规格范围为公称直径 200～3000mm，最大的有 4000mm；壁厚一般为 4～16mm。单根管长度公称直径 200～900mm 的为 6.4m；公称直径 1000～3000mm 的为 4.8m。适用工作温度，A₃ 为－15～300℃，10♯、20♯、16Mn 为－40～450℃，20g 为－40～480℃，均适用于低压范围。

螺旋卷焊钢管，由钢管制造厂生产、材质有 A₃、16Mn。其规格范围为公称直径 200～700mm，壁厚 7～10mm，单根管长度 8～18m。适用工作温度 A₃ 为－15～300℃，16Mn 为－40～450℃；操作压力 A₃ 为 2.5MPa，16Mn 为≤4MPa。

2. 有色金属管材

有色金属管在工艺管道中常用的有铜管、铝管、铝合金管和铅管，分为无缝的和用板材卷焊的两类。

（1）铜管。铜分为紫铜、黄铜、青铜和白铜。

纯铜呈紫红色，习惯上称紫铜。以锌为主要添加元素的铜合金称为黄铜。以镍为主要添加元素的铜合金叫做白铜，除了黄铜，白铜以外的铜合金称为青铜。工程上所说的青铜大多是铜锡的合金。

铜是贵重的有色金属，是热和电的良导体，铜的耐腐蚀性好，又有着较好的加工性能。黄铜不仅有良好的机械性能，良好的耐腐蚀性能和工艺性能，而且价格也较纯铜便宜。青铜在大气、海水以及蒸汽中的耐腐蚀性比纯铜和黄铜还要好，耐磨性高，但铸造性差。

常用无缝铜管的规格范围为外径 12～250mm，壁厚 1.5～5mm；铜板卷焊管的规格范围为外径 155～505mm，供货方式有单根的和成盘的两种。

（2）铝管。铝是银白色金属，密度较小，为 2.7～2.8，只有铁的 1/3，铝是热和电的良导体，铝具有较高的可塑性，它的机械强度较低，铸造性和切削加工性较差。

铝是一种活泼的金属，但它的钝化性很强，其表面易生成一层具有保护性的氧化膜，具有较高的化学稳定性，是一种良好的耐蚀材料，铝的纯度越高，其化学耐腐蚀性越强。

为改变铝的性能，常在铝中加入其他元素。如铜、镁、锰、锌等，就构成了铝合金，铝合金大大提高了铝的强度和硬度。

铝在低温状态下（0～－196℃）其强度和机械性仍然良好，所以可用于液化装置，深冷设备和低温管道。铝制设备及管道不易污染产品，因此，铝管广泛应用于食品工业中。铝管是化学工业常用的管道，按其制造材质分工业纯铝管 L2、L6 和防锈铝合金管 LF2、LF6 常用铝管的规格范围，无缝铝管的外径为 18～120mm，壁厚 1.5～5mm；铝板卷焊铝管的外径为 159～1020mm，壁厚 6～8mm，铝管输送的介质操作温度在 200℃以下，当温度高于 160℃时，不宜在压力下使用。

铝管的特点是重量轻，不生锈，但机械强度差，不能承受较高的压力，适用于输送脂肪酸、硫化氢，二氧化碳和硝酸，醋酸等。

（3）铅管。铅是一种银灰色金属。铅硬度小，密度大。熔点低，可塑性好、电阻率大，易挥发。铅具有良好的可焊性和耐蚀性，阻止各种射线的能力也很强。铅的强度较低，在铅中加入适量的锑，不但能增加铅的硬度，而且还能提高铅的强度。但如果加入的锑过多，又会使铅变脆，而且也会削弱铅的耐腐蚀性和可焊性。由于铅的强度和熔点较低，随着温度的升高，强度降低极为显著，因此，铅制的设备及管道不能超过 200℃，温度高于 140℃时，不宜在压力下使用。铅的硬度较低，不耐磨，因此铅管不宜输送有固体颗粒，悬浮液体的介质。

铅管有合金铅管和纯铅管，由铅与锑合成而制的铅管为合金铅管，由 Pb2、Pb3 等纯铅制造的铅管为纯铅管。合金铅管又称硬铅管，常用牌号为 PbSb0.5、PbSb2、PbSb4 的材质，纯铅管又称软铅管。铅管的规格通常是用内径乘以壁厚来表示，常用规格范围为15～200mm，直径为 100mm 的铅管，需用铅板卷制。

铅管在化工、医药等工业使用的较多，适用于输送硫酸、二氧化硫、氢氟酸等。铅管的最高使用温度为 200℃，当温度高于 140℃时，不宜在压力下使用。铅管的机械强度不高，但重量很重，是金属管材中最重的一种。

有色金属管材除上述几种以外，还有钛、铝镁、铝锰等合金管材，这里不作详述。

3. 非金属管材

（1）硬聚氯乙烯塑料管。聚氯乙烯（缩写代号 PVC）是一种白色粉末状树脂，在树脂中加入稳定剂、增塑剂、填料和润滑剂等就可以制成硬聚氯乙烯。硬聚氯乙烯的密度为1.35～1.6，约为普通钢的 1/5。硬聚氯乙烯的导热系数较低，一般为 0.15W/m·K，不能做换热器的材料，用它输送介质时有较好的隔热性能。硬聚氯乙烯的耐热性能差，它的耐热温度与玻璃转化点有密切关系，硬聚氯乙烯是非结晶性的聚合物，没有明显的熔点，当材料处于玻璃态的温度范围，具有良好的刚度和强度。而当温度一超过玻璃转化点时，刚度和强度则急剧下降，即软化了。所以硬聚氯乙烯的转化温度主要由其玻璃转化点决定。硬聚氯乙烯在 80～85℃开始软化，130℃是柔软状态，到 180℃即开始是韧性流动，对于硬聚氯乙烯管道的使用应充分注意这一点，一般长期使用的介质温度不宜超过60℃，当用增强材料制成的复合管道或作衬里管道时，输送介质的温度可达110℃。硬聚氯乙烯塑料管材分轻型管和重型管两种，其规格范围为8～200mm。

硬聚氯乙烯塑料管，它是以硬聚氯乙烯为主要原料，配以稳定剂、润滑剂、颜料、填充剂、加工改良剂和增塑剂等。以热塑的方法在制管机内经挤压而成。分为硬聚氯乙烯管及软聚氯乙烯管两种。它有较高的化学稳定性，在水酸（浓硝酸和发烟硫酸除外）碱，盐类溶盐中稳定，并有一定的机械强度，在-15～60℃的温度下使用，广泛用于给排水工程和化工腐蚀工程。硬聚氯乙烯管，具有耐腐蚀性强，重量轻，绝热，绝缘性能好，易加工安装等特点。可输送多种酸、碱、盐及有机溶剂。使用温度范围为-14～40℃，最高温度不能超过60℃使用的压力范围，轻型管在0.6MPa以下，重型管在1.0MPa以下。这种管材使用寿命比较短。

（2）橡胶管。橡胶管是用天然或人造生橡胶与填料的混合物，经加热硫化后制成的管子，橡胶管能抵抗多种酸碱液，但不能抵抗硝酸、有机酸和石油产品。

橡胶管按结构的不同分为普通生胶管、橡胶夹布压力胶管、橡胶夹布吸引胶管（带有金属螺纹线）、棉线、编织胶管、铠装胶管等五种。按用途不同分为输水胶管、耐热（输送蒸汽）胶管、耐酸碱胶管、耐油胶管、专用胶管（氧气、乙炔焊接用胶管）等。

普通全胶胶管全部用橡胶制成，可用于输送压缩空气、水、氧、乙炔及酸碱等介质。

工业用橡胶管，根据输送的介质不同，划分为很多种，常用于输送温度压力都比较低的介质，如压缩空气、水、低压蒸汽和氮气等。

一般用于临时性或经常移动的管道，如原料或成品的装车、装桶、设备管道清洗吹扫所用的管道，常用的有夹布胶管规格为φ13～152，全胶管规格为φ3～76。

（3）玻璃管。玻璃管是优良的耐腐蚀的非金属管，它具有稳定性高，光滑、透明、耐磨，保证物料清洁，价格低廉等优点，但玻璃管也存在耐温急变性差，质脆、不耐冲压，怕震动等缺点。玻璃管可用于输送除氢氟酸以外的一切耐腐蚀性介质和有机溶剂，有时还用于需要观察介质流动的地方。工业用玻璃管，多用于化工、医药生产装置，它具有很好的耐腐蚀性能，除氢氟酸、氟硅酸、热磷酸和强碱以外，能输送多种无机酸、有机酸和有机溶剂等介质。其特点是化学稳定性高、透明、光滑和耐磨。玻璃管的使用温度一般在120℃以下，使用压力在2.0MPa以下，直管的规格范围为$DN25～100$mm。

（4）混凝土管。混凝土管有预应力钢筋混凝土管和自应力钢筋混凝土管，这两种管材主要用于输送水。管口连接是承插接口，用圆形截面橡胶圈密封。预应力钢筋混凝土管，规格范围为内径400～1400mm，适用压力范围为0.4～1.2MPa。自应力钢筋混凝土管，其规格范围内径为100～600mm，适用压力范围为0.4～1.0MPa。钢筋混凝土管可以代替铸铁管和钢管，输送低压给水、气等。

另外还有混凝土排水管，包括素混凝土管和轻、重型钢筋混凝土管。

（5）陶瓷管。陶瓷管是由二氧化硅（黏土），三氧化二铝等氧化物和水经焙烧而成，具有良好的耐腐蚀性，不透水性和一定的机械强度。

陶瓷管由于配方和焙烧温度不同分为耐酸陶瓷管，耐酸耐温陶瓷管和工业陶瓷管三种。其使用压力一般为低压，使用温度为常温状态，陶瓷管的耐蚀性较好；除氢氟酸硅酸和强氟酸外，能耐各种浓度的无机酸，有机酸和有机溶剂等介质的腐蚀。

陶瓷管有普通陶瓷管和耐酸陶瓷管两种，一般都是用承插口连接。普通陶瓷管的规格范围为内径 100~300mm。耐酸陶瓷管的规格范围内径为 25~800mm。

陶瓷管主要用于输送生产给排水管道。

除以上几种非金属管材以外，还有石棉水泥管，玻璃钢管和石墨管等。

4. 其他管道

以下主要介绍一些比较特殊的管道，这些管道在使用统一安装定额，计算工程量时比较复杂。

(1) 衬里管道。衬里管道，一般是指在碳钢管的内壁，衬上耐腐蚀性强的材质，达到既有机械强度，有一定的受压能力，又有较好的防腐性能。常用的衬里管，有衬橡胶管、衬铅管、衬塑料管和衬搪瓷管等。衬里管一般是先将碳管安装好，拆下来以后再进行衬里，衬好里以后再进行第二次安装。为了衬里时操作方便，衬里的碳钢管多采用法兰连接，而且每根管不能很长，尤其是直径在 200mm 以下的管，每根管过长衬里时，就比较困难，不易保证质量。

(2) 加热套管。加热套管，分为直管和管件全封闭加热和直管半封闭加热套管，简称为全加热套管和半加热套管。加热套管是在输送生产介质的管道外面，再加一层直径较大的套管，一般把输送生产介质直径较小的管称为内管，把外层直径较大的管称为外管。加热套管是为了防止内管所输送的生产介质，因输送生产过程中温度下降而凝结，所以在内管与外管之间接通蒸汽，达到加热保温的目的。

所谓加热套管，就是使内管（包括直管和管件），始终处于有外套管加热保温的工作状态。所谓半加热套管，就是内管不能完全用外套管保温，有些管件或法兰接头部分，要裸露在外面，此时在相邻两侧的外套管用旁通管连接通汽加热。

加热套管的制作安装都比较复杂，质量要求很高。

(3) 蒸汽伴热管。蒸汽伴热管，是伴随物料输送管一起敷设的蒸汽管。常用的伴热管直径都比较小，一般在 25mm 以下，常用的是单根和双根，特殊的情况也可采用多根。蒸汽伴热管的作用与加热套管类似，都是起加热保温作用。为了防止蒸汽伴管的泄漏，一般设计要求采用无缝钢管。伴热管所用的蒸汽压力，一般不超过 1.0MPa。

伴热管都设在主管的下半周，并在主管与伴管的外皮之间加有隔热石棉板条垫层的，以防止主管局部过热，达到加热温度均匀的效果。

(二) 管件

1. 弯头

弯头是用来改变管道的走向。常用弯头的弯曲角度为 90°、45 和 180°，180°弯头也称为 U 型弯管，也有特殊的角度，但为数极少。

(1) 玛钢弯头。玛钢弯头，也称铸铁弯头，是最常见的螺纹弯头，这种玛钢管件，主要用于采暖，上下水管道和煤气管道上，在工艺管道中，除经常需要拆卸的管道外，其他物料管道上很少使用。玛钢弯头的规格很小，常用的规格范围为 100~125mm，按其不同的表面处理分镀锌和不镀锌两种。

(2) 铸铁弯头。铸铁弯头，按其连接方式分为承插口式和法兰连接口式两种。

(3) 压制弯头。压制弯头也称为冲压弯头或无缝弯头，是用优质碳素钢，不锈耐酸钢和低合金钢无缝管，在特制的模具内压制而成型的。其弯曲半径为公称直径的一倍半（r

=1.5DN），在特殊场合下也有一倍的（r=DN1）。其规格范围在公称直径 200mm 以内。其压力范围，常用的为 4.0、6.4 和 10MPa。压制弯头都是由专业制造厂和加工厂用标准无缝钢管冲压加工而成的标准成品，出厂时弯头两端应加工好坡口。

（4）冲压焊接弯头。是采用与管道材质相同的板材用模具冲压成半块环形弯头，然后将两块半环弯头进行组对焊接成型。由于各类管道的焊接标准要求不同，通常是按组对的半成品出厂，现场施工根据管道焊缝等级进行焊接，因此，也称为两半焊接弯头。其弯曲半径同无缝管弯头，规格范围为公称直径 200mm 以上，公称压力在 4.0MPa 以下。

（5）焊接弯头。焊接弯头也称虾米腰或虾体弯头。焊接弯头有两种制作方式：其一，对于管材下料，充分利用，经组对焊接使其成型，这种弯头规格一般在 200mm 以上；其二，在加工厂用钢板下料制作，经切割、卷制、焊接而成型，大多配套于钢板卷管。弯头的使用温度在 200℃以下使用压力小于 2.5MPa。

（6）高压弯头。高压弯头，是采用优质碳素钢或低合金钢锻造而成。根据管道连接形式，弯头两端加工成螺纹或坡口，加工的精密度很高，要求管口螺纹与法兰口螺纹能紧密配套自由拧入并不得松动，要有材料和制造厂的合格证，适用于压力 16、22.0、32.0MPa 的石油化工管道，常用规格范围为 DN6～200mm。

2. 三通

三通是主管道与分支管道相连接的管件，根据制造材质和用途的不同，划分为很多种，从规格上划分，要分为同径三通和异径三通，同径三通也称为等径三通；同径三通是指分支接管的管径与主管的管径相同；异径三通是指分支管的管径不同于主管的管径，所以也称为不等径三通，一般异径三通用量要多一些。

（1）玛钢三通。玛钢三通的制造材质和规格范围，与玛钢弯头相同，主要用于室内采暖、上下水和煤气管道。

（2）铸铁三通。铸铁三通由灰铸铁浇铸而成，其连接方式有两种：法兰铸铁三通和承插铸铁三通。法兰铸铁三通，用于室外铸铁管的较多一般为 90°正三通；承插铸铁三通，多用于给排水管道，排水管道一般采用 45°斜三通，以防止管道堵塞，减小流体的阻力，而给水管道使用 90°正三通的较多。法兰铸铁三通，一般都是 90°正三通，多用于室外铸铁管。

（3）钢制三通。定型三通的制作，是以优质管材为原料，经过下料、挖眼、加热后用模具拨制而成，再经机加工，成为定型成品三通。中低压钢制成品三通，在现场安装时都是采用焊接。

钢板卷管所用三通，有两种情况，一种是在加工厂用钢板下料，经过卷制焊接而成，另一种是在现场安装时挖眼接管。

（4）高压三通。高压三通常用的有两种，一种是焊制高压三通，一种是整体锻造高压三通。焊制高压三通，选用优质高压钢管为材料，制造方法类似挖眼接管，主管上所开的孔，要与相接的支管径相一致。焊接质量要求严格，通常焊前要求预热，焊后进行热处理，其规格和压力范围同高压弯头。

整体锻造高压三通，一般是采用螺纹法兰连接。其规格范围为 DN12～DN109mm，使用温度，25 号碳钢高压三通为 200℃以下，低合金钢和不锈耐酸钢高压三通为 510℃以下，使用压力在 20.0MPa 以下。

3. 异径管

异径管的作用是使管道变径，按流体运动方向来讲，多数是由大变小，也有的由小变大，如蒸汽回水管道和下水管道的异径管就是由小变大。故异径管也俗称为大小头。

(1) 玛钢异径管。玛钢异径管，大体上分两种，一种是内螺纹异径管也称外接头；另一种是内螺纹和外螺纹结合的管件，称作补芯，它虽然不叫做异径管，但是起到异径管的作用。

玛钢异径管的规格范围比较小，常用的为 1/2～2 英寸，2 英寸以上的不常见。

(2) 钢制异径管。钢制异径管，分为无缝的和有缝的两种，无缝异径管用无缝钢管压制，有缝异径管用钢板下料，经卷制焊接而成，也称焊制异径管，都包括同心和偏心。偏心异径管的底部有一个直边，使用时能使管底成一个水平面，便于停产检修时排放管中物料。

无缝异径管的规格范围为 $DN25\sim400mm$，使用压力 10.0MPa 以下；有缝焊接异径管的规格范围为 $DN32\sim1600$，使用压力 4.0MPa 以下。

(3) 其他异径管。其他异径管，如铸铁异径管和高压异径管等，其制造方法、规格和压力范围，基本上与铸铁弯头和高压弯头相同。

4. 其他管件

(1) 凸台。凸台也称管嘴，是自控仪表专业在工艺管道上的一次部件，是由工艺管道专业来安装，所以把管凸台也列为管件。工艺管道用的单面管接头也属这一种，都是一端焊在主管上，另一端或者是安装其他管件，或者是另外再接管，其规格范围为 $DN15\sim200mm$，高中低压管道上都使用。

(2) 封头。封头，是用于管端起封闭作用的堵头，常用的封头有椭圆形和平盖形两种。

椭圆形封头也称为管帽，其规格范围为 $DN25\sim500mm$，多用于中低压管道上。平盖封头，按其安装位置可分为两种，一种是平盖封头略大于管外径，在管外焊接。另一种平盖封头略小于管内径，把封头板放入管内焊接。常用的规格范围为 $DN15\sim200mm$，这种封头多用于压力较低的管道上。

(3) 盲板。盲板，其作用是把管道内介质切断，根据使用压力和法兰密封面形式分以下几种：

1) 光滑面盲板，与光滑式密封面法兰配合使用，其适用压力范围为 1.0～2.5MPa。

2) 凸面盲板，其本身一面带凸面，另一面带凹面，与凹凸式密封面法兰配合使用。使用压力 4.0MPa，规格范围为 $DN25\sim400mm$。

3) 梯形槽面盲板，与梯形槽式密封面法兰配合使用，使用压力范围为 6.4～16.0MPa。规格范围为 $DN25\sim300mm$。

4) 8 字盲板，也分为光滑面，凹凸面和梯形槽面三种，使用压力与以上三种盲板相同。8 字盲板所不同的是，它把两种用途结合在一个部件上，即把盲板和垫圈相连接固定在一起。法兰内垫入盲板时，外面露出的垫圈作为管道是否切断的直观标志。

(三) 阀门

在工艺管道上，能够灵活控制管内介质流量的装置，统称阀门或阀件。

阀门的种类繁多，划分的方式也多样，按阀门的驱动方式可分为气动、电动和手动；

按材质可分为铜阀门，碳钢阀门、铸铁阀门、铬铜合金阀门，不锈耐酸铜阀门及多种非金属阀门；阀门的连接形式有焊接法兰连接，和螺纹连接等。现分别介绍如下：

常用阀门：

（1）截止阀

截止阀是工艺管道上使用最多的一种。阀体内部结构比较复杂，有压盖和阀座组成压盖连在丝杆上，可以上下活动，通过压紧阀座或提取压盖就可以关闭截止阀。截止阀的优点是：密封性好，密封面检修方便，开启高度小。缺点是：介质流动阻力大，常用于 $DN \leqslant 200$mm，要求有较好密封性能的管道上。可用于各种参数的蒸汽、水、空气、氨、油品以及腐蚀性介质的管道上，由于蒸汽管道上大量采用截止阀，所以截止阀又称为气门。

截止阀按连接方式分为内螺纹截止阀、外螺纹截止阀、法兰截止阀、卡套式截止阀。按阀门结构形式分为直通式、直流式、直角式。结构形式如图 8-12 所示。

（2）旋塞

旋塞，塞状的启闭件，绕其轴线转动，故又称转心门。旋塞阀控制介质流量是通过转动阀杆中带有透孔的锥形栓塞来实现的，旋转栓塞 90° 即可实现阀门的全开全闭。旋塞阀由灰铸铁制造而成，其连接形式法兰连接和螺纹连接两种。其特点有：流体通过阻力小，开闭迅速等，因此适用于温度最高不超过 200℃。1.600Pa 的压力以下，输送带有沉淀物质的管道上，旋塞阀的结构形式如图 8-13 所示。

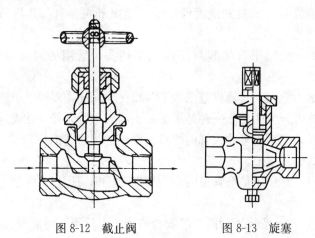

图 8-12　截止阀　　　　　图 8-13　旋塞

（3）闸阀

闸阀，也称闸板阀，由阀杆带动阀板沿阀座密封面作升降运动的阀门称为闸阀。也是工艺管道上比较常用的一种阀门。阀体内有闸板，当闸板被阀杆提升时阀门便开启，流体通过。其结构形式有明杆和暗杆，闸板有平行式和楔式。平行闸板两边的密封面是平行的，通常分成两个单独加工，再合并在一起使用，所以也把平行式的闸阀称作为双闸板闸阀。一般把楔式闸板大多加工成单闸板，这种闸板的加工比双闸板困难。

闸阀具有很多优点，如：流体通过损失能量小，开启关闭比较容易，具有较好的密封性能和一定的调节性能，明杆闸阀的开关成度也可直观得到。同时闸阀也有外形尺寸较大，阀体结构复杂，密封面易磨损等缺点。

闸阀因有多种材质制造，压力和使用温度范围都比较广泛，多用于大口径管道上。

（4）止回阀，即单向阀或逆止阀。分升降式和旋启式两种结构形式，如图8-14为升降式止回阀，多用于水平管道上，如图8-15为旋启式止回阀，此种多用于大口径管道上和垂直管道上。止回阀内有盖板，当流体顺着阀体方向流动时，依靠流体的压力顶开阀盖板，阀门就开启，当流体反向流动时，阀盖板就下落，自动关闭。

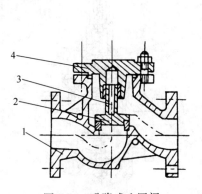 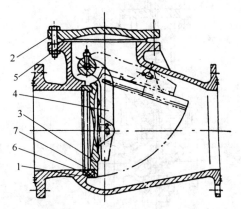

图8-14　升降式止回阀　　　　　图8-15　旋启式止回阀
　1—阀体；2—闪瓣；　　　　　1—阀体；2—阀盖；3—阀瓣；4—摇杆；
　3—导向套；4—阀盖　　　　　5—垫片；6—阀体密封圈；7—阀瓣密封圈

① 升降式止回阀。升降式止回阀分无弹簧式与有弹簧式两种。无弹簧升降式止回阀靠自重回落，只能安装在水平管道上，图8-14为无弹簧升降式，又称为重力升降式止回阀，其密封性较好，噪音小，但介质流动阻力大，只能安装在水平管路上。

② 旋启式止回阀。图8-15为旋启式止回阀，阀瓣绕阀座外的销轴旋转，按其口径的大小可分为单瓣和多瓣，单瓣一般用于 $DN \leqslant 500mm$，$DN > 500mm$ 者为双瓣或多瓣，以减小阀门运行时的冲击力。旋启式止回阀介质的流动方向基本没有发生变化，介质的流通面积也大，因此阻力比升降式小，但密封性能不如升降式。

旋启式止回阀安装时，仅要求阀瓣的销轴保持水平，因此可装于水平管道和垂直管道。当安装在垂直管道上时，介质的流向必须是由下向上流动，否则阀瓣会因自重而起不到止回的作用。

（5）减压阀。减压阀按结构形式可分为活塞式、弹簧薄膜式、薄膜式和波纹管式等。减压阀用来将管道内的介质压力减小到所需要的程度。

①弹簧薄膜式减压阀，其工作原理是：当调节弹簧处在自由状态时，阀瓣由于进口压力的作用和主阀弹簧顶着，而处于关闭状态，拧动调整螺丝，顶开阀瓣，介质流向出口，阀后压力逐渐升至所需压力，这样阀后压力也作用在薄膜上，调节弹簧受力向上移动，阀瓣与阀座的间隙也随之变小，直到与调节弹簧的力平衡，使阀后压力保持在一定范围内。如图8-16所示。

弹簧薄膜式减压阀的灵敏度较高，但薄膜的耐久性较差，温度也不宜过高，因此，这种减压阀多用在温度和压力不高的蒸汽和空气介质的管道上。

② 活塞式减压阀。如图8-17所示，其主要由阀体、阀盖、弹簧活塞、主阀、辐阀等部分组成。在阀体的下部装有主弹簧用以支承主阀，使主阀与阀座处于密封状态。阀体上

部装有活塞，活塞与主阀的阀杆相配合，待活塞受到介质压力后推动主阀，使主阀开启。阀盖内装有压缩弹簧，脉冲阀及膜片，帽盖内装有调节螺钉，调节弹簧以调节需要的工作压力。

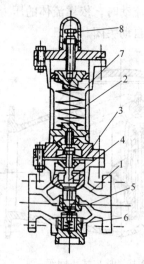

图 8-16　弹簧薄膜式减压阀

1—阀体；2—阀盖；3—薄膜；4—阀杆；5—阀瓣；

6—主阀弹簧；7—调节弹簧；8—调整螺栓

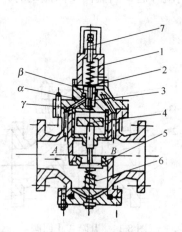

图 8-17　活塞式减压阀

1—调节弹簧；2—金属薄膜；3—辅阀；4—活塞；

5—主阀；6—主阀弹簧；7—调整螺栓

当阀门工作时，旋转调节螺钉，顶开脉冲阀，介质由 α 通道进入脉冲阀，然后进入 β 通道，推动活塞使主阀开启，介质由 A 处流向 B 处，此时部分介质由通道 B 进入膜片 2 下的空间，待膜片下的介质压力达到足以抑制调节弹簧的压力时，膜片 2 向上移动，脉冲阀渐渐闭合，活塞上部的压力降低，使主介质通道关小，达到"恒定"阀后压力的目的。

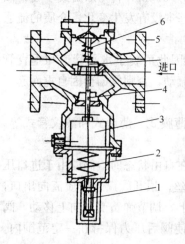

图 8-18　波纹管式减压阀

1—调整螺栓；2—调节弹簧；

3—波纹管；4—压力通道；

5—阀瓣；6—顶紧弹簧

活塞式减压阀工作时，由于活塞在气缸中的摩擦力较大，因此，它适用于温度较高，压力较大的蒸汽和空气等介质的管道工程上。

③ 波纹管式减压阀。如图 8-18 所示。它主要是通过波纹管来平衡压力。当调整弹簧 2 在自然状态时，阀瓣 5 在进口压力来顶紧弹簧力的作用下处于关闭状态。工作时，拧动调整螺栓 1。使调节弹簧 2 顶开阀瓣 5，介质流向出口，阀后压力逐渐上升至所需压力，阀后压力经通道，作用于波纹管外侧，使波纹管向下的压力与调整弹簧向上的压力平衡，达到阀后的压力稳定在需要的压力范围内。

减压阀规格范围为 20～300mm，具有尺寸小、重量轻、便于调节等优点，适用于液体蒸汽，压缩空气等介质的输送管道上。

（6）疏水阀，即疏水器，依结构不同有脉冲式疏水器，热动力式疏水器，钟形浮式疏水器。疏水器具有阻止蒸汽泄漏排除蒸汽管道中冷凝水的作用。

①热动力式疏水阀。它是靠阀瓣处的水压和气压交替出现而启闭的，在运行时有一定的噪音，在凝结水量小或疏水阀前后压差小于 0.05MPa，且应使疏水阀后的背压不超过阀前凝结水压力的 50%，否则疏水阀将失灵并漏气。热动力式疏水阀结构简单，体积小，适用工作压力范围大，价格低廉，但漏气量较大。

②脉冲式疏水阀。脉冲式疏水阀常用在压力较高的工艺设备上。它体积小，重量轻，排水量大，便于检修，适用于较高压力的蒸汽系统。

③钟形浮子式疏水阀。它是靠钟罩的动作进行阻汽排水，因钟形浮子像倒装的吊桶，所以又称为倒吊桶疏水器。介质进入时，由于钟罩的重力，出口总是开着的。当汽、凝结水进入，凝结水液面漫过罩口时，罩子上部充满了气体，将罩子托起，出口关闭。但液面继续上升，充满全部空间时，各部分压力达到新的平衡，钟罩又因重力而下落，于是出口被打开，凝结水排出，液面下降后，新进入的蒸汽又占据钟罩上部空间，再次将浮子托起，使出口关闭，阻止蒸汽跑出。

（7）电磁阀。电磁阀具有以下特点：①接通或切断电源后，可以自动迅速开关；②尺寸小；③介质压力小于 0.1MPa 时，不易保证密封；④适用于温度不大于 60℃的水，空气、油气及黏度不大的油品等介质，并需要自动切换和控制的部位。不能用于温度及压力较高、黏度较大的介质。其规格范围为 DN15～100，公称压力为 1.6MPa。

（8）球阀。相比于闸阀和截止阀，结构形式较简单，球阀内部有一个有孔的球体，通过旋转有孔球体可以开闭球阀。如图 8-19 所示。球阀具有以下特点：①开关迅速，操作方便，旋转 90°即可开关；②流阻小；③零件少，重量轻。结构比闸阀、截止阀简单。密封面比旋塞的易加工，且不易擦伤；④不能做调节流量用；连接形式有螺纹和法兰两种。最大公称直径为 200mm，适用压力范围很广，各种压力都有，但常用于低温、高压、要求开关迅速的部位，对水、蒸汽、氮气、氢气、氨、油品、酸类等介质都适用。

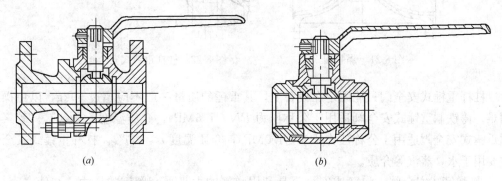

图 8-19 球阀

（9）蝶阀。蝶阀的结构比较简单，如图 8-20 所示，重量较轻，外形体积也比较小，具有流体阻力小，开闭方便等优点，因此适用于原油、空气、水和油品等低压介质的管道上。有气动、电动、手动三种传动方式，通过转动阀体内的阀板可以对蝶阀进行开关，适用条件：1.0MPa 以下的公称压力，不超过 80℃的温度。这种阀门的最大公称直径为 1600mm。

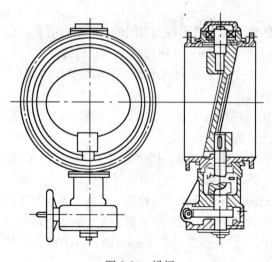

图 8-20　蝶阀

（10）隔膜阀。图 8-21 为隔膜阀的结构形式，阀体内部有一层隔膜，隔膜的起落靠阀杆的旋转来带动，当旋转阀杆提起隔膜时，流体通过，落下隔膜压紧阀体时，流体被切断。其转动方式有气动、电动、手动三种，最大公称直径 250mm，适用于不超过 60℃ 温度，公称压力 0.6MPa 以下带碱等腐蚀性介质的管道上。

（11）安全阀。安全阀的结构形式有弹簧式、杠杆式和脉冲式三种。

①杠杆重锤式安全阀。如图 8-22 所示，它是利用杠杆和重锤来平衡阀瓣的压力。重锤式安全阀靠移动重锤的位置或改变重锤的重量来调节压力。它的优点在于由阀杆传来的力基本是不变的，因重锤造成的力矩随杠杆抬起的力臂长度变化，而发生变化是微小的（杠杆转角很小）。它的缺点是比较笨重，回座压力低。

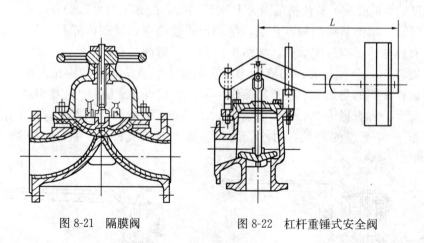

图 8-21　隔膜阀　　　　　　图 8-22　杠杆重锤式安全阀

杠杆重锤式安全阀只能固定在设备上，其重锤的质量一般不应超过 60kg，以免操作困难。铸铁制重锤式安全阀适用于公称压力 $PN \leqslant 1.6MPa$，介质温度 $t \leqslant 200℃$。碳素钢制重锤式安全阀适用于公称压力 $PN \leqslant 4.0MPa$，介质温度 $t \leqslant 450℃$。杠杆重锤式安全阀主要用于水，蒸汽等介质。

②弹簧式安全阀。弹簧式安全阀是利用弹簧的力来平衡阀瓣的压力，并使之密封。其结构如图 8-23 所示。它的优点是体积小，重量轻、灵敏度高，安装位置不受严格限制，它的缺点是作用在阀杆上的力随弹簧的变形而发生变化，同时，当介质温度较高时，还必须考虑弹簧的隔热和散热问题，弹簧式安全阀的弹簧作用力一般不超过 2000N，过大、过硬的弹簧不适于精确的工作。

③脉冲式安全阀。如图 8-24 所示，它主要由主阀和辅阀组成，当压力超过允许值时，辅阀首先起作用，然后促使其主阀运动。

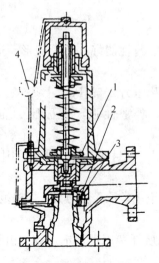
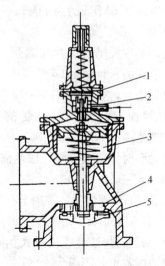

图 8-23 弹簧式安全阀
1—阀瓣；2—反冲盘；
3—阀座；4—铅封

图 8-24 脉冲式安全阀
1—隔膜；2—副阀瓣；3—活塞缸；
4—主阀座；5—主阀瓣

适用于锅炉受压容器和管道上。当设备或管道内的介质压力，超过规定标准时，安全阀能自动开启放空，当压力恢复正常量时，它能自动关闭起安全保护作用。最大公称压力为 16.0MPa，最大公称直径 150mm。安全阀安装前应按设计规定进行调压试验。

（12）陶瓷阀。陶瓷阀适用于输送介质腐蚀性较强的管道上，多用于化工生产中输送氯气、液氯和盐酸等介质，可代替不锈耐酸钢，但此阀门的密封性能较差，不适用于压力较高的管道上。受冲击易破裂，安装、检修时要特别注意。

（13）硬聚氯乙烯塑料阀。硬聚氯乙烯塑料阀，按其结构形式分旋塞、球阀和截止阀。适用于输送一般的酸性和碱性溶液的管道上。工作温度范围在 −10～60℃，公称压力为 0.3MPa 以下。此种阀门具有体轻、耐腐蚀、易加工等特点，但由于温度限制，不宜在室外使用。

（四）法兰

法兰连接的应用范围非常广泛，常用于管道上阀门及附件的连接，管道与工艺设备的连接等，是起到管道连接作用的一种部件。它既有可靠的密封性，又有安装拆卸的灵活性。

工艺管道输送的介质，温度，压力多种多样，因此，对法兰的强度和密封的要求，也是不同的，在工艺管道安装工程中，有许多压力和结构不同的法兰，以下分别予以介绍：

1. 平焊法兰

平焊法兰常用于中低压工艺管道，最大公称压力为 2.5MPa，使用时，将法兰套在管端，焊接其里口和外口，将其固定。平焊法兰的密封面为光滑式，密封面上有水线用于碳素钢管道的平焊法兰，一般用 20 号钢板和 Q235 制造；用于不锈耐酸管道上的平焊法兰与管道的材质相同。

平焊法兰的规格有：

公称压力 0.25MPa 以下的 $DN10～1600$；0.6MPa 的 $DN10～1000$；1.0～1.6MPa

的为 $DN10\sim600$；2.5MPa 的为 $DN10\sim500$。

2. 对焊法兰

对焊法兰，又称大尾巴法兰和高颈法兰，其密封性能好，不易变形，适用压力范围广，具有多种形式的密封面。

光滑式对焊法兰，规格 $DN10\sim800$，最大公称压力 2.5MPa。

凹凸式密封面对焊法兰，承受的压力大，严密性强，公称压力范围为 $4.0\sim16.0$MPa，规格范围为 $DN15\sim400$。

榫槽式密封面对焊法兰，两个法兰需配套使用，密封性能好，规格范围 $DN15\sim400$，公称压力范围 $1.6\sim6.4$MPa。

梯形槽式密封面对焊法兰，常用于石油工业管道中，承受压力大，规格范围为 $DN15\sim250$，公称压力有 $6.4\sim16.0$MPa。

上述 12 种密封对焊法兰连接形式相同，因而所耗费用也基本一致，由于密封形式不同，其加工制造成本也差距很大。

3. 管口翻边活动法兰

又称卷边松套法兰。这种法兰以管口翻边为密封接触面而不与管道直接焊接在一起，套法兰起紧固作用，多用于铜铝等有色金属和不锈耐酸钢管道上。缺点是不能承受较大的压力，优点是法兰可自由活动，穿螺栓时方便。法兰为 A_3 号钢，最大公称压力 0.6MPa，规格范围 $DN10\sim500$。

4. 焊环活动法兰

即焊环松套法兰。将与管子相同材质的焊环，焊在管端，以焊环作密封面，密封面有榫槽式和光滑式。

焊环材料为 A_3、A_4 碳素钢，多用于管壁较厚的不锈钢管和铜管法兰的连接。公称压力及规格范围为：$Pg0.25$MPa 为 $DN10\sim450$；$Pg1.0$MPa 为 $DN10\sim300$；$Pg1.6$MPa 为 $DN10\sim200$。

5. 螺纹法兰

螺纹法有高压低压两种，用螺纹与管端连接。

高压螺纹法兰，广泛用于现代工业管道的连接。密封面由透镜垫圈和管端组成。对管端垫圈和螺纹接触面的加工精度要求很高。这种法兰与管内介质不接触，安装较方便，适用压力 $Pg22.0$、$Pg32.0$MPa，规格范围为 $DN6\sim150$mm。

6. 其他法兰

（1）对焊翻边短管活动法兰，它与翻边活动法兰的不同点在于它不在管端直接翻边，而是焊一个成品翻边短管。具有密封面平整，翻边质量好的特点。公称压力 2.5MPa 以下的管道规格为 $DN15\sim300$mm。

（2）插入焊法兰，与平焊法兰不同之处在于法兰口内有一环形台，插入焊法兰适用压力 1.6MPa 以下，规格范围为 $DN15\sim80$mm。

（3）铸铁两半式活法兰，它是利用管端两个平面紧密结合以达到密封效果的。具有灵活拆卸、更换方便的优点，适用于压力较低的管道的连接，规格范围为 $DN25\sim300$。

7. 法兰盖

法兰盖与法兰配套使用，在管端起封闭作用，密封面有光滑式和凸凹式，其适用压力和规格范围与配套法兰一致。

（五）管道支架

管道支架，用于固定和支承管道。支架的结构形式有很多种，常用的有吊架，固定支架和滑动支架。

在生产装置处部的大型管架，通常以独立的单项工程进行设计和施工。以下介绍属于工艺管道工程范围的支架。

1. 滑动支架

滑动支架，也称活动支架。一般都安装在水平敷设的管道上，它一方面承受管道的重量，另一方面是允许管道受温度影响发生膨胀或收缩时，沿轴向前后滑动。此种管架多数是安装在两个固定支架之间，如图8-25所示。滑动支架分低滑动支架和高滑动支架两种，滑动支架允许管子在支承结构上能自由滑动。尽管滑动时摩擦阻力较大，但由于支架制造简单，适用于一般情况下的管道，尤其是有横向位移的管道，所以使用范围极广，低滑动支架适用于不绝热管道。

弧形板滑动支架是管子下面焊接一块弧形板。其目的是为了防止管子在热胀冷缩的滑动中和支架横梁直接发生摩擦，使管壁减薄，弧形板滑动支架主要用在管壁薄口且不保温的管道上。高滑动支架适用于绝热管道，管子与管托之间用电焊焊牢。而管托与支架横梁之间自由滑动，管托的高度应超过绝热层的厚度，确保带绝热层的管子在支架横梁上能自由滑动。

2. 固定支架

固定支架，它安装在要求管道不允许有任何位移的地方。如较长的管道上，为了使每个补偿器都起到应有的作用，就必须在一定长度范围内设一个固定支架，使支架两侧管道的伸缩，作用在补偿器上。如图8-26所示。

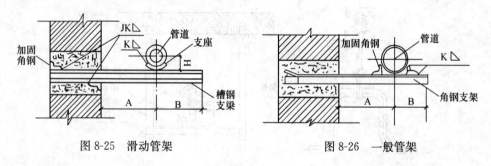

图8-25　滑动管架　　　　　　　　图8-26　一般管架

3. 导向支架

导向支架，是允许管道向一定方向活动的支架。在水平管道上安装的导向支架，既起导向作用也起支承作用；在垂直管道上安装导向支架，只能起导向作用。如图8-27所示。

4. 滚动支架

装有滚筒或球盘使管道在位移时产生滚动摩擦的支架称为滚动支架。滚动支架分滚柱和滚珠支架两种，主要用于管径较大而又无横向位移的管道，两者相比，滚珠支架可承受较高的介质温度，而滚柱支架的摩擦力较滚珠支架大。

以上三种支架，如安装在保温管道上，还必须安装管托，管托一般都是直接与管道固

293

定在一起，管托下面接触管架。不保温的管道可以直接安装在钢支架上。有些管道不能接触碳钢的，还要另加垫片。

5. 吊架

吊架，是使管道悬垂于空间的管架。有普通吊架和弹簧吊架两种，弹簧吊架适用于有垂直位移的管道，管道受力以后，吊架本身起调节作用。如图8-28、图8-29所示。

除此以外，还有大量的管托架和管卡子，管托根据管径大小，有单支承和双支承等多种。管卡子是U形圆钢卡子，用量最多。

6. 木垫式管架

木垫式管架是用型钢做成框架式管架，然后在框内衬硬木垫，叫做木垫式管架，这个管架分为悬吊式和固定式两种。一般适用于制冷工艺管道，空调冷冻水保温隔热管道。如图8-30所示。

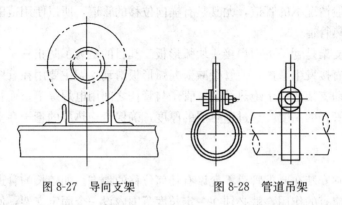

图 8-27　导向支架　　　　　　　图 8-28　管道吊架

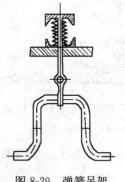

图 8-29　弹簧吊架

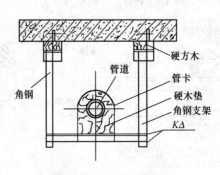

图 8-30　木垫式管架

7. 管道支架间距见表8-1。

管道最大的吊支架间距米（m） 表8-1

公称直径 D_0	外壁×壁厚 $D \times d$	气体管道（无保温）	气体管道（有保温）	氨氟液管道（无保温）	氨氟液管道（有保温）	水　管（有保温）
6	10×2.0	—	—	1.0	0.3	—
10	14×2.0	—	—	1.5	0.5	—
15	18×2.0	—	—	1.5	0.6	—

公称直径 D_0	外壁×壁厚 $D \times d$	气体管道 （无保温）	气体管道 （有保温）	氨氟液管道 （无保温）	氨氟液管道 （有保温）	水 管 （有保温）
20	22×2.0	2.0	1.0	2.0	0.8	0.5
25	32×2.5	2.5	1.0	2.0	1.0	1.0
32	33×2.5	3.0	1.0	2.5	1.5	1.0
40	45×2.5	3.0	1.5	3.0	2.0	1.5
50	57×3.5	4.0	2.0	3.5	2.5	2.0
70	76×3.5	4.5	2.5	4.0	2.5	2.5
80	89×3.5	5.0	3.0	4.5	2.5	2.5
100	103×3.5	5.5	3.0	5.0	3.0	3.0
125	133×4.0	7.0	3.5	5.5	3.5	3.5
150	159×6.0	7.5	4.5	6.0	4.0	4.0
200	219×6.0	9.5	6.0	7.0	—	5.5
250	273×7.0	11.0	7.0	8.5	—	6.5
300	325×8.0	12.0	8.5	9.5	—	7.5
350	377×10	13.5	10.0	10.5	—	8.5

（六）工艺管道清洗、脱脂、试压，吹（冲）洗

1. 工艺管道的酸洗和碱洗

工艺管道的酸洗和碱洗，即用配好的化学药品溶液来清洗管道，以清除设备或管道内的沉积物，使金属表面形成良好的保护膜，以达到工艺要求和安全运行的目的。

管道酸洗，碱洗的方法主要有：硫酸法、盐酸法、硝酸法、苛性钠冲洗法等。

2. 工艺管道的脱脂

为了满足设计和工艺运行的要求，在管道安装前或安装完毕，应对管道内外壁及管件进行脱脂，以保证运行安全。常用的脱脂剂有四氯化碳、工业用乙氯乙烷、精馏酒精等。

3. 管道的吹洗

管道的吹洗因要求不同又称为管道吹污、吹刷、吹扫等。管道吹扫，是在管道投产使用前用压缩空气、氮气、氧气分别对管子进行内部清扫，以排除管子内的泥土、砂子、铁屑等污物，防止其堵塞管道污染管内介质，引起爆炸等事故。

管道吹洗一般遵照如下规定：

① 管道径压力试验检验合格后，建设单位应编制吹洗方案，并组织吹扫或清洗工作。

② 吹洗方法应根据对不同管道的使用要求而定。对有特殊要求的管道，应按设计文件的要求进行吹洗。如无特殊要求，蒸汽管道应以蒸汽吹扫，其他管道不得以蒸汽吹扫；公称直径小于600mm的气体或液体管道应用水冲洗的方法；对于公称直径小于600mm的气体管道应采用空气吹扫的方法；对于公称直径大于等于600mm的液体管进行人工清理。

③ 不允许吹洗的设备及管道应与吹洗系统隔离。

④ 管道冲洗前，不应安装孔板、法兰连接的调节阀、重要阀门、节流阀、安全阀、仪表等，对于焊接的上述阀门和仪表，应采取流经旁路或卸掉阀头及阀座加保护套等保护措施。

⑤ 吹洗的顺序应按主管、支管、疏排管依次进行，吹洗出的脏物，不得进入已合格的管道。

⑥ 吹洗前应检查管道支、吊架的牢固程度，必要时应予以加固。

⑦ 清洗排放的脏液不得污染环境，严禁随地排放。吹扫时，应设置禁区。蒸汽吹扫时，管道上及其附件不得放置易燃物。

⑧ 管道冲洗合格并复位后，不得再进行影响管道内清洗的其他作业。

⑨ 管道变化时，应有施工单位会同建设单位共同检查，并填写管道系统吹扫及清洗记录及隐蔽工程（封闭）记录。

4. 管道工程的试压

管道工程安装完毕，根据管道的工艺要求、输送的介质和压力的不同进行强度试验、严密性试验和真空试验。通常给水管道采用水压试验。制氧、煤气和输油管道选用水作介质进行了强度试验再用气体作介质进行严密性试验。各种化工工艺管道的试验介质，应按设计的具体规定采用。冷冻管道根据制冷工艺的要求除进行必要的气密性和强度试验外，还必须进行真空试验和进氨泄漏试验，以满足制冷工艺的要求。为确保管道或设备安全可靠的使用，管道试压是管道安装过程中不可忽视的重要一环。

管道系统进行强度试验和严密性试验应具备下列条件：

① 管路系统安装施工完毕，并符合设计要求和国家颁布的有关规定。

② 管道支、吊架安装完毕，位置正确，安装牢固，与管道的接触严密。

③ 管道的坐标、标高、坡度、管基或支吊架等经复查合格。

④ 焊接和热处理工作已经结束，并经检验合格，焊缝及其他待检部位尚未涂漆和绝热。

⑤ 为试压而临时加固的措施经检查确认安全可靠。

⑥ 试压用的压力表已经校验，并在周检期内，其精度不得低于 1.5 级，表的满刻度值应为被测最大压力的 1.5～2 倍，压力表不得少于两块。

⑦ 符合压力试验要求的液体或气体已经备齐。

⑧ 按试验的要求，管道已经加固。

⑨ 对输送剧毒流体的管道及设计压力大于等于 10MPa 的管道，在压力试验前，下列资料已经建设单位复查：

A. 管道组成件的质量证明书。

B. 管道组成件的检验或试验记录。

C. 管子加工记录。

D. 焊接检验及热处理记录。

E. 设计修改及材料代用文件。

⑩ 待试管道与无关系统已用盲板或采取其他措施隔开。

⑪ 待试管道上的安全阀，爆破板及仪表元件等已经拆下或加以隔离。

⑫ 试验方案已经过批准，并已进行了技术交底。

296

（七）工业管道工程量计算规则

1. 说明

（1）本定额管道压力等级的划分：

低压：$0 < P \leqslant 1.6$MPa，中压：$1.6 < P \leqslant 10$MPa，高压：10MPa$< P \leqslant 42$MPa。

蒸汽管道 $P \geqslant 9$MPa、工作温度 $\geqslant 500℃$时为高压。

（2）定额中各类管道适用材质范围：

1）碳钢管适用于焊接钢管、无缝钢管、16Mn钢管。

2）不锈钢管除超低碳不锈钢管按章说明外，适用于各种材质。

3）碳钢板卷管安装适用于16Mn钢板卷管。

4）铜管适用于紫铜、黄铜、青铜管。

5）管件、阀门、法兰适用范围参照管道材质。

6）合金钢管除高合金钢管按章说明计算外，适用于各种材质。

（3）定额中的材料用量，凡注明"设计用量"者应为施工图工程量，凡注明"施工用量"者应为设计用量加规定的损耗量。

（4）本定额是按管道集中预制后运往现场安装与直接在现场预制安装综合考虑的，执行定额时，现场无论采用何种方法，均不作调整。

（5）本定额的管道壁厚是考虑了压力等级所涉及的壁厚范围综合取定的。执行定额时，不得调整。

（6）直管安装按设计压力及介质执行定额，管件、阀门及法兰按设计公称压力及介质执行定额。

（7）方型补偿器弯头执行本册定额第二章相应项目，直管执行本册定额第一章相应项目。

（8）空分装置冷箱内的管道属设备本体管道，执行第五册《静置设备与工艺金属结构制作安装工程》相应项目。

（9）设备本体管道，随设备带来的，并已预制成型，其安装包括在设备安装定额内；主机与附属设备之间连接的管道，按材料或半成品进货的，执行本定额。

（10）生产、生活共用的给水、排水、蒸汽、煤气输送管道，执行本定额；民用的各种介质管道执行第八册《给排水、采暖、燃气工程》相应项目。

（11）单件重100kg以上的管道支架，管道预制钢平台的搭拆，执行第五册《静置设备与工艺金属结构制作安装工程》相应项目。

（12）管道刷油、绝热、防腐蚀、衬里等执行第十一册《刷油、防腐蚀、绝热工程》相应项目。

（13）地下管道的管道沟、土石方及砌筑工程，执行《全国统一建筑工程基础定额》。

2. 管道安装

（1）管道安装按压力等级、材质、焊接形式分别列项，以"10m"为计量单位。

（2）管道安装不包括管件连接内容，其工程量可按设计用量执行本册定额第二章管件连接项目。

（3）各种管道安装工程量，均按设计管道中心长度，以"延长米"计算，不扣除阀门及各种管件所占长度；主材应按定额用量计算。

（4）衬里钢管预制安装，管件按成品，弯头两端按接短管焊法兰考虑，定额中包括了直管、管件、法兰全部安装工作内容（二次安装、一次拆除），但不包括衬里及场外运输。

（5）有缝钢管螺纹连接项目已包括封头、衬芯安装内容，不得另行计算。

（6）伴热管项目已包括煨弯工序内容，不得另行计算。

（7）加热套管安装按内、外管分别计算工程量，执行相应定额项目。

3. 管件连接

（1）各种管件连接均按压力等级、材质、焊接形式，不分种类，以"10个"为计量单位。

（2）管件连接中已综合考虑了弯头、三通、异径管、管帽、管接头等管口含量的差异，应按设计图纸用量，执行相应定额。

（3）现场加工的各种管道，在主管上挖眼接管三通、摔制异径管，均应按不同压力、材质、规格，以主管径执行管件连接相应定额，不另计制作费和主材费。

（4）挖眼接管三通支线管径小于主管径1/2时，不计算管件工程量；在主管上挖眼焊接管接头，凸台等配件，按配件管径计算管件工程量。

（5）管件用法兰连接时，执行法兰安装相应项目，管件本身安装不再计算安装费。

（6）全加热套管的外套管件安装，定额按两半管件考虑的，包括二道纵缝和两个环缝。两半封闭短管可执行两半弯头项目。

（7）半加热外套管摔口后焊在内套管上，每个焊口按一个管件计算。外套碳钢管如焊在不锈钢管内套管上时，焊口间需加不锈钢短管衬垫，每处焊口按两个管件计算，衬垫短管按设计长度计算，如设计无规定时，可按50mm长度计算。

（8）在管道上安装的仪表部件，由管道安装专业负责安装：

1）在管道上安装的仪表一次部件，执行本章管件连接相应定额乘以系数0.7。

2）仪表的温度计扩大管制作安装，执行本章管件连接定额乘以系数1.5，工程量按大口径计算。

（9）管件制作，执行本册第五章相应定额。

4. 阀门安装

（1）各种阀门按不同压力、连接形式，不分种类以"个"为计量单位。压力等级按设计图纸规定执行相应定额。

（2）各种法兰、阀门安装与配套法兰的安装，应分别计算工程量；螺栓与透镜垫的安装费已包括在定额内，其本身价值另行计算；螺栓的规格数量，如设计未作规定时，可根据法兰阀门的压力和法兰密封形式，按本定额附录的"法兰螺栓重量表"计算。

（3）减压阀直径按高压侧计算。

（4）电动阀门安装包括电动机安装。检查接线工程量应另行计算。

（5）阀门安装综合考虑了壳体压力试验（包括强度试验和严密性试验）、解体研磨工序内容，执行定额时，不得因现场情况不同而调整。

（6）阀门壳体液压试验介质是按普通水考虑的，如设计要求用其他介质时，可作调整。

（7）阀门安装不包括阀体磁粉探伤、密封作气密性试验、阀杆密封添料的更换等特殊要求的工作内容。

（8）直接安装在管道上的仪表流量计执行阀门安装相应项目乘以系数 0.7。

5. 法兰安装

（1）低、中、高压管道、管件、法兰、阀门上的各种法兰安装，应按不同压力、材质、规格和种类，分别以"副"为计量单位。压力等级按设计图纸规定执行相应定额。

（2）不锈钢、有色金属的焊环活动法兰安装，可执行翻边活动法兰安装相应定额，但应将定额中的翻边短管换为焊环，并另行计算其价值。

（3）中、低压法兰安装的垫片是按石棉橡胶板考虑的，如设计有特殊要求时可作调整。

（4）法兰安装不包括安装后系统调试运转中的冷、热态紧固内容，发生时可另行计算。

（5）高压碳钢螺纹法兰安装，包括了螺栓涂二硫化钼工作内容。

（6）高压对焊法兰包括了密封面涂机油工作内容，不包括螺栓涂二硫化钼、石墨机油或石墨粉。硬度检查应按设计要求另行计算。

（7）中压螺纹法兰安装，按低压螺纹法兰项目乘以系数 1.2。

（8）用法兰连接的管道安装，管道与法兰分别计算工程量，执行相应定额。

（9）在管道上安装的节流装置，已包括了短管装拆工作内容，执行法兰安装相应定额乘以系数 0.8。

（10）配法兰的盲板只计算主材费，安装费已包括在单片法兰安装中。

（11）焊接盲板（封头）执行管件连接相应项目乘以系数 0.6。

（12）中压平焊法兰执行低压平焊法兰项目乘以系数 1.2。

6. 板卷管与管件制作

（1）板卷管制作，按不同材质、规格以"t"为计量单位，主材用量包括规定的损耗量。

（2）板卷管件制作，按不同材质、规格、种类以"t"为计量单位，主材用量包括规定的损耗量。

（3）成品管材制作管件，按不同材质、规格、种类以"个"为计量单位，主材用量包括规定的损耗量。

（4）三通不分同径或异径，均按主管径计算，异径管不分同心或偏心，按大管径计算。

（5）各种板卷管与板卷管件制作，其焊缝均按透油试漏考虑，不包括单件压力试验和无损探伤。

（6）各种板卷管与板卷管件制作，是按在结构（加工）厂制作考虑的，不包括原材料（板材）及成品的水平运输、卷筒钢板展开、分段切割、平直工作内容，发生时应按相应定额另行计算。

（7）用管材制作管件项目，其焊缝均不包括试漏和无损探伤工作内容，应按相应管道类别要求计算探伤费用。

（8）中频煨弯定额不包括煨制时胎具更换内容。

7. 管道压力试验、吹扫与清洗

（1）管道压力试验、吹扫与清洗按不同的压力、规格，不分材质以"100m"为计量单位。

（2）定额内均已包括临时用空压机和水泵作动力进行试压、吹扫、清洗管道连接的临时管线、盲板、阀门、螺栓等材料摊销量；不包括管道之间的串通临时管口及管道排放口至排放点的临时管，其工程量应按施工方案另行计算。

（3）调节阀等临时短管制作装拆项目，使用管道系统试压、吹扫时需要拆除的阀件以临时短管代替连通管道，其工作内容包括完工后短管拆除和原阀件复位等。

（4）液压试验和气压试验已包括强度试验和严密性试验工作内容。

（5）泄漏性试验适用于输送剧毒、有毒及可燃介质的管道，按压力、规格，不分材质以"m"为计量单位。

（6）当管道与设备作为一个系统进行试验时，如管道的试验压力等于或小于设备的试验压力，则按管道的试验压力进行试验；如管道试验压力超过设备的试验压力，且设备的试验压力不低于管道设计压力的115%时，可按设备的试验压力进行试验。

8. 无损探伤与焊缝热处理

（1）管材表面磁粉探伤和超声波探伤，不分材质、壁厚以"m"为计量单位。

（2）焊缝X光射线、γ射线探伤，按管壁厚不分规格、材质以"张"为计量单位。

（3）焊缝超声波、磁粉及渗透探伤，按规格不分材质、壁厚以"口"为计量单位。

（4）计算X光、γ射线探伤工程量时，按管材的双壁厚执行相应定额项目。

（5）管材对接焊接过程中的渗透探伤检验及管材表面的渗透探伤检验，执行管材对接焊缝渗透探伤定额。

（6）管道焊缝采用超声波无损探伤时，其检测范围内的打磨工程量按展开长度计算。

（7）无损探伤定额已综合考虑了高空作业降效因素。

（8）无损探伤定额中不包括固定射线探伤仪器适用的各种支架的制作，因超声波探伤所需的各种对比试块的制作，发生时可根据现场实际情况另行计算。

（9）管道焊缝应按照设计要求的检验方法和数量进行无损探伤。当设计无规定时，管道焊缝的射线照相检验比例应符合规范规定。管口射线片子数量按现场实际拍片张数计算。

（10）焊前预热和焊后热处理，按不同材质、规格及施工方法以"口"为计量单位。

（11）热处理的有效时间是依据《工业金属管道工程施工规范》GB 50235—2010所规定的加热速率、温度下的恒温时间及冷却速率公式计算的，并考虑了必要的辅助时间、拆除和回收用料等工作内容。

（12）执行焊前预热和焊后热处理定额时，如施焊后立即进行焊口局部热处理，人工乘以系数0.87。

（13）电加热片加热进行焊前预热或焊后局部热处理时，如要求增加一层石棉布保温，石棉布的消耗量与高硅（氧）布相同，人工不再增加。

（14）用电加热片或电感应法加热进行焊前预热或焊后局部处理的项目中，除石棉布和高硅（氧）布为一次性消耗材料外，其他各种材料均按摊销量计入定额。

（15）电加热片是按履带式考虑的，如实际与定额不符时可按实调整。

9. 其他

（1）一般管架制作安装以"t"为计量单位，适用于单件重量在100kg以内的管架制作安装；单件重量大于 100kg 的管架制作安装应执行相应定额。

（2）木垫式管架重量中不包括木垫重量，但木垫安装已包括在定额内。

（3）弹簧式管架制作，不包括弹簧本身价格，其价格应另行计算。

（4）冷排管制作与安装以"m"为计量单位。定额内包括煨弯、组对、焊接、钢带的轧绞、绕片工作内容；不包括钢带退火和冲、套翘片，其工程量应另行计算。

（5）分气缸、集气罐和空气分气筒安装中，不包括附件安装，应按相应定额另行计算。

（6）套管制作与安装，按不同规格，分一般穿墙套管和柔、刚性套管，以"个"为计量单位，所需的钢管和钢板已包括在制作定额内，执行定额时应按设计及规范要求选用项目。

（7）有色金属管、非金属管的管架制作安装，按一般管架定额乘以系数 1.1。

（8）采用成型钢管焊接的异形管架制作安装，按一般管架定额乘以系数 1.3，其中不锈钢用焊条可作调整。

（9）管道焊接焊口充氩保护定额，适用于各种材质氩弧焊接或氩电联焊焊接方法的项目，按不同的规格和充氩部位，不分材质以"口"为计量单位。执行定额时，按设计及规范要求选用项目。

（八）工业管道工程清单工程量计算规则（GB 50856—2013）

1. 低压碳钢管、低压碳钢伴热管、衬里钢管预制安装、低压不锈钢伴热管、低压碳钢板卷管等按设计图示管道中心线以长度计算。

2. 低压碳钢管件、低压碳钢板卷管件、低压不锈钢管件、低压不锈钢板卷管件、低压合金钢管件等按设计图示数量计算。

3. 碳钢板直管制作、不锈钢板直管制作、铝及铝合金板直管制作等按设计图示质量计算。

项目编码：030801001　项目名称：低压碳钢管

【例 1】图 8-31 所示为一工艺配管平面图部分，试计算管线工程量，并套用定额（不含主材费）与清单。

【解】（1）浏览全图可得出主要管线类有 $\phi 50 \times 2.5$ 和 $\phi 45 \times 2.5$ 两种型号。

（2）计算管线工程量可分为横向、纵向，以墙为基准线

（3）无缝钢管 $\phi 50 \times 2.5$ 工程量

水平管：从室外 1.5m 开始至③轴线长；

其中包括：

1）纵向①→③墙长

$4000 \times 2 = 8000mm = 8.00m$

2）室外管长 1.50m

3）水平 $a \rightarrow b$ 为墙距 8000mm

4）考虑管线安装不能直接装在墙壁上，所以离墙壁一定间隔，工程量计算时应注意加减这部分长度，如图纵向①→③之间管道隔墙距工程量为：

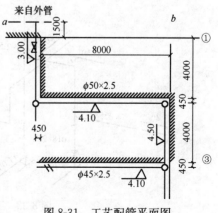

图 8-31　工艺配管平面图

0.45+0.45＝0.90m

$\phi50\times2.5$ 无缝钢管工程量计算式如下：

水平 L_1＝（1.5+4×2+8+0.45+0.45）m＝18.40m

立管长度：

立管长度计算以标高为准进行计算。

$\phi50\times2.5$ 无缝钢管整个管线段存在 3 个高度变化分别为 3.0m→4.1m；4.1m→4.5m；4.5m→4.1m。

∴立管长 L_2＝（4.1-3.0+4.5-4.1+4.5-4.1）m＝1.90m

∴$\phi50\times2.5$ 主干管线工程量总长：

$L＝L_1+L_2$＝（18.4+1.9）m＝20.30m

（4）$\phi45\times2.5$ 工程量

L＝8.00m

定额编号：6-30，项目：低压碳钢管（电弧焊），DN50mm

基价：21.45 元；其中人工费 15.00 元，材料费 2.78 元，机械费 3.67 元。

清单工程量计算见表 8-2。

清单工程量计算表 表 8-2

序号	项目编码	项目名称	项目特征描述	计量单位	工程量
1	030801001001	低压碳钢管	无缝钢管 $\phi50\times2.5$	m	20.30
2	030801001002	低压碳钢管	无缝钢管 $\phi45\times2.5$	m	8.00

项目编码：030804001　　　项目名称：低压碳钢管件

项目编码：030807001　　　项目名称：低压螺纹阀门

项目编码：030807003　　　项目名称：低压法兰阀门

【例 2】图 8-32 所示为一工艺车间管道配管系统简图截取，试从中计算管件连接工程量并说明。

【解】由图中可得配管主干管线为 $\phi50\times3$ 管道，分支管线尺寸含 $\phi32\times2.5$，$\phi25\times2$，

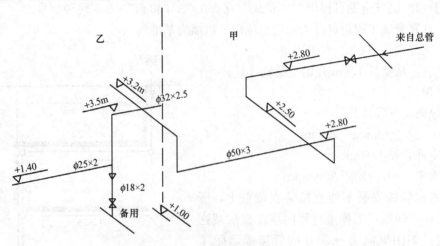

图 8-32 工艺车间管道配管系统图

$\phi18\times2$ 三种，因此由 $\phi32$ 支线可将配管图分为甲、乙两部分，分别进行管件工程量计算。

(1) 甲：$\phi50\times3$　成品管件弯头：6个

三通阀：1个，截止阀：1个

总：6+1+1＝8个

定额项目：低压碳钢管件（电弧焊）DN50，编号：6-646，基价：115.51元；其中人工费54.98元，材料费16.31元，机械费44.22元。

(2) 乙：$\phi32\times2.5$　管件弯头：2个

三通阀：1个

$\phi25\times2$　异径管：1个

总：2+1+1＝4个

定额项目：低压碳钢管件（电弧焊）DN32，编号：6-644，基价：80.68元；其中人工费38.89元，材料费10.76元，机械费31.03元。

$\phi18\times2$　　　截止阀1个，总1个

定额项目：低压碳钢法兰阀J41T-16　DN15，编号：6-1270，基价：11.54元；其中人工费6.11元，材料费3.26元，机械费2.17元。

(3) 注意说明：在计算管件安装定额时，成品管件按10件的单位计算，包括连接（法兰螺纹）方式计算在内；

计算三通阀工程量时，以三通阀所在的主管道管径计算定额，因为连续旁通开孔均在主管径上。

上为定额工程量计算，清单工程量计算见表8-3。

清单工程量计算表　　　　　　　　　　　　　　　　表 8-3

序号	项目编码	项目名称	项目特征描述	计量单位	工程量
1	030804001001	低压碳钢管件	$\phi50\times3$　成品管件弯头	个	6
2	030807001001	低压缧纹阀门	$\phi50\times3$　三通阀	个	1
3	030807001002	低压缧纹阀门	$\phi50\times3$　截止阀	个	1
4	030804001002	低压碳钢管件	$\phi32\times2.5$　管件弯头	个	2
5	030807001003	低压缧纹阀门	$\phi32\times2.5$　三通阀	个	1
6	030804001003	低压碳钢管件	$\phi32\times2.5$异径管	个	1
7	030807003001	低压法兰阀门	J41T-16　DN15	个	1

项目编码：030815001　　项目名称：管架制作安装

【例3】 图 8-33所示为管道沿室内墙壁敷设配管平面图，管道沿墙采用J101、J102一般管架支撑，试计算管架制作安装工程量并套用定额（不含主材费）。

（J101 管架按 50kg/只，J102 管架按 15kg/只计算重量）

【解】(1) 清单工程量

根据《通用安装工程工程量计算规范》（GB 50856—2013），工业管道工程管架制作工程量计算规则适用于单件支架质量 100kg 以内的管支架，单件超过 100kg 的管支架执行"静置设备与工艺金属结构制作、安装工程"有关项目管架制作安装，清单项目工程量计算时按设计图示质量计算，项目工程内容包含管架制作安装、除锈刷油、弹簧管架全压缩

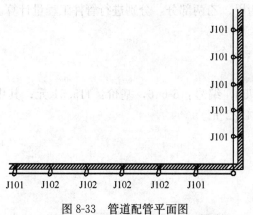

图 8-33　管道配管平面图

变形试验、管架工作荷载试验。

一般管架质量工程量：$m=7\times50+4\times15=410$kg

【注释】50kg/只为 J101 管架的单件质量，共有 7 只 J101 管架，15kg/只为 J102 管架的单位质量，共有 4 只 J102 管架。

（2）定额工程量

定额工程量计算时，将管架件分为：一般管架，木垫式管架和弹簧式管架三种；在套用定额工程量计算时，除木垫式、弹簧式管架外，其他类型管架执行一般管架定额。

一般管架制作安装定额以单件质量列项，可知本例定额工程量计算如下：

定额项目：一般管架，定额编号 6-2845，基价：446.03 元；其中人工费 224.77 元，材料费 121.73 元，机械费 99.53 元。

工程量计算：

J101：7×50kg$=350$kg

J102：4×15kg$=60$kg

第九章 消 防 工 程

一、消防工程制图

建筑消防系统，以建筑物或高层建筑物为被控对象，通过自动化手段实现火灾的自动报警及自动扑灭。

在结构上，建筑消防系统通常由两个子系统构成，即自动报警（监测）子系统及自动灭火子系统。系统中设置了检测反馈环节，因此消防系统是典型的闭环控制系统。其方块结构如图 9-1 所示。

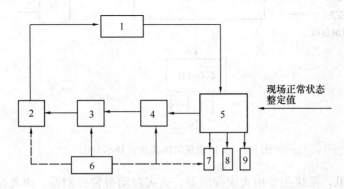

图 9-1　建筑消防系统方块结构图

1—检测反馈装置；2—灭火现场；3—灭火执行器；4—联动装置；

5—自动报警控制器；6—手动控制装置；7—现场火灾报警装置；

8—消防联锁系统；9—中控室火灾报警装置

图 9-1 中的火灾报警控制器是消防系统的核心部件，它包括火灾报警显示器及控制器。随着现代科技的高速发展，火灾报警控制器不断溶入微机控制技术，智能技术，使其结构发生了质的变化。现代火灾报警控制器都是以微处理器为主要器件，因此使其结构紧凑，功能完善，使用方便灵活。

消防系统火灾报警控制器数量的选择，应根据消防系统本身的要求。由单个火灾报警控制器构成的针对某一监控区域的消防系统称为单级自动监控自动灭火系统，有时又简称为单级自动监控系统或区域自动监控系统。

与单级自动监控系统相类似，由多个火灾报警控制器构成的针对多个监控区域的消防系统称为多级自动监控自动灭火系统，简称为多级自动监控系统或集中——区域自动监控系统。多级自动监控系统的方块结构如图 9-2 所示。

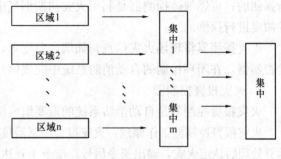

图 9-2　多级自动监控系统方块结构图

二、消防工程造价概论

(一) 实用建筑消防系统主要装置介绍

实用建筑消防系统方块结构如图 9-3 所示。

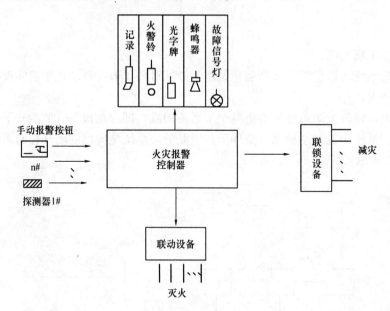

图 9-3　实用建筑消防系统方块结构图

由图 9-3 可见，系统主要由火灾探测器、火灾自动报警控制器、声光报警装置（包括故障灯、故障蜂鸣器、光字牌、火灾警铃）、联动装置（输出若干控制信号，驱动灭火装置）、联锁装置（输出若干控制信号，驱动排烟机、风机等减灾装置）等构成。

1. 火灾探测器

火灾探测器是灭火系统的重要组成部分，它是用来响应其附近区域由火灾产生的物理和化学现象的探测器件。

根据安装方式的不同，火灾探测器可分为露出型和埋入型，带确认灯型和不带确认灯型，根据其待测的火灾参数不同，火灾探测器可分为感烟式、感温式、感光式火灾探测器和可燃气体探测器，以及烟温、烟火、烟温火等复合式火灾探测器。

感烟式火灾探测器是利用火灾发生地点的烟雾浓度进行探测；感温式火灾探测器是利用火灾引起的升温进行探测；感光式火灾探测器是根据燃烧火焰的特性和火焰的光辐射进行探测的；可燃气体探测器是利用火灾初期烟气中某些气体浓度或液化石油气等可燃气体的浓度进行探测的。

火灾探测器将现场火灾信息，如烟、温度等，转换成电气信号，并将其传送到自动报警控制器，在闭环控制的自动消防系统中完成信号的检测与反馈。

2. 火灾报警控制器

火灾报警控制器是自动消防系统的重要组成部分，它是现代消防系统的重要标志。

火灾报警控制器工作原理：火灾报警控制器接收火灾探测器送来的火灾信息，经过逻辑运算处理后认定火灾，输出指令信号，指令 1 到达火灾报警装置，如声、光报警等；指令 2 到达灭火联动装置，用以启动各种灭火设备；指令 3 启动联锁减灾系统，用以驱动各种减灾设备。有的火灾报警控制器还能启动自动记录设备，记下火灾状况，以备事后查询。

由微机技术实现的火灾报警控制器已将报警与控制融为一体，也即一方面可产生控制作用，形成驱动报警装置及联动灭火，联锁减灾装置的主令信号，同时又能自动发出声、光报警信号。

3. 报警显示装置

报警显示装置一般包括故障灯、火灾事故光字牌、故障蜂鸣器和火灾警铃等。

报警显示装置以光、声两种方式向人们提示火灾的发生，它也能显示与记忆火灾发生的时间和地点。

报警显示装置通常与火灾控制器合装，统称为火灾报警控制器。

现代消防系统使用的报警显示常常分为预告报警的声光显示及紧急报警的声光显示。两者的区别在于预告报警是在探测器已经动作，即探测器已经探测到火灾信息。但火灾处于燃烧的初期（也称阴燃阶段），如果此时能用人工方法及时去扑火，阴燃阶段的火灾就会被扑灭，而不必动用消防系统的灭火设备。毫无疑问，这对于"减少损失，有效灭火"来说，都是十分有益的。

紧急报警则是表示火灾已经被确认，火灾已经发生，需要动用消防系统的灭火设备快速扑灭火灾。

实现两者的区别，最简单的方法就是在被保护现场安置两种灵敏度的探测器，其中高灵敏度探测器作为预告报警用；低灵敏度探测器则用作紧急报警。

4. 灭火装置

消防系统的灭火装置包括灭火介质和灭火器械，灭火介质有水、二氧化碳、干粉和泡沫等；灭火器械有消火栓、灭火器等。

由于水是不燃流体，在与燃烧物接触后会通过物理、化学反应从燃烧物中摄取热量，对燃烧物起到冷却作用；同时水在被加热和汽化的过程中所产生的大量水蒸汽，能够阻止空气进入燃烧区，并能稀释燃烧区内的氧含量从而减弱燃烧强度，所以水灭火是使用最广泛的灭火方法。水灭火器一般有室内消火栓灭火装置、自动喷水灭火系统、雨淋喷水和水幕系统等。

人们常常将联动灭火系统与联锁减灾系统合称为自动灭火系统，所以建筑消防系统通常由自动报警子系统和自动灭火子系统构成。

掌握建筑消防系统的基本组成单元，典型设备的基本结构及工作原理，对消防系统的分析与设计是必不可少的。关于消防系统的基本单元及典型设备可参看图9-4。

（二）消防系统工作原理

建筑消防系统是典型的自动监测火情、自动报警、自动灭火的自动化消防系统。

建筑消防系统包括自动监测、自动报警子系统和自动灭火系统两个子系统构成，自动灭火系统包括自动灭火、减灾两个子系统。从建筑消防系统工作原理来看，建筑消防系统又是一个典型的闭环控制系统。

建筑消防系统的闭环工作方式与一般自控系统的不同之处在于：一般的自动控制系统是在反馈信号送到系统给定端的同时，系统给定的输入信号也进入控制器，控制器在极短的时间内对两个信号的差值进行运算、处理，形成系统控制信号，然后进行信号输出。而建筑消防系统同样要将探测器提供的反馈信号送到系统给定端，当火灾报警控制器在处理反馈值与系统给定值时，要人为地加一段适当的延时，火灾报警控制器在这段时间内对信

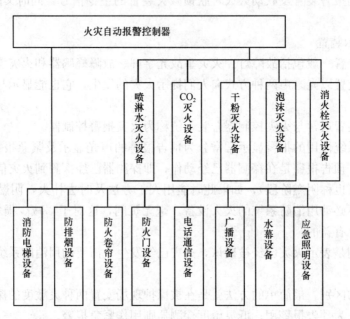

图 9-4　建筑消防系统基本单元及典型设备示意图

号进行逻辑运算、处理、判断、确认。只有确认是火灾时，火灾报警控制器才发出系统控制信号，控制系统输出，即驱动灭火设备，实现快速、准确灭火。

这段人为的延时（一般设计在 20～40s 之间），对建筑消防系统是非常必要的。

如果火灾未经确认，火灾报警控制器就发出系统控制信号，驱动灭火系统动作，势必造成不必要的浪费与损失。

从控制的角度看，建筑消防系统以现场探测器检测的火灾信号为系统反馈信号，以灭火设备的动作为输出，利用火灾报警控制器作延时判断。确认火灾后便立即发出系统控制信号。从而实现了现场灭火的闭环控制。

建筑消防系统的闭环控制保证了消防系统的动作迅速、准确、安全可靠。

从使用角度看，建筑消防系统可以是单级式的，也可以是多级式的。

现代高层建筑中被监控的区域往往是几个或几十个，因此就必须由若干个区域监控系统联网组成区域——集中消防系统，也即多级自动消防系统。

（三）建筑消防系统构成模式

消防系统构成模式是消防系统中火灾报警控制器与主要的灭火、减灾设备的安装配置方式。我国消防法规定：高层建筑的消防系统构成有四种类型，即区域消防系统、集中消防系统、区域——集中消防系统及控制中心消防系统。

1. 区域消防系统

区域消防系统用于建筑规模小、控制设备（被保护对象）不多的建筑物。

该系统保护对象仅为某一区域或某一局部范围，系统具有独立处理火灾事故的能力。系统主要设备的设置方式即系统构成模式如图 9-5 所示。

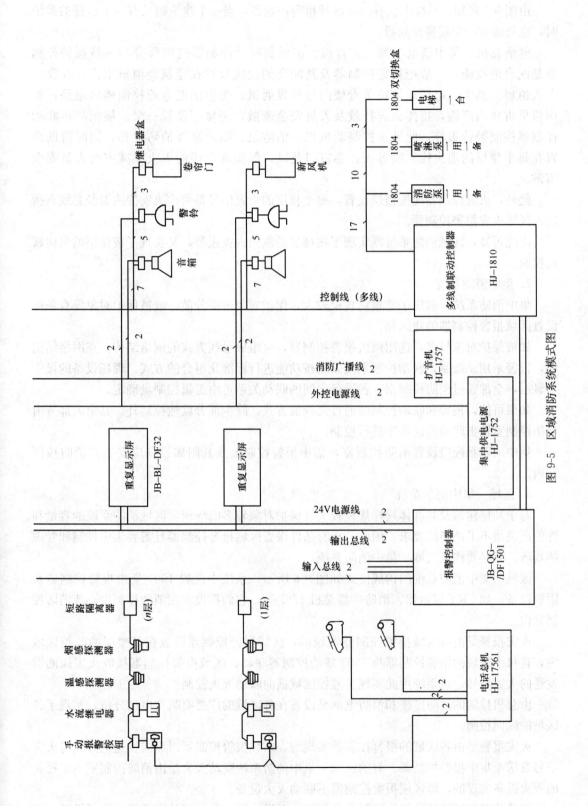

图 9-5 区域消防系统模式图

由图 9-5 可知，系统中仅有一台区域报警控制器，当一个建筑物只有一个这样的系统时，也只能有一个报警控制器。

电话总机、集中供电电源、扩音机、多线制联动控制器这四部分与区域报警控制器是配套的设施，一般把报警控制器及其配套的设施放置在建筑物值班室内，并没有专人值班。其中，电话总机将负责楼内与外界通讯；集中供电电源控制楼内电路；扩声机负责楼内广播，指挥火灾扑救及人员安全疏散，每楼层设置一个广播喇叭；联动控制器控制警铃报警，此外还控制新风机、消防泵、喷淋泵及消防电梯，同时借助设置在每个楼层的消火栓、喷淋火、卷帘门及风口等实现全楼的灭火、减灾及人员安全疏散。

此外，火灾探测器应按楼层设置，每个楼层的火灾信号都可由火灾探测器经总线直接送入区域火灾报警控制器。

由此可知，区域消防系统既实现了按楼层的纵向火灾报警，又实现了按楼层的纵向联动控制。

2. 集中消防系统

集中消防系统一般用于建筑物规模较大，保护对象少而分散，或被保护对象没有条件设置区域报警控制器的建筑物。

如被保护对象较多，选用微机报警控制器，可组成总线方式的网络结构。在网络结构中，报警采用总线制，联动控制系统采取按功能进行标准化组合的方式。现场设备的操作与显示，全部通过消防控制室，各设备之间的联动关系可由逻辑控制盘确定。

如果可能，报警和联动控制都通过总线的方式，除少部分就地控制外，其余大部分由消防控制室输出联动控制程序进行控制。

集中消防系统应设置消防控制室，集中报警控制器及其附属设备应安置在消防控制室内。

3. 区域—集中消防系统

对于高层建筑及其群体这样规模较大、保护对象较多的场所，区域消防系统的容量和性能已满足不了消防的要求，因此，在有条件设置区域报警控制器且需要集中控制和管理的场所，有必要构成区域—集中消防系统。

区域—集中消防系统的构成模式如图 9-6 所示，系统中设置 1501 集中报警控制器及附属设备，如 CRT 显示器、消防广播总机 1757 等，它们都设置在消防控制中心或消防控制室内。

火灾报警是由各区域报警控制器实现的，区域报警控制器设置在各楼层的监控区域内，且每个区域的报警控制器与 1801 联动控制器联动。区域报警控制器接收火灾探测器发送的火灾信号，该系统由此实现了监控区域横向联动灭火控制。

由总机控制的消防广播和消防电话是设置在各区域的广播喇叭和电话分机，实现了各区域的纵向控制。

火灾报警是由各区域的报警控制器实现的，区域报警控制器以纵向发送的方式将火灾信号发送至集中报警控制器。有的区域—集中消防系统联动灭火是由消防控制室集中控制的灭火设备实现的，即区域报警控制器不联动灭火设备。

消防控制室还设置了操作控制台及模拟盘。操作控制台一般装有微机及附属设备，附

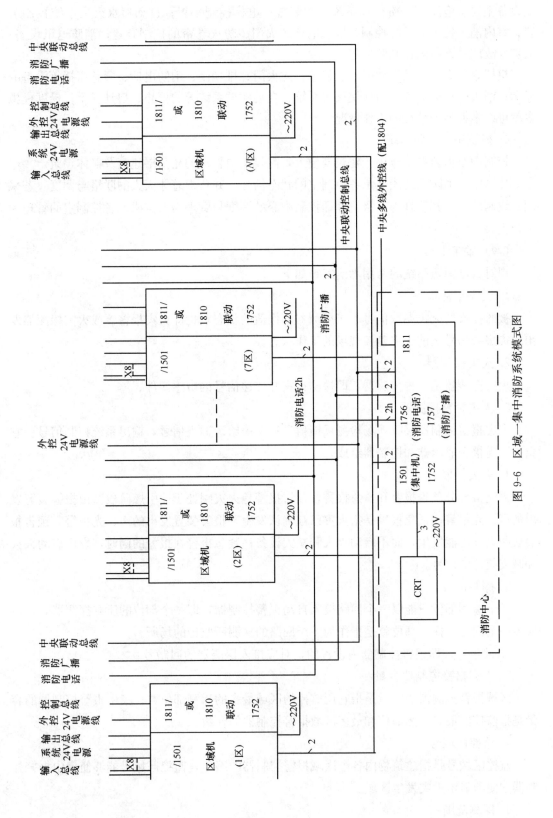

图 9-6 区域—集中消防系统模式图

311

属设备主要有泡沫、干粉灭火系统控制装置；电梯控制装置；自动喷水灭火系统控制装置；室内消火栓灭火系统控制装置；电动防火门、防火卷帘的控制装置；消防退讯设备；火灾事故广播设备的控制装置等。

模拟盘负责火灾及事故的地点显示；防火门、排烟阀、消防电话、紧急广播等设备的显示；消火栓灭火系统、卤代烷灭火系统、自动喷淋系统等的停止、启动显示；借助模拟盘就可以掌握整个系统的工作情况。

4. 控制中心消防系统

控制中心消防系统应用于建筑规模大，需要集中管理的超高层建筑及群体建筑。

控制中心消防系统能显示各控制室的状态信号，并负责总体灭火的联络与调度。若采用总线制结构，其管理为二级管理即控制中心的调度与管理为上位机，各控制室的管理为下位机。

（四）常用术语

现对自动消防系统的常用术语解释如下：

1. 火灾正常状态

被监控现场火灾参数信号小于探测器动作值的状态，也即火灾报警器或火灾探测器发出火灾报警信号之前火灾监控现场的工作状态。

2. 火灾探测器

火灾探测器是一种传感器，即探测火灾并传递信号的敏感元件。

3. 火灾报警控制器

火灾报警控制器接收现场检测反馈信号和系统给定输入信号，输出系统控制信号。它由声、光报警显示器和控制器组成。

4. 火灾报警

火灾报警分预告报警和紧急报警，预告报警是火灾刚处于"引燃阶段"由报警装置发出的声、光报警；紧急报警是指火灾已被确认发生，报警装置发出的声、光报警。预告报警表明火灾可能发生，而不启动灭火和减灾设备；紧急报警在报警的同时，发出启动灭火和减灾装置的信号。

5. 探测部位

一个探测部位只能以一个回路接入自动报警控制器，即一个部位的所有探测器，只对应着一个回路。探测部位就是指作为一个回路的探测所监控的场所。

6. 部位号，即报警控制器内设置的，对应接入探测器的回路号。

7. 火灾报警控制器容量

区域报警控制器的容量是指它所监控的区域最多的探测部位数；集中报警控制器的容量是指监控的最多探测部位和最多区域报警控制器的台数。

8. 监控区域号

监控区域号是指建筑物内各个区域报警控制器的编号，监控区域号能够使集中报警控制器方便地显示火灾发生区域。

9. 探测范围

探测范围是指一只火灾探测器能有效可靠地探测到火灾参数的地面面积，即一只探测器的保护面积。

10. 故障状态

自动监控系统中由于某些环节不能正常工作，导致整个监控系统不能可靠工作的状态为故障状态。

11. 区域与集中报警控制器

区域报警控制器针对某个被监控区域，集中报警控制器是针对多个区域，是作为区域监控系统的集中调度机或上位管理机。

集中报警控制器在功能上比区域报警控制器更完善、更齐全。

（五）常见的消防设备

1. 火灾探测器：火灾探测的主要部件，它安装在监控现场，用以监测现场火情。它将现场火灾信息（烟、光、温度）转换成电气信号，并将其传送到自动报警控制器，在闭环控制的自动消防系统中完成信号的检测与反馈。常用的分类方法按探测器的结构造型、探测的火灾参数、输出信号的形式和使用环境等分类。按探测器的结构分类，可分成线型和点型两大类。线型火灾探测器是一种响应某一连续线路周围的火灾参数的火灾探测器。其连续线路可以是"硬"的（可见的）、也可以是"软"的（不可见的）。点型探测器是一种响应空间某一点周围的火灾参数的火灾探测器。按火灾探测器探测的火灾参数的不同，可以划分为感温、感烟、感光、气体和复合式等几大类。感温探测器是对警戒范围内某一点或某一线段周围的温度参数（异常高温、异常温差、异常温升速率）敏感响应的火灾探测器。根据监测温度参数的不同，感温探测器有定温、差温和差定温三种。定温探测器用于响应环境温度达到或超过预定值的场合。差温探测器用于响应环境温度异常升温其升温速率超过预定值的场合。差定温探测器兼有差温和定温两种探测器的功能。感烟探测器是一种响应燃烧或热介产生的固体或液体微粒的火灾探测器。由于它能探测物质燃烧初期在周围空间所形成的烟雾粒子浓度，因此它具有非常好的早期火灾探测报警功能。感光探测器亦称火焰探测器或光辐射探测器。它能响应火焰射出的红外、紫外和可见光。复合式火灾探测器是一种能响应两种或两种以上火灾参数的火灾探测器。主要有感烟感温、感光感温、感光感烟火灾探测器。按照它所安装场所的环境条件分类，陆地型：主要用于陆地，无腐蚀性气体，温度范围-10～+50℃，相对湿度在85%以下的场合中。船用型：其特点是耐用和耐温。它在50°以上的高温和90%～100%高湿环境中都可以长期正常工作。耐酸型：其特点是不受酸性气体的腐蚀。适用于空间经常积聚有较多含酸气体的场所。

2. 点型探测器：这是一种响应某一点周围的火灾参数的火灾探测器。目前生产量最大，民用建筑中几乎都是使用的点型探测器，线型探测器多用于工业设备及民用建筑中一些特定场合。点型探测器又可分点型感烟火灾探测器，点型感温火灾探测器等。

（1）点型感烟探测器是对警戒范围中某一点周围空间烟雾敏感响应的火灾探测器。建筑工程中，点型感烟探测器使用量最大。它又可分为离子感烟火灾探测器，光电感烟火灾探测器。

1）离子感烟探测器是根据烟雾（烟粒子）黏附（亲附）电离离子，使电离电流变化这一原理而设计的。工程中使用的离子感烟探测器，主要由两个串联的单极性电离室和一个中央电极组成。其中一个外电离室（又称测量室），另一个叫内电离室（又称补偿室或基准室）。内、外电离室之间设置一个中央电极，它引至信号放大回路的输入端，异电的中央电极保证了内、外电离室在电器上的分开。外电离室的几何形状要让烟雾很容易进入，用它来探测火灾时的烟雾，并利用黏附原理产生的效应供电路鉴定。内电离室尽可能密封好，不要让烟雾进入，但又能感受到外界环境如压力、温度、湿度等的变化，使内电离室不但提供一个电路工作时的基准电压，而且还能补偿由于外界环境变化对电路的影响，以提高探测器的稳定性，减少误报。离子感烟探测器具有灵敏度、稳定性好、误报率低、寿命长、结构紧凑、价格低廉等优点，是火灾初始阶段预报警的理想装置，因而得到广泛应用。

2）光电感烟探测器是利用火灾时产生的烟雾可以改变光的传播性，并通过光电效应而制成的一种火灾探测器。根据烟离子对光线产生吸收（遮挡）、散（乱）射的作用，光电感烟探测器可分为遮光型和散射型两种。主要由检查室、电路、固定支架和外壳等组成。其中检测室是其关键部件。①遮光型的工作原理。当火灾发生时，有烟雾进入检测室，烟离子将光源发出的光遮挡（吸收），到达光敏元件的光能将减弱，其减弱程度与进入检测室的烟雾浓度有关。当烟雾达到一定浓度，光敏元件接收的光强度下降到预定值时，通过光敏元件启动开关电路并经以后电路鉴别确认，探测器即动作，向火灾报警控制器送出报警信号。②散射型光电感烟探测器是应用烟雾粒子对光的散射作用并通过光电效应而制作的一种火灾探测器。它和遮光型光电感烟探测器的主要区别在暗室结构上，而电路组成、抗干扰方法等基本相同。由于是利用烟雾对光线的散射作用，因此暗室的结构就要求 E（红外发光二极管）发出的红外光线在无烟时，不能直接射到光敏元件 R（光敏二极管）。实现散射的暗室各有不同，其中一种是在光源与光敏元件之间加入隔板（黑框）。

（2）点型感温探测器是对警戒范围中某一点周围的温度响应的火灾探测器。在民用建筑中，就使用量而言，除离子感烟探测器作为基本类型选用而居首位外，其次要数点型感温火灾探测器。感温探测器的结构较简单，关键部件是它的热敏元件。常用的热敏元件有双金属片、易熔合金、低熔点塑料、水银、酒精、热敏绝缘材料、半导体热敏电阻、膜盒结构等。感温探测器是以对温度的响应方式分类，定温火灾探测器、差温火灾探测器、差定温火灾探测器。点型定温探测器是一种对警界范围中某一点周围温度达到或超过规定值时响应的火灾探测器，当它探测到温度达到或超过其温度值时，探测器工作，向报警控制器送出报警信号。定温探测器的动作温度应按其所在的环境温度进行选择。差温火灾探测器是对警戒范围中某一点周围的温度上升速度超过规定值时响应的火灾探测器。差定温探测器兼差温和定温两种功能。差定温探测器同时具有定温和差温功能，即对于火灾初始段温度上升速度快的，其差温部分工作；对温度上升速率慢，但只要环温达到了动作温度值，其定温部分工作。这样就扩大了它的使用范围。

3. 红外线探测器：它是一种对火焰辐射的红外光敏感响应的火灾探测器。它主要由外壳、固定部件、红外滤光片、敏感元件、印刷电路板等组成。红外滤光片只让火焰光谱中的红外光透过，使探测器工作在火焰辐射的红外波段范围内，以得较强的信噪比。置于敏感元件的前方兼作敏感元件的保护层，由锗片制成。敏感元件：将红外光转换成电信号的光敏元件。通过红外滤光片的分散红外光要聚焦到敏感元件上，以增强敏感元件接收的红外光辐射强度。此产品是采用对红外光敏感的硫化铅作为敏感元件。其他如硫化镉、硅光电池、硅光电子元件等都可以作为红外光的敏感元件。聚焦可采用反射式或凸透镜等方式实现。电路设计的指导思想是既要让探测器检测到频率为 $3\sim30\,Hz$ 范围的火焰闪烁真信号，又要能鉴别假信号。红外探测器对恒定的红外辐射，一般电光源如白炽灯、荧光灯、太阳光及瞬时的闪烁现象不反应，具有响应快，抗干扰性好、误报小、电路工作可靠、通用性强、能在有烟雾场所及户外工作等优点。通常用于电缆地沟、坑道、库房、地下铁道及隧道等场所。特别适用于无阴燃烧阶段的燃料火灾（如醇类、汽油等易燃液体）的早期报警。

4. 火焰探测器：又叫感光火灾探测器，它是一种能对物质火焰的光谱特性、光照强度和火焰闪烁频率敏感响应的火灾探测器。和感烟、感温、气体等火灾探测器比较，感光探测器的主要优点是：响应速度快，其敏感元件在接收到火焰辐射光后的几毫秒，甚至几个微秒内就发出信号，特别适用于突然起火无烟的易燃易爆场所；它不受环境气流的影响，是唯一能在户外使用的火灾探测器；另外，它还有性能稳定、可靠、探测方位准确等优点，因而得到普遍重视，成为目前火灾探测的重要设备和发展方向。它分为红外感光探测器、紫外感光探测器。红外感光火灾探测器又称红外火焰探测器，它是一种对火焰辐射的红外光敏感响应的火灾探测器。紫外感光火灾探测器又称紫外火焰探测器，它是一种对紫外光辐射敏感响应的火灾探测器。紫外感光探测器由于使用了紫外光敏感元件，而紫外光敏管同时也具有光电管和充气闸流管的特性，所以它使紫外感光火灾探测器具有如下主要特点。

（1）响应速度快，灵敏度高。紫外感光探测器的响应速度远远快于其他类型的火灾探测器，甚至比最快的红外感光探测器还要快几倍。光敏管的工作状态只需要个别光子的作用就可以改变，极易被激发，故而灵敏度很高。

（2）脉冲输出、由于紫外光敏管是在截止和导通两个状态交替工作，所以探测器运行在脉冲状态，其输出信号为计数脉冲。

（3）可以交流或直流供电。光敏管两个电极加以交流电压或直流电压可以正常工作，其影响只是输出的脉冲个数不同。其他类型的探测器都是只能在直流电压下工作。

（4）工作电压高。由于光敏管产生"雪崩"式放电过程需要在强电场作用下才能发生，这就要求两极的工作电压很高，通常在 $200\,V$ 以上。这会给装配和使用带来不便。而其他类型的火灾探测器都可以在较低的直流电压下工作。

5. 可燃气体火灾探测器：一种能对空气中可燃气体浓度进行检测并发出报警信号的火灾探测器。可燃气体火灾探测器是通过测量空气中可燃气体爆炸下限以内的含量，以便当空气中可燃气体浓度达到或超过报警设定值时自动发出报警信号，提醒人们及早采取安全措施，避免事故发生。可燃气体探测器除具有预报火灾，防火防爆功能外，还可以起监测环境污染作用。和紫外火焰探测器一样，主要在易燃易爆场合中安装使用。它有催化型可燃气体探测器、半导体可燃气体探测器。催化型是用难溶的铂金丝作为探测器的气敏元件。工作时，铂金丝要先被靠近它的电热体预热到工作温度。铂金丝在接触到可燃气体时，会产生催化作用，并在自身表面引起强烈的氧化反应（即所谓"无烟燃烧"），使铂金丝的温度升高，其电阻增大，通过由铂金丝组成的不平衡电桥将这一变化取出，通过电路发出报警信号。半导体可燃气体探测器是一种用对可燃气体高度敏感的半导体元件作为气敏元件的火灾探测器，可以对空气中散发的可燃气体，如烷（甲烷、乙烷等）、醛（丙醛、丁醛等）、醇（乙醇等）、炔（乙炔）等或汽化可燃气体，如一氧化碳、氢气及天然气等进行有效的监测。可燃气体探测器要与专用的可燃气体报警器配套使用组成可燃气体自动报警系统。若把可燃气体爆炸浓度下限（L·E·L）定为100％，而预报的报警通常设在20％～25％L·E·L范围，则不等空气中可燃气体浓度引起燃烧或爆炸，报警就提前报警了。

6. 线型探测器：这是一种响应某一连续线路周围的火灾参数的火灾探测器。其连续线路可以是"硬"的（可见的），也可以是软的（不可见的）。如空气管线型温差火灾探测器，是由一条细长的铜管或不锈钢构成"硬"的（可见的）连续线路。又如红外光束线型感烟火灾探测器，是由发射器和接收器之间的红外光束构成"软"（不可见）的连续线路。

7. 报警模块：它不起控制作用，只能起监视、报警作用。报警控制器的接口，以8153作为I/O接口和存储器，能自动完成火灾报警，故障报警，火灾记忆及火灾优先等功能。

8. 镀锌钢管：一种焊接钢管，一般由A₃号碳素钢制造。它的表面镀锌发白，又称白铁管。表面不镀锌的焊接钢管为普通焊接钢管。镀锌焊接钢管常用于输送要求比较洁净的介质，如：给水、洁净空气等。螺纹连接是钢管连接的常用方式，焊接管在出厂时分两种，管端带螺纹和不带螺纹。一般每根长度为4～9m，不带螺纹的焊接管，每根管材长度为4～12m。螺纹连接靠各种带螺纹的管件和管端带螺纹的管端，相互吻合旋紧而连接起来的。

9. 螺栓：按加工方法不同，分为精制和粗制两种，粗制螺栓的毛坯用冲制或锻压方法制成，钉头和栓杆都不加工，螺纹用切削式滚压方法制成。这种螺栓因精度较差，多用于土建钢、木结构中，精制螺栓用六角棒料车制而成螺纹及所有表面均经过加工，精制螺栓又分普通螺栓（结构与粗制螺栓相同）和配合螺栓，由于制造精度高，在机械中应用较广。螺栓头一般为六角形，也有方形，这样便于拧紧。常用的螺栓材料有A₂、A₃等碳素钢。

10. 法兰：固定在管口上带螺栓孔的圆盘。法兰连接严密性好，拆卸安装方便，故用于需要检修或定期清理的阀门、管路附属设备与管子的连接，如泵房管道的连接常采取法兰连接。

11. 阀门：指控制水流、调节管道内的水量和水压的重要设备。通常放在分支管处，穿越障碍物和过长的管线，一般设在配水支管的下游，以便关阀门时不影响支管的供水。阀门的种类多，分类方法也多，但一般是按其动作特点分为两大类：一是驱动阀门。指借用外力（人力或其他动力）来操纵的阀门，如闸阀，旋塞阀等。二是自动阀门。指借助介质流量、参数能量变化而动作的阀门，如止回阀，安全阀等。阀门的构造，一般说由阀

316

体、阀瓣、阀盖阀杆和手轮等部件组成。

12. 消防泵：消防水泵目前多采用离心式水泵，它是给水系统的心脏，对系统的使用安全影响很大。在选择水泵时，要满足系统的流量和压力要求。消防水泵房宜与生活、生产水泵房合建，以便节约投资，方便管理。消防水泵房应采用一、二级耐火等级的建筑；附设在建筑内的消防水泵房、应用耐火极限不低于 1h 的燃烧体墙和楼板与其他部位隔开；消防水泵房应设直通室外的出口。设在楼层上的消防水泵房应靠近安全出口；以内燃机作动力的消防水泵房，应有相应的安全措施。泵房设施包括水泵的引水、水泵动力、泵房通信报警设备等。消防泵宜采用自灌式引水方式。采用其他引水方式时，应保证消防泵在 5min 内启动。消防泵可采用电动机、内燃机作为动力，一般要求应有可靠的备用动力。消防水泵房应具有直通消防控制中心或消防队的通信设备。

13. 隔膜式气压水罐：由于平时气压水罐内的气与水压力处于平衡状态，一般稳定在消防给水最高需要工作压力值上。即常高压给水在发生火灾时，人们开始启用消防灭火设备（消火栓、水枪）由于水枪喷水使气压水罐内水量不断流出，水量减少压力逐渐下降。当罐内压力下降到消防给水的最低允许工作压力数值时，设在气压罐上的电接点压力表（或压力控制器）使水泵开启，满足消防给水的水量、水气要求。当水泵启动后电接点压力表就不再控制水泵的开停。当消火栓不用时可手动停泵，恢复电接点压力表对水泵的控制。隔膜式气压水罐消防给水的特点：

（1）常年保持消防给水高压制。在高层建筑消防给水系统中，管道、管件和阀件等多数采用丝扣连接，在较高压力作用下系统做到完全不渗不漏，是很困难的，可在系统上增设一套平时补压用的隔膜式气压水罐和补压泵，用这套补压装置来维持系统的高压，当使用消火栓时再使消防泵启动，补压泵和消防泵的启动可用不同的压力来控制，系统设计压力下降 5%～10%（一般取 7%）时补压泵启动，上升到设计压力时补压泵停止，系统设计压力泵停止，系统设计压力下降 10%～15%（一般取 12%）时消防泵启动。

（2）消防给水系统实现了自动化。在消防系统给水中安装了气压水罐和电接点压力表，按照不同的压力值，使补压泵和消防泵能自动的开启和停止，使系统实现了自动化。在消防给水系统的总干管上还可以安装一个水流指示器。当启用消火栓时，由于系统干管水流动，水流指示器发出信号，接通电警铃式电声光报警器报警。立即开启消防泵，而不管罐内压力是否达到电接点压力表下限压力给定值。

（3）消火栓使用简便出水快。由于消防水泵的启动是自动的，因此过去通常采用的消火栓箱内设置消防水泵启动按钮做法就没有意义了，当有火灾人们动用消火栓时，只需打碎消火栓箱玻璃，拿出水枪打开阀门就可出水灭火，无须再去寻找按钮，这在消火栓使用上是简便的，出水是快，对高层建筑消防提供了很大的安全性。消防水泵是受电接点压力表控制而启动的。目前我国常用的消防水泵启动时间一般只有 3～4s，启动速度比规范要求，即消防水泵应在火警发生后 5s 开始工作，快的很多。但是，应该指出的是利用气压水罐消防给水系统对配电系统要求较高，必须是双电源式双回路供电，且在最末一级配电箱处应能自动切换。

14. 自动报警系统：以火灾为监控对象，根据防灾要求和特点而设计、构成和工作的，是一种及时发现和通报火情，并采取有效措施控制和扑灭火灾而设置在建筑物中或其他对象与场所的自动消防设施。

消防栓的控制：室内消防栓系统中消防泵的启动和控制方式选择，与建筑物的规模和水系统有关，以确保安全、控制电路简单合理为原则。消防栓系统中消防泵联动控制的基本逻辑是：当手动消防按钮的报警信号送入系统的消防控制中以后，消防泵控制屏或控制装置产生手动或自动信号直接控制消防泵，同时接收水位信号器返回的水位信号。一般的，消防泵的控制都是经消防中心控制室来联动控制。

15. 自动喷水系统控制：对湿式灭火系统的控制，主要是对系统中所设喷淋泵的启、停控制。平时无火灾时，管网压力水由高位水箱提供，使管网内充满压力水。火灾时，由于着火区温度急剧升高，使闭式喷头中玻璃球体内不同颜色的液体受热膨胀而导致玻璃球炸裂，喷头打开，喷出压力水灭火。此时湿式报警阀自动打开，准备输送喷淋泵（消防泵）的消防供水。压力开头检测到降低了的水压，并将其水压信号送入湿式报警控制箱，启动喷淋泵。当水压超过某一值时，停止喷淋泵。所以从喷淋泵的控制过程看，它是一个闭环控制过程。系统中的水流指示器、压力开关将水流转换成火灾报警信号，控制报警控制柜（箱）发出声、光报警并显示灭火地址。

16. 泡沫灭火系统：凡能与水混溶，并可通化学反应或机械方法产生灭火泡沫的灭火剂称为泡沫灭火剂，其组成包括发泡剂、泡沫稳定剂、降粘剂、抗冻剂、助溶剂、防腐剂及水。以泡沫为灭火介质的灭火系统称为泡沫灭火系统。

泡沫灭火系统主要用于扑灭非水溶性可燃液体及一般固体火灾。其灭火原理是泡沫灭火剂的水溶液通过化学、物理作用，充填大量气体（CO_2、空气）后形成无数小气泡，覆盖在燃烧物表面，使燃烧物与空气隔绝，阻断火焰的热辐射，从而形成灭火能力。同时泡沫在灭火过程中析出液体，可使燃烧物冷却。受热产生的水蒸汽还可降低燃烧物附近的氧气浓度，也能起到较好的灭火效能。

17. 发生器：泡沫发生器是指产生泡沫的各基料在一个容器发生反应（化学或物理的）产生大量泡沫以用灭火。此容器跟比例混合器和喷嘴连通，按设计的比例在比例混合器内混合后的原料通过阀门到达发生器内，通过物理的或化学的作用产生大量泡沫由喷嘴喷出灭火。

18. 泡沫比例混合器：根据预先设计的比例纳入各种基料并将其充分混合的结构。比例设计是否合理、混合是否充分对泡沫产生速度的快慢、量的大小非常重要。

19. 湿式报警装置：有湿式报警阀、延迟器、水力警铃等。湿式报警阀主要用于湿式自动喷水灭火系统上。在其立管上安装。其作用是接通或切断水源；启动水力警铃；防止水倒回到供水源。目前我国生产的有导向阀型和隔板座圈型两种。湿式报警阀平时阀芯前后水压相等（水通过导向杆中的水压平衡小孔，保持阀板前后水压平衡）。由于阀芯的自重和阀芯前后所受水的总压力不同，阀芯处关闭状态（阀芯上面的总压力大于阀芯下面的总压力）。发生火灾时，闭式喷头喷水，由于水压平衡小孔来不及补水，报警阀上面的水压下降，此时阀下水压大于阀上水压，于是阀板开启，向洒水管及喷水头供水，同时水沿着报警阀的环形槽进入延迟器，压力继电器及水力警铃等设施，发出水警信号并启动消防水泵等设施。延迟器主要用于湿式喷水灭火系统，该系统安装在湿式报警阀与水力警铃，水力继电器之间的管网上，用以防止湿式报警阀因水压不稳所引起的误动作而造成的误报。水力警铃主要用于湿式喷水灭火系统，安装在湿式报警阀附近。当报警阀打开水源，水流将冲动叶轮，旋转铃锤，打铃报警。

20. 管道支吊架：管道支架的结构形式，按不同设计要求分很多种，常用的滑动支架，固定支架和吊架等。在生产装置外部，有些管道支架是属于大型管架，有的是钢筋混凝土结构，有的是大型钢结构，下面介绍给排水、采暖工程范围的支架。

（1）滑动支架，也称活动支架。一般都安装在水平敷设的管道上，它一方面承受管道的重量，另一方面允许管道受温度影响发生膨胀式收缩时，沿轴向前后滑动。此种管架多数是安装在两个固定支架之间。

（2）固定支架，它安装在要求管道不允许有任何位移的地方。如较长的管道上，为了使每个补偿器都起到应有的作用，就必须在一定长度范围内设一个固定支架，使支架两侧管道的伸缩，作用在补偿器上。

（3）导向支架，是允许管道向一定方向活动的支架。在水平管道上安装的导向支架，既起导向作用也起到支承作用；在垂直管道上安装导向支架，只能起导向作用。以上三种支架，如安装在保温管道上，还必须安装管托，管托一般都是直接与管道固定在一起，管托下面接触管架。不保温的管道可以直接安装在钢支架上，有些管道不能接触碳钢的，还要另加垫片。

（4）吊架，是使管道悬垂于空间的管架，有普通吊架和弹簧吊架两种，弹簧吊架适用于有垂直位移的管道，管道受力以后，吊架本身起调节作用。

（5）木垫式管架是用型钢做成框架式管架，然后在框内衬硬木垫，叫做木垫式管架，这个管架分为悬吊式和固定式两种。一般适用于制冷工艺管道，空调冷冻水保温隔热管道。

（六）二氧化碳灭火系统

二氧化碳灭火原理是通过减少空气中氧的含量，使其达不到支持燃烧的浓度。

二氧化碳灭火系统可分为：全淹没系统、局部应用系统和移动式系统三类。根据二氧化碳灭火系统的操作方式，分成自动灭火系统、半自动灭火系统和手动灭火系统。按二氧化碳的储存方式，又可分成高压储存灭火系统和低压储存灭火系统。

1. 全淹没（全充满）二氧化碳灭火系统

房间内设置固定的二氧化碳喷头，起火后能在要求时间内达到灭火浓度的系统，称为全淹没系统。该系统由储罐、输气管、分配管、喷头以及报警启动设备组成。

在无人居住的房间、地下室、封闭的机器、炉子、容器、储槽、仓库、库房，或工作人员在30s内能离开的通讯机房、计算机房、精密仪器室、档案室、资料室等，宜采用全淹没二氧化碳灭火系统。

2. 局部应用系统

在保护空间（或机器设备）内设置固定的二氧化碳喷头（或采用移动式二氧化碳喷

枪），并在要求的时间内使起火部位达到灭火浓度的系统，称为局部应用系统。它由储罐、配管、喷头或灭火短管等组成。

当发生火灾时，二氧化碳释放方式可根据需要，有平面式的，有立体空间式的，它反对保护对象的特定部分或特定设施释放二氧化碳灭火剂。与被保护对象有很大开口部分，而又无法密闭，用全淹没系统不能达到灭火效果；或保护对象规模庞大，用全淹没系统不仅二氧化碳用量很大，且有可能造成人员生命危险的情况下，采用本系统较为适宜。

3. 移动式系统

这种设备由二氧化碳钢瓶、集合管、软管，软管卷轴、软管以及喷筒等组成。它需由操作人员接近灭火点进行灭火，故其设置地点受到限制。通常只设在两面均敞开的小范围的保护现场，如停车场等。

（七）消防及安全防范设备安装工程系统组成

消防是防火和灭火的总称。一般的消防系统主要是由两部分组成：一为感应机构，即火灾自动报警系统；二为执行机构，即灭火、联动控制系统。

火灾自动报警系统是由探测器、手动报警按钮、报警器、警报器、事故广播、显示和联动控制器等组成，完成检测火情并及时报警的任务。

灭火及联动系统是由液体灭火、气体灭火、事故照明、疏散指示、防排烟设施、专用通信系统等组成，完成接到火警自动灭火的任务。

火灾自动报警系统：

火灾自动报警系统的组成结构形式多种多样，就目前而言有智能型、全总线型、综合型和传统的区域报警系统、集中报警系统。不论何种形式其作用均是：自动发现火警及时报警，不失时机地控制火情，将火灾的损失减低到最低程度。

（1）探测器。火灾探测器种类繁多。若按探测感应源分类有：感烟探测器、感温探测器、感光探测器和复合型探测器等；若按探测器外形分类则有：点形探测器和线形探测器。

火灾探测器的作用有：捕捉、检测火灾发生过程中的"信号"，并将捕捉检测到的信号转换成电信号立即传送至报警控制器和消防控制中心。是一种自动检测控制电器。

（2）手动报警按钮。火灾自动报警系统应设置有自动（探测器）和手动（按钮）两种触发装置。手动报警按钮是在应急状态下由人工手动通报火警或确认火警的近控制电器。手动报警按钮的紧急程度高于火灾探测器报警，是一种人工检测控制电器。

（3）编址模块。编址模块分为编址输入模块、输出模块、编址输入/输出模块、监视模块、信号模块、控制模块、信号接口、控制接口、单控模块、双控模块等，不同厂家产品各异，名称也不尽相同，但其用途基本一致。

① 编址输入模块

用途：将各种消防输入设备的开关信号（如探测器报警信号和手动报警按钮信号）接入探测点线，实现火灾信号向报警控制器的传输，达到报警和控制的目的。

适用范围：适应水流指示器、报警阀、压力开关、非编址手动报警按钮、普通型感烟，感温火灾探测器等。

② 编址输入/输出模块

用途：将报警器发出的动作指令通过继电器触点控制现场设备完成规定的动作，同时将动作完成信号反馈给报警器，起到联动控制与被动控制设备间的桥梁作用。

适应范围：排烟阀、送风阀、风机、喷淋泵、消防广播、警铃（笛）等。

（4）火灾报警控制器。火灾报警控制器是火灾自动报警系统的中心，它的作用是接收火灾信号、启动火灾报警装置、指示火灾部位，记录有关火灾信息、确认火警、发送自动灭火设备和消防联动控制设备的信号、自动检测系统的正常运行并对特定故障等给出声光报警、对有关探测器和设备等实施供电。

火灾报警控制器的基本功能：

① 主备电源。投入使用时主、备电源开关全打开；主电源供电，控制器自动在主电源供电下运行，同时对电池充电；主电源断电，控制器自动切换成电池供电，从而保证系统的正常运行。

② 火灾报警。接收探测器、手动报警按钮、消火栓报警按钮、水流指示器、报警阀、压力开关等输入模块设备传送来的火灾信号，在控制器中报警并显示首次报警地址和报警总数。

③ 故障报警。系统正常运行时，对系统各部件和主要设备进行监视性自动巡检，一有异常立即报警并显示故障报警地址，便于管理人员或设备维护人员进行检查维修，保证系统正常工作。

④ 时钟锁定、记录着火时间。系统中的时钟在投入运行时调整到位，当火灾或故障时，时钟显示锁定；这对判定火灾起因或故障原因等有特定的作用。

⑤ 火警优先。系统在故障状态下出现火警，报警器自动由故障报警转换成火灾报警，火警消除后自动恢复原有故障报警。

项目编码：030901001   项目名称：水喷淋钢管

【例1】图9-7为某办公楼消防系统局部立体图，竖直管段采用 $DN100$ 规格的镀锌钢管，水平管段一层采用 $DN80$ 的镀锌钢管，其连接采用螺纹连接。试计算工程量并套用定额（不含主材费）。

【解】（1）清单工程量

① $DN100$ 水喷淋镀锌钢管：

$4×8×4=128.00$m （八个楼层，4条竖直管段，每个楼层4m）

② $DN80$ 水喷淋镀锌钢管

室内部分 $10×4=40.00$m

室外部分，室外消防栓到室内距离：$5+5+5+12+2=29.00$m

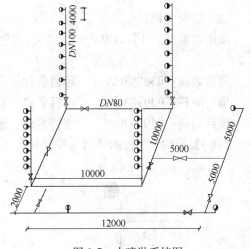

图9-7 水喷淋系统图

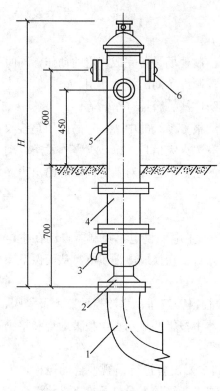

图 9-8　室外地上式消火栓示意图

1—弯管；2—阀体；3—排水阀；4—法兰连接管；

5—本体；6—KW65 型接口

（2）定额工程量

① DN100 水喷淋镀锌钢管：

定额编号：7-73，基价 100.95 元，其中人工费 76.39 元，材料费 15.30 元，机械费 9.26 元。

② DN80 水喷淋镀锌钢管：

定额编号：7-72，基价 96.80 元，其中人工费 67.80 元，材料费 18.53 元，机械费 10.47 元。

项目编码：030901001

项目名称：水喷淋钢管

项目编码：030901002

项目名称：消火栓钢管

【例 2】图 9-8 所示为室外地上式消火栓示意图，直径为 150mm，栓口直径为 65mm，采用镀锌钢管，其连接方式为法兰连接，承压 10MPa，试求其工程量并套用定额。

【解】（1）清单工程量

DN150 消火栓镀锌钢管长度

0.600＋0.700＝1.30m（地上部分与地下部分之和）

清单工程量计算见表 9-1。

清单工程量计算表　　　　　　　　　　表 9-1

项目编码	项目名称	项目特征描述	计量单位	工程量
030901002001	消火栓钢管	DN150，栓口直径 65mm，镀锌钢管，法兰连接，承压 10MPa	m	1.30

（2）定额工程量

采用定额 8-7 计算，基价 42.58 元，其中人工费 20.43 元，材料费 20.64 元，机械费 1.51 元。

项目编码：030903006　　项目名称：泡沫发生器

项目编码：030903007　　项目名称：泡沫比例混合器

项目编码：030903008　　项目名称：泡沫液贮罐

【例 3】求图 9-9 所示项目工程量并套用定额（不含主材费）。

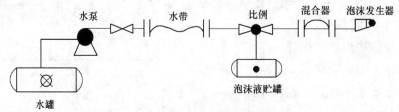

图 9-9　泡沫灭火系统示意图

【解】（1）清单工程量

①泡沫发生器：1 台

②泡沫比例混合器：1 台

③泡沫液贮罐：1 台

（2）定额工程量

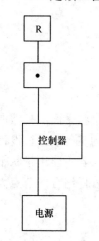

图 9-10　自动报警
系统装置

①泡沫发生器，电动机式，按定额 7-183 进行计算，基价 87.81 元，其中人工费 71.29 元，材料费 12.15 元，机械费 4.37 元。

②管线式负压比例混合器按定额 7-194 进行计算，基价 19.59 元，其中人工费 13.24 元，材料费 6.35 元。

项目编码：030905001　　项目名称：自动报警系统调试

【例 4】 计算图 9-10 所示系统调试工程量并套用定额（不含主材费）。

【解】（1）清单工程量

自动报警系统装置调试，1 个系统（图中所示部分构成一整体系统）

（2）定额工程量

自动报警系统装置调试，若点数在 128 点以下，256 点以下，500 点以下，1000 点以下，2000 点以下，则分别按照定额 7-195，7-196，7-197，7-198，7-199 计算

本例套用定额 7-195，基价 3782.89 元，其中人工费 2480.82 元，材料费 243.24 元，机械费 1058.83 元。

第十章 给排水、采暖、燃气工程

一、给排水、采暖、燃气工程制图

（一）给排水管道施工图的基本知识

1. 给水排水工程施工图的分类

给水排水工程施工图根据内容的不同，可大致分为以下三类。

（1）室内管道及附属设备施工图

管道施工图包括：管道带状平面图、纵断面图和大样图三种。管道带状平面图是截取地形图的一部分，并按管道图的有关要求在图上标明，它是在管网规划的基础上进行设计的。管道纵断面图是反映管道埋设情况的主要技术资料。在管网设计中，若不能用带状平面图及纵断面充分标注明，则以大样图的形式加以补充。大样图可分为管件组合的节点大样图、附属设施的施工大样图、特殊管段的布置大样图等。

（2）室内管道及卫生设备施工图

室内管道施工图含一栋建筑物的给水、排水工程，主要包括平面图、系统轴测图和详图，并附有施工说明，其中包括所采用的设备、材料的品种规格，安装时应达到的质量要求以及设计中所采用的标准图名等。

（3）水处理工艺设备图

它包括给水厂和污水处理厂的平面布置图、水处理设备图（例如絮凝池、沉淀池、过滤池、沉砂池、曝气池、消化池等全套施工图）、水或污水的流程图。

排水工程施工图有基本图和详图两类。

2. 室内给排水工程施工图的识读

在识读施工图时，首先要弄清楚各种图例符号代表的含义，因为施工图中的管道、卫生器具及各种管件、设备都是用图例来表示的。

（1）平面图的识读

平面图表示建筑物内给排水管道、用水设备及卫生器具的平面布置，图纸上的图形都是示意性的，有的管配件也无法表示，因此还要熟悉管道的施工工艺。

平面图是给排水施工图中最基本的图样，识读它应掌握如下事项：

1）弄清楚给排水、立管、干管、支管的位置、走向编号及管径。

当立管较多时，对立管进行编号，当立管较少时，可在引入管处编号，平面图的管线也是按一定比例绘制的，因此，计算工程量时可结合比例尺、图注尺寸详图进行计算。

2）查明给水引入管，污水排出管的位置、管径、坡度、定位尺寸、走向等。

引入管和排出管都注有系统编号，管道种类和编号写在标注的圆圈内，过圆心有一水平线，用"J"和"W"来表示给水管和污水管，写在水平线上。

给水引入管一般是从不允许间断供水或从用水量最大的位置引入，引入管上的阀门如在阀门井内，查明阀门规格型号及距建筑物的距离。

污水排出管是通过检查井与排水管网连接的，查出排出管的长度，规格及坡度。

3）弄清楚升压设备，用水设备，卫生器具的位置、尺寸、类型及数目。平面图上的各种设备和卫生器具的图例，只标出了类型，至于具体的各部分构造及尺寸，必须结合详图及有关技术资料，才能弄清楚。另外，常用的设备、卫生器具的构造、安装尺寸及接管方式须熟记，以便准确地施工和计算工程量。

4）给水管道上设有水表时，查明水表的规格型号、安装位置及前后阀门的型号、位置。

5）室内排水管道，要弄清三通，敷设弯头及设备的布置情况，并注意设置有门弯头和有门三通时的情况；弄清雨水管道雨水斗与天沟布置位置、型号、数目结合详图搞明白雨水斗与天沟的连接方式；大型的厂房，要查明是否设置检查井及其进口管的连接方向。

6）对于消防管道要查明消防箱的形式、安装位置、消火栓的位置及口径大小。

在公共设施、厂房、仓库等重要部位，常设置自喷或水幕灭火系统，要弄清楚管道的位置、走向、管径、连接方法等。此外，对于喷头的安装要求、型号、构造数量等都要了解。

（2）系统轴测图的识读。

给水排水管道系统的轴测图，主要表现了管道系统的立体走向。在给水系统的轴测图上只画出水箱、热交换器、锅炉等的示意性立体图，冲洗水箱、淋浴器莲蓬头、水龙头等符号，并在支管必要的地方注上文字说明；在排水系统的轴测图上只画出卫生器具的排水管和存水弯。

识读给排水系统轴测图应掌握如下事项：

1）识读给水系统图时，以引入管、干管、立管、支管，用水设备的顺序进行识读，掌握管道的管径、变径情况、具体走向、管道的标高及阀门的设置情况。

2）识读排水系统轴测图时，以存水弯或卫生器具、器具排水管、排水横管、立管、排出管的顺序识读。

弄清楚排水管道存水弯形式、清通设备设置情况，管径横管坡度、标高、管道的走向、分支情况及三通弯头的选用情况。

结合平面图及说明，了解确定卫生器具的型号、安装位置、存水弯的形式、材料及管材和管件。

3）给排水管道施工图上不标出管道支架，施工时按规程和习惯确定。给水管道支架有角钢托架、吊环、钩钉、管卡，识读时其规格数量应确定下来。

（3）详图的识读。

室内给排水工程的详图主要有：管道支架、过墙套管、卫生器具、水加热器、开水炉、消火栓、水表节点、管道节点等的安装图。这些图有详细的尺寸，可供计算材料消耗量和安装时用。

（4）识图举例。

图 10-1 和图 10-2 是某实验楼给排水管道平面图和轴测系统图，通过对平面图和系统轴测图的识读我们可以了解如下内容：

1）给水管从①轴线和⑤轴线标高 −0.9m 处引入室内，管材为 DN100 给水铸铁管。

2）给水管⑤轴线处室内分为两路，一路沿①轴线向南到②轴线处引入厕所，厕所内装蹲式大便器和污水池各一套，该管在轴线④处引出一支管，向两个化验盆供水，在轴线②引出一支管向一污水盆供水。另一路沿⑤轴线向东至Ⓐ轴线处，沿Ⓐ轴线向南，供两个化验盆，一个污水盆和一个洗涤池用水。

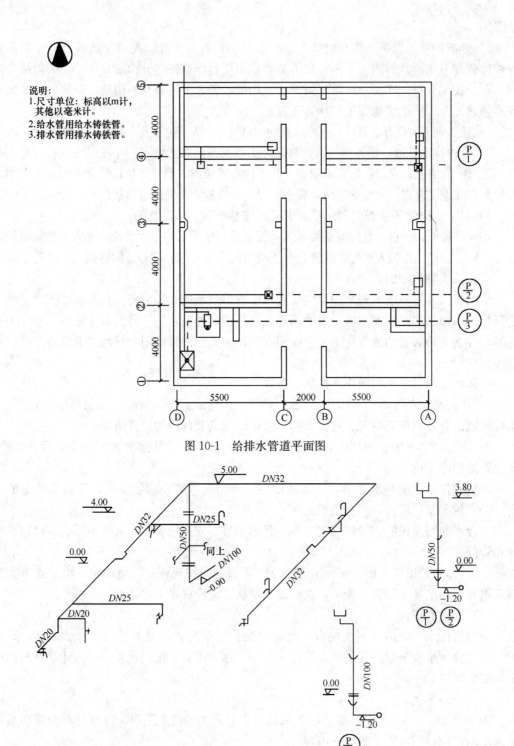

图 10-1 给排水管道平面图

图 10-2 给排水系统轴测图

3）化验盆共 4 套均为双联化验水龙头。

4）排水管道分 3 个系统，分别排至Ⓐ轴线墙外排水管网中，排水管道分别为 $DN50$、$DN50$、$DN100$ 的排水铸铁管。

（二）采暖管道施工图的识读

1. 采暖管道施工图的内容

（1）说明书，应认真阅读施工图的设计说明书，查明房间温度、相对湿度、热媒的参数、总耗热量、管道材料的规格、种类、管道的保温方法、保温材料、刷油方式以及施工中应注意的问题。

（2）设备材料表，了解设备材料清单，以备采购订货之用。

（3）施工图，采暖管道施工图主要有：剖面图、系统图、平面图及详图。详图主要是标准通用图及节点详图；轴测图能直观地反映设备与管道走向之间的关系。

2. 室内采暖管道施工图的识读

（1）平面图的识读

平面图是施工时的主要图纸，表示散热器、管道、附件之间的相互关系和在建筑物平面上的位置。识读时应掌握的内容如下：

1）了解水平干管的坡向、标高、阀门、固定支架、补偿器、材质、管径、坡度等的平面位置及型号。弄清补偿器的平面位置、安装要求、形式、种类等。注意干管是敷设在最高层、中间层、底层，以便区分是上分式系统，中分式系统还是下分式系统。

2）了解散热器的安装方式、种类、片类、平面位置。散热器的安装有明装、暗装、半暗装。一般明装较多，暗装或半暗装时一般在说明书中都加以说明，识读时应注意。

3）查清系统立管的布置位置和立管数量。一般供热立管用实心圆表示，回水立管用空心圆表示。

4）水平管的末端、水平管向上弯起时的转弯处都设有疏水器。识读时要了解疏水装置的规格尺寸、平面位置及组成。

5）查清热媒入口及入口的地沟情况。了解入口装置如除污器、分水缸、分气缸、混水器、疏水器的安装及规格等。

如果热媒入口有标准图号时，识读时按图号查阅标准图。如热媒入口有节点图时，识读时可按节点图的编号查大样图进行识读。

6）在热水采暖系统平面图上还标有集气罐、膨胀水箱等设备的型号、位置及其连接管的管径和平面布置。

（2）系统轴测图的识读

系统轴测图表示了从热媒入口至出口主要设备散热器，管道的空间位置和相互关系，识读应掌握的主要内容如下：

1）了解散热器的型号、片数。翼型或柱型散热，查明规格和片数；光滑管散热器要查明长度、排数、管径及型号；其他采暖方式，要查明采暖器具的构造、型式及标高。

2）查明管道系统的连接，各管段坡向、坡度、管径大小，立管的编号、设备和水平管道的标高。

了解立管，支管和散热器之间，干管和立管之间的连接方式，干、立、支管的坡向、管径，阀门的数量及安装位置等。

3）弄清设备与其他附件在系统中的位置，如注有规格型号的要与材料明细表和平面图核对。

4）查明热媒的流向、坡向、来源、管径、标高等，及热媒入口处仪表、阀门、附件及各种装置的实际位置。有节点详图的，查出详图编号。

（3）详图的识读

详图是室内采暖管道施工图的重要组成部分。供热管、回水管与散热器之间的具体连接形式、详细尺寸和安装要求，一般都用详图反映出来。采暖系统的设备和附件的制作与安装方面的具体构造和尺寸，以及接管的详细情况，都需查阅详细。详图可用作通用标准图集或院标表示。在平面图、系统轴测图中无法表达清楚，标准图又没有的情况下，才由设计人员绘制局部节点详图。

标准图中主要有以下内容：

1）调压板，减压阀疏水器的安装方法和组成形式；

2）集水器、分水器、分汽缸的制作、构造及安装；

3）集汽罐的安装与制作；

4）采暖系统干、立、支管的连接形式；

5）散热器的安装连接；

6）冷凝水箱和膨胀水箱的配件、制作与安装；

7）管道支吊架的制作安装。

（4）识图举例。

图 10-3 为某建筑的采暖平面图，图 10-4 为该建筑的采暖轴测图，读采暖施工图时，为了便于识图应把系统的平面图和轴测图联系起来，对照着识读。

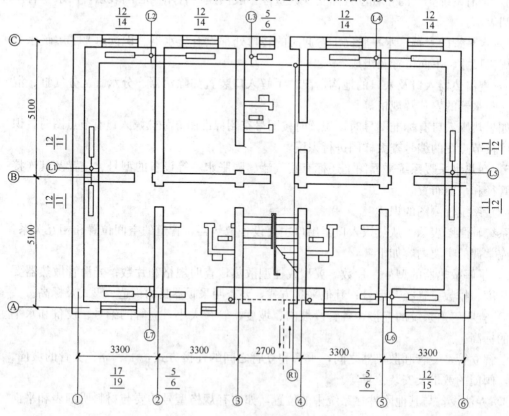

一、二层采暖平面图

图 10-3 采暖平面图（一）

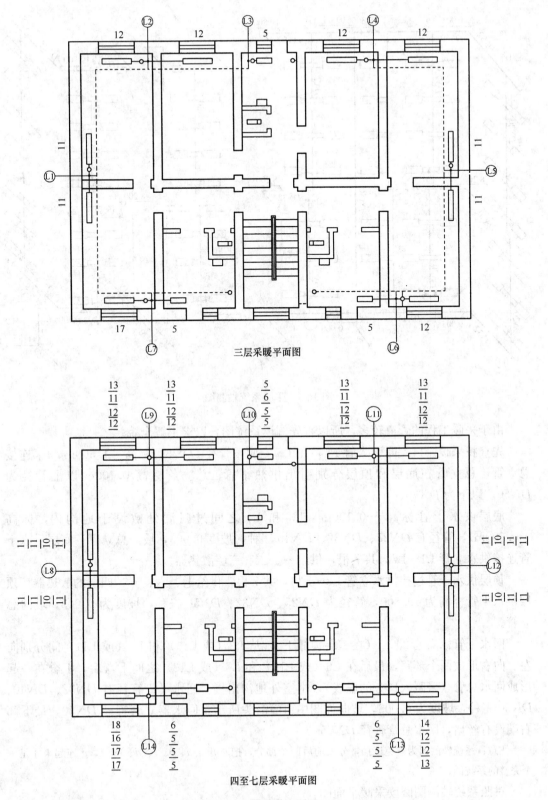

三层采暖平面图

四至七层采暖平面图

图 10-3 采暖平面图（二）

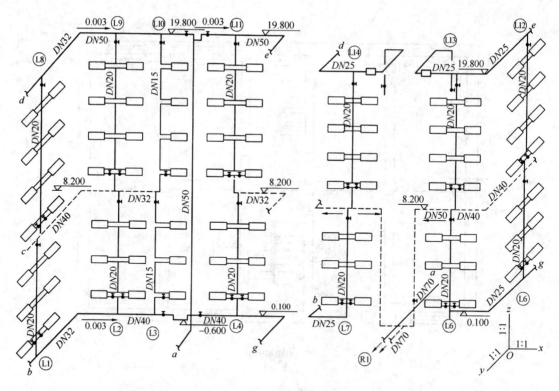

图 10-4 采暖系统轴测图

由于采暖工程的管道较多，所以首先阅读系统图，以求了解全貌。

先查找采暖入口，即引入管 R_1，在 L6 左侧，管径 $DN75$，标高 $-1.500m$，R_1 连接总立管，总立管在底层和顶层分别引出供热干管。总立管标高 $0.100m$ 以上管径为 $DN50$，以下为 $DN75$。

底层供水干管标高 $+0.100m$（L3 和 L4 之间过门洞处敷设于地沟内，标高 $-0.600m$），管径有 $DN25$、$DN32$、$DN40$ 三种，坡度 0.003，坡向总立管。底层供水干管连接供水立管 L1~L7，共 7 根，供给一、二、三层散热器。

顶层供水干管过接供水立管 L8~L14，共 7 根，供给七、六、五、四层的散热器。顶层供水干管标高为 19.800，管径为 $DN25$、$DN32$、$DN50$ 三种，坡度为 0.003，坡向总立管。

回水干管标高 8.200m（在三层顶棚下），从 L3（或 L10）和 L4（或 L11）间分别向左、向右形成两个环路，最后在 L6（或 L14）和 L7（或 L13）之间下弯后，汇合在一起形成回水总管（采暖入口旁的虚线），由室外地沟出楼。回水干管管径有 $DN32$、$DN40$、$DN50$ 三种，坡度为 0.003，坡向如图中单面箭头所示。回水器立管管径 $DN50$，最下部右端设有丝堵，回水总管管径 $DN75$。

注意：系统轴测图为避免遮挡，分成前后两个部分，把断开点 a、b、c、d、e、f、g 连起来才是一个完整的系统图。

对照系统轴测图阅读采暖平面图。

为了简化图纸，一层采暖平面图和二层平面图合并为一幅图，参看图 10-3（一、二

330

层采暖平面图）。首先看采暖入口 R1 管道，伸入楼梯间对面厨房遇到总立管。从总立管向左右连接供水干管，构成回路，供水干管与各供水立管 L1～L7 连接。各供水立管再和各支管连接。各支管与散热器连接。各散热器附近，注出了散热器的片数。下边是一层的片数；上边是二层的片数。楼梯间两侧厨房，各有一根回水立管，与楼梯间下的横回水管相连接，并引出楼外。

阅读三层采暖平面图。从系统图中已经看出，供水是从顶层和底层同时进行。回水干管是设在三层的顶棚下。L1～L7 根立管是三层房间中的横回水干管（虚线）引下的，所以这 7 根立管的图示为圆黑点。这 7 个圆黑点旁边的 7 个小圆圈，表示自楼引下来的 L8～L14 7 根立管（编号省略未标注）。L1～L7 立管各向其旁边的散热器连接支管。墙外的数字"11、12、5、17"为散热器片数。楼梯间两侧厨房中的立管为 2 根回水立管。楼梯对面厨房中右角的单独立管为总立管。

阅读四～七层采暖平面图。楼梯间对面厨房中的总立管，连接供水干管，供水干管与各供水立管 L8～L14 连接，各供水立管连接散热器。散热器的片数，从上往下数，即七层、六层、五层和四层。楼梯间两侧的厨房里，顶棚下各有一个与供水干管相连接的集气罐，且由集气罐引出排气管至水池上。

二、给排水、采暖、煤气安装工程造价概论

（一）给排水、采暖、煤气工程简介

1. 给水工程

给水工程分室内给水和室外给水两部分。室外给水表示一个区域的给水，主要由给水管道、管沟、支架、给水部件等组成。建筑内部的给水系统是将城镇给水管网或自备水源给水管网的水引入室内，经配水管送至生活、生产和消防用水设备，并满足各用水点对水量、水压和水质要求的冷水供应系统。

由下列各部分组成：

① 引入管：自室内给水管将水引入室内的管段，也称进户管。

② 水表节点：安装在引入管上的水表及其前后设置的阀门和泄水装置的总称。水表用以计量建筑用水量。

③给水管道：包括干管、立管和支管。目前我国给水管道主要采用钢管和铸铁管。焊接钢管耐压、抗震性能好，单管长，接头少，且重量比铸铁管轻，有镀锌钢管（白铁管）和非镀锌钢管之分，前者防腐、防锈性能较后者好。铸铁管性脆、重量大，但耐腐蚀，经久耐用，价格低。生活给水管径≤150mm 时，应采用热浸锌工艺生产的镀锌钢管；管径＞150mm 时，考虑到钢管丝扣连接的困难，可采用给水铸铁管；埋地管管径≥75mm 时，宜采用给水铸铁管。生活消防共用给水系统应采用镀锌钢管，生产和消火栓给水管一般采用非镀锌钢管，自动喷水灭火系统的给水管应采用镀锌钢管或镀锌无缝钢管，以防管道锈蚀堵塞洒水喷口。

室内给水系统按用途可分为：①生活给水系统：主要供生活及洗涤用水；②生产给水系统：供生产工艺用水；③消防给水系统：专供扑灭火灾用水。

室内消防系统可分为：

普通消防给水系统：用于一般建筑物的消防用水，系统管道可与生活或生产给水管道合并使用，但消防系统主管单独分开，系统主要由管道及消火栓组成。

自动喷洒消防系统：它是一种能在火灾发生时自动喷水灭火，还能发出报警信号的消防系统。自动喷水灭火系统由水源、加压贮水设备、喷头、管网、报警装置等组成。根据喷头的常开、闭形式和管网充水与否可分为湿式自动喷水、干式自动喷水、预作用喷水和雨淋喷水灭火系统。运用于较重要的建筑物（如宾馆）及易燃车间灭火。

　　水幕消防系统：将水喷洒成幕布状将火源隔绝开来的一种消防系统。该系统喷头沿线状布置，发生火灾时主要起阻火、冷却、隔离作用，该系统适用于需防火隔离的开口部位，如舞台与观众之间的隔离水帘，消防防火卷帘的冷却等。

　　图 10-5 为某六层住宅楼给水系统图。

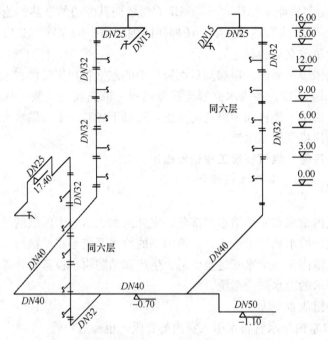

图 10-5　某六层住宅给水系统图

注：1. 给水管采用镀锌钢管丝扣连接；2. 明管刷银粉两遍，埋地管刷沥青两遍

　　2. 排水工程

　　排水系统可分室外排水系统和室内排水系统两部分。室外排水系统是指将生活污水、工业废水和雨水采用一个或两个或两个以上管渠系统来排除，可分为合流制和分流制两种类型。建筑内部排水系统是将建筑内部人们在日常生活和工业生产中使用过的水收集起来，及时排到室外。按系统接纳的污废水类型不同，建筑内部排水系统可分为三类：生活排水系统、工业废水排水系统和屋面雨水排除系统。建筑内部的排水系统基本组成为：卫生器具和生产设备的受水器、排水管道、清通设备和通气管道。

　　图 10-6 即为某住宅楼的排水系统示意图。

　　3. 采暖工程

　　采暖工程是用管道将热媒从热源输送到室内（车间内）的散热设备，通过散热设备加热室内（车间内）空气，使室内温度升高达到采暖目的，然后用管道将热媒输送至室外或热源重新加热的系统。

　　采暖系统主要由三部分组成：热源、输热管道、散热设备。热源是使燃料燃烧产生热

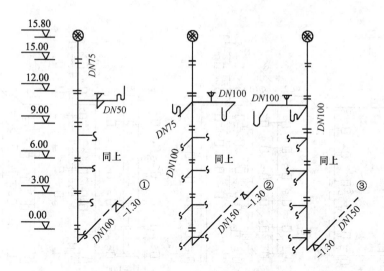

图 10-6　某单元 6 层住宅排水系统图

1. 排水采用承插铸铁管，水泥接口；
2. 铸铁明管刷两遍红丹漆，两遍银粉，埋地管刷沥青两遍。

能的部分，对热媒进行加热，经管道输送到散热设备中，热媒在散热设备中放热，加热室内空气，放热后的回水再回到锅炉中重新加热，如此不断循环，供暖系统把热量输送到室内。

根据采暖范围的不同，供暖系统可分为局部供暖、集中供暖和区域供热三种形式。室内采暖系统分类：

① 以热媒的性质不同可分为热水采暖系统及蒸汽采暖系统。

② 以热媒的温度和压力可分为低温低压热水采暖、高温高压热水采暖。低压蒸汽采暖和高压蒸汽采暖。

③ 以热媒的循环动力而分，有自然循环热水采暖及机械循环热水采暖系统。

④ 从系统的布置形式，热水采暖可分为同程及异程系统。

⑤ 从管路的布置可分为单管及双管系统。

⑥ 从供回水干管的供回水方式上可分为上供下回式、上供上回式、下供下回式、中分式等。

采暖系统一般由入户管、入口装置、干管、立管、支管、散热设备、回水管以及管路附件组成。

图 10-7 即为某宿舍楼的供暖系统图。

4. 燃气工程

城市煤气供应系统提供的煤气，基本上分为两大类：即人工煤气和天然煤气。

人工煤气是由固体燃料（煤）或液体燃料（重油）经过加工制取的。主要有干馏煤气、油煤气和液化石油气。

天然气是蕴藏在地层里的可燃气体，主要成分是甲烷，有的还含有乙烷、丙烷和丁烷等。天然气可以用钻井的方法开采。

煤气是一种优质燃料，它的火焰温度比煤的火焰温度高，能够通过控制阀调节火力的

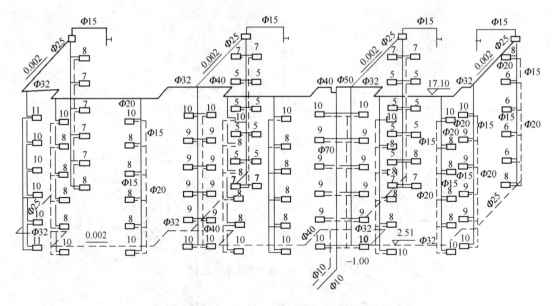

图 10-7 某宿舍楼供暖系统图

大小，操作简便，使用灵活；煤气燃烧时不产生灰渣，很少产生烟气，使燃烧产生的热量得到充分利用，且减少对周围环境的污染；煤气可以用管道输送，也可以装瓶供应。在城市一般采用管道输送的方式供到用户。

燃气管道根据用途、敷设方式和输气压力分类。

①根据用途分类：长距离输气管线、城市燃气管道和工业企业燃气管道。

②根据敷设方式分类：地下燃气管道和架空燃气管道。

③根据输气压力分类：燃气管道之所以要根据输气压力来分级，是因为燃气管道的气密性与其他管道相比有特别严格的要求。

燃气输配系统由城市燃气分配站；遥测、遥控、遥调、遥讯与电子计算机中心，贮气站；压缩机站、调压计量站、区域调压室；高压（或次高压）、中压、低压等不同压力的燃气管网组成。

燃气工程主要使用钢管和铸铁管，其次是塑料管。

地下敷设的煤气管道，因管道温度变化小可不设补偿器。架空敷设要在两个固定支架中间设波形或鼓形补偿器。

煤气使用的阀门有水封阀及闸阀，当煤气的温度接近于所含焦油蒸汽的露点时，使用水封阀，如流程图的放散管阀门即采用钟形的水封阀。在输送的管网上采用闸阀，闸阀不允许使用青铜或黄铜作垫圈，因为煤气中含有硫化物，对这种垫圈有腐蚀作用。闸阀安装前要用煤油进行渗透试验，合格的方能使用。

煤气管道穿过楼板及屋顶时需要设套管，套管要略高于楼板，并用水泥浆固定，管子和套管可填麻丝和充灌沥青。伸出屋面管子焊上防雨罩，伞罩须在安装前套到管子上。

煤气管道因煤气是易燃气体，均要有接地装置。

城市煤气管道，按管道的输送压力，一般可分为：

低压煤气管道：$P \leqslant 5kPa$；

334

中压煤气管道：5kPa＜P≤150kPa；

次高压煤气管道：150kPa＜P≤300kPa；

高压煤气管道：300kPa＜P≤800kPa。

注：P 指煤气管道的输送压力。

（二）给排水、采暖、燃气工程常用材料部件介绍

1. 常用管材及管件

工程中所用的管材按材质分有铸铁管、碳素钢管、非金属管及有色金属管。

（1）铸铁管及管件。铸铁管有给水铸铁管和排水铸铁管。

给水铸铁管由灰口铁浇铸而成，有低、中、高压三种，低压给水铸铁管最大工作压力为 4.5MPa；中压最大工作压力为 7.5MPa；高压为 10.0MPa。

给水铸铁管主要用于给水、煤气管道。给水铸铁管的管件有三通、四通、弯头、泵盘、短管、双泵、短管、弯径管、盘承短管。

排水铸铁管由于其性质较脆，适用于无压自流排水工程。排水管道的铸铁管件有三通、四通、弯头、变径管、存水弯等。

（2）碳素钢管及管件。

1）无缝钢管。无缝钢管是应用广泛的一种管材，它是由低合金钢或合金结构钢、普通碳素钢或优质碳素钢制成。具有适应性强、强度大、规格品种多等特点。无缝钢管分冷轧和热轧，其规格以外径乘壁厚来表示。如 ϕ89×3.0 即表示，无缝钢管的外径为 89mm，壁厚为 3.0mm。给排水、采暖、燃气工程常用无缝钢管规格见表 10-1。

普通无缝钢管常用规格　　　　　　　　　　　　　　　　表 10-1

外径 （mm）	壁　厚　（mm）											
	2.5	3.0	3.5	4.0	4.5	5.0	6.0	7.0	8.0	9.0	10.0	12.0
	理　论　重　量　（kg/m）											
12	0.586	0.666	0.734	0.789	—	—	—	—	—	—	—	—
14	0.709	0.81	0.91	0.99	—	—	—	—	—	—	—	—
18	0.956	1.11	1.25	1.38	1.50	1.60	—	—	—	—	—	—
20	1.08	1.26	1.42	1.58	1.72	1.85	2.07	—	—	—	—	—
25	1.39	1.63	1.86	2.07	2.28	2.47	2.81	3.11	—	—	—	—
32	1.76	2.15	2.46	2.76	3.05	3.33	3.85	4.32	4.74	—	—	—
38	2.19	2.59	2.98	3.35	3.72	4.07	4.74	5.35	5.95	—	—	—
42	2.44	2.89	3.35	3.75	4.16	4.56	5.33	6.04	6.71	7.32	—	—
45	2.62	3.11	3.58	4.04	4.49	4.93	5.77	6.56	7.30	7.99	—	—
57	3.36	4.00	4.62	5.23	5.83	6.41	7.55	8.63	9.67	10.65	—	—
60	3.55	4.22	4.88	5.52	6.16	6.78	7.99	9.15	10.26	11.32	—	—
73	4.35	5.18	6.00	6.81	7.60	8.38	9.91	11.39	12.82	14.21	—	—
78	4.53	5.40	6.26	7.10	7.93	8.75	10.36	11.91	13.12	14.37	—	—
89	5.33	6.36	7.38	8.38	9.38	10.36	12.28	14.16	15.98	17.76	—	—
102	6.13	7.32	8.50	9.67	10.82	11.96	14.21	16.40	18.55	20.46	—	—
108	6.50	7.77	9.02	10.26	11.49	12.70	15.09	17.44	19.73	21.97	—	—
114	—	—	—	10.48	12.15	13.44	15.98	18.47	20.91	23.31	25.65	30.19

外径	壁 厚 （mm）											
（mm）	2.5	3.0	3.5	4.0	4.5	5.0	6.0	7.0	8.0	9.0	10.0	12.0
	理 论 重 量 （kg/m）											
133	—	—	12.73	14.26	15.78	18.79	21.75	24.66	27.52	30.33	35.81	
140	—	—	—	13.42	15.04	16.65	19.83	22.96	26.04	29.08	32.06	37.88
159	—	—	—	—	17.15	18.99	22.64	26.24	29.79	33.29	36.75	43.50
168	—	—	—	—	—	20.10	23.97	27.79	31.57	35.29	38.97	46.17
219	—	—	—	—	—	—	31.52	36.60	41.63	46.61	51.54	61.26
245	—	—	—	—	—	—	—	41.09	46.76	52.38	57.95	68.95
273	—	—	—	—	—	—	—	45.92	52.28	58.60	64.88	77.24
325	—	—	—	—	—	—	—	—	62.54	70.14	77.68	92.63
377	—	—	—	—	—	—	—	—	—	81.68	90.51	108.02
426	—	—	—	—	—	—	—	—	—	92.55	102.59	122.52
480	—	—	—	—	—	—	—	—	—	104.54	115.90	139.49
530	—	—	—	—	—	—	—	—	—	115.62	128.23	154.29

2）低压流体输送钢管。低压流体输送钢管由 A_2、A_3、A_4 的普通碳素钢制成。有镀锌和不镀锌两种，镀锌钢管也称白铁管，不镀锌钢管称黑铁管。低压流体输送钢管的规格以公称直径表示，见表 10-2。

低压流体输送用钢管的规格　　　　　　　　　　　表 10-2

公称直径		外径	普 通 管		加 厚 管		每米钢管分配的管接头重量（以每6m一个管接头计算）
D_g			壁厚	不计管接头的理论重量	壁厚	不计管接头的理论重量	
（mm）	（in）	（mm）	（mm）	（kg/m）	（mm）	（kg/m）	（kg）
8	¼	13.50	2.25	0.62	2.75	0.73	—
10	⅜	17.00	2.25	0.82	2.75	0.97	—
15	½	21.25	2.75	1.25	3.25	1.44	0.01
20	¾	26.75	2.75	1.63	3.50	2.01	0.02
25	1	33.50	3.25	2.42	4.00	2.91	0.03
32	1¼	42.25	3.25	3.13	4.00	3.77	0.04
40	1½	48.00	3.50	3.84	4.25	4.58	0.06
50	2	60.00	3.50	4.88	4.50	6.16	0.08
65	2½	75.50	3.75	6.64	4.50	7.88	0.13
80	3	88.50	4.00	8.34	4.75	9.81	0.20
100	4	114.00	4.00	10.85	5.00	13.44	0.40
125	5	140.00	4.50	15.04	5.50	18.24	0.60
150	6	165.00	4.50	17.81	5.50	21.63	0.80

3）碳素钢管管件。无缝钢管常用的弯件是三通、法兰、变径管、弯头。低压流体输送钢管的管件有三通、法兰、活接头、弯头、大小头、管箍等。

（3）硬聚氯乙烯塑料管。硬聚氯乙烯分轻型和重型，它是由聚氯乙烯树脂加稳定剂、润滑剂等物质挤压而成。其规格以公称直径 DN 表示，其理论重量见表 10-3。

硬聚氯乙烯塑料管规格

表 10-3

公称直径 (mm)	外 径 (mm)	轻管（$P_g \leqslant 6$）		重管（$P_g \leqslant 10$）	
		壁 厚 (mm)	近似重量 (kg/m)	壁 厚 (mm)	近似重量 (kg/m)
8	12.5±0.4	—	—	2.25±0.3	0.1
10	15±0.5	—	—	2.5±0.4	0.14
15	20±0.7	2±0.3	0.16	2.5±0.4	0.19
20	25±1	2±0.3	0.2	3±0.4	0.29
25	32±1	3±0.45	0.38	4±0.6	0.49
32	40±1.2	3.5±0.5	0.56	5±0.7	0.77
40	51±1.7	4±0.6	0.88	6±0.9	1.49
50	65±2	4.5±0.7	1.17	7±1	1.74
65	76±2.3	5±0.7	1.56	8±1.2	2.34
80	90±3	6±1	2.20	—	—
100	114±3.2	7±1	3.3	—	—
125	140±3.5	8±1.2	4.54	—	—
150	166±4	8±1.2	5.6	—	—
200	218±5.4	10±1.4	7.5	—	—

2. 常用阀门栓类

阀门是给排水，采暖、燃气工程中应用非常广泛的一种部件。具有开、关管路及调节管内介质的流量和压力的作用。

按阀门的结构和职能，可分为截止阀、蝶阀、止回阀、球阀、闸阀、隔膜阀、疏水阀、安全阀等。

1）截止阀：用于工业管道和采暖管道上，内部严密可靠、启闭缓慢。有标准式、直角式、直流式等。

2）蝶阀：作管道和设备的关闭和开启用，也可作节流用。

3）止回阀：也称逆止阀，是阻止介质逆向流动的阀门。止回阀能自行开启，自行关闭，有旋启式和升降式两种。

4）球阀：分电动和内螺纹等，用于管道和设备的关闭和开启。

5）闸阀：也称闸板阀，多用于给水、煤气、油类管道。这种阀门流体阻力小，介质可两个方向流动。闸阀以结构可分为明杆、暗杆、楔式、平行式等。

6）隔膜阀：主要用于腐蚀性介质的管道上。其隔膜由塑料或橡胶制成，与阀瓣相连，随阀瓣的移动来达到开关的作用，既能保证密封，又具有防腐作用。

7）疏水器：即疏水阀。主要用于加热器、散热器、蒸汽管道等蒸汽系统中，起自动排除冷凝水、防止蒸汽泄漏的作用。

8）安全阀：用于容器，锅炉等设备和管道上，排除超过规定值的过剩介质压力，有弹簧式和脉冲式等。

3. 卫生器具

卫生器具用于民用及公共建筑中的厨房和卫生间内。主要有洗面盆、洗涤盆、浴盆、淋浴器、大便器、小便器、妇女卫生盆等。

（1）洗面盆。洗面盆按形状分为长方形，三角形和椭圆形；按用水情况可分普通冷水嘴洗面盆、钢管接立式水嘴、单冷水、冷热水洗面盆，铜管接立式水嘴冷热水洗面盆，立式冷热水洗脸盆等。

以安装方法分有支架式、立式、挂式洗面盆。

（2）洗涤盆。洗涤盆常用于住宅和公共食堂厨房内供洗涤用。有陶瓷洗涤盆、不锈钢制洗涤盆。

（3）浴盆。浴盆有搪瓷浴盆、玻璃钢浴盆、聚丙乙烯塑料浴盆。浴盆的规格有1050mm、1250mm、1500mm，安装方法有单冷水、冷热水，冷热水带喷头，自动冲洗带按摩器浴盆。

（4）淋浴器。淋浴主要安装于公共浴室和住宅厕所内。安装方便，有冷水、冷热水两种。

（5）大便器。大便器有蹲式大便器和坐式大便器。

1）蹲式大便器安装在砖砌的坑台中，大便器设置在底层时，宜用 S 型存水弯，设置在楼层时，宜用 P 型存水弯，均设一步台阶。

蹲式大便器有高位水箱冲洗，手压阀、延时自闭等冲洗形式。

高位水箱冲洗，高位水箱上部有给水管供水，水位由浮球阀控制，大便器进水口用皮碗与冲洗管连接，用铜丝扎紧并在周围垫上干砂，做地坪时抹一层水泥砂浆，便于维修。

2）坐式大便器。

坐式大便器为虹吸式排水，自带水封装置，坐式大便器的水箱一般为低水箱。坐式大便器坐落在卫生间地面上，不设台阶，在地面垫层中预先埋上梯形木砖，坐式大便器固定在木砖上。

（6）小便器和小便槽。小便器的形式有立式和挂式，冲水方式有水箱冲洗，自动冲洗，手动冲洗阀冲洗。

小便槽用于学校、集体宿舍、公共建筑等建筑的男厕。具有容纳人多造价低建造简单的特点，小便槽可用多孔冲洗管冲洗或自动冲洗水箱冲洗。

（7）妇女卫生盆。也称净身盆或坐浴盆。一般设在妇产科医院或纺织厂的妇女卫生间。妇女卫生盆装有冷热水水嘴，冷热水之间设有转换开关，水流由盆底的喷嘴向上喷出。

（8）水龙头，即水嘴。水嘴有全铜水嘴、铁壳皮芯、铁壳铜芯水嘴，丝扣连接安装简便，规格一般 $DN15$、$DN20$、$DN25$。

（9）化验盆。化验盆一般设于科研单位，医疗单位的化验室内。按水嘴可分为单嘴、双嘴、鹅颈水嘴、还有脚踏开关控制化验盆。

（10）电热水器。电热水器有燃气热水器和汽水混合热水器等。电热水器一般为挂式。

（11）排水栓。排水栓是铸铁的，用于污水池中。安装形式有不带存水弯和带存水弯两种，规格有 $DN40$、$DN50$。

（12）地漏、扫除口。地漏扫除口一般铸造制成，规格有 $DN50$、$DN100$、$DN150$。

地漏有插接、丝接两种。

（三）本定额的工作内容为

1. 管道安装中：管道及接头零件安装；水压试验或灌水试验；φ32 以内钢管的管卡及托钩制作安装；钢管包括弯管制作与安装（伸缩器除外），无论是现场煨制或成品弯管均不得换管；铸铁排水管、雨水管及塑料排水管的管卡及托吊支架、透气帽、雨水漏斗的制作与安装；穿墙及过楼板铁皮套管安装人工。

2. 室外消火栓安装中：管口涂沥青，制加垫；紧螺栓；底座及消火栓安装；水压试验。

3. 室内消火栓安装中：预留洞；埋木砖；切管；套丝；安消防栓箱；绑扎水龙带；水压试验。

4. 消防水泵接合器安装中：切管；焊法兰；制垫；紧螺栓；底座及本体安装；水压试验。

5. 螺纹阀安装中：切管；套丝；制垫；加垫；上阀门；水压试验。

6. 法兰阀安装中：切管；套丝；上法兰；制垫；加垫；调直；紧螺栓；水压试验。

7. 法兰阀（带短管甲乙）青铅接口安装中：管口涂沥青；制加垫；化铅；打麻；接口；紧螺栓；水压试验。

8. 法兰阀（带短管甲乙）膨胀水泥接口安装中；管口涂沥青；制加垫；调制接口材料；接口；紧螺栓；水压试验。

9. 法兰阀（带短管甲乙）石棉水泥接口安装中；管口涂沥青；制加垫；调制接口材料；接口；紧螺栓；水压试验。

10. 自动排气阀、手动放风阀安装中：支架制作安装；丝堵攻丝；套丝；安装；水压试验。

11. 螺纹浮球阀安装中：切管；套丝；安装；水压试验。

12. 法兰浮球阀安装中：切管；焊接；制垫；加垫；紧螺栓；水压试验。

13. 法兰液压式水位控制阀安装中：切管；挖眼；焊接；制垫；加垫；固定；紧螺栓；安装；水压试验。

14. 浮标液面计 FQ-1 型安装中：支架制作安装；液面计安装。

15. 水塔水池浮漂及水位标尺制作安装中：预埋螺栓；下料；制作；安装；导杆升降调整。

16. 减压器组成、安装中：切管；套丝；上零件；组对；制垫；加垫；找平；找正；安装；水压试验。

17. 减压器（焊接）安装中：切管；套丝；上零件；组对；焊接；制垫；加垫；安装；水压试验。

18. 疏水器（螺纹连接）组成安装中：切管；套丝；上零件；制垫；加垫；组成；安装；水压试验。

19. 疏水器（焊接）组成安装中：切管；套丝；上零件；制垫；加垫；焊接；安装；水压试验。

20. 螺纹水表组成与安装中：切管；套丝；制垫；加垫；安装；水压试验。

21. 焊接法兰水表（带旁通管及止回阀）组成安装中：切管；焊接；制垫；加垫；水

表阀门、止回阀安装；上螺栓；通水试验。

22. 浴盆、妇女卫生盆安装中：栽木砖；切管；套丝；盆及附件安装；上下水管连接；试水。

23. 洗脸盆、洗手盆安装中：留堵洞眼、栽木砖；切管；套丝；上附件；盆及托架安装；上下水管连接；试水。

24. 洗涤盆、化验盆安装中：留堵洞眼；栽螺栓；切管；套丝；上零件；安装托架器具；上下水管连接；试水。

25. 淋浴器组成、安装中：留填洞眼；栽木砖；切管；套丝；淋浴器安装；试水。

26. 水龙头安装中：上水嘴；试水。

27. 大便器安装中：留堵洞眼；栽木砖；切管；套丝；大便器与水箱及附件安装；上下水管连接；试水。

28. 大便器安装中：切管；套丝；大便器安装；上下水管连接；试水。

29. 小便器安装中：栽木砖；切管；套丝；小便器安装；上下水管连接；试水。

30. 大便槽自动冲洗水箱器安装中：留填洞眼；栽托架；切管；套丝；安装水箱；试水。

31. 小便槽冲洗管制作、安装中：切管；套丝；钻眼；上零件；栽管卡；安装；试水。

32. 排水栓安装中：切管；套丝；上零件；安装；与下水管连接；试水。

33. 地漏地面扫除口安装中：安装；与下水管连接；试水。

34. 开水炉安装中：就位；稳固；安装附件；水压试验。

35. 电热水器、开水炉安装中：留填墙眼；栽螺栓；就位；稳固；附件安装；试水。

36. 容积式水加热器安装中：安装；就位；上零件；水压试验。

37. 蒸气—水加热器、冷热水混合器安装中：切管；套丝；加热器、混合器安装；试水。

38. 消毒锅、消毒器、饮水器安装中：就位；安装；上附件；试水。

39. 铸铁散热器组成安装中：制垫；加垫；组成；栽钩；稳固；水压试验。

40. 光排管散热器制作安装中：切管；焊接；组成；栽钩；水压试验；打眼栽钩；稳固。

41. 钢制闭式散热器安装中：打填墙眼；安装；稳固。

42. 钢制板式散热器安装中：打堵墙眼；栽钩；安装。

43. 钢制壁式散热器安装中：预埋螺栓；汽包及钩架安装；稳固。

44. 钢柱式散热器安装中：打堵墙眼；栽钩；安装；稳固。

45. 暖风机安装中：吊装；稳固；试运转。

46. 太阳能集热器安装中：预埋件及支架制作安装；吊装；稳固；找正。

47. 热空气幕安装中：安装；稳固；试运转。

48. 钢板水箱制作中：下料；坡口；平直；开孔；接板组对；配装零部件；焊接；注水试验。

49. 补水箱及膨胀水箱安装中：稳固；装配零件；水压试验。

50. 矩形钢板水箱安装中：稳固；装配零件；水压试验。

51. 室外煤气管道丝接安装中：切管；套丝；上零件；调直；管道及管件安装；气压试验。

52. 室外煤气管道焊接安装中：切管；坡口；调直；弯管制作；对口；焊接；磨口；管道及管件安装；气压试验。

53. 室外铸铁煤气管青铅接口安装中：切管；管道及管件安装；挖工作坑；熔化接口材料；接口；气压试验。

54. 室外铸铁煤气管水泥接口安装中：管口除沥青；切管；管道及管件安装；挖工作坑，调制接口材料；接口；养护；气压试验。

55. 室内煤气钢管丝接安装中：打堵洞眼；切管；套丝；上零件；调直；栽管卡及钩钉；管道及管件安装；气压试验。

56. 铸铁抽水缸（0.5kg/cm² 以内）安装中：缸体、抽水管、防护罩安装。

57. 碳钢抽水缸（0.5kg/cm² 以内）安装中：下料；焊接；压缩空气试验；缸体、抽水管、防护罩安装。

58. 调长器安装中：灌沥青；断管；焊法兰；安装；加垫；找平；找正；紧螺栓。

59. 调长器与阀门联装中：灌沥青；断管；焊法兰；安装；加垫；找平；找正；紧螺栓。

60. 燃气表安装中：支架制作安装；表接头安装；燃气计量表安装。

61. 开水炉、采暖炉、热水器安装中：灶前阀门至灶具间管道配制；安装；预埋地脚螺栓；打墙眼；栽卡子；温度计、水位计安装。

62. 民用灶具安装中：灶前阀门至灶具间管道配制；安装；打墙眼；栽卡子；灶具安装。

63. 煤气燃烧器安装中：灶前阀门至灶具间管道配制；安装；托架制作；灶具安装。

64. 液化气燃烧器安装中：灶前阀门至灶具间管道配制；安装；燃烧器托架制作安装；燃烧器安装。

65. 燃气管道钢套管制作与安装中：切管；切焊圆钢支架；填料；安装。

66. 燃气嘴安装中：上气嘴；气压试验。

67. 新建给水管与原有干管碰头（石棉水泥接口）中：刷管口；断管；调制接口材料；接口；水压试验。

68. 新建给水管与原有干管碰头（青铅接口）中：刷管口；断管；化铅；接口；水压试验。

69. 承插铸铁雨水管（水泥接口）及铸铁雨水漏斗安装中：场内搬运；检查及清扫管材；切管；管道及管件安装；雨水漏斗安装；调制接口材料；接口养护；灌水试验。

70. 活动法兰铸铁煤气管道安装（机械接口）中：下管；上法兰；胶圈；支撑圈；找坡度；找正；接口；紧螺栓；管道及管件安装；气压试验。

71. 管道压缩空气试压与吹扫中：准备工具、材料；制、堵盲板；装拆临时管线；充气加压；检查；吹除杂物；清理现场。

72. 管道气密性试验中：准备工具、材料；制、堵盲板；装拆临时管线；试验检查；清理现场。

73. 单管水压试验中：装拆临时管线及试压工具、管子搬运；上堵试压、检查、放水，分别堆放等全部操作过程。

74.除上述各条所述内容外，均包括工种间交叉配合的停歇时间；临时移动水电源；配合质量检查和施工地点范围内的设备、材料、成品、半成品、工器具的运输等。

（四）室内给水、排水工程量计算

1.室内给水、排水系统组成

（1）室内给水系统组成。一般由六大部分组成如图10-8及图10-9所示。

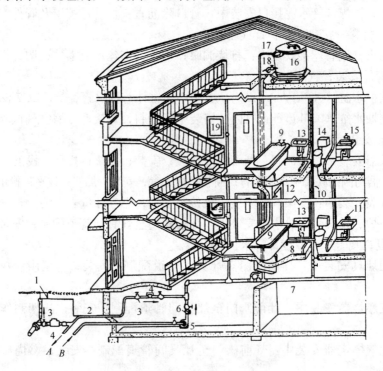

图10-8　建筑内部给水系统图

1—阀门井；2—引入管；3—闸阀；4—水表；5—水泵；6—逆水阀；7—干管；8—支管；9—浴盆；
10—立管；11—水龙头；12—淋浴器；13—洗脸盆；14—大便器；15—洗涤盆；16—水箱；
17—进水管；18—出水管；19—消火栓；A—入贮水池；B—来自贮水池

　　1）引入管：室外给水管道与室内给水管道之间的联络管段；

　　2）水表：设于给水管上，装有水表、闸门、泄水装置等；

　　3）管道：包括室内给水水平管、干管、立管、支管等；

　　4）管道附件：各种阀门、水龙头、分户水表等；

　　5）贮水设备：如水箱、水池等；

　　6）消防设备：如室内消火栓等。

（2）室内排水系统组成。如图10-10所示室内排水系统组成有：

　　1）污水收集器：便器等用水设备；

　　2）排水管网：排水干管及横管；

　　3）透气装置：排气管、透气管、透气帽；

　　4）排水管网附件：存水弯、地漏；

　　5）清通装置：地面扫除口、检查口、清通口；

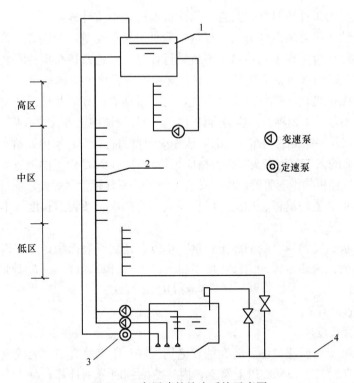

图 10-9　高层建筑给水系统示意图

1—水箱；2—水平管；3—水泵；4—市政给水管

6）检查井。

2.室内给水管道工程量的计算

工程量计算总的顺序：由入（出）口起，先主管，后支管；先进入，后排出；先设备，后附件。

计算要领：以管道系统为单元计算，先小系统，后相加为全系统；以建筑平面特点划片计算。用管道平面图的建筑物轴线尺寸和设备位置尺寸为参考计算水平管长度；以管道系统图、剖面图的标高算立管长度。

（1）室内给水管道工程量。管道以施工图所示管道中心线长度"延长米"计量。不扣除阀门及管件所占长度。

室内外管道界线划分：入口处阀门井；建筑物外墙皮 1.5m 处。

（2）室内给水管道定额套用。按管道材质（镀锌管、焊接钢管、承插铸铁给水管、黄铜紫铜管等），接口方式（丝接、焊接、承插接口、法兰接口）分类别，以管径大小规格分档次套用定额。

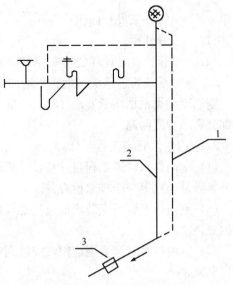

图 10-10　室内排水系统

1—排水管；2—排水立管；3—检查井

343

（3）管道本身为未计价材料。其管材未计价值按下式计算：

管材未计价值＝按管道图计算的工程量×管材定额消耗量×相应管材单价

（4）定额中已综合考虑下列项目，不再另行计算：管道及接头零件安装；水压试验或灌水实验；DN32 以内（包括 DN32）的钢管安装包括了整卡不挂钩安装；钢管安装包括弯管制作安装，无论是现场煨制或成品弯管，均不得换算；穿墙及楼板铁皮套管人工费。

（5）定额中不包括下列项目，应另行计算：室内外管道沟土方及管道基础；管道安装中不包括法兰、阀门及伸缩器的制作、安装，按相应项目另行计算；室内外给水、雨水铸铁管包括接头零件所需的人工，但接头零件价格应另行计算；DN32 以上的钢管支架按本章管道支架另行计算；过楼板的钢套管的制作、安装工料，按室外钢管（焊接）项目计算。

（6）室内给水管道的消毒、冲洗。以直径大小为档次、按管道长度（不扣除阀门、管件所占长度）以"延长米"计量。

（7）室内给水钢管除锈、刷油漆工程量。均以管道展开表面积计算工程量。套第十三册《刷油、防腐蚀、绝热工程》定额相应子目，按下式计算，以"m²"计量。

$$F＝\pi DL$$

式中　D——钢管外径；

　　　L——钢管长度。

其数量可查第十三册《刷油、防腐蚀、绝热工程》附录第九节"无缝钢管、绝热、刷油工程量计算表"计算。DN32 以上管道，内外壁除锈时分别计算，DN32 以下定额包括内外壁除锈工程量。

刷漆种类及遍数按设计图纸要求，查套第十三册《刷油、防腐蚀、绝热工程》定额相应子目。管明装部分一般刷底漆 1 遍，其他漆 2 遍；埋地或暗装部分管道刷沥清漆 2 遍。

（8）室内给水铸铁管道除锈、刷油工程量。均以管道展开表面积按"m²"计量，查第十一册《刷油、防腐蚀、绝热工程》定额相应子目，按下式计算：

$$F＝1.2\pi DL$$

式中　F——管外壁展开面积；

　　　D——管外径；

　　　L——管长度（计算的管安装工程量）；

　　1.2——承插管道承头（大头）增加面积系数。

刷油漆种类根据图纸要求计算，一般是露在空间部分刷防锈漆一遍、调和漆两遍；埋地部分刷沥青漆两遍。

3. 室内排水管道工程量计算

（1）室内排水管道工程量计算，计算顺序、规则同给水管道，以"延长米"计量。室内外界限是出户第一个排水检查井。

（2）室内排水管道安装定额包括透气帽、托架、吊架、管卡的制作安装及管道接头零件的安装。

（3）室内排水管道套用定额，应区别管道材质，管径大小及接口材料方式，然后套用相应定额。

（4）室内排水管道除锈、刷油工程量。计算方法同给水铸铁管道，标准图规定排水铸铁管道外露部分刷防锈漆一遍，银粉两遍；埋地部分刷热沥青或沥青漆两遍，套相应定额。

（5）承插铸铁雨水管，若设计在土建施工图时，按土建定额计算；设计在安装施工图时，套用定额《给排水、采暖、燃气工程》相应子目。

（6）室内排水管道部件安装。

1）地面扫除口（清扫口）安装，以"个"为计量单位，如图10-11所示。

2）地漏安装，以"个"为计量单位，如图10-11所示。

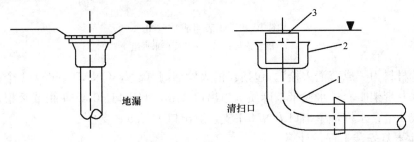

图 10-11　清扫口与地漏
1—排水管弯头；2—清扫口身；3—清扫口盖

3）清通口，清通口安装于排水横管尾端，一般有两种安装形式，一种是装管箍，用大丝堵堵口，以"个"计量，也套用扫除口子目，但管箍和丝堵为未计材料；另一种为油灰堵口，以"个"计量，套用扫除口子目，不计材料。如图10-12所示。

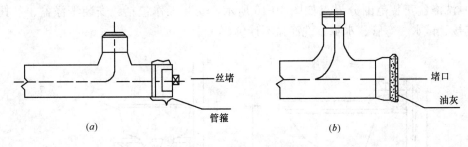

图 10-12　清通口的构造
（a）丝堵堵口；（b）油灰堵口

4）排水栓安装，以带存水弯和不带存水弯及规格大小分档，以"组"计量，如图10-13所示。

4. 栓类、阀门及水表组安装工程量计算

（1）各种阀门安装。各种阀门均以"个"为单位计算工程量。应按不同的形式、不同连接方式和不同公称直径分别计算。

（2）水表安装。按种类、规格、连接方式、有无旁通管及止回阀，以"个"或"组"为单位计算工程量。螺纹连接水表以"个"计量，焊接法兰水表组安装以"组"计量，如图10-14所示。

（3）法兰盘安装。按碳钢法兰和铸铁法兰及焊接与丝接分类，以管道公称直径分档，以"副"计量。两片法兰为一"副"。

（4）室内双出口及单出口消火栓安装。按出口和公称

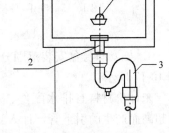

图 10-13　排水栓安装
1—带链堵；2—排水栓；3—存水弯

345

直径大小的不同，分别以"套"为单位计算。

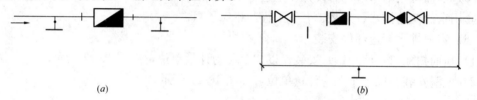

图 10-14　水表组成示意图

(a) 螺纹连接；(b) 法兰连接水表组

未计价材料为"成套消火栓"。包括：消火栓结门（SN，CNA50、65）1个；消火栓箱 1 个；水龙带架 1 套；水龙带，麻质（单出口 20m，双出口 40m）1 根或 2 根；消火栓接扣 1 个或 2 个；水枪，单出口 $DN50$ 1 支，双出口 $DN65$ 2 支。

5．卫生器具安装工程量计算

（1）盆类安装

洗手盆、洗脸盆、洗涤盆、妇女净身盆、化验盆、浴盆等，均分冷热水档次，以"组"计量。

1）洗手盆、洗脸盆安装范围分界点如图 10-15 所示。未计价材料包括：开关铜活、盆具、排水配件铜活等。

2）洗涤盆安装范围分界点如图 10-16 所示，安装工作包括：安装洗涤盆、盆托架、水管连接、试水。弯管、水嘴、洗涤盆不计价。

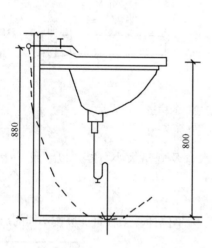

图 10-15　洗手（脸）盆安装范围

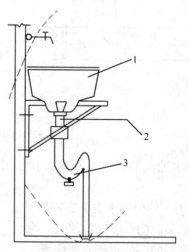

图 10-16　洗涤盆安装范围

1—洗涤盆；2—排水栓；3—存水弯

3）妇女净身盆安装范围分界点：排水管在存水柜处，给水水平管与支管交接处，如图 10-17 所示。

未计价材料有排水配件、水嘴、净身盆、冲洗喷头铜活。水平管安装高度 250mm，因超高而产生的引下管，计入管道安装中。

4）浴盆安装范围分界点：排入管在存水弯处，给水水平管与支管交接处，如图 10-18 所示，图中水平管安装高度 720mm，若其设计高度超过 720mm，所增的引下管算入管

346

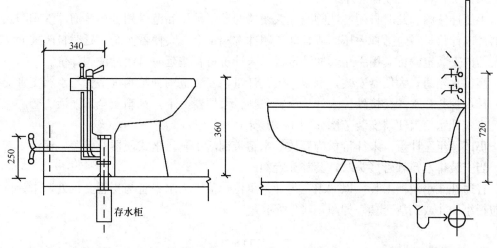

图 10-17　妇女净身盆安装范围　　　　　　　图 10-18　浴盆安装范围

道安装中。

对于浴盆的支架及四周的砌砖、瓷砖，按土建定额计算。浴盆未计价材料有：浴盆、喷头挂钩、喷头卡架、排水配件，蛇形带管喷头等。

（2）器类安装。有淋浴器、小便器、小便槽冲洗管安装、大便器安装等。

1）淋浴器安装：如图 10-19 所示，安装范围划分点为水平管与支管交接处。冷、热水淋浴器安装，以"组"为计量单位，钢材为钢管，管长超过标准图管长部分的尺寸，应计入管道安装中。

铜截止阀和莲蓬头是未计价材料。

铜管制品冷热水淋浴器，仍以"组"为计量单位，未计价材料，全部淋浴器铜活。

2）大便器、小便器安装，以"组"为计量单位。普通冲洗阀蹲式大便器安装，安装范围划分为给水水平管与支管交接处，排水管存水弯交接处。如图 10-20 所示。

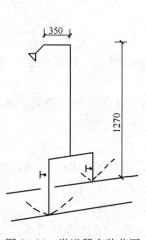

图 10-19　淋浴器安装范围

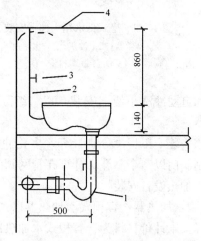

图 10-20　蹲式大便器安装范围
1—DN100 存水弯；2—DN25 冲洗管；
3—手压阀；4—给水水平管

347

未计价材料为大便器1个。

手压冲洗阀和延时自闭冲洗阀蹲式大便器的计量单位和范围划分同普通冲洗阀蹲式大便器。未计价材料包括：手压阀或延时自闭冲洗阀1个，大便器1个。延时自闭式冲洗阀大便器的安装定额可套用手压阀冲洗定额，未计价材料按延时自闭冲洗阀计价。

高位水箱蹲式大便器安装，也以"组"计量，安装范围为给水水平管与水箱支管交接处、排水管与存水弯交接处。未计价材料包括：大便器1个，水箱及全部铜活1套。

坐式低水箱大便器安装范围如图10-21所示。

仍以"组"计量。未计价材为瓷质低水箱带铜活1套，坐式便器及带盖，铜活1套。

当安装排水箱软管接头时，套补充定额。

普通挂式小便器安装，以"组"为计量单位，范围为水平管与支管交接处。未计价材料包括小便斗或铜活全套。如图10-22所示。

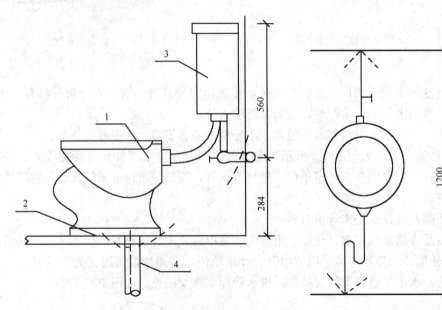

图 10-21　坐式低水箱大便器安装　　　　图 10-22　挂式小便斗安装范围
1—坐便器；2—油灰；3—水箱；
4—DN100塑料管

立式和自动冲洗小便器安装，以"组"计量，未价材料有：铜活全套，瓷质高位水箱，小便器。

小便槽安装，工程量分别计算，多孔冲洗管以"m"算，套相应子目。地漏以"个"计量。控制阀门以"个"算，计算在管网阀门中。

（3）水加热设备安装

1）集中水加热器：容积式水加热器以"台"计量，以号数分档。安装范围以各接口法兰盘为界，未计价材料为：容积式水加热器1台。

2）电开水炉和电热水器安装，均以"台"计量，分立式和挂式两种。

如KS型开水炉，RS型热水器，安装范围以阀门为界。未计价材料为：电开水炉和电热水器。

（五）室外给排水工程量计算

1. 室外给水管道系统组成

（1）室外给水管道工程量计算，即施工图所示管道中心线长度，以"m"计量，不扣除管件，阀门所占长度。

（2）室外给水管道定额所属范围，如图10-23所示。

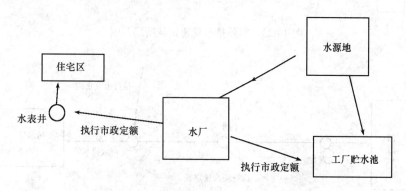

图10-23 室外给水管道定额所属范围

（3）室外给水管道系统组成。如图10-24所示。

室内外管道界线：外墙皮1.5m处或入户第一个水表井处，与市政管道界线，以水表井为界，无水表井者，以与市政管道碰头点为界。

室外给水铸铁管安装的接头零件价值另计。

（4）室外给水管道阀、表、栓的安装。

1）阀门安装，以"个"计量，以直径大小分档，以法兰、螺纹分类，法兰盘安装以"副"计量。

2）水表安装同室内水表安装相同。

3）室外消火栓安装。

室外消火栓安装，以"组"为计量单

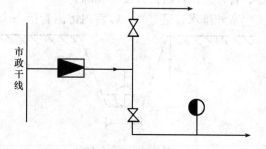

图10-24 室外给水管道系统

位，消火栓价格另计。消火栓分地上式和地下式，地上式分甲型和乙型，地下式分甲型、乙型和丙型。

4）消防水泵接合器安装，以"组"为计量单位，安全阀、止回阀、前闸阀均不包括在定额内，水泵接合器价值另计。

5）管道土石方工程量计算，同室内管道。

6）管道清洗、消毒、见室内给水管道安装。

2. 室外排水管道工程量计算

（1）室外排水管道定额所属范围，如图10-25所示。

（2）室外排水管道系统的组成，如图10-26所示。

（3）室外排水管道铸铁管安装。套用室内排水铸铁管相应子目，然后乘以0.3计算。未计价材料按10.03m计算。而室外排水塑料管套相应子目乘0.5系数，未计价材料以

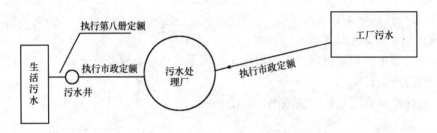

图 10-25　室外排水管道定额所属范围

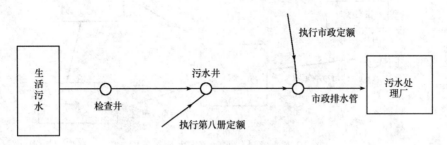

图 10-26　室外排水管道系统

10.02m 计算。

（4）室外排水管道工程量计算。以施工图管道中心线尺寸计算，以"m"计量，管道、窨井连接件所占长度不扣除。

室外排水管道界线：以室内排出管第一个检查井和与市政管道碰头井为界。

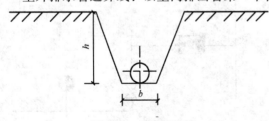

图 10-27　管沟断面

（5）室外混凝土及钢筋混凝土管道安装，按当地土建定额计算及套用定额。

（6）化粪池、污水池、检查井等构筑物等，按当地土建定额计算及套用。

3. 室内外给排水管道土方量计算。

（1）管沟挖方量计算。如图 10-27 所示，按下式计算：

$$V=h\,(b+0.3h)\,l;$$

式中　h——沟深，以设计管底标高计算；

　　　l——沟长；

　　　b——沟底宽；

　　　0.3——放坡系数；

沟底宽没有设计尺寸时，按表 10-4 中取值，有设计尺寸，按设计尺寸计算。

管道沟底宽取值　　　　　　　　　　表 10-4

管径 DN （mm）	混凝土、钢筋混凝土管道 沟底宽（m）	铸铁、钢、石棉水泥管道 沟底宽（m）
50～75	0.80	0.60
100～200	0.90	0.70

管径 DN （mm）	混凝土、钢筋混凝土管道 沟底宽（m）	铸铁、钢、石棉水泥管道 沟底宽（m）
250~350	1.00	0.80
400~450	1.30	1.00
500~600	1.50	1.30
700~800	1.80	1.60
900~1000	2.00	1.80

管沟土方量计量时，排水管道接口处和各种检查处的加宽，不增加土方量，而铸铁给水管道接口处操作坑的工程量，应按全部管沟土方量的2.5%增加土方量。

（2）管道沟回填土方量。

1）DN500以下的管沟回填，其土方量不扣除管道所占体积。

2）DN500以上的管沟回填，其土方量应扣除管道体积，扣除量见表10-5。

管道占回填土方量扣除表　　　　　　　　　表 10-5

管径 DN（mm）	铸铁管道占回填 土方量（m³·m⁻¹）	钢管道占回填 土方量（m³·m⁻¹）	混凝土、钢筋混凝土管道 占回填土方量（m³·m⁻¹）
500~600	0.24	0.21	0.33
700~800	0.49	0.44	0.60
900~1000	0.77	0.71	0.92

（六）采暖、热水管道系统工程量计算

1. 采暖、热水管道工程量计算。

管道工程量计算要领和总顺序同室内给水管道。

（1）管道安装定额的套用同给水管道。

（2）采暖、热水管道安装工程量。按管道中心线长度计算，以"延长米"计量，阀门管件均不扣除。

（3）管道冲洗工程量计算与定额的套用，与给水管道相同。

2. 阀门安装工程量。

与给水管道相同，以"个"进行计量。

3. 管道伸缩器安装工程量计算。

（1）方形伸缩器制作安装，其工程量，是按公称直径，以"个"为计量单位，伸缩器两臂按其臂长的两倍，加算在同直径的管道延长米内，如无图纸尺寸，也可按表10-6进行计算。

（2）波形伸缩器安装，焊接法兰套筒伸缩器、螺纹法兰套筒伸缩器的安装，均以"个"进行计量并套相应定额。

4. 低压器具的组成与安装工程量。

低压器具指减压器和疏水器。

（1）减压器的安装。以公称直接和连接方式的不同，分别以"组"计量。其中，公称直径是以高压侧管道公称直径为准。压力表，阀门的数量不同时可以调整，其余不变，组成形式见表10-6。

方形伸缩器每个长度表（m/个）　　　　　　　　　　　　　表 10-6

DN	25	50	100	150	200	250	300
⊓	0.6	1.1	2.0	3.0	4.0	5.0	6.0
⊓	0.6	1.2	2.2	3.5	5.0	6.5	8.5

1）热水系统减压器安装，如图 10-28 所示。

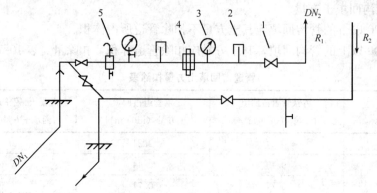

图 10-28　热水系统减压装置
1—阀门；2—温度计；3—压力表；4—调压板；5—除污器

2）蒸汽凝结水管即一次减压装置，如图 10-29 所示。

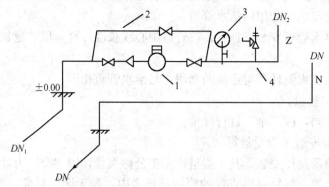

图 10-29　蒸汽凝结水管减压装置
1—减压阀；2—旁通管；3—压力表；4—安全阀

未计价材料为减压阀，减压阀可为薄膜式、活塞式、波纹式和膜片式。阀后管径比减压阀大 2 号，阀前管径与减压阀相同。

3）蒸汽凝结水管不带减压阀装置，如图 10-30 所示。

4）蒸汽凝结水管减压装置的另一种形式，如图 10-31 所示。

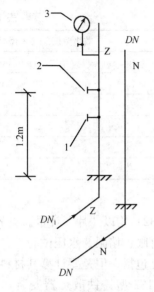

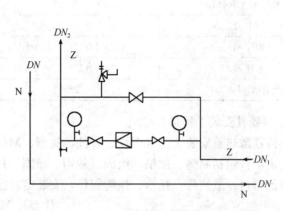

图 10-30 不带减压装置
1—关闭用阀门；2—调
节用阀门；3—压力表

图 10-31 蒸汽凝结水减压装置的另一种形式

（2）疏水装置安装。以公称直径和连接方式的不同，分别以"组"计量。阀门不同时，可以调整。疏水器有脉冲式、热动力式、倒吊桶式和浮筒式。

1）不带旁通管的水平安装，如图 10-32 （a）所示；

2）带旁通管的水平安装，如图 10-32 （b）所示；

3）旁通管垂直安装，如图 10-32 （c）所示；

4）旁通管垂直安装（上返），如图 10-32 （d）所示；

5）不带旁通管并联安装，如图 10-32 （e）所示；

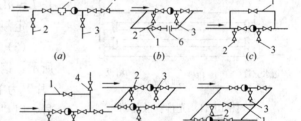

图 10-32 疏水器的安装形式
1—旁通管；2—冲洗管；3—检查管；4—止回阀；
5—过滤器；6—活接头

6）带旁通管并联安装，如图 10-32 （f）所示。

（3）单体安装。减压器、疏水器单体安装按同管径阀门安装定额执行；安全阀按同管径阀门定额×2.0 系数计算；压力表可套第十册《自动化控制仪表安装工程》定额，或当地补充定额。如图 10-33 所示。

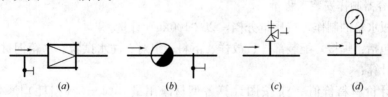

图 10-33 单体安装减压阀
（a）减压阀；（b）疏水器；（c）安全阀；（d）压力表

散热片型号及数据指标   表 10-7

型　号	质量（kg·片⁻¹）	散热面积（m²·片⁻¹）
长翼型（大 60）	23.32	1.17
长翼型（小 60）	19.26	0.80
M132	6.5	0.24
四柱 813	7.99（有足）7.55（无足）	0.28
五柱 813	9.50（有足）8.50（无足）	0.37
圆翼型（DN75）	38.23	1.80

5. 供暖器具安装工程量

（1）铸铁散热器安装工程（四柱、五柱、翼型、M132）均以"片"计量。见表 10-7。安装定额：包括制垫、加垫、组成、栽钩、稳固、打眼、堵眼、水压试验。

未计价材料：散热片。托钩、挂钩制作，安装定额已包括，但是要计算其材料数量。

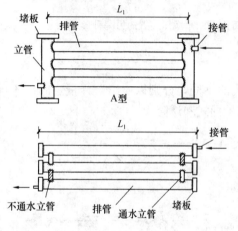

图 10-34　光排管散热器

柱型和 M132 型铸铁散热器安装，选用拉条时，拉条另计。

（2）光排管散热器安装工程量。光排管散热器制作与安装，按公称直径，单管"延长米"计算；联管作为计价材料已列入定额，不得重复计算。如图 10-34 所示。工程量计算，排管长 $L = nL_1$（m），n 为排管根数。

定额包括：联管、堵板、托钩、管箍。

（3）钢制散热器安装工程量。如图 10-35 所示，钢制闭式散热器，按不同型号，分别以"片"为单位计算；钢制板式散热器，按不同型号，以"组"为单位计算；钢制壁板式散热器，按不同重量以"组"为单位计算；定额中已计算了托钩的安装人工和材料，但不包括托钩的价格，如主材价不包括托钩的，托钩价格另计；钢柱式散热器，按不同片数，以"组"为单位计算；钢、铝串片式散热器，钢制折边对流辐射式散热器，定额未列，按各地补充定额执行。

（4）暖风机安装。以质（重）量不同，分别以"台"计量。暖风机有 NA85、通惠 L₂、NC 等型号。暖风机的钢支架制作与安装，以"t"计量，套用第八册《给排水、采暖、煤气工程》定额有关子目；与暖风机相连的管、阀、疏水器应另行计算。

6. 小型容器制作安装工程量

（1）钢板水箱的制作，按质量分档，以"100kg"计量。

定额中包括：焊接，配装部件、放样、下料、组对、注水试验。水箱钢材为未计价材料，按下式计算：

水箱未计价材料价值＝∑〔按图计算各型材净用量×（1＋5％损耗）〕×各型材对应单价。

水箱制作不包括油漆与除锈，另行计算。水箱内部刷樟丹两遍，外部刷樟丹一遍；调

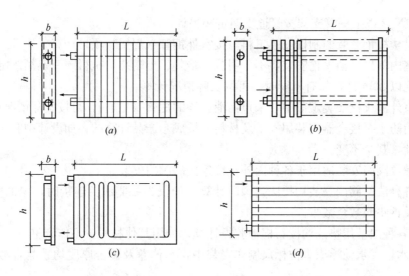

图 10-35　钢制散热器外形

（a）闭式钢串片散热器；（b）钢串片式；（c）钢制板式；（d）扁管单板式

和漆两遍。

（2）水箱安装工程量。

1）矩形钢板水箱、膨胀水箱、补水箱的安装按容积（m³）分档，以"个"计量。圆形水箱以外接矩形的尺寸计算容积后。套用相应容积的方形水箱安装定额。

水箱安装定额包括：装配件、水箱稳固，水压试验。

水箱安装定额不包括：水箱本身价值。与水箱连接的进出水管，计算到室内管道中；水箱支架的制作与安装，型钢支架套第八册《给排水、采暖、燃气工程》定额中相应定额；混凝土、钢筋混凝土、砖、木质支架，套当地土建定额；水箱玻璃水位计安装，套第十册《自动化控制仪表安装工程》定额相应子目。

2）分气缸、集气罐的制作安装：制作以"kg"计量，安装以"个"计量，套用第六册《工艺管道工程》相应定额。

3）除污器制作安装：制作套用第六册《工艺管道工程》定额子目；单独安装时套用第六册同口径的阀门安装定额；组成安装时套第六册定额相应子目。

7. 采暖系统的除锈、刷油、保温工程量计算及定额套用

钢板制作的散热器系成品，不需计算除锈刷油工程量。因保管、运输、施工不善产生的除锈、刷油，按实际情况计算。喷漆套用第十一册《刷油、防腐蚀、绝热工程》定额相应子目。

8. 采暖系统调试

采暖工程系统调试费，《全国统一安装工程定额》规定，按采暖工程人工费21.84%计取，不作计费基础。

9. 工程量计算中的注意事项

（1）管道安装中不包括法兰、阀门及伸缩器的制作安装，执行定额时按相应项目另计。

（2）室内外给水铸铁管，雨水铸铁管包括接头零件所需人工，但接头零件价格另计。

（3）DN32 以上钢管支架按管道支架定额另计。

（4）过楼板钢套管的制作安装工料，按室外钢管（焊接）项目计算。

（5）室内单出口消火栓安装，不分明装、暗装、半暗装均执行同一定额。定额内每条水龙带长度以 20m 计，如有不同时，可按实际情况计算。

（6）室外消火栓安装定额中，未包括消火栓的短管（三通），可按实际情况计算。

（7）消防水泵接合器安装用人工及材料是按成套产品计算的，如设计中有短管，其本身价可另计，其余不变。

（8）螺纹阀门安装适用于各种内外螺纹连接的阀门安装。

（9）各种法兰阀门安装均按法兰阀门计算。如仅为一侧法兰连接时，定额中的法兰、带帽螺栓及钢垫圈数量减半。

（10）各种法兰用垫片均按石棉橡胶板计算，如用其他材料，不作调整。

（11）水塔、水池浮漂水位标尺制作安装中，水位差及覆土厚度均系综合考虑的，执行定额时不做调整。

（12）减压器、疏水器组成与安装是按 N1、BN15-66、N108《采暖通风国家标准图集》编制的，如实际组成与此不同时，阀门和压力表的数量可按实际调整，其余不变。

（13）法兰水表安装是按 S145《全国通用给水、排水标准图集》编制的，定额内包括旁通管及止回阀，如实际安装形式与此不同时，阀门或止回阀可按实际调整，其余不变。

（14）成组安装的卫生器具，定额均已按标准图计算了给水，排水管道连接的人工和材料。

（15）各种浴盆不论型号均统一计算，但浴盆的支座和浴盆四周侧面的砖砌和瓷砖粘贴要另行计算。

（16）各种型号的洗脸盆、洗手盆、洗涤盆，不论型号均统一计算。

（17）化验盆安装中的鹅颈水嘴，化验单嘴、化验双嘴适用于成品件安装。

（18）肘式开关不分单、双均统一计算。

（19）脚踏开关应包括弯管和喷头的安装人工和材料。

（20）淋浴器铜制品安装适用于各种成品淋浴器安装。

（21）蒸汽——水加热器应包括莲蓬头安装，但不包括支架制作安装。阀门和疏水器安装可按相应项目计算。

（22）冷热水混合器安装应包括温度计安装，但不包括支架制作安装。阀门安装可按相应项目计算。

（23）各种形式（号）高（无）水箱蹲式大便器，低水箱坐式大便器应一并计算。

（24）低水箱坐式大便器、卫生盆、立式洗脸盆安装，适用于唐山陶瓷厂生产 6201 型或其他类似产品。

（25）小便器自动冲洗式安装项目内冲洗立支管是按"北京水暖器材一厂"生产的铜管成品计算的，如用钢管管件等连接，价格可调整，人工不变。

（26）小便槽冲洗管制作与安装不包括阀门安装，可按相应项目另行计算。

（27）大便槽水箱托架安装已按标准图计算在定额内，不得另行计算。

（28）电热水器、电开水炉的连接管、管件等可按相应项目另行计算。

（29）饮水器安装中的阀门和脚踏开关安装，可按相应项目另行计算。

（30）容积式水加热器安装、开水炉安装，定额内已按标准图计算了其中的附件，但不包括安全阀安装、本身保温，刷油和基础砌筑。

（31）各种类型散热器不分明装或暗装，均按类型分别编制，柱型散热器为挂装时，可执行 M132 项目。

（32）柱型和 M132 型铸铁散热器安装用拉条时，拉条另计。

（33）定额中列出的接口密封材料为石棉橡胶板，如用胶垫或石棉绳等其他材料时，不做换算。

（34）光排管散热器制作安装项目，单位每 10m 系指光排管长度、联管作为材料已列入定额，不得重复计算。

（35）板式、壁板式、闭式散热器，已计算了托钩的安装人工和材料，但不包括托钩价格，如主材价不包括托钩者，托钩价格另计。

（36）各种水箱的连接管，均未包括在定额内，可按室内管道安装的相应项目计算。

（37）各类水箱均不包括支架制作安装，如为型钢支架执行"一般管道支架"项目，混凝土或砖支座可按土建相应项目执行。

（38）煤气管道安装已包括了管件（弯头、三通、异径管）制作与安装，不得另计。

（39）托钩角钢管卡制作与安装已包括在定额内，不得另计。

（40）阀门抹密封油、研磨已包括在管道安装中，不得另计。

（41）燃气用具安装已考虑了燃气用具前阀门连接的短管在内，不得重复计算。

（42）活动法兰铸铁煤气管道（柔性机械接口）在安装前进行单体试验时，按单管试压有关项目执行。

（43）活动法兰铸铁煤气管道（柔性机械接口）安装定额，已包括了接头零件安装所需用工，但接头零件及其安装所用的橡胶圈、支撑圈、螺栓数量和价格另计。

（44）铸铁雨水管道安装定额包括接头零件安装所需用工，但接头零件数量和价格另计。

（七）给排水、采暖、燃气管道清单工程量计算规则（GB 50856—2013）

1. 变频给水设备、稳压给水设备、无负压给水设备、气压罐、太阳能集热装置、地源（水源、气源）热泵机组、除砂器、水处理器、超声波灭藻设备、水质净化器、紫外线杀菌设备、热水器和开水炉、消毒器消毒锅等按设计图示数量计算。

2. 医疗设备带按设计图示长度计算。

3. 采暖工程系统调试按采暖工程系统计算。

4. 空调水工程系统调试按空调水工程系统计算。

项目编码：031001001   项目名称：镀锌钢管

【例 1】如图 10-36 所示，为某室外给水系统中埋地管道的一部分，长度为 6m，试计算其清单和定额工程量。

【解】（1）清单工程量

丝接镀锌钢管 $DN50$：6m

（2）定额工程量

①丝接镀锌钢管 $DN50$：单位：10m　数

量：0.6

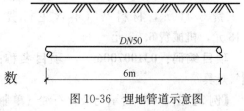

图 10-36　埋地管道示意图

定额编号 8-6，基价 33.83 元；其中人工费

19.04 元，材料费（不含主材费）13.36 元，机械费 1.43 元

②管道刷第一遍沥青：10m²（π×D×6）/10＝0.094×10m²

定额编号 11-66，基价 8.04 元；其中人工费 6.50 元，材料费（不含主材费）1.54 元

③管道刷第二遍沥青：10m²（π×D×6）/10＝0.094×10m²

定额编号 11-67，基价 7.64 元；其中人工费 6.27 元，材料费（不含主材费）1.37 元

项目编码：030815001　项目名称：管架制作安装

【例2】图 10-37 所示为沿墙安装双管托架示意图，试对其进行工程量清单计算和定额计算。

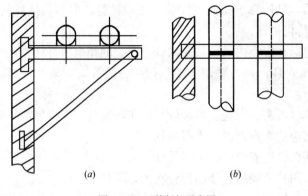

图 10-37　双管托架示意图

（a）立面图；（b）平面图

【解】（1）清单工程量

管道支架制作安装，单位：kg，数量：16。

（2）定额工程量

①管道支架制作安装，单位：100kg，数量：0.16；

定额编号 8-178，基价 654.69 元，其中人工费 235.45 元，材料费（不含主材费）194.98 元，机械费 224.26 元

②型钢，单位：100kg，数量：16.96（非定额），按照市场价格计算；

③支架除轻锈，单位：100kg，数量：0.16；

定额编号 11-7，基价 17.35 元，其中人工费 7.89 元，材料费（不含主材费）2.5 元，机械费 6.96 元

④支架刷红丹防锈漆第一遍，单位：100kg，数量：0.16；

定额编号 11-117，基价 13.17 元，其中人工费 5.34 元，材料费（不含主材费）0.87 元，机械费 6.96 元

⑤刷银粉漆第一遍，单位：100kg，数量：0.16；

定额编号 11-122，基价 16.00 元，其中人工费 5.11 元，材料费（不含主材费）3.93 元，机械费 6.96 元

⑥刷银粉漆第二遍，单位：100kg，数量：0.16；

定额编号 11-123，基价 15.25 元，其中人工费 5.11 元，材料费（不含主材费）3.18 元，机械费 6.96 元

项目编码：031007006　项目名称：燃气灶具

【例3】图 10-38 所示为液化石油气单瓶

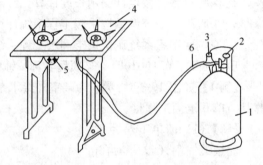

图 10-38　液化石油气单瓶供应系统示意图

1—供气瓶；2—钢瓶角阀；3—调压器；4—燃具；

5—燃具开关；6—耐油胶管

供应系统示意图，试计算其工程量。

【解】（1）定额工程量

燃气灶具	单位：台	数量：1
钢瓶	单位：个	数量：1
阀门	单位：个	数量：1
调压器	单位：台	数量：1
耐油胶管	单位：m	数量：3（假定 3m）

（2）清单工程量同定额工程量。

清单工程量计算见表 10-8。

清单工程量计算表　　　　　　　　　　　表 10-8

序号	项目编码	项目名称	项目特征描述	计量单位	工程量
1	031007006001	燃气灶具	液化石油气单瓶供应，民用燃气灶	台	1
2	031003001001	螺纹阀门	按实际要求	个	1
3	031007008001	调压器	按实际要求	台	1
4	031001006001	塑料管	耐油胶管	m	3

第十一章 通信设备及线路工程

一、通信设备及线路工程造价概论

（一）通信光缆

1. 概述。光导纤维通信是一种崭新的信号传输手段。利用激光通过超纯石英（或特种玻璃）拉制成的光导纤维进行通信。多芯光纤、铜导线、护套等组成光缆，既可用于长途干线通信，传输近万路电话或若干套电视节目以及高速数据，又可用于中小容量的短距离市内通信。应用在局间中断，市局同交换机之间以及闭路电视、计算机终端网络的线路中。光纤通信不但通信容量大、中继距离长，而且性能稳定，通信可靠。缆芯小，重量轻，曲挠性好，便于运输和施工。可根据用户需要插入不同信号线或其他线组，组成综合光缆。光缆的标准长度 1000±100m，具体制造长度可由用户和工厂协商。

2. 通信光缆分类及代号。GY——通信用室（野）外光缆：用于室外直埋、管道、槽道、隧道、架空以及水下敷设的光缆。GR——通信用软光缆：具有优良的曲挠性能的可移动光缆。GJ——通信用室（局）内光缆：适用于室内布放的光缆。GS——通信设备内光缆：适用于设备内布放的光缆。GH——通信用海底光缆：用于跨越海洋敷设的光缆。GT——通信用特殊光缆：除上述分类之外作特殊用途的光缆。

3. 光缆结构。光缆结构通常按缆芯和护套两部分来分别考虑。缆芯，按光纤位置，有支绞式、骨架式和中心束管等几种基本结构。护套，室外光缆常用下列护套：①铝—塑粘结护套（LAP）；②皱纹钢管护套；③钢—塑综合护套（PSP）；④钢丝铠装护套；⑤束管式光缆；⑥非金属高强度光缆；⑦阻燃护套光缆等等。

（二）市话通信电缆

1. 通信电缆型号及代号说明。通信电缆型号组成：类别用途—导体—绝缘—内护层—特征—外护层（数字表示）—派生—数字含义。

通信电缆代号说明。通信电缆代号说明见表 11-1。表 11-1 所示代号中所缺的代号在派生中增加 T（填充型）和 G（高顿）。

通信电缆代号说明表　　　　　　　　　　　　　　　表 11-1

类别用途	导体	绝缘	内护套	特征	外护套	派生	数字含义
H——市内 电话电缆	T——铜芯	V—— 聚氯乙烯	H—— 橡套	C—— 自承式	02　03	0—— 第一种	0—— 无铠装	0——无外 被层
HB—— 通信线	L—— 铝芯	Y—— 聚乙烯	L—— 铝套	D—— 带形	20　21	1—— 第二种	1	1—— 纤维层
HE——长途 通信电缆	G—— 铁芯	X—— 橡皮	Q—— 铅套	E—— 耳用	22　23	252—— 252 kHz	2—— 双钢带	2——聚氯 乙烯护层
HH——海 底通信电缆		YF—— 泡沫聚乙烯	V——聚氯 乙烯……等	J—— 交换机用	23　32		3—— 细圆钢丝	3—— 聚乙烯

类别用途	导体	绝缘	内护套	特征	外护套	派生	数字含义	
HJ—— 局用电缆		Z——纸		P—— 屏蔽	33 41		4—— 粗圆钢网	4——
HO—— 同轴电缆				S——水下	42 43			
HR—— 电话软线				Z——综合型				
HR—— 配线电缆				W—— 尾巴电缆				
HU——矿 用话缆								
HW——岛屿 通信电缆								
CH——船 用话缆								

常用市话通信电缆的线径有 0.4mm、0.5mm、0.6mm、0.7mm、0.9mm，对数的规格有 30 对、50 对、100 对……800 对、1000 对。

2. 通信线材：

(1) 铜包钢线。适用范围：用于载波架空通线路。型号规格：GTAϕ1.2、ϕ1.6、ϕ2.0、ϕ2.3、ϕ2.5、ϕ2.8、ϕ3.0、ϕ4.0、ϕ6.0mm。

(2) 屏蔽线：

1) SBHP 型无线用橡皮绝缘护套屏蔽电线。适用范围：供移动式无线电装置用且具有屏蔽作用。规格：0.5mm^2：2 芯、6 芯、10 芯、14 芯；0.75mm^2：4 芯、8 芯、12 芯。

2) FVNP 型聚氯乙烯绝缘尼龙护套屏蔽电线（单芯）。适用范围：供交流额定电压 250V 及以下或直流电压 500V 及以下的低压线路之用。规格：0.5mm^2、1.2mm^2。

3) CRVP 型聚氯乙烯绝缘尼龙护套屏蔽电线（单芯）。适用范围：供交流额定电压 250V 以下的电器仪表、电信电子设备及自动化装置等屏蔽线路用。规格：0.4mm^2、0.75mm^2、1.5mm^2。

4) SBVP 型聚氯乙烯绝缘和护套屏蔽线（二芯）。适用范围：适用于弱电流电器仪表、电机、电子设备屏蔽线路。规格：0.1mm^2、0.12mm^2、0.15mm^2……1.0mm^2、1.5mm^2。

5) SBVVP 型聚氯乙烯绝缘和护套屏蔽线。适用范围：同 SBVP 型。规格：芯线截面 0.06mm^2、0.1mm^2……1.0、1.5mm^2，分有单芯、二芯、三芯和四芯。

3. 通信管道材料。通信电缆管道常用的有混凝土管、钢管、铸铁管、硬聚氯乙烯管和石棉水泥管。混凝土管使用场合：一般地段线路的电缆管道均较广泛地采用。石棉水泥管使用场合：需要防腐蚀（特别是电蚀）的地段、高温地段、地基有不均匀下沉的现象时和管孔不多、距离不长的分支管道。钢管使用场合：不宜开挖的地段需采用顶管方法施工时；有较大的跨距或悬空地段；地基特别松软有不均匀下沉，或有可能遭到强烈振动时；埋深很浅、路面荷载较重的地段；有强电危险或有干扰影响需要屏蔽的地段。塑料管（硬聚氯乙烯管）使用场合：腐蚀严重或与电气线路平行接近时，需要电缆绝缘的地段；地下水位很高，或与有渗漏的排水系统相邻近；地下障碍物复杂，管道需要作多次弯曲时；穿出沟渠或振动严重的地方。

4. 通信电杆。通信电杆按材质分有：防腐木电杆、普通水泥杆、普通离心环形钢筋混凝土电杆。防腐木杆仅在特殊情况下使用。用于通信架空线路的普通水泥杆，梢径为 150mm、170mm，杆长为 8.5m、10m。普通离心环形钢筋混凝土电杆，梢径为 130mm、150mm、170mm 三种，杆长为 6～12m。

（三）通信设备

从自动电话交换机的发展历史看目前正进入第四代。第一代是步进制自动电话交换机，取代了繁重的人工交换；第二代是纵横制自动电话交换机；第三代程控分交换机是机电式计算机程控交换机，有很多缺点，如使用元件多，容量大，线束较大，而线路复杂，性能不够全面，很快被第四代程控数字交换机所取代。第四代交换机是世界上交换技术最先进的，可以说是尖端技术。程控交换机具有灵活完善，持续处理速度快，稳定可靠，通话音质音量舒适感特别好，它占用的机房面积小。例如，安装步进制或纵横制交换机 2000 门的机房，可安装程控交换机 1 万门，它具有很强的适应性，能与步进制、纵横制交换机相配合。步进制和纵横制交换机只能交换语言和低速数据，而程控交换机除了语言外可以交换图像，高速数据。

1. 电源设备

（1）DUZ01（系列）60/30、60/75、48/30、48/75 整流配电组合电源。本系列设备由交流配电装置、整流装置（一主一备）及直流配电装置三部分组成，共装在两个列架中。DUZ01-60/30、60/75 型适用于 400 门和 800 门以下的纵横制交换机，DUZ01-48/30、48/75 型适用于程控交换机和数字微波通信设备的供电。为了确保通信不中断，应接入一组或两组蓄电池作浮充供电。但在交流电有保证的情况下，也可不用蓄电池而由整流装置直接供电。在直供时，不论交流电的自动转换或整流器的自动转换，输出直流电压均可不中断。本设备还特别适合只有一组蓄电池的情况，平时可采用浮充工作，而在电池需要充电时，可由本设备中的一台整流器对电池充电，另一台整流器对通信设备直接供电。

（2）DXJ02-220V/1KW 型三端不间断电源设备。该设备为内装电池的完整的单相不间断电源系统。本设备能连续输出稳定的、不受市电杂音及浪涌干扰的单相 200V50Hz 正弦波电压，适用于计算机、通信、化工、仪表、医疗器械及办公室自动化等重要设备作供电装置。

DXJ02 三端不间断电源设备只进行一次能量转换，效率高、可靠性高；具有过载保护、声光告警、均衡充电与浮充充电自动转换功能；支持时间长，无倒换时间；应用专利技术，保护功率晶体管在严重过载或短路时免遭损坏。

（3）UPS-DUT50-200 型不间断电源。该电源是 400 门以下程控交换机的配套设备，该电源采用组合式结构，控制电路与蓄电池室设计于一体，当市电中断时能自动将处于浮充或充电状态的蓄电池转换到输出电路，对交换机直接供电 10h 以上，以保证设备正常运行，市电恢复后，自动对蓄电池充电。输出电压分别为 24V、48V、60V。容量为 50Ah、

100Ah、150Ah、200Ah四种，还可以根据用户要求进行设计。

（4）DZY75-48/12型程控电源。DZY75-48/12型自动稳压稳流整流器是专门为240门以下程控交换机设计的配套电源设备。具有自动稳压稳流性能，具有自动控制和手动控制两种方式，可以对蓄电池按程序和控制进行自动充电，保护蓄电池使之处于良好的工作状态，可以空载开机和直供，额定容量为48V12A。

（5）光通信无人值守电源系统。该系统由DXZ76-24/1020硅太阳电池方阵、DZY76-24/35自动稳压硅整流器、DHY76-24/5.3直流-直流变换器、DPJ 76-220/50单相交流配电屏、DPZ76-24/50直流配电监控屏、蓄电池组以及用户自备的移动电站等组成。具有无人值守功能，遥控信号齐全。整流器和变换器具有自动开机、保护性能好等特点。系统输出直流−24V/5.3A，是国产光通信无人站的理想供电系统。该系统已在国家一级干线工程上使用。

2. 其他电源设备

（1）DZW02型24/125、24/200自动稳压稳流硅整流器。本设备可用作与蓄电池并联浮充向通信设备供电，也可用来对蓄电池组进行充电，它与DPK05市电转换屏、DPK04自起动油机控制屏、DPZ09直流配电屏组成无人值守微波站成套电源设备。本设备具有遥控、遥信及故障自动倒换性能，当采用一台整流器容量不足时，可按"稳压−稳压"方式数台并联运行，或按一台稳压数台稳流的方式并联运行。

（2）DHY10（系列）12/30、24/15、60/6、130/3稳压变换器。本系列变换器可将通信机房的60V和48V的基础电源变换成12V、24V、60V、130V的直流电源，主要用作市内电话，长途载波及电报等多种通信设备的电源。本设备是一种高频脉宽调制型电压变换器，变换频率为20kHz。每台设备可装五套独立电源盘，同型号变换器可并联供电，具有均分负荷性能。本系列产品曾获国家优质新产品奖和邮电部科学技术进步三等奖。

（3）DND01、02（系列）220/0.5 kVA、1kVA、2kVA单相逆变器。本设备可将直流电源变换成频率为50Hz的单相220V正弦波电源，在市电停电时用作各种仪器仪表的供电电源，也可用于其他要求不间断供电的设备。输出功率有0.5kVA、1kVA和2kVA。

（4）DPJ01-380/400Ⅰ、Ⅱ型交流配电屏。本设备分为DPJ01-380/400Ⅰ型和DPJ01-380/400Ⅱ型两种，可与DPE06系列直流配电屏、DEW03系列自动稳压稳流整流器组成成套电源设备。适用于万门市话局作纵横制交换机电源。该设备曾获邮电部科学技术进步一等奖。

（5）DPZ02（系列）直流配电屏。本系列配电屏系中等规模通信机房电源设备的一部分，可与交流配电屏、自动稳压稳流整流器等组成成套电源设备。

（四）企业电信与信号接收输送系统

1. 企业电信

（1）厂（矿）区电话。厂（矿）区电话即工业企业内部小交换机的电话，作为工业企业对内外联系之用。

（2）生产调度电话。在现代化的许多大中型工业企业里，为了使生产调度人员及时地了解车间生产情况，迅速地指挥、调度，调节生产及监督生产过程，设置了生产调度电话。根据生产上的需要，中小型企业一般设有一级调度，大型企业设有二级、甚至三级、四级调度。

一级调度电话就是在全厂设一个调度总机，一般叫作生产总调度电话，负责全厂的生产调度工作。二级调度就是在一些较大的企业里，除设有全厂总的生产总调度电话外，在某些较大的、调度工作频繁的车间内设置车间调度电话。在某些较大的联合企业里，除总厂设有生产总调度电话外，各分厂还设有分厂调度电话，在分厂的某些大车间里还设有车间调度电话，称为三级调度。

（3）会议电话。会议电话也就是长途电话，市内电话和厂（矿）区电话等网络以某种方式汇接起来，使分散在各地的单位和人员以会议的形式进行通话的一种通信方式。通过会议电话可以和开会一样进行布置工作、传达文件、指挥生产和交流经验等。节省人力、物力和时间，及时解决问题。

（4）生产扩音通信。凡生产上需要统一调度或迅速联系，而车间的噪音较大，无法使用电话时，一般可采用扩音通信，利用扩音器进行通话。

（5）直通电话。在生产操作上或业务上有密切联系的几个单位，需要迅速而频繁地联系时，或某些生产调度系统由于用户数量不多而不设置调度电话总机，但厂（矿）区电话又不能满足其要求时，可设置直通电话。

（6）报警信号。有些重要的、易失火的或使用煤气较多的工业企业里，设有专门的消防队、警卫部门或煤气急救站，为了能及时地向这些有关部门进行事故或火灾报警，应考虑设置报警通信号码，一般采用用户电话交换机中比较容易记忆的电话号码作为报警号码。目前各地常用的火警号码是"119"。

（7）电钟。为了计时，在许多工业企业的办公楼、车间及公共场所装设有电钟，一般采用的电钟有交流电钟和直流电钟两种。

（8）有线广播。有线广播是一种很好的宣传工具，它可以宣传鼓动、促进生产的发展和活跃职工的文化生活。得到广泛应用。

2. 系统的接收天线

（1）半波振子（偶极子）天线。天线虽然有各种各样的形式，但最基本的形式只有一种，即半波偶极子天线，可由半波振子天线组成各种不同形式的复杂天线，如八木天线等。

（2）八木天线。八木天线由一个有源振子和若干无源振子所组成，只有有源振子和天线馈线相连接。所有振子都相互平行地排列在同一平面上，并且垂直于连接它们的金属横杆。由于金属横杆通过振子的中心（振子中心为电压波节点）而且垂直于天线的电场，所以横杆可以采用金属杆，它不会影响天线的电场状况。

1）有源振子。有源振子一般采用对称偶极振子、折合振子和复合振子等。

有源振子要根据实际用途选择。不同的振子与馈线的连接方式也有所不同。如用折合振子，当馈线采用同轴电缆时，必须加接阻抗变换装置（因折合振子的输出阻抗与同轴电缆的特性阻抗不一样）。

有源振子两臂的总长，按接收频道的 $\lambda_0/2$ 选择（λ_0 为中心频率的波长）。振子的实际长度一般比 $\lambda_0/2$ 略短，短多少和振子棒的粗细有关，较粗的棒可取得短些。

2）无源振子

①反射器：无源振子作用之一是作为反射器用，它保证天线的单向性。一般只在有源振子后面加一个或两个反射器。因为加一个或两个反射器后，在反射器后面的场强已经很

364

弱了，再多加反射器对于提高天线的增益帮助不大。反射器的长度较有源振子约长 5%～15%。反射器与有源振子之间的距离约为 0.1～0.25λ_0。

②引向器：除反射器之外的无源振子均为引向器。引向器的数目要根据需要（方向性图和增益）而定，引向器愈多，愈能提高增益，愈使方向性图尖锐。当采用 4 个引向器时，可得到 8dB 的增益和 45°的波瓣宽度；当采用 9 个引向器时，可得到 13dB 的增益和 37°波瓣宽度。原制作者八木曾经用过 20 个引向器，从而获得波瓣小至 5°的锐方向性图，但应该指出，每个引向器都是从靠近有源振子的次一个引向器寄生地获得功率的，因而每个引向器要把它的功率辐射一部分，从而使得各单元振子电流振幅依次减小，这说明天线引向振子的个数实际上是有限的。引向器的长度较有源振子约短 5%～20%。引向器与有源振子之间及引向器之间的距离为 0.1～0.25λ_0。

（3）组合天线。宽频带天线可以接收多个频道的电视信号。比起频道专用天线来省天线数量，也省去信号混合的麻烦。但是由于它的其他电气性能不如频道专用天线好。比如：增益低，方向性不尖锐，抗干扰能力弱，因而它只适用于干扰较小，各频道信号接收电平相差不多的地区的 CATV 系统。然而在许多情况下都满足不了这样一些条件，因此必须考虑使用频道天线构成的组合天线。合理设计组合天线不但能满足频带要求，而且增益高，方向性好，抗干扰能力强。正因为如此，组合天线在 CATV 系统中得到了广泛的应用。

（4）天线阵。把相同的天线上下或左右组合起来就成为天线阵。天线阵可以提高天线增益，改善天线方向性，增强抗干扰能力。当然增加天线的振子数目也有这种作用，但那是有一定限度的。当振子数多到一定程度后，再增加振子，效果就不明显了。在这种情况下，采用天线阵效果更好。天线阵可分为垂直天线阵、水平天线阵和复合天线阵。

（5）双环天线。双环天线的结构由上下两个圆环组成，中间用双导体连接起来。当各环的周长等于一个波长时，上下环中的水平部分的感应电势相互加强，而垂直部分的感应电势相互抵消，因此，这种天线的工作方式与水平极化天线基本相同。

（6）菱形天线。菱形天线是增益很大的宽频带非谐振定向天线。它的宽频带性能是由于利用其中电流行波而得到的，因此也保证了其输入阻抗不变，并能在宽频带内保持方向性图的形状。与谐振天线（如半波振子天线）不同之处，在于谐振天线的各个单元中电流分布为驻波，而菱形天线电流为行波，所以菱形天线也称为非谐振天线。

（7）X 形天线。X 形天线是由半波振子天线演变而来的，虽然通频带宽，但是增益低。半波振子天线的通频带与天线导体直径有关，天线导体越粗，通频带就越宽，要使半波振子天线成为 VHF 低频段天线即通频带为 48.5～93MHz，天线导体的直径需要增大到 100～120mm，才能保证在上述范围内输入阻抗变化不多，方向性图在整个频带内基本不变。实践证明，将半波振子做成两个 V 形，这样形成的 X 形天线其效果与上述粗直径天线差不多。随着 V 形导体张开角度的增大，通频带不断加宽，但是宽到一定程度后，方向性图随频率的变化已不能忽视。为了防止频带的边缘方向性图主瓣产生分裂，还可以将 V 形振子的两侧向电视台方向收拢。

3. 前端设备

前端设备包含从天线到分配系统的所有部件，它是系统的心脏，主要由放大器、混合器、分配器等组成，对于复杂系统，还可能有天线放大器、U/V 变换器、V/V 变换器。

前端设备系根据天线输出电平的大小和系统的要求来设计的。其输出质量的好坏是整个系统的关键。

（1）前端设备部件

1）天线放大器。在电视服务的边远地区场强较弱，采用天线放大器是解决远距离接收的有效途径之一。一般天线输出电平低于 75dB 时，就须考虑采用天线放大器。

天线放大器系弱信号放大器，因而低噪声、高增益、工作稳定是其主要技术要求。一般噪声系应小于 6dB，好的可以达到 4dB，国外先进水平可以达到 2.5dB。增益一般在 30～35dB。

2）U/V 变换器。UHF 频段的频率约 500～900MHz，在电缆中传输的衰减在系统中不可能直接传送。为要收看 UHF 频段节目，必须将 UHF 频段天线接收的 UHF 频道信号通过 U/V 变换器变成 VHF 频段信号，再向系统内传送，使系统内的用户能用 VHF 频段电视机收看 UHF 节目，所以 U/V 变换器也是以装在天线竖杆上为好。随着我国电视广播事业的发展，许多大城市都着手筹建播送 UHF 频段节目，U/V 变换器将成为共用天线电视系统中一个不可缺少的部件。

3）V/V 变换器。系统在某个地区，离某一发射台较近，室内直射波场强很强，会造成前重影干扰，所以必须将该频道信号转换到其他空频道接收，这就得用 V/V 变换器。

4）放大器。放大器是 CATV 系统中的一个重要部件，用它来提高信号电平，以使系统内各用户的电平达到要求，从而能在电视屏幕上获得满意的图像。放大器以工作频段分，有 VHF 放大器和 UHF 放大器，以使用频率分，有专用频道放大器（即单一频道放大器）和宽带放大器，后者又可分全频道宽带放大器和高、低段宽带放大器等；根据输入信号电平分，有强信号和弱信号放大器；从放大器所处位置分，有天线放大器（即弱信号放大器）、前端放大器和后面分配系统用的线路放大器。

5）混合器。混合器是将多路频率信号混合起来汇成一路输出的一个部件。二路输入的混合器称二混合器，过去有高、低通宽混合器和任意不相邻二混合器，现在任意不相邻三混合器、四混合器、五混合器、六混合器、七混合器、相邻频道混合器及 U 混合器都已问世。

混合器通常由多个带通滤波器组成。每一个带通滤波器对应于一个频道，在通带以内的信号得以通过，通带以外的频率信号则呈现较大的衰减，从而使各频道之间互不影响。

（2）前端及其他辅助设备

1）调制器。调制器是电缆电视系统中，用于自办节目的一个设备。它将来自摄像机或录像机的图像视频信号和伴音信号，经调制变成可视电视接收的高频信号。

2）导频信号发生器。导频信号发生器是供干线放大器的自动增益控制和自动斜率控制用的基准信号发生装置。因为干线放大器由于环境温度和湿度的变化，其增益也要变化，另外传输电缆随环境温度和湿度的变化，其衰减值和斜率也随之变化，为此需要在电路中进行自动增益控制和自动斜率控制。由于电视台来的各频道电视信号不一样，而且经常变化，这就需要有一个基准信号作为系统自动增益控制和自动斜率控制的依据。因此，要求导频信号发生器即使在环境温度和湿度变化时，其输出电平也要稳定。导频信号的频率，一般用高、低两种频率分别对增益和斜率进行自动控制，低导频信号取 73.5MHz，高导频信号在 160～250MHz 之间选取。

3）自动关机装置。自动关机装置是实现无人管理系统的一个附加装置，特别适用于统建居民住宅区，前端由自动关机装置供给电源，当电视台信号全部结束后，自动关机装置工作，自动切断前端的供电电源。

4）频道滤波器。当某频道为弱电场强信号，加装了天线放大器后，如果邻近有一强电视信号，尽管此时天线放大器的输入滤波器对它有一定的滤波作用，但因其阻滞衰减一般只有 12～15dB，滤波性能远远不够，邻近强电视信号仍会较多地串入，在天线放大器中产生干扰调制。所以，有必要在此频道天线放大器前再加装一个对应频道的滤波器，以便对邻频强信号产生较大的衰减，减少邻频信号的串入，避免交调干扰。频道滤波器实际上是一个阻滞衰减较大的滤波器，其带外衰减一般要求在 20dB 以上。目前频道滤波器多采用螺旋滤波器，因螺旋滤波器插入损耗小（<1dB），且矩形系数也高（即带外衰减大）。

5）其他演播室设备。简单的演播室即是一个小型的自办节目站，它需要有录像机、监视器、调制器、摄像机等设备。复杂的演播控制中心由两大部分组成，即演播室和控制室。演播室内设备包括录像机、摄像机及电影电视转换装置。控制室内设备包括特技发生器、通用讯号发生器、节目选择器、自动编辑器、音频控制装置及监视器等。

（3）前端设备的组成形式

前端设备的组成形式取决于前端设备的输入电平及前端的输出电平。前端设备的输入电平一般就是天线馈线的输出电平，若使用了天线放大器，则为天线输出电平加天线放大器的增益。前端输出电平则根据系统规模的大小而定，系统规模小，输出电平可以低些，系统规模大，则要求输出电平高些，大致在 90～110dBμ 之间。下面分五种形式加以介绍。

1）直接混合式。当天线输出电平大于 95dBμ（实际场强也大致为此数值），则属于强场强区，此时各频道天线接收信号可直接进入前端混合，然后经过分配器分至各干线。这种形式属于无源系统，便于管理，使用也更为可靠，一般适合于一栋 70～80 户的小型系统。

2）前端放大—混合式。当天线输出电平在 75～95dBμ 之间，则属于中场强区，此时天线输出信号送至前端后，必须经过放大再进行混合、传输，才能满足系统的需要。前端放大一般采用单频道放大器（或称专用频道放大器）对不同频道信号分别进行放大，但要采用衰减器调整各频道放大器的输出电平，使之基本保持一致。这种形式多用于中型系统。

3）放大—放大—混合式。当场强过低（低于 75dBμ），天线接收的信号不能直接送经前端，必须经过天线放大器放大，提高信噪比后再加到前端分频道放大再混合，分配。

4）放大—混合—放大式。这种形式也适用于 40～75dBμ 的弱场强区，可经过天线放大器送至前端后，先混合再放大。这里前端放大器只使用一个宽带放大器，这在频道不多的情况下可以使用。这种形式可以减少放大器数量，使系统造价较低。但是，当频道数较多（4 个以上）时，则尽量不要采用这种方式，因为目前国内器件水平还受限制，交扰调制和相互调制干扰的影响是不可避免的，国外器件也只是干扰小一点，并不能完全消除，为要减少影响，需要花较大力量。

5）放大混合—混合—放大式。这种形式适合于城市宾馆、饭店等复杂系统。其中几套自办录像节目分别经过调制变成电视高频，放大后先进行混合再送到总混合器。自办音响节目也是先经过调制变成调频信号，放大后混合，再送至总混合器混合。最后经过一级动态范围很大的功率放大器放大再分配。

（4）前端设备的供电

前端设备一般都为有源器件，有源器件的供电，多采用两台稳压电源设备集中供电，并加一套自动控制系统，若一台电源设备故障，另一台电源设备自动接通，保证系统正常工作。对天线放大器的供电，是由专用的天线电源，馈入 18V 交流。天线电源一般都安装在室内，由信号电缆馈电。

4. 信号传输分配系统

信号传输分配系统实际上是一个信号电平的有线分配网络，它由分配器、线路放大器、分支器、传输电缆、用户终端器件等组成。小系统中混合后的信号，根据需要经分配器分成若干条干线，然后通过串接在干线电缆中的分支器将信号基本上均匀地传输到各用户接收机，彼此之间具有隔离作用，使之不互相影响。在大系统中，各干线要经过长距离的电缆传输再行分配，信号有较大的衰减，为保证用户仍有足够的电平，则应串入多个线路放大器。

信号传输分配系统部件：

1）分配器。混合后的总信号，根据用户分布情况，分成若干条干线传输进行功率分配，此任务由分配器来完成。分配器是进行功率分配的一个部件，它具有一个输入端和若干个输出端，将信号功率均分为两部分的称二分配器，均分为三部分的称三分配器，均分为四部分的称四分配器。有了二、三、四分配器，即可进行任意的分配组合形式。

2）分支器。分支器是串在信号干线中的一个部件，从此部件中取出一支或均匀的两支、四支支线到用户输出插孔，所以分支器是一个既有干线输入端，又有输出端和若干个分支输出端的部件。

3）线路放大器。线路放大器串入分配系统中，用来放大并补偿电缆、分支器及分配器的损耗，以便扩大系统。线路放大器的通带较宽，但并不是所有的宽带放大器都可以作线路放大器，它还必须具备线路放大器所特有的性能，根据我国频道情况，其带宽应为 $45\sim250MHz$，对于双向传输系统，还要使用 $5\sim30MHz$ 的放大器作反向传输。线路放大器具体可分为干线放大器、线路延长放大器、分支放大器。

4）衰减器。在电缆电视系统中，衰减器接入放大器的输入端或输出端，用来调节放大器的输入电平和输出电平。衰减器可单独使用也可直接装于放大器中。

5）均衡器。在传输分配系统中，常用均衡器来调整斜率和均衡幅度失真。

6）同轴连接器。同轴连接器又名高频插头。在电缆电视系统中，各部件和器件之间与同轴电缆的联接几乎全要使用同轴连接器，所以它是电缆电视系统中一个重要器件。

7）同轴电缆。同轴电缆是电缆电视系统将信号传到各处的导体，通常采用 75Ω 同轴电缆。

8）用户终端器件。电缆电视系统的终端器件，包持各种用户插座盒及配用的插头，用户盒分明装插座盒和暗装插座盒两种：明装插座盒适用于已建成的建筑，盒较浅。暗装插座盒则是预埋在墙内，盒体较深。按其输出标称阻抗分，有 300Ω 和 75Ω 两种。300Ω插座盒有两个橡胶孔，可直接用 300Ω 扁馈线送至电视机的 300Ω 插孔，这种插座盒已较少采用。75Ω 插座盒对于 75Ω 插孔电视机，可直接用 75Ω 插头配 75Ω 同轴线与电视机相连，如果用在 300Ω 插孔电视机，则必须使用 75/300Ω 阻抗转换插头转换为 300Ω 阻抗，再用扁馈线与电视机相连。按其使用范围分：单供电视机用（单孔），供电视机与调频广播兼用（双孔），还有带有串接一分支的用户插座盒。

（五）寻呼系统与移动通信系统简介

1. 寻呼系统简介

（1）Motorola 高速寻呼系统简介

1）系统结构。系统结构由四部分组成：寻呼终端、控制系统、链路系统、寻呼发射机。

①寻呼终端。寻呼终端主要包括：与电话网连接的中继线接口；寻呼功能部件；语音信箱；终端控制；信息编码与网络控制器的接口。系统支持 UNIPAGE、MPS2000 及任何具有 TNPP 接口的寻呼终端，其中 UNIPAGE 不仅包括上述功能，而且具有与人工辅助寻呼系统（OAP）及与其他寻呼系统联网的功能。

②控制系统。motorola 的 C-NET 网络控制器是为适应高速寻呼而推出的控制发射网络的先进系统。C-NET 控制器采用模块化设计，由信道接口单元（CIU）、网络控制单元（NCU）、网络控制开关（NCX）、网络接口单元（NIU）等组成，实现将来自寻呼终端的信息送往所有基站并控制同播发射的功能。C-NET 具有 POCSAG 和 FLEX 混合编码、链路复用、前向纠错、报警和诊断等能力。

③链路系统。该系统支持卫星、无线、有线三种链路，它们有模拟链路和数字链路之分。链路速度为 4800bit/s、9600bit/s 和 19600bit/s，模拟链路的速度限制在 4800bit/s 和 9600bit/s。

④寻呼发射机。有两种寻呼发射机：具有 HSC 控制的四电平移频键控调制器的 PURC5000 发射机；具有 HSC 控制的 NUCLEUS 发射机。NUCLEUS 具有适合于高速寻呼的精确四电平调制器，采用单级激励器，能提供更好的杂散和谐波衰减。

2）系统特性。

①同播控制。发射机的同播是采用存储和转发的方式，具有三种同播方法：利用监测接收机的维护周期；利用数字同步卫星的直接同步；高速寻呼使用全球定位系统（GPS）。

②编码。支持主要的寻呼协议：POCSAG 码（512bit/s、1200bit/s、2400bit/s）；GLAY 码；FLEX 码（6400bit/s）；并且支持 POCSAG 与 FLEX 的混合编码。

③自动寻呼和语音信箱。多种语音提示；信息压缩；全自动寻呼。

④可靠性。用户数据库提供备份；UNIPAGE 和 C-NET 的主要部件提供热备份；所有线路板能代电拔插，无须切断电源，确保系统的不间断服务；实时诊断报警。

⑤与人工辅助台的连接。UNIPAGE 可做到人工/自动寻呼兼容，利用 RS-232 串行接口卡采用 TNPP 协议与人工寻呼系统连接。

3）联网功能。UNIPAGE 寻呼终端可与其他兼容系统联网，所采用的协议是 TNPP。传输链路可以是 DDN 网、分组交换网或卫星。信息路由可通过系统控制台编程设定。网络拓扑可采用星形及网形。联网功能包括跟踪呼、异地呼和异地跟踪呼。

（2）Glenayre 高速寻呼系统简介

1）系统配置。Glenayre 的 GL3000 系列寻呼终端系统包括从超小型 GL3000ES 直到特大型 GL3000XL 的各种规格寻呼终端机产品。各种规格的产品尽管大小、容量、配置各不相同，但都采用相同的硬件电路和寻呼软件。Glenayre 寻呼系统的强大功能主要由其终端系统实现。

GL-C2000 系统是 Glenayre 公司推出的全新发射控制产品，包括插在 GL3000 寻呼终端内的链路控制器（LCC）、链路转发器（GL-C2100）、发射机控制器（GL-C2000）、GPS 接收器等部分。支持 NECD3、POCSAG512、1200、2400、GLAY、FLEX、ERMES、APOC 等协议以及 POCSAG 与高速协议的混合格式；采用全球定位卫星（GPS）同步方式；支持卫星、无线、有线或微波线路链接；在链路频带足够宽时（模拟最高 9600bit/s，数字最高 64000bit/s），系统可多达 31 路寻呼频道复用在一条链路上。

GL-T8000 系列发射机应用于高速寻呼，激励器采用数字信号处理（DSP）技术，支持两电平及四电平频移键控调制方式，可在多达 8 个频道上工作。整个 GL3000 寻呼终端机、GL-C2000 发射控制器和 GL-T8000 系列发射机采用统一的控制、监视和报警，GL-C2000 可以通过电话线路向控制台报告故障，或由控制台周期性对其运行情况进行查询。从一个控制台，操作人员可与系统内的所有设备交互通信，调整多种参数。

2）GL3000 系列寻呼终端。GL3000 系统采用模块式结构，分为中央处理单元和外围设备两大部分。外围设备包括中继卡、语音缓存卡、通用输出编码器（UOE）、键路控制卡（LCC）等。GL3000 采用性能先进的高速 68000 系列微软处理器和高速 VME 总线结构进行总体控制。外围组件各配置微处理器，使用单独的总线，在 CPU 的整体控制下分担各个不同部分的工作。GL3000 配置灵活，根据实际情况可选不同型号的寻呼终端，每种型号的设备仍可再进行配置。

3）系统功能

①寻呼与语音信箱。GL-3000 的寻呼与语音信箱部分从一开始就采用一体化的整体系统设计，使用统一的数据库，使得管理上方便易行。允许用户用双音频电话来输入数字和利用固定灌装信息是系统的一大特点。

②人工/自动兼容。人工台的寻呼信息可以采用 TNPP 协议、通过 GL3000 的串行口输入到系统中，达到人工寻呼与自动寻呼并存。

③联网功能。使用 TNPP 协议实现寻呼联网；网络拓扑结构可以是点对点、星形、网形、树形等各种形式；支持专线、DDN 网、X.25 网、卫星链路等不同方式；可实现漫游呼、异地呼、跟踪呼；高达 16383 个不同覆盖区域的同播呼。

④数据库管理。用户的数据库记录各种系统向用户提供服务所需的信息，可备份到软盘或光盘中存储，寻呼机主也可以通过电话对自己的密码、漫游区域等信息进行修改。

⑤监控、管理与诊断功能。系统设七种使用权限级别；系统采用菜单式操作，允许管理人员对数千个参数进行编辑修改；适时显示各种设备的运行情况和统计数字的详细信息；配有报警模块，无论终端机的哪部分出现故障，都会发出声音和显示报警。

2. 移动通信系统简介

主要介绍两种正在使用的移动电话系统，即 450MHz 大区制自动拨号无线电话系统及 900MHz 蜂窝状小区制移动电话系统。

（1）450MHz 大区制自动拨号无线电话系统。目前，我国已基本掌握 450MHz 大区制中小容量移动电话系统的全套设备生产技术。例如 714 厂、710 厂、上海邮电部第一研究所等均有产品投放市场。南京、昆明、无锡等地均采用国产设备建立了规模不大、组网简单的地区公众大区制移动电话系统。在此将介绍 714 厂（即南京无线电厂）引进德国技术生产的 MATS-B$_2$450MHz 大区制自动拨号无线电话系统。

MATS-B$_2$ 系统是德国菲利浦公司 1981 年正式投产的自动拨号无线电话系统，其中移动台于 1983 年定型生产，具有 80 年代的先进水平。系统容量可大可小，覆盖面积也不受限制，整个系统主要由控制中心、基地台、移动台组成。

一个控制中心最多可有 72 个信道，控制 72 个信道的基地台。采用专用呼叫信道。系统工作在 UHF（甚高频）频段、双工作方式，收发频差 10MHz，信道间隔 25kHz。采用调频制，基地台输出功率 50W，使用全向高增益天线；车载台输出功率 25W，可选择全向或定向天线。由于系统采用多信道复用方式，大大增加了信道利用率。系统服务区域内所需的无线信道数，或者说对于给定的无线信道可容纳的无线用户数取决于通信话务量及呼损率。

1) 控制中心。控制中心（MCC Mobile Control Centre）是自动拨号无线电话系统的核心，它一端与普通市内电话交换机接口，和市话网连成一体；另一端和基地台接口，通过基地台连接移动台，它完成把有线电话信令转换成无线信令，或把天线信令转换成有线电话信令，实现有线、无线电话的自动接续，以及自动完成多信道复用，提高无线信道利用率等任务。

控制中心的特点：机械和电气设计采用模块结构，容量可大可小，用户扩展方便、故障显示、管理和维护方便、会话时间可以限时、无线链路集中监视、数据采用微机处理、可靠性高、具有计时计费、封锁设备、采用专用呼叫信道。

信令方式：系统工作完全受控制中心控制，通话接续是全自动进行的，因此，信令的格式具有极其重要的意义，要求可靠性高，而又不能占用太长的传输时间。

控制中心设备的组成：控制中心采用交换机式结构设计，使用 2365×600×420（mm）标准机架，机架上部是终端板和电源抽屉，下部是六个标准抽屉，每个抽屉最多可插 32 块印刷板。每个抽屉下部都有监视单元，可进行电平测量，还有七段数码管及发光二极管显示故障和操作步骤，还可以连接外部测试设备进行测量。机架和抽屉间采用扁平电缆与插头连接。

电话连接过程：控制中心接入市话网可以用户线方式，也可以中继线方式。控制中心用中继线方式接入市话网。信令传输采用多频互控方式。

2) 基地台。MATS-B$_2$ 系统基地台通过四线方式与控制中心传输单元相连，是移动台与控制中心间的无线中继台，受控于控制中心。基地台主要由发射机单元、接收机单元及滤波器组成。

发射机单元：主要由 Tx 音频处理器、Tx 功率报警器、Tx 信道控制器、频率合成器、Tx 功率控制器及放大器几部分组成。

接收机单元：主要包括射频和中频电路、音频处理、自动测试电路、静噪控制和频率合成器。

双工滤波器：由腔体滤波器、定向耦合器和隔离器组成。

3) 移动台。MATS-B$_2$ 自动拨号无线电话即移动台可以实现移动台到市话、市话到移动台、移动台到移动台的自动拨号呼叫。移动台采用微机控制技术，使用大规模集成电路和厚膜混合电路技术，结构坚固并体积小巧，可靠性高。信道间隔 25kHz，信令采用双频 FSK 信号，在音频频带内传输信令速率为 100bit/s。移动台主要由主电台和控制机组成。

主电台：主要包括射频部分、中心控制及信令部分。

控制收机：带有极座的手机控制单元，提供发出或接收电话呼叫的各种功能，在键盘上按入预定指令，可以拨号、存储电话号码、检测移动台故障、测试移动台所处位置信号强弱等等。

（2）900MHz 蜂窝状小区制移动电话系统。我国规定，在沿海经济发达地区及长江流域各省、直辖市和其他直辖市、自治区首府和各省省会城市建设、发展公用移动电话网时应采用 900MHz 频段，且选用 RACS/ETACS 体制。目前世界上能生产这一体制设备的厂家有：瑞典的 Ericsson 公司、美国的 Motorola 公司、日本的 NEC、加拿大的北方电信公司。这里将介绍瑞典 Ericsson 公司生产的 CMS88 蜂窝状小区制移动电话系统。

CMS88 蜂窝状移动电话系统以 AXE10 交换机为主组网。系统容量大，符合 TACS/ERACS 体制，具有定期登记、位置区域登记、越区频道转换、回叫移动用户等功能。移动用户可进行人工、半自动、自动漫游。目前在世界各地得到广泛应用。

CMS88 蜂窝状移动电话系统由移动业务交换中心（MSC）、无线电基站（BS）及移动台（MS）组成。

1）移动业务交换中心。Ericsson 选择自己公司生产的存储程序控制数字电话交换机 AXE10 作为蜂窝系统核心。该交换机用于市话、国内长途、国际长途交换和北欧蜂窝状移动电话系统，目前已在世界各地成功地投入运营。AXE10 由大量子系统组成，每个子系统完成电话交换机的某一特定的功能。设计上各子系统高度独立，采用标准接口与其他子系统连接。

交换系统。交换系统包括中继和信号子系统（TSS）、公共信道信号子系统（CCS）、选组交换子系统（GSS）、移动电话子系统（MTS）、用户业务子系统（SUS）、操作维护子系统（OMS）、业务控制子系统（TCS）、计费子系统（CHS）等。

数据处理系统。数据处理系统由中央处理机子系统（CPS）、区域处理机子系统（RPS）、维护子系统（MAS）、输入/输出子系统（IOS）等组成。

2）无线基站（BS）。建成基站，应按点对点电路与移动业务交换中心相连接。而基站处理移动台与移动业务交换中新建的通信，主要为数据和话音信道起中继作用。在通话期间，基站利用监测音（SAT）和测量从移动台接收的信号强度来监视无线电传输质量。

①基站组成。基站主要由无线信道组（RCG）、交换机与无线信道接口（ERI）及电源三个功能单元组成。

②移动业务交换中心与基站的连接。移动业务交换中心与基站之间不断地进行通信、传输数据控制信令及语音信号。移动业务交换中心与基站之间的数据通信。移动业务交换中心经控制信道或话音信道向移动台发送控制指令、移动业务交换中心接收移动台信令、移动业务交换中心接收要求越区频道转换信令及为定位请求测量等信令时需进行数据通信。移动业务交换中心与基站之间的话音线路。基站话音信道单元和移动业务交换中心选组器之间的每个无线话音信道之间均有一条专用的双向话音线路。

3）移动台。移动用户设备称为移动台（MS）。瑞典 Ericsson 公司的 CMS88 系列移动台可有各种形式，如车载台、便携式、手持机等。

与基站比较，移动台的输出功率相当低。一般车载式为 3W，手持式仅 1W。移动台接入移动业务交换中心时需发送站级记号（SCM），已表明移动台最大的输出功率。控制信道通知所有移动台启动时必须用的功率电平大小，以免造成同频干扰。

移动台和基站间的数据传输。移动台和基站间的数据信号可在控制信道或话音信道上传输。TACS/ETACS体制中的数据的传输速率为8kbit/s。

移动台控制信道的扫描。为选择最佳控制信道，移动台必须对现用的控制信道进行搜索。只有当移动台逻辑单元自动地将第一控制信道号插入频率合成器后扫描才开始。扫描开始后，移动台接收机判断接收质量是否良好。如不好，继续扫描。只有选择到一质量较好的控制信道，才开始下一步接续。

动态存储器。动态读/写存储器内容可由移动台内微机程序改变。移动台根据从移动业务交换中心接收的数据不断修改存储器内容，如串号、只发送作移动号的七位数字、进行定期登记、系统及区域识别、指定的开始功率电平等。而移动台则根据这些数据工作。

二、通信设备及线路工程工程量清单计算

【例1】某工程设计图示有20架电话交换机架，3台电话交机台。试编制其分部分项工程量清单并计价。

【解】工程量清单项目设置，见表11-2。

分部分项工程量清单　　　　　　　　　　　　　　　　　表 11-2

序号	项目编码	项目名称	项目特征描述	计量单位	工程量
1	031101027001	电话交换设备	电话交换机架调试	架	20
2	031101027002	电话交换设备	电话交换机台调测	架	3

需要注意的是：表中的"项目名称"是《实施细则》附录中"项目名称"，"项目特征"，"工程内容"三项的综合。

【例2】该题的图示如图11-1所示，某电缆工程采用电缆沟敷设，沟长200m，共16

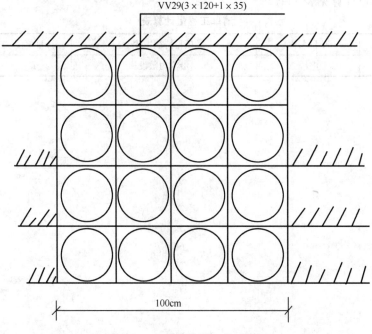

VV29(3×120+1×35)

100cm

图 11-1　电缆沟敷设工程示意图

根电缆 VV29 (3×120＋1×35)，分四层，双边，支架镀锌，试列出项目和工程量。

【释义】直埋电缆敷设：是沿已定的路线挖沟，然后把电缆埋入沟内。一般电缆根数较少，且敷设距离较长时采用此法。电缆埋设深度要求一般为：电缆表面距地面的距离不应小于0.7m，穿越农田时不应小于1m，当遇到障碍物或冻土层较深的地方，则应适当加深，使电缆埋于冻土层以下。

【解】①电缆沟支架制作安装工程量：

(200×2)m＝400.00m

（因为从图上可以看出16根电缆 VV29 (3×120＋1×35) 分成了四层，每层4根，第一层和最后一层不用电缆沟支架制作安装，第二层和第三层才需要电缆沟支架，因为一个电缆沟支架的长度为200m，所以2个的工程量为400m）

②电缆敷设工程量：

[(200＋1.5＋1.5×2＋0.5×2＋3)×16]m＝3336.00m

（式子前面第一个1.5是电缆进建筑物的预留长度，缆头两个1.5m×2，水平到垂直两次0.5m×2，低压柜3m，4层，双边，每边8根。）

工程项目和工程量见表11-3。

电缆敷设工程量 表11-3

定额编号	工程项目	单位	数量	单价（元）	说明	基价（元）	其中（元）		
							人工费	材料费	机械费
2-680	电缆沟支架制作安装4层	m	400.00	80.88	双边200×2＝400				
2-672	电缆沿沟内敷设	m	3336.00	149.98	不考虑定额损耗	149.98	96.60	53.38	—

清单工程量计算见表11-4。

清单工程量计算表 表11-4

项目编码	项目名称	项目特征描述	计量单位	工程量
031103009001	电缆	沿沟内敷设	m	3336

第十二章 刷油、防腐蚀、绝热工程

一、刷油、防腐蚀、绝热工程造价概论

（一）刷油、绝热、防腐蚀工程简介

1. 除锈工程

（1）锈蚀的分类

金属表面锈蚀分为四个等级。等级标准见表 12-1。

金属表面锈蚀标准

表 12-1

类 别	锈 蚀 情 况
微 锈	氧化皮完全紧附，仅有少量锈点
轻 锈	部分氧化皮开始破裂脱落，红锈开始发生
中 锈	氧化皮部分破裂脱落，呈堆粉末状，除锈后用肉眼见到腐蚀小凹点
重 锈	氧化皮大部分脱落，呈片状锈层或凸起的锈斑，脱锈后出现麻点或麻坑

（2）除锈方法

1）人工除锈。人工除锈是用废旧砂轮片、砂布、铲刀、钢丝刷、手锤等简单工具，以磨、敲、铲、刷等方法将金属表面的氧化物及铁锈等除掉。一般是用在刷防锈漆和调和漆的设备。管道和钢结构的表面除锈和无法使用机械除锈的场合进行弥补除锈。

2）半机械除锈。半机械除锈是指人工使用风（电）砂轮、风（电）钢丝刷轮等机械进行除锈，适用于小面积或不易使用机械除锈的场合。半机械除锈的质量和效率比人工除锈要高。

3）机械除锈。机械除锈是利用各种除锈机械的机械力去冲击、摩擦、敲打金属表面，达到去除金属表面的氧化物、铁锈及其他污物的目的。适用于对金属处理要求较高的大面积除锈工作。

机械除锈可分为干法喷砂除锈、湿法喷砂除锈、高压水除锈和射流控制真空喷丸除锈等。

4）化学除锈。化学除锈又称为酸洗除锈，它是利用一定浓度的无机酸水溶液对金属表面起溶蚀作用，以达到去除表面氧化物及油污的目的。化学除锈通常用于形状复杂的设备或零部件的除锈。

（3）金属表面处理的质量等级和处理方法

金属表面处理的质量等级分四个级别，其中每个等级要求达到的标准，见表 12-2。

为达到以上四个等级的质量标准，允许用以下的方法进行处理：

1）一级标准必须采用喷砂法、机械处理法。

2）二级标准应采用喷砂法、机械处理法或化学处理法。

3）三级标准可采用人工、机械处理或喷砂法。

采用人工或机械处理法处理时，应尽可能避免使金属表面受损，不得使用能使其变形的工具或手段。

级　别	标　准
一　级	彻底除掉金属表面上的油脂、氧化皮、锈蚀产物等一切杂物，表面无任何可见残留物，呈现均一的金属本色，并有一定的粗糙度
二　级	完全除去金属表面上的油脂、氧化皮、锈蚀产物等一切杂物。残存的锈斑，氧化皮等引起轻微变色的面积在任何 $100 \times 100mm^2$ 面积上不得超过 5%
三　级	完全除去金属表面上的油脂、疏松氧化皮、浮锈等杂物。紧附的氧化皮、点蚀锈坑或旧漆等斑点残留物的面积在任何 $100 \times 100mm$ 的面积上不得超过 1/3
四　级	除去金属表面上的油脂、铁锈、氧化皮等杂物。允许有紧附的氧化皮、锈蚀产物或旧漆存在

4）四级标准可采用人工处理。

2. 刷油工程

（1）刷油的作用

刷油的作用主要是保护和色彩标志。

1）保护作用。油漆在母体的表面形成一层薄膜，将母体与空气、水分、日光及外界的腐蚀性物质（包括化学药品、有机溶剂、矿物油等）隔绝起来，使它不受侵蚀，延长使用寿命。有的油漆如磷化底漆，对金属能起缓蚀作用；还有的油漆如富锌底漆，对金属能起电化学保护作用。

2）色彩标志。各种管道、设备涂上各色油漆作为标志，便于操作人员识别和操作。

（2）油漆的组成、分类和编号

1）油漆的组成。油漆是一种混合剂，主要由不挥发份和挥发份两部分组成。油漆涂到物体表面后，其挥发份逐渐挥发逸出，余下不挥发部分干结成膜。

不挥发份（成膜物质）也称油漆的固体分。它又可分为主要、次要及辅助成膜物质三种。主要成膜物质可以单独成膜，也可以粘接颜料等物质共同成膜，所以也称粘结剂。

胶粘剂有油料和树脂两类。油料一般多用干性油，如桐油、亚麻仁油等；树脂有松香、生胶、醇酸树脂、酚醛树脂等。

颜料基本上分着色颜料、防锈颜料和体质颜料（又称填充料）三类。着色颜料主要是使油漆有色彩并增加涂膜厚度，提高涂膜的耐久性，常用锌白、炭黑、锑红、锌黄等。防锈颜料使涂料具有防锈能力，常用红丹粉、铅粉、氧化铁红等。体质颜料使涂膜增加厚度，提高耐磨和耐久性能，常用硫酸钡、大白粉、滑石粉等。

挥发份（稀释剂）用以溶解或稀释涂料，改变涂料的稠度，使之便于施工。稀释剂应具有溶解成膜物质的能力，所以各类油漆要用相应的稀释剂来稀释，如果用错，就有可能发生沉淀、析出、失光和施工困难等弊病。常用的稀释剂有松香水、120 号汽油、酒精、二甲苯、丙酮以及各种混合溶剂。

油漆中不加颜料的透明体称为清漆，加有颜料的不透明体称色漆（磁漆、调和漆、底漆等），干性油内加大量着色、体质颜料成稠厚浆状体的称为厚漆。

油漆的组成中没有挥发性稀释剂的称为无溶剂漆，而呈粉末状的则称为粉末涂料。以一般有机溶剂作稀释剂的称为溶剂型漆，以水作稀释剂的则称为水性漆。

2）油漆的分类。油漆常用的分类方法有：按使用对象分类，按施工方法分类，按作用分类，按是否含有颜料分类，按漆膜的外观分类，按成膜物质分类等。见表12-3和表12-4。后一种分类法是目前最广泛的一种分类方法。我国就是采用的这种分类方法。

油漆分类表　　　　　　　　　　　　表 12-3

序　号	代　号	发　音	名　　称	序　号	代　号	发　音	名　　称
1	Y	衣	油　脂	10	X	希	乙烯树脂
2	T	特	天然树脂	11	B	波	丙烯酸树脂
3	F	佛	酚醛树脂	12	Z	资	聚酯树脂
4	L	肋	沥　青	13	H	喝	环氧树脂
5	C	雌	醇酸树脂	14	S	思	聚氨酯
6	A	啊	氨基树脂	15	W	吴	元素有机聚合物
7	Q	欺	硝酸纤维	16	J	移	橡胶类
8	M	模	纤维脂及醚	17	E	额	其　他
9	G	哥	过氯乙烯树脂	18			辅助材料

辅助材料按用途分类表　　　　　　　　表 12-4

序　号	代　号	发　音	名　　称	序　号	代　号	发　音	名　　称
1	X	希	稀释剂	4	T	特	脱漆剂
2	F	佛	防潮剂	5	H	喝	固化剂
3	G	哥	催干剂				

3）油漆命名。油漆全名＝颜料或颜色名称＋成膜物质名称＋基本名称。例如：红醇酸磁漆，锌黄酚醛防锈漆等。

对于某些有专业用途和特性的产品，必要时在成膜物质后面加以阐明。例如：醇酸导电磁漆，白硝基外用磁漆等。

4）油漆的编号。油漆编号分为油漆和辅助材料两种型号。

油漆符号分三个部分，第一部分是成膜物质，用汉语拼音字母表示；第二部分是基本名称，用两位数字表示（表12-5）；第三部分是序号，以表示同类品种间的组成、配比和用途的不同。

油漆基本名称编号　　　　　　　　　表 12-5

代　号	代表名称	代　号	代表名称	代　号	代表名称	代　号	代表名称
00	油漆	12	裂纹漆	34	漆包线漆	50	耐酸漆
01	清漆	14	透明漆	35	硅钢片漆	51	耐碱漆
02	厚漆	20	铅笔漆	36	电容器漆	52	防腐漆
03	调和漆	22	木器漆	37	电阻漆	53	防锈漆
04	磁漆	23	罐头漆		电位器漆	54	耐油漆
05	烘漆		（浸渍）	38	半导体漆	55	耐水漆
06	底漆	30	绝缘漆	40	防污漆	60	防火漆
07	腻子		（覆盖）		防蛆漆	61	耐热漆
08	水溶漆	31	绝缘漆	41	水线漆	62	变色漆
	乳胶漆		（磁烘）	42	甲板漆	63	涂布漆
09	大　漆	32	绝缘漆		甲板防滑漆	64	可剥漆
10	锤纹漆		（粘合）	43	船壳漆	65	粉末涂料
11	皱纹漆	33	绝缘漆	44	船底漆	66	感光涂料

代 号	代表名称	代 号	代表名称	代 号	代表名称	代 号	代表名称
80	地板漆	83	烟囱漆	86	标志漆	99	其 他
81	渔网漆	84	黑板漆		路线漆		
82	锅炉漆	85	调合漆	98	胶 液		

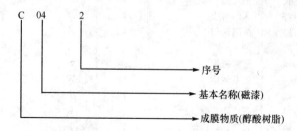

辅助材料型号分两部分，第一部分是辅助材料种类；第二部分是序号。

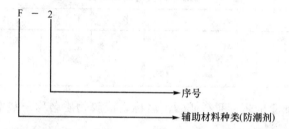

（3）油漆的选用

正确地选用油漆，对被涂物的漆膜质量和使用寿命有重要关系。选用油漆一般应考虑：

1）油漆的使用范围和环境条件。选用油漆应首先明确油漆的使用范围和环境条件。例如，室外钢结构用漆，主要是防止钢铁锈蚀和良好的户外耐久性能；而室内的建筑用漆就要色彩柔和。

2）被涂物的材质。同一种油漆对于不同材质的被涂物有不同的效果。例如，适用于钢铁表面的油性防锈油漆，若应用在中和处理的新混凝土表面时，由于混凝土中所含的碱性物质使油漆起皂化反应，会使涂层很快脱落。

3）油漆的配套性。油漆的配套性是指采用底漆、腻子、面漆和罩光漆作复合漆层时，要注意底漆适应何种面漆（即底漆与面漆的附着力及不被面漆咬起等），底漆与腻子、腻子与面漆，面漆与罩光漆彼此之间的附着力如何。否则，将可能造成油漆的分层、析出、脱漆等质量事故。

4）经济效果。选择油漆品种时，既要考虑施工费用的高低，也要考虑涂层的使用期限，将当前利益与长远利益结合起来。应尽量选用便于施工、价格合理、使用寿命长的油漆。

（4）油漆的施工

油漆与物体表面的综合，主要是机械性的粘合和附着，漆膜的破坏绝大部分表现为剥落和脱层。因此，油漆的施工一方面要重视被涂物件表面即底漆的处理。另一方面则要根据不同品种油漆的性能和被涂材料及其形状，选择适当的施工方法。

常用的施工方法有刷涂、喷涂、淋涂和浸涂等，其中以刷涂应用最普遍。金属表面的刷涂操作工序主要是底层除锈、刷涂防锈漆和面漆等。

3. 绝热工程

所谓绝热工程，是指在生产过程中，为了保持正常生产的最佳温度范围和减少热载体（如过热蒸汽、饱和水蒸气、热水和烟气等）和冷载体（如液氨、液氮、冷冻盐水和低温水等）在输送、贮存和使用过程中热量和冷量的散失浪费，提高热、冷效率，降低能源消耗和产品成本，因而对设备和管道所采取的保温和保冷措施，称之为绝热工程。绝热工程按用途可以分为保温、加热保温和保冷三种。

（1）绝热的目的

1）减少热损失，节约热量。当设备和管道内的介质温度高于周围空气温度时，热量将经过金属壁传到周围空气中去造成热量损失。经过设备和管道进行合理保温后，热量损失可以减少 80%～90%，从而可以节约大量的燃料。

2）改善劳动条件，保证操作人员安全。对车间内部的高温设备和管道进行保温，可以使设备和管道的表面温度降低，使环境温度不致太高，从而可以改善劳动条件，起到防暑、降温作用。

对于温度高于 65℃的设备和管道，从生产工艺上虽不需要保温，但为保证操作人员安全，需在人经常走动可能触及的范围内要作防烫保护性保温。

3）防止设备和管道内液体冻结。在寒冷的季节，高凝固点物质在设备、管道内流动不快或停储时间较长时，将产生冻结、堵塞，通常采用加热保护性保温。

室外或没有采暖房间内的设备、管道、水箱等，如果是间歇性工作也有冻结的可能，也需要加热性保温。

4）防止设备或管道外表面结露。当设备和管道外表面温度低于或等于周围空气的露点温度时，就会产生结露。表面结露，使凝结水往下滴，这样一来，不仅影响了环境卫生，同时也影响生产及产品质量。如果有腐蚀性气体。还会使管道、设备被腐蚀。

为了防止结露，就需要进行保温，使保温后的外表面温度高于周围空气的露点温度。

5）防止介质在输送中温度降低。在化工工业生产过程中，有的化学反应是在管道或设备中进行，有的是要求在输送中不能发生结晶或凝固，其中温度是一个很重要的参数，如果温度降低，就会使化学反应减慢，发生结晶或凝固，造成堵塞。为了防止或减少温度下降，就必须进行保温。对于那些高凝固点、高黏度的油品或容易结晶的化工物料，还需要进行加热保温（如加伴热管等）。

6）防止火灾。为了防止在高温管道、设备附近的可燃和易燃易爆物品以及木结构的建筑物等引起火灾，就需要对管道和设备进行保温，使之表面温度降到十分安全的状态。

7）提高耐火绝缘。为了保护在发生火灾时，管道和设备不被烧毁，需要用保温的方法提高耐火等级。

8）防止蒸发损失。高温和低温贮槽在室外露天安装，化工物料管道在室外架空敷设时，由于太阳辐射热引起升温，使贮槽、管道内介质蒸发，造成浪费。如果在贮槽或管道外进行保温，就可以防止或减少蒸发。

9）防止气体冷凝。有些气体在输送过程中，由于温度的降低，使气体冷凝成液体，有的液体还对管道或设备产生腐蚀，为了减少热损失防止冷凝，也需要进行保温。

（2）绝热材料

1）绝热材料的分类。绝热材料一般是轻质、疏松、多孔的纤维状材料。按其成分不同，可分为有机材料和无机材料两大类。

热力设备及管道保温用的材料多为无机绝热材料，此类材料具有不腐烂、不燃烧、耐高温等特点。例如石棉、硅藻土、珍珠岩、玻璃纤维、泡沫混凝土、硅酸钙等。

低温保冷工程多用有机绝热材料，此类材料具有容重轻、导热系数小、原料来源广、不耐高温、吸湿时易腐烂等特点。例如软木、聚苯乙烯泡沫塑料、聚氨基甲酸酯、牛毛毡、羊毛毡等。

按照绝热材料使用温度限度又可分为高温用、中温用和低温用绝热材料三种。

高温用绝热材料使用温度可在 700℃ 以上。这类纤维质材料有硅酸铝纤维、硅纤维等；多孔质材料有硅藻土、蛭石加石棉、耐热粘合剂等制品。

中温用绝热材料，使用温度在 100～700℃ 之间。中温用纤维质材料有石棉、矿渣棉、玻璃纤维等；多孔质材料有硅酸钙、膨胀珍珠岩、蛭石、泡沫混凝土等。

低温用绝热材料，使用温度在 100℃ 以下的保冷工程中。

绝热材料按照其形状不同可分为松散粉末、纤维状、粒状、瓦状、砖等几种。

按照施工方法不同可分为湿抹式绝热材料、填充式绝热材料、绑扎式绝热材料、包裹及缠绕式绝热材料。

湿抹式即将石棉、石棉硅藻土等保温材料加水调和成胶泥涂抹在热力设备及管道的外表面上。

填充式是在设备或管道外面做成罩子，其内部填充绝热材料，如填充矿渣棉、玻璃棉等。

绑扎式是将一些预制保温板或管壳放在设备或管道外面，然后用铁丝绑扎，外面再涂保护层材料。属于这类的材料有石棉制品、膨胀珍珠岩制品、膨胀蛭石制品、硅酸钙制品等。

包裹及缠绕式即把绝热材料做成毡状或绳状，直接包裹或缠绕在被绝缘的物体上。属于这类材料有矿渣棉毡、玻璃棉毡以及石棉绳、稻草绳等材料。

2）对绝热材料的要求。选用绝热材料时，应满足下列要求：

①导热系数小。只有导热系数小的材料才能作为绝热材料，导热系数越小，则绝热效果越好。

②密度小。多孔性的绝热材料的密度小。一般绝热材料的密度应低于 $600kg/m^3$。选用密度小的绝热材料，对于架空敷设的管道可以减轻支承构架的荷载，节约工程费用。

③具有一定的机械强度。绝热材料的抗压强度不应小于 0.3MPa。只有这样才能保证绝热材料及制品在本身自重及外力作用下不产生变形或破坏，才能更好地满足使用及施工要求。

④吸水率小。绝热材料吸水后，其结构中各气孔内的空气被水排挤出去，由于水的导热系数比空气的导热系数大 24 倍，因此吸水后的绝热材料的绝热性能变坏。所以在选用绝热材料时应当注意。

⑤不易燃烧且耐高温。绝热材料在高温作用下，不应改变其性能甚至于着火燃烧，尤其对于温度较高的过热蒸汽管道保温时，要选用耐高温的绝热材料。

⑥施工方便和价格低廉。为了满足绝热工程施工方便的要求，尽可能选用各种绝热材料制品，如保温板、管壳及毛毡等，并尽可能做到就地取材和就近取材，以减少运输过程

中的损坏和运输费用，从而节约投资。

（3）绝热结构

绝热结构是由绝热层和保护层两部分组成的。在室内，为了区别不同的管道、设备，在保护层的外面再刷一层色漆。绝热结构直接关系到绝热效果，投资费用，使用年限以及外表面整齐美观等问题。因此，对绝热结构的要求如下：

1）保证热损失不超过标准热损失。当已知被绝热物体及内部介质温度时，它的热损失主要取决于绝热材料的导热系数，导热系数越小，绝热层就越薄，反之绝热层就越厚。在标准热损失的范围内，绝热层越薄越好。

2）绝热结构应有足够的机械强度。绝热结构必须有足够的机械强度，要在自重的作用下或偶尔受到外力冲击时不致脱落下来，根据被绝热物体所处的场合不同，对于绝热结构的机械强度要求也有所不同。

3）要有良好的保护层。无论采用哪种绝热结构、敷在哪里，都必须有良好的保护层，使外部的水蒸气、雨水以及潮湿泥土中水分都不能进入绝热材料内。

4）绝热结构不能使管道和设备受到腐蚀。要使产生腐蚀的物质在绝热材料中的含量尽量减少。

5）绝热结构要简单，尽量减少材料消耗量。在满足要求条件下越简单越好。同时还要减少绝热材料和辅助材料的消耗量，更要减少金属材料的消耗量。

6）绝热结构所需要的材料应就地取材、价格便宜。为了降低投资，在满足保温的前提下，尽量就地取材选用廉价的绝热材料。

7）绝热材料所产生的应力不要传到管道或设备上。由于管道和设备与绝热结构的热膨胀系数不同，将产生不同的伸长量，如果在结构上处理不好，就会影响管道或设备的自由伸缩，或使绝热结构所产生的应力作用在管道或设备上。尤其是间歇运行系统，温差变化较大，在考虑绝热结构时必须注意这个问题。

8）绝热结构应当施工简便，维护检修方便。

9）决定绝热结构时要考虑管道或设备震动情况。在管道弯曲部分，方形伸缩器以及管道与泵或其他转动设备相连接时，由于管道伸缩以及泵或设备产生震动，传到管道上来，绝热结构如果不牢固，时间一长就会产生裂缝以致脱落。在这种情况下，最好采用毡材或绳状材料。

10）绝热结构外表应整齐美观。绝热结构外表应当整洁光滑，尤其是布置在室内的管道，应当与周围的环境协调起来，不应影响室内美观。

（4）保护层

1）使用保护层的目的：

①使用保护层，能延长绝热结构的使用寿命。不论绝热材料质量多好，强度多高，都有可能在内力或外力作用下遭到破坏，为了避免破坏和延长使用寿命，在绝热层的外面做保护层是十分必要的。

②防止雨水及潮湿空气的侵蚀。敷设在室外的架空管道或敷设在高湿的室内管道，保温层都会遭到雨淋或受潮。绝热材料吸收水分之后，就会降低绝热性能，为此必须做保护层来防护。

③使用保护层可以使保温外表面平整、美观。

④便于涂刷各种色漆。为了识别管道、设备内部介质的种类，往往在外表面涂刷各种色漆。做了保护层以后，便于涂刷各种色漆。

2）保护层的分类。根据保护层所用的材料不同、施工方法不同可以分为以下三类：

①涂抹式保护层。属于这类的保护层有沥青胶泥，石棉水泥砂浆等，其中石棉水泥砂浆是最常用的一种。

②金属保护层。属于这类的保护层有黑铁皮、镀锌铁皮、铅皮、聚氯乙烯复合钢板、不锈钢板等。

③毡、布类保护层。属于这类的保护层有油毡、玻璃布、塑料布、白布、帆布等。

3）对保护层的要求：要有良好的防水作用；不易燃烧，化学稳定；耐压强度高；在温度变化或振动的情况下不易开裂；密度轻，导热系数小；结构简单，施工方便；使用寿命长，投资省。

（5）防腐蚀工程

在石油化工生产中，许多介质含有酸、碱、盐及其他腐蚀性成分。防腐蚀工程是为避免设备和管道腐蚀损失、减少使用昂贵的合金钢、杜绝生产中的跑冒滴漏和保证设备连续运转及安全生产的重要手段。

1）防腐蚀涂料。防腐蚀涂料分为油漆厂生产的定型产品和在施工现场配制两种。油漆厂生产的涂料有：漆酚树脂漆、聚氨酯漆、氯磺化聚乙烯漆、过氯乙烯漆和 KJ-130 涂料等；现场配制的涂料有：生漆、环氧、酚醛树脂漆，冷固环氧树脂漆，环氧呋喃树脂漆，酚醛树脂漆，无机富锌漆和环氧银粉漆等。

2）玻璃钢衬里。玻璃钢又名玻璃纤维增强塑料，它是以合成树脂为主材掺入固化剂、稀释剂、增韧剂、耐酸粉料配制成的胶液作为粘结剂，以玻璃纤维毡、布、带等制品为增强材料所制成的一种防腐蚀材料。

玻璃钢是一种非金属防腐蚀材料，被广泛应用于碳钢设备的衬里和塑料管加强。

3）橡胶板及塑料板衬里。橡胶板及塑料板衬里，是把耐腐蚀橡胶板及塑料板贴衬在碳钢设备或管道的内表面，使衬里后的设备、管道具有良好的耐酸、碱，盐腐蚀能力和具有较高的机械强度。

耐腐蚀橡皮板具有优良的性能，除强氧化剂（如硝酸、浓硫酸、铬酸及过氧化氢等）及某些溶剂（如苯、二硫化碳、四氯化碳等）外，能耐大多数无机酸、有机酸、碱、各种盐类及醇类介质的腐蚀。因而在石油、化工生产装置中常被用于碳钢设备、管道的衬里。

塑料是一种具有优良耐腐蚀性能、有一定机械强度和耐温性能的材料。在石油、化工生产装置中应用较多的有聚氯乙烯塑料板衬里和聚合异丁烯板衬里。

4）衬铅及搪铅。铅能耐浓度 95％以下浓硫酸、60％以下醋酸、48％以下氢氟酸和铬酸的腐蚀。浓硫酸贮罐一般都是用衬铅措施来防止浓硫酸对碳钢设备的腐蚀。

衬铅及搪铅是两种覆盖铅层的方法。衬铅的施工方法比较简单，生产周期短，成本低，适用在立面、静荷载和正压情况下工作；搪铅与设备器壁之间结合均匀牢固，没有间隙，传热性能好，适用于负压，回转运动或震动情况下工作。

5）喷镀。金属喷镀中有喷铝、喷钢、喷铜等。喷镀工艺有粉末喷镀法和金属丝喷镀法，金属丝喷镀法又分电喷镀和气喷镀两种。常用的是金属丝喷镀法。

在有润滑剂的情况下，喷镀层金属同原金属相比有较好的耐磨性，摩擦系数要低于

5%～10%。

在碳钢设备上喷镀铝、锌等能有效地防止某些腐蚀性介质（如工业废水、海水、大气、弱酸、碱、盐等）的腐蚀和高温氧化。

金属喷镀还可以应用于修复由于磨蚀、铸造缺陷或由于机械加工错误而报废的物件。

6）耐酸砖、板衬里。耐酸砖、板衬里是采用耐腐蚀胶泥将耐酸砖、板贴衬在金属设备内表面，形成较厚的防腐蚀保护层。其耐腐蚀性、耐磨性和耐热性等方面效果较好，并有一定的抗冲击性能。因此，作为一种传统的防腐蚀技术被广泛应用于各类塔器、贮罐、反应釜的衬里。

（二）刷油、防腐蚀、绝热工程定额项目、清单项目划分

《全国统一安装工程预算定额》第十一册"刷油、防腐蚀、绝热工程"包含了除锈工程，刷油工程，防腐蚀涂料工程等 11 个项目，此定额适用于新建、扩建项目中的设备、管道、金属结构等的刷油、防腐蚀、绝热工程，其定额项目划分如图 12-1 所示。

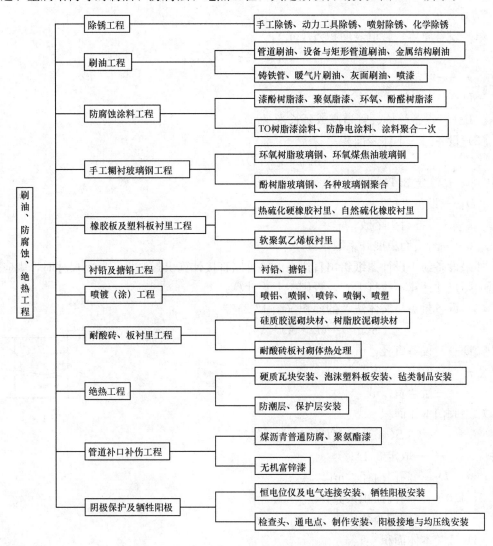

图 12-1 刷油、防腐蚀、绝热工程定额项目划分示意图

刷油、防腐蚀、绝热工程在各个项目工程中均有显示，故在《建设工程工程量清单计价规范》（GB 50500—20013）中无另列清单项目。

二、刷油、防腐蚀、绝热工程工程量计算

（一）刷油、防腐蚀工程量计算规则

1. 一般规定

设备、管道除锈、刷油、防腐工程量计算单位，以平方米为计算单位。

（1）复合层衬里工程或多层衬里工程，均按第一层面积计算。

（2）设备上的入孔、管口所占面积不另行计算，同时在计算设备表面积时也不扣除。

（3）刷油、防腐工程量与除锈工程量应一致。

金属结构的刷油、防腐工程量的计算单位以公斤为计算单位。

设备、管道壁厚大于 10mm 时，其内表面积的计算按设备、管道内径计算。设备、管道壁厚小于 10mm 时，其内表面积计算按设备，管道的外径计算。

2. 计算公式

（1）设备简体、管道表面积 S（m²）

$$S（\text{m}^2）＝\pi\times D\times L$$

式中　π——取定 3.14；

　　　D——设备简体、管道直径（m）；

　　　L——设备简体、管道高或延长米（m）。

（2）设备封头本体表面积

$$S(\text{m}^2)＝\pi\times(D/2)^2\times1.6\times n$$

式中　π——取定 3.14；

　　　D——设备直径，m；

　　　n——设备封头个数；

　　　1.6——封头面积展开系数。

如果设备封头设计图纸给出直边高度等可以直接计算出封头面积所需尺寸时，则应按图纸实际尺寸计算不执行上式，否则按上式计算。

（3）设备封头与简体法兰的面积（图 12-2）

$$S(\text{m}^2)＝(D+A)\times\pi\times A$$

式中　D——设备直径，m；

　　　π——取定 3.14；

　　　A——法兰宽，m。

（4）阀门本体面积

$$S(\text{m}^2)＝\pi\times D\times2.5D\times1.05\times N$$

式中　π——取定 3.14；

　　　D——阀门内径，m；

　　2.5，1.05——阀门面积系数；

　　　N——阀门个数。

（5）法兰本体面积

$$S(\text{m}^2)＝\pi\times D\times1.5D\times1.05\times N$$

图 12-2

式中 π——取定 3.14;

　　　D——法兰内径，m;

　1.5，1.05——法兰面积系数;

　　　N——法兰个数。

（6）弯头本体面积

$$S(\text{m}^2)=\pi\times D\times\frac{2\pi\times 1.5D}{B}\times N$$

式中　π——取定 3.14;

　　　D——直径，m;

　　　N——弯头个数;

　　　B——当弯头为 90°时，B 值取 4。当弯头为 45°时，B 值取 8;

　1.5——弯头曲率半径为管直径的 1.5 倍。

绝热后的外表面积（保护层面积）的计算按第二部分绝热工程量计算执行。

3. 工程量计算

计算图 12-3 的防腐工程量。

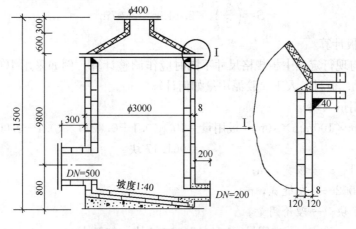

图 12-3

本台设备顶部采用挂网硅质胶泥抹面，筒体衬 $\delta=113\text{mm}$ 厚耐酸砖两层，底部采用硅质胶泥找坡，再衬 $\delta=65\text{mm}$ 耐酸砖两层、筒体（包括底部）衬隔离层——三布两底两面环氧玻璃钢。上口部位采用 $\delta=10\text{mm}$ 厚耐酸瓷板两层。

计算工程量:

（1）防腐面积

$$S=3.14\times 0.4\times 0.3+\left(\frac{3}{2}-\frac{0.4}{2}\right)\times\sqrt{0.6^2+1.3^2}\times 3.14+3\times(11.5-0.9)\times 3.14+\left(\frac{3}{2}\right)^2$$

$$\times 3.14+(3+0.04)\times 3.14\times 0.04\text{m}^2$$

$$=0.38+5.84+99.852+7.07+0.38\text{m}^2$$

$$=113.52\text{m}^2$$

（2）隔离层玻璃钢面积

$$S=3.14\times 3\times(11.5-0.9)+\left(\frac{3}{2}\right)^2\times 3.14+(3+0.04)\times 3.14\times 0.04\text{m}^2$$

$$=99.852+7.07+0.38m^2$$
$$=106.92+0.38m^2$$
$$=107.3m^2$$

（3）筒体衬 $\delta=113mm$ 厚耐酸砖面积
$$S=3.14\times3\times(11.5-0.9)m^2=99.852m^2$$

（4）底部衬 $\delta=65mm$ 耐酸砖面积
$$S=\left(\frac{3}{2}\right)^2\times3.14m^2=7.07m^2$$

（5）顶部抹面面积及衬板面积

抹面面积：
$$S=\left(\frac{3}{2}-\frac{0.4}{2}\right)\times\sqrt{0.6^2+1.3^2}\times3.14m^2=5.84m^2$$

衬板面积（上口部位）：
$$S=3.14\times0.4\times0.3m^2=0.38m^2$$

（6）底部胶泥（1：30）
$$S=\left(\frac{3}{2}\right)^2\times3.14m^2=7.07m^2$$

4. 耐酸瓷板计算

规格尺寸与现行定额中板规格尺寸不同时应作调整计算，例如采用 $100\times100\times10$ 瓷板衬里，每 $10m^2$ 板材、人工、胶泥用量如何计算？

（1）板材用量（块）

$100mm\times100mm\times10mm$ 板用量$=10/[(0.1+0.002)\times(0.1+0.002)]$块
$$=961.17 块$$

【注释】0.1 ——板宽，m；

0.002——灰缝宽，m；

961.17 块——理论用量。
$$实用量=961.17\times1.06 块=1020 块$$

【注释】1.06——实际损耗系数。

（2）胶泥用量：胶泥用量＝灰缝胶泥用量＋结合层胶泥用量

1）灰缝胶泥用量$=962\times(0.102+0.102)\times0.002\times0.01m^3$
$$=0.0039m^3$$

【注释】962——板材理论用量；

0.002——灰缝宽，m；

0.01——板材厚度，m。
$$灰缝胶泥实用量=0.0039\times1.05m^3=0.0041m^3$$

2）结合层胶泥实用量$=10\times0.006\times1.05m^3$
$$=0.063m^3$$

胶泥用量$=0.0041+0.063m^3=0.067m^3$

（3）人工用量：根据测算人工用量与板材单块面积成反比。

5. 胶泥找坡所需胶泥用量计算

以图 12-3 为例直径为 4m，坡度比为 1：40 时，每 10m² 胶泥用量

（1）最大厚度＝4000÷40mm＝100mm

（2）平均厚度＝100÷2mm＝50mm

（3）胶泥实际用量＝3.14×2²×0.05×1.05m³

$\qquad$＝0.66m³

每 10m² 胶泥用量＝0.66÷（2²×3.14）×10m³

$\qquad$＝0.525m³

6. 采用胶泥抹面厚度与现行定额不同时如何使用现行定额

例如实际抹面厚度 δ＝35mm 时，（现行定额抹面厚度 δ＝20mm）

（1）胶泥用量＝0.21÷20×35m³＝0.368m³

【注释】0.21——现行定额每 10m² 用量。

（2）胶泥搅拌机台班用量＝0.368÷0.21×1 台班

$\qquad$＝1.75 台班

（3）人工用量＝12＋（21.56－12）÷20×35 工日

$\qquad$＝28.73 工日

【注释】（21.56－12）——现行定额抹面人工用量。

1）根据前面讲的人工用量调整原则见表 12-6。

人工用量（工日） 表 12-6

砖、板规格（mm）	每 10m² 理论用块数	每 10m² 实际用块数	单板面积（m²）	每 10m² 人工用量（工日）							
				φ1.5m 下	1.5m 上	1.5m 下	1.5m 上	1.5m 下	1.5m 上	1.5m 下	1.5m 上
100×50×10	1885	2010	0.005	35.39	33.35	37.55	35.01	33.60	32.60	40.08	36.91
100×70×10	1362	1452	0.007	25.28	23.24	27.44	24.90	23.49	22.49	30.03	26.86
100×100×10	961	1024	0.010	17.70	15.66	19.86	17.32	15.91	14.91	22.45	19.28
150×75×10	855	912	0.01125	15.73	13.69	17.89	15.35	13.94	12.94	20.42	17.25
150×75×15	855	912	0.01125	15.79	13.75	17.95	15.41	14.00	13.00	20.48	17.31
150×75×20	855	912	0.01125	15.85	13.81	18.01	15.47	14.06	13.06	20.54	17.37
150×75×25	855	912	0.01125	15.91	13.87	18.07	15.53	14.12	13.12	20.60	17.43
180×110×10	491	521	0.0198	13.76	12.56	15.77	14.29	12.21	11.28	18.10	16.19
180×110×15	491	521	0.0198	13.82	12.62	15.83	14.35	12.27	11.34	18.16	16.25
180×110×20	491	521	0.0198	13.88	12.68	15.89	14.41	12.33	11.40	18.22	16.31
180×110×25	491	521	0.0198	13.94	12.74	15.95	14.47	12.39	11.46	18.28	16.37
180×110×30	491	521	0.0198	14.00	12.80	16.01	14.53	12.45	11.52	18.34	16.43
180×110×35	491	521	0.0198	14.06	12.86	16.07	14.59	12.51	11.58	18.40	16.49
200×100×15	485	514	0.020	13.68	12.49	15.67	14.21	12.15	11.23	17.98	16.09
200×100×20	485	514	0.020	13.74	12.55	15.73	14.27	12.21	11.29	18.04	16.15
200×100×25	485	514	0.020	13.80	12.61	15.79	14.33	12.27	11.35	18.10	16.21
200×100×30	485	514	0.020	13.86	12.67	15.85	14.39	12.33	11.41	18.16	16.27
150×150×15	433	459	0.02225	13.54	12.35	15.56	14.07	11.99	11.06	17.88	15.98
150×150×20	433	459	0.02225	13.60	12.41	15.62	14.13	12.05	11.12	17.94	16.04
150×150×25	433	459	0.02225	13.66	12.47	15.68	14.19	12.11	11.18	18.00	16.10
150×150×30	433	459	0.02225	13.73	12.53	15.74	14.25	12.17	11.24	18.06	16.16
150×150×35	433	459	0.02225	13.79	12.59	15.80	14.31	12.23	11.30	18.12	16.22

2）每 10m² 各种规格砖、板材用量详见表 12-7。

每 10m² 各种规格砖、板材用量表　表 12-7

序号	规格 L（mm）	衬厚	理论计算量（块）	损耗 %	损耗 数量	总用量（块）
1	230×113×65	230mm	10÷[(0.113+0.003)×(0.065+0.003)]=1268	4	51	1319
2	230×113×65	113mm	10÷[(0.23+0.003)×(0.065+0.003)]=632	4	25	657
3	230×113×65	65mm	10÷[(0.23+0.003)×(0.065+0.003)]=370	4	15	385
4	100×50	一层	10÷[(0.100+0.003)×(0.05+0.002)]=1886	6.6	124	2010
5	75×75	一层	10÷[(0.075+0.003)×(0.05+0.002)]=1687	6.6	111	1798
6	100×70	一层	10÷[(0.100+0.003)×(0.070+0.002)]=1362	6.6	90	1452
7	100×100	一层	10÷[(0.100+0.003)×(0.070+0.002)]=961	6.6	63	1024
8	150×70	一层	10÷[(0.150+0.003)×(0.070+0.002)]=914	6.6	60	974
9	150×75	一层	10÷[(0.150+0.003)×(0.075+0.002)]=855	6.6	57	912
10	180×110	一层	10÷[(0.180+0.003)×(0.110+0.002)]=491	6	30	521
11	100×90	一层	10÷[(0.180+0.003)×(0.090+0.002)]=597	6	36	633
12	200×100	一层	10÷[(0.200+0.003)×(0.100+0.002)]=485	6	29	514
13	150×150	一层	10÷[(0.150+0.003)×(0.150+0.002)]=433	6	26	459

3）衬砌 10m² 砖、板胶泥用量见表 12-8。

衬砌 10m² 砖、板胶泥用量表　表 12-8

序号	砖、板规格	衬厚	结合层厚（mm）	灰缝宽（mm）	理论用量（m³）	损耗率（%）	总用量（m³）
1	230×113×65	230mm	0.009	0.003	0.251	5	0.264
2	230×113×65	113mm	0.009	0.003	0.154	5	0.162
3	230×113×65	65mm	0.009	0.003	0.115	5	0.121
4	100×50×10	一层	0.008	0.002	0.086	5	0.090
5	100×50×10	一层	0.008	0.002	0.085	5	0.089
6	75×75×10	一层	0.006	0.002	0.085	5	0.080
7	100×70×10	一层	0.008	0.002	0.084	5	0.088
8	150×70×10	一层	0.008	0.002	0.084	5	0.088
9	150×75×10	一层	0.008	0.002	0.084	5	0.088
10	180×110×10	一层	0.008	0.002	0.083	5	0.087
11	150×75×15	一层	0.008	0.002	0.086	5	0.090
12	180×110×15	一层	0.008	0.002	0.084	5	0.088
13	200×100×15	一层	0.008	0.002	0.084	5	0.088
14	150×150×15	一层	0.008	0.002	0.084	5	0.088
15	150×75×20	一层	0.008	0.002	0.088	5	0.092
16	180×90×20	一层	0.008	0.002	0.087	5	0.091

序号	砖、板规格	衬厚	结合层厚 (mm)	灰缝宽 (mm)	理论用量 (m³)	损耗率 (%)	总用量 (m³)
17	180×110×20	一层	0.008	0.002	0.086	5	0.090
18	200×100×20	一层	0.008	0.002	0.086	5	0.090
19	150×150×20	一层	0.008	0.002	0.085	5	0.089
20	150×75×15	一层	0.008	0.002	0.090	5	0.095
21	180×110×25	一层	0.008	0.002	0.087	5	0.091
22	180×100×25	一层	0.008	0.002	0.087	5	0.091
23	150×150×25	一层	0.008	0.002	0.087	5	0.091
24	180×110×30	一层	0.008	0.002	0.089	5	0.093
25	200×100×30	一层	0.008	0.002	0.089	5	0.093
26	150×150×30	一层	0.008	0.002	0.088	5	0.092
27	180×110×35	一层	0.008	0.002	0.090	4	0.095
28	150×150×35	一层	0.008	0.002	0.089	5	0.093

4）衬砌每 $10m^2$ 硫酸、水机械台班消耗量见表 12-9。

衬砌每 $10m^2$ 硫酸、水机械台班消耗量表　　　　表 12-9

序号	砖、板规格 (mm)	衬厚	硫酸 40% (kg)	水 (t)	机　械　台　班		
					胶泥搅拌机 1.5kW	砂轮机 11kW	排风机 7.5kW
1	230×113×65	230mm	2	1.6	0.5	0.2	0.6
2	230×113×65	113mm	2	0.8	0.5	0.2	0.6
3	230×113×65	65mm	2	0.5	0.5	0.2	0.6
4	各种耐酸板	一层		0.5	0.5	0.2	0.6

5）手工糊衬玻璃钢工程中衬布所用树脂胶液的调整计算。

现行"定额"衬布所用的树脂胶液是按一定布的厚度考虑的，实际工程中使用的布厚度（或毡厚）与现行"定额"不同时应按下面计算式调整计算。

$$实际布厚用胶液量 = \frac{现行定额胶液量}{现行定额布厚度} \times 实用布厚度$$

以《全国统一安装工程预算定额》第十一册中的 11—662 环氧玻璃钢为例，实际使用布厚为 0.4mm 计算实际胶液用量。

$$0.4mm 厚布所用胶液 = \frac{1.76 + 0.14 + 0.70 + 0.18 + 0.26}{0.225} \times 0.4kg$$

$$= 3.04 \div 0.225 \times 0.4kg$$

$$= 5.4kg$$

胶液中各种材料用量分别：

3.04：11—662 子项玻璃钢一层布胶液用量

0.225：11—662 子项平均布厚度

3.04：含环氧树脂 1.76kg、固化剂（乙二胺）0.14kg、丙酮 0.70kg、二丁酯 0.18kg、石英粉 0.26kg。

则实际用 5.4kg 胶液中各种材料用量为：

环氧树脂＝1.76/3.04×5.4kg＝3.13kg

乙二胺＝0.14/3.04×5.4kg＝0.25kg

丙酮＝0.70/304×5.4kg＝1.24kg

二丁酯＝0.18/3.04×5.4kg＝0.32kg

石英粉＝0.26/3.04/5.4kg＝0.46kg

（二）绝热工程量计算规则

1. 一般规定

（1）绝热层以 m³ 为计算单位；

（2）防潮层、保护层以 m² 为计算单位。

2. 计算公式

（1）管道、设备筒体绝热

$$V(\mathrm{m}^3)＝L×\pi×(D+\delta+\delta×3.3\%)×(\delta+\delta×3.3\%)$$
$$＝L×\pi×(D+1.033\delta)×1.033\delta$$

防潮层按平方米为计算单位时，其计算公式为：

$$S_j(\mathrm{m}^2)＝L×\pi×(D+1.033\delta)$$
$$S(\mathrm{m}^2)＝L×\pi×(D+2\delta+2\delta×5\%+2d_1+3d_2)$$
$$＝L×3.14×(D+2.1\delta+0.0032+0.005)$$

式中　　L——管道、设备筒体长，m；

　　　　D——管道、设备筒体外直径，m；

　　　　δ——绝热层厚度，m；

　　3.3%——规范允许偏差系数；

　　　5%——规范允许偏差系数；

　　$2d_1$——捆扎线或钢带直径或厚度，m；

　　$3d_2$——防潮层厚度，m。

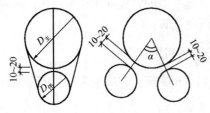

图 12-4

此式适用单管伴热、双管伴热而且管径相同、夹角 α 小于 $90°$。

（2）伴热管道绝热

伴热管道绝热工程量计算主要是计算伴热管道的综合直径（外径）。然后将综合直径代入上两式便可计算出伴热管道绝热工程量。计算示意图如图 12-4 所示。

$$D'＝D_{主}+D_{伴}+（10～20\mathrm{mm}）$$

式中　　D'——综合直径（外径），m；

　　　　$D_{主}$——主管道外径，m；

　　　　$D_{伴}$——伴热管外径，m。

（10～20mm）——主管道与伴热管之间的间隙。如果设计图纸已注明间隙尺寸，按设计图纸执行，反之按平均值计算即 15mm 执行。

$$D' = D_{主} + D_{伴大} + （10～20mm）$$

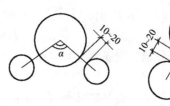

此式适用双管伴热，夹角 α 小于 $90°$，管径不同

$$D' = D_{主} + 1.5D_{伴} + （10～20mm）$$

此式适用双管伴热，管径相同，夹角 α 大于 $90°$。

图 12-5

（3）阀门绝热图（图 12-5）

$$V(m^3) = \pi \times (D+1.033\delta) \times 2.5D \times 1.033\delta \times 1.05 \times N$$
$$S(m^2) = \pi \times (D+2.1\delta) \times 2.5D \times 1.05 \times N$$

式中　　π——3.14；

D——外径，m；

δ——绝热层厚度。m；

2.5D——阀门长，m；

1.05——调整系数；

N——阀门个数。

（4）法兰绝热

$$V = \pi \times (D+1.033\delta) \times 1.5D \times 1.033\delta \times 1.05 \times N$$
$$S = \pi \times (D+2.1\delta) \times 1.5D \times 1.05 \times N$$

式中　1.05——调整系数；

N——法兰个数，其他符号代表意同上。

应当指出在计算管道延长米时，不扣除阀门、法兰的占有量。因为以上公式已综合考虑了不扣除的因素。

（5）设备封头绝热

$$V = \pi \times \left(\frac{D+1.033\delta}{2}\right)^2 \times 1.033\delta \times 1.5 \times N$$

$$S = \pi \times \left(\frac{D+2.1\delta}{2}\right)^2 \times 1.5 \times N$$

式中　1.5——调整系数；

N——设备封头个数；

D——设备外径，m；

δ——绝热层厚度，m；

π——3.14。

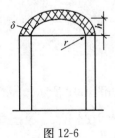

上两式不适用于拱顶油罐的罐顶绝热工程量计算。

（6）拱顶油罐的罐顶绝热如图 12-6 所示。

$$V = 2\pi r \times (h+1.033\delta) \times 1.033\delta$$
$$S = 2\pi r \times (h+2.1\delta)$$

式中　r——半径，m；

h——拱顶高，m；

δ——绝热层厚度，m。

图 12-6

（7）抹面保护层面积的计算

$$S(\mathrm{m}^2)=L\times\pi\times(D+2.1\delta+d)$$

式中　　L——管道、设备筒体长，m；

　　　　π——3.14；

　　　　D——管道、设备筒体外径，m；

　　　　δ——绝热层厚度，m；

　　　　d——抹面保护层厚度，m。

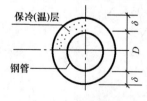

图 12-7　管道保温

（三）绝热保温（冷）工程量计算及定额套用

1. 管道保温（冷）工程量

（1）管道保温（冷）安装工程量　　按"m³"计量，计算管道长度时不扣除法兰、阀门、管件所占长度。其保温工程量按下式计算，如图 12-7 所示。也可查定额第十一册《刷油、防腐蚀、绝热工程》定额附录九表计算。

$$V_{管}=L\pi(D+\delta+\delta\times3.3\%)\times(\delta+\delta\times3.3\%)$$

或

$$V_{管}=L\pi(D+1.033\delta)\times1.033\delta$$

式中　　D——管道外径；

　　　　δ——保温层厚度；

　　　3.3%——保温（冷）层偏差。

管道保温工程按保温材质不同，查套相应子目。铝箔玻璃棉筒、棉毡保温层，按各地补充定额执行。

（2）管道保温瓦块制作工程量　　按下式计算：

$$V_{制}=瓦块安装工程量\times(1+加工损耗率)$$

加工损耗率按 5%～8% 考虑。

加工制作按材质不同，套相应子目。

2. 设备体保温（冷）工程量

（1）圆封头圆筒体（立式、卧式）保温工程量，如图 12-8 所示。

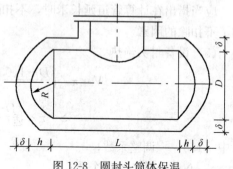

图 12-8　圆封头筒体保温

$$V_{圆}=L\pi(D+\delta+\delta\times3.3\%)\cdot(\delta+\delta\times3.3\%)$$

$$+\pi\Big(\frac{D+\delta+\delta\times3.3\%}{2}\Big)^2\times1.6\times(\delta+\delta\times3.3\%)n$$

或　　$V_{圆}$=筒体保温+两个圆封头保温

=筒体保温+$2\pi R(h+\delta+\delta\times3.3\%)\cdot(\delta+\delta\times3.3\%)$

式中　　1.6——封头展开面积系数；

　　　　n——封头个数。

（2）平封头圆筒体（立式、卧式）保温工程量，其计算式如下：如图 12-9 所示。

$$V_{平}=(L+2\delta+2\delta\times3.3\%)\pi(D+\delta+\delta\times3.3\%)\cdot(\delta+\delta\times3.3\%)$$

$$+\pi\Big(\frac{D}{2}\Big)^2\cdot(\delta+\delta\times3.3\%)n$$

即　　　　$V_平$＝筒体保温＋两个平封头保温

式中　n——平封头个数。

（3）当有人孔和管接口时，还必须加上这些保温体积，如图 12-10 所示。按下式计算：

$$V=\pi h(d+1.033\delta)\times 1.033\delta$$

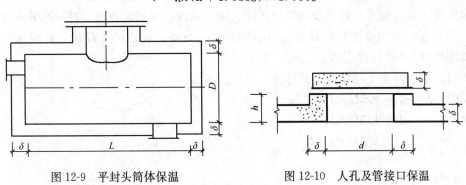

图 12-9　平封头筒体保温　　　　　图 12-10　人孔及管接口保温

（4）设备体保温（冷）工程量　按"m^3"计量，根据保温材质不同分加工制作和安装，套用相应子目。

3. 法兰、阀门保温（冷）工程量

（1）法兰保温工程量　以"个"计量，按保温材质套用相应子目，如图 12-11 所示。按下式计算：

$$V_兰=\pi 1.5D\times 1.05D \cdot (\delta+\delta\times 3.3\%) \cdot n$$

或　　　　　　　　$V_兰=1.6274\pi D^2\delta n$

（2）阀门体保温工程量　以"个"计量。如图 12-12 所示。按下式计算，套相应子目。

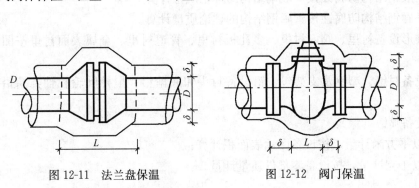

图 12-11　法兰盘保温　　　　　图 12-12　阀门保温

$$V_阀=\pi 2.5D\times 1.05D \cdot (\delta+\delta\times 3.3\%) \cdot n$$

或　　　　　　　　$V_阀=2.7116\pi D^2\delta n$

式中　　　　　　　D——法兰、阀门直径；

δ——保温层厚度；

1.5；1.05；2.5——法兰、阀门表面积系数；

3.3%——绝热层偏差系数；

n——保温法兰及阀门个数。

4. 保温层的保护层制作工程量

保护层工程量以"m²"计量。其计算方法与管道、设备保温后刷油工程计算方法相同。套用相应定额子目。

5. 防腐工程

防腐工程量与刷油量相同，只不过设备、管道、支架不是刷普通油漆而是刷防腐涂料。如生漆、聚氨酯漆、环氧和酚醛树脂漆，聚乙烯漆、无机富锌漆、过氯乙烯漆等，仍以"m²"计量。所以工程量计算方法与不保温时的设备、管道的工程量计算同前；金属结构每吨折算 $58m^2$ 计算工程量。

阀门、法兰防腐工程量按下式计算：

阀门：$S = \pi D \times 2.5D \times 1.05 \cdot n$

法兰：$S = \pi D \times 1.5D \times 1.05 \cdot n$

弯头：$S = \pi D \times \dfrac{1.5D \times 2\pi}{B} \times n$

式中　n——个数；

　　　B——90°时，$B=4$；45°时，$B=8$。

混凝土的箱、池、沟、槽防腐，按土建预算定额规定方法计算。

(四) 刷油、防腐蚀、绝热工程清单工程量计算规则（GB 50856—2013）

1. 管道刷油、设备与矩形管道刷油、环氧煤沥青防腐蚀、埋地管道防腐蚀：

1）以平方米计量，按设计图示表面积尺寸以面积计算；

2）以米计量，按设计图示尺寸以长度计算。

2. 灰面刷油、布面刷油、气柜刷油、玛蹄酯面刷油、喷漆、防火涂料、金属油罐内壁防静电等按设计图示表面积计算。

3. 一般钢结构防腐蚀按一般钢结构的理论质量计算。

4. 管廊钢结构防腐蚀按管廊钢结构的理论质量计算。

5. 锥形设备衬里、阀门衬里、多孔板衬里、管道衬里、金属表面衬里按图示表面积计算。

6. 设备衬铅、型钢及支架包、铅设备封头和底搪铅、搅拌叶轮和轴类搪铅按图示表面积计算。

7. 设备喷镀（涂）：

1）以平方米计量，按设备图示表面积计算；

2）以千克计量，按设备零部件质量计量。

第二部分

工程量清单计价实例

第十三章 机械设备安装工程工程量清单设置与计价举例

【例】某化工厂要自建一小型污水处理系统，图 13-1 是其流程图。要安装的设备名称、规格及数量如下：

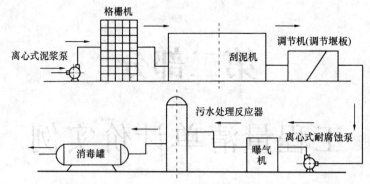

图 13-1 污水处理系统流程图

（1）离心式泥浆泵：$DN360-75×3$，设备单重为 3.324t，1 台。

（2）格栅机：设备单重为 5.48t，1 台。

（3）刮泥机：$\phi20m$，设备单重为 8.5t，1 台。

（4）调节机（调节堰板）：$\phi4500mm$，设备单重为 4.85t，1 台。

（5）离心式耐腐蚀泵：IH80-50-160，设备单重为 0.358t，1 台。

（6）曝气机：曝气机叶轮直径为 $\phi1930mm$，设备单重为 4.20t，1 台。

（7）污水处理反应器：内有复杂装置，$\phi4000×9000mm$，设备单重 10.56t，底座安装标高在 6m 以内，1 台。

（8）消毒罐：内有填料，$\phi2200×7350mm$，设备单重 4.85t，底座安装标高在 6m 以内，1 台。

【解】（1）清单工程量

1）离心式泥浆泵

计量单位：台。

工程量：1 台/1 台（计量单位）=1。

2）格栅机

计量单位：台。

工程量：1 台/1 台（计量单位）=1。

3）刮泥机

计量单位：台。

工程量：1 台/1 台（计量单位）=1。

4）调节机（调节堰板）

计量单位：台。

工程量：1 台/1 台（计量单位）=1。

5）离心式耐腐蚀泵

计量单位：台。

工程量：1 台/1 台（计量单位）=1。

6）曝气机

计量单位：台。

工程量：1 台/1 台（计量单位）=1。

7）污水处理反应器

计量单位：台。

工程量：1 台/1 台（计量单位）=1。

8）消毒罐

计量单位：台。

工程量：1 台/1 台（计量单位）=1。

清单工程量计算表见表 13-1。

清单工程量计算表 表 13-1

序号	项目编号	项目名称	项目特征描述	计量单位	工程量
1	030109001001	离心式泵	离心式泥浆泵：DN360-75×3，设备单重为 3.324t	台	1.00
2	031006008001	污水处理设备	格栅机：设备单重为 5.48t	台	1.00
3	031006008002	污水处理设备	刮泥机：ϕ20m，设备单重为 8.5t	台	1.00
4	031006008003	污水处理设备	调节机（调节堰板）：ϕ4500mm，设备单重为 4.85t	台	1.00
5	030109001002	离心式泵	离心式耐腐蚀泵：IH80-50-160，设备单重为 0.358t	台	1.00
6	031006008004	污水处理设备	曝气机：曝气机叶轮直径为 ϕ1930mm，设备单重为 4.20t	台	1.00
7	030302007001	反应器	污水处理反应器：内有复杂装置，ϕ4000×9000mm，设备单重 10.56t，底座安装标高在 6m 以内	台	1.00
8	030302007002	反应器	消毒罐：内有填料，ϕ2200×7350mm，设备单重 4.85t，底座安装标高在 6m 以内	台	1.00

（2）定额工程量

套用《全国统一安装工程预算定额》GYD-201-2000、GYD-205-2000、GYD-211-2000。

1）离心式泥浆泵

①本体安装

计量单位：台。

工程量：1 台/1 台（计量单位）=1。

查 1-830 套定额子目。

②泵拆装检查

计量单位：台。

工程量：1 台/1 台（计量单位）＝1。

查 1-947 套定额子目。

③电动机安装

本例中拟选用电动机 Y400-6，单机重量为 2.55t。

计量单位：台。

工程量：1 台/1 台（计量单位）＝1。

查 1-1279 套定额子目。

④二次灌浆

每台设备的二次灌浆量为 0.3m³。

计量单位：m³。

工程量：0.3m³/1 m³（计量单位）＝0.3。

查 1-1418 套用定额子目。

⑤起重机吊装

每台设备的重量为 3.324t，所以可以选择汽车起重机起吊。

一般机具摊销费为 3.324t×1×12 元/t＝39.89 元。

【注释】一般机具摊销费＝设备总重×12 元/t，以下的一般起重机具摊销费计算方法同此处。

⑥脚手架搭拆费

脚手架搭拆费按人工费的 10％来计算，其中人工工资占 25％，材料费占 75％。

2）格栅机

①本体安装

计量单位：台。

工程量：1 台/1 台（计量单位）＝1。

参 5-1146 套定额子目。

【注释】由于《全国统一安装工程预算定额》中没有关于格栅机的定额，所以此处暂时参考的是刮沫机的定额，可根据实际情况作出调整。

②起重机吊装

每台设备的重量为 5.48t，所以可以选择汽车起重机起吊。

一般机具摊销费为 5.48t×1×12 元/t＝65.76 元。

③脚手架搭拆费

脚手架搭拆费按人工费的 10％来计算，其中人工工资占 25％，材料费占 75％。

3）刮泥机

①本体安装

计量单位：台。

工程量：1 台/1 台（计量单位）＝1。

查 5-1147 套定额子目。

②起重机吊装

每台设备的重量为 8.500t，所以可以选择汽车起重机起吊。

一般机具摊销费为 8.500t×1×12 元/t＝102.00 元。

③脚手架搭拆费

脚手架搭拆费按人工费的 10％来计算，其中人工工资占 25％，材料费占 75％。

4）调节机（调节堰板）

①本体安装

计量单位：台。

工程量：1 台/1 台（计量单位）＝1。

查 5-1145 套定额子目。

②起重机吊装

每台设备的重量为 4.850t，所以可以选择汽车起重机起吊。

一般机具摊销费为 4.850t×1×12 元/t＝58.20 元。

③脚手架搭拆费

脚手架搭拆费按人工费的 10％来计算，其中人工工资占 25％，材料费占 75％。

5）离心式耐腐蚀泵

①本体安装

计量单位：台。

工程量：1 台/1 台（计量单位）＝1。

查 1-791 套定额子目。

②泵拆装检查

计量单位：台。

工程量：1 台/1 台（计量单位）＝1。

查 1-910 套定额子目。

③电动机安装

本例中拟选用电动机 YLB200-3-4，单机重量为 0.38t。

计量单位：台。

工程量：1 台/1 台（计量单位）＝1。

查 1-1277 套定额子目。

④二次灌浆

每台设备的二次灌浆量为 0.3m³。

计量单位：m³。

工程量：0.3m³/1 m³（计量单位）＝0.3。

查 1-1418 套用定额子目。

⑤起重机吊装

每台设备的重量为 0.358t，所以可以选择汽车起重机起吊。

一般机具摊销费为 0.358t×1×12 元/t＝4.30 元。

⑥脚手架搭拆费

脚手架搭拆费按人工费的 10％来计算，其中人工工资占 25％，材料费占 75％。

6) 曝气机

①本体安装

计量单位：台。

工程量：1台/1台（计量单位）＝1。

查 5-1143 套定额子目。

②起重机吊装

每台设备的重量为 4.200t，所以可以选择汽车起重机起吊。

一般机具摊销费为 4.200t×1×12 元/t＝50.40 元。

③脚手架搭拆费

脚手架搭拆费按人工费的 10%来计算，其中人工工资占 25%，材料费占 75%。

7) 污水处理反应器

①本体安装

同清单工程量，1台。

查 5-836 套用定额子目。

②水压试验

需要进行水压试验，设计压力为 3.2MPa。

反应器体积：$\pi LD^2/4＝3.14×9.00×4.00^2÷4＝113.04m^3$

式中　L——设备长度；

　　　D——设备直径。

计量单位：台。

工程量：1台/1台（计量单位）＝1。

查 5-1172 套用定额子目。

③气密试验

水压试验之后需要进行气密试验，设计压力为 3.00MPa，反应器体积为 $113.04m^3$。

计量单位：台。

工程量：1台/1台（计量单位）＝1。

查 5-1308 套用定额子目。

④调和漆一遍

反应器表面积：$\pi DL＝3.14×4.00×9.00m^2＝113.04m^2$。

式中　L——设备长度；

　　　D——设备直径。

计量单位：$10m^2$。

工程量：113.04 m^2（设备表面积）/10 m^2（计量单位）＝11.30。

查 11-93 套定额子目。

⑤调和漆两遍

计量单位：$10m^2$。

工程量：113.04 m^2（设备表面积）/10 m^2（计量单位）＝11.30。

查 11-94 套定额子目。

⑥二次灌浆

每台设备的二次灌浆量为 0.3m³。

计量单位：m³。

工程量：0.3m³/1 m³（计量单位）＝0.3。

查 11-94 套定额子目。

⑦反应器绝热

采用泡沫玻璃板绝热，厚度为 40mm。

绝热层体积为：

$$V = \pi(D + 1.033\delta) \times 1.033\delta \times L$$
$$= 3.14 \times (4.00 + 1.033 \times 0.04) \times 1.033 \times 0.04 \times 9.0 \text{m}^3$$
$$= 4.72 \text{m}^3$$

式中　D——设备直径；

　　　δ——绝热层厚度；

　　　L——设备长度（或高度）。

计量单位；m³。

工程量：4.72 m³（绝热层体积）/1 m³（计量单位）＝4.72。

查 11-1803 套定额子目。

⑧起重机吊装

每台设备的重量为 10.560t，所以可以选择汽车起重机起吊。

一般机具摊销费为 10.560t×1×12 元/t＝126.72 元。

⑨脚手架搭拆费

脚手架搭拆费按人工费的 10% 来计算，其中人工工资占 25%，材料费占 75%。

8）消毒罐

①本体安装

同清单工程量，1 台。

查 5-813 套用定额子目。

②水压试验

需要进行水压试验，设计压力为 2.6MPa。

反应器体积：$\pi L D^2/4 = 3.14 \times 7.35 \times 2.2^2 \div 4 = 27.93 \text{m}^3$

式中　L——设备长度；

　　　D——设备直径。

计量单位：台。

工程量：1 台/1 台（计量单位）＝1。

查 5-1169 套用定额子目。

③气密试验

水压试验之后需要进行气密试验，设计压力为 2.4MPa，反应器体积为 27.93m³。

计量单位：台。

工程量：1 台/1 台（计量单位）＝1。

查 5-1296 套用定额子目。

④调和漆一遍

反应器表面积：$\pi DL = 3.14 \times 2.2 \times 7.35 = 50.77\text{m}^2$。

式中　L——设备长度；

　　　D——设备直径。

计量单位：10m^2。

工程量：50.77m^2（设备表面积）/10m^2（计量单位）$=5.08$。

查 11-93 套定额子目。

⑤调和漆两遍

计量单位：10m^2。

工程量：$50.77\ \text{m}^2$（设备表面积）/$10\ \text{m}^2$（计量单位）$=5.08$。

查 11-94 套定额子目。

⑥二次灌浆

每台设备的二次灌浆量为 0.3m^3。

计量单位：m^3。

工程量：0.3m^3/1m^3（计量单位）$=0.3$。

查 11-94 套定额子目。

⑦反应器绝热

采用泡沫玻璃板绝热，厚度为 40mm。

绝热层体积为：

$$V = \pi(D + 1.033\delta) \times 1.033\delta \times L$$
$$= 3.14 \times (2.20 + 1.033 \times 0.04) \times 1.033 \times 0.04 \times 7.35\text{m}^3$$
$$= 2.14\text{m}^3$$

式中　D——设备直径；

　　　δ——绝热层厚度；

　　　L——设备长度（或高度）。

计量单位：m^3。

工程量：2.14m^3（绝热层体积）/$1\ \text{m}^3$（计量单位）$=2.14$。

查 11-1803 套定额子目。

⑧起重机吊装

每台设备的重量为 4.850t，所以可以选择汽车起重机起吊。

一般机具摊销费为 $4.850\text{t} \times 1 \times 12$ 元/t $= 58.20$ 元。

⑨脚手架搭拆费

脚手架搭拆费按人工费的 10% 来计算，其中人工工资占 25%，材料费占 75%。

9）一般起重机具摊销费（综合）

总的一般起重机具摊销费为各台设备一般起重机具摊销费之和。

$(3.324 + 5.480 + 8.500 + 4.850 + 0.358 + 4.200 + 10.560 + 4.850) \times 12$ 元

$= 42.122 \times 12$ 元

$= 505.46$ 元

【注释】3.324——一台离心式泥浆泵的重量；

　　　　5.480——一台格栅机的重量；

402

8.500——一台刮泥机的重量；

4.850——一台调节机（调节堰板）的重量；

0.358——一台离心式耐腐蚀泵的重量；

4.200——一台曝气机的重量；

10.560——一台污水处理反应器的重量；

4.850——一台消毒罐的重量；

42.122——小型污水处理系统设备的总重量；

505.46——综合的一般起重机具摊销费。

某化工厂小型污水处理系统设备安装工程预算表见表13-2。

某化工厂小型污水处理系统设备安装工程预算表   表 13-2

序号	定额编号	分项工程量名称	计量单位	工程量	基价（元）	其中/元			合计（元）
						人工费	材料费	机械费	
1	1-830	离心式泥浆泵安装	台	1.00	1418.44	730.50	439.19	248.75	1418.44
2	1-947	离心式泥浆泵拆装检查	台	1.00	1546.70	1421.06	125.64	—	1546.70
3	1-1279	电动机安装（离心式泥浆泵）	台	1.00	546.40	303.25	0.23	242.92	546.40
4	1-1418	二次灌浆（离心式泥浆泵）	m³	0.30	478.07	172.06	306.01	—	143.42
5	参 5-1146	格栅机安装	台	1.00	2905.09	1746.61	466.43	692.05	2905.09
6	5-1147	刮泥机安装	台	1.00	14644.43	5318.31	1250.07	8076.05	14644.43
7	5-1145	调节机（调节堰板）安装	台	1.00	677.47	269.35	111.71	296.41	677.47
8	1-791	离心式耐腐蚀泵安装	台	1.00	243.54	137.46	89.15	16.93	243.54
9	1-910	离心式耐腐蚀泵拆装检查	台	1.00	147.05	120.74	26.31	—	147.05
10	1-1277	电动机安装（离心式耐腐蚀泵）	台	1.00	445.12	107.28	209.06	128.78	445.12
11	1-1418	二次灌浆（离心式耐腐蚀泵）	m³	0.30	478.07	172.06	306.01	—	143.42
12	5-1143	曝气机安装	台	1.00	2301.59	748.15	917.26	636.18	2301.59
13	5-836	污水处理反应器本体安装	台	1.00	8280.12	1634.22	2058.72	4587.18	8280.12

序号	定额编号	分项工程量名称	计量单位	工程量	基价（元）	其中/元			合计（元）
						人工费	材料费	机械费	
14	5-1172	水压试验（污水处理反应器）	台	1.00	2534.58	518.04	1731.30	285.24	2534.58
15	5-1308	气密试验（污水处理反应器）	台	1.00	1691.93	267.49	794.63	629.81	1691.93
16	11-93	调和漆一遍（污水处理反应器）	10 m²	11.30	6.12	5.80	0.32	—	69.16
17	11-94	调和漆两遍（污水处理反应器）	10 m²	11.30	5.86	5.57	0.29	—	66.22
18	11-1803	反应器绝热（污水处理反应器）	m³	4.72	884.29	484.60	354.80	44.89	4173.85
19	1-1418	二次灌浆（污水处理反应器）	m³	0.30	478.07	172.06	306.01	—	143.42
20	5-813	消毒罐本体安装	台	1.00	2398.76	823.38	929.10	646.28	2398.76
21	5-1169	水压试验（消毒罐）	台	1.00	6.12	5.80	0.32	—	6.12
22	5-1296	气密试验（消毒罐）	台	1.00	5.86	5.57	0.29	—	5.86
23	11-93	调和漆一遍（消毒罐）	10 m²	5.08	787.51	215.48	47.20	524.83	4000.55
24	11-94	调和漆两遍（消毒罐）	10 m²	5.08	1441.01	489.48	422.84	528.69	7320.33
25	11-1803	反应器绝热（消毒罐）	m³	2.14	358.43	71.05	223.31	64.07	767.04
26	1-1418	二次灌浆（消毒罐）	m³	0.30	478.07	172.06	306.01	—	143.42
27	补	一般起重机具摊销费（综合）	t	42.122	12.00	—	12.00	—	505.46
28	补	脚手架搭拆费（综合）	元	20306.25	10.00%	10%×25%	10%×75%	—	2030.63
合　计									59300.12

注：1. 该表格中所有标有"（综合）"字样项目的工程量都是各台设备或管道对应的工程量
　　　之和，各台设备或管道对应的工程量的计算说明见"二、定额工程量"。

　　2. 参照《全国统一安装工程预算定额》，设备安装的脚手架搭拆费取人工费的10%。

分部分项工程量清单与计价见表 13-3。

分部分项工程量清单与计价表　　　　　　　　　　　**表 13-3**

工程名称：某化工厂小型污水处理系统设备安装工程　　　标段：　　　　　　第　页　共　页

序号	项目编码	项目名称	项目特征描述	计量单位	工程量	金额/元		
						综合单价	合价	其中：暂估价
1	010101001001	平整场地	Ⅱ类土，以挖作填	m²	1 092.25	4.64	5 068.04	
2	030109001001	离心式泵	离心式泥浆泵：DN360-75×3，设备单重为 3.324t	台	1.00	8205.94	8205.94	—
3	031006008001	污水处理设备	格栅机：设备单重为 5.48t	台	1.00	6119.52	6119.52	—
4	031006008002	污水处理设备	刮泥机：ϕ20m，设备单重为 8.5t	台	1.00	24333.91	24333.91	—
5	031006008003	污水处理设备	调节机（调节堰板）：ϕ4500mm，设备单重为 4.85t	台	1.00	1221.24	1221.24	—
6	030109009002	离心式泵	离心式耐腐蚀泵：IH80-50-160，设备单重为 0.358t	台	1.00	1728.04	1728.04	—
7	031006008004	污水处理设备	曝气机：曝气机叶轮直径为 ϕ1930mm，设备单重为 4.20t	台	1.00	3700.70	3700.70	—
8	030503007001	反应器	污水处理反应器：内有复杂装置，ϕ4000×9000mm，设备单重 10.56t，底座安装标高在 6m 以内	台	1.00	26234.64	26234.64	—
9	030503007002	反应器	消毒罐：内有填料，ϕ2200×7350mm，设备单重 4.85t，底座安装标高在 6m 以内	台	1.00	9641.68	9641.68	—
			本页小计					
			合　计				81185.67	

工程量清单综合单价分析见表 13-4～表 13-11。

工程名称：某化工厂小型污水处理系统设备安装工程　　　标段：　　　第 1 页　共 8 页

| 项目编码 | 030109001001 | 项目名称 | 离心式泥浆泵安装 | 计量单位 | m² | 工程量 | 1.00 |

清单综合单价组成明细

定额编号	定额名称	定额单位	数量	单价				合价			
				人工费	材料费	机械费	管理费和利润	人工费	材料费	机械费	管理费和利润
1-830	离心式泥浆泵安装	台	1.00	730.50	439.19	248.75	1213.51	730.50	439.19	248.75	1213.51
1-947	离心式泥浆泵拆装检查	台	1.00	1421.06	125.64	—	2360.66	1421.06	125.64	—	2360.66
1-1279	电动机安装	台	1.00	303.25	0.23	242.92	503.76	303.25	0.23	242.92	503.76
1-1418	二次灌浆	m³	0.30	172.06	306.01	—	285.83	51.62	91.80	—	85.75
补	一般起重机具摊销费	t	3.324	—	12.00	—	—	—	39.89	—	—
补	脚手架搭拆费	元	2454.81	10%×25%	10%×75%	—	10%×25%×166.12%	61.37	184.11	—	101.95
人工单价		小　计						2567.80	880.86	491.67	4265.63
23.22 元/工日		未计价材料						—			
清单项目综合单价								8205.96			

	主要材料名称、规格、型号			单位	数量	单价（元）	合价（元）	暂估单价（元）	暂估合价（元）
材料费明细									
	其他材料费					—		—	
	材料费小计					—		—	

注：参考《建设工程工程量清单计价规范宣贯辅导教材》，机械设备安装工程的管理费以人工费为基数，费率为 130%，即管理费＝人工费×130%；利润以人工费为基数，费率为 36.12%，即利润＝人工费×36.12%；管理费和利润＝人工费×166.127614%。

工程名称：某化工厂小型污水处理系统设备安装工程　　　标段：　　　

项目编码	031006008001	项目名称	格栅机安装	计量单位	台	工程量	1.00

清单综合单价组成明细

定额编号	定额名称	定额单位	数量	单价				合价			
				人工费	材料费	机械费	管理费和利润	人工费	材料费	机械费	管理费和利润
参5-1146	格栅机安装	台	1.00	1746.61	466.43	692.05	2901.47	1746.61	466.43	692.05	2901.47
补	一般起重机具摊销费	t	5.480	—	12.00	—	—	—	65.76	—	—
补	脚手架搭拆费	元	1746.61	10%×25%	10%×75%	—	10%×25%×166.12%	43.67	131.00	—	72.54
人工单价			小计					1790.28	663.19	692.05	2974.01
23.22 元/工日			未计价材料					—			
清单项目综合单价								6119.52			

	主要材料名称、规格、型号			单位	数量	单价（元）	合价（元）	暂估单价（元）	暂估合价（元）
材料费明细									
	其他材料费						—		—
	材料费小计						—		—

工程名称：某化工厂小型污水处理系统设备安装工程　　　标段：　　　

项目编码	031006008002	项目名称	刮泥机安装	计量单位	台	工程量	1.00

清单综合单价组成明细

定额编号	定额名称	定额单位	数量	单价				合价			
				人工费	材料费	机械费	管理费和利润	人工费	材料费	机械费	管理费和利润
5-1147	刮泥机安装	台	1.00	5318.31	1250.07	8076.05	8834.78	5318.31	1250.07	8076.05	8834.78
补	一般起重机具摊销费	t	8.500	—	12.00	—	—	—	102.00	—	—
补	脚手架搭拆费	元	5318.31	10%×25%	10%×75%	—	10%×25%×166.12%	132.96	398.87	—	220.87
人工单价			小计					5451.27	1750.94	8076.05	9055.65
23.22 元/工日			未计价材料					—			
清单项目综合单价								24333.91			

	主要材料名称、规格、型号			单位	数量	单价（元）	合价（元）	暂估单价（元）	暂估合价（元）
材料费明细									
	其他材料费						—		—
	材料费小计						—		—

工程名称：某化工厂小型污水处理系统设备安装工程　　标段：　　第 4 页　共 8 页

项目编码	031006008003	项目名称	调节机(调节堰板)安装	计量单位	台	工程量	1.00

清单综合单价组成明细

定额编号	定额名称	定额单位	数量	单价				合价			
				人工费	材料费	机械费	管理费和利润	人工费	材料费	机械费	管理费和利润
5-1145	调节机（调节堰板）安装	台	1.00	269.35	111.71	296.41	447.44	269.35	111.71	296.41	447.44
补	一般起重机具摊销费	t	4.850	—	12.00	—	—	—	58.20	—	—
补	脚手架搭拆费	元	269.35	10%×25%	10%×75%	—	10%×25%×166.12%	6.73	20.20	—	11.19
	人工单价			小计				276.08	190.11	296.41	458.63
	23.22元/工日			未计价材料				—			
	清单项目综合单价							1221.24			

	主要材料名称、规格、型号			单位	数量	单价(元)	合价(元)	暂估单价(元)	暂估合价(元)
材料费明细									
	其他材料费					—		—	
	材料费小计					—		—	

工程名称：某化工厂小型污水处理系统设备安装工程　　标段：　　第 5 页　共 8 页

项目编码	030109001002	项目名称	离心式耐腐蚀泵安装	计量单位	台	工程量	1.00

清单综合单价组成明细

定额编号	定额名称	定额单位	数量	单价				合价			
				人工费	材料费	机械费	管理费和利润	人工费	材料费	机械费	管理费和利润
1-791	离心式耐腐蚀泵安装	台	1.00	137.46	89.15	16.93	228.35	137.46	89.15	16.93	228.35
1-910	离心式耐腐蚀泵拆装检查	台	1.00	120.74	26.31		200.57	120.74	26.31		200.57
1-1277	电动机安装	台	1.00	107.28	209.06	128.78	178.21	107.28	209.06	128.78	178.21
1-1418	二次灌浆	m³	0.30	172.06	306.01		285.83	51.62	91.80		85.75
补	一般起重机具摊销费	t	0.358	—	12.00	—		—	4.30	—	

定额编号	定额名称	定额单位	数量	单 价				合 价			
				人工费	材料费	机械费	管理费和利润	人工费	材料费	机械费	管理费和利润
补	脚手架搭拆费	元	365.48	10%×25%	10%×75%	—	10%×25%×166.12%	9.14	27.41	—	15.18
人工单价		小计						426.24	448.03	145.71	708.06
23.22 元/工日		未计价材料						—			
		清单项目综合单价						1728.04			

材料费明细	主要材料名称、规格、型号		单位	数量	单价(元)	合价(元)	暂估单价(元)	暂估合价(元)
	其他材料费					—		—
	材料费小计					—		—

工程量清单综合单价分析表

表 13-9

工程名称：某化工厂小型污水处理系统设备安装工程　　标段：　　第 6 页　共 8 页

项目编码	031006008004	项目名称	曝气机安装	计量单位	台	工程量	1.00

清单综合单价组成明细

定额编号	定额名称	定额单位	数量	单 价				合 价			
				人工费	材料费	机械费	管理费和利润	人工费	材料费	机械费	管理费和利润
5-1143	曝气机安装	台	1.00	748.15	917.26	636.18	1242.83	748.15	917.26	636.18	1242.83
补	一般起重机具摊销费	t	4.200	—	12.00	—	—	—	50.40	—	—
补	脚手架搭拆费	元	748.15	10%×25%	10%×75%	—	10%×25%×166.12%	18.70	56.11	—	31.07
人工单价		小计						766.85	1023.77	636.18	1273.90
23.22 元/工日		未计价材料						—			
		清单项目综合单价						3700.70			

材料费明细	主要材料名称、规格、型号		单位	数量	单价(元)	合价(元)	暂估单价(元)	暂估合价(元)
	其他材料费					—		—
	材料费小计					—		—

工程名称：某化工厂小型污水处理系统设备安装工程　　　标段：　　　第 7 页 共 8 页

项目编码	030302007001	项目名称	污水处理反应器安装	计量单位	台	工程量	1.00

清单综合单价组成明细

定额编号	定额名称	定额单位	数量	单价				合价			
				人工费	材料费	机械费	管理费和利润	人工费	材料费	机械费	管理费和利润
5-836	污水处理反应器本体安装	台	1.00	1634.22	2058.72	4587.18	2714.77	1634.22	2058.72	4587.18	2714.77
5-1172	水压试验	台	1.00	518.04	1731.30	285.24	860.57	518.04	1731.30	285.24	860.57
5-1308	气密试验	台	1.00	267.49	794.63	629.81	444.35	267.49	794.63	629.81	444.35
11-93	调和漆一遍	10m²	11.30	5.80	0.32	—	9.63	65.54	3.62		108.88
11-94	调和漆两遍	10m²	11.30	5.57	0.29	—	9.25	62.94	3.28		104.56
11-1803	反应器绝热	m³	4.72	484.60	354.80	44.89	805.02	2287.31	1674.66	211.88	3799.68
1-1418	二次灌浆	m³	0.30	172.06	306.01	—	285.83	51.62	91.80	—	85.75
补	一般起重机具摊销费	t	10.560	—	12.00	—	—		126.72		
补	脚手架搭拆费	元	4835.54	10%×25%	10%×75%	—	10%×25%×166.12%	120.89	362.67	—	200.82
人工单价			小计					5008.05	6847.39	5714.11	8319.37
23.22 元/工日			未计价材料					—			
清单项目综合单价								26234.64			

	主要材料名称、规格、型号	单位	数量	单价（元）	合价（元）	暂估单价（元）	暂估合价（元）
材料费明细	酚醛调和漆各色（调和漆一遍）	kg	1.04×11.30	12.54	147.38	—	—
	酚醛调和漆各色（调和漆两遍）	kg	0.92×11.30	12.54	130.37	—	—
	泡沫玻璃板（换热器绝热）	m³	1.20×4.72	12.00	67.97	—	—
	其他材料费			—		—	
	材料费小计			—	345.72	—	

工程名称：某化工厂小型污水处理系统设备安装工程　　　标段：　　　第 8 页　共 8 页

项目编码	030302007002	项目名称		消毒罐安装		计量单位	台	工程量	1.00

清单综合单价组成明细

定额编号	定额名称	定额单位	数量	单价				合价			
				人工费	材料费	机械费	管理费和利润	人工费	材料费	机械费	管理费和利润
5-813	消毒罐本体安装	台	1.00	557.74	584.90	967.84	926.52	557.74	584.90	967.84	926.52
5-1169	水压试验	台	1.00	209.44	761.74	109.50	347.92	209.44	761.74	109.50	347.92
5-1296	气密试验	台	1.00	138.39	187.85	121.86	229.89	138.39	187.85	121.86	229.89
11-93	调和漆一遍	10m²	5.08	5.80	0.32	—	9.63	29.46	1.63		48.95
11-94	调和漆两遍	10m²	5.08	5.57	0.29	—	9.25	28.30	1.47		47.00
11-1803	反应器绝热	m³	2.14	484.60	354.80	44.89	805.02	1037.04	759.27	96.06	1722.74
1-1418	二次灌浆	m³	0.30	172.06	306.01	—	285.83	51.62	91.80		85.75
补	一般起重机具摊销费	t	4.850	—	12.00				58.20		
补	脚手架搭拆费	元	2000.37	10%×25%	10%×75%	—	10%×25%×166.12%	50.01	150.03	—	83.08
人工单价			小计					2102.00	2596.89	1295.26	3491.84
23.22 元/工日			未计价材料						155.68		
		清单项目综合单价						9641.68			

材料费明细	主要材料名称、规格、型号		单位	数量	单价（元）	合价（元）	暂估单价（元）	暂估合价（元）
	酚醛调和漆各色（调和漆一遍）		kg	1.04×5.08	12.54	66.25	—	
	酚醛调和漆各色（调和漆两遍）		kg	0.92×5.08	12.54	58.61	—	
	泡沫玻璃板（换热器绝热）		m³	1.20×2.14	12.00	30.82	—	
	其他材料费				—		—	
	材料费小计				—	155.68	—	

(3) 投标报价

见表 13-12～表 13-18。

投 标 总 价

招标人：　　<u>　某化工厂　　　　　　　　　　　　　　　　</u>　工程

工程名称：　　<u>　某化工厂小型污水处理系统设备安装工程　　　　</u>

投标总价(小写)：　<u>　　111098 元　　　　　　　　</u>

（大写）：　<u>　　拾壹万壹仟零玖拾捌元　　　　　　　</u>

投标人：　<u>　某某设备安装公司单位公章　　　　　　　</u>
（单位盖章）

法定代表人
或其授权人：　<u>　　　　　　　　　　　　　　　　　　　</u>
（签字或盖章）

编制人：　<u>　×××签字盖造价工程师或造价员专用章　　　</u>
（造价人员签字盖专用章）

时间：××××年××月××日

总 说 明

1. 工程概况

本工程为某化工厂小型污水处理系统设备安装工程。要安装的设备名称、规格及数量如下：

(1) 离心式泥浆泵：DN360-75×3，设备单重为 3.324t，1 台；(2) 格栅机：设备单重为 5.48t，1 台；(3) 刮泥机：φ20m，设备单重为 8.5t，1 台；(4) 调节机（调节堰板）：φ4500mm，设备单重为 4.85t，1 台；(5) 离心式耐腐蚀泵：IH80-50-160，设备单重为 0.358t，1 台；(6) 曝气机：曝气机叶轮直径为 φ1930mm，设备单重为 4.20t，1 台；(7) 污水处理反应器：内有复杂装置，φ4000×9000mm，设备单重 10.56t，底座安装标高在 6m 以内，1 台；(8) 消毒罐：内有填料，φ2200×7350mm，设备单重 4.85t，底座安装高在 6m 以内，1 台。

2. 投标控制价包括范围

为本次招标的化工厂小型污水处理系统设备安装工程施工图范围内的设备安装工程。

3. 投标控制价编制依据

(1) 招标文件及其所提供的工程量清单和有关计价的要求，招标文件的补充通知和答疑纪要。

(2) 该化工厂小型污水处理系统设备安装工程施工图及投标施工组织设计。

(3) 有关的技术标准，规范和安全管理规定。

(4) 省建设主管部门颁发的计价定额和计价管理办法及有关计价文件。

(5) 材料价格采用工程所在地工程造价管理机构年月工程造价信息发布的价格信息，对于造价信息没有发布的材料，其价格参照市场价。

工程项目投标报价汇总表　　　　　　表 13-12

工程名称：某化工厂小型污水处理系统设备安装工程　　　标段：　　　第 页 共 页

序号	单项工程名称	金额（元）	其中（元）		
			暂估价	安全文明施工费	规 费
1	某化工厂小型污水处理系统设备安装工程	111098.14	6000.00	252.24	4962.91
	合　　计	111098.14	6000.00	252.24	4962.91

单项工程投标报价汇总表　　　　　　表 13-13

工程名称：某化工厂小型污水处理系统设备安装工程　　　标段：　　　第 页 共 页

序号	单项工程名称	金额（元）	其中（元）		
			暂估价	安全文明施工费	规 费
1	某化工厂小型污水处理系统设备安装工程	111098.14	6000.00	252.24	4962.91
	合　　计	111098.14	6000.00	252.24	4962.91

单位工程投标报价汇总表

表 13-14

工程名称：某化工厂小型污水处理系统设备安装工程　　　　标段：　　　　　　第　页　共　页

序号	汇总内容	金额（元）	其中暂估价（元）
1	分部分项工程	81185.67	
1.1	某化工厂小型污水处理系统设备安装工程	81185.67	
1.2			
1.3			
1.4			
2	措施项目	2385.81	
2.1	安全文明施工费	252.24	
3	其他项目	19934.72	
3.1	暂列金额	8118.57	
3.2	专业工程暂估价	6000.00	
3.3	计日工	5576.15	
3.4	总承包服务费	240.00	
4	规费	4962.91	
5	税金	2629.03	
	合计＝1＋2＋3＋4＋5	111098.14	

注：这里的分部分项工程中存在暂估价。

总价措施项目清单与计价表

表 13-15

工程名称：某化工厂小型污水处理系统设备安装工程　　　　标段：　　　　　　第　页　共　页

序号	项目编码	项目名称	计算基础	费率（%）	金额（元）	调整费率（%）	调整后金额（元）	备注
1	031302001001	环境保护费	人工费（21020.38）	0.3	63.06			
2	031302001002	文明施工费	人工费	0.5	105.10			
3	031302001003	安全施工费	人工费	0.7	147.14			
4	031302001004	临时设施费	人工费	7.0	1471.43			
5	031302002001	夜间施工增加费	人工费	0.05	10.51			
6	031302003001	非夜间施工增加费	人工费	2	420.41			
7	031302004001	二次搬运费	人工费	0.6	126.12			
8	031302006001	已完工程及设备保护费	人工费	0.2	42.04			
		合计			2385.81			

注：该表费率参考《浙江省建设工程施工取费定额》（2003）。

其他项目清单与计价汇总表

表 13-16

工程名称：某化工厂小型污水处理系统设备安装工程　　　标段：　　　　　第 页 共 页

序号	项目名称	计量单位	金额（元）	备注
1	暂列金额	项	8118.57	一般按分部分项工程的（81185.67）10％－15％，这里按分部分项工程的10％计算
2	暂估价		6000.00	
2.1	材料暂估价			
2.2	专业工程暂估价	项	6000.00	按实际发生计算
3	计日工		5576.15	
4	总承包服务费		240.00	一般为专业工程估价的3％～5％，这里按专业工程估价的4％计算
	合 计		19934.72	

注：第1、4项备注参考《工程量清单计价规范》；材料暂估单价进入清单项目综合单价此处不汇总。

计日工表

表 13-17

工程名称：某化工厂小型污水处理系统设备安装工程　　　标段：　　　　　第 页 共 页

编号	项目名称	单位	暂定数量	实际数量	综合单价	合价
一	人工					
1	普工	工日	20		100	2000.00
2	技工（综合）	工日	10		150	1500.00
3						
4						
	人工小计					3500.00
二	材料					
1						
2						
3						
4						
5						
6						
	材料小计					
三	施工机械					
1	载重汽车 8t	台班	3		303.44	910.32
2	汽车式起重机 8t	台班	3		388.61	1165.83
3						
4						
	施工机械小计					2076.15
	四、企业管理费和利润					
	总 计					5576.15

注：此表项目，名称由招标人填写，编制招标控制价时，单价由招标人按有关计价规定确定；投标时，单价由投标人自主报价，计入投标总价中。

工程名称：某化工厂小型污水处理系统设备安装工程　　标段　　　　第　页　共　页

序号	项目名称	计算基础	计算基数	计算费率（%）	金额（元）
1	规费	人工费（21020.38）	1.1＋1.2＋1.3	23.61	4962.91
1.1	社会保险费		(1)＋(2)＋(3)＋(4)＋(5)		
(1)	养老保险费				
(2)	失业保险费				
(3)	医疗保险费				
(4)	工伤保险费				
(5)	生育保险费				
1.2	住房公积金				
1.3	工程排污费	按工程所在地环境保护部门收取标准，按实际计入			
2	税金	直接费＋综合费用＋规费（79187.50）		3.320	2629.03
2.1	税费	直接费＋综合费用＋规费		3.220	2549.84
2.2	水利建设基金	直接费＋综合费用＋规费		0.100	79.19
	合　计				7591.94

注：1. 该表费率参考《浙江省建设工程施工取费定额》(2003)。

　　2. 综合费用的基数为人工费，费率为71%，故综合费用为21020.38×71%＝14924.47，所以直接费＋综合费用＋规费＝59300.12＋14924.47＋4962.91＝79187.50。

第十四章　热力设备安装工程工程量清单设置与计价举例

【例】中压锅炉制粉系统安装如图 14-1 所示。

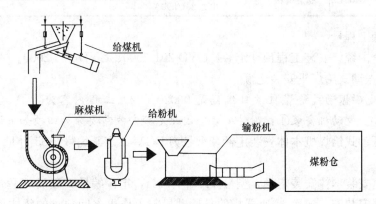

图 14-1　中压锅炉制粉系统安装示意图

安装一中压锅炉制粉系统，主要包括：

（1）电磁振动式给煤机，型号 DGM-1，主要参数排量 20t/h92A。它的作用是根据磨煤机的出力或锅炉负荷的需要将原煤均匀地送入磨内

（2）风扇磨煤机，重量 4t，尺寸（mm）1000×260；其工作原理：原煤随热风一起进到磨煤机后，即被高速转动的冲击板击碎或抛到护板上撞碎，所以风山市磨煤机主要靠撞击作用将煤制成煤粉的。

（3）叶轮给粉机，型号为 GF-3，额定出力（kg/h）2600，设计煤粉比重 650kg/m³，叶轮直径 313mm，叶轮齿数 12 个，额定主轴转数 65r/min，传动比 1：13.5，重量 354kg。

（4）螺旋输粉机，型号为 GX-ϕ200，额定转速为 40r/min，配套锅炉房为 3t/h，输粉量 1t/h。

【解】（1）清单工程量

1）电磁振动式给煤机主机（本体）安装 DGM-1 项目编码：030205002001，计量单位：台，工程量：1。

2）风扇磨煤机 项目编码：030205001001，计量单位：台，工程量：1。

3）叶轮给粉机主机（本体）安装 GF-3 项目编码：030205003001，计量单位：台，工程量：1。

4）螺旋输粉机主机（本体）安装 DGM-1 项目编码：030205004001，计量单位：台，工程量：1。

清单工程量计算见表 14-1。

序号	项目编码	项目名称	项目特征描述	计量单位	工程量
1	030205002001	电磁振动式给煤机主机	电磁振动式给煤机，型号为 DGM-1，额定出力 20t/h92A	台	1
2	030205001001	风扇磨煤机	重量 4t，尺寸（mm）1000×260	台	1
3	030205003001	叶轮给粉机主机	叶轮给粉机，型号为 GF-3，额定出力（kg/h）2600	台	1
4	030205004001	螺旋输粉机主机	螺旋输粉机，型号为 DGM-1，额定出力 20t/h92A	台	1

（2）定额工程量

套用《全国统一安装工程预算定额》GYD-201-2000、GYD-205-2000。

1）电磁振动式给煤机安装定额

【注释】电磁振动式给煤机项目编码是 030205002。工程内容为：①：主机安装②：减速器安装③：电动机安装④：附件安装。因此定额安装需要分为四项如下计算。

①电磁振动式给煤机本体安装定额，型号为 DGM-1 定额编号 3-65 计量单位：台，工程量为：1

②电动机安装本体安装定额，型号 444 重 0.61t，定额编号 1-1278 工程量为：1

③减速器安装安装定额　减速器指的是原动机与工作机之间独立的闭式传动机械，用来降低转速并相应增大扭矩。工程量为：1。

附件的定额安装

【注释】：附件主要指石子煤排放装置、消防装置等。

由于以上安装没有定额此处取其暂估价 600 元。

所以安装电磁振动式给煤机的费用＝电磁振动式给煤机本体安装费用＋电动机安装本体安装费用＋600 元

2）风扇磨煤机安装定额

【注释】风扇磨煤机的项目编码是 030205001。工程内容为：①本体安装；②传动设备、电动机安装；③附属设备安装；④油系统安装，油管路酸洗；⑤平台、扶梯、栏杆及围栅制作安装；⑥密封风机安装；⑦油漆。

①风扇磨煤机本体安装定额，重量：4t，尺寸（mm）10 减速器安装 00×260，定额编号 3-61 计量单位：台，工程量为：1。

②电动机安装本体安装定额，型号 444 重 0.61t，定额编号 1-1278，工程量为：1。

【注释】电动机的选择根据风扇磨煤机的排量。

③附属设备安装

【注释】风扇磨煤机的附属设备安装主要指煤粉分离器等，此处以煤粉分离器为代表做安装预算粗粉分离器安装定额，型号为 DG-CB3700D 定额编号 3-109 计量单位：台，工程量为：1。

④油系统安装，油管路酸洗定额编号：3-155 计量单位：套，工程量为：1。

⑤平台、扶梯、栏杆及围栅制作安装定额编号：5-2163 计量单位：台，工程量：1。

⑥离心式风机本体安装定额，型号为 G4-73-11NO8D 定额编号 3-84 计量单位：台，工程量为：1。

⑦油漆，定额编号：11-305 计量单位：10m²，工程量为：10。

【注释】由于油漆要两边，所以费用＝第一遍费用＋第二遍费用；

10——设备总面积估计为 100 ㎡，除以计量单位。

3）叶轮给分机安装定额

【注释】叶轮给粉机的项目编码是 030205003。工程内容为：①主机安装；②电动机安装。

①叶轮给粉机本体安装定额，型号为 GF-3 定额编号 3-74，计量单位：台，工程量：1。

②电动机安装本体安装定额，型号 444 重 0.61t，定额编号 1-1278，计量单位：台，工程量：1。

4）螺旋输粉机安装定额

【注释】螺旋输粉机的项目编码是 030205004。工程内容为：①主机安装；②减速器、电动机安装；③落煤管安装；④闸门板安装。

①螺旋输粉机本体安装定额，型号为输粉量 1t/h，GX-φ200 定额编号 3-75 计量单位：台，工程量：1。

②电动机安装本体安装定额，型号 444 重 0.61t，定额编号 1-1278 计量单位：台，工程量：1。

③送粉管道安装定额由于该螺旋输粉机出力为 1t/h，小于 75t/h。因此定额编号为 3-96 计量单位：台，工程量：1。

【注释】该系统需要配置 0.2t 管道。

④闸门板安装无定额依据，此处依市场暂估价 200 元。

该中压锅炉制粉系统的工程预算表、分部分项工程量清单与计价表、工程量清单综合单价分析表分别见表 14-2～表 14-7。

该车间工程预算　　　　　　　　　　　　　　　表 14-2

序号	定额编号	分项工程名称	计量单位	工程量	基价（元）	其中（元）			合计（元）
						人工费	材料费	机械费	
1	3-65	电磁振动式给煤机	台	1	528.17	267.96	89.47	170.74	528.17
2	1-1278	电动机安装本体安装	台	1	503.06	150.00	224.28	128.78	503.06
3	3-61	风扇磨煤机本体安装	台	1	4266.69	890.72	2775.04	600.93	4266.69
4	1-1278	电动机安装本体安装	台	1	503.06	150.00	224.28	128.78	503.06
5	1-40	附属设备安装	套	1	3274.06	1050.7	541.22	1682.14	3274.06
6	3-155	油系统安装	台	1	1187.05	665.95	392.44	128.66	1187.05
7	5-2163	平台、扶梯、栏杆及围栅制作安装	台	1	1690.31	794.82	180.55	714.94	1690.31
8	3-84	离心式风机本体安装	台	1	3243.24	548.92	2383.75	310.57	3243.24
9	11-305	油漆	m³	10	27.048	24.33	0.73	1.988	270.48
10	3-74	叶轮给粉机本体	台	1	696.45	432.82	196.67	66.96	696.45
11	1-1278	电动机安装本体安装	台	1	503.06	150	224.28	128.78	503.06
12	3-75	螺旋输粉机本体安装	台	1	2561.43	873.3	1030.1	658.03	2561.43
13	1-1278	电动机安装本体安装	台	1	503.06	150	224.28	128.78	503.06
14	3-96	送粉管道安装	台	1	1485.58	486.69	627.67	371.22	1485.58
		合　计							21215.7

工程名称：中压锅炉制粉系统安装　　标段：　　　　　　　　　　　　第　页　共　页

序号	项目编号	项目名称	项目特征描述	计量单位	工程量	金额（元）		
						综合单价	合价	其中：暂估价
1	030205002001	电磁振动式给煤机主机	电磁振动式给煤机，型号为DGM-1，额定出力 20t/h92A	台	1	2064.35	2064.35	—
2	030205001001	风扇磨煤机	重量4t，尺寸（mm）1000×260	台	1	21608.32	21608.32	—
3	030205003001	叶轮给粉机主机	叶轮给粉机，型号为GF-3，额定出力（kg/h）2600	台	1	2090.38	2090.38	—
4	030205004001	螺旋输粉机主机	螺旋输粉机，型号为DGM-1，额定出力 20t/h92A	台	1	6813.06	6813.06	—
			本页小计					
			合计				32576.11	—

工程名称：中压锅炉制粉系统安装　　标段：　　　　　　　　　　　　第 1 页　共 4 页

项目编码	030205002001	项目名称	电磁振动式给煤机	计量单位	台	工程量	1.00

清单综合单价组成明细

定额编号	定额名称	定额单位	数量	单价				合价			
				人工费	材料费	机械费	管理费和利润	人工费	材料费	机械费	管理费和利润
3-65	电磁振动式给煤机本体	台	1.00	267.96	89.47	170.74	221.83	267.96	89.47	170.74	221.83
1-1278	电动机安装本体安装	台	1.00	150.00	224.28	128.78	211.29	150.00	224.28	128.78	211.29
补	减速器安装	台	1.00	600.00			600.00	600.00			600.00
人工单价			小计					1017.96	313.75	299.52	1043.12
23.22 元/工日			未计价材料					—			
清单项目综合单价								2674.35			

材料费明细	主要材料名称、规格、型号		单位	数量	单价（元）	合价（元）	暂估单价（元）	暂估合价（元）
	其他材料费					—		—
	材料费小计					—		—

工程名称：中压锅炉制粉系统安装　　　　　标段：　　　　　　　第 2 页　共 4 页

项目编码	030205001001	项目名称	风扇磨煤机	计量单位	台	工程量	1.00

清单综合单价组成明细

定额编号	定额名称	定额单位	数量	单价				合价			
				人工费	材料费	机械费	管理费和利润	人工费	材料费	机械费	管理费和利润
3-61	风扇磨煤机	台	1	890.72	2775.04	600.93	1792.01	890.72	2775.04	890.72	1792.01
1-40	附属设备安装	台	1	1050.7	541.22	1682.1	1375.11	1050.7	541.22	1050.7	1375.11
3-155	油系统安装	台	1	665.95	392.44	128.66	498.561	665.95	392.44	665.95	498.561
3-84	离心式风机本体安装	台	1	548.92	2383.75	310.57	1362.16	548.92	2383.75	548.92	1362.16
11-305	油漆	10 ㎡	1	24.33	0.73	1.988	1.13602	24.33	0.73	24.33	1.13602
5-2163	平台、扶梯、栏杆及围栅制作安装	台	1	714.94	794.82	180.55	709.93	714.94	794.82	714.94	709.93
1-1278	电动机安装本体安装	台	1	150	224.28	128.78	211.285	150	224.28	150	211.285
人工单价				小计				4264.53	7118.85	4264.53	5960.41
元/工日				未计价材料				—			
清单项目综合单价								21608.32			

材料费明细	主要材料名称、规格、型号			单位	数量	单价（元）	合价（元）	暂估单价（元）	暂估合价（元）
	其他材料费					—			
	材料费小计					—		—	

工程名称：中压锅炉制粉系统安装　　　　　标段：　　　　　　　第 3 页　共 4 页

项目编码	030205003001	项目名称	叶轮给粉机	计量单位	台	工程量	1.00

清单综合单价组成明细

定额编号	定额名称	定额单位	数量	单价				合价			
				人工费	材料费	机械费	管理费和利润	人工费	材料费	机械费	管理费和利润
3-74	叶轮给粉机本体	台	1	432.82	196.67	66.96	292.509	432.82	196.67	432.82	292.509
1-1278	电动机安装本体安装	台	1	150	224.28	128.78	211.285	150	224.28	150	211.285
人工单价				小计				582.82	420.95	582.82	503.79
元/工日				未计价材料				—			
清单项目综合单价								2090.38			

	主要材料名称、规格、型号	单位	数量	单价(元)	合价(元)	暂估单价(元)	暂估合价(元)
材料费明细							
	其他材料费			—		—	
	材料费小计			—		—	

工程量清单综合单价分析表

表 14-7

工程名称：中压锅炉制粉系统安装　　　　标段：　　　　第 4 页　共 4 页

项目编码	030205004001	项目名称	螺旋输粉机	计量单位	台	工程量	1.00

清单综合单价组成明细

定额编号	定额名称	定额单位	数量	单价				合价			
				人工费	材料费	机械费	管理费和利润	人工费	材料费	机械费	管理费和利润
3-75	螺旋输粉机本体安装	台	1	873.3	1030.1	658.03	1075.8	873.3	1030.1	873.3	1075.8
3-96	送粉管道安装	套	1	486.69	627.67	371.22	623.944	486.69	627.67	486.69	623.944
1-1278	电动机安装本体安装	台	1	150	224.28	128.78	211.29	150	224.28	150	211.29
人工单价		小计						1509.99	1882.05	1509.99	1911.03
元/工日		未计价材料						—			
清单项目综合单价								6813.06			

	主要材料名称、规格、型号	单位	数量	单价(元)	合价(元)	暂估单价(元)	暂估合价(元)
材料费明细							
	其他材料费			—		—	
	材料费小计			—		—	

(3) 投标总价

见表 14-8～表 14-14。

投　标　总　价

招标人：　　锅炉厂

工程名称：　中压锅炉制粉系统安装工程

投标总价（小写）：　49037

（大写）：　肆万玖仟零叁拾柒

投标人：　某某热力安装工程公司单位公章

（单位盖章）

法定代表人
或其授权人：　法定代表人

（签字或盖章）

编制人：　×××签字盖造价工程师或造价员专用章

（造价人员签字盖专用章）

时间：×××年××月××日

总　说　明

工程名称：中压锅炉制粉系统的设备安装工程

1. 工程概况

中压锅炉制粉系统主要设备如下：电磁振动式给煤机1台，风扇磨煤机1台，叶轮给粉机1台，螺旋输粉机1台。

2. 投标控制价包括范围

为本次招标的中压锅炉制粉系统施工图范围内的安装工程。

3. 投标控制价编制依据

（1）招标文件及其所提供的工程量清单和有关计价的要求，招标文件的补充通知和答疑纪要。

（2）该中压锅炉制粉系统施工图及投标施工组织设计。

（3）有关的技术标准，规范和安全管理规定。

（4）省建设主管部门颁发的计价定额和计价管理办法及有关计价文件。

（5）材料价格采用工程所在地工程造价管理机构年月工程造价信息发布的价格信息，对于造价信息没有发布的材料，其价格参照市场价。

工程项目投标报价汇总表

表 14-8

工程名称：中压锅炉制粉系统的安装工程　　标段：　　　　　　第　页　共　页

序号	单项工程名称	金额（元）	其中（元）		
			暂估价	安全文明施工费	规　费
1	中压锅炉制粉系统安装工程	49037.7	7000	566.96	1612.76
	合　　计	49037.7	7000	566.96	1612.76

单项工程投标报价汇总表

表 14-9

工程名称：中压锅炉制粉系统的安装工程　　标段：　　　　　　第　页　共　页

序号	单项工程名称	金额（元）	其中（元）		
			暂估价	安全文明施工费	规　费
1	中压锅炉制粉系统安装工程	49037.7	7000	566.96	1612.76
	合　　计	49037.7	7000	566.96	1612.76

单位工程投标报价汇总表

表 14-10

工程名称：中压锅炉制粉系统的安装工程　　标段：　　　　　　　　　第 页 共 页

序号	汇总内容	金额（元）	其中暂估价（元）
1	分部分项工程	32576.11	
1.1	中压锅炉制粉系统安装工程	32576.11	
1.2			
1.3			
1.4			
2	措施项目	1472.05	
2.1	安全文明施工费	566.96	
3	其他项目	12407.61	
3.1	暂列金额	3257.61	
3.2	专业工程暂估价	7000	
3.3	计日工	1870	
3.4	总承包服务费	280	
4	规费	1612.76	
5	税金	969.93	
	合计＝1＋2＋3＋4＋5	49037.7	

注：这里的分部分项工程中存在暂估价。

分部分项工程量清单与计价表见表 14-11。

总价措施项目清单与计价表

表 14-11

工程名称：中压锅炉制粉系统的安装工程　　标段：　　　　　　　　第 页 共 页

序号	项目编码	项目名称	计算基础	费率（%）	金额（元）	调整费率（%）	调整后金额（元）	备注
1	031302001001	环境保护费	人工费（6830.85）	0.3	20.49			
2	031302001002	文明施工费	人工费	7.2	491.82			
3	031302001003	安全施工费	人工费	1.1	75.14			
4	031302001004	临时设施费	人工费	7	478.16			
5	031302002001	夜间施工增加费	人工费	0.05	3.42			
6	031302003001	非夜间施工增加费	人工费	5	341.54			
7	031302004001	二次搬运费	人工费	0.7	47.82			
8	031302006001	已完工程及设备保护费	人工费	0.2	13.66			
		合计			1472.05			

注：该表费率参考《浙江省建设工程施工取费定额》（2003）。

其他项目清单与计价汇总表

表 14-12

工程名称：中压锅炉制粉系统的安装工程　　标段：　　　　　　　第 页 共 页

序号	项目名称	计量单位	金额（元）	备注
1	暂列金额	项	3257.61	一般按分部分项工程的（32576.11）10%～15%
2	暂估价		7000	
2.1	材料暂估价			

序号	项目名称	计量单位	金额（元）	备　注
2.2	专业工程暂估价	项	7000	按实际发生计算
3	计日工		1870	
4	总承包服务费		280	一般为专业工程估价的 3‰～5‰
	合　　计		12407.61	

注：第 1、4 项备注参考《工程量清单计价规范》材料暂估单价进入清单项目综合单价此处不汇总。

计日工表

表 14-13

工程名称：中压锅炉制粉系统的安装工程　　标段：　　　　　　　　　　　　第　页　共　页

编号	项目名称	单位	暂定数量	实际数量	综合单价	合价
一	人工					
1	普工	工日	15		60	900
2	技工（综合）	工日	3		80	240
3						
4						
	人　工　小　计					1140
二	材料					
1						
2						
3						
4						
5						
6						
	材料小计					
三	施工机械					
1	卷扬机	台班	1	200		200
2	履带式起重机式起重机	台班	1	530		530
3						
4						
	施工机械小计					730
	总　　计					1870

注：此表项目，名称由招标人填写，编制招标控制价时，单价由招标人按有关计价规定确定；投标时，单价由投标人自主报价，计入投标总价中。

规费、税金项目计价表

表 14-14

工程名称：中压锅炉制粉系统的安装工程　　标段：　　　　　　　　　　第 页 共 页

序号	项目名称	计算基础	计算基数	计算费率(%)	金额(元)
1	规费	人工费(6830.85)	1.1+1.2+1.3	23.61	1612.76
1.1	社会保险费		(1)+(2)+(3) +(4)+(5)		
(1)	养老保险费				
(2)	失业保险费				
(3)	医疗保险费				
(4)	工伤保险费				
(5)	生育保险费				
1.2	住房公积金				
1.3	工程排污费	按工程所在地环境保护部门 收取标准，按实际计入			
2	税金	直接费+综合费用+规费 (21215.7+6830.85×0.70 +1612.76=27609.86)		3.513	969.93
2.1	税费	直接费+综合费用+规费		3.413	942.32
2.2	水利建设基金	直接费+综合费用+规费		0.100	27.60
合　计					2582.69

注：该表费率参考《浙江省建设工程施工取费定额》(2003)。

第十五章 静置设备与工艺金属结构制作安装工程 工程量清单设置与计价举例

【例】某炼油厂安装一套装置，其中设备如下：

(1) 轻污油罐：$\phi2000\times7100$mm，单机重 4.36t，底座安装标高 8.2m，1 台。

(2) 稳定汽油冷却器一台：F600-105-25-4，单机重 4.2t，底座安装标高 8.2m。

(3) 稳定塔底重沸器一台：$\phi2000\times8000$mm，单机重 2.94t，底座安装标高 8.2m。

(4) 排污扩容器：单机重 0.75t，底座安装标高 16m，4 台。

(5) 分馏塔顶油气分离器：$\phi2000\times7100$mm，单机重 5.2t，安装底座标高 24.2m，2 台。

(6) 净化压缩空气罐一台：单机重 2t，底座安装标高 10m。

(7) 聚合釜：$\phi2000\times8216$mm，单机重 14.8t，底座安装标高 11.6m，1 台。

(8) 闪蒸釜：$\phi2800\times5670$mm，单机重 5.3t，底座安装标高 11.6m，1 台。

(9) 稳定塔进料换热器 2 台：单机重 5.6t，安装底座标高 9.6m。

(10) 封油罐 2 台：$\phi1600\times7033$mm，单机重 5.2t，安装底座标高 9.6m。

(11) 油浆蒸汽发生器：单机重 20t，底座安装标高 20.2m，4 台。

(12) 塔顶脱氧水换热器：FLA 型单机重 5t，底座安装标高 26.8m，4 台。

(13) 催化分馏塔：$\phi3000\times20350$mm，内有固舌塔盘 18 层，浮阀塔盘 3 层，单机重 78t，2 台，底座安装标高为 26.8m。

(14) 轻重柴油汽堤塔：$\phi800\times22400$mm，内有单溢流浮阀 4 层，属一类压力容器，单机重5.8t，1 台，底座安装标高为 16m。

(15) 吸收塔：$\phi1200\times30000$mm，内有单溢流浮阀 22 层，属一类压力容器，单机重 28.2t，2 台，底座安装标高为 4m。

(16) 同轴式沉降再生器：$\phi6600$mm，单机重 85.6t，底座安装标高 6.3m，龟甲网 420m^2，1 台。

(17) 稳定塔：$\phi1400\times37000$mm，内有单溢流浮阀 28 层，单机重 89.8t，1 台（底座安装标高为 3.2m）。

(18) 解吸塔：$\phi1600\times32000$mm，内有单溢流浮阀 28 层，单机重 25.9t，1 台（底座安装标高为 5.2m）。

(19)、(20)、(21)、(22)、(23)、(24) 均为起重机。

此炼油厂设备安装示意图见图 15-1、图 15-2，不计起重机。试计算工程量并套用定额（不含主材费）与清单。

【解】(1) 定额工程量

1) 轻污油罐

① 轻污油罐本体安装：

由已知得需安装直径为 2000mm，高为 7100mm，单机重 4.36t 的轻污油罐一台，底

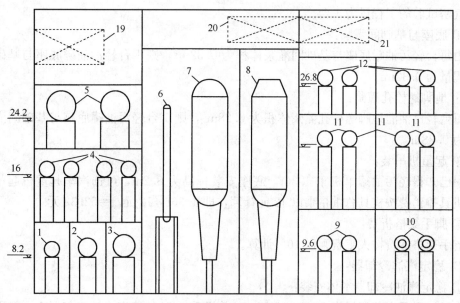

图 15-1　炼油厂设备安装示意图（一）

注：图释见图 15-2

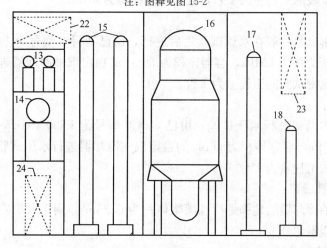

图 15-2　炼油厂设备安装示意图（二）

1—轻污油罐；2—稳定汽油冷却器；3—稳定塔底重沸器；4—排污扩容器；5—分离塔顶油气分离器；6—净化压缩空气罐；7—聚合金；8—闪蒸釜；9—稳定塔进料换热器；10—封油罐；11—油浆蒸汽发生器；12—塔顶脱氧水换热器；13—催化分馏塔；14—轻重柴油汽堤塔；15—吸收塔；16—同轴式沉降再生器；17—稳定塔 18—解吸塔；19、20、21、22、23、24—起重机

座安装标高为 8.2m，故轻污油罐本体安装的工程量为 1 台。

② 水压试验：

由于轻污油罐需进行水压试验，由已知该轻污油罐设计压力为 2.2MPa，容器体积为 22.31m³，即对该轻污油罐进行水压试验的工程量为 1 台。

③ 气密试验：

气密试验一般在水压试验以后进行，由已知得对直径为 2000mm，高为 7100mm，单机重 4.36t，设计压力为 2.2MPa，体积为 22.31m³ 的轻污油罐进行气密试验，则该轻污油罐的气密试验的工程量为 1 台。

④ 底座与基础间灌浆：

由每台轻污油罐底座与基础间灌浆体积为 0.32m³，则 1 台轻污油罐底座与基础间灌浆工程量为 0.32m³。

⑤ 地脚螺栓孔灌浆：

每台轻污油罐地脚螺栓孔灌浆体积为 0.28m³，则 1 台轻污油罐底座与基础间灌浆工程量为 0.28m³。

⑥ 起重机吊装：

由已知得轻污油罐单机重 4.36t，底座安装标高为 8.2m，可选汽车起重机起吊，则一般机具摊销费按机具总重量乘以 12 元计算，即 4.36t×12 元/t＝52.32 元

⑦ 脚手架搭折费：

脚手架搭拆费按人工费乘以 10％计算。

2）稳定汽油冷却器：

① 稳定汽油冷却器本体安装：

由已知得需安装型号为 F600-105-25-4，单机重 4.2t 的稳定汽油冷却器 1 台，则稳定汽油冷却器本体安装的工程量为 1 台，底座安装标高为 8.2m。

② 气密试验：

由已知得气密试验一般在水压试验之后进行，由已知得对型号为 F600-105-25-4，单机重 4.2t，设计压力为 1.8MPa，容器体积为 56m³ 的稳定汽油冷却器进行气密试验则稳定汽油冷却器的气密试验的工程量为 1 台。

③ 水压试验：

稳定汽油冷却器需进行水压试验，由已知得对型号为 F600-105-25-4，单机重 4.2t，设计压力为 1.8MPa，容器体积为 56m³ 的稳定汽油冷却器进行水压试验，则稳定汽油冷却器的水压试验的工程量为 1 台。

④ 地脚螺栓孔灌浆：

每台稳定汽油冷却器的地脚螺栓孔灌浆体积为 0.26m³，则 1 台稳定汽油冷却器的地脚螺栓孔灌浆工程量为 0.26m³。

⑤ 底座与基础间灌浆：

每台稳定汽油冷却器的底座与基础间灌浆体积为 0.32m³，则 1 台稳定汽油冷却器的底座与基础间灌浆工程量为 0.32m³。

⑥ 起重机吊装：

由已知得稳定汽油冷却器单机重 4.2t，底座安装标高 8.2m，可选用汽车起重机吊装，则一般机具摊销费按机具总重量乘以 12 元计算，即 4.2t×12 元/t＝50.4 元

⑦ 脚手架搭拆费：

脚手架搭拆费按人工费乘以 10％计算。

3）稳定塔底重沸器：

① 稳定塔底重沸器本体安装：

由已知得需安装直径为 2000mm，高为 8000mm，单机重 2.94t 的稳定塔底重沸器 1 台，故稳定塔底重沸器本体安装工程量为 1 台，底座安装标高 8.2m。

② 水压试验（设计压力为 1.2MPa，设备容积为 56m³）：

稳定塔底重沸器需进行水压试验，由已知得对直径为 2000mm，高为 8000mm，单机重 2.94t 的稳定塔底重沸器进行水压试验，故稳定塔底重沸器的水压试验的工程量为 1 台。

③ 气密试验：

气密试验一般在水压试验之后进行，由已知得对直径为 2000mm，高为 8000mm，单机重2.94t的稳定塔底重沸器进行气密试验，故稳定塔底重沸器的气密试验的工程量为 1 台。

④ 地脚螺栓孔灌浆：

每台稳定塔底重沸器的地脚螺栓孔灌浆体积 0.22m³，则 1 台稳定塔底重沸器的地脚螺栓孔灌浆工程量为 0.22m³。

⑤ 底座与基础间灌浆：

每台稳定塔底重沸器的底座与基础间灌浆体积为 0.26m³，则 1 台稳定塔底重沸器底座与基础间灌浆工程量为 0.26m³。

⑥ 起重机吊装：

由已知得稳定塔底重沸器单机重 2.94t，底座标高为 8.2m，可选用汽车起重机起吊，则一般机具摊销费按机具总重量乘以 12 元计算，即 2.94t×12 元/t ＝35.28 元

⑦ 脚手架搭拆费：

脚手架搭拆费按人工费乘以 10% 计算。

4）排污扩容器：

① 排污扩容器本体安装：

由已知得需安装单机重 0.75t，底座安装标高为 16m 的排污扩容器 4 台，故排污扩容器本体安装的工程量为 4 台。

② 水压试验：

排污扩容器需进行水压试验，由已知得单机重 0.75t，设计压力为 3.2MPa，容器体积为 12m³ 的 4 台排污扩容器进行水压试验，故排污扩容器的水压试验的工程量为 4 台。

③ 地脚螺栓孔灌浆：

每台排污容器的地脚螺栓孔灌浆的体积为 0.12m³，则 4 台排污扩容器的地脚螺栓孔灌浆的工程量为 0.12m³/台×4 台＝0.48m³。

④ 底座与基础间灌浆：

每台排污容器的底座与基础间灌浆的体积为 0.16m³，则 4 台排污扩容器的底座与基础间灌浆工程量为 0.16m³/台×4 台＝0.64m³。

⑤ 起重机吊装：

由已知得排污容器单机重 0.75t，底座安装标高为 16m，可选用汽车起重机吊装，则一般机具摊销费按机具总重量乘以 12 元计算，即 0.75t/台×4 台×12 元/t＝36 元

⑥ 气密试验：

气密试验一般在水压试验之后，由已知得对单机重 0.75t，设计压力为 3.2MPa，容器体积为 12m³ 的 4 台排污容器进行气密试验，故排污容器的气密试验工程量为 4 台。

⑦ 脚手架搭拆费：

431

脚手架搭拆费按人工费乘以 10% 计算。

5）分馏塔顶油气分离器：

① 分馏塔顶油气分离器本体安装：

由已知得需安装直径为 2000mm，高为 7100mm，单机重 5.2t 的分馏塔顶油气分离器 2 台，安装底座标高为 24.2m，故分馏塔顶油气分离器本体安装工程量为 2 台。

② 水压试验：

分馏塔顶油气分离器需进行水压试验，由已知得直径为 2000mm，高为 7100mm，单机重 5.2t，设计压力为 1.8MPa，容积体积为 16m³ 的 2 台分馏塔顶油气分离器进行水压试验，故分馏塔顶水压试验的工程量为 2 台。

③ 气密试验：

气密试验一般在水压试验之后，由已知得对直径为 2000mm，高为 7100mm，单机重 5.2t，设计压力为 1.8MPa，容积体积为 16m³ 的 2 台分馏塔顶油气分离器进行气密试验，故分馏塔顶油气分离器气密试验的工程量为 2 台。

④ 地脚螺栓孔灌浆：

每台分馏塔顶油气分离器的地脚螺栓孔灌浆面积为 2.2m³，则 2 台分馏塔顶油气分离器的地脚螺栓孔灌浆工程量为 2.2m³/台×2 台＝4.4m³。

⑤ 底座与基础间灌浆：

每台分馏塔顶油气分离器的底座与基础间灌浆体积为 2.6m³，则 2 台分馏塔顶油气分离器的底座与基础间灌浆工程量为 2.6m³/台×2 台＝5.2m³。

⑥ 起重机吊装：

由已知得分馏塔顶油气分离器的单机重 5.2t，安装底座标高为 24.2m，可选用汽车起重机起吊，则一般机具摊销费按机具总重量乘以 12 元计算，即 5.2t/台×2 台×12 元/t ＝124.8 元。

⑦ 脚手架搭拆费：

脚手架搭拆费按人工费乘以 10% 计算。

6）净化压缩空气罐：

① 净化压缩空气罐本体安装：

由已知得需安装单机重 2t，底座安装标高 10m 的净化压缩空气罐 1 台，故净化压缩空气罐本体安装的工程量为 1 台。

② 水压试验：

净化压缩空气罐需进行水压试验，由已知得对单机重 2t，设计压力为 2.8MPa，容器体积为 8m³ 的净化压缩空气罐进行水压试验，故净化压缩空气罐水压试验的工程量为 1 台。

③ 气密试验：

气密试验一般在水压试验之后，由已知得对单机重 2t，设计压力为 2.8MPa，容器体积为 8m³ 的净化压缩空气罐进行气密试验，故净化压缩空气罐气密试验的工程量为 1 台。

④ 地脚螺栓孔灌浆：

每台净化压缩空气罐的地脚螺栓孔灌浆体积 1.2m³，故 1 台净化压缩空气罐的地脚螺栓孔灌浆的工程量为 1.2m³/台×1 台＝1.2m³。

⑤ 底座与基础间灌浆：

每台净化压缩空气罐的底座与基础间灌浆体积为 1.6m³，则 1 台净化压缩空气罐的底座与基础间灌浆工程量为 1.6m³/台×1 台＝1.6m³。

⑥ 起重机吊装：

由已知得净化压缩空气罐的单机重 2t，底座安装标高为 10m，可选用汽车起重机起吊，则一般机具摊销费按机具总重量乘以 12 元计算，即 2t/台×1 台×12 元/t＝24 元

⑦ 脚手架搭拆费：

脚手架搭拆费按人工费乘以 10％计算。

7）聚合釜：

① 聚合釜本体安装：

由已知得直径为 2000mm，长为 8216mm，单机重为 14.8t，安装标高为 11.6m 的聚合釜 1 台，故聚合釜本体安装的工程量为 1 台。

② 水压试验（设计压力为 3.6MPa，容器体积为 26m³）：

聚合釜需进行水压试验，由已知得对直径为 2000mm，长为 8216mm，单机重 14.8t 的聚合釜进行水压试验，故聚合釜水压试验的工程量为 1 台。

③ 气密试验（设计压力为 3.6MPa，容器体积为 26m³）：

气密试验一般在水压试验之后，由已知得对直径为 2000mm，长为 8216mm，单机重 14.8t 的聚合釜进行气密试验，故聚合釜气密试验的工程量为 1 台，底座安装标高为 11.6m。

④ 地脚螺栓孔灌浆：

每台聚合釜的地脚螺栓孔灌浆体积为 3.2m³，则 1 台聚合釜的地脚螺栓孔灌浆的工程量为 3.2m³/台×1 台＝3.2m³。

⑤ 底座与基础间灌浆：

每台聚合釜的底座与基础间灌浆体积为 3.6m³，则 1 台聚合釜的底座与基础间灌浆工程量为 3.6m³/台×1 台＝3.6m³。

⑥ 起重机吊装：

每台聚合釜的单机重 14.8t，安装底座标高为 11.6m，可选用汽车起重机起吊，则一般机具摊销费按机具总重量乘以 12 元计算，即 14.8t/台×1 台×12 元/t＝177.6 元。

⑦ 脚手架搭拆费：

脚手架搭拆费按人工费乘以 10％计算。

8）闪蒸釜：

① 闪蒸釜本体安装：

由已知得需安装直径为 2800mm，长为 5670mm，单机重 5.3t，底座安装标高为 11.6m 的闪蒸釜 1 台，故闪蒸釜本体安装工程量为 1 台。

② 水压试验（设计压力 3.2MPa，容器体积为 11m³）：

闪蒸釜需进行水压试验，由已知得需对直径为 2800mm，长为 5670mm，单机重 5.3t，底座安装标高为 11.6m 的闪蒸釜进行水压试验，故闪蒸釜水压试验的工程量为 1 台。

③ 气密试验（设计压力 3.2MPa，容器体积为 11m³）：

闪蒸釜需进行气密试验，气密试验一般在水压试验之后，由已知得需对直径为2800mm，长为5670mm，单机重5.3t，底座安装标高为11.6m的闪蒸釜进行气密试验，故闪蒸釜气密试验的工程量为1台。

④ 地脚螺栓孔灌浆：

每台闪蒸釜的地脚螺栓孔灌浆体积为1.6m³，则一台闪蒸釜的地脚螺栓孔灌浆的工程量为1.6m³/台×1台=1.6m³。

⑤ 底座与基础间灌浆：

每台闪蒸釜的底座与基础间灌浆体积为1.8m³，则1台闪蒸釜的底座与基础间灌浆的工程量为1.8m³/台×1台=1.8m³。

⑥ 起重机吊装：

由已知得闪蒸釜单机重5.3t，底座安装标高11.6m，可选汽车起重机起吊，则一般机具起重量摊销费按机具总重量乘以12元计算，即5.3t/台×1台×12元/t=63.6元。

⑦ 脚手架搭拆费：

脚手架搭拆费按人工费乘以10%计算。

9）稳定塔进料换热器：

① 稳定塔进料换热器本体安装：

由已知得需安装单机重5.6t，底座安装标高为9.6m的稳定塔进料换热器2台，故稳定塔进料换热器本体安装工程量为2台。

② 水压试验：

由已知得，单机重5.6t，设计压力为1.6MPa，容器体积为12m³，安装标高9.6m的稳定塔进料换热器需要进行水压试验，故稳定塔进料换热器水压试验工程量为2台。

③ 气密试验：

稳定塔进料换热器需进行气密试验，气密试验一般在水压试验以后进行，由已知得，单机重5.6t，设计压力为1.6MPa，容器体积为12m³，安装标高9.6m的稳定塔进料换热器2台需要进行气密试验，故稳定塔进料换热器气密试验工程量为2台。

④ 地脚螺栓孔灌浆：

每台稳定塔进料换热器的地脚螺栓孔灌浆体积为2.4m³，则2台稳定塔进料换热器的地脚螺栓孔灌浆工程量为2.4m³/台×2台=4.8m³。

⑤ 底座与基础间灌浆：

每台稳定塔进料换热器的底座与基础间灌浆体积为2.8m³，则2台稳定塔进料换热器的底座与基础间灌浆工程量为2.8m³/台×2台=5.6m³。

⑥ 起重机吊装：

由已知得，单机重5.6t，安装底座标高为9.6m的稳定塔进料换热器，可选汽车起重机起吊，一般机具摊销费按机具总重量乘以12元计算，即5.6t/台×2台×12元/t＝134.4元。

⑦ 脚手架搭拆费：

脚手架搭拆费按人工费乘以10%计算。

10）封油罐：

① 封油罐本体安装：

由已知得需安装直径为 1600mm，长为 7033mm，单机重 5.2t，底座安装标高 9.6m 的封油罐 2 台，故封油罐本体安装的工程量为 2 台。

② 水压试验：

封油罐需进行水压试验，由已知得对直径为 1600mm，长为 7033mm，单机重 5.2t，设计压力为 3.2MPa，容器体积为 22m³，底座安装标高 9.6m 的封油罐进行水压试验，故封油罐水压试验的工程量为 2 台。

③ 气密试验：

封油罐需进行气密试验，气密试验一般在水压试验之后，由已知得对直径为 1600mm，长为 7033mm，单机重 5.2t，设计压力为 3.2MPa，容器体积为 22m³，底座安装标高 9.6m 的封油罐进行气密试验，故封油罐气密试验的工程量为 2 台。

④ 地脚螺栓孔灌浆：

每台封油罐的地脚螺栓孔灌浆体积为 2.1m³，则 2 台封油罐的地脚螺栓孔灌浆工程量为 2.1m³/台×2 台＝4.2m³。

⑤ 底座与基础间灌浆：

每台封油罐的底座与基础间灌浆体积为 2.5m³，则 2 台封油罐的底座与基础间灌浆工程量为 2.5m³/台×2 台＝5m³。

⑥ 起重机吊装：

由已知得封油罐单机重 5.2t，底座安装标高为 9.6m，可选用汽车起重机起吊，则一般机具摊销费按机具总重量乘以 12 元计算，即 5.2t/台×2 台×12 元/t＝124.8 元。

⑦ 脚手架搭拆费：

脚手架搭拆费按人工费乘以 10％计算。

11）油浆蒸汽发生器：

① 油浆蒸汽发生器本体安装：

由已知得需安装单机重 20t，安装底座标高 20.2m 的油浆蒸汽发生器 4 台，故油浆蒸汽发生器本体安装的工程量为 4 台。

② 水压试验：

油浆蒸汽发生器需进行水压试验，由已知得对单机重 20t，设计压力为 3.8MPa，容器体积为 26m³，底座安装标高为 20.2m 的 4 台油浆蒸汽发生器进行水压试验，故油浆蒸汽发生器水压试验的工程量为 4 台。

③ 气密试验：

油浆蒸汽发生器需进行气密试验，气密试验一般在水压试验之后进行，由已知得对单机重 20t，设计压力为 3.8MPa，容器体积为 26m³，底座安装标高 20.2m 的 4 台油浆蒸汽发生器进行气密试验，故油浆蒸汽发生器气密试验的工程量为 4 台。

④ 地脚螺栓孔灌浆：

每台油浆蒸汽发生器的地脚螺栓孔灌浆体积为 3.3m³，则 4 台油浆蒸汽发生器的地脚螺栓孔灌浆工程量为 3.3m³/台 ×4 台＝13.2m³。

⑤ 底座与基础间灌浆：

每台油灌浆蒸汽发生器的底座与基础间灌浆体积为 3.6m³，则 4 台油浆蒸汽发生器的底座与基础间灌浆工程量为 3.6m³/台×4 台＝14.4m³。

⑥ 起重机吊装：

油浆蒸汽发生器单机重 20t，安装底座标高 20.2m，可选用汽车起重机起吊，则一般机具摊销费按机具总重量乘以 12 元计算，即 20t/台×4 台×12 元/t＝960 元。

⑦ 脚手架搭拆费：

脚手架搭拆费按人工费乘以 10％计算。

12）塔顶脱氧水换热器：

① 塔顶脱氧水换热器本体安装：

由已知得需安装型号为 FLA，单机重 5t，底座安装标高为 26.8m 的 4 台塔顶脱氧水换热器，故塔顶脱氧水换热器本体安装的工程量为 4 台。

② 水压试验：

塔顶脱氧水换热器需进行水压试验，由已知得型号为 FLA，单机重 5t，设计压力为 1.8MPa，容器体积为 11m³，底座安装标高为 26.8m 的 4 台塔顶脱氧水换热器进行水压试验，故塔顶脱氧水换热器水压试验的工程量为 4 台。

③ 气密试验：

塔顶脱氧水换热器需进行气密试验，气密试验一般在水压试验之后进行，由已知得对 FLA 型，单机重 5t，设计压力 1.8MPa，容器体积为 11m³，底座安装标高为 26.8m 的 4 台塔顶脱氧水换热器进行气密试验，故塔顶脱氧水换热器气密试验工程量为 4 台。

④ 地脚螺栓孔灌浆：

每台塔顶脱氧水换热器的地脚螺栓孔灌将体积为 1.2m³，则 4 台塔顶脱氧水换热器的地脚螺栓孔灌浆工程量为 1.2m³/台×4 台＝4.8m³。

⑤ 底座与基础间灌浆：

每台塔顶脱氧水换热器的底座与基础间灌浆体积为 1.6m³，则 4 台塔顶脱氧水换热器的底座与基础间灌浆工程量为 1.6m³/台×4 台＝6.4m³。

⑥ 起重机吊装：

塔顶脱氧水换热器的单机重 5t，底座安装标高为 26.8m，可选用汽车起重机起吊，则一般机具摊销费按机具总重量乘以 12 元计算，即 5t/台×4 台×12 元/t＝240 元。

⑦ 脚手架搭拆费：

脚手架搭拆费按人工费乘以 10％计算。

13）催化分馏塔：

① 催化分馏塔本体安装：

由已知得需安装直径为 3000mm，高为 20350mm，内有固舌塔盘 18 层，浮阀塔盘 3 层，单机重 78t，底座安装标高为 26.8m 的催化分馏塔 2 台，故催化分馏塔本体安装工程量为 2 台。

② 固舌塔盘安装：

由已知得催化分馏塔内有固舌塔盘 18 层，故需固舌塔盘安装，催化分馏塔直径为 3000mm，所以催化分馏塔固舌塔盘安装工程量为 18 层。

③ 浮阀塔盘安装：

由已知得直径为 3000mm，内有浮阀塔盘 3 层的催化分馏塔需要进行浮阀塔盘安装，故催化分馏塔浮阀塔盘安装工程量为 3 层。

④ 地脚螺栓孔灌浆：

每台催化分馏塔的地脚螺栓孔灌浆体积为 2.65m³，则 2 台催化分馏塔的地脚螺栓孔灌浆工程量为 2.65m³/台×2 台＝5.3m³。

⑤ 底座与基础间灌浆：

每台催化分馏塔的底座与基础间灌浆体积为 2.96m³，则 2 台催化分馏塔的底座与基础间灌浆工程量为 2.96m³/台×2 台＝5.92m³。

⑥ 起重机吊装：

催化分馏塔的单机重 78t，底座安装标高为 26.8m，可选用桥式起重机起吊，采用半机械化方法，依靠桅杆来解决机械化吊车起重能力不够的问题，则一般机具摊销费按机具总重量乘以 12 元计算，即 78t/台×2 台×12 元/t＝1872 元。

⑦ 双金属桅杆安装拆除：

由⑥得起重机吊装需依靠桅杆，由已知得对单机重 78t，底座安装标高为 26.8m 的催化分馏塔进行吊装，可选择型号为 100t/50m 的双金属桅杆，由金属桅杆项目的执行要求可知当采用双金属桅杆时，每座桅杆均乘以系数 0.95，则双金属桅杆安装工程量为 1 座×0.95＝0.95 座。

⑧ 桅杆水平移位：

由已知得两台催化分馏塔之间的距离为 12m，可知桅杆移位距离为 12m，明显小于 60m，故桅杆水平移位的工程量为 1 座。

⑨ 台次使用费：

由已知得金属桅杆水平移位距离为 12m，未达到 60m，故可计取一次台次费，所以双金属桅杆台次使用费的工程量为 1 台次。

⑩ 辅助台次使用费：

由⑨得辅助台次使用费的工程量为 1 台次。

⑪ 吊耳制作：

每台催化分馏塔上有 4 个吊耳，故两台催化分馏塔吊耳制作的工程量为 4 个/台×2 台＝8 个。

⑫ 拖拉坑挖埋：

桅杆顶部由 6 根缆绳拴住，缆绳安设方法是通过导向滑轮与卷扬机相连，缆索由 20t 地锚固定，故拖拉坑挖埋工程量为 6 个/台。

⑬ 脚手架搭拆费：

脚手架搭拆费按人工费乘以 10% 计算。

14）轻重柴油汽堤塔：

① 轻重柴油汽堤塔本体安装：

由已知得需安装直径为 800mm，长为 22.4m，底座安装标高为 16m，内有单溢流浮阀 4 层，单机重 5.8t 的轻重柴油汽堤塔 1 台，故轻重柴油汽堤塔本体安装工程量为 1 台。

② 浮阀塔盘安装：

由已知得直径为 800mm，内有单溢流浮阀 4 层的轻重柴油汽堤塔需进行浮阀塔盘安装，故轻重柴油汽堤塔浮阀塔盘安装工程量为 4 层。

③ 地脚螺栓孔灌浆：

每台轻重柴油汽堤塔的地脚螺栓孔灌浆体积为 2.1m³，则轻重柴油汽堤塔的地脚螺栓孔灌浆工程量为 2.1m³。

④ 底座与基础间灌浆：

每台轻重柴油汽堤塔的底座与基础间灌浆体积为 2.5m³，则轻重柴油汽堤塔的底座与基础间灌浆工程量为 2.5m³。

⑤ 起重机吊装：

由已知得轻重柴油汽堤塔单机重 5.8t，底座安装标高为 16m，可选用汽车起重机起吊，则一般机具摊销费按机具总重量乘以 12 元计算，即 5.8t/台×1 台×12 元/t＝69.6 元。

⑥ 脚手架搭拆费：

脚手架搭拆费按人工费乘以 10%计算。

15）吸收塔：

① 吸收塔本体安装：

由已知得需安装直径为 1200mm，长为 30m，内有单溢流浮阀 22 层，单机重 28.2t，底座安装标高为 4m 的吸收塔 2 台，故吸收塔本体安装工程量为 2 台。

② 浮阀塔盘安装：

由已知得直径为 1200mm，内有单溢流浮阀 22 层的吸收塔需要进行浮阀塔盘安装，故吸收塔浮阀塔盘安装工程量为 22 层。

③ 地脚螺栓孔灌浆：

每台吸收塔的地脚螺栓孔灌浆体积为 2.8m³，则 2 台吸收塔的地脚螺栓孔灌浆工程量为 2.8m³/台×2 台＝5.6m³。

④ 底座与基础间灌浆：

每台吸收塔的底座与基础间灌浆体积为 3.2m³，则 2 台吸收塔的底座与基础间灌浆工程量为 3.2m³/台×2 台＝6.4m³。

⑤ 起重机吊装：

由已知得吸收塔单机重 28.2t，底座安装标高为 4m，可选用汽车起重机起吊，则一般机具摊销费按机具总重量乘以 12 元计算，即 28.2t/台×2 台×12 元/t＝676.8 元。

⑥ 脚手架搭拆费：

脚手架搭拆费按人工费乘以 10%计算。

16）同轴式沉降再生器：

① 同轴式沉降再生器本体安装：

由已知得需安装直径为 6600mm，单机重 85.6t，底座安装标高为 6.3m 的同轴式沉降再生器，故同轴式沉降再生器本体安装工程量为 1 台。

② 水压试验：

同轴式沉降再生器需进行水压试验，由已知得直径为 6600mm，单机重 85.6t，设计压力为 3.8MPa，容器体积为 26m³ 的同轴式沉降再生器进行水压试验，故同轴式沉降再生器水压试验工程量为 1 台。

③ 气密试验：

同轴式沉降再生器需进行气密试验，由已知得气密试验一般在水压试验之后进行，由已知得对直径为 6600mm，单机重 85.6t，设计压力为 3.8MPa，容器体积为 26m³ 的同轴式沉降再生器进行气密试验，故同轴式沉降再生器气密试验工程量为 1 台。

④ 起重机吊装：

由已知得同轴式沉降再生器，单机重 85.6t，汽车起重机起吊能力不够，采用桥式起重机，半机械化方法，依靠桅杆来解决这个问题，则一般机具摊销费按机具总重量乘以 12 元计算，即 85.6t/台×1 台×12 元/t＝1027.2 元。

⑤ 双金属桅杆安装拆除：

由④得同轴式沉降再生器安装需要双金属桅杆辅助，同轴式沉降再生器单机重 85.6t，安装底座标高 6.3m，可选用型号为 100t/50m 的双金属桅杆，由金属桅杆项目的执行要求如采用双金属桅杆时，每座桅杆均乘以 0.95 系数，即同轴式沉降再生器双金属桅杆安装工程量为 1 座×0.95＝0.95 座。

⑥ 吊耳制作：

每台同轴式沉降再生器上有 4 个吊耳，故吊耳制作工程量为 4 个/台×1 台＝4 个。

⑦ 拖拉坑挖埋：

桅杆顶部有 6 根缆绳拴住，缆绳安设方法是通过导向滑轮与卷扬机相连，缆索由 20t 地锚固定，故拖拉坑挖埋工程量为 6 个。

⑧ 地脚螺栓孔灌浆：

每台同轴式沉降再生器的地脚螺栓孔灌浆体积 1.6m³，则 1 台同轴式沉降再生器的地脚螺栓孔灌浆工程量为 1.6m³/台×1 台＝1.6m³。

⑨ 底座与基础间灌浆：

每台同轴式沉降再生器的底座与基础间灌浆体积为 2.1m³，则 1 台同轴式沉降再生器的底座与基础间灌浆工程量为 2.1m³。

⑩ 脚手架搭拆费：

脚手架搭拆费按人工费乘以 10％计算。

⑪ 台次使用费：

由于仅有 1 台同轴式沉降再生器，所以同轴式沉降再生器移位距离为 0，明显小于 60m，故同轴式沉降再生器，台次使用费工程量为 1 台次。

⑫ 辅助台次使用费：

由⑪可得同轴式沉降再生器的辅助台次使用费工程量为 1 台次。

17）稳定塔：

① 稳定塔本体安装：

由已知得需安装直径为 1400mm，长为 37m，内有单溢流阀 28 层，单机重 89.8t 的稳定塔 1 台，故稳定塔本体安装工程量为 1 台。

② 浮阀塔盘安装：

由已知得直径为 1400mm，内有单溢流浮阀 28 层的稳定塔需进行浮阀塔盘安装，故稳定塔浮阀塔盘安装工程量为 28 层。

③ 起重机吊装：

由已知得稳定塔单机重 89.8t，底座安装标高为 3.2m，可选用桥式起重机半机械化方法，依靠桅杆来实现吊装，则一般机具摊销费按机具总重量乘以 12 元计算，即 89.8t/

台×1台×12元/t=1077.6元。

④ 双金属桅杆安装：

由③得稳定塔安装需要双金属桅杆辅助，由稳定塔单机重 89.8t，底座安装标高 3.2m，则安装总高为 40.2m，可选用型号 100t/50m 的双金属桅杆，由金属桅杆项目的执行要求，如采用双金属桅杆时，每座桅杆均乘以 0.95 系数，即稳定塔双金属桅杆安装工程量为 1 座×0.95＝0.95 座。

⑤ 台次使用费：

由于仅有 1 台稳定塔，所以稳定塔双金属桅杆移位距离为 0，明显小于 60m，故稳定塔双金属桅杆台次使用费工程量为 1 台次。

⑥ 辅助桅杆台次使用费：

由⑤可得稳定塔的辅助桅杆台次使用费为 1 台次。

⑦ 吊耳制作：

每台稳定塔上有 4 个吊耳，则 1 台稳定塔吊耳制作的工程量为 4 个/台×1 台＝4 个。

⑧ 地脚螺栓孔灌浆：

每台稳定塔的地脚螺栓孔灌浆体积为 2.8m³ 则 1 台稳定塔的地脚螺栓孔灌浆工程量为 2.8m³。

⑨ 底座与基础间灌浆：

每台稳定塔的底座与基础间灌浆体积为 3.3m³，则 1 台稳定塔的底座与基础间灌浆工程量为 3.3m³。

⑩ 脚手架搭拆费：

脚手架搭拆费按人工费乘以 10% 计算。

⑪ 拖拉坑挖埋：

桅杆顶部有 6 根缆绳拴住，缆绳安设方法是通过导向滑轮与卷扬机相连，缆索由 20t 地锚固定，故拖拉坑挖埋工程量为 6 个。

18）解吸塔：

① 解吸塔本体安装：

由已知得需安装直径为 1600mm，长为 32m，内有单溢流浮阀 28 层，单机重 25.9t 的解吸塔 1 台，故解吸塔本体安装工程量为 1 台。

② 浮阀塔盘安装：

由已知得直径为 1600mm，内有单溢流浮阀 28 层的解吸塔需要进行浮阀塔盘安装，故解吸塔浮阀塔盘安装工程量为 28 层。

③ 地脚螺栓孔灌浆：

每台解吸塔的地脚螺栓孔灌浆体积为 2.1m³，则 1 台解吸塔的地脚螺栓孔灌浆工程量为 2.1m³/台×1 台＝2.1m³。

④ 底座与基础间灌浆：

每台解吸塔的底座与基础间灌浆体积为 2.3m³，则 1 台解吸塔的底座与基础灌浆工程量为 2.3m³/台×1 台＝2.3m³。

⑤ 起重机吊装：

由已知得解吸塔单机重 25.9t，底座安装标高为 5.2m，可选用汽车起重吊装，则一般机具摊销费按机具总重量乘以 12 元计算，即 25.9t/台×1 台×12 元/t＝310.8 元。

⑥ 脚手架搭拆费：

脚手架搭拆费按人工费乘以 10％计算。

定额工程量计算见表 15-1。

炼油厂设备安装工程量计算表

表 15-1

定额编号	分部分项工程名称	工程量计算式	单位	数量	人工费（元）	材料费（元）	机械费（元）
5-709	轻污油罐（4.36t）	ϕ2000mm×7100mm	台	1	489.48	422.84	528.69
5-855	稳定汽油冷却器（4.2t）	F600-105-25-4	台	1	484.14	844.93	463.95
5-855	稳定塔底重沸器（2.94t）	ϕ2000mm×8000mm	台	1	484.14	844.93	463.95
5-719	排污扩容器（0.75t）	ϕ2010mm×7600mm	台	4	285.14	261.63	451.98
5-710	分馏塔顶油气分离器（5.2t）	ϕ2000mm×7100mm	台	2	653.88	746.88	923.05
5-708	净化压缩空气罐（2t）	ϕ1980mm×6200mm	台	1	248.92	261.63	341.78
5-827	聚合釜（14.8t）	ϕ2000mm×8216mm	台	1	1766.81	1690.94	3364.08
5-826	闪蒸釜（5.3t）	ϕ2800mm×5670mm	台	1	1219.28	810.20	841.88
5-926	稳定塔进料换热器（5.6t）	ϕ3200mm×4320mm	台	2	759.99	1183.21	910.84
5-710	封油罐（5.2t）	ϕ1600mm×7033mm	台	2	653.88	746.88	923.05
5-943	油浆蒸汽发生器（20t）	ϕ8200mm×7200mm	台	4	1461.00	1565.12	4689.82
5-941	塔顶脱氧水换热器（5t）	FLA 型	台	4	523.38	701.74	1319.39
5-1043	催化分馏塔（78t）	ϕ3000mm×20350mm	台	2	7397.89	6110.01	6045.34
5-1032	轻重柴油汽堤塔（5.8t）	ϕ800mm×22400mm	台	1	1449.16	954.91	1995.76
5-1019	吸收塔（18.1t）	ϕ1200mm×30000mm	台	2	1783.06	1433.83	4449.07
5-718	同轴式沉降再生器	ϕ6600mm	台	1	4079.52	4954.24	6718.53
5-1023	稳定塔（89.8t）	ϕ1400mm×37000mm	台	1	5424.19	8306.45	7047.29
5-1020	解吸塔（25.9t）	ϕ1600mm×32000mm	台	1	3178.12	2054.84	1103.13
5-1162	水压试验（轻污油罐）	P=2.2MPa V=76m³	台	1	386.15	1018.67	187.52
5-1202	稳定汽油冷却器水压试验	P=1.8MPa V=56m³	台	1	665.49	847.20	305.90
5-1202	稳定塔底重沸器水压试验	P=1.2MPa V=56m³	台	1	665.49	847.20	305.90
5-1169	排污扩容器水压试验	P=3.2MPa V=12m³	台	4	209.44	761.74	109.50
5-1160	分馏塔顶油气分离器水压试验	P=1.8MPa V=16m³	台	2	191.80	631.91	99.81
5-1168	净化压缩空气罐水压试验	P=2.8MPa V=8m³	台	1	127.94	329.06	69.12
5-1169	聚合釜水压试验	P=3.6MPa V=26m³	台	1	209.44	761.74	109.50
5-1169	闪蒸釜水压试验	P=3.2MPa V=11m³	台	1	209.44	761.74	109.50
5-1197	稳定塔进料换热器水压试验	P=1.6MPa V=12m³	台	2	258.21	378.41	120.93
5-1169	封油罐水压试验	P=3.2MPa V=22m³	台	2	209.44	761.74	109.50
5-1209	油浆蒸汽发生器水压试验	P=3.8MPa V=26m³	台	4	411.23	734.41	201.09
5-1197	塔顶脱氧水换热器水压试验	P=1.8MPa V=11m³	台	4	209.44	761.74	109.50
5-1169	同轴式沉降再生器水压试验	P=3.8MPa V=26m³	台	1	209.44	761.74	109.50

定额编号	分部分项工程名称	工程量计算式	单位	数量	人工费（元）	材料费（元）	机械费（元）
5-1298	轻污油罐气密试验	$P=2.2MPa$ $V=76m^3$	台	1	210.37	361.30	237.22
5-1335	稳定汽油冷却器气密试验	$P=1.8MPa$ $V=56m^3$	台	1	207.35	328.12	153.09
5-1335	稳定塔底重沸器气密试验	$P=1.2MPa$ $V=56m^3$	台	1	207.35	328.12	153.09
5-1304	排污扩容器气密试验	$P=3.2MPa$ $V=12m^3$	台	4	102.63	183.62	132.48
5-1295	分馏塔顶油气分离器气密试验	$P=1.8MPa$ $V=16m^3$	台	2	97.52	117.22	84.83
5-1303	净化压缩空气罐气密试验	$P=2.8MPa$ $V=8m^3$	台	1	68.50	124.64	92.21
5-1305	聚合釜气密试验	$P=3.6MPa$ $V=26m^3$	台	1	146.29	313.27	183.52
5-1304	闪蒸釜气密试验	$P=3.2MPa$ $V=11m^3$	台	1	102.63	183.62	132.48
5-1331	稳定塔进料换热器气密试验	$P=1.6MPa$ $V=12m^3$	台	2	91.25	110.23	68.86
5-1305	封油罐气密试验	$P=3.2MPa$ $V=22m^3$	台	2	146.29	313.27	183.52
5-1341	油浆蒸汽发生器气密试验	$P=3.8MPa$ $V=26m^3$	台	4	141.41	411.69	138.58
5-1331	塔顶脱氧水换热器气密试验	$P=1.8MPa$ $V=11m^3$	台	4	91.25	110.23	68.86
5-1305	同轴式沉降再生器气密试验	$P=3.8MPa$ $V=26m^3$	台	1	146.29	313.27	183.52
1-1413	地脚螺栓孔灌浆	$0.28+0.26+0.22+$ 0.12×4	m^3	1.24	122.14	217.49	—
1-1414	地脚螺栓孔灌浆	$2.2\times2+1.2\times1+3.2$ $\times1+1.6\times1+2.4\times2+$ $2.1\times2+3.3\times4+1.2\times$ $4+2.65\times2+2.1+2.8$ $\times2+1.6\times1+2.8+2.1$ $\times1$	m^3	56.9	81.27	213.84	—
1-1419	底座与基础间灌浆	$0.32+0.32+2.6\times2$ $+1.6\times1+3.6\times1+1.8$ $\times1+2.8\times2+2.5\times2+$ $3.6\times4+1.6\times4+2.96$ $\times2+2.5+3.2\times2+2.1$ $+3.3+2.3\times1$	m^3	66.76	119.35	302.37	—
1-1418	底座与基础间灌浆	$0.26+0.16\times4$	m^3	0.9	172.06	306.01	—
	一般机具摊销费	$4.36\times1+4.2\times1+$ $2.94\times1+5.2\times2+14.8$ $\times1+5.3\times1+5.6\times2+$ $5.2\times2+20\times4+5\times4+$ $78\times1+5.8\times1+28.2\times$ $2+85.6\times1+89.8\times1+$ 125.9×1	t	505.1	12.00		
	脚手架搭拆费	按人工费10%计算	元	人工费×10%			

442

定额编号	分部分项工程名称	工程量计算式	单位	数量	人工费 (元)	材料费 (元)	机械费 (元)
5-1090	固舌塔盘安装(催化分馏塔)	φ3000mm	层	18	209.91	87.41	73.29
5-1062	浮阀塔盘安装(催化分馏塔)	φ3000mm	层	3	247.53	101.40	78.74
5-1058	轻重柴油汽堤塔浮阀塔盘安装	φ800mm	层	4	131.89	46.02	40.81
5-1058	吸收塔浮阀塔盘安装	φ1200mm	层	22	131.89	46.62	40.81
5-1058	稳定塔浮阀塔盘安装	φ1400mm	层	32	131.89	46.62	40.81
5-1059	解吸塔浮阀塔盘安装	φ1600	层	28	151.63	60.43	54.69
5-1574	双金属桅杆安装拆除(催化分馏塔和同轴式沉降再生器稳定塔)	100t/50m	座	0.95 ×3	15371.64	1873.98	11586.71
5-1598	桅杆水平移位	均小于60m	座	1×3	998.46	808.53	1194.29
	台次使用费	均小于60m	台次	1×3	8.08		
	辅助台次使用费		台次	1×3	1.86		
5-1611	吊耳制作	4×2+4×1+4×1	个	16	71.05	223.31	64.07
5-1606	拖拉坑挖埋	6+6+6	个	18	594.43	1837.42	61.41

(2)清单工程量

清单工程量计算见表15-2～表15-22。

清单工程量计算表　　　　　　　　　　　　　　　　表15-2

序号	项目编码	项目名称	项目特征描述	计量单位	工程量
1	030304004001	大型金属油罐制作安装	轻污油罐φ2000×7100mm,单机重4.36t,底座安装标高8.2m	座	1
2	030113016001	中间冷却器	稳定汽油冷却器F600-105-25-4,单机重4.2t	台	1
3	030302007001	反应器安装	稳定塔底重沸器,单机重2.94t,底座安装标高8.2m	台	1
4	031006010001	电子水处理器	排污扩容器,单机重0.75t,底座安装标高16m	台	1
5	030113014001	分离器	分馏塔顶油气分离器,φ2000×7100mm	台	2
6	030302002001	整体容器安装	净化压缩空气罐,单机重2t,底座安装标高10m	台	1
7	030302007002	反应器安装	聚合釜,φ2800×8216mm,单机重148t,底座安装标高11.6m	台	1
8	030302007003	反应器安装	闪蒸釜,φ2800×5670mm,单机重5.3t,底座安装标高11.6m	台	1
9	030302005001	热交换器类设备安装	稳定塔进料换热器,单机重5.6t,底座安装标高9.6m	台	2
10	030302011001	空气分馏塔安装	催化分馏塔,φ3000×2050mm,单机重78t,底座安装标高26.8m	台	2

序号	项目编码	项目名称	项目特征描述	计量单位	工程量
11	030304004002	大型金属油罐制作安装	卧油罐，$\phi1600\times7033$mm，单机重 5.2t，底座安装标高 9.6m	台	2
12	030302007004	反应器安装	油浆蒸汽发生器，单机重 20t，底座安装标高 20.2m	台	4
13	030302005002	热交换器类设备安装	塔顶脱氧水换热器，FLA 型，单机重 5t，底座安装标高 26.8m	台	4
14	030302004001	整体塔器安装	轻重柴油汽堤塔，$\phi800\times22400$mm，单机 5.8t，底座安装标高 16m	台	1
15	030302004002	整体塔器安装	吸收塔，$\phi1200\times30000$mm，单机重 28.2t，底座安装标高 4m	台	2
16	030302008001	催化裂化再生器安装	同轴式沉降再生器，$\phi6600$mm，单机重 85.6t，底座安装标高 6.3m，龟甲网 420m²	台	1
17	030302004003	整体塔器安装	稳定塔，$\phi140\times37000$mm，单机重 89.8t，底座安装标高 3.2m	台	1
18	030302004004	整体塔器安装	解吸塔，$\phi1600\times32000$mm，单机重 25.9t，底座安装标高 5.2m	台	1

清单工程量计算表　　　　　　　　　　　　表 15-3

项目编码	项目名称	项目特征描述	计量单位	工程量
030301001001	容器制作	筒体卧式，碳钢制作，净容积为 194m³	台	1

清单工程量计算表　　　　　　　　　　　　表 15-4

项目编码	项目名称	项目特征描述	计量单位	工程量
030302001001	容器组装	碳钢制椭圆封头，直径 $\phi=4000$m，壁厚 $\delta=12$mm，单重 24t，分片进场	台	1

清单工程量计算表　　　　　　　　　　　　表 15-5

序号	项目编码	项目名称	项目特征描述	计量单位	工程量
1	030302003001	塔器组装	分三段到货，规格 $\phi1200$mm $\times$ 26100mm，单重 12.18t，两道焊口	台	1
2	030302003002	塔器组装	分三段到货，两道焊口，规格 $\phi3200$mm$\times$31454mm，单重 52t	台	1
3	030310001001	X 射线探伤	X 射线探伤	张	80
4	030310003001	超声波探伤		m	30

清单工程量计算表　　　　　　　　　　　　表 15-6

项目编码	项目名称	项目特征描述	计量单位	工程量
030302004001	整体塔器制作安装	碳钢制作，底座标高 9.5m，单重 80t	台	1

清单工程量计算表

项目编码	项目名称	项目特征描述	计量单位	工程量
030302001001	容器制作	蝶形封头、筒体、卧式、直径 3m，容积 65m³	台	1

清单工程量计算表
表 15-8

项目编码	项目名称	项目特征描述	计量单位	工程量
030304001001	拱顶罐制作安装	单重 38.797t	台	1

清单工程量计算表
表 15-9

项目编码	项目名称	项目特征描述	计量单位	工程量
030304001002	拱顶罐制作安装	设计容积为 1095m³	台	5

清单工程量计算表
表 15-10

项目编码	项目名称	项目特征描述	计量单位	工程量
030306001001	气柜制作安装	低压湿式螺旋气柜，容量 10000m³	座	1

清单工程量计算表
表 15-11

项目编码	项目名称	项目特征描述	计量单位	工程量
030307007001	烟囱、烟道制作安装	直径 $\phi=360mm$	t	1.332

清单工程量计算表
表 15-12

序号	项目编码	项目名称	项目特征描述	计量单位	工程量
1	030307001001	联合平台制作安装	联合平台，由槽钢（[12），圆钢（$\phi22$），角钢（L66×6）制成	t	13.00
2	030307003001	梯子、栏杆、扶手制作安装	斜梯、钢板制作	t	1.8

清单工程量计算表
表 15-13

项目编码	项目名称	项目特征描述	计量单位	工程量
030307008001	火炬及排气筒制作安装	钢制塔架，筒体直径 600mm	座	1

清单工程量计算表
表 15-14

项目编码	项目名称	项目特征描述	计量单位	工程量
030303006001	炼油厂加热炉制作安装	圆筒形立式，重 20.28t	台	1

清单工程量计算表
表 15-15

项目编码	项目名称	项目特征描述	计量单位	工程量
030303006002	炼油厂加热炉制作安装	圆筒形立式，重 22.4t	台	1

清单工程量计算表
表 15-16

项目编码	项目名称	项目特征描述	计量单位	工程量
030224002001	散装和组装锅炉	产汽 6.4t/h	台	1

清单工程量计算表　　　　表 15-17

项目编码	项目名称	项目特征描述	计量单位	工程量
030302001001	容器组装	分片到货，内径 4.2m，底座标高 11.7m	台	1

清单工程量计算表　　　　表 15-18

序号	项目编码	项目名称	项目特征描述	计量单位	工程量
1	031001002001	钢管	$\phi 219 \times 6$，生水管	m	161.2
2	031001002002	钢管	$\phi 57 \times 3$	m	330.95
3	030801006001	低压不锈钢管	$\phi 38 \times 3.5$	m	161.5
4	031003009001	软接头	$\phi 219 \times 6$，衬胶管	m	159.75

清单工程量计算表　　　　表 15-19

序号	项目编码	项目名称	项目特征描述	计量单位	工程量
1	030801006001	低压不锈钢管	$\phi 25 \times 3$	m	110
2	030801006002	低压不锈钢管	$\phi 67 \times 3.5$	m	55

清单工程量计算表　　　　表 15-20

项目编码	项目名称	项目特征描述	计量单位	工程量
010603001001	实腹钢柱	材质采用 Q235AF 甲类平炉 3 号沸腾钢	t	918.30

清单工程量计算表　　　　表 15-21

序号	项目编码	项目名称	项目特征描述	计量单位	工程量
1	030602001001	钢屋架	单榀重 22.708t	t	318.00
2	010606003001	钢天窗架	单榀重 2.781t	t	33.88
3	010606001001	钢支撑、钢拉条		t	93.80

清单工程量计算表　　　　表 15-22

项目编码	项目名称	项目特征描述	计量单位	工程量
010602003001	钢桁架	单榀桁架质量为 18000kg	t	108

第十六章　电气设备安装工程工程量清单设置与计价举例

【例1】 某小餐馆照明系统的安装工程：某小餐馆现在需要安装照明系统，其照明工程的平面布置图如图 16-1 所示，电源采用三相四线 380/220V，进户导线采用 BLV-500-4×16mm²，由室外架空线引入，室外埋设接地极引出接地线作为 PE 线随电源引入室内，进户后的 L1、L2 线采用 PVC 硬质塑料管暗敷设，L3 线接六处的暗装单相三孔插座，也采用 PVC 硬质塑料管暗敷设，导线均用 BV-500-2.5mm²，由于该小餐馆照明负载较少，故不需要采用配电箱或者配电柜，直接采用分线盒将进户的导线分开即可。

综合单价分析表中的未计价材料参照河南省郑州市的材料价格，这里仅供参考理解。计算该工程的工程量并套用定额。

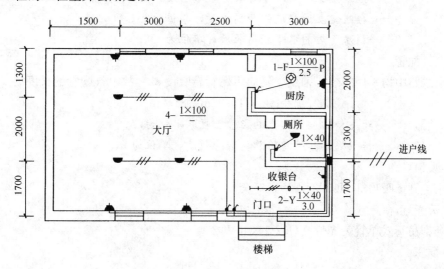

图 16-1　某小餐馆照明系统平面布置图

【解】（1）清单工程量

本处只对清单项目工程量进行简单计算，具体的计算公式及计算细节参见定额工程量计算。计算过程中的一些数据的具体解释可参考注释说明。

1）电气配线

为了方便理解并计算，该餐馆的照明线路均采用三线。三线塑料槽板配线 BLV-500-4×16mm² 沿墙暗敷设。

$$L = \{[1.7+3.5+(2.5-1.0)+2.0+1.7+3.0+2.0]+[0.05+(2.5-1.0)+1.7$$
$$+(5.5-0.55)]+[1.5+(2.5-1.0)+0.7+3.0]+[(2.5-1.0)+1.9+1.3]+$$
$$[(3.2-0.3)+1.7+(0.45+0.05+3.5+3.5)\times2+(2.5-0.5)\times6\times2+(2+$$
$$1.3)]\}\times3$$
$$=[(35+46.9)\times3]m=245.7m$$

【注释】1.7——厕所中的开关至厕所长的距离,单位为m;

3.5——现在设定进户线从厕所窗户处穿孔进入,厕所的长度,单位为m;

2.5——屋顶高度,单位为m;

1.0——开关的安装高度,单位为m;

2.0+1.7+

3.0+2.0——稍微靠里边的两个吸顶灯的线路,这个公式中前面的2.0为竖直上的距离长度,1.7也为竖直上的距离长度,3.0和后者的2.0均为水平上的距离长度,参考图上所标示的数据理解,单位为m;

0.05+(2.5-1.0)+1.7+

(5.5-0.55)——靠门口的两个吸顶灯的所需的线路的长度,其中0.05为两个开关的距离,2.5为屋顶高度,1.0为开关安装高度,单位为m;

1.5——厕所的吸顶灯距开关的垂直距离,单位为m;

0.7——分线盒至收银台开关的线路长度,单位为m;

3.0——分线盒至门口两个开关的线路长度,单位为m;

1.9——接线盒至厨房边的距离长度,单位为m;

1.3——厨房至灯的水平距离长度,单位为m。

2)电气配管

由于线路中均采用暗装,采用半硬质阻燃管暗敷设32,故电气配管的长度

$$L=[35+46.9]m=81.9m$$

【注释】35——开关和插座所需要的配管长度,单位为m;

46.9——接照明灯具所需的总的配管长度,单位为m。

3)吸顶灯

采用半圆球吸顶灯 H03234-100W 5套

4)荧光灯

成套型吊管式单管荧光灯 YG57-1×40W 2套

5)插座

单相接地插座 6个

6)照明开关

单极暗装开关 5个

7)其他灯具

防水防尘白炽灯 1套

清单工程量计算见表16-1。

清单工程量计算表 表16-1

序号	项目编码	项目名称	项目特征描述	计量单位	工程量
1	030411004001	配线	三线塑料槽板配线 BLV-2.5mm 暗敷设	m	245.70
2	030411001001	配管	半硬质阻燃管暗敷设(32),开关盒暗装	m	81.90

序号	项目编码	项目名称	项目特征描述	计量单位	工程量
3	030412001001	普通灯具	半圆球吸顶灯 H03234-100W 安装	套	5.00
4	030412005001	荧光灯	成套型吊管式单管荧光灯 YG57-1×40W，安装高度 2.2m	套	2.00
5	030404034001	照明开关	单极开关，暗装，安装高度 1.0m	个	5.00
6	030404035001	插座	单相三孔接地插座，暗装，安装高度 0.5m	个	6.00
7	030412001002	普通灯具	防水防尘吸顶白炽灯	套	1.00

【注释】项目编码从《建设工程工程量清单计价规范》中电气设备安装工程中查得，清单工程量计算表中的单位为常用的基本单位，工程量是仅考虑图纸上的数据而计算得出的数据。

（2）定额工程量

套用《全国统一安装工程预算定额》GYD-202-2000。

1）三线塑料槽板配线

$L=\{[1.7+3.5+(2.5-1.0)+2.0+1.7+3.0+2.0]+[0.05+(2.5-1.0)+1.7+(5.5-0.55)]+[1.5+(2.5-1.0)+0.7+3.0]+[(2.5-1.0)+1.9+1.3]+[(3.2-0.3)+1.7+(0.45+0.05+3.5+3.5)\times2+(2.5-0.5)\times6\times2+(2+1.3)]+1.5+0.3\times18\}\times3m$

$=266.4m=2.66(100m)$

【注释】1.5——进户线根据工程量计算规则预留长度，单位为 m；

0.3——单独安装的开关、插座及灯处的预留长度，单位为 m。

这里没有配电箱，故不考虑配电箱的预留长度。其他解释可参考清单工程量里的注释。

套定额 2-1311。

2）普通吸顶灯

半圆球吸顶灯 H03234-100W：5 套＝0.5（10 套）

套定额 2-1384。

3）荧光灯

成套型吊管式单管荧光灯 YG57-1×40W：2 套＝0.2（10 套）

套定额 2-1591。

4）普通吸顶灯及其他灯具

防水防尘白炽灯：1 套＝0.1（10 套）

套定额 2-1394。

5）照明开关

单极开关暗装 安装高度 1.0m：5 个＝0.5（10 套）

套定额 2-1637。

6）插座

单相三孔带接地插座 安装高度 0.5m：6 个＝0.6（10 套）

套定额 2-1668。

7）电气配管

半硬质阻燃管暗敷设 32。

$$L = [1.7+3.5+(2.5-1.0)+2.0+1.7+3.0+2.0]+[0.05+(2.5-1.0)+$$
$$1.7+(5.5-0.55)]+[1.5+(2.5-1.0)+0.7+3.0]+[(2.5-1.0)+$$
$$1.9+1.3]+[(3.2-0.3)+1.7+(0.45+0.05+3.5+3.5)\times2+(2.5-$$
$$0.5)\times6\times2+(2+1.3)]+1.5+0.3\times18m$$
$$=88.8m\approx0.89（100m）$$

【注释】参考清单工程量里面的注释。

套定额 2-1134。

某小餐馆照明系统安装工程工程预算表见表 16-2，分部分项工程量清单与计价见表 16-3，工程量清单综合单价分析见表 16-4～表 16-10。

某小餐馆照明系统安装工程预算表　　　　　　　　　　表 16-2

序号	定额编号	分项工程名称	计量单位	工程量	基价元	人工费	材料费	机械费	合计（元）
						其中（元）			
1	2-1311	三线塑料槽板配线	100m	2.66	485.82	406.12	79.7	—	1292.28
2	2-1384	半球罩吸顶灯 H032316-100W 安装	10套	0.50	170	50.16	119.84	—	85
3	2-1591	成套型吊管式单管荧光灯 YG57-1×40W	10套	0.20	120.8	50.39	70.41	—	24.16
4	2-1637	单极暗装开关	10套	0.50	24.21	19.4	4.47	—	12.11
5	2-1668	单相三孔带接地插座	10套	0.60	27.59	21.13	6.46	—	16.55
6	2-1394	防水防尘吸顶灯	10套	0.10	61.48	19.5	41.98	—	6.15
7	2-1134	电气配管	100m	0.89	352.1	265.87	86.23	—	313.37
		合　计							1749.62

注：该表格中未计价材料均未在材料费中体现，具体可参考综合单价分析表。表格中单位采用的是定额单位，工程量为定额工程量，基价通过《全国统一安装工程预算定额》可查到。

分部分项工程量清单与计价表　　　　　　　　　　表 16-3

工程名称：某小餐馆照明系统的安装工程　　　标段：　　　　　　　　第 页 共 页

序号	项目编码	项目名称	项目特征描述	计量单位	工程量	综合单价	合价	其中：暂估价
						金额（元）		
C.2 电气设备安装工程								
1	030411004001	配线	三线塑料槽板配线	m	245.70	18.57	4562.65	—
2	030412001001	普通灯具	半球罩吸顶灯 H03234-100W 安装	套	5.00	27.22	136.10	—

序号	项目编码	项目名称	项目特征描述	计量单位	工程量	金额（元）		
						综合单价	合价	其中：暂估价
3	030412005001	荧光灯	成套型吊管式单管荧光灯 YG57-1×40W	套	2.00	27.23	54.46	—
4	030404034001	照明开关	单极暗装开关	套	5.00	34.93	174.65	—
5	030404035001	插座	单相三孔带接地插座	套	6.00	10.83	64.98	—
6	030412001002	普通灯具	防水防尘吸顶灯	套	1.00	18.73	18.73	—
7	030411001001	配管	半硬质阻燃管暗敷设（32）	m	81.90	8.60	704.34	—
			本页小计				5715.92	
			合　计				5715.92	

注：分部分项工程量清单与计价表中的工程量为清单里面的工程量，综合单价为综合单价分析表里得到的最终清单项目综合单价，工程量×综合单价＝该项目所需的费用，将各个项目加起来即为该工程总的费用。

工程量清单综合单价分析表　　　　　　　　表 16-4

工程名称：某小餐馆照明系统的安装工程　　　标段：　　　　　　第 1 页　共 7 页

项目编码	030411004001	项目名称	配线	计量单位	m	工程量	245.70

清单综合单价组成明细

定额编号	定额名称	定额单位	数量	单价				合价			
				人工费	材料费	机械费	管理费和利润	人工费	材料费	机械费	管理费和利润
2-1311	三线塑料槽板配线 2.5mm²	100m	0.011	406.12	79.70		204.04	4.47	0.88		2.24
	人工单价			小　计				4.47	0.88		2.24
23.22 元/工日				未计价材料					10.98		
	清单项目综合单价								18.57		

	主要材料名称、规格、型号	单位	数量	单价（元）	合价（元）	暂估单价（元）	暂估合价（元）
材料费明细	绝缘导线 BLV-2.5 mm²	m	8.95	1.08	9.13		
	塑料槽板 38-63	m	2.80	0.66	1.85		
	其他材料费				—		—
	材料费小计				—	10.98	—

注：1. 定额里的数量＝定额工程量 266.4/清单工程量 245.7＝1.08，由于定额的单位为 100 m，清单的单位为 m，因此 1.08/100≈0.011 即可。

　　2. 管理费和利润的计算：

　　　　管理费＝基费×管理费费率，利润＝基费×利润的费率，这里基费均等于人工费＋机械费＋材料费之和，由于定额套用的是全国统一安装工程预算定额，管理费的费率定位 34％，利润的费率定位 8％。例如：该例题中管理费和利润＝（34％＋8％）×（406.12＋79.70）＝204.04。

　　3. 未计价材料费的计算：

　　　　参考《全国统一安装工程预算定额》第二册 电气设备安装工程手册，查所使用的定额编号，材料里面加括号的即为本材料为计价的材料，例如本例子中，查表绝缘导线 335.94，意义为 100m 的该导线需要的绝缘导线长度为 335.94m，因此在材料费明细里面的数量＝（266.4/100）×（335.94/100）＝8.95，单价为河南省郑州市统一规定，下同。

工程名称：某小餐馆照明系统的安装工程 标段： 第 2 页 共 7 页

项目编码	030411001001	项目名称	配管	计量单位	m	工程量	81.90

清单综合单价组成明细

定额编号	定额名称	定额单位	数量	单价				合价			
				人工费	材料费	机械费	管理费和利润	人工费	材料费	机械费	管理费和利润
2-1134	半硬质阻燃管暗敷设（32）	100m	0.011	265.87	86.23		3.87	2.92	0.95		1.63
人工单价		小　计						2.92	0.95		1.63
23.22 元/工日		未计价材料						3.098			
清单项目综合单价								8.598			

材料费明细	主要材料名称、规格、型号	单位	数量	单价（元）	合价（元）	暂估单价（元）	暂估合价（元）
	半硬质塑料管	m	0.94	3.29	3.09		
	套接管	m	0.011	0.75	0.008		
	其他材料费			—	—		
	材料费小计			—	3.098	—	

工程名称：某小餐馆照明系统的安装工程 标段： 第 3 页 共 7 页

项目编码	030412001001	项目名称	普通灯具	计量单位	套	工程量	5.00

清单综合单价组成明细

定额编号	定额名称	定额单位	数量	单价				合价			
				人工费	材料费	机械费	管理费和利润	人工费	材料费	机械费	管理费和利润
2-1384	半圆球吸顶灯	10 套	0.10	50.16	119.84	—	71.4	5.02	11.98	—	7.14
人工单价		小　计						5.02	11.98	—	7.14
23.22 元/工日		未计价材料						10.08			
清单项目综合单价								27.22			

材料费明细	主要材料名称、规格、型号	单位	数量	单价（元）	合价（元）	暂估单价（元）	暂估合价（元）
	成套灯具	套	1.01	9.98	10.08		
	其他材料费			—	—		
	材料费小计			—	10.08	—	

注：定额的单位为 10 套，清单的单位为套，因此数量为 0.1，查全国定额可得材料费里面的成套灯具数量＝10.1/10＝1.01。

工程名称：某小餐馆照明系统的安装工程　　　标段：　　　　　　　　第 4 页　共 7 页

项目编码	030412005001	项目名称	荧光灯	计量单位	套	工程量	2.00

清单综合单价组成明细

定额编号	定额名称	定额单位	数量	单价				合价			
				人工费	材料费	机械费	管理费和利润	人工费	材料费	机械费	管理费和利润
2-1591	成套型吊管式单管荧光灯 YG57-1×40W	10套	0.10	50.39	70.41	—	50.74	5.04	7.04	—	5.07
人工单价			小计					5.04	7.04	—	5.07
23.22 元/工日			未计价材料费					10.08			
清单项目综合单价								27.23			

材料费明细	主要材料名称、规格、型号	单位	数量	单价（元）	合价（元）	暂估单价（元）	暂估合价（元）
	成套灯具 JXD—40W	套	1.01	9.98	10.08		
	其他材料费			—	—	—	
	材料费小计			—	10.08	—	

工程名称：某小餐馆照明系统的安装工程　　　标段：　　　　　　　　第 5 页　共 7 页

项目编码	030404034001	项目名称	照明开关	计量单位	个	工程量	5.00

清单综合单价组成明细

定额编号	定额名称	定额单位	数量	单价				合价			
				人工费	材料费	机械费	管理费和利润	人工费	材料费	机械费	管理费和利润
2-1637	单极暗装开关	10套	0.10	19.74	4.47	—	10.05	19.74	4.47	—	10.05
人工单价			小计					19.74	4.47	—	10.05
23.22 元/工日			未计价材料					0.67			
清单项目综合单价								34.93			

材料费明细	主要材料名称、规格、型号	单位	数量	单价（元）	合价（元）	暂估单价（元）	暂估合价（元）
	照明开关	只	1.02	0.66	0.67		
	其他材料费			—	—	—	
	材料费小计			—	0.67	—	

工程名称：某小餐馆照明系统的安装工程　　标段：　　　　　　　第 6 页　共 7 页

项目编码	030404035001	项目名称	插座	计量单位	个	工程量	6.00

清单综合单价组成明细

定额编号	定额名称	定额单位	数量	单价				合价			
				人工费	材料费	机械费	管理费和利润	人工费	材料费	机械费	管理费和利润
2-1668	单相三孔带接地插座	10 套	0.10	21.13	6.46	—	11.59	2.11	6.46		1.16
人工单价			小计					2.11	6.46		1.16
23.22 元/工日			未计价材料					1.10			
清单项目综合单价								10.83			

材料费明细	主要材料名称、规格、型号	单位	数量	单价（元）	合价（元）	暂估单价（元）	暂估合价（元）
	成套插座	套	1.02	1.08	1.10		
	其他材料费				—		
	材料费小计				1.10	—	

工程名称：某小餐馆照明系统的安装工程　　标段：　　　　　　　第 7 页　共 7 页

项目编码	030412001002	项目名称	普通灯具	计量单位	套	工程量	1.00

清单综合单价组成明细

定额编号	定额名称	定额单位	数量	单价				合价			
				人工费	材料费	机械费	管理费和利润	人工费	材料费	机械费	管理费和利润
2-1394	防水防尘吸顶灯	10 套	0.10	19.50	41.98	—	25.82	1.95	4.12	—	2.58
人工单价			小计					1.95	4.12		2.58
23.22 元/工日			未计价材料					10.08			
清单项目综合单价								18.73			

材料费明细	主要材料名称、规格、型号	单位	数量	单价（元）	合价（元）	暂估单价（元）	暂估合价（元）
	成套灯具	套	1.01	9.98	10.08		
	其他材料费				—		
	材料费小计				10.08	—	

(3) 投标总价

见表 16-11～表 16-17。

投 标 总 价

招标人：＿＿＿某小餐馆＿＿＿＿＿＿＿＿＿＿＿＿＿＿＿＿＿工程

工程名称：＿＿＿某小餐馆照明系统安装工程＿＿＿＿＿＿＿＿

投标总价(小写)：＿＿＿＿13555 元＿＿＿＿＿＿＿＿＿＿＿

（大写）：＿＿＿壹万叁仟伍佰伍拾伍元＿＿＿＿＿＿＿

投标人：＿＿＿某某建筑安装工程公司单位公章＿＿＿＿＿＿

（单位盖章）

法定代表人
或其授权人：＿＿＿法定代表人＿＿＿＿＿＿＿＿＿＿＿＿

（签字或盖章）

编制人：＿＿＿×××签字盖造价工程师或造价员专用章＿＿＿

（造价人员签字盖专用章）

时间：×××× 年 ×× 月 ×× 日

总 说 明

工程名称：某小餐馆照明系统的安装工程

1. 工程概况

本工程为某小餐馆照明系统的安装工程，该工程属于照明系统中的一种。

电源采用三相四线 380/220V，进户导线采用 BLV-500-4×16mm²，由室外架空线引入，室外埋设接地极引出接地线作为 PE 线随电源引入室内，进户后的 L1、L2 线采用 PVC 硬质塑料管暗敷设，L3 线接六处的暗装单相三孔插座，也采用 PVC 硬质塑料管暗敷设，导线均用 BV-500-2.5mm²，由于该小餐馆照明负载较少，故不需要采用配电箱或者配电柜，直接采用分线盒将进户的导线分开即可。

2. 投标控制价包括范围

为本次招标的某小餐馆照明系统施工图范围内的安装工程。

3. 投标控制价编制依据

(1) 招标文件及其所提供的工程量清单和有关计价的要求，招标文件的补充通知和答疑纪要。

(2) 该某小餐馆照明系统施工图及投标施工组织设计。

(3) 有关的技术标准，规范和安全管理规定。

(4) 省建设主管部门颁发的计价定额和计价管理办法及有关计价文件。

(5) 材料价格采用工程所在地工程造价管理机构年月工程造价信息发布的价格信息，对于造价信息没有发布的材料，其价格参照市场价。

建设项目投标报价汇总表

表 16-11

工程名称：某小餐馆照明系统的安装工程　　　标段：　　　　　　　　　　　第 页 共 页

序号	单项工程名称	金额（元）	其中（元）		
			暂估价	安全文明施工费	规 费
1	某小餐馆照明系统的安装工程	13554.79	4000	23.39	324.97
	合　　计	13554.79	4000	23.39	324.97

单项工程投标报价汇总表

表 16-12

工程名称：某小餐馆照明系统的安装工程　　　标段：　　　　　　　　　　　第 页 共 页

序号	单项工程名称	金额（元）	其中（元）		
			暂估价	安全文明施工费	规 费
1	某小餐馆照明系统的安装工程	13554.79	4000	23.39	324.97
	合　　计	13554.79	4000	23.39	324.97

单位工程投标报价汇总表

表 16-13

工程名称：某小餐馆照明系统的安装工程　标段：　　　　　　　　　第　页　共　页

序号	汇总内容	金额（元）	其中暂估价（元）
1	分部分项工程	5715.92	
1.1	某小餐馆照明系统的安装工程	5715.92	
1.2			
1.3			
1.4			
2	措施项目	171.36	
2.1	安全文明施工费	23.39	
3	其他项目	7223.72	
3.1	暂列金额	873.72	
3.2	专业工程暂估价	4000	
3.3	计日工	2200	
3.4	总承包服务费	150	
4	规费	324.97	
5	税金	118.82	
	合计＝1＋2＋3＋4＋5	13554.79	

注：这里的分部分项工程中存在暂估价。

总价措施项目清单与计价表

表 16-14

工程名称：某小餐馆照明系统的安装工程　标段：　　　　　　　　　第　页　共　页

序号	项目编码	项目名称	计算基础	费率（%）	金额（元）	调整费率（%）	调整后金额（元）	备注
1	031302001001	环境保护费	人工费（1376.39）	0.2	2.75			
2	031302001002	文明施工费	人工费	1.0	13.76			
3	031302001003	安全施工费	人工费	0.7	9.63			
4	031302001004	临时设施费	人工费	7.0	96.35			
5	031302002001	夜间施工增加费	人工费	0.05	0.69			
6	031302003001	非夜间施工增加费	人工费	2.5	34.41			
7	031302004001	二次搬运费	人工费	0.8	11.01			
8	031302006001	已完工程及设备保护费	人工费	0.2	2.75			
		合　计			171.36			

注：该表费率参考《浙江省建设工程施工取费定额》（2003）。

其他项目清单与计价汇总表

表 16-15

工程名称：某小餐馆照明系统的安装工程　　标段　　　　　　　　　第　页　共　页

序号	项目名称	计量单位	金额（元）	备注
1	暂列金额	项	873.72	一般按分部分项工程的（5824.83）10%～15%
2	暂估价		4000	
2.1	材料暂估价			
2.2	专业工程暂估价	项	4000	按有关规定估算
3	计日工		2200	
4	总承包服务费		150	一般为专业工程估价的3%～5%
	合　　计		7223.72	

注：第1、4项备注参考《工程量清单计价规范》，材料暂估单价进入清单项目综合单价，此处不汇总。

计日工表

表 16-16

工程名称：某小餐馆照明系统的安装工程　　标段　　　　　　　　　第　页　共　页

编号	项目名称	单位	暂定数量	实际数量	综合单价	合价
一	人工					
1	普工	工日	20		60	1200
2	技工（综合）	工日	5		200	1000
3						
4						
	人工小计					2200
二	材料					
1						
2						
3						
4						
5						
6						
	材料小计					
三	施工机械					
1	按实际发生计算					
2						
3						
4						
	施工机械小计					
	总　　计					2200

注：此表项目，名称由招标人填写，编制招标控制价时，单价由招标人按有关计价规定确定；投标时，单价由投标人自主报价，计入投标总价中。

工程名称：某小餐馆照明系统的安装工程　　标段：　　　　　　　第　页　共　页

序号	项目名称	计算基础	计算基数	计算费率（%）	金额（元）
1	规费	人工费（1376.39）	1.1+1.2+1.3	23.61	324.97
1.1	社会保险费		(1)+(2)+(3)+ (4)+(5)		
(1)	养老保险费				
(2)	失业保险费				
(3)	医疗保险费				
(4)	工伤保险费				
(5)	生育保险费				
1.2	住房公积金				
1.3	工程排污费	按工程所在地环境保护部门 收取标准，按实际计入			
2	税金	直接费+综合费用+规费（1749.62+ 1376.39×0.95+324.97=3382.16）		3.513	118.82
2.1	税费	直接费+综合费用+规费		3.413	115.43
2.2	水利建设基金	直接费+综合费用+规费		0.1	3.39
合　计					443.79

注：该表费率参考《浙江省建设工程施工取费定额》（2003）。

【例 2】某美发店照明工程：某美发店现需新建一家美发店，并对其店面进行装修和布灯布线。该美发店照明平面布置图如图 16-2 所示。其基本情况如下所述：

（1）电源采用供电公司统一地下电缆，电源为三相四线制 380/220V，用两回线，即

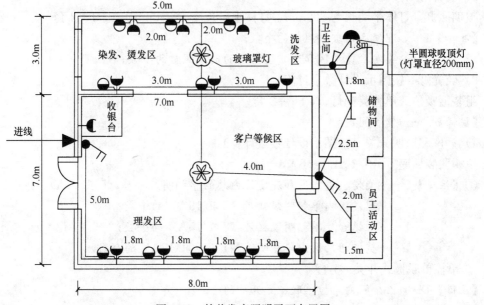

图 16-2　某美发店照明平面布置图

照明回路与插座回路分开供电，单相插座导线采用铜芯聚氯乙烯绝缘电线 BV-2×2.5 mm²，照明导线采用铜芯聚氯乙烯绝缘电线 BV-2×1.5 mm²，均穿内径为 20mm 的 PVC 硬质塑料管沿墙暗敷。

（2）在美发店的染发烫发区以及理发区均采用镜前壁灯供电，壁灯内装 40W 的新式荧光灯，且在每个镜子处安装一套。此外，在每面镜子处还安装有一套单相明装插座 5 孔 15A，在两个区域的上方吊两处装有两套灯体半周长为 800mm，灯体垂吊长度为 350mm 的玻璃照灯；

（3）在美发厅后侧设置有卫生间、储物间和员工活动区，在相应区域灯具布置情况如图所示。在储物间和员工活动区分别布置了一套组装型吸顶式单管荧光灯，与员工活动区的单控双联板式开关相连；在卫生间内布置了一套半圆球式吸顶灯（灯罩直径为 200mm），与该区域的单控单联板式开关相连。

（4）已知该美发店房屋标高 4.0m，所有镜前壁灯标高 2.0m，单相明装插座标高 0.5m，插座位于壁灯正下方，间距相同，开关标高 1.3m。

试结合该美发店的基本情况计算其照明工程的工程量并套用定额。

【解】（1）清单工程量

本工程属于电气设备安装工程中的照明安装工程，首先依据国家清单计价规范计算其清单工程量。

1）普通灯具（按图示设计数量计算）

① 一般镜前壁灯　6＋5＝11 套

【注释】 6——染发、烫发区和洗发区内总的一般镜前壁灯的个数；

　　　　　　5——理发区内镜前壁灯个数。

② 半圆球吸顶灯（灯罩直径 200mm）　1 套

【注释】 1——卫生间内半圆球吸顶灯的数量。

2）装饰灯（按图示设计数量计算）

玻璃照灯（灯体半周长为 800mm，灯体垂吊长度为 350mm）1＋1＝2 套

【注释】 1——理发区内玻璃照灯的个数；

　　　　　　1——染发、烫发区和洗发区内总的玻璃照灯的个数；

3）荧光灯（按图示设计数量计算）

组装型吸顶式单管荧光灯　1＋1＝2 套

【注释】 1——储物间内

4）插座和照明开关（按图示设计数量计算）

单相明装插座（5 孔 15A）　6＋5＋1＋1＝13 套

①**【注释】** 6——染发、烫发区和洗发区内总的单相明装插座（5 孔 15A）的个数；

　　　　　　5——理发区内单相明装插座（5 孔 15A）的个数；

　　　　　　1——收银台处单相明装插座（5 孔 15A）的个数；

　　　　　　1——员工活动区内单相明装插座（5 孔 15A）的个数。

② 单控单联板式开关　1 套

【注释】 1——卫生间内单控单联板式开关的个数。

③ 单控双联板式开关　1＋1＝2 套

【注释】1——理发区内单控双联板式开关的个数；

1——卫生间内单控双联板式开关的个数。

5）电气配线（按设计图纸长度以单线延长米计算）

① 单相插座导线用铜芯聚氯乙烯绝缘电线 BV-2×2.5 mm²(3.0＋7.0＋5.0＋7.0＋8.0＋1.5)＋(4.0−0.5)×13＝77m

2×77m＝154.00m

【注释】式 (3.0＋7.0＋5.0＋7.0＋8.0＋1.5) 中：

3.0——烫发、染发区房间的宽度，即插座用导线在烫发、染发区外墙的穿管敷设长度；

7.0——理发区房间的宽度，即插座用导线在理发区外墙的穿管敷设长度；

5.0——插座用导线在烫发、染发区从外墙到北侧插座的穿管敷设总长度；

7.0——插座用导线在烫发、染发区从外墙到南侧插座的穿管敷设总长度；

8.0——插座用导线在理发区从外墙到南侧插座的穿管敷设总长度；

1.5——插座用导线从理发区外墙到员工活动室插座的穿管敷设长度；

式(4.0−0.5)×13 中

4.0——美发厅房间层高；

2.0——美发厅内所有插座的标高；

13——美发厅内所有插座的总数量；

2——导线的根数，火线与零线同时布置，采用同一截面的导线。

② 照明导线采用铜芯聚氯乙烯绝缘电线 BV-2×1.5 mm²

(5.0＋1.8＋1.8＋1.8＋1.8＋7.0＋3.0＋3.0＋3.0＋2.0＋2.0＋4.0＋2.0＋2.5＋1.8＋1.8)＋(4.0−2.0)×11＋(4.0−1.3)×1＋(4.0−1.3)×2＝74.4m

2×74.4m＝148.8m

【注释】式 (5.0＋1.8＋1.8＋1.8＋1.8＋7.0＋3.0＋3.0＋3.0＋2.0＋2.0＋4.0＋2.0＋2.5＋1.8＋1.8) 中

5.0——照明用导线从理发区的单控双联翘班式开关到第一个镜前壁灯的距离；

1.8——照明用导线从理发区第一个镜前壁灯到第二个镜前壁灯的距离；

1.8——照明用导线从理发区的第二个镜前壁灯到第三个镜前壁灯的距离；

1.8——照明用导线从理发区的第三个镜前壁灯到第四个镜前壁灯的距离；

1.8——照明用导线从理发区的第四个镜前壁灯到第五个镜前壁灯的距离；

7.0——理发区房间的宽度，即照明用导线从理发区第三个镜前壁灯经过玻璃照灯到洗发区南侧第二个镜前壁灯的穿管敷设长度；

3.0——烫发、染发区房间的宽度，即照明用导线从洗发区南侧第二个镜前壁灯经过玻璃照灯到洗发区北侧第二、三个镜前壁灯之间的穿管敷设长度；

3.0——照明用导线从烫发、染发区南侧的第一个镜前壁灯到第二个镜前壁灯的距离；

3.0——照明用导线从烫发、染发区南侧的第二个镜前壁灯到第三个镜前壁灯

461

的距离；

　　2.0——照明用导线从理发区北侧的第一个镜前壁灯到第二个镜前壁灯的距离；

　　2.0——照明用导线从理发区北侧的第二个镜前壁灯到第三个镜前壁灯的距离；

　　4.0——照明用导线从理发区的玻璃罩灯到员工活动区的单控双联翘板式开关的距离；

　　2.0——照明用导线从员工活动区的单控双联翘板式开关到员工活动区的组装型吸顶式单管荧光灯的距离；

　　2.5——照明用导线从员工活动区的单控双联翘板式开关到储物间的组装型吸顶式单管荧光灯的距离；

　　1.8——照明用导线从储物间的组装型吸顶式单管荧光灯到卫生间的单控单联翘板式开关的距离；

　　1.8——照明用导线从卫生间的单控单联翘板式开关到卫生间的组装型吸顶式单管荧光灯的距离；

　　式（4.0－2.0）×11中

　　4.0——美发厅房间层高；

　　2.0——美发厅镜前壁灯的标高；

　　11——美发厅内所有镜前壁灯的总数量；

　　式（4.0－1.3）×1中

　　4.0——美发厅房间层高；

　　1.3——美发厅卫生间单联单控翘板式开关的标高；

　　1——卫生间单联单控翘板式开关的总数量；

　　式（4.0－1.3）×2中

　　4.0——美发厅房间层高；

　　1.3——美发厅理发区和员工活动区内双联单控翘板式开关的标高；

　　2——美发厅理发区和员工活动区内双联单控翘板式开关的总的个数；

　　2——导线的根数，火线与零线同时布置，采用同一截面的导线。

6）电气配管（内径为 20mm 的 PVC 硬质塑料管，沿墙暗敷）

按设计图纸长度以单线延长米计算

$77+74.4-(2.0+2.0+3.0+3.0+1.8+1.8+1.8+1.8+2.0\times11)=112.20m$

【注释】单相插座和照明导线均穿内径为 20mm 的 PVC 硬质塑料管沿墙暗敷，因此总的电气配管量应与总的双线电气配线量（扣除照明与插座共同的线路部分）相同。

　　77——插座用导线 BV－2×2.5 mm² 的穿管量；

　74.40——照明用导线 RV-2×1.5 mm² 的穿管量；

　　（2.0＋2.0＋3.0＋3.0＋1.8＋1.8＋1.8＋1.8＋2.0×

　11）——照明与插座共同的线路部分；

　　2.0——照明用导线从理发区北侧的第一个镜前壁灯到第二个镜前壁灯的距离；

462

2.0——照明用导线从理发区北侧的第二个镜前壁灯到第三个镜前壁灯的距离；

3.0——照明用导线从烫发、染发区南侧的第一个镜前壁灯到第二个镜前壁灯的距离；

3.0——照明用导线从烫发、染发区南侧的第二个镜前壁灯到第三个镜前壁灯的距离；

1.8——照明用导线从理发区第一个镜前壁灯到第二个镜前壁灯的距离；

1.8——照明用导线从理发区的第二个镜前壁灯到第三个镜前壁灯的距离；

1.8——照明用导线从理发区的第三个镜前壁灯到第四个镜前壁灯的距离；

1.8——照明用导线从理发区的第四个镜前壁灯到第五个镜前壁灯的距离；

2.0——照明用导线从屋顶到各个镜前壁灯的距离；

11——总的镜前壁灯的距离。

然后根据以上计算的清单工程量列出清单工程量计算表（表16-18）。

某美发店照明安装工程清单工程量计算表   表 16-18

序号	项目编号	项目名称	项目特征描述	计量单位	工程量
1	030412001001	普通灯具	一般镜前壁灯（标高2.0m）	套	11
2	030412001002	普通灯具	半圆球型吸顶灯	套	1
3	030412004001	装饰灯	玻璃罩灯，灯体半周长为800mm，灯体垂吊长度为350mm	套	2
4	030412004001	荧光灯	组装型吸顶式单管式荧光灯	套	2
5	030404035001	插座	单相明装插座（5孔，15A）	套	13
6	030404034001	照明开关	单控单联翘板式开关	套	1
7	030404034002	照明开关	单控双联翘板式开关	套	2
8	030411004001	配线	单相插座导线用铜芯聚氯乙烯绝缘电线BV-2×2.5mm²，穿内径为20mm的PVC硬质塑料管沿墙暗敷	m	154.00
9	030411004002	配线	照明导线采用铜芯聚氯乙烯绝缘电线BV-2×1.5mm²，穿内径为20mm的PVC硬质塑料管沿墙暗敷	m	148.80
10	030411001001	配管	内径为20mm的PVC硬质塑料管，沿墙暗敷	m	112.20

（2）定额工程量

《河南省建设工程工程量清单综合单价 C.2 电气设备安装工程——2008》套用定额，按照定额工程量计算规则计算定额工程量，并找出其价格。

1）普通灯具

① 一般镜前壁灯的安装 11 套

套用定额 2-1525。

② 半圆球吸顶灯（灯罩直径200mm）的安装 1 套

套用定额 2-1516。

2）装饰灯

玻璃罩灯（灯体半周长为800mm，灯体垂吊长度为350mm）的安装　2套

套用定额2-1594。

3）荧光灯

组装型吸顶式单管荧光灯的安装　2套

套用定额2-1746。

4）插座和照明开关

① 单相明装插座（5孔15A）的安装　13套

套用定额2-379。

② 单控单联板式开关的安装　1套

套用定额2-359。

③ 单控双联板式开关的安装　2套

套用定额2-360。

5）电气配线

① 单相插座导线用铜芯聚氯乙烯绝缘电线BV-2×2.5 mm²

1.5＋（3.0＋7.0＋5.0＋7.0＋8.0＋1.5）＋（4.0－0.5）×13＝78.5m

2×78.5m＝157.00m

套用定额2-1313

【注释】1.5——电源与管内导线连接的预留长度，灯具、明暗开关、插座、按钮等的
预留长度已分别综合在相应定额内，不另行计算；

式（3.0＋7.0＋5.0＋7.0＋8.0＋1.5）中：

3.0——烫发、染发区房间的宽度，即插座用导线在烫发、染发区外墙的穿管
敷设长度；

7.0——理发区房间的宽度，即插座用导线在理发区外墙的穿管敷设长度；

5.0——插座用导线在烫发、染发区从外墙到北侧插座的穿管敷设总长度；

7.0——插座用导线在烫发、染发区从外墙到南侧插座的穿管敷设总长度；

8.0——插座用导线在理发区从外墙到南侧插座的穿管敷设总长度；

1.5——插座用导线从理发区外墙到员工活动室插座的穿管敷设长度；

式（4.0-0.5）×13中：

4.0——美发厅房间层高；

2.0——美发厅内所有插座的标高；

13——美发厅内所有插座的总数量；

2——导线的根数，火线与零线同时布置，采用同一截面的导线。

② 照明导线采用铜芯聚氯乙烯绝缘电线BV-2×1.5 mm²

1.5＋（5.0＋1.8＋1.8＋1.8＋1.8＋7.0＋3.0＋3.0＋3.0＋2.0＋2.0＋4.0＋2.0＋2.5
＋1.8＋1.8）＋（4.0－2.0）×11＋（4.0－1.3）×1＋（4.0－1.3）×2m＝75.9m

2×75.9m＝151.8m

套用定额2-1312。

【注释】1.5——电源与管内导线连接的预留长度，灯具、明暗开关、插座、按钮等的

预留长度已分别综合在相应定额内，不另行计算；

式（5.0＋1.8＋1.8＋1.8＋1.8＋7.0＋3.0＋3.0＋3.0＋2.0＋2.0＋4.0＋2.0＋2.5＋1.8＋1.8）中

5.0——照明用导线从理发区的单控双联翘班式开关到第一个镜前壁灯的距离；

1.8——照明用导线从理发区第一个镜前壁灯到第二个镜前壁灯的距离；

1.8——照明用导线从理发区的第二个镜前壁灯到第三个镜前壁灯的距离；

1.8——照明用导线从理发区的第三个镜前壁灯到第四个镜前壁灯的距离；

1.8——照明用导线从理发区的第四个镜前壁灯到第五个镜前壁灯的距离；

7.0——理发区房间的宽度，即照明用导线从理发区第三个镜前壁灯经过玻璃照灯到洗发区南侧第二个镜前壁灯的穿管敷设长度；

3.0——烫发、染发区房间的宽度，即照明用导线从洗发区南侧第二个镜前壁灯经过玻璃照灯到洗发区北侧第二、三个镜前壁灯之间的穿管敷设长度；

3.0——照明用导线从烫发、染发区南侧的第一个镜前壁灯到第二个镜前壁灯的距离；

3.0——照明用导线从烫发、染发区南侧的第二个镜前壁灯到第三个镜前壁灯的距离；

2.0——照明用导线从理发区北侧的第一个镜前壁灯到第二个镜前壁灯的距离；

2.0——照明用导线从理发区北侧的第二个镜前壁灯到第三个镜前壁灯的距离；

4.0——照明用导线从理发区的玻璃罩灯到员工活动区的单控双联翘板式开关的距离；

2.0——照明用导线从员工活动区的单控双联翘板式开关到员工活动区的组装型吸顶式单管荧光灯的距离；

2.5——照明用导线从员工活动区的单控双联翘板式开关到储物间的组装型吸顶式单管荧光灯的距离；

1.8——照明用导线从储物间的组装型吸顶式单管荧光灯到卫生间的单控单联翘板式开关的距离；

1.8——照明用导线从卫生间的单控单联翘板式开关到卫生间的组装型吸顶式单管荧光灯的距离；

式（4.0－2.0）×11中：

4.0——美发厅房间层高；

2.0——美发厅镜前壁灯的标高；

11——美发厅内所有镜前壁灯的总数量；

式（4.0-1.3）×1中：

4.0——美发厅房间层高；

1.3——美发厅卫生间单联单控翘板式开关的标高；

1——卫生间单联单控翘板式开关的总数量；

式（4.0—1.3）×2中：

4.0——美发厅房间层高；

1.3——美发厅理发区和员工活动区内双联单控翘板式开关的标高；

2——美发厅理发区和员工活动区内双联单控翘板式开关的总的个数；

2——导线的根数，火线与零线同时布置，采用同一截面的导线。

6）电气配管（内径为20mm的PVC硬质塑料管，沿墙暗敷）112.20m

套用定额2-1228。

【注释】单相插座和照明导线均穿内径为20mm的PVC硬质塑料管沿墙暗敷，不用计算预留长度，因此总的电气配管量应与总的清单计算中的电气配线量相同。

工程量预算表见表16-19。

某美发店照明安装工程预算表　表16-19

序号	定额编号	分项工程名称	计量单位	工程量	综合单价（元）	其中（元）					合计（元）
						人工费	材料费	机械费	管理费	利润	
1	2-1525	一般镜前壁灯的安装	10套	1.1	251.79	86.86	111.40	—	32.32	21.21	276.97
2	2-1516	半圆球吸顶灯（灯罩直径为200mm）的安装	10套	0.1	274.48	92.88	124.36	—	34.56	22.68	27.45
3	2-1594	玻璃照灯（灯体半周长为800mm，灯体垂吊长度为350mm）的安装	10套	0.2	1097.27	494.50	298.02	—	184.00	120.75	219.45
4	2-1746	组装型吸顶式单管式荧光灯的安装	10套	0.2	225.95	103.20	59.15	—	38.40	25.20	45.19
5	2-379	单相明装插座（5孔15A）的安装	10套	1.3	95.49	47.30	19.04	—	17.60	11.55	124.14
6	2-359	单控单联翘板式开关的安装	10套	0.1	61.45	36.55	2.37	—	13.60	8.93	6.15
7	2-360	单控双联翘板式开关的安装	10套	0.2	64.89	38.27	3.03	—	14.24	9.35	12.98
8	2-1313	单相插座导线用铜芯聚氯乙烯绝缘电线BV-2×2.5 mm²	100m单线	1.57	86.20	43.00	16.70	—	16.00	10.50	135.33
9	2-1312	照明导线采用铜芯聚氯乙烯绝缘电线BV-2×1.5 mm²	100m单线	1.52	81.97	42.14	13.86	—	15.68	10.29	124.59

序号	定额编号	分项工程名称	计量单位	工程量	综合单价（元）	人工费	材料费	机械费	管理费	利润	合计（元）
								其中（元）			
10	2-1228	电气配管（内径为20mm的PVC硬质塑料管，沿墙暗敷）	100m	1.12	386.28	205.11	4.60	36.91	84.32	55.34	432.63
		合　计									1404.88

（3）将定额计价转换为清单计价形式

工程量清单与计价表及综合单价分析表见表16-20～表16-30。

分部分项工程量清单与计价表　　　　　　　表16-20

序号	项目编码	项目名称	项目特征描述	计量单位	工程量	综合单价	合价	其中：暂估价
						金额（元）		
1	030412001001	普通灯具	一般镜前壁灯（标高2.0m）	套	11	76.69	843.59	
2	030412001002	普通灯具	半圆球形吸顶灯	套	1	99.56	99.56	
3	030412004001	装饰灯	玻璃罩灯，灯体半周长为1800mm，灯体垂吊长度为350mm	套	2	524.83	1049.66	
4	030413004001	荧光灯	组装型吸顶式单管式荧光灯	套	2	46.29	92.58	
5	030404035001	插座	单相明装插座（5孔，15A）	套	13	19.95	259.35	
6	030404034001	照明开关	单控单联翘板式开关	套	1	16.55	16.55	
7	030404034002	照明开关	单控双联翘板式开关	套	2	25.21	50.42	
8	030411004001	配线	单相插座导线用铜芯聚氯乙烯绝缘电线 BV-2×2.5mm²，穿内径为20mm的PVC硬质塑料管沿墙暗敷	m	154.00	3.24	498.96	
9	030411004002	配线	照明导线采用铜芯聚氯乙烯绝缘电线 BV-2×1.5mm²，穿内径为20mm的PVC硬质塑料管沿墙暗敷	m	148.80	3.20	476.16	
10	030411001001	配管	内径为20mm的PVC硬质塑料管，沿墙暗敷	m	112.20	7.07	793.25	
		本页小计						
		合　计					4180.08	

工程名称：某美发店照明安装工程　　　　　标段：　　　　　　　　第 1 页　共 10 页

| 项目编码 | 030412001001 | 项目名称 | 普通灯具 | 计量单位 | 套 | 工程量 | 11 |

清单综合单价组成明细

定额编号	定额名称	定额单位	数量	单价					合价				
				人工费	材料费	机械费	管理费	利润	人工费	材料费	机械费	管理费	利润
2-1525	一般镜前壁灯的安装	10套	0.1	86.86	111.40	—	32.32	21.21	8.69	11.14	—	3.23	2.12
人工单价		合计							8.69	11.14	—	3.23	2.12
43元/工日		未计价材料								51.51			
清单项目综合单价										76.69			

材料费明细	主要材料名称、规格、型号	单位	数量	单价（元）	合价（元）	暂估单价（元）	暂估合价（元）
	一般镜前壁灯	套	10.10×0.1=1.01	51	51.51		
	其他材料费			—			
	材料费小计			—	51.51		

注：1. 业主制定材料供应商并由承包方采购时，双方应依据下式计算：

材料单价＝（材料原价＋材料运杂费）×（1＋运输损耗率＋采购及保管费率）＝供应到现场的价格×（1＋采购及保管费率）；

2. 一般镜前壁灯的材料原价按 50 元/套计算，由《河南省建设工程工程量清单综合单价 YC.15 施工措施项目——2008》可查得灯具的运输损耗率为 1.0%，采购及保管费率为 1.0%，则上表中的一般镜前壁灯的单价＝50×（1＋2.0%）＝51 元；

3. 上表中 10.10——综合单价表中的一般镜前壁灯的消耗数量；

0.1——一般镜前壁灯的定额工程量与清单工程量的比值。

工程名称：某美发店照明安装工程　　　　　标段：　　　　　　　　第 2 页　共 10 页

| 项目编码 | 030412001002 | 项目名称 | 普通灯具 | 计量单位 | 套 | 工程量 | 1 |

清单综合单价组成明细

定额编号	定额名称	定额单位	数量	单价					合价				
				人工费	材料费	机械费	管理费	利润	人工费	材料费	机械费	管理费	利润
2-1516	半圆球吸顶灯（灯罩直径为 200mm）的安装	10套	0.1	92.88	124.36	0.00	34.56	22.68	9.29	12.44	0.00	3.46	2.27
人工单价		合计							9.29	12.44	0.00	3.46	2.27
43元/工日		未计价材料费								72.11			
清单项目综合单价										99.56			

	主要材料名称、规格、型号	单位	数量	单价（元）	合价（元）	暂估单价（元）	暂估合价（元）
材料费明细	半圆球吸顶灯（灯罩直径为200mm）	套	10.10×0.1=1.01	71.4	72.11		
	其他材料费			—		—	
	材料费小计			—	72.11	—	

注：1. 半圆球吸顶灯（灯罩直径为200mm）的材料原价按70元/套计算，由《河南省建设工程工程量清单综合单价 YC.15 施工措施项目——2008》可查得灯具的运输损耗率为1.0%，采购及保管费率为1.0%，则上表中的半圆球吸顶灯（灯罩直径为200mm）的单价＝70×（1＋2.0%）＝ 71.4 元；

2. 上表中10.10——综合单价表中的半圆球吸顶灯（灯罩直径为200mm）的消耗数量；

0.1——半圆球吸顶灯的定额工程量与清单工程量的比值。

工程量清单综合单价分析表   表 16-23

工程名称：某美发店照明安装工程   标段：   第 3 页 共 10 页

项目编码	030412004001	项目名称	装饰灯	计量单位	套	工程量	2

清单综合单价组成明细

定额编号	定额名称	定额单位	数量	单价					合价				
				人工费	材料费	机械费	管理费	利润	人工费	材料费	机械费	管理费	利润
2-1594	玻璃罩灯（灯体半周长为800mm，灯体垂吊长度为350mm）的安装	10 套	0.1	494.50	298.02	—	184.00	120.75	49.45	29.80	0.00	18.40	12.07
人工单价		合计							49.45	29.80	0.00	18.40	12.07
43 元/工日		未计价材料费							515.1				
清单项目综合单价									524.83				

	主要材料名称、规格、型号	单位	数量	单价（元）	合价（元）	暂估单价（元）	暂估合价（元）
材料费明细	玻璃罩灯	套	10.10×0.1=1.01	510	515.1		
	其他材料费			—		—	
	材料费小计			—	515.1	—	

注：1. 玻璃罩灯的材料原价按500元/套计算，由《河南省建设工程工程量清单综合单价 YC.15 施工措施项目——2008》可查得灯具的运输损耗率为1.0%，采购及保管费率为1.0%，则上表中的墙壁式手术标志灯的单价＝500×（1＋2.0%）＝510 元；

2. 上表中10.10——综合单价表中的玻璃罩灯的消耗数量；

0.1——玻璃罩灯的定额工程量与清单工程量的比值。

工程名称：某美发店照明安装工程　　　　　　标段：　　　　　　　第 4 页　共 10 页

| 项目编码 | 030413004001 | 项目名称 | | 荧光灯 | | 计量单位 | | 套 | | 工程量 | | 2 |

清单综合单价组成明细

定额编号	定额名称	定额单位	数量	单价					合价				
				人工费	材料费	机械费	管理费	利润	人工费	材料费	机械费	管理费	利润
2-1746	组装型吸顶式单管式荧光灯的安装	10套	0.1	103.2	59.15	0	38.4	25.2	10.32	5.92	0.00	3.84	2.52
人工单价		合计							16.56	9.84	0.00	6.16	4.04
43元/工日		未计价材料费							23.69				
清单项目综合单价									46.29				

材料费明细	主要材料名称、规格、型号	单位	数量	单价（元）	合价（元）	暂估单价（元）	暂估合价（元）
	组装型吸顶式单管式荧光灯	套	10.10×0.1=1.01	23.46	23.69		
	其他材料费			—		—	
	材料费小计			—	23.69	—	

注：1. 组装型吸顶式单管式荧光灯的材料原价按 23 元/套计算，由《河南省建设工程工程量清单综合单价 YC. 15 施工措施项目——2008》可查得灯具的运输损耗率为 1.0%，采购及保管费率为 1.0%，则上表中的组装型吸顶式单管式荧光灯的单价=23×（1+2.0%）=23.46 元；

2. 上表中 10.10——综合单价表中的组装型吸顶式单管式荧光灯的消耗数量；

0.1——组装型吸顶式单管式荧光灯的定额工程量与清单工程量的比值。

工程名称：某美发店照明安装工程　　　　　　标段：　　　　　　　第 5 页　共 10 页

| 项目编码 | 030404035001 | 项目名称 | | 插座 | | 计量单位 | | 套 | | 工程量 | | 13 |

清单综合单价组成明细

定额编号	定额名称	定额单位	数量	单价					合价				
				人工费	材料费	机械费	管理费	利润	人工费	材料费	机械费	管理费	利润
2-379	单相明装插座（5 孔 15A）的安装	10套	0.1	47.30	19.04	—	17.60	11.55	4.73	1.90	0.00	1.76	1.16
人工单价		合计							4.73	1.90	0.00	1.76	1.16
43元/工日		未计价材料费							10.4				
清单项目综合单价									19.95				

	主要材料名称、规格、型号	单位	数量	单价（元）	合价（元）	暂估单价（元）	暂估合价（元）
材料费明细	单控单联翘板式开关	套	10.20×0.1=1.02	10.2	10.4		
	其他材料费			—		—	
	材料费小计			—	10.4	—	

注：1. 单相明装插座（5孔15A）的材料原价按10元/套计算，由《河南省建设工程工程量清单综合单价YC.15施工措施项目——2008》可查得开关的运输损耗率为1.0%，采购及保管费率为1.0%，则上表中的单相明装插座(5孔15A)的单价＝10×(1+2.0%)＝10.2元；

2. 上表中10.20——综合单价表中的单相明装插座（5孔15A）的消耗数量；

0.1——单相明装插座（5孔15A）的定额工程量与清单工程量的比值。

工程量清单综合单价分析表　　　　　　　　表 16-26

工程名称：某美发店照明安装工程　　　　　标段：　　　　　第6页　共10页

项目编码	030404034001	项目名称		照明开关		计量单位		套	工程量		1

清单综合单价组成明细

定额编号	定额名称	定额单位	数量	单价					合价				
				人工费	材料费	机械费	管理费	利润	人工费	材料费	机械费	管理费	利润
2-359	单控单联翘板式开关的安装	10套	0.1	36.55	2.37	0.00	13.60	8.93	3.66	0.24	0.00	1.36	0.89
人工单价		合计							3.66	0.24	0.00	1.36	0.89
43元/工日		未计价材料费							10.4				
清单项目综合单价									16.55				

	主要材料名称、规格、型号	单位	数量	单价（元）	合价（元）	暂估单价（元）	暂估合价（元）
材料费明细	单控单联翘板式开关	套	10.20×0.1=1.02	10.2	10.4		
	其他材料费			—		—	
	材料费小计			—	10.4	—	

注：1. 单控单联翘板式开关的材料原价按10元/套计算，由《河南省建设工程工程量清单综合单价 YC.15 施工措施项目——2008》可查得开关的运输损耗率为1.0%，采购及保管费率为1.0%，则上表中的单控单联翘板式开关的单价＝10×(1+2.0%)＝10.2元；

2. 上表中10.20——综合单价表中的单控单联翘板式开关的消耗数量；

0.1——单控单联翘板式开关的定额工程量与清单工程量的比值。

工程名称：某美发店照明安装工程　　　　　标段：　　　　　　　　第 7 页　共 10 页

项目编码	030404034002	项目名称		照明开关		计量单位		套	工程量		2

清单综合单价组成明细

定额编号	定额名称	定额单位	数量	单 价					合 价				
				人工费	材料费	机械费	管理费	利润	人工费	材料费	机械费	管理费	利润
2-360	单控双联翘板式开关的安装	10套	0.1	38.27	3.03	0.00	14.24	9.35	3.83	0.30	0.00	1.42	0.94
人工单价		合计							3.83	0.30	0.00	1.42	0.94
43元/工日		未计价材料费							18.73				
清单项目综合单价									25.21				

	主要材料名称、规格、型号		单位	数量	单价（元）	合价（元）	暂估单价（元）	暂估合价（元）
材料费明细	单控双联翘板式开关		套	10.20×0.1=1.02	18.36	18.73		
	其他材料费				—		—	
	材料费小计				—	18.73	—	

注：1. 单控双联翘板式开关的材料原价按 18 元/套计算，由《河南省建设工程工程量清单综合单价 YC.15 施工措施项目——2008》可查得开关的运输损耗率为 1.0%，采购及保管费率为 1.0%，则上表中的单控双联翘板式开关的单价=18×（1+2.0%）=18.36 元；

　　2. 上表中 10.20——综合单价表中的单控双联翘板式开关的消耗数量；

　　　　0.1——单控双联翘板式开关的定额工程量与清单工程量的比值。

工程名称：某美发店照明安装工程　　　　　标段：　　　　　　　　第 8 页　共 10 页

项目编码	030411004001	项目名称		配线		计量单位		100m	工程量		154.00

清单综合单价组成明细

定额编号	定额名称	定额单位	数量	单 价					合 价				
				人工费	材料费	机械费	管理费	利润	人工费	材料费	机械费	管理费	利润
2-1313	电气配线 RV-2×2.5mm² 单线	100m	0.01	43.00	16.70	0.00	16.00	10.50	0.43	0.17	0.00	0.16	0.11
人工单价		合计							0.43	0.17	0.00	0.16	0.11
43元/工日		未计价材料费							2.38				
清单项目综合单价									3.24				

主要材料名称、规格、型号	单位	数量	单价（元）	合价（元）	暂估单价（元）	暂估合价（元）
材料费明细 RV-2×2.5 mm²	m	116.00×0.1=1.16	2.05	2.38		
其他材料费			—			
材料费小计			—	2.38		

注：1. RV-2×2.5 mm² 的材料原价按2.0元/套计算，由《河南省建设工程工程量清单综合单价 YC.15 施工措施项目——2008》可查得导线的运输损耗率为1.0%，采购及保管费率为1.5%，则上表中的 RV-2×2.5 mm² 的单价=2.0×（1+2.5%）=2.05元；

2. 上表中116.00——综合单价表中的 RV-2×2.5 mm² 的消耗数量；

0.1——RV-2×2.5 mm² 的定额工程量与清单工程量的比值。

工程量清单综合单价分析表　　　　　　　　　　表 16-29

工程名称：某美发店照明安装工程　　　　　标段：　　　　　　　第9页　共10页

项目编码	030411004002	项目名称	配线	计量单位	100m	工程量	148.80

清单综合单价组成明细

定额编号	定额名称	定额单位	数量	单价					合价				
				人工费	材料费	机械费	管理费	利润	人工费	材料费	机械费	管理费	利润
2-1312	电气配线 RV-2×1.5 mm²	100m 单线	0.01	42.14	13.86	-	15.68	10.29	4.21	1.39	0.00	1.57	1.03
人工单价		合计							0.43	0.17	0.00	0.16	0.11
43元/工日		未计价材料费							2.38				
清单项目综合单价									3.20				

主要材料名称、规格、型号	单位	数量	单价（元）	合价（元）	暂估单价（元）	暂估合价（元）
材料费明细 RV-1×2.5 mm²	m	116.00×0.1=1.16	2.05	2.38		
其他材料费			—			
材料费小计			—	2.38	—	

注：1. RV-1×2.5 mm² 的材料原价按2.0元/套计算，由《河南省建设工程工程量清单综合单价 YC.15 施工措施项目——2008》可查得导线的运输损耗率为1.0%，采购及保管费率为1.5%，则上表中的 RV-1×2.5 mm² 的单价=2.0×（1+2.5%）=2.05元；

2. 上表中116.00——综合单价表中的 RV-2×1.5 mm² 的消耗数量；

0.1——RV-2×1.5 mm² 的定额工程量与清单工程量的比值。

工程名称：某美发店照明安装工程   标段：   第 10 页   共 10 页

| 项目编码 | 030411001001 | 项目名称 | 配管 | 计量单位 | 100m | 工程量 | 112.20 |

清单综合单价组成明细

定额编号	定额名称	定额单位	数量	单 价					合 价				
				人工费	材料费	机械费	管理费	利润	人工费	材料费	机械费	管理费	利润
2-1228	电气配管（内径为20mm的PVC硬质塑料管，沿墙暗敷）	100m	0.01	205.11	4.60	36.91	84.32	55.34	2.05	0.05	0.37	0.84	0.55
人工单价			合计						2.05	0.05	0.37	0.84	0.55
43元/工日			未计价材料费						3.21				
			清单项目综合单价						7.07				

材料费明细	主要材料名称、规格、型号	单位	数量	单价（元）	合价（元）	暂估单价（元）	暂估合价（元）
	PVC硬质塑料管	m	106.00×0.1=1.06	3.02	3.21		
	其他材料费			—		—	
	材料费小计			—	3.21	—	

注：1. PVC硬质塑料管的材料原价按3.0元/套计算，由《河南省建设工程工程量清单综合单价 YC.15 施工措施项目——2008》可查得管材的采购及保管费率为0.8%，则上表中的PVC硬质塑料管的单价＝3.0×（1+0.8%）＝3.02元；

    2. 上表中116.00——综合单价表中的PVC硬质塑料管的消耗数量；

       0.1——PVC硬质塑料管的定额工程量与清单工程量的比值。

（4）投标总价

见表 16-31～表 16-37。

投 标 总 价

招标人：＿＿＿＿某美发店＿＿＿＿＿＿＿＿＿＿＿＿＿＿工程

工程名称：＿＿＿某美发店照明安装工程＿＿＿＿＿＿＿

投标总价（小写）：＿＿＿＿4629＿＿＿＿＿＿＿＿＿＿

（大写）：＿＿＿＿肆仟陆佰贰拾玖元＿＿＿＿＿＿

投标人：＿＿＿某某建筑装饰公司＿＿＿＿＿＿＿＿＿

（单位盖章）

法定代表人
或其授权人：＿＿＿＿＿法定代表人＿＿＿＿＿＿＿＿

（签字或盖章）

编制人：＿＿＿×××签字盖造价工程师或造价员专用章＿＿＿

（造价人员签字盖专用章）

时间：××××年××月××日

总　说　明

1. 工程概况

本工程为某美发店照明安装工程，现需新建一家美发店，并对其店面进行装修和布灯布线。该美发店照明平面布置图如图一所示。其基本情况如下所述：

（1）电源采用供电公司统一地下电缆，电源为三相四线制 380/220V，用两回线，即照明回路与插座回路分开供电，单相插座导线采用铜芯聚氯乙烯绝缘电线 BV-2×2.5 mm²，照明导线采用铜芯聚氯乙烯绝缘电线 BV-2×1.5 mm²，均穿内径为 20mm 的 PVC 硬质塑料管沿墙暗敷；

（2）在美容店的染发烫发区以及理发区均采用镜前壁灯供电，壁灯内装 40W 的新式荧光灯，且在每个镜子处安装一套。此外，在每面镜子处还安装有一套单相明装插座 5 孔 15A，在两个区域的上方吊两处装有两套灯体半周长为 800mm，灯体垂吊长度为 350mm 的玻璃照灯；

（3）在美发厅后侧设置有卫生间、储物间和员工活动区，在相应区域灯具布置情况如图所示。在储物间和员工活动区分别布置了一套组装型吸顶式单管荧光灯，与员工活动区的单控双联板式开关相连；在卫生间内布置了一套半圆球式吸顶灯（灯罩直径为 200mm），与该区域的单控单联板式开关相连。

（4）已知该美发店房屋标高 4.0m，所有镜前壁灯标高 2.0m，单相明装插座标高 0.5m，插座位于壁灯正下方，间距相同，开关标高 1.3m。

2. 投标控制价包括范围

为本次招标的某美发店施工图范围内的照明安装工程。

3. 投标控制价编制依据：

（1）招标文件及其所提供的工程量清单和有关计价的要求，招标文件的补充通知和答疑纪要。

（2）该美发店施工图及投标施工组织设计。

（3）有关的技术标准，规范和安全管理规定。

（4）省建设主管部门颁发的计价定额和计价管理办法及有关计价文件。

（5）材料价格采用工程所在地工程造价管理机构年月工程造价信息发布的价格信息，对于造价信息没有发布的材料，其价格参照市场价。

工程项目投标报价汇总表　　表 16-31

序号	单项工程名称	金额（元）	其中（元）		
			暂估价	安全文明施工费	规　费
1	某美发店照明安装工程	4155	—	115.85	152.46
	合　　计	4155	—	115.85	152.46

注：暂估价包括分部分项工程中的暂估价和专业工程暂估价。

表 16-32

单项工程投标报价汇总表

工程名称：某美发店照明安装工程　　　　　标段：　　　　　　　　　第 页 共 页

序号	单项工程名称	金额（元）	其中（元）		
			暂估价	安全文明施工费	规　费
1	某美发店照明安装工程	4628.81	—	115.85	139.26
	合　　计	4155	—	115.85	152.46

注：投标报价表格参考河南省费用组成及费率，在这里仅提供一种计算方法（仅供参考），具体工程应参照具体省市规定计算并填写相应法律文件。暂估价包括分部分项工程中的暂估价和专业工程暂估价。

单位工程投标报价汇总表

表 16-33

工程名称：某美发店照明安装工程　　　　　标段：　　　　　　　　　第 页 共 页

序号	汇 总 内 容	金额（元）	其中：暂估价（元）
1	分部分项工程	4180.08	—
1.1	美发店照明工程	4180.08	—
2	措施项目	157.11	—
2.1	其中：安全文明施工费	115.85	—
3	其他项目		
3.1	其中：暂列金额	—	
3.2	其中：总承包服务费	—	
3.3	其中：计日工	—	
3.4	其中：专业工程暂估价	—	
4	规费	139.26	—
5	税金	152.36	—
	合计＝1+2+3+4+5	4628.81（≈4629）	

注：此处暂不列暂估价 估价见其他项目费表中。

总价措施项目清单与计价表

表 16-34

工程名称：某美发店照明安装工程　　　　　标段：　　　　　　　　　第 页 共 页

序号	项目编码	项目名称	计算基础	费率（%）	金额（元）	调整费率（%）	调整后金额（元）	备注
1	031302001001	安全文明施工措施费	综合工日数×43元/工日	17.76	115.85			
1.1		基本费	综合工日数×43元/工日	10.06	65.62			
1.2		考评费	综合工日数×43元/工日	4.74	30.92			

序号	项目编码	项目名称	计算基础	费率（%）	金额（元）	调整费率（%）	调整后金额（元）	备注
1.3		奖励	综合工日数×43元/工日	2.96	19.31			
2	031302004001	二次搬运费	综合工日数	按实际计算	—			
3	031302002001	夜间施工增加费	综合工日数	1.36	20.63			
4	031302005001	冬雨季施工增加费	综合工日数	1.36	20.63			
5		其他	综合工日数	按实际计算	—			
合　计					157.11			

注：1. 综合工日数＝分布分项清单中的综合工日数＋施工技术措施中的综合工日数，本例题中取施工技术措施中的综合工日数为0，具体工程中要根据工程实际如实填写，不能缺项漏项。

2. 夜间施工增加费与冬雨季施工增加费的费率在具体项目发生时间取，$1 > t > 0.9$ 时，按 0.68 元/工日计算；$t < 0.8$ 时按 1.36 元/工日计算。

3. 安全文明施工措施费＝综合工日数×43元/工日×费率

二次搬运费＝综合工日数×二次搬运费费率

夜间施工增加费＝综合工日数×夜间施工增加费费率

冬雨季施工增加费＝综合工日数×冬雨季施工增加费费率

其他项目清单与计价汇总表　　　　　　　表 16-35

工程名称：某美发店照明安装工程　　　　　　标段：　　　　　　　　第　页　共　页

序号	项目名称	金额（元）	结算金额（元）	备注
1	暂列金额	按实际发生计算		一般按分部分项工程的 10%～15%
2	暂估价			
2.1	材料（工程设备）暂估价/结算价	—		
2.2	专业工程暂估价			
3	计日工			
4	总承包服务费			
5	索赔与现场签证			
合　计				

注：材料（工程设备）暂估价进入清单项目综合单价，此处不汇总。

计日工表

表 16-36

工程名称：某美发店照明安装工程　　　　标段：　　　　　　　　第　页　共　页

编号	项目名称	单位	暂定数量	实际数量	综合单价	合价
一	人工					
1						
2						
3						
4						
	人工小计					
二	材料					
1						
2						
	材料小计					
三	施工机械					
	施工机械小计					
	四、企业管理费和利润					
	总　计					

规费、税金项目计价表

表 16-37

工程名称：某美发店照明安装工程　　　　标段：　　　　　　　　第　页　共　页

序号	项目名称	计算基础	计算基数	计算费率（％）	金额（元）
1	规费	综合工日数	1.1＋1.2＋1.3		139.26
1.1	社会保障费	综合工日数	(1)＋(2)＋(3)＋ (4)＋(5)＋(6)	7.48	113.47
(1)	养老保险费	综合工日数			
(2)	失业保险费	综合工日数			
(3)	医疗保险费	综合工日数			
(4)	工伤保险费	综合工日数			
(5)	生育保险费	综合工日数			
1.2	住房公积金	综合工日数		1.70	25.79
1.3	工程排污费	综合工日数	按工程所在地环境保护部门收取标准，按实际计入	按实际 发生额计算	—
2	税金	不含税工程费		3.413	152.36
	合　计				291.62

注：投标人按招标人提供的规费计入投标报价中。

　　社会保障费＝综合工日数×社会保障费费率

　　住房公积金＝综合工日数×住房公积金费率

第十七章　建筑智能化工程工程量清单设置与计价举例

【例】某图书馆机房计算机网络系统设备安装工程（图 17-1），图书馆机房（即微机阅览室）有终端计算机 80 套，每台计算机均装有硬件、系统软件、工具软件、网络软件、应用软件、以太网自适应接口卡（10/100Mb/s）各一套，另外还配备了一台工作组级服务器。连接这些终端计算机和工作组服务器是堆叠式集线器（堆叠单元 7 个），其连接线为综合布线时已配置完毕，此处不再考虑。服务器兼有网管的各个功能，要求进行服务器系统和网管系统的安装和调试。安装完毕后，要进行整个系统网络的调试及试运行。试结合该图书馆计算机网络系统设备的安装工程基本情况计算其工程量并套用定额。

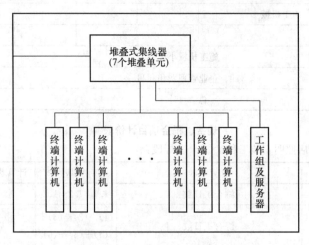

图 17-1　某图书馆机房计算机系统示意图

【解】（1）清单工程量

本工程属于建筑智能化系统设备安装工程中的计算机网络系统设备安装工程，首先依据国家清单计价规范计算其清单工程量

1）终端设备（按设计图示数量计算）

终端计算机　80 套

【注释】80——机房的终端计算机数量。

2）网络终端设备（按设计图示数量计算）

工作组级服务器　1 台

【注释】1——机房工作组级服务器的数量。

3）接口卡（按设计图示数量计算）

以太网自适应接口卡（10/100Mb/s）　80 套

【注释】80——以太网自适应接口卡（10/100Mb/s）的总数量。因为每台计算机安装

　　　　　　一套以太网自适应接口卡（10/100Mb/s），共有 80 台计算机，故其数

量为 80 套。

4）网络集线器（按设计图示数量计算）

堆叠式集线器（堆叠单元 7 个）　1 台

【注释】1——机房堆叠式集线器（堆叠单元 7 个）的数量。

5）系统软件（按设计图示数量计算）

① 服务器系统软件　1 套

【注释】1——机房服务器的个数，每台服务器安装一套服务器系统软件，故服务器系统软件的个数为 1 套。

② 网管系统软件　1 套

【注释】1——机房服务器的个数，服务器兼有网管的各个功能，因此需安装一套网管系统软件，故网管系统软件的个数为 1 套。

6）网络调试及试运行（按设计图示数量计算）

机房计算机网络调试及试运行（信息点 81）　系统

【注释】81——机房计算机网络的信息点数为终端计算机的数量与工作组级服务器数量的和，终端计算机 80 台，工作组服务器 1 台，总计 81 台。

然后根据以上计算的清单工程量列出清单工程量计算见表 17-1。

某图书馆机房计算机网络系统设备安装工程清单工程量计算表　　表 17-1

序号	项目编号	项目名称	项目特征描述	计量单位	工程量
1	031101043001	终端设备	终端计算机	套	80
2	030501013001	网络服务器	工作组级服务器	台	1
3	030501007001	接口卡	以太网自适应接口卡（10/100Mb/s）	套	80
4	030501008001	网络集线器	堆叠式集线器（堆叠单元 7 个）	台	1
5	030501017001	软件	服务器系统软件	套	1
6	030501017002	软件	网管系统软件	套	1
7	030501016001	网络调试及试运行	机房计算机网络调试及试运行	系统	1

（2）定额工程量

《河南省建设工程工程量清单综合单价 C.12 建筑智能化学院设备安装工程——2008》，套用定额，并按照定额工程量计算规则计算定额工程量，并找出其价格。

1）终端计算机的安装

① 硬件　80 台

套用定额 12-61。

【注释】80——终端计算机的总数量；因为每台计算机安装一套终端计算机硬件，共有 80 台计算机，故其数量为 80 台。

② 系统软件　80 台

套用定额 12-62。

【注释】80——终端计算机的总数量；因为每台计算机安装一套终端计算机系统软件，共有 80 台计算机，故其数量为 80 台。

③ 工具软件　80 台

套用定额 12-63。

【注释】80——终端计算机的总数量；因为每台计算机安装一套终端计算机工具软件，共有 80 台计算机，故其数量为 80 台。

④ 网络软件　80 台

套用定额 12-64。

【注释】80——终端计算机的总数量；因为每台计算机安装一套终端计算机网络软件，共有 80 台计算机，故其数量为 80 台。

⑤ 应用软件　80 台

套用定额 12-65。

【注释】80——终端计算机的总数量；因为每台计算机安装一套终端计算机应用软件，共有 80 台计算机，故其数量为 80 台。

2）工作组级服务器的安装、调试　1 台

套用定额 12-87。

3）以太网自适应接口卡（10/100Mb/s）的安装、调试　80 套

套用定额 12-92。

4）堆叠式集线器（堆叠单元 7 个）的安装调试　1 台

套用定额 12-98。

5）服务器系统软件（按设计图示数量计算）

① 工作组级服务器系统软件安装、调试　1 套

套用定额 12-117。

② 网管系统软件的安装、调试软件安装　1 套

套用定额 12-120。

【注释】1——网管系统软件的个数，服务器兼有网管的各个功能，因此需安装一套网管软件，故网管软件的个数为 1 套。

系统搜索　1 套

套用定额 12-121。

【注释】1——网管系统软件的个数，服务器兼有网管的各个功能，因此需安装一套系统搜索软件，故系统搜索软件的个数为 1 套。

拓扑生成　1 套

套用定额 12-122。

【注释】1——网管系统软件的个数，服务器兼有网管的各个功能，因此需安装一套拓扑生成软件，故拓扑生成软件的个数为 1 套。

流量控制　1 套

套用定额 12-123。

【注释】1——网管系统软件的个数，服务器兼有网管的各个功能，因此需安装一套流量控制软件，故流量控制软件的个数为 1 套。

安全策略设置　1 套

套用定额 12-124。

【注释】1——网管系统软件的个数，服务器兼有网管的各个功能，因此需安装一套安

482

全策略设置软件，故安全策略设置软件的个数为 1 套。

6）网络调试及试运行（按设计图示数量计算）

① 机房计算机网络调试（信息点 81）　　1 系统

套用定额 12-126。

② 机房计算机网络试运行（信息点 81）　　1 系统

套用定额 12-128。

安装工程预算表、清单计价表及综合单价分析表见表 17-2～表 17-10。

某图书馆机房计算机系统网络设备安装工程预算表　　表 17-2

序号	定额编号	分项工程名称	计量单位	工程量	基价（元）	其中（元）					合计（元）
						人工费	材料费	机械费	管理费	利润	
1	12-61	终端计算机硬件的安装	台	80	42.50	25.80	0.80	—	9.60	6.30	3400.00
2	12-62	终端计算机系统软件的安装	台	80	57.50	25.80	15.80	—	9.60	6.30	4600.00
3	12-63	终端计算机工具软件的安装	台	80	51.50	25.80	9.80	—	9.60	6.30	4120.00
4	12-64	终端计算机网络软件的安装	台	80	31.60	17.20	3.80	—	6.40	4.20	2528.00
5	12-65	终端计算机应用软件的安装	台	80	65.40	34.40	9.80	—	12.80	8.40	5232.00
6	12-87	工作组级服务器的安装、调试	台	1	190.91	107.50	15.30	1.86	40.00	26.25	190.91
7	12-92	以太网自适应接口卡（10/100Mb/s）的安装、调试	套	80	46.05	27.95	0.80	0.07	10.40	6.83	3684.00
8	12-98	堆叠式集线器（堆叠单元 7 个）	台	1	114.37	68.80	2.80	0.37	25.60	16.80	114.37
9	12-117	工作组级服务器系统软件安装、调试	套	1	120.16	64.50	14.80	1.11	24.00	15.75	120.16
10	12-120	网管系统软件的安装、调试	套	1	42.62	21.50	7.50	0.37	8.00	5.25	42.62
11	12-121	网管系统搜索软件的安装、调试	套	1	706.13	430.00	—	11.13	160.00	105.00	706.13
12	12-122	网管系统拓扑生成软件的安装、调试	套	1	142.71	86.00	—	3.71	32.00	21.00	142.71
13	12-123	网管系统流量控制软件的安装、调试	套	1	212.96	129.00	0.75	3.71	48.00	31.50	212.96

序号	定额编号	分项工程名称	计量单位	工程量	基价（元）	其中（元）					合计（元）
						人工费	材料费	机械费	管理费	利润	
14	12-124	网管系统安全策略设置软件的安装、调试	套	1	355.67	215.00	0.75	7.42	80.00	52.50	355.67
15	12-126	机房计算机网络调试（信息点81）	系统	1	8389.04	1720.00	1.60	5607.44	640.00	420.00	8389.04
16	12-128	机房计算机网络试运行（信息点81）	系统	1	16204.25	3837.00	240.95	9741.30	1440.00	9450.00	16204.25
		合　计									50042.82

分部分项工程和单价措施项目清单与计价表　　　　　表17-3

工程名称：某图书馆机房计算机系统网络设备安装工程　　　　标段：　　　第　页　共　页

序号	项目编码	项目名称	项目特征描述	计量单位	工程量	金额（元）		其中：暂估价
						综合单价	合价	
1	031101043001	终端设备	终端计算机	套	80	248.50	248.50	
2	030501013001	网络服务器	工作组级服务器	台	1	190.91	190.91	
3	030501007001	接口卡	以太网自适应接口卡（10/100Mb/s）	套	80	46.05	46.05	
4	030501008001	网络集线器	堆叠式集线器（堆叠单元7个）	台	1	114.37	114.37	
5	030501017001	软件	服务器系统软件	套	1	120.16	120.16	
6	030501017002	软件	网管系统软件	套	1	1460.09	1460.09	
7	030501016001	网络调试及试运行	机房计算机网络调试及试运行	系统	1	33098.29	24593.29	
		本页小计						
		合　计					50042.82	

工程量清单综合单价分析表　　　　　表17-4

工程名称：某图书馆机房计算机系统网络设备安装工程　　　　标段：　　　第1页　共7页

项目编码	031101043001	项目名称	终端设备	计量单位	套	工程量	80

清单综合单价组成明细

定额编号	定额项目名称	定额单位	数量	单　价				合　价			
				人工费	材料费	机械费	管理费和利润	人工费	材料费	机械费	管理费和利润
12-61	终端计算机硬件的安装	台	1	25.80	0.80	—	15.90	25.80	0.80	—	15.90

定额编号	定额项目名称	定额单位	数量	单价				合价			
				人工费	材料费	机械费	管理费和利润	人工费	材料费	机械费	管理费和利润
12-62	终端计算机系统软件的安装	台	1	25.80	15.80	—	15.90	25.80	15.80		15.90
12-63	终端计算机工具软件的安装	台	1	25.80	9.80	—	15.90	25.80	9.80		15.90
12-64	终端计算机网络软件的安装	台	1	17.20	3.80	—	10.60	17.20	3.80		10.60
12-65	终端计算机应用软件的安装	台	1	34.40	9.80	—	21.20	34.40	9.80		21.20
人工单价		合　　计						129.00	40.00	0.00	79.50
43元/工日		未计价材料						—			
清单项目综合单价								248.50			

材料费明细	主要材料名称、规格、型号	单位	数量	单价（元）	合价（元）	暂估单价（元）	暂估合价（元）
	其他材料费			—		—	
	材料费小计			—		—	

工程量清单综合单价分析表　　　　　　　　　　　　　　　　表 17-5

工程名称：某图书馆机房计算机系统网络设备安装工程　　　　标段：　　　第2页　共7页

项目编码	030501013001	项目名称	网络服务器	计量单位	台	工程量	1

清单综合单价组成明细

定额编号	定额名称	定额单位	数量	单价					合价				
				人工费	材料费	机械费	管理费	利润	人工费	材料费	机械费	管理费	利润
12-87	工作组级服务器的安装、调试	台	1	107.50	15.30	1.86	40.00	26.25	107.50	15.30	1.86	40.00	26.25
人工单价		合计							107.50	15.30	1.86	40.00	26.25
43元/工日		未计价材料费											
清单项目综合单价									190.91				

材料费明细	主要材料名称、规格、型号	单位	数量	单价（元）	合价（元）	暂估单价（元）	暂估合价（元）
	其他材料费			—	—		
	材料费小计			—	—		

工程名称：某图书馆机房计算机系统网络设备安装工程　　　　　标段：　　　第 3 页　共 7 页

项目编码	030501007001	项目名称		接口卡			计量单位		套		工程量		80

清单综合单价组成明细

定额编号	定额名称	定额单位	数量	单价					合价				
				人工费	材料费	机械费	管理费	利润	人工费	材料费	机械费	管理费	利润
12-92	以太网自适应接口卡（10/100Mb/s）的安装、调试	套	1	27.95	0.80	0.07	10.40	6.83	27.95	0.80	0.07	10.40	6.83
人工单价		合计							27.95	0.80	0.07	10.40	6.83
43 元/工日		未计价材料费											
清单项目综合单价									46.05				

材料费明细	主要材料名称、规格、型号			单位	数量	单价（元）	合价（元）	暂估单价（元）	暂估合价（元）
	其他材料费					—		—	
	材料费小计					—		—	

工程名称：某图书馆机房计算机系统网络设备安装工程　　　　　标段：　　　第 4 页　共 7 页

项目编码	030501008001	项目名称		网络集线器			计量单位		台		工程量		1

清单综合单价组成明细

定额编号	定额名称	定额单位	数量	单价					合价				
				人工费	材料费	机械费	管理费	利润	人工费	材料费	机械费	管理费	利润
12-98	堆叠式集线器（堆叠单元 7 个）	台	1	68.80	2.80	0.37	25.60	16.80	68.80	2.80	0.37	25.60	16.80
人工单价		合计							68.80	2.80	0.37	25.60	16.80
43 元/工日	未计价材料费												
清单项目综合单价									114.37				

材料费明细	主要材料名称、规格、型号			单位	数量	单价（元）	合价（元）	暂估单价（元）	暂估合价（元）
	其他材料费					—		—	
	材料费小计					—		—	

工程量清单综合单价分析表

表 17-8

工程名称：某图书馆机房计算机系统网络设备安装工程　　　标段：　　　第5页　共7页

项目编码	030501017001	项目名称		软件		计量单位	套	工程量	1

清单综合单价组成明细

定额编号	定额名称	定额单位	数量	单价					合价				
				人工费	材料费	机械费	管理费	利润	人工费	材料费	机械费	管理费	利润
12-117	工作组级服务器系统软件安装、调试	套	1	64.50	14.80	1.11	24.00	15.75	64.50	14.80	1.11	24.00	15.75
人工单价			合计						64.50	14.80	1.11	24.00	15.75
43元/工日	未计价材料费												
清单项目综合单价								120.16					

材料费明细	主要材料名称、规格、型号			单位	数量	单价（元）	合价（元）	暂估单价（元）	暂估合价（元）
	其他材料费					—		—	
	材料费小计					—		—	

工程量清单综合单价分析表

表 17-9

工程名称：某图书馆机房计算机系统网络设备安装工程　　　标段：　　　第6页　共7页

项目编码	030501017002	项目名称		软件		计量单位	套	工程量	1

清单综合单价组成明细

定额编号	定额名称	定额单位	数量	单价					合价				
				人工费	材料费	机械费	管理费	利润	人工费	材料费	机械费	管理费	利润
12-120	网管系统软件的安装、调试	套	1	21.50	7.50	0.37	8.00	5.25	21.50	7.50	0.37	8.00	5.25
12-121	网管系统搜索软件的安装、调试	套	1	430.00	—	11.13	160.00	105.00	430.00	—	11.13	160.00	105.00
12-122	网管系统拓扑生成软件的安装、调试	套	1	86.00	—	3.71	32.00	21.00	86.00	—	3.71	32.00	21.00
12-123	网管系统流量控制软件的安装、调试	套	1	129.00	0.75	3.71	48.00	31.50	129.00	0.75	3.71	48.00	31.50
12-124	网管系统安全策略设置软件的安装、调试	套	1	215.00	0.75	7.42	80.00	52.50	215.00	0.75	7.42	80.00	52.50
人工单价			合计						881.50	9.00	26.34	328.00	215.25
43元/工日		未计价材料费											
清单项目综合单价								1460.09					

	主要材料名称、规格、型号	单位	数量	单价(元)	合价(元)	暂估单价(元)	暂估合价(元)
材料费明细							
	其他材料费				—		—
	材料费小计				—		—

工程量清单综合单价分析表

表 17-10

工程名称：某图书馆机房计算机系统网络设备安装工程　　　　　标段：　第 7 页　共 7 页

项目编码	030501016001	项目名称	网络调试及试运行	计量单位	系统	工程量	1

清单综合单价组成明细

定额编号	定额名称	定额单位	数量	单价					合价				
				人工费	材料费	机械费	管理费	利润	人工费	材料费	机械费	管理费	利润
12-126	机房计算机网络调试（信息点 81）	系统	1	1720.00	1.60	5607.44	640.00	420.00	1720.00	1.60	5607.44	640.00	420.00
12-128	机房计算机网络试运行（信息点 81）	系统	1	3837.00	240.95	9741.30	1440.00	945.00	3837.00	240.95	9741.30	1440.00	945.00
人工单价		合计							881.50	9.00	26.34	328.00	215.25
43 元/工日		未计价材料费											
清单项目综合单价									24593.29				

	主要材料名称、规格、型号	单位	数量	单价(元)	合价(元)	暂估单价(元)	暂估合价(元)
材料费明细							
	其他材料费				—		—
	材料费小计				—		—

（3）投标总价

见表 17-11～表 17-17。

投　标　总　价

招标人：　　　某大学　　　　　　　　　　　　　　　工程

工程名称：　　　某图书馆机房计算机系统网络设备安装工程　　　

投标总价（小写）：　　　61991　　　

（大写）：　　　陆万壹仟玖佰玖拾壹　　　

投标人：　　　某某建筑装饰公司　　　
（单位盖章）

法定代表人
或其授权人：　　　法定代表人　　　
（签字或盖章）

编制人：　　　×××签字盖造价工程师或造价员专用章　　　
（造价人员签字盖专用章）

时间：××××年××月××日

总　说　明

工程名称：某图书馆机房计算机系统网络设备安装工程　　　　　　　　第　页　共　页

1. 工程概况

本工程为某图书馆机房计算机系统网络设备安装工程，该图书馆机房（即微机阅览室）有终端计算机80套，每台计算机均装有硬件、系统软件、工具软件、网络软件、应用软件、以太网自适应接口卡（10/100Mb/s）各一套，另外还配备了一台工作组级服务器。连接这些终端计算机和工作组服务器是堆叠式集线器（堆叠单元7个），其连接线为综合布线时已配置完毕，此处不再考虑。服务器兼有网管的各个功能，要求进行服务器系统和网管系统的安装和调试。安装完毕后，要进行整个系统网络的调试及试运行。

2. 投标控制价包括范围

为本次招标的某图书馆机房施工图范围内的计算机系统网络设备安装工程。

3. 投标控制价编制依据

(1) 招标文件及其所提供的工程量清单和有关计价的要求，招标文件的补充通知和答疑纪要。

(2) 该图书馆机房施工图及投标施工组织设计。

(3) 有关的技术标准，规范和安全管理规定。

(4) 省建设主管部门颁发的计价定额和计价管理办法及有关计价文件。

(5) 材料价格采用工程所在地工程造价管理机构年月工程造价信息发布的价格信息，对于造价信息没有发布的材料，其价格参照市场价。

建设项目投标报价汇总表　　　　　　　　表 17-11

工程名称：某图书馆机房计算机系统网络设备安装工程　　　标段　　　　　第　页　共　页

序号	单项工程名称	金额/元	其中/元		
			暂估价	安全文明施工费	规　费
1	某图书馆机房计算机系统网络设备安装工程	61991	—	3416.19	4495.69
	合　计	61991	—	3416.19	4495.69

注：暂估价包括分部分项工程中的暂估价和专业工程暂估价。

单项工程投标报价汇总表　　　　　　　　表 17-12

工程名称：某图书馆机房计算机系统网络设备安装工程　　　标段　　　　　第　页　共　页

序号	单项工程名称	金额/元	其中/元		
			暂估价	安全文明施工费	规　费
1	某图书馆机房计算机系统网络设备安装工程	61991		3416.19	4495.69
	合　计	61991		3416.19	4495.69

注：投标报价表格参考河南省费用组成及费率，在这里仅提供一种计算方法（仅供参考），具体工程应参照具体省市规定计算并填写相应法律文件。暂估价包括分部分项工程中的暂估价和专业工程暂估价。

单位工程投标报价汇总表

表 17-13

工程名称：某图书馆机房计算机系统网络设备安装工程　　标段：　　　　第 页 共 页

序号	汇总内容	金额（元）	其中暂估价（元）
1	清单项目费用	50042.82	—
1.1	某图书馆机房计算机系统网络设备安装工程	50042.82	—
2	措施项目费用	4632.93	
2.1	施工技术措施费	投标报价自主确定	
2.2	施工组织措施费	4632.93	
3	其他项目费用	—	
3.1	总承包管理费	按实际发生额计算	—
3.2	零星工作项目费	按实际发生额计算	—
3.3	优质优价奖励费	按合同约定	—
3.4	检测费	按实际发生额计算	
3.5	其他	按实际发生额计算	
4	规费	4495.69	—
5	税金	2019.52	
	合计＝1＋2＋3＋4＋5	61190.96	

注：此处暂不列暂估价，暂估价见其他项目费表中。

总价措施项目清单与计价表

表 17-14

工程名称：某图书馆机房计算机系统网络设备安装工程　　标段：　　　　第 页 共 页

序号	项目编码	项目名称	计算基础	费率（%）	金额（元）	调整费率（%）	调整后金额（元）	备注
1	031302001001	安全文明施工措施费	综合工日数×43元/工日	17.76	3416.19			
1.1		基本费	综合工日数×43元/工日	10.06	1935.07			
1.2		考评费	综合工日数×43元/工日	4.74	911.75			
1.3		奖励	综合工日数×43元/工日	2.96	569.36			
2	031302004001	二次搬运费	综合工日数	按实际计算	—			
3	031302002001	夜间施工增加费	综合工日数	1.36	608.37			
4	031302005001	冬雨季施工增加费	综合工日数	1.36	608.37			
5		其他	综合工日数	按实际计算	—			
		合计			4632.93			

注：1. 综合工日数＝分布分项清单中的综合工日数＋施工技术措施中的综合工日数，本例题中取施工技术措施中的综合工日数为0，具体工程中要根据工程实际如实填写，不能缺项漏项。

2. 夜间施工增加费与冬雨季施工增加费的费率在具体项目发生时间取，$1 > t > 0.9$ 时，按 0.68 元/工日计算；$t < 0.8$ 时按 1.36 元/工日计算。

3. 安全文明施工措费＝综合工日数×43 元/工日×费率

二次搬运费＝综合工日数×二次搬运费费率

夜间施工增加费＝综合工日数×夜间施工增加费费率

冬雨季施工增加费＝综合工日数×冬雨季施工增加费费率

其他项目清单与计价汇总表

表 17-15

工程名称：某图书馆机房计算机系统网络设备安装工程　　标段：　　第 页 共 页

序号	项目名称	金额（元）	结算金额（元）	备注
1	暂列金额	按实际发生计算		一般按分部分项工程的10%～15%
2	暂估价	10000.00		
2.1	材料（工程设备）暂估价/结算价	—		
2.2	专业工程暂估价			
3	计日工			
4	总承包服务费			
5	索赔与现场签证			
	合　　计			

注：材料（工程设备）暂估价进入清单项目综合单价，此处不汇总。

计 日 工 表

表 17-16

工程名称：某图书馆机房计算机系统网络设备安装工程　　标段：　　第 页 共 页

编号	项目名称	单位	暂定数量	实际数量	综合单价	合价
一	人工					
1						
2						
3						
4						
	人 工 小 计					
二	材料					
1						
2						
	材 料 小 计					
三	施工机械					
	施 工 机 械 小 计					
四、企业管理费和利润						
	总　　计					

规费、税金项目计价表

表 17-17

工程名称：某图书馆机房计算机系统网络设备安装工程　　标段：　　第 页 共 页

序号	项目名称	计算基础	计算基数	计算费率（%）	金额（元）
1	规费	综合工日数	1.1+1.2+1.3		4106.52
1.1	社会保障费	综合工日数	(1)+(2)+(3)+(4)+(5)	7.48	3346.05
(1)	养老测定费	综合工日数		0.27	

序号	项目名称	计算基础	计算基数	计算费率(%)	金额(元)
(2)	失业保险费	综合工日数		0.27	
(3)	医疗保障费	综合工日数		7.48	
(4)	工伤保险费	综合工日数		7.48	
(5)	生育保险费	综合工日数		7.48	
1.2	住房公积金	综合工日数		1.70	760.47
1.3	工程排污费	综合工日数		按实际发生额计算	—
2	税金	不含税工程费		3.413	2019.52
合 计					6126.04

注：投标人按招标人提供的规费计入投标报价中。

社会保障费＝综合工日数×社会保障费费率

住房公积金＝综合工日数×住房公积金费率

第十八章 自动化控制仪表安装工程工程量清单设置与计价举例

【例】桥架、支架、电缆工程量计算实例，即工程＋0.00 平面布置图见图 18-2 和表 18-3，然后计算下列内容：

(1) 槽盒量：㊻～㊺，托臂、立柱量；

(2) 电缆敷设量：103C$_{17-1}$、103C$_{17}$、103C$_{27}$、105C$_2$～105C$_9$；

(3) 支架制作工程量；

(4) 变送器支座量；

(5) 根据设计，信号电缆需穿管，故计算其电气配管量。

注：所有计算都按清单，最后汇表按定额

【解】(1) 先计算㊻～㊾、㊿～54、55～57、58～63、64～㊺其桥架、托臂、立柱在＋0.00 平面的工程量。

【注释】组合式桥架和配线桥架每片基本长度为 2m，按照设计和样本要求，每 2m 需一个把臂或立柱，此处涉及桥架的概念

附注：电缆桥架的主体部件包括：立柱、底座、横臂、梯架或槽形钢板、盖板及二、三、四通弯头等。

立柱是支承电缆桥架及电缆全部负载的主要部件。

底座是立柱的连接支承部件，用于悬挂式和直立式安装。

横臂主要同立柱配套使用，并固定在立柱上，支承梯架或槽形钢板桥，梯形或槽形钢板桥用连接螺栓固定在横臂上。盖板盖在梯形桥或槽形钢板上起屏蔽作用，能防尘、雨、晒或其他杂物。垂直或水平的各种弯头：用来改变电缆走向或电缆引上引下。

桥架、托臂、立柱、隔板、盖板为外购件成品。连接用螺栓和连接件随桥架成套购买，计算预算重量可按桥架总重或总价的 7％计算。电缆桥架有槽式、梯式和托盘式桥架。本例中主要为槽式桥架。

工程量计算：

① 按桥架的"宽＋高"尺寸以延长米"10m"作为计量单位，定额综合考虑弯头或三通、四通安装。且在量取图纸计算工程量时，不扣除其所占的长度。

② 现场制作的桥架支撑架、立柱或托臂安装执行支架安装制作定额。外购成品的立柱和托臂安装按"100kg"作为计量单位。

③ 桥架盖板安装按不同规格形式综合考虑，如槽式桥架带盖板，宽大于 600mm 的带隔板。

④ 桥架厚度按制作的规定标准，如设计对钢制桥架主结构厚度要求超过 3mm 时，定额人工、机械乘以系数 1.2。

⑤ 不锈钢桥架执行钢制桥架安装定额，定额基价乘以系数 1.1。

根据图 18-3、图 18-4，表 18-3 得各量之间关系。

桥架、支撑架材料费计算在本例中加 5% 的损耗率和 7% 附件重量，桥架加 7% 附件重量。

（2）+0.00 平面的电缆敷设，电缆头制作及支架量计算。

1）AE-7104 电缆量及支架量；

① 计算 AE-7104 为电缆量：

由于 AE-7104 是安装在管道上的流通式 pH 传感器，其自带 15m 电缆，编号为 $103C_{17-1}$，确定为随机电缆

② 计算 AT-7104 电缆敷设量：

由图 18-1 可知，其对应编号有 $103C_{17}$ 和 $103C_{27}$

a. 对于 AT-7104 的编号为 $103C_{17}$ 的电缆，输出信号 4-20mA 为信号电缆，其规格型号为：KVVRP-1×2×1.5 进 103 2P 盘。

b. 对于 AT-7104 编号为 $103C_{27}$ 的电缆，其供电～22V，50Hz 为电力电缆，规格型号：KVV-2×1.5

由于 $103C_{17}$，$103C_{27}$ 这 2 根电缆工程量计算考虑不走桥架，而是沿墙敷设距 +0.00 平面 3m 距离，其管配为暗配，沿支架敷设，再穿墙进控制室，需套管，且由电缆盘上部进线。$103C_{27}$ 计算方法和长度同 $103C_{17}$ 先计算 $103C_{27}$（单位：m）

为：$[1.5+(6-3)+(1.2+6+1.2)+(0.8+2.2)]×1.1m=15.9×1.1m=17.5$
　　$≈18m$

（上式中：1.5 为变送器处余量；6 为变送器相对 +0.00 平面高度，3 为支架高度；(1.2+6+1.2) 为敷设长度，其中两个 1.2 为敷设余量；(0.8+2.2) 分别为盘宽和盘高；1.1 为裕度系数）

同理：$103C_{27}=18m$，由于其接入控制室，为控制电缆

综合：$103C_{17-1}$、$103C_{17}$，$103C_{27}$ 电缆汇总如下：

$103C_{17-1}$ 为随机电缆 1 根 15m；$103C_{17}$ 为屏蔽电缆 18m；

$103C_{27}$ 为控制电缆 18m。在计入清单时，屏蔽电缆计入控制电缆

③ 计算电缆支架量：a. AE-7104 电缆支架：

由图 18-1 及 AT-7104 和 AE-7104 的接线可知，AE-7104 的电缆 $103C_{17-1}$（其设备自带电缆 15m），从标高 +17 下降至 +6（$103C_{17}$ 的位置），$103C_{27}$ 支架至 AT-7104

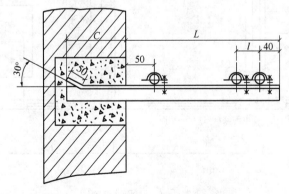

图 18-1

由规则（自控施工规范）可知：电缆支架垂直敷设间隔为 1m，采用 L30×30×4 角铁依托工艺结构或管道，取每根支架长为 $l = 0.2m$

KV$_1$-7401-1	KV$_2$-7401-1	KV$_3$-7401-1	KV$_4$-7401-1
105C2	105C3	105C4	105C5
+4	+4	+4	+4
KV$_1$-7401-2	KV$_2$-7401-2	KV$_3$-7401-2	KV$_4$-7401-2
105C6	105C7	105C8	105C9
+4	+4	+4	+4

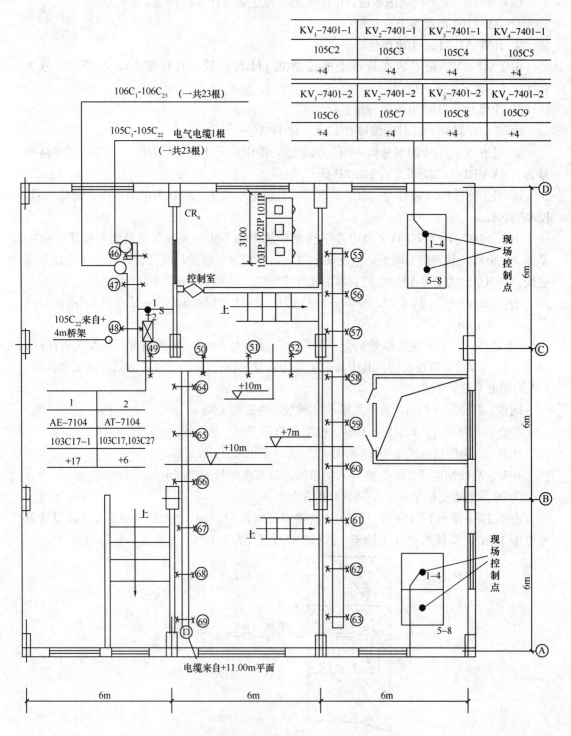

图 18-2 ＋0.00 平面布置图

则：垂直支架计算：（17－6）/1 根＝11 根

11 根×0.2m/根＝2.2m

水平支架计算：（同理，取每根支架长 l＝0.2m）

而每 0.8m 一根支架，3m 距离取 3 根支架：3 根×0.2m/根＝0.6m

则 AE-7104 共需支架：（2.2＋0.6）×1.05m＝2.94m≈3m

1.05 为修正系数。考虑 5％的不可预见性，将长度化为重量：

3×1.786kg≈5.4kg

④ AT-7104 电缆支架：

支架可按承受三根电缆沿墙敷设考虑来运用标准图 K09-11（图 18-3）由自动化仪表安装与验收规范取每 0.8m 一根支架，支架选用 L50×50×5 或表中数据，l＝300mm，由敷设长度 ［（6.8－3）＋1.2＋6＋1.2］m＝12.2m

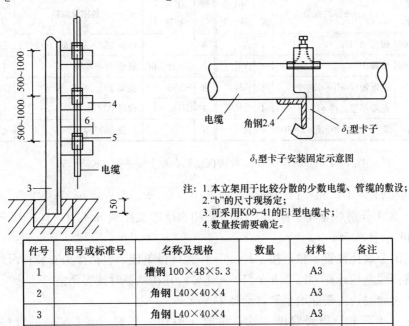

δ_1 型卡子安装固定示意图

注：1. 本立架用于比较分散的少数电缆、管缆的敷设；
　　2. "b"的尺寸现场定；
　　3. 可采用 K09-41 的 E1 型电缆卡；
　　4. 数量按需要确定。

件号	图号或标准号	名称及规格	数量	材料	备注
1		槽钢 100×48×5.3		A3	
2		角钢 L40×40×4		A3	
3		角钢 L40×40×4		A3	
4		角钢 L40×40×4		A3	
5	K09-41	δ_1 型 ϕ30 电缆卡		A3	

图 18-3　角钢立架

得 12.2/0.8 根＝15.25 根≈16 根，故量取共 16 根。电缆进控制室沿桥架从盘顶进入。（图 18-6 和表 18-6）

由于按承受三缆的支架计算：4.2×1.3m＝5.5m

计算：5.5m×2.976kg/m≈16.368kg

又有 16.368×1.05kg＝17.2kg（1.05 为修正系数考虑，5％的不可预见性）

故由①、②可得电缆支架总量为 5.4kg＋17.2kg＝22.6kg

2）电气配管量计算

① 对于屏蔽电缆 103C_{17}，可知选择电气配管 $DN15$，并考虑其不可预见性 5％，故计算如下：

497

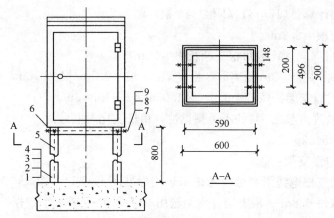

件号	图号或标准号	名称及规格	数量	材料	备注	件号	图号或标准号	名称及规格	数量	材料	备注
1	GB 41—66	螺母 AM10	4	A3		6		框架 L50×50×5，$l=2172$	1	A3	
2	GB 95—66	垫圈 10	4	A3		7	GB 18—66	螺栓 M10×30	4	A3	
3		锥形螺栓 M10×80	4	A3		8	FB 95—66	垫圈 10	4	A3	
4		花瓣形紧固件 $\phi17$，$l=50$	4	20		9	GB 45—66	螺母 AM10	4	A3	
5		支柱 L50×50×5，$l=800$	4	A3		10		底板 50×50，$\delta=6$	4	A3	

图 18-4　800×600×500 仪表保温箱在地上安装图　K08—30

$(3+8.4+1)\times1.05m=13.02m$

其中 3，8.4 分别对应其垂直 3 为（6-3）和水平敷设距离 8.4 为（1.2+6+1.2），1 为配管两端的余量 0.5m

② 配套的金属挠性管 1 根，按"10 个"作为计量单位，包括接头安装和密封。

③ 配管穿线盒按计算规则 2.8 个/10 来计算，并在结算时按实调整。

④ 电缆过墙时，需要穿墙套管，选择 DN32

分析图 18-1 可知，电缆穿墙 4 次，量取 4 根穿墙套管，由 DN32 的规格可算得：0.35m/根×4 根=1.4m 考虑余量为 1.5m

3）KV$_1$～KV$_4$-7401-1 和 KV$_1$～KV4-7401-2 电缆和支架工程量计算：KV$_1$～KV$_4$ 是电磁阀用电缆，在图上的黑点为现场控制点，由现场至控制室共 8 根电缆，编号分别为 105C$_2$～105C$_9$，沿桥架敷设电缆规格型号为 KVV-2×1.5。

计算 105C$_2$～105C$_9$ 在＋0.00 平面图的电缆量

a. 先计算编号为 105C$_2$、105C$_3$、105C$_4$、105C$_5$ 4 根电缆量：

计算：$[1.5+1.2+2.4+（7-4）+（10-7）+9\times2]\times1.1m=29.1\times1.1m=32m$（一根的计算）

由于是 4 根，故 32m/根×4 根=128m

上式中，1.5 为元件出口（变送器处）余量。2.4 为敷设电缆两端的预留长度 1.2×2，（7-4）和（10-7）分别为两处标高之差，即垂直敷设距离，1.1 为考虑了总体余量后的修正系数，1.2 为墙两边的余量长度 0.5×2=1 和现场两控制处之间隔墙两个 0.1m

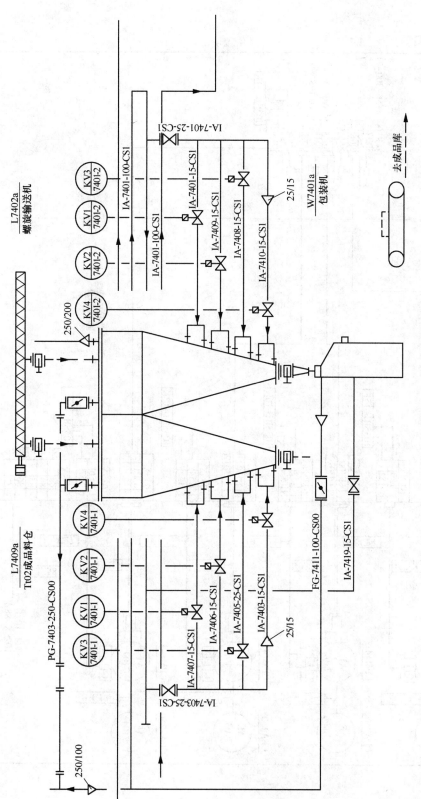

图 18-5　包装系统带控制点流程图

499

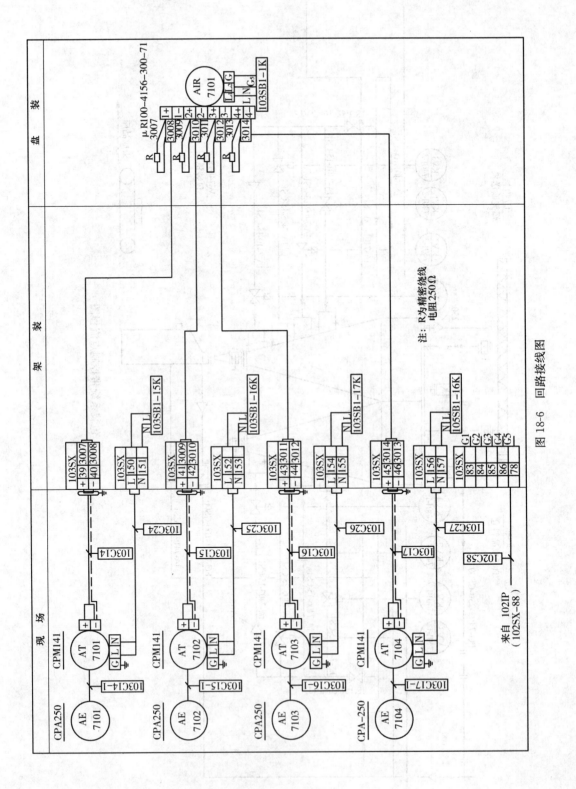

图 18-6　回路接线图

500

b. 编号为 $105C_6 \sim 105C_9$，的电缆量的计算：

同理：计算式为：$[1.5+2.4+1+(7-4)+(10-7)+8 \times 2] \times 1.1m = 30m$（一根的计算量）由于有 4 根，故有：$30m/$根 $\times 4$ 根 $=120m$

综合①、②可知，电缆量合计 $128m + 120m = 248m$（由于进控制室，为控制电缆）另有控制电缆 $103C_{27}$ $18m$

则总结如下：

$+0.00$ 平面电缆总况：屏蔽电缆 $18m$，控制电缆 $(248+18)m = 266m$。

随机电缆 $103C_{17-1}$ 1 根 $15m$。

c. 计算支架量：只计算进桥架之前的支架的制作量。

根据现场具体情况和经验，可以考虑 $KV_1 \sim KV_4$-7401-1 只设置一组水平支架敷设至 $KV_1 \sim KV_4$-7401-2，然后再与槽盒连接再进主控室，所用支架采用角铁 $L40 \times 40 \times 4$，即每根支架 $0.3m$ 长，间距为 $0.8m$，则计算如下：$\{0.3 \times [(7-4)/0.8+3/0.8]+5.5\}m = 8m$

查规格表可将其转化为重量，$8m \times 2.422kg/m \approx 20kg$

KV_1-7401-2 $\sim KV_4$-7401-2 可设置一组支架，采用安装标准图 18-1 角钢立架形式，再水平至总桥架。

支架承载 8 根电缆，每根支架为 $\begin{cases} l=400mm & \text{距离桥架 } 3m & \text{共 } 4 \text{ 根} \\ l=300mm & \text{直立 } 2.55m & 3 \text{ 根} \end{cases}$

计算得 $\begin{cases} (0.4 \times 4+3)m = 4.6m \text{ 转化为重量 } 4.6m \times 2.422kg/m = 11.14kg \\ (0.3 \times 3+3)m = 3.9m \text{ 转化为重量 } 3.9m \times 2.422kg/m = 9.446kg \end{cases}$

则合计 $(11.14+9.446)kg = 21kg$

则支架量制作合计 $20kg + 21kg = 41kg$

d. 关于 AT-7104 变送器保护箱底座制作

根据标准图 K08-30 如图 18-5 所示，保护箱混凝土基础和预埋钢板由土建专业完成，而保护箱支座则由仪表专业完成。

由分析可知：保温箱支座制作采用角钢 $L50 \times 50 \times 5$

工程量计算：$(2.172+0.8 \times 4)m = 5.372m$ 考虑余量系数

则 $5.372 \times 1.1m = 6m$

底板垫板 $50 \times 50\delta = 6$，需要 4 块，则有：

$50mm \times 50mm \times 4 = 0.05 \times 0.05 \times 4m^2 = 0.01m^2$ 考虑余量为 $0.02m^2$

故可知：一台保护箱底座用钢材重量为：

$6m \times 3.77kg/m + 0.02m^2 \times 47.1kg/m^2 = 23.56kg$

再考虑不可预见性 5%，则重量为 $23.56 \times 1.05kg = 25kg$ 故综合可得：

支架量合计：$(41+25)kg = 66kg$

工程量计算见表 18-7。

本例按要求采用清单形式计算工程量，再将各清单按定额汇成总表。定额编号由设备材料名称查《全国统一安装工程预算定额》电气设备安装工程，第二册、第二版 自动化控制仪表安装工程、第十册 《全国统一安装工程基础定额》、第九册 电气设备、自动化控制仪表安装工程 GJD 209—2006 其清单见表 18-1 和表 18-2。

表 18-1

工程量计算表

序号	项目编码	项目名称	项目特征描述	计量单位	工程数量
1	030408001001	电力电缆	如图所示	m	15.00
2	030408002001	控制电缆	如图所示	m	266.00
3	030408004001	电缆槽盒	如图所示	m	46.00
4	030307005001	设备支架制作安装	如图所示	t	0.068
5	030411001001	配管	如图所示	m	15.50

工程量计算表 表 18-2

序号	项目编码	项目名称	项目特征描述	计量单位	工程数量
1	030603002001	调节阀	如图所示	台	2
2	030602005001	盘装仪表	如图所示	台	1
3	030608003001	组件（卡件）	如图所示	个	2
4	030610001001	盘、箱、柜	如图所示	台	4
5	030605002001	物性检测仪表	如图所示	套	4

桥架、托臂、立柱重量表 表 18-3

型号	规格/（L/m）	重量/（kg/L）
托臂 XQJ-TB-03		
TB-03-50	100	1.68
TB-03-100	150	2.46
TB-03-200	200	3.46
TB-03-300	300	4.37
TB-03-400	400	5.37
TB-03-500	500	6.67
TB-03-600	600	7.41
TB-03-700	700	8.16
TB-03-800	800	10.23
角钢立柱重量 XQJ-H-01D		
H-01D-3	300	2.09
H-01D-5	500	3.48
H-01D-8	800	5.57
H-01D-10	1000	6.96
H-01D-15	1500	10.44
H-01D-20	2000	13.92
槽钢立柱重量 XQJ-H-01E		
H-01E-3	300	2.31
H-01E-5	500	3.85
H-01E-8	800	6.16
H-01E-10	1000	7.7
H-01E-15	1500	11.55
H-01E-20	2000	15.4

悬臂式墙架规格表

表 18-4

L	C	悬臂墙架用钢规格
300～700	150	∟ 30×30×4
300 以下	100	∟ 30×30×4
700～900	150	∟ 50×50×5
900～1300	200	∟ 50×50×5
1300～1500	250	∟ 63×63×6

包装系统安装工程仪表预算清单

表 18-5

序号	项目编码	项目名称	项目特征描述	计量单位	工程数量
1	030809001001	高压螺纹阀门	如图所示电磁阀	个	9
2	030608007001	工业计算机系统调试	如图所示可编程逻辑控制器	点	1
3	030608003001	组件（卡件）	如图所示	个	1
4	030605001001	过程分析仪表	如图所示 PH 分析仪	套	4
5	030601002001	压力仪表	如图所示传感器	台	4
6	030601003001	变送单元仪表	如图所示变送器	台	4
7	030602001001	显示仪表	如图所示记录仪	台	4

包装系统安装工程电缆、桥架敷设、支架制作、电气配管预算清单

表 18-6

序号	项目编码	项目名称	项目特征描述	计量单位	工程数量
1	030408004001	电缆槽盒	如图所示组合式电缆桥架	m	20.00
2	030411004001	配线桥架	如图所示	m	26.00
3	030307005001	立柱、托臂安装	如图所示	t	0.327
4	030307005002	设备支架制作安装	如图所示电缆支架	t	0.068
5	030408001001	电力电缆	如图所示	m	15.00
6	030408002001	控制电缆	如图所示	m	284.00
7	030408006001	电缆终端	如图所示	个	20
8	030411001001	配管	如图所示沿钢结构明配 DN15	m	14.00
9	030411001002	沿墙暗配	如图所示	m	1.50
10	030411006001	穿线盒	如图所示	10 个	0.28

车间热力站自控仪表安装工程预算清单

表 18-7

序号	项目编码	项目名称	项目特征描述	计量单位	工程数量
1	030601003001	变送单元仪表	如图所示	台	2
2	030601003002	变送单元仪表	如图所示膜盒式差压变送器	台	2
3	030601001001	保温箱	如图所示	个	4
4	030307005001	变送器支架	如图所示	t	0.029
5	030602005001	盘装仪表	如图所示	台	1
6	030602004001	辅助单元仪表	如图所示开方计算器	台	2
7	030602001001	显示仪表	如图所示单针指示仪	台	2
8	030602004002	辅助单元仪表	如图所示冷凝容器 PN6.4MPa DN100	台	4
9	030601005001	物位检测仪表	如图所示	台	1

序号	项目编码	项目名称	项目特征描述	计量单位	工程数量
10	030609003001	不锈钢管	如图所示无缝钢管 $\phi14\times2$	m	116.10
11	030404017001	配电箱	如图所示	台	1
12	030611001001	仪表阀门	如图所示螺纹截止阀 $DN10$	个	8
13	030611001002	取压球阀	如图所示	个	2
14	030611001003	卡套球阀	如图所示	个	4
15	030806002001	高压不锈钢管件	如图所示直通穿板接头 $\phi14$	个	6
16	030411005001	直通终端接头 $\phi14/G1/2$	如图所示	个	4
17	030411005002	填料函 $\phi16$	如图所示	个	6
18	030411005003	法兰接管 PN2.5MPa $DN16$	如图所示	个	2
19	030411005004	压力表直通接头	如图所示	个	2
20	030411001001	配管	如图所示钢管暗配 1/2	m	40
21	030411004001	配线	如图所示管内穿线 BV-1.5	m	200

第十九章 通风空调工程工程量清单 设置与计价举例

【例】 某综合办公楼一层活动中心空调系统设计,如图19-1所示为某综合办公楼一层活动中心空调平面图,有健身房、男、女浴室,以及桑拿房,需要由组合式空调器统一送风,送风口均为散流器。风管材料均采用优质碳钢镀锌钢板,其厚度为:风管周长<2000mm时,为0.80mm;风管周长<4000mm时,为1.0mm;风口的接口形式为咬口连接。风管保温材料采用70mm的玻璃毡,防潮层为一道塑料布,保护层采用两道油毡纸,外刷两道调和漆,试计算此工程的工程量。

【解】(1)清单工程量:

1)1000×500碳钢通风管道的工程量:

$$S = 2 \times (1.0+0.5) \times \left(1.6+\frac{1}{2}\pi R \times 2\right)$$

$$= 2 \times 1.5 \times \left(1.6+\frac{1}{2} \times 3.14 \times 1.36 \times 2\right) m^2$$

$$= 17.61 m^2$$

2)800×500碳钢通风管道的工程量:

$$S = 2 \times (0.8+0.5) \times (0.63+2.3)\ m^2 = 7.62 m^2$$

3)630×630碳钢通风管道的工程量:

$$S = 2 \times (0.63+0.63) \times \left(1.94+\frac{1}{2}\pi R_1+\frac{1}{2}\pi R_2+\frac{1}{2}\pi R_3\right)$$

$$= 2 \times 1.26 \times \left(1.94+\frac{1}{2} \times 3.14 \times 1.36+\frac{1}{2} \times 3.14 \times 1.36+\frac{1}{2} \times 3.14 \times 1.0\right) m^2$$

$$= 19.61 m^2$$

4)630×250碳钢通风管道的工程量:

$$S = 2 \times (0.63+0.25) \times (6.34 \times 2+6.545)\ m^2 = 33.84 m^2$$

5)400×320碳钢通风管道的工程量:

$$S = 2 \times (0.4+0.32) \times \left(\frac{1}{2}\pi R_1+1.5+\frac{1}{2}\pi R_2+0.685\right)$$

$$= 2 \times 0.72 \times \left(\frac{1}{2} \times 3.14 \times 0.685+1.5+\frac{1}{2} \times 3.14 \times 1.1+0.685\right) m^2$$

$$= 7.18 m^2$$

6)400×250碳钢通风管道的工程量:

$$S = 2 \times (0.4+0.25) \times (4.2 \times 3)\ m^2 = 16.38 m^2$$

7)320×200碳钢通风管道的工程量:

$$S = 2 \times (0.32+0.2) \times 6.05 m^2 = 6.29 m^2$$

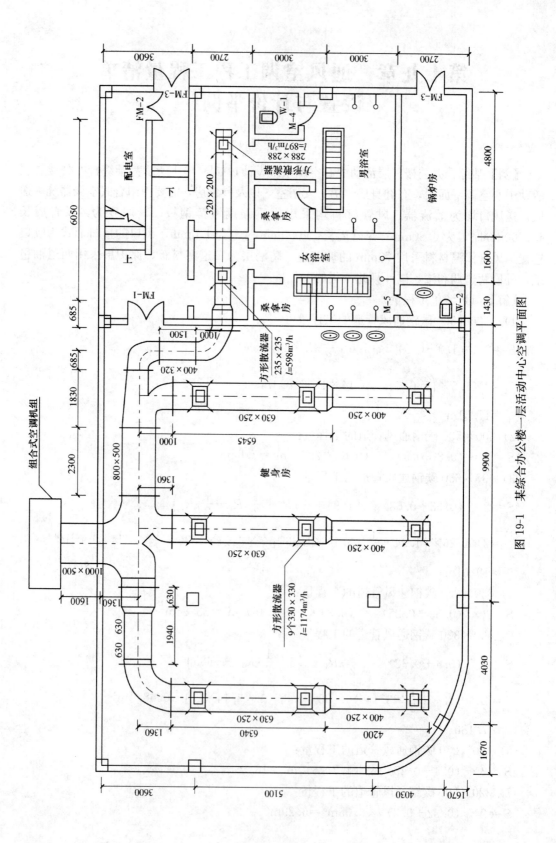

图 19-1 某综合办公楼一层活动中心空调平面图

8）组合式空调器的安装工程量为 1 台

9）方形散流器送风口：

制作：①330×330 散流器安装 9 个

查 CT211-2 　7.43kg/个

则 330×330 散流器的制作工程量为 7.43×9＝66.87kg

②235×235 散流器安装 1 个

查 CT211-2 　5.29kg/个

则 235×235 散流器的制作工程量为 5.29×1＝5.29kg

③288×288 散流器安装 1 个

查 CT211-2 　7.43kg/个

则 288×288 散流器的制作工程量为 7.43×1＝7.43kg

安装：①330×330 散流器的安装工程量为 9 个

②235×235 散流器的安装工程量为 1 个

③288×288 散流器的安装工程量为 1 个

清单工程量计算表见表 19-1。

清单工程量计算表　　　　　　　　　　表 19-1

序号	项目编码	项目名称	项目特征描述	计量单位	工程量
1	030702001001	碳钢通风管道	1000×500	m²	17.61
2	030702001002	碳钢通风管道	800×500	m²	7.62
3	030702001003	碳钢通风管道	630×630	m²	19.61
4	030702001004	碳钢通风管道	630×250	m²	33.84
5	030702001005	碳钢通风管道	400×320	m²	7.18
6	030702001006	碳钢通风管道	400×250	m²	16.38
7	030702001007	碳钢通风管道	320×200	m²	6.29
8	030701003001	空调器	组合式	台	1
9	030703007001	方形散流器	330×330	个	9
10	030703007002	方形散流器	235×235	个	1
11	030703007003	方形散流器	288×288	个	1

工程量清单综合单价分析表见表 19-2～表 19-12。

工程量清单综合单价分析表　　　　　　　　　　表 19-2

工程名称：某综合办公楼一层活动中心空调系统设计　　　标段：　　　　　第 1 页　共 11 页

项目编码	030702001001	项目名称	1000×500 碳钢通风管道制作安装		计量单位	m²	工程量	17.61

清单综合单价组成明细

定额编号	定额名称	定额单位	数量	单价				合价			
				人工费	材料费	机械费	管理费和利润	人工费	材料费	机械费	管理费和利润
9-7	1000×500 碳钢通风管道制作安装	10m²	1.76	115.87	167.99	11.68	249.58	203.93	295.66	20.56	439.26

定额编号	定额名称	定额单位	数量	单价				合价			
				人工费	材料费	机械费	管理费和利润	人工费	材料费	机械费	管理费和利润
11-2022	1000×500 风管保温层	m³	1.40	32.04	67.91	6.75	69.01	44.86	95.07	9.45	96.62
11-2157	1000×500 风管防潮层	10m²	2.13	10.91	0.20	—	23.50	23.13	0.42		49.82
11-2159	1000×500 风管保护层	10m²	4.25	11.15	8.93	—	24.02	47.39	37.95		102.07
11-60	1000×500 风管刷第一遍调和漆	10m²	1.76	6.50	0.32	—	14.00	11.44	0.56		24.64
11-61	1000×500 风管刷第二遍调和漆	10m²	1.76	6.27	0.32	—	13.50	11.04	0.56		23.77
人工单价			小　计					341.79	430.22	30.01	736.18
23.22元/工日			未计价材料费					83.07			
清单项目综合单价								1621.27/17.60＝92.12			

材料费明细	主要材料名称、规格、型号	单位	数量	单价(元)	合价(元)	暂估单价(元)	暂估合价(元)
	镀锌钢板 δ1	m²	11.380	7.30	83.07		
	其他材料费				—		—
	材料费小计				—		—

工程量清单综合单价分析表　　表 19-3

工程名称：某综合办公楼一层活动中心空调系统设计　　标段：　　第 2 页　共 11 页

项目编码	030702001002	项目名称	800×500 碳钢通风管道制作安装	计量单位	m²	工程量	7.62

清单综合单价组成明细

定额编号	定额名称	定额单位	数量	单价				合价			
				人工费	材料费	机械费	管理费和利润	人工费	材料费	机械费	管理费和利润
9-7	800×500 碳钢通风管道制作安装	10m²	0.762	115.87	167.99	11.68	249.58	88.29	128.01	8.90	190.18
11-2022	800×500 风管保温层	m³	0.61	32.04	67.91	6.75	69.01	19.54	41.42	4.12	42.10
11-2157	800×500 风管防潮层	10m²	0.944	10.91	0.20	—	23.50	10.30	0.19		22.18
11-2159	800×500 风管保护层	10m²	1.888	11.15	8.93	—	24.02	21.05	16.86		45.34

定额编号	定额名称	定额单位	数量	单 价				合 价			
				人工费	材料费	机械费	管理费和利润	人工费	材料费	机械费	管理费和利润
11-60	800×500 风管刷第一遍调和漆	10m²	0.762	6.50	0.32	—	14.00	4.95	0.24	—	10.67
11-61	800×500 风管刷第二遍调和漆	10m²	0.762	6.27	0.32	—	13.50	4.78	0.24	—	10.29
人工单价		小 计						148.91	186.96	13.02	320.76
23.22元/工日		未计价材料费						83.07			
清单项目综合单价								752.72/7.62=98.78			

材料费明细	主要材料名称、规格、型号	单位	数量	单价（元）	合价（元）	暂估单价（元）	暂估合价（元）
	镀锌钢板 δ1	m²	11.380	7.30	83.07		
	其他材料费				—		—
	材料费小计				—		—

工程量清单综合单价分析表　　　　　表 19-4

工程名称：某综合办公楼一层活动中心空调系统设计　　标段：　　第 3 页　共 11 页

项目编码	030702001003	项目名称	630×630 碳钢通风管道制作安装	计量单位	m²	工程量	19.61

清单综合单价组成明细

定额编号	定额名称	定额单位	数量	单 价				合 价			
				人工费	材料费	机械费	管理费和利润	人工费	材料费	机械费	管理费和利润
9-7	630×630 碳钢通风管道制作安装	10m²	1.96	115.87	167.99	11.68	249.58	227.10	329.26	22.89	489.18
11-2022	630×630 风管保温层	m³	1.58	32.04	67.91	6.75	69.01	50.62	107.30	10.66	109.04
11-2157	630×630 风管防潮层	10m²	2.44	10.91	0.20	—	23.50	26.62	0.49	—	57.34
11-2159	630×630 风管保护层	10m²	4.89	11.15	8.93	—	24.02	54.52	43.67	—	117.44
11-60	630×630 风管刷第一遍调和漆	10m²	1.96	6.50	0.32	—	14.00	12.74	0.63	—	27.44

509

定额编号	定额名称	定额单位	数量	单价				合价			
				人工费	材料费	机械费	管理费和利润	人工费	材料费	机械费	管理费和利润
11-61	630×630 风管刷第二遍调和漆	10m²	1.96	6.27	0.32	—	13.50	12.29	0.63	—	26.47
人工单价		小　计						383.89	481.98	33.55	826.91
23.22 元/工日		未计价材料费						83.07			
清单项目综合单价								1809.41/19.6＝92.32			

材料费明细	主要材料名称、规格、型号		单位	数量	单价（元）	合价（元）	暂估单价（元）	暂估合价（元）
	镀锌钢板 δ1		m²	11.380	7.30	83.07		
	其他材料费					—		—
	材料费小计					—		—

工程量清单综合单价分析表　　　　表 19-5

工程名称：某综合办公楼一层活动中心空调系统设计　　　标段：　　　第 4 页　共 11 页

项目编码	030702001004	项目名称	630×250 碳钢通风管道制作安装		计量单位	m²	工程量	33.84

清单综合单价组成明细

定额编号	定额名称	定额单位	数量	单价				合价			
				人工费	材料费	机械费	管理费和利润	人工费	材料费	机械费	管理费和利润
9-6	630×250 碳钢通风管道制作安装	10m²	3.38	154.18	213.52	19.35	332.10	521.13	721.70	65.40	1122.50
11-2022	630×250 风管保温层	m³	2.85	32.04	67.91	6.75	69.01	91.31	193.54	19.24	196.68
11-2157	630×250 风管防潮层	10m²	4.58	10.91	0.20	—	23.50	49.97	0.92	—	107.63
11-2159	630×250 风管保护层	10m²	9.15	11.15	8.93	—	24.02	102.02	81.71	—	219.78
11-60	630×250 风管刷第一遍调和漆	10m²	3.38	6.50	0.32	—	14.00	21.97	1.08	—	47.32
11-61	630×250 风管刷第二遍调和漆	10m²	3.38	6.27	0.32	—	13.50	21.19	1.08	—	45.63
人工单价		小　计						807.59	1000.03	84.64	1739.54
23.22 元/工日		未计价材料费						376.68			
清单项目综合单价								4008.48/33.80＝118.59			

材料费明细	主要材料名称、规格、型号	单位	数量	单价（元）	合价（元）	暂估单价（元）	暂估合价（元）
	镀锌钢板 δ0.75	m²	11.380	33.10	376.68		
	其他材料费			—		—	
	材料费小计			—		—	

工程量清单综合单价分析表

表 19-6

工程名称：某综合办公楼一层活动中心空调系统设计　　标段：　　第 5 页　共 11 页

项目编码	030702001005	项目名称	400×320 碳钢通风管道制作安装	计量单位	m²	工程量	7.18

清单综合单价组成明细

定额编号	定额名称	定额单位	数量	单价				合价			
				人工费	材料费	机械费	管理费和利润	人工费	材料费	机械费	管理费和利润
9-6	400×320 碳钢通风管道制作安装	10m²	0.72	154.18	213.52	19.35	332.10	110.01	153.73	13.93	239.11
11-2022	400×320 风管保温层	m³	0.62	32.04	67.91	6.75	69.01	19.86	42.10	4.18	42.79
11-2157	400×320 风管防潮层	10m²	1.03	10.91	0.20	—	23.50	11.24	0.21	—	24.20
11-2159	400×320 风管保护层	10m²	2.06	11.15	8.93	—	24.02	22.97	18.40	—	49.48
11-60	400×320 风管刷第一遍调和漆	10m²	0.72	6.50	0.32	—	14.00	4.68	0.32	—	10.08
11-61	400×320 风管刷第二遍调和漆	10m²	0.72	6.27	0.32	—	13.50	4.51	0.23	—	9.72
人工单价		小　计						173.27	214.90	18.11	375.38
23.22 元/工日		未计价材料费							376.68		
清单项目综合单价								1158.34/7.20＝160.88			

材料费明细	主要材料名称、规格、型号	单位	数量	单价（元）	合价（元）	暂估单价（元）	暂估合价（元）
	镀锌钢板 δ0.75	m²	11.380	33.10	376.68		
	其他材料费			—		—	
	材料费小计			—		—	

工程名称：某综合办公楼一层活动中心空调系统设计标段：　　　　　　第 6 页　共 11 页

项目编码	030702001006	项目名称	400×250 碳钢通风管道制作安装		计量单位	m²	工程量	16.38

清单综合单价组成明细

定额编号	定额名称	定额单位	数量	单　价				合　价			
				人工费	材料费	机械费	管理费和利润	人工费	材料费	机械费	管理费和利润
9-6	400×250 风管制作安装	10m²	1.64	154.18	213.52	19.35	332.10	252.86	350.17	31.73	544.64
11-2022	400×250 风管保温层	m³	1.45	32.04	67.91	6.75	69.01	46.46	98.47	9.79	100.06
11-2157	400×250 风管防潮层	10m²	2.42	10.91	0.20	—	23.50	26.40	0.48		56.87
11-2159	400×250 风管保护层	10m²	4.84	11.15	8.93	—	24.02	53.97	43.22		116.26
11-60	400×250 风管刷第一遍调和漆	10m²	1.64	6.50	0.32	—	14.00	10.66	0.52		22.14
11-61	400×250 风管刷第二遍调和漆	10m²	1.64	6.27	0.32	—	13.50	10.28	0.52		22.14
人工单价			小　计					400.63	493.38	41.52	862.93
23.22 元/工日			未计价材料费					376.68			
清单项目综合单价								2175.14/16.40＝132.63			

材料费明细	主要材料名称、规格、型号			单位	数量	单价（元）	合价（元）	暂估单价（元）	暂估合价（元）
	镀锌钢板　δ0.75			m²	11.380	33.10	376.68		
	其他材料费					—	—		
	材料费小计					—	—		

工程名称：某综合办公楼一层活动中心空调系统设计　　　标段：　　　　　第 7 页　共 11 页

项目编码	030702001007	项目名称	320×200 碳钢通风管道制作安装		计量单位	m²	工程量	6.29

清单综合单价组成明细

定额编号	定额名称	定额单位	数量	单　价				合　价			
				人工费	材料费	机械费	管理费和利润	人工费	材料费	机械费	管理费和利润
9-6	320×200 风管制作安装	10m²	0.63	154.18	213.52	19.35	332.10	97.13	134.52	12.19	209.22

定额 编号	定额名称	定额 单位	数量	单　价				合　价			
				人工费	材料费	机械费	管理费 和利润	人工费	材料费	机械费	管理费 和利润
11-2022	320×200 风管保温层	m³	0.58	32.04	67.91	6.75	69.01	18.58	39.39	3.92	209.22
11-2157	320×200 风管防潮层	10m²	1.01	10.91	0.20	—	23.50	10.91	0.20	—	23.50
11-2159	320×200 风管保护层	10m²	2.01	11.15	8.93	—	24.02	22.41	17.95	—	48.28
11-60	320×200 风管刷第一遍 调和漆	10m²	0.63	6.50	0.32		14.00	4.10	0.20		8.82
11-61	320×200 风管刷第二遍 调和漆	10m²	0.63	6.27	0.32		13.50	3.95	0.20		8.50
人工单价		小　计						157.08	192.46	16.11	338.34
23.22 元/工日		未计价材料费						376.68			
清单项目综合单价								1080.67/6.30＝171.53			

材料费明细	主要材料名称、规格、型号	单位	数量	单价 (元)	合价 (元)	暂估单价 (元)	暂估合价 (元)
	镀锌钢板　δ0.75	m²	11.380	33.10	376.68		
	其他材料费				—		—
	材料费小计				—		—

工程量清单综合单价分析表　　　　　表 19-9

工程名称：某综合办公楼一层活动中心空调系统设计　　　标段：　　　第 8 页　共 11 页

项目编码	030701003001	项目名称		空调器		计量单位		台		工程量		1

清单综合单价组成明细

定额 编号	定额名称	定额 单位	数量	单　价				合　价			
				人工费	材料费	机械费	管理费 和利润	人工费	材料费	机械费	管理费 和利润
9-239	空调器	台	1	414.48	2.92	—	892.79	414.48	2.92	—	892.79
人工单价		小　计						414.48	2.92	—	892.79
23.22 元/工日		未计价材料费									
清单项目综合单价								1310.19			

材料费明细	主要材料名称、规格、型号	单位	数量	单价 (元)	合价 (元)	暂估单价 (元)	暂估合价 (元)
	其他材料费				—		—
	材料费小计				—		—

工程名称：某综合办公楼一层活动中心空调系统设计　　　标段：　　　第 9 页　共 11 页

| 项目编码 | 030701007001 | 项目名称 | 330×330 方形散流器制作安装 | 计量单位 | 个 | 工程量 | 9 |

清单综合单价组成明细

定额编号	定额名称	定额单位	数量	单价				合价			
				人工费	材料费	机械费	管理费和利润	人工费	材料费	机械费	管理费和利润
9-112	330×330 散流器制作	100kg	0.6687	1155.66	551.57	315.73	2489.29	772.79	368.83	211.13	1664.59
9-148	330×330 散流器安装	个	9	8.36	2.58	—	18.01	75.24	23.22	—	162.07
人工单价			小　　计					848.03	392.05	211.13	1826.66
23.22 元/工日			未计价材料费					0			
清单项目综合单价							3277.87/9＝364.21				

材料费明细	主要材料名称、规格、型号			单位	数量	单价（元）	合价（元）	暂估单价（元）	暂估合价（元）
	其他材料费						—		—
	材料费小计						—		—

工程名称：某综合办公楼一层活动中心空调系统设计　　　标段：　　　第 10 页　共 11 页

| 项目编码 | 030701007002 | 项目名称 | 235×235 方形散流器制作安装 | 计量单位 | 个 | 工程量 | 1 |

清单综合单价组成明细

定额编号	定额名称	定额单位	数量	单价				合价			
				人工费	材料费	机械费	管理费和利润	人工费	材料费	机械费	管理费和利润
9-112	235×235 散流器制作	100kg	0.0529	1155.66	551.57	315.73	2489.29	61.13	29.18	16.70	131.68
9-147	235×235 散流器安装	个	1	5.80	1.76	—	12.49	5.80	1.76	—	12.49
人工单价			小　　计					66.93	30.94	16.70	144.17
23.22 元/工日			未计价材料费					0			
清单项目综合单价							258.74				

材料费明细	主要材料名称、规格、型号			单位	数量	单价（元）	合价（元）	暂估单价（元）	暂估合价（元）
	其他材料费						—		—
	材料费小计						—		—

工程量清单综合单价分析表

表 19-12

工程名称：某综合办公楼一层活动中心空调系统设计　　标段：

项目编码	030701007003	项目名称	288×288 方形散流器制作安装	计量单位	个	工程量	1

清单综合单价组成明细

定额编号	定额名称	定额单位	数量	单价				合价			
				人工费	材料费	机械费	管理费和利润	人工费	材料费	机械费	管理费和利润
9-112	288×288 散流器制作	100kg	0.0743	1155.66	551.57	315.73	2489.29	85.86	40.98	23.46	184.95
9-148	288×288 散流器安装	个	1	8.36	2.58	—	18.01	8.36	2.58	—	18.01
人工单价			小　计					94.22	43.56	23.46	202.96
23.22 元/工日			未计价材料费					0			
		清单项目综合单价						364.20			

材料费明细	主要材料名称、规格、型号			单位	数量	单价（元）	合价（元）	暂估单价（元）	暂估合价（元）
	其他材料费								
	材料费小计								

（2）定额工程量：

通风管道、散流器送风口的定额工程量计算清单中与之对应的工程量。

1）1000×500 碳钢通风管道：

① 保温层工程量：

$$V = 2 \times [(A+1.033\delta)+(B+1.033\delta)] \times 1.033\delta \times L$$
$$= 2 \times [(1.0+1.033 \times 0.07)+(0.5+1.033 \times 0.07)] \times 1.033 \times 0.07 \times 5.87 \mathrm{m}^3$$
$$= 1.40 \mathrm{m}^3$$

② 防潮层工程量：

$$S = 2 \times [(A+2.1\delta+0.0082)+(B+2.1\delta+0.0082)] \times L$$
$$= 2 \times [(1.0+2.1 \times 0.07+0.0082)+(0.5+2.1 \times 0.07+0.0082)] \times 5.87 \mathrm{m}^2$$
$$= 21.25 \mathrm{m}^2$$

③ 保护层工程量：

$$S = 2 \times [(A+2.1\delta+0.0082)+(B+2.1\delta+0.0082)] \times L \times 2$$
$$= 2 \times [(1.0+2.1 \times 0.07+0.0082)+(0.5+2.1 \times 0.07+0.0082)] \times 5.87 \times 2 \mathrm{m}^2$$

$$=42.50 \mathrm{m}^2$$

④ 第一层调和漆工程量：

$$S=2 \times(A+B) \times L=2 \times(1.0+0.5) \times 5.87 \mathrm{m}^2=17.61 \mathrm{m}^2$$

⑤ 第二层调和漆工程量：

$$S=2 \times(A+B) \times L=17.61 \mathrm{m}^2$$

2) 800×500 碳钢通风管道：

① 保温层工程量：

$$V=2 \times[(A+1.033\delta)+(B+1.033\delta)] \times 1.033\delta \times L$$
$$=2 \times[(0.8+1.033 \times 0.07)+(0.5+1.033 \times 0.07)] \times 1.033 \times 0.07 \times 2.93 \mathrm{m}^3$$
$$=0.61 \mathrm{m}^3$$

② 防潮层工程量：

$$S=2 \times[(A+2.1\delta+0.0082)+(B+2.1\delta+0.0082)] \times L$$
$$=2 \times[(0.8+2.1 \times 0.07+0.0082)+(0.5+2.1 \times 0.07+0.0082)] \times 2.93 \mathrm{m}^2$$
$$=9.44 \mathrm{m}^2$$

③ 保护层工程量：

$$S=2 \times[(A+2.1\delta+0.0082)+(B+2.1\delta+0.0082)] \times L \times 2$$
$$=2 \times[(0.8+2.1 \times 0.07+0.0082)+(0.5+2.1 \times 0.07+0.0082)] \times 2.93 \times 2 \mathrm{m}^2$$
$$=18.88 \mathrm{m}^2$$

④ 第一层调和漆工程量：

$$S=2 \times(A+B) \times L=2 \times(0.8+0.5) \times 2.93 \mathrm{m}^2=7.62 \mathrm{m}^2$$

⑤ 第二层调和漆工程量：

$$S=2 \times(A+B) \times L=7.62 \mathrm{m}^2$$

3) 630×630 碳钢通风管道：

① 保温层工程量：

$$V=2 \times[(A+1.033\delta)+(B+1.033\delta)] \times 1.033\delta \times L$$
$$=2 \times[(0.63+1.033 \times 0.07)+(0.63+1.033 \times 0.07)] \times 1.033 \times 0.07 \times 7.78 \mathrm{m}^3$$
$$=1.58 \mathrm{m}^3$$

② 防潮层工程量：

$$S=2 \times[(A+2.1\delta+0.0082)+(B+2.1\delta+0.0082)] \times L$$
$$=2 \times[(0.63+2.1 \times 0.07+0.0082)+(0.63+2.1 \times 0.07+0.0082)] \times 7.78 \mathrm{m}^2$$
$$=24.44 \mathrm{m}^2$$

③ 保护层工程量：

$$S=2 \times[(A+2.1\delta+0.0082)+(B+2.1\delta+0.0082)] \times L \times 2$$
$$=2 \times[(0.63+2.1 \times 0.07+0.0082)+(0.63+2.1 \times 0.07+0.0082)] \times 7.78 \times 2 \mathrm{m}^2$$
$$=48.88 \mathrm{m}^2$$

④ 第一层调和漆工程量：

$$S=2 \times(A+B) \times L=2 \times(0.63+0.63) \times 7.78 \mathrm{m}^2=19.60 \mathrm{m}^2$$

⑤ 第二层调和漆工程量：

$$S=2 \times(A+B) \times L=19.60 \mathrm{m}^2$$

4）630×250 碳钢通风管道

① 保温层工程量：

$$V = 2 \times [(A + 1.033\delta) + (B + 1.033\delta)] \times 1.033\delta \times L$$
$$= 2 \times [(0.63 + 1.033 \times 0.07) + (0.25 + 1.033 \times 0.07)] \times 1.033 \times 0.07 \times 19.225 \text{m}^3$$
$$= 2.85 \text{m}^3$$

② 防潮层工程量：

$$S = 2 \times [(A + 2.1\delta + 0.0082) + (B + 2.1\delta + 0.0082)] \times L$$
$$= 2 \times [(0.63 + 2.1 \times 0.07 + 0.0082) + (0.25 + 2.1 \times 0.07 + 0.0082)] \times 19.225 \text{m}^2$$
$$= 45.77 \text{m}^2$$

③ 保护层工程量：

$$S = 2 \times [(A + 2.1\delta + 0.0082) + (B + 2.1\delta + 0.0082)] \times L \times 2$$
$$= 2 \times [(0.63 + 2.1 \times 0.07 + 0.0082) + (0.25 + 2.1 \times 0.07 + 0.0082)] \times 19.225$$
$$\times 2 \text{m}^2$$
$$= 91.54 \text{m}^2$$

④ 第一层调和漆工程量：

$$S = 2 \times (A + B) \times L = 2 \times (0.63 + 0.25) \times 19.225 \text{m}^2 = 33.84 \text{m}^2$$

⑤ 第二层调和漆工程量：

$$S = 2 \times (A + B) \times L = 33.84 \text{m}^2$$

5）400×320 碳钢通风管道：

① 保温层工程量：

$$V = 2 \times [(A + 1.033\delta) + (B + 1.033\delta)] \times 1.033\delta \times L$$
$$= 2 \times [(0.4 + 1.033 \times 0.07) + (0.32 + 1.033 \times 0.07)] \times 1.033 \times 0.07 \times 4.986 \text{m}^3$$
$$= 0.62 \text{m}^3$$

② 防潮层工程量：

$$S = 2 \times [(A + 2.1\delta + 0.0082) + (B + 2.1\delta + 0.0082)] \times L$$
$$= 2 \times [(0.4 + 2.1 \times 0.07 + 0.0082) + (0.32 + 2.1 \times 0.07 + 0.0082)] \times 4.986 \text{m}^2$$
$$= 10.28 \text{m}^2$$

③ 保护层工程量：

$$S = 2 \times [(A + 2.1\delta + 0.0082) + (B + 2.1\delta + 0.0082)] \times L \times 2$$
$$= 2 \times [(0.4 + 2.1 \times 0.07 + 0.0082) + (0.32 + 2.1 \times 0.07 + 0.0082)] \times 4.986 \times 2 \text{m}^2$$
$$= 20.56 \text{m}^2$$

④ 第一层调和漆工程量：

$$S = 2 \times (A + B) \times L = 2 \times (0.4 + 0.32) \times 4.986 \text{m}^2 = 7.18 \text{m}^2$$

⑤ 第二层调和漆工程量：

$$S = 2 \times (A + B) \times L = 7.18 \text{m}^2$$

6）400×250 碳钢通风管道

① 保温层工程量：

$$V = 2 \times [(A + 1.033\delta) + (B + 1.033\delta)] \times 1.033\delta \times L$$
$$= 2 \times [(0.4 + 1.033 \times 0.07) + (0.25 + 1.033 \times 0.07)] \times 1.033 \times 0.07 \times 12.6 \text{m}^3$$

$$=1.45m^3$$

② 防潮层工程量：

$$S=2\times[(A+2.1\delta+0.0082)+(B+2.1\delta+0.0082)]\times L$$
$$=2\times[(0.4+2.1\times0.07+0.0082)+(0.25+2.1\times0.07+0.0082)]\times12.6m^2$$
$$=24.20m^2$$

③ 保护层工程量：

$$S=2\times[(A+2.1\delta+0.0082)+(B+2.1\delta+0.0082)]\times L\times2$$
$$=2\times[(0.4+2.1\times0.07+0.0082)+(0.25+2.1\times0.07+0.0082)]\times12.6\times2m^2$$
$$=48.40m^2$$

④ 第一层调和漆工程量：

$$S=2\times(A+B)\times L=2\times(0.4+0.25)\times12.6m^2=16.38m^2$$

⑤ 第二层调和漆工程量：

$$S=2\times(A+B)\times L=16.38m^2$$

7) 320×200 碳钢通风管道：

① 保温层工程量：

$$V=2\times[(A+1.033\delta)+(B+1.033\delta)]\times1.033\delta\times L$$
$$=2\times[(0.32+1.033\times0.07)+(0.2+1.033\times0.07)]\times1.033\times0.07\times6.05m^3$$
$$=0.58m^3$$

② 防潮层工程量：

$$S=2\times[(A+2.1\delta+0.0082)+(B+2.1\delta+0.0082)]\times L$$
$$=2\times[(0.32+2.1\times0.07+0.0082)+(0.2+2.1\times0.07+0.0082)]\times6.05m^2$$
$$=10.05m^2$$

③ 保护层工程量：

$$S=2\times[(A+2.1\delta+0.0082)+(B+2.1\delta+0.0082)]\times L\times2$$
$$=2\times[(0.32+2.1\times0.07+0.0082)+(0.2+2.1\times0.07+0.0082)]\times6.05\times2m^2$$
$$=20.10m^2$$

④ 第一层调和漆工程量：

$$S=2\times(A+B)\times L=2\times(0.32+0.2)\times6.05m^2=6.29m^2$$

⑤ 第二层调和漆工程量：

$$S=2\times(A+B)\times L=6.29m^2$$

8) 组合式空调器的安装工程量为 1 台

9) 方形散流器送风口

制作：① 330×330 散流器　　安装 9 个　　查 CT211-2　　7.43kg/个

则 7.34×9kg＝66.87kg

② 335×335 散流器　　安装 1 个　　查 CT211-2　　5.29kg/个

则 5.29×1kg＝5.29kg

③ 288×288 散流器　　安装 1 个　　查 CT211-2　　7.43kg/个

则 7.43×1kg＝7.43kg

定额工程量计算表见表 19-13。

定额工程量计算表

表 19-13

序号	定额编号	分项工程名称	单位	工程量	单价/元	其中：（元）			合价（元）
						人工费	材料费	机械费	
1	9-7	1000×500 碳钢通风管道	10m²	1.761	295.54	115.87	167.99	11.68	520.44
	11-2022	1000×500 风管保温层	m³	1.40	106.70	32.04	67.91	6.75	149.38
	11-2157	1000×500 风管防潮层	10m²	2.125	11.11	10.91	0.20	—	23.61
	11-2159	1000×500 风管保护层	10m²	4.250	20.08	11.15	8.93	—	85.34
	11-60	1000×500 风管第一遍调和漆	10m²	1.761	6.82	6.50	0.32	—	12.01
	11-61	1000×500 风管第二遍调和漆	10m²	1.761	6.59	6.27	0.32	—	11.60
2	9-7	800×500 碳钢通风管道	10m²	0.762	295.54	115.87	167.99	11.68	225.20
	11-2022	800×500 风管保温层	m³	0.61	106.70	32.04	67.91	6.75	65.09
	11-2157	800×500 风管防潮层	10m²	0.944	11.11	10.91	0.20	—	10.49
	11-2159	800×500 风管保护层	10m²	2.888	20.08	11.15	8.93	—	37.91
	11-60	800×500 风管第一遍调和漆	10m²	0.762	6.82	6.50	0.32	—	5.20
	11-61	800×500 风管第二遍调和漆	10m²	0.762	6.59	6.27	0.32	—	5.02
3	9-7	630×630 碳钢通风管道	10m²	1.961	295.54	115.87	167.99	11.68	579.55
	11-2022	630×630 风管保温层	m³	1.58	106.70	32.04	67.91	6.75	168.59
	11-2157	630×630 风管防潮层	10m²	2.444	11.11	10.91	0.20	—	27.15
	11-2159	630×630 风管保护层	10m²	4.888	20.08	11.15	8.93	—	98.15
	11-60	630×630 风管第一遍调和漆	10m²	1.960	6.82	6.50	0.32	—	13.37

序号	定额编号	分项工程名称	单位	工程量	单价/元	其中:(元)			合价(元)
						人工费	材料费	机械费	
	11-61	630×630 风管第二遍调和漆	10m²	1.960	6.59	6.27	0.32	—	12.92
4	9-6	630×250 碳钢通风管道	10m²	3.384	387.05	154.18	213.52	19.35	1309.78
	11-2022	630×250 风管保温层	m³	2.85	106.70	32.04	67.91	6.75	304.10
	11-2157	630×250 风管防潮层	10m²	4.577	11.11	10.91	0.20	—	50.85
	11-2159	630×250 风管保护层	10m²	9.154	20.08	11.15	8.93	—	183.81
	11-60	630×250 风管第一遍调和漆	10m²	3.384	6.82	6.50	0.32	—	23.08
	11-61	630×250 风管第二遍调和漆	10m²	3.384	6.59	6.27	0.32	—	22.30
5	9-6	400×320 碳钢通风管道	10m²	0.718	387.05	154.18	213.52	19.35	277.90
	11-2022	400×320 风管保温层	m³	0.62	106.70	32.04	67.91	6.75	66.15
	11-2157	400×320 风管防潮层	10m²	1.028	11.11	10.91	0.20	—	11.42
	11-2159	400×320 风管保护层	10m²	2.056	20.08	11.15	8.93	—	41.28
	11-60	400×320 风管第一遍调和漆	10m²	0.718	6.82	6.50	0.32	—	4.90
	11-61	400×320 风管第二遍调和漆	10m²	0.718	6.59	6.27	0.32	—	4.73
6	9-6	400×250 碳钢通风管道	10m²	1.638	387.05	154.18	213.52	19.35	633.99
	11-2022	400×250 风管保温层	m³	1.45	106.70	32.04	67.91	6.75	154.72
	11-2157	400×250 风管防潮层	10m²	2.420	11.11	10.91	0.20	—	26.89
	11-2159	400×250 风管保护层	10m²	4.840	20.08	11.15	8.93	—	97.19
	11-60	400×250 风管第一遍调和漆	10m²	1.638	6.82	6.50	0.32	—	11.17

序号	定额编号	分项工程名称	单位	工程量	单价/元	其中：（元）			合价（元）
						人工费	材料费	机械费	
	11-61	400×250 风管第二遍调和漆	10m²	1.638	6.59	6.27	0.32	—	10.79
7	9-6	320×200 碳钢通风管道	10m²	0.629	387.05	154.18	213.52	19.35	243.45
	11-2022	320×200 风管保温层	m³	0.58	106.70	32.04	67.91	6.75	61.89
	11-2157	320×200 风管防潮层	10m²	1.005	11.11	10.91	0.20	—	11.16
	11-2159	320×200 风管保护层	10m²	2.010	20.08	11.15	8.93	—	40.36
	11-60	320×200 风管第一遍调和漆	10m²	0.629	6.82	6.50	0.32	—	4.29
	11-61	320×200 风管第二遍调和漆	10m²	0.629	6.59	6.27	0.32	—	4.14
8	9-239	组合式空调器	台	1	417.40	414.48	2.92	—	417.40
9	9-112	330×330 方形散流器的制作	100kg	0.6687	2022.96	1155.66	551.57	315.73	1352.75
	9-148	330×330 方形散流器的安装	个	9	10.94	8.36	2.58		98.46
10	9-112	235×235 方形散流器的制作	100kg	0.0529	2022.96	1155.66	551.57	315.73	107.01
	9-147	235×235 方形散流器的安装	个	1	7.56	5.80	1.76		7.56
11	9-112	288×288 方形散流器的制作	100kg	0.0743	2022.96	1155.66	551.57	315.73	150.30
	9-148	288×288 方形散流器的安装	个	1	10.94	8.36	2.58	—	10.94

第二十章　工业管道工程工程量清单设置与计价举例

【例】某发电厂低压给水管道系统某发电厂 5 万 kW 机组（抽气式）2×c50-90/13 机 +3×229t/h 炉的低压管道，图 20-1 为低压给水管道系统图；试计算该电厂这几个主要部分的管道工程量并套用定额（不含主材费）与清单。

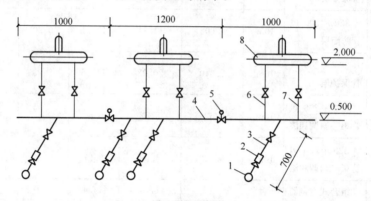

图 20-1　低压给水管道系统图（cm）

1—电动闸阀；2—电动给水泵；3—φ325×6 无缝管；4—φ377×6 无缝管；5—电动闸阀；

6—φ325×6 无缝管；7—φ325×6 无缝管；8—除氧器及水箱

工程说明：

（1）管道采用无缝钢管，管件弯头采用成品冲压弯头，三通、四通现场挖眼连接，进行现场摔制。

（2）法兰、阀门，所有法兰为碳钢对焊法兰；阀门除图中说明外，均为 J41H-25，采用对焊法兰连接；系统连接全部采用电弧焊。

（3）管道支架为普通支架，其中 φ325×6 管支架共 18（3×4+1×6=18）处，每处 35kg，φ377×6 管支架共 10 处，每处 40kg；支架手工除锈后刷防锈漆、调和漆两遍。

（4）管道安装完毕作水压试验，对管道焊口按 50％的比例作超声波探伤。

（5）管道安装就位后，对管道外壁进行除锈并刷漆两遍。

【解】（1）低压给水管道系统管道的工程量

1）管道包括无缝钢管 φ325×6、φ377×6 两种，分别计算工程量如下：

① φ325×6 无缝钢管的工程量计算：

$L_1 = [7×4+ (2-1.5) ×6]$ m$= 37$m

② φ377×6 无缝钢管的工程量计算：

$L_2 = (10+12+10)$ m$=32$m

2）成品管件工程量

① 低压碳钢管件　DN350 电弧焊接　三通 10 个；

② 低压法兰阀门 $DN350J41T-25$ 10 个

③ 低压电动阀门 J941H-252 个

3）管架制作，除锈（手工）刷防锈漆、调和漆两遍工程量

$\phi325\times6$ 管支架：$18\times35=630$ kg

$\phi377\times6$ 管支架：$10\times40=400$ kg

共计：$(630+400)$ kg $= 1030$ kg

4）管道支架的手工除中锈工程量：

$\phi325\times6$ 管支架：$18\times35=630$ kg

$\phi377\times6$ 管支架：$10\times40=400$ kg

共计：$(630+400)$ kg $= 1030$ kg

5）管道支架刷防锈漆两遍的工程量：

具体计算如 4 管道除锈的工程量，故共计：$(630+400)$ kg $= 1030$ kg

6）管道支架刷调和漆两遍的工程量：

具体计算如 4 管道除锈的工程量，故共计：$(630+400)$ kg $= 1030$ kg

7）低中压管道液压试验工程量

① $\phi325\times6$ 无缝碳钢管

液压试验工程量为：$L_1 = 37$m

② $\phi377\times6$ 无缝碳钢管

液压试验工程量为：$L_2 = 32$m

8）管道焊口按 50％的比例作超声波探伤工程量

1$\phi325\times6$ 碳钢管焊口共计：(2×10) 口 $=20$ 口

【注释】10——阀的个数；

式中焊口的计算公式为：

焊口数量$=4\times$四通的个数$+3\times$三通的个数$+2\times$弯头的个数$+2\times$阀的个数；

2$\phi377\times6$ 无缝碳钢管焊口共计：$(3\times10+2\times2)$ 个 $=34$ 口

【注释】10——三通的个数；

　　　　 2——阀的个数；

式中焊口的计算公式为：

焊口数量$=4\times$四通的个数$+3\times$三通的个数$+2\times$弯头的个数$+2\times$阀的个数；

故：$\phi325\times6$ 管焊口：$20\times50％=10$ 口

$\phi377\times6$ 管焊口：$34\times50％=17$ 口

9）管道系统除锈工程量

$\phi325\times6$ 无缝碳钢管外壁面积

$S_1=\pi D_1 L_1 = 3.14\times0.325\times37\text{m}^2=37.759\text{m}^2$；

【注释】D_1——所求 $\phi325\times6$ 除锈管道的直径；

　　　　 L_1——所求 $\phi325\times6$ 除锈管道的长度。

$\phi377\times6$ 无缝碳钢管外壁面积

$S_2=\pi D_2 L_2 = 3.14\times0.377\times32\text{m}^2=37.881\text{m}^2$；

【注释】D_2——所求 $\phi377\times6$ 除锈管道的直径；

L_2——所求 $\phi377\times6$ 除锈管道的长度。

管道总除锈面积为：$S=S_1+S_2=$（$37.759+37.881$）$m^2=75.64m^2$

10）管道系统刷防锈漆两遍的工程量

具体计算如9：$S=S_1+S_2=$（$37.759+37.881$）$m^2=75.64m^2$

根据《通用安装工程工程量计算规范》（GB 50854—2013），低压给水管道清单工程量计算见表20-1。

低压给水管道清单工程量计算表

表 20-1

序号	项目编号	项目名称	项目特征描述	计量单位	工程量
1	030801001001	低压碳钢管	$\phi325\times6$ 无缝钢管管道安装完工后，进行水压试验，管道外除锈并刷漆两遍	m	37
2	030801001002	低压碳钢管	$\phi377\times6$ 无缝钢管管道安装完工后，进行水压试验，管道外除锈并刷漆两遍	m	32
3	030804001001	低压碳钢管件	三通 电弧焊接 $DN350$	个	10
4	030807003001	低压碳钢法兰阀	$DN350$　J41T-25	个	10
5	030807004001	低压电动阀门	$DN400$ 以内 J941H-25	个	2
6	030815001001	管架制作安装	普通支架，$\phi325\times6$，除锈，刷漆两遍	kg	630
7	030815001002	管架制作安装	普通支架，$\phi377\times6$，除锈，刷漆两遍	kg	400
8	030816005001	焊缝超声波探伤	$\phi325\times6$ 管焊口	口	10
9	030816005002	焊缝超声波探伤	$\phi377\times6$ 管焊口	口	17

注：项目编码从《通用安装工程工程量计算规范》中工业管道安装工程中查得，清单工程量计算表中的单位为常用的基本单位，工程量是仅考虑图纸上的数据而计算得出的数据。

（2）定额工程量

1）低压碳钢管

$\phi325\times6$：37.00m；

采用定额：6-39（$DN350$ 以内）计算　　　　　　　计量单位：10m

2）低压碳钢管

$\phi377\times6$：32.00m；

采用定额：6-40（$DN400$ 以内）计算　　　　　　　计量单位：10m

3）低压碳钢管件 $\phi325\times6$

共10个，采用定额 6-656（$DN400$ 以内）计算　　　计量单位：10 个

4）低压碳钢法兰阀 J41T-25　$\phi325\times6$

共10个，采用定额 6-1284（$DN250$ 以内）计算　　　计量单位：个

5）低压电动阀门 J941H-25　　$\phi377\times6$

共2个，采用定额 6-1305（$DN100$ 以内）计算　　　计量单位：个

6）普通管道支架的制作安装

共103kg，采用定额 6-2845 计算　　　　　　　计量单位：100kg

7）管道支架手工除锈（中锈）

共 103kg，采用定额 11-8 计算　　　　　　　　　计量单位：100kg

8）管道支架刷红丹防锈漆一遍

共 103kg，采用定额 11-144 计算　　　　　　　　计量单位：100kg

9）管道支架刷红丹防锈漆二遍

共 103kg，采用定额 11-145 计算　　　　　　　　计量单位：100kg

10）管道支架刷调和漆第一遍

共 103kg，采用定额 11-126 计算　　　　　　　　计量单位：100kg

11）管道支架刷调和漆第二遍

共 103kg，采用定额 11-127 计算　　　　　　　　计量单位：100kg

12）低中压管道液压试验（$DN400$ 以内）

共 69m，采用定额 6-2431 计算　　　　　　　　　计量单位：100m

13）管道焊口超声波探伤（$DN350$ 以内）

共 18 口，采用定额 6-2550 计算　　　　　　　　计量单位：10 口

14）管道焊口超声波探伤（$DN350$ 以上）

共 13 口，采用定额 6-2551 计算　　　　　　　　计量单位：10 口

15）管道手工除中锈

共 75.64m²，采用定额 11-2 计算　　　　　　　　计量单位：10m²

16）管道刷红丹防锈漆第一遍

共 75.64m²，采用定额 11-51 计算　　　　　　　计量单位：10m²

17）管道刷红丹防锈漆第二遍

共 75.64m²，采用定额 11-52 计算　　　　　　　计量单位：10m²

（3）工程量汇总表

根据《全国统一安装工程预算定额》第六册　工艺管道工程 GYD-206-2000 及第十一册　刷油、防腐蚀、绝热工程 GYD-211-2000，低压给水管道工程预算表见表 20-2，分部分项工程量清单与计价表见表 20-3，工程量清单综合单价分析表见表 20-4～表 20-11。

低压给水管道工程预算表　　　　　　　　　　　　　　表 20-2

序号	定额编号	分项工程名称	计量单位	工程量	基价（元）	其中（元）			合计（元）
						人工费	材料费	机械费	
1	6-39	低压碳钢管（$DN350$ 以内）	10m	3.7	238.79	61.95	29.05	147.79	883.52
2	6-40	低压碳钢管（$DN400$ 以内）	10m	3.2	267.3	70.91	32.19	164.2	855.36
3	6-656	低压碳钢管件（$DN400$ 以内）	10 个	1	1385.24	427.5	392.5	565.24	1385.24
4	6-1284	低压碳钢法兰阀（$DN350$ 以内）	个	10	201.21	87.42	24.93	88.86	2012.1
5	6-1305	低压电动阀门（$DN400$ 以内）	个	2	288.34	151.58	30.03	106.73	576.68

序号	定额编号	分项工程名称	计量单位	工程量	基价（元）	其中（元）			合计（元）
						人工费	材料费	机械费	
6	6-2845	普通管道支架的制作安装	100kg	10.3	446.03	224.77	121.73	99.53	4594.11
7	11-8	管道支架手工除锈（中锈）	100kg	10.3	24.41	12.54	4.91	6.96	251.42
8	11-144	管道支架刷红丹防锈漆一遍	100kg	10.3	11.58	3.95	0.67	6.96	119.27
9	11-145	管道支架刷红丹防锈漆二遍	100kg	10.3	11.49	3.95	0.58	6.96	118.35
10	11-126	管道支架刷调和漆第一遍	100kg	10.3	12.33	5.11	0.26	6.96	127.00
11	11-127	管道支架刷调和漆第二遍	100kg	10.3	12.3	5.11	0.23	6.96	126.70
12	6-2431	低中压管道液压试验（DN400 以内）	100m	0.69	371.06	211.53	137.58	21.95	256.03
13	6-2550	管道焊口超声波探伤（DN350 以内）	10 口	1.8	453.31	56.7	327.06	69.75	815.96
14	6-2551	管道焊口超声波探伤（DN350 以上）	10 口	1.3	655.68	73.26	492.27	90.15	852.38
15	11-2	管道手工除中锈	10m²	7.564	25.58	18.81	6.77	—	193.49
16	11-51	管道刷红丹防锈漆第一遍	10m²	7.564	7.34	6.27	1.07	—	55.52
17	11-52	管道刷红丹防锈漆第二遍	10m²	7.564	7.23	6.27	0.96	—	54.69

注：该表格中未计价材料均未在材料费中体现，具体可参考综合单价分析表。表格中单位采用的是定额单位，工程量为定额工程量，基价通过《全国统一安装工程预算定额》可查到。

分部分项工程和单价措施项目清单与计价表　　表 20-3

工程名称：低压给水管道系统　　　　　　标段：　　　　　　　　第　页　共　页

序号	项目编码	项目名称	项目特征描述	计量单位	工程量	金额（元）		其中：暂估价
						综合单价	合价	
1	030801001001	低压碳钢管	φ325×6 无缝钢管管道安装完工后，进行水压试验，管道外除锈并刷漆两遍	m	37	480.11	17764.07	
2	030801001002	低压碳钢管	φ377×6 无缝钢管管道安装完工后，进行水压试验，管道外除锈并刷漆两遍	m	32	565.06	18081.92	
3	030804001001	低压碳钢管件	三通 电弧焊接 DN350	个	10	347.2	3472	
4	030807003001	低压碳钢法兰阀	DN350　J41T-25	个	10	2935.72	29357.2	
5	030807004001	低压电动阀门	DN400 以内 J941H-25	个	2	2961.44	5922.88	
6	030815001001	管架制作安装	管道 φ325×6 和 φ377×6 的普通支架，除锈，刷漆两遍	kg	1030	10.66	10979.8	

序号	项目编码	项目名称	项目特征描述	计量单位	工程量	金额（元）		
						综合单价	合价	其中：暂估价
7	030816005001	焊缝超声波探伤	φ325×6 管焊口	口	10	64.39	643.9	
8	030816005002	焊缝超声波探伤	φ377×6 管焊口	口	17	93.11	1582.87	
			本页小计					
			合　计				87804.64	

注：分部分项工程量清单与计价表中的工程量为清单里面的工程量，综合单价为综合单价分析表里得到的最终清单项目综合单价，工程量×综合单价＝该项目所需的费用，将各个项目加起来即为该工程总的费用。

（4）工程量清单综合单价分析

工程量清单综合单价分析表　　　　表20-4

工程名称：低压给水管道系统　　　　　　标段：　　　　　　第1页　共8页

项目编码	030801001001	项目名称	φ325×6 低碳钢管	计量单位	m	工程量	37

清单综合单价组成明细

定额编号	定额名称	定额单位	数量	单价				合价			
				人工费	材料费	机械费	管理费和利润	人工费	材料费	机械费	管理费和利润
6-39	φ325×6 低碳钢管	10m	0.10	61.95	29.05	147.79	100.29	6.20	2.91	14.78	10.03
6-2431	低中压管道液压试验（DN400以内）	100m	0.10	211.53	137.58	21.95	155.85	21.15	13.76	2.20	15.59
11-2	管道手工除中锈	10m²	0.102	18.81	6.77	0	10.74	1.92	0.69	0.00	1.10
11-51	管道刷防锈第一遍	10m²	0.102	6.27	1.07	0	3.08	0.64	0.11	0.00	0.31
11-52	管道刷防锈漆第二遍	10m²	0.102	6.27	0.96	0	3.04	0.64	0.10	0.00	0.31
人工单价			小计					30.55	14.66	16.97	27.33
23.22 元/日			未计价材料费					390.60			
		清单项目综合单价						480.11			

材料费明细	主要材料名称、规格、型号	单位	数量	单价（元）	合价（元）	暂估单价（元）	暂估合价（元）
	φ325×6 低碳钢管（无缝）	m	0.94	412.50	387.75		
	酚醛防锈漆各色	kg	0.25	11.40	2.85		
	其他材料费			—		—	
	材料费小计			—	390.60	—	

注：1. 该表中管理费和利润均以基价（基价＝人工费＋材料费＋机械费）为取费基数，管理费的费率为34％，利润的费率为8％。

2. 以下各综合单价分析表的计算和此相同，不再说明。

工程名称：低压给水管道系统　　　　　标段：　　　　　第 2 页　共 8 页

项目编码	030801001002	项目名称	φ377×6 低碳钢管	计量单位	m	工程量	32

清单综合单价组成明细

定额编号	定额名称	定额单位	数量	单价				合价			
				人工费	材料费	机械费	管理费和利润	人工费	材料费	机械费	管理费和利润
6-40	φ377×6 低碳钢管	10m	0.10	70.91	32.19	164.2	112.27	7.09	3.22	16.42	11.23
6-2431	低中压管道液压试验（DN400 以内）	100m	0.10	211.53	137.58	21.95	155.85	21.15	13.76	2.20	15.59
11-2	管道手工除中锈	10m²	0.184	18.81	6.77	0	10.74	3.46	1.25	0	1.98
11-51	管道刷防锈第一遍	10m²	0.184	6.27	1.07	0	3.08	1.15	0.20	0	0.57
11-52	管道刷防锈漆第二遍	10m²	0.184	6.27	0.96	0	3.04	1.15	0.18	0	0.56
人工单价			小计					34.01	18.60	18.62	29.91
23.22 元/日			未计价材料费					463.92			
清单项目综合单价								565.06			

材料费明细	主要材料名称、规格、型号	单位	数量	单价（元）	合价（元）	暂估单价（元）	暂估合价（元）
	φ377×6 低碳钢管（无缝）	m	0.94	490.50	461.07		
	酚醛防锈漆各色	kg	0.25	11.40	2.85		
	其他材料费			—		—	
	材料费小计			—	463.92	—	

工程名称：低压给水管道系统　　　　　标段：　　　　　第 3 页　共 8 页

项目编码	030804001001	项目名称	低压碳钢管件	计量单位	个	工程量	10

清单综合单价组成明细

定额编号	定额名称	定额单位	数量	单价				合价			
				人工费	材料费	机械费	管理费和利润	人工费	材料费	机械费	管理费和利润
6-883	低压碳钢管件	10 个	0.10	427.5	392.5	565.24	581.80	42.75	39.25	56.52	58.18
人工单价			小计					42.75	39.25	56.52	58.18
23.22 元/日			未计价材料费					150.5			
清单项目综合单价								347.20			

材料费明细	主要材料名称、规格、型号	单位	数量	单价（元）	合价（元）	暂估单价（元）	暂估合价（元）
	低压碳钢管件（电弧焊）三通 DN350	个	1.00	150.50	150.50		
	其他材料费			—		—	
	材料费小计			—	150.50	—	

工程名称：低压给水管道系统　　　　　标段：　　　　　　　第 4 页　共 8 页

项目编码	030807003001	项目名称	低压碳钢法兰阀	计量单位	个	工程量	10

清单综合单价组成明细

定额编号	定额名称	定额单位	数量	单价				合价			
				人工费	材料费	机械费	管理费和利润	人工费	材料费	机械费	管理费和利润
6-1284	低压碳钢法兰阀（DN350 以内）	个	1	87.42	24.93	88.86	84.51	87.42	24.93	88.86	84.51
人工单价		小计						87.42	24.93	88.86	84.51
23.22 元/日		未计价材料费						2650			
清单项目综合单价								2935.72			

材料费明细	主要材料名称、规格、型号	单位	数量	单价（元）	合价（元）	暂估单价（元）	暂估合价（元）
	碳钢法兰阀	个	1.00	2650	2650.00		
	其他材料费				—		—
	材料费小计				—	2650.00		

工程名称：低压给水管道系统　　　　标段：　　　　　　　第 5 页　共 8 页

项目编码	030807004001	项目名称	低压电动阀门	计量单位	个	工程量	2

清单综合单价组成明细

定额编号	定额项目名称	定额单位	数量	单价				合价			
				人工费	材料费	机械费	管理费和利润	人工费	材料费	机械费	管理费和利润
6-1305	低压碳钢法兰阀（DN400 以内）	个	1	151.6	30.03	106.7	121.1	151.58	30.03	106.73	121.1
人工单价		小计						151.58	30.03	106.73	121.1
23.22 元/日		未计价材料费						2552			
清单项目综合单价								2961.44			

材料费明细	主要材料名称、规格、型号	单位	数量	单价（元）	合价（元）	暂估单价（元）	暂估合价（元）
	低压电动阀门	个	1.00	2552	2552.00		
	其他材料费				—		—
	材料费小计				—	2552.00		

工程名称：低压给水管道系统　　　　　　标段：　　　　　　　

| 项目编码 | 030815001001 | 项目名称 | 管架的制作与安装 | 计量单位 | kg | 工程量 | 630 |

清单综合单价组成明细

定额编号	定额名称	定额单位	数量	单价				合价			
				人工费	材料费	机械费	管理费和利润	人工费	材料费	机械费	管理费和利润
6-2845	普通管架架的制作与安装	100kg	0.01	224.77	121.73	99.53	187.33	2.25	1.22	1.00	1.87
11-8	管道支架手工除锈（中锈）	100kg	0.01	12.54	4.91	6.96	10.25	0.13	0.05	0.07	0.10
11-144	管道支架刷红丹防锈漆一遍	100kg	0.01	3.95	0.67	6.96	45.74	0.04	0.01	0.07	0.46
11-145	管道支架刷红丹防锈漆二遍	100kg	0.01	3.95	0.58	6.96	4.83	0.04	0.01	0.07	0.05
11-126	管道刷调和第一遍	100kg	0.01	5.11	0.26	6.96	5.18	0.05	0.00	0.07	0.05
11-127	管道刷调和漆第二遍	100kg	0.01	5.11	0.23	6.96	5.17	0.05	0.00	0.07	0.05
人工单价		小计						2.55	1.28	1.34	2.59
23.22 元/日		未计价材料费						2.89			
清单项目综合单价								10.66			

	主要材料名称、规格、型号			单位	数量	单价（元）	合价（元）	暂估单价（元）	暂估合价（元）
材料费明细	型钢			kg	1.06	2.37	2.51		
	酚醛防锈漆各色			kg	0.017	11.40	0.19		
	酚醛调和漆各色			kg	0.015	12.54	0.19		
	其他材料费					—		—	
	材料费小计					—	2.89		

工程名称：低压给水管道系统　　　　　　标段：　　　　　　　

| 项目编码 | 030816005001 | 项目名称 | 焊缝超声波探伤 | 计量单位 | 口 | 工程量 | 10 |

清单综合单价组成明细

定额编号	定额名称	定额单位	数量	单价				合价			
				人工费	材料费	机械费	管理费和利润	人工费	材料费	机械费	管理费和利润
6-2550	焊缝超声波探伤	10个	0.10	56.7	327.06	69.75	190.39	5.67	32.71	6.98	19.04

人工单价			小计					5.67	32.71	6.98	19.04
23.22元/日			未计价材料费						0		
清单项目综合单价									64.39		

	主要材料名称、规格、型号	单位	数量	单价（元）	合价（元）	暂估单价（元）	暂估合价（元）
材 料 费 明 细							
	其他材料费				—		—
	材料费小计				—		—

工程量清单综合单价分析表

表 20-11

工程名称：低压给水管道系统　　　　　标段：　　　　　第 8 页　共 8 页

项目编码	030816005002	项目名称	焊缝超声波探伤	计量单位	口	工程量	17

清单综合单价组成明细

定额 编号	定额名称	定额 单位	数量	单　　价				合　　价			
				人工费	材料费	机械费	管理费 和利润	人工费	材料费	机械费	管理费 和利润
6-2551	焊缝超声波探伤	10个	0.10	73.26	492.27	90.15	275.39	7.33	49.23	9.02	27.54
人工单价			小计					7.33	49.23	9.02	27.54
23.22元/日			未计价材料费						0		
清单项目综合单价									93.11		

	主要材料名称、规格、型号	单位	数量	单价（元）	合价（元）	暂估单价（元）	暂估合价（元）
材 料 费 明 细							
	其他材料费				—		—
	材料费小计				—		—

(5) 投标总价（表 20-12～表 20-18）

投 标 总 价

招标人：　　　某发电厂　　　　　　　　　　　　　　工程

工程名称：　　　某发电厂的低压给水管道　　　　

投标总价（小写）：　　　106981.17　　　

（大写）：　　壹拾万零陆仟玖佰捌拾壹元壹角柒分　

投标人：　　某建筑安装工程公司单位公章　　　
　　　　　　　　　　　　（单位盖章）

法定代表人
或其授权人：　　　法定代表人　　　　　　　
　　　　　　　　　　　（签字或盖章）

编制人：　　×××签字盖造价工程师或造价员专用章　　
　　　　　　　　　　（造价人员签字盖专用章）

时间：××××年××月××日

总　说　明

工程名称：某发电厂的低压给水管道　　　　　　　　　　　　　　第　页　共　页

1. 工程概况

该工程为某发电厂 5 万 kW 机组（抽气式）2×c50—90/13 机＋3×229t/h 炉的低压给水管道。该管道系统用到了 φ325×6 和 φ377×6 两种规格的无缝碳钢管，管件弯头采用成品冲压弯头，三通、四通现场挖眼连接，进行现场捊制。法兰、阀门，所有法兰为碳钢对焊法兰；管道支架为普通支架，其中 φ325×6 管支架共 18（3×4＋1×6 ＝18）处，每处 35kg，φ377×6 管支架共 10 处，每处 40kg；支架手工除锈后刷防锈漆、调和漆两遍。管道安装完毕作水压试验，对管道焊口按 50％的比例作超声波探伤。管道安装就位后，对管道外壁进行除锈并刷漆两遍。

2. 投标控制价包括范围

为本次招标的某发电厂的低压给水管道安装系统范围内的其他安装工程。

3. 投标控制价编制依据

(1) 招标文件及其所提供的工程量清单和有关计价的要求，招标文件的补充通知和答疑纪要。

(2) 某发电厂的低压给水管道系统图及投标施工组织设计。

(3) 有关的技术标准，规范和安全管理规定。

(4) 省建设主管部门颁发的计价定额和计价管理办法及有关计价文件。

(5) 材料价格采用工程所在地工程造价管理机构年月工程造价信息发布的价格信息，对于造价信息没有发布的材料，其价格参照市场价。

建设项目投标报价汇总表　　　　　　　　　　　　　表 20-12

工程名称：某发电厂的低压给水管道　　　　标段：　　　　　　　第　页　共　页

序号	单项工程名称	金额（元）	其中（元）		
			暂估价	安全文明施工费	规　费
1	某发电厂的低压给水管道	106981.17	6000	168.72	1244.79
	合　计	106981.17	6000	168.72	1244.79

单项工程投标报价汇总表　　　　　　　　　　　　表 20-13

工程名称：某发电厂的低压给水管道　　　　标段：　　　　　　　第　页　共　页

序号	单项工程名称	金额（元）	其中（元）		
			暂估价	安全文明施工费	规　费
1	某发电厂的低压给水管道	106981.17	6000	5272.3×3.2%＝168.72	5272.3×23.61%＝1244.79
	合　计	106981.17	6000	168.72	1244.79

单位工程投标报价汇总表

表 20-14

工程名称：某发电厂的低压给水管道　　　　　标段：　　　　　　　　　第　页　共　页

序号	汇总内容	金额（元）	其中暂估价（元）
1	分部分项工程	87804.64	
1.1	某发电厂的低压给水管道	87804.64	
1.2			
1.3			
1.4			
2	措施项目	825.11	
2.1	安全文明施工费	168.72	
3	其他项目	16236.5	
3.1	暂列金额	8780.5	
3.2	专业工程暂估价	6000	
3.3	计日工	1400	
3.4	总承包服务费	240	
4	规费	1244.79	
5	税金	686.13	
	合计＝1＋2＋3＋4＋5	106981.17	

注：这里的分部分项工程中存在暂估价。

总价措施项目清单与计价表

表 20-15

工程名称：某发电厂的低压给水管道　　　　　标段：　　　　　　　第　页　共　页

序号	项目编码	项目名称	计算基础	费率（%）	金额（元）	调整费率（%）	调整后金额（元）	备注
1	031302001001	环境保护费	人工费（5272.30）	0.3	15.82			
2	031302001002	文明施工费	人工费	2.0	105.45			
3	031302001003	安全施工费	人工费	1.2	63.27			
4	031302001004	临时设施费	人工费	7.2	379.61			
5	031302002001	夜间施工增加费	人工费	0.05	2.64			
6	031302003001	非夜间施工增加费	人工费	4.0	210.89			
7	031302004001	二次搬运费	人工费	0.7	36.91			
8	031302006001	已完工程及设备保护费	人工费	0.2	10.54			
		合　计			825.11			

注：该表费率参考《浙江省建设工程施工取费定额》（2003）

其他项目清单与计价汇总表

表 20-16

工程名称：某发电厂的低压给水管道　　　　　标段：　　　　　　　第　页　共　页

序号	项目名称	金额（元）	结算金额（元）	备　注
1	暂列金额	项	8780.5	一般按分部分项工程的（87804.64）10%～15%

534

序号	项目名称	金额（元）	结算金额（元）	备　注
2	暂估价		6000	按实际发生估算
2.1	材料暂估价			
2.2	专业工程暂估价	项	6000	按有关规定估算
3	计日工		1400	
4	总承包服务费		56	一般为专业工程估价的3%～5%
	合　计		16236.5	

注：第1、4项备注参考《通用安装工程工程量计算规范》材料暂估单价进入清单项目综合单价此处不汇总

计 日 工 表

表 20-17

工程名称：某发电厂的低压给水管道　　　标段：　　　　　　　　　　第 页 共 页

编号	项目名称	单位	暂定数量	实际数量	综合单价	合价
一	人工					
1	普工	工日	20		50	1000
2	技工（综合）	工日	4		100	400
3						
4						
	人 工 小 计					1400
二	材料					
1						
2						
	材 料 小 计					
三	施工机械					
	施 工 机 械 小 计					
	四、企业管理费和利润					
	总　　计					1400

注：此表项目，名称由招标人填写，编制招标控制价时，单价由招标人按有关计价规定确定；投标时，单价由投
标人自主报价，计入投标总价中。

规费、税金项目计价表

表 20-18

工程名称：某发电厂的低压给水管道　　　标段：　　　　　　　　　　第 页 共 页

序号	项目名称	计算基础	计算基数	计算费率（%）	金额（元）
1	规费	人工费（5272.30）	1.1＋1.2＋1.3	23.61	1244.79
1.1	社会保险费		(1)＋(2)＋(3)＋(4)＋(5)		
(1)	养老保险费				
(2)	失业保险费				
(3)	医疗保险费				

序号	项目名称	计算基础	计算基数	计算费率(%)	金额(元)
(4)	工伤保险费				
(5)	生育保险费				
1.2	住房公积金				
1.3	工程排污费				
2	税金	直接费＋综合费用＋规费(13277.8＋5272.30×0.95＋1244.79＝19531.28)		3.513	686.13
2.1	税费	直接费＋综合费用＋规费		3.413	666.60
2.2	水利建设基金	直接费＋综合费用＋规费		0.1	19.53
合　　计					1930.92

注：该表费率参考《浙江省建设工程施工取费定额》(2003)。

第二十一章 消防工程工程量清单
设置与计价举例

【例】某图书馆消防系统如图 21-1、图 21-2 所示，图书馆共 5 层，图中只给出了一层平面布置，其他四层的消火栓布置同一层，由消防水泵直接从市政管网抽水，室外设两套水泵接合器，以防止室内用水量不足时，由室外管网及时补充。试根据平面及系统图计算其预算工程量。

【解】（1）清单工程量

1）消火栓镀锌钢管 $DN100$：67.60m

从系统图中看出消火栓给水管道采用的都是 $DN100$ 管道，总的工程量即每部分的加和。其中两根竖管的工程量为（17.50＋0.50）×2m＝36.00m，底部两条横管的工程量为（5.25＋7.00）m＝12.25m，连接两个水泵接合器的管道工程量为（6.25＋6.30）m＝12.55m，连接市政管网的管道工程量为 6.80m，故消火栓镀锌钢管 $DN100$ 总工程量为（36.00＋12.25＋12.55＋6.80）m＝67.60m。

2）法兰截止阀门 $DN100$ 安装　　6 个
3）法兰止回阀 $DN100$ 安装　　2 个
4）末端试水装置 $DN25$ 安装　　2 组
5）消火栓（单栓 65）安装　　12 套
6）消防水泵接合器 $DN100$ 安装　　2 套
7）离心式泵　　2 台（设备重量 1.5t 内）

清单工程量计算表见表 21-1。

清单工程量计算表　　　　　　　　　　　　　　　　　表 21-1

序号	项目编码	项目名称	项目特征描述	计量单位	工程量
1	030901002001	消火栓镀锌钢管	室内安装，$DN100$，螺纹连接	m	67.60
2	030807003001	低压法兰阀门	$DN100$，低压法兰截止阀	个	6
3	030807003002	低压法兰阀门	$DN100$，低压法兰止回阀	个	2
4	030901008001	末端试水装置	$DN25$	组	2
5	030901010001	室内消火栓	室内安装，$\phi65$，单栓	套	12
6	030901012001	消防水泵接合器	室内安装，$DN100$	套	2
7	030109001001	离心式泵	离心式耐腐蚀泵，设备重量 1.5t	台	2

（2）定额工程量

1）消火栓镀锌钢管 $DN100$

共 67.60m，套用定额 8-95，计量单位：10m。

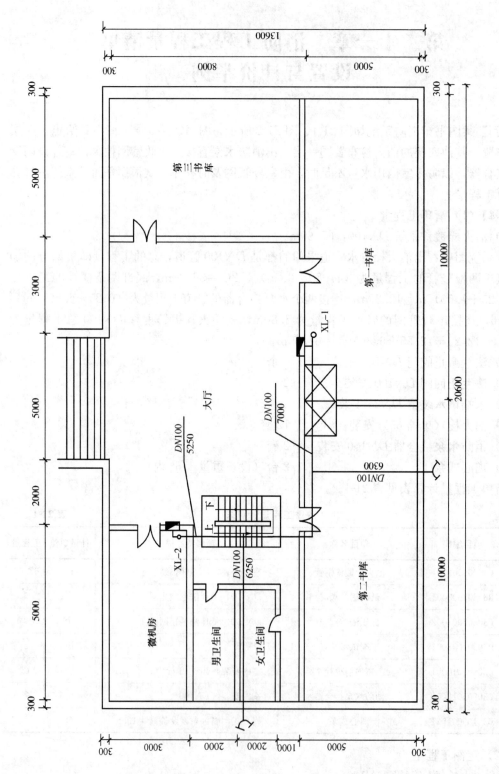

图 21-1 某图书馆消火栓给水平面示意图

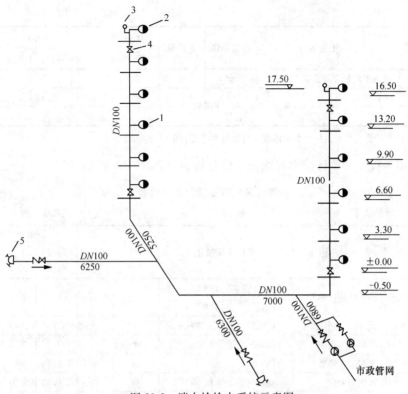

图 21-2　消火栓给水系统示意图

1—室内消火栓；2—屋顶试验消火栓；3—末端试水装置；4—法兰阀门；5—消防水泵接合器

2）法兰阀门 $DN100$ 安装

共 8 个（其中法兰截止阀 6 个，法兰止回阀 2 个），套用定额 6-1278，计量单位：个。

3）末端试水装置安装

共 2 组，套用定额 7-102，计量单位：组。

4）室内消火栓安装

共 12 套，套用定额 7-105，计量单位：套。

5）消防水泵接合器 $DN100$ 安装

共 2 套，套用定额 7-123，计量单位：套。

6）离心式泵安装

共 2 台，套用定额 1-793，计量单位：台。

消防工程施工图预算表见表 21-2。

消防工程施工图预算表　　　　　　　　　　　　　　　　　　　表 21-2

序号	定额编号	分项工程名称	计量单位	工程量	基价（元）	其中（元）			合价（元）
						人工费	材料费	机械费	
1	8-95	消火栓镀锌钢管 $DN100$	10m	6.76	167.17	76.39	82.64	8.14	130.07
2	6-1278	法兰阀门 $DN100$	个	8	30.61	19.64	7.32	3.65	244.88
3	7-102	末端试水装置	组	2	83.39	35.06	46.05	2.28	166.78
4	7-105	消火栓安装	套	12	31.47	21.83	8.97	0.67	377.64

539

序号	定额编号	分项工程名称	计量单位	工程量	基价（元）	其中（元）			合价（元）
						人工费	材料费	机械费	
5	7-123	消防水泵接合器安装 DN100	套	2	182.22	48.53	128.38	5.31	364.44
6	1-793	离心式泵	台	2	537.65	334.83	155.59	47.23	1075.30
合计									2359.11

注：该表格中未计价材均未在材料费中体现，具体可参考综合单价分析表。

分部分项工程量清单计价表及综合单价分析表见表 21-3～表 21-10。

分部分项工程量清单与计价表
表 21-3

工程名称：消防工程　　　　　　　　　标段：　　　　　　　　　第 页 共 页

序号	项目编码	项目名称	项目特征描述	计量单位	工程量	金额（元）		
						综合单价	合价	其中暂估价
1	030901002001	消火栓镀锌钢管	室内安装，DN100，螺纹连接	m	67.60	85.69	5792.64	
2	030807003001	低压法兰阀门	DN100，低压法兰截止阀	个	6	342.91	2057.46	
3	030807003002	低压法兰阀门	DN100，低压法兰止回阀	个	2	182.91	365.82	
4	030901008001	末端试水装置	DN25	组	2	182.14	364.28	
5	030901010001	室内消火栓	室内安装，单栓 65	套	12	558.49	6701.88	
6	030901012001	消防水泵接合器	室内安装，DN100	套	2	1116.75	2233.50	
7	030109001001	离心式泵	离心式耐腐蚀泵，设备重量 1.5t 内	台	2	1258.87	2517.74	
本页小计								
合计							20033.32	

工程量清单综合单价分析表
表 21-4

工程名称：消防工程　　　　　　　　　标段：　　　　　　　　　第 1 页 共 7 页

项目编码	030901002001	项目名称	消火栓镀锌钢管	计量单位	m	工程量	67.60

清单综合单价组成明细

定额编号	定额名称	定额单位	数量	单价				合价			
				人工费	材料费	机械费	管理费和利润	人工费	材料费	机械费	管理费和利润
8-95	镀锌钢管 DN100	10m	0.1	76.39	82.64	8.14	164.54	7.639	8.264	0.814	16.454
人工单价		小计						7.639	8.264	0.814	16.454
23.22 元/工日		未计价材料费						52.52			
清单项目综合单价								85.69			

材料费明细	主要材料名称、规格、型号	单位	数量	单价（元）	合价（元）	暂估单价（元）	暂估合价（元）
	镀锌钢管 DN100	m	1.02	51.49	52.52	—	—
	其他材料费			—		—	
	材料费小计				52.52		

注：管理费和利润均以人工费为取费基数，管理费费率为 155.4%，利润费率为 60%。

工程名称：消防工程　　　　　　　标段：　　　　　　　第2页　共7页

项目编码	030807003001	项目名称	低压法兰截止阀门 DN100	计量单位	个	工程量	6

清单综合单价组成明细

定额编号	定额名称	定额单位	数量	单价				合价			
				人工费	材料费	机械费	管理费和利润	人工费	材料费	机械费	管理费和利润
6-1278	法兰阀门 DN100	个	1	19.64	7.32	3.65	42.30	19.64	7.32	3.65	42.30
人工单价			小计					19.64	7.32	3.65	42.30
23.22元/工日			未计价材料费					270.00			
			清单项目综合单价					342.91			

材料费明细	主要材料名称、规格、型号		单位	数量	单价（元）	合价（元）	暂估单价（元）	暂估合价（元）
	低压法兰截止阀门		个	1	270.00	270.00	—	—
	其他材料费					—		—
	材料费小计					270.00		—

注：管理费和利润均以人工费为取费基数，管理费费率为155.4%，利润费率为60%。

工程名称：消防工程　　　　　　　标段：　　　　　　　第3页　共7页

项目编码	030807003002	项目名称	低压法兰止回阀 DN100	计量单位	个	工程量	2

清单综合单价组成明细

定额编号	定额名称	定额单位	数量	单价				合价			
				人工费	材料费	机械费	管理费和利润	人工费	材料费	机械费	管理费和利润
6-1278	法兰阀门 DN100	个	1	19.64	7.32	3.65	42.30	19.64	7.32	3.65	42.30
人工单价			小计					19.64	7.32	3.65	42.30
23.22元/工日			未计价材料费					110.00			
			清单项目综合单价					182.91			

材料费明细	主要材料名称、规格、型号		单位	数量	单价（元）	合价（元）	暂估单价（元）	暂估合价（元）
	低压法兰止回阀门		个	1	110.00	110.00	—	—
	其他材料费					—		—
	材料费小计					110.00		—

注：管理费和利润均以人工费为取费基数，管理费费率为155.4%，利润费率为60%。

工程名称：消防工程　　　　　　　　　标段：　　　　　　　　第 4 页　共 7 页

项目编码	030901008001	项目名称	末端试水装置	计量单位	组	工程量	2

清单综合单价组成明细

定额编号	定额名称	定额单位	数量	单价				合价			
				人工费	材料费	机械费	管理费和利润	人工费	材料费	机械费	管理费和利润
7-102	末端试水装置安装	组	1	35.06	46.05	2.28	75.52	35.06	46.05	2.28	75.52
人工单价			小计					35.06	46.05	2.28	75.52
23.22 元/工日			未计价材料费					23.23			
		清单项目综合单价						182.14			

材料费明细	主要材料名称、规格、型号		单位	数量	单价（元）	合价（元）	暂估单价（元）	暂估合价（元）
	阀门		个	2.02	11.50	23.23	—	—
	其他材料费					—		—
	材料费小计					23.23		—

注：管理费和利润均以人工费为取费基数，管理费费率为 155.4%，利润费率为 60%。

工程名称：消防工程　　　　　　　　　标段：　　　　　　　　第 5 页　共 7 页

项目编码	030901010001	项目名称	室内消火栓	计量单位	套	工程量	12

清单综合单价组成明细

定额编号	定额名称	定额单位	数量	单价				合价			
				人工费	材料费	机械费	管理费和利润	人工费	材料费	机械费	管理费和利润
7-105	消火栓安装	套	1	21.83	8.97	0.67	47.02	21.83	8.97	0.67	47.02
人工单价			小计					21.83	8.97	0.67	47.02
23.22 元/工日			未计价材料费					480.00			
		清单项目综合单价						558.49			

材料费明细	主要材料名称、规格、型号		单位	数量	单价（元）	合价（元）	暂估单价（元）	暂估合价（元）
	室内消火栓		套	1	480.00	480.00	—	—
	其他材料费					—		—
	材料费小计					480.00		—

注：管理费和利润均以人工费为取费基数，管理费费率为 155.4%，利润费率为 60%。

工程名称：消防工程　　　　　　　　　标段：　　　　　　　　第 6 页　共 7 页

项目编码	030901012001	项目名称	消防水泵接合器	计量单位	套	工程量	2

清单综合单价组成明细

定额编号	定额名称	定额单位	数量	单价				合价			
				人工费	材料费	机械费	管理费和利润	人工费	材料费	机械费	管理费和利润
7-123	消防水泵接合器安装	套	1	48.53	128.38	5.31	104.53	48.53	128.38	5.31	104.53
人工单价			小计					48.53	128.38	5.31	104.53
23.22 元/工日			未计价材料费					830.00			
清单项目综合单价								1116.75			

材料费明细	主要材料名称、规格、型号	单位	数量	单价（元）	合价（元）	暂估单价（元）	暂估合价（元）
	消防水泵接合器	套	1	830.00	830.00	—	—
	其他材料费				—		—
	材料费小计				830.00		—

注：管理费和利润均以人工费为取费基数，管理费费率为 155.4%，利润费率为 60%。

工程名称：消防工程　　　　　　　　　标段：　　　　　　　　第 7 页　共 7 页

项目编码	030109001001	项目名称	离心式泵安装	计量单位	台	工程量	2

清单综合单价组成明细

定额编号	定额名称	定额单位	数量	单价				合价			
				人工费	材料费	机械费	管理费和利润	人工费	材料费	机械费	管理费和利润
1-793	离心式泵	台	1	334.83	155.59	47.23	721.22	334.83	155.59	47.23	721.22
人工单价			小计					334.83	155.59	47.23	721.22
23.22 元/工日			未计价材料费								
清单项目综合单价								1258.87			

材料费明细	主要材料名称、规格、型号	单位	数量	单价（元）	合价（元）	暂估单价（元）	暂估合价（元）
	其他材料费				—		—
	材料费小计				—		—

注：管理费和利润均以人工费为取费基数，管理费费率为 155.4%，利润费率为 60%。

第二十二章 给排水、采暖、燃气工程工程量清单设置与计价举例

【例】某6层住宅楼房屋内平面布置如图 22-1 所示，给水排水系统如图 22-2～图 22-5 所示，给水管道为螺纹连接的镀锌钢管，埋地部分刷两遍沥青，明装部分刷两遍银粉，排水管道为水泥接口的铸铁排水管，均需刷两遍沥青。试计算其工程量并进行相应的预算。

某6层住宅楼给水排水工程需计算的清单项目见表 22-1。

某体育运动场卫生间给排水工程清单项目表   表 22-1

序号	项目编码	项目名称	序号	项目编码	项目名称
1	031001001	镀锌钢管	5	031004008	排水栓
2	031001005	承插铸铁管	6	031004014	水龙头
3	031004006	大便器	7	031004014	地漏
4	031004003	洗脸盆			

【解】（1）管道系统

1）给水系统

①DN50（埋地）：8.24m

GL-1 中引入管从墙外 1.50m 处算起，穿墙进入室内 0.24m，室内埋地部分长度为 $(0.6-0.12-0.05+0.8+0.5+0.45)$ m＝2.18m，其中 $0.6-0.12-0.05+0.8+0.5$ 为 GL-1 穿墙后进入室内的距离，0.45 为其室内地面以下的埋深，GL-2 中 DN50 工程量为 $(1.5+0.24+2.3-0.12-0.05)$ m＝3.87m，再加上室内埋深 0.45m，即 $(3.87+0.45)$ m＝4.32m，其中 0.24 为引入管穿墙距离，$2.3-0.12-0.05$ 为 GL-2 穿墙后进入室内的距离，所以 DN50 埋地部分的工作量为 $(1.50+0.24+2.18+4.32)$ m＝8.24m。

②DN50（明装）：2.0m

GL-1 中和 GL-2 中的明装部分相同，都是地面以上到支管安装的部分，其距离为地面以上 1.0m 处，故两个立管的工作量为 $1.0×2$m＝2.0m。

③DN40：6.0m

GL-1 和 GL-2 中 DN40 的工作量相同，都是从一层支管到二层支管之间为 DN40 立管，故 DN40 工作量为 $3.0×2$m＝6.0m。

④DN32：12.0m

GL-1 中和 GL-2 中从二层支管到四层支管之间的立管为 DN32 管，故其工作量为 $3.0×2×2$m＝12.0m。

⑤DN25：12.0m

与 DN32 计算原理相同：$3.0×2×2$m＝12.0m

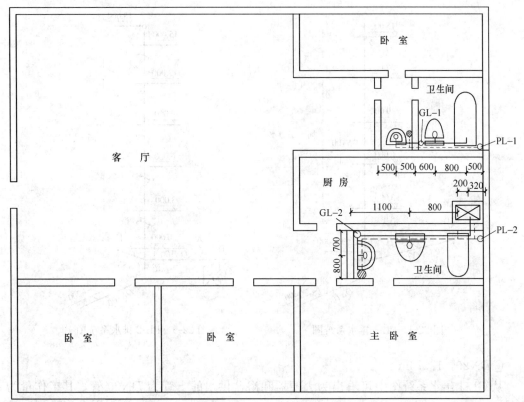

注：图中墙厚均为240mm，给水管距墙0.05m,排水管距墙0.1m,给排水立管均距横墙0.05m,用水设施支管距地面的高度为1.0m。

图 22-1　住宅平面布置图

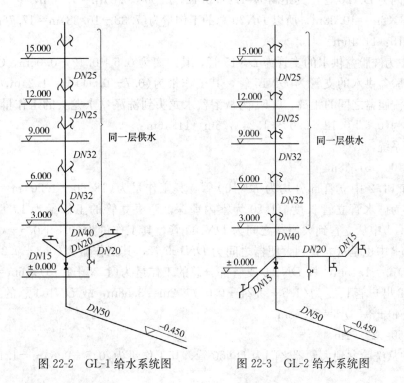

图 22-2　GL-1 给水系统图　　　　图 22-3　GL-2 给水系统图

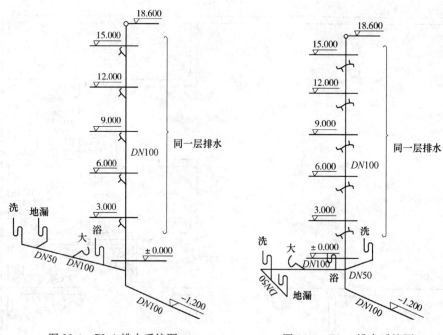

图 22-4　PL-1 排水系统图　　　　图 22-5　PL-2 排水系统图

⑥$DN20$：17.76m

从 GL-1 给水系统图中可看出为大便器和浴盆供水的支管为 $DN20$ 管，其工作量为 $(0.6-0.12-0.05+0.8)\text{m}=1.23\text{m}$，其中 $0.6-0.12-0.05$ 为立管到大便器之间的距离，0.8 为大便器到浴盆的距离，共 6 层总的工作量为 $1.23\times6\text{m}=7.38\text{m}$，GL-2 中从立管到浴盆之间为 $DN20$ 管，其距离为 $(1.1-0.12-0.05+0.8)\text{m}=1.73\text{m}$，共 6 层总的工作量为 $1.73\times6\text{m}=10.38\text{m}$，所以 $DN20$ 总的工作量为 $(7.38+10.38)\text{m}=17.76\text{m}$。

⑦ $DN15$：11.46m

GL-1 中为洗脸盆供水的支管为 $DN15$ 管，其距离为 $0.5+0.12+0.05\text{m}$，GL-2 中为洗涤盆和洗脸盆供水的支管为 $DN15$ 管，其工作量为 $(0.7+0.54)\text{m}=1.24\text{m}$，其中 0.7 为从立管到洗脸盆之间的距离，0.54 为从浴盆水龙头到洗涤盆水龙头的工作量，共 6 层总的工作量为 $(0.5+0.12+0.05+1.24)\times6\text{m}=11.46\text{m}$。

2）排水系统

① $DN100$：57.58m

PL-1 和 PL-2 中立管部分均为 $DN100$ 管，其工作量为 $(18.60+1.20)\text{m}=19.80\text{m}$，其中 18.60 为排水管立管长度，1.20 为室内埋深，两根立管的工作量为 $19.80\times2\text{m}=39.60\text{m}$，PL-1 中从立管到大便器之间为 $DN100$ 管，其工作量为 $(0.8+0.5-0.05)\text{m}=1.25\text{m}$，PL-2 中也是从立管到大便器之间为 $DN100$ 管，其工作量为 $(0.8+0.2+0.32-0.12-0.05)\text{m}=1.15\text{m}$，故 $DN100$ 支管部分总的工作量为 $(1.25+1.15)\times6\text{m}=14.40\text{m}$，PL-1 和 PL-2 出户管长度为 $(1.5+0.24+0.05)\times2\text{m}=3.58\text{m}$，故 $DN100$ 总的工作量为 $(39.60+14.40+3.58)\text{m}=57.58\text{m}$。

② $DN50$：22.62m

PL-1 中从洗脸盆到大便器之间为 $DN50$ 管，其工作量为 $(0.5+0.6)\text{m}=1.1\text{m}$，PL-2

中为厨房排水支管为 $DN50$ 管，其工作量为 0.34m，另外从地漏到大便器之间的支管也为 $DN50$ 管，其工作量为 $(0.8+0.7-0.05+1.1-0.12-0.1)m=2.33m$，故 $DN50$ 总的工作量为 $(1.1+0.34+2.33)\times6m=22.62m$。

（2）卫生器具安装

1）坐便器（低水箱）安装：2×6 套=12 套

2）洗脸盆（普通冷水嘴）：2×6 组=12 组

3）地漏（$DN50$mm）：2×6 个=12 个

4）水龙头 $DN50$：6 个

5）排水栓 $DN50$：6 组

（3）工程量汇总表

给水系统、排水系统管道工程量汇总见表 22-2、表 22-3。

镀锌钢管工程量汇总表 表 22-2

规　格	单　位	数　量	规　格	单　位	数　量
$DN50$（埋地）	m	8.24	$DN32$	m	12.0
$DN50$	m	2.0	$DN25$	m	12.0
			$DN20$	m	17.76
$DN40$	m	6.0	$DN15$	m	11.46

排水铸铁管工程量汇总表 表 22-3

规　格	单　位	数　量	备　注
$DN100$	m	57.58	均为排水铸铁管，水泥接口
$DN50$	m	22.62	

（4）刷油工程量

1）镀锌钢管

① 埋地管刷沥青二遍，每遍的工程量为：

$DN50$mm 管：$8.24m\times0.19m^2/m=1.57m^2$

② 明管刷银粉两遍，每遍工程量为：

$DN50$：$2.0m\times0.19m^2/m=0.38m^2$

$DN40$：$6.0m\times0.15m^2/m=0.90m^2$

$DN32$：$12.0m\times0.13m^2/m=1.56m^2$

$DN25$：$12.0m\times0.11m^2/m=1.32m^2$

$DN20$：$17.76m\times0.084m^2/m=1.49m^2$

$DN15$：$11.46m\times0.08m^2/m=0.92m^2$

2）排水铸铁管

排水铸铁管的表面积可根据管壁厚度按实际计算，一般习惯上是将焊接钢管表面积乘系数 1.2，即为铸铁管表面积（包括承口部分）。

铸铁管刷沥青二遍：

$DN100$：$57.58m\times0.36m^2/m\times1.2=24.87m^2$

$DN50$：$22.62m\times0.19m^2/m\times1.2=5.16m^2$

（5）定额计价

预算见表 22-4，分部分项工程量清单与计价见表 22-5，分部分项工程量清单综合单价分析见表 22-6～表 22-19。

室内给水排水工程施工图预算表　　　　　　　　　　表 22-4

工程名称：给排水工程

序号	定额编号	分项工程名称	定额单位	工程量	基价（元）	其中（元）			合价（元）
						人工费	材料费	机械费	
1	8-92	镀锌钢管安装（埋地）DN50	10m	0.82	111.93	62.23	46.84	2.86	91.78
2	8-92	镀锌钢管安装 DN50	10m	0.20	111.93	62.23	46.84	2.86	22.39
3	8-91	镀锌钢管安装 DN40	10m	0.60	93.85	60.84	31.98	1.03	56.31
4	8-90	镀锌钢管安装 DN32	10m	1.20	86.16	51.08	34.05	1.03	103.39
5	8-89	镀锌钢管安装 DN25	10m	1.20	83.51	51.08	31.40	1.03	100.21
6	8-88	镀锌钢管安装 DN20	10m	1.78	66.72	42.49	24.23	—	118.76
7	8-87	镀锌钢管安装 DN15	10m	1.15	65.45	42.49	22.96	—	75.27
8	8-146	铸铁管安装 DN100	10m	5.76	357.39	80.34	277.05	—	2058.57
9	8-144	铸铁管安装 DN50	10m	2.26	133.41	52.01	81.40	—	301.51
10	11-66	管道刷沥青第一遍	10m²	3.16	8.04	6.50	1.54	—	25.41
11	11-67	管道刷沥青第二遍	10m²	3.16	7.64	6.27	1.37	—	24.14
12	11-56	管道刷银粉第一遍	10m²	0.66	11.31	6.50	4.81	—	7.46
13	11-57	管道刷银粉第二遍	10m²	0.66	10.64	6.27	4.37	—	7.02
14	8-414	低水箱坐便器	10 套	1.2	484.02	186.46	297.56	—	580.82
15	8-382	洗脸盆（普通冷水嘴）	10 组	1.2	576.23	109.60	466.63	—	691.48
16	8-447	地漏 DN50	10 个	1.2	55.88	37.15	18.73	—	67.06
17	8-438	水龙头 DN15	10 个	0.6	7.48	6.50	0.98	—	4.49
18	8-443	排水栓 DN50	10 组	0.6	121.41	44.12	77.29	—	72.85
合　计									4408.92

分部分项工程量清单与计价表　　　　　　　　　　表 22-5

工程名称：给排水工程

序号	项目编码	项目名称	项目特征描述	计量单位	工程量	金额（元）	
						综合单价	合价
1	031001001001	镀锌钢管 DN50	埋地，给水系统，螺纹连接，刷沥青二度	m	8.24	36.59	301.50
2	031001001002	镀锌钢管 DN50	给水系统，螺纹连接，刷银粉两遍	m	2.0	36.71	73.42
3	031001001003	镀锌钢管 DN40	给水系统，螺纹连接，刷银粉两遍	m	6.0	41.68	250.08

548

序号	项目编码	项目名称	项目特征描述	计量单位	工程量	综合单价	合价
						金额（元）	
4	031001001004	镀锌钢管 $DN32$	给水系统，螺纹连接，刷银粉两遍	m	12.0	35.43	425.16
5	031001001005	镀锌钢管 $DN25$	给水系统，螺纹连接，刷银粉两遍	m	12.0	31.63	379.56
6	031001001006	镀锌钢管 $DN20$	给水系统，螺纹连接，刷银粉两遍	m	17.76	24.13	428.55
7	031001001007	镀锌钢管 $DN15$	给水系统，螺纹连接，刷银粉两遍	m	11.46	22.18	254.18
8	031001005001	承插铸铁管 $DN100$	排水系统，水泥接口，刷沥青二度	m	57.58	94.05	5415.40
9	031001005002	承插铸铁管 $DN50$	排水系统，水泥接口，刷沥青二度	m	22.62	43.75	989.63
10	031004006001	大便器	低水箱坐式大便器	组	12	319.57	3834.84
11	031004003001	洗脸盆	普通冷水嘴	组	12	113.05	1356.60
12	031004014001	地漏	$DN50$	个	12	27.49	329.88
13	031004014002	水龙头	$DN15$	个	6	4.77	28.62
14	031004008001	排水栓	$DN50$	组	6	35.64	213.84
		合　计					14281.26

工程量清单综合单价分析表

表 22-6

工程名称：给排水工程　　　　　　标段：　　　　　　第1页　共14页

项目编码	031001001001	项目名称	镀锌钢管 $DN50$	计量单位	m	工程量	8.24

清单综合单价组成明细

定额编号	定额名称	定额单位	数量	单价				合价			
				人工费	材料费	机械费	管理费和利润	人工费	材料费	机械费	管理费和利润
8-92	镀锌钢管安装 $DN50$	10m	0.1	62.23	46.84	2.86	134.04	6.223	4.684	0.286	13.404
11-66	管道刷沥青第一遍	10m²	0.019	6.50	1.54	—	14.00	0.124	0.029	—	0.266
11-67	管道刷沥青第二遍	10m²	0.019	6.27	1.37	—	13.51	0.119	0.026	—	0.257
人工单价		小　计						6.466	4.739	0.286	13.927
23.22 元/工日		未计价材料费						11.17			
		清单项目综合单价						36.59			

材料费明细	主要材料名称、规格、型号	单位	数量	单价(元)	合价(元)	暂估单价(元)	暂估合价(元)
	镀锌钢管 DN50	m	1.02	10.95	11.17	—	—
	其他材料费				—		—
	材料费小计				11.17		—

注：管理费及利润以人工费为取费基数，其中管理费费率为155.4%，利润率为60%。（下同）

工程量清单综合单价分析表　　　　　　表 22-7

工程名称：给排水工程　　　　　　标段：　　　　　　第 2 页　共 14 页

项目编码	031001001002	项目名称	镀锌钢管 DN50	计量单位	m	工程量	2.00

清单综合单价组成明细

定额编号	定额名称	定额单位	数量	单价				合价			
				人工费	材料费	机械费	管理费和利润	人工费	材料费	机械费	管理费和利润
8-92	镀锌钢管安装 DN50	10m	0.1	62.23	46.84	2.86	134.04	6.223	4.684	0.286	13.404
11-56	管道刷银粉第一遍	10m²	0.019	6.50	4.81	—	14.00	0.124	0.091	—	0.266
11-57	管道刷银粉第二遍	10m²	0.019	6.27	4.37	—	13.51	0.119	0.083	—	0.257
人工单价		小　计						6.466	4.858	0.286	13.927
23.22 元/工日		未计价材料费						11.17			
清单项目综合单价								36.71			

材料费明细	主要材料名称、规格、型号	单位	数量	单价(元)	合价(元)	暂估单价(元)	暂估合价(元)
	镀锌钢管 DN50	m	1.02	10.95	11.17	—	—
	其他材料费				—		—
	材料费小计				11.17		—

工程名称：给排水工程　　　　　　　　标段：　　　　　　　　第 3 页　共 14 页

项目编码	031001001003	项目名称	镀锌钢管 DN40	计量单位	m	工程量	6.00

清单综合单价组成明细

定额编号	定额名称	定额单位	数量	单价 人工费	单价 材料费	单价 机械费	单价 管理费和利润	合价 人工费	合价 材料费	合价 机械费	合价 管理费和利润
8-91	镀锌钢管安装 DN40	10m	0.1	60.84	31.98	1.03	131.05	6.084	3.198	0.103	13.105
11-56	管道刷银粉 第一遍	10m²	0.015	6.50	4.81	—	14.00	0.098	0.072		0.210
11-57	管道刷银粉 第二遍	10m²	0.015	6.27	4.37		13.51	0.094	0.066		0.203
人工单价			小　计					6.276	3.336	0.103	13.518
23.22 元/工日			未计价材料费					18.45			
清单项目综合单价								41.68			

材料费明细	主要材料名称、规格、型号	单位	数量	单价（元）	合价（元）	暂估单价（元）	暂估合价（元）
	镀锌钢管 DN40	m	1.02	18.09	18.45	—	—
	其他材料费				—		
	材料费小计				—	18.45	

工程名称：给排水工程　　　　　　　　标段：　　　　　　　　第 4 页　共 14 页

项目编码	031001001004	项目名称	镀锌钢管 DN32	计量单位	m	工程量	12.00

清单综合单价组成明细

定额编号	定额名称	定额单位	数量	单价 人工费	单价 材料费	单价 机械费	单价 管理费和利润	合价 人工费	合价 材料费	合价 机械费	合价 管理费和利润
8-90	镀锌钢管安装 DN32	10m	0.1	51.08	34.05	1.03	110.03	5.108	3.405	0.103	11.003
11-56	管道刷银粉 第一遍	10m²	0.013	6.50	4.81	—	14.00	0.085	0.063		0.182
11-57	管道刷银粉 第二遍	10m²	0.013	6.27	4.37		13.51	0.082	0.057		0.176
人工单价			小　计					5.275	3.525	0.103	11.361
23.22 元/工日			未计价材料费					15.16			
清单项目综合单价								35.43			

材料费明细	主要材料名称、规格、型号	单位	数量	单价（元）	合价（元）	暂估单价（元）	暂估合价（元）
	镀锌钢管 DN32	m	1.02	14.86	15.16	—	—
	其他材料费				—		—
	材料费小计				—	15.16	

工程名称：给排水工程　　　　　　　　　　标段：　　　　　　　　　

项目编码	031001001005	项目名称	镀锌钢管 DN25	计量单位	m	工程量	12.00

清单综合单价组成明细

定额编号	定额名称	定额单位	数量	单价				合价			
				人工费	材料费	机械费	管理费和利润	人工费	材料费	机械费	管理费和利润
8-89	镀锌钢管安装 DN25	10m	0.1	51.08	31.40	1.03	110.03	5.108	3.140	0.103	11.003
11-56	管道刷银粉 第一遍	10m²	0.011	6.50	4.81	—	14.00	0.072	0.053		0.154
11-57	管道刷银粉 第二遍	10m²	0.011	6.27	4.37	—	13.51	0.069	0.048		0.149
人工单价			小　计					5.249	3.241	0.103	11.306
23.22 元/工日			未计价材料费					11.73			
		清单项目综合单价						31.63			

材料费明细	主要材料名称、规格、型号	单位	数量	单价（元）	合价（元）	暂估单价（元）	暂估合价（元）
	镀锌钢管 DN25	m	1.02	11.50	11.73	—	—
	其他材料费				—		—
	材料费小计				11.73	—	

工程名称：给排水工程　　　　　　　　　标段：　　　　　　　　　

项目编码	031001001006	项目名称	镀锌钢管 DN20	计量单位	m	工程量	17.76

清单综合单价组成明细

定额编号	定额名称	定额单位	数量	单价				合价			
				人工费	材料费	机械费	管理费和利润	人工费	材料费	机械费	管理费和利润
8-88	镀锌钢管安装 DN20	10m	0.1	42.49	24.23	—	91.52	4.249	2.423	—	9.152
11-56	管道刷银粉 第一遍	10m²	0.0084	6.50	4.81	—	14.00	0.055	0.04		0.118
11-57	管道刷银粉 第二遍	10m²	0.0084	6.27	4.37	—	13.51	0.053	0.036		0.113
人工单价			小　计					4.357	2.499		9.583
23.22 元/工日			未计价材料费					7.89			
		清单项目综合单价						24.13			

材料费明细	主要材料名称、规格、型号	单位	数量	单价（元）	合价（元）	暂估单价（元）	暂估合价（元）
	镀锌钢管 DN20	m	1.02	7.74	7.89	—	—
	其他材料费				—		—
	材料费小计				7.89		

工程名称：给排水工程　　　　　　　标段：　　　　　　　第 7 页　共 14 页

项目编码	031001001007	项目名称	镀锌钢管 DN15	计量单位	m	工程量	11.46

清单综合单价组成明细

定额编号	定额名称	定额单位	数量	单价				合价			
				人工费	材料费	机械费	管理费和利润	人工费	材料费	机械费	管理费和利润
8-87	镀锌钢管安装 DN15	10m	0.1	42.49	22.96	—	91.52	4.249	2.296	—	9.152
11-56	管道刷银粉 第一遍	10m²	0.008	6.50	4.81	—	14.00	0.052	0.038	—	0.112
11-57	管道刷银粉 第二遍	10m²	0.008	6.27	4.37	—	13.51	0.050	0.035	—	0.108
人工单价		小　计						4.35	2.37	—	9.37
23.22 元/工日		未计价材料费						6.089			
清单项目综合单价								22.18			

材料费明细	主要材料名称、规格、型号		单位	数量	单价（元）	合价（元）	暂估单价（元）	暂估合价（元）
	镀锌钢管 DN15		m	1.02	5.97	6.089	—	—
	其他材料费					—	—	—
	材料费小计					—	124.11	—	—

工程名称：给排水工程　　　　　　　标段：　　　　　　　第 8 页　共 14 页

项目编码	031001005001	项目名称	承插铸铁管 DN100	计量单位	m	工程量	57.58

清单综合单价组成明细

定额编号	定额名称	定额单位	数量	单价				合价			
				人工费	材料费	机械费	管理费和利润	人工费	材料费	机械费	管理费和利润
8-146	承插铸铁管安装 DN100	10m	0.1	80.34	277.05	—	173.05	8.034	27.705	—	17.305
11-66	管道刷沥青 第一遍	10m²	0.043	6.50	1.54	—	14.00	0.28	0.07	—	0.60
11-67	管道刷沥青 第二遍	10m²	0.043	6.27	1.37	—	13.51	0.27	0.06	—	0.58
人工单价		小　计						8.58	27.83	—	18.48
23.22 元/工日		未计价材料费						39.16			
清单项目综合单价								94.05			

材料费明细	主要材料名称、规格、型号		单位	数量	单价（元）	合价（元）	暂估单价（元）	暂估合价（元）
	承插铸铁管 DN100		m	0.89	44.00	39.16	—	—
	其他材料费					—	—	—
	材料费小计					—	39.16	—	—

工程名称：给排水工程　　　　　　　　标段：　　　　　　　　

项目编码	031001005002	项目名称			承插铸铁管 DN50		计量单位		m	工程量		22.62

清单综合单价组成明细

定额编号	定额名称	定额单位	数量	单价				合价			
				人工费	材料费	机械费	管理费和利润	人工费	材料费	机械费	管理费和利润
8-144	承插铸铁管安装 DN50	10m	0.1	52.01	81.40		112.03	5.201	8.140		11.203
11-66	管道刷沥青 第一遍	10m²	0.023	6.50	1.54	—	14.00	0.15	0.04		0.32
11-67	管道刷沥青 第二遍	10m²	0.023	6.27	1.37	—	13.51	0.14	0.03		0.31
人工单价			小　计					5.49	8.21		11.83
23.22 元/工日			未计价材料费					18.216			
清单项目综合单价								43.75			

	主要材料名称、规格、型号	单位	数量	单价（元）	合价（元）	暂估单价（元）	暂估合价（元）
材料费明细	承插铸铁排水管	m	0.88	20.7	18.216	—	
	其他材料费				—		—
	材料费小计				—	18.216	—

工程名称：给排水工程　　　　　　　　标段：　　　　　　　　

项目编码	031004006001	项目名称			大便器		计量单位		组	工程量		12

清单综合单价组成明细

定额编号	定额名称	定额单位	数量	单价				合价			
				人工费	材料费	机械费	管理费和利润	人工费	材料费	机械费	管理费和利润
8-414	低水箱坐便器	10套	0.1	186.46	297.56	—	401.63	18.646	29.756	—	40.163
人工单价			小　计					18.646	29.756	—	40.163
23.22 元/工日			未计价材料费					231.00			
清单项目综合单价								319.57			

	主要材料名称、规格、型号	单位	数量	单价（元）	合价（元）	暂估单价（元）	暂估合价（元）
材料费明细	低水箱坐便器	个	1.01	127.5	128.78	—	
	坐式低水箱	个	1.01	62.1	62.72	—	
	低水箱配件	套	1.01	15.6	15.76	—	
	坐便器桶盖	套	1.01	23.5	23.74	—	
	其他材料费				—		
	材料费小计				—	231.00	

表 22-16

工程量清单综合单价分析表

工程名称：给排水工程　　　　　　　　标段：　　　　　　　

项目编码	031004003001	项目名称	洗脸盆	计量单位	组	工程量	12

清单综合单价组成明细

定额编号	定额名称	定额单位	数量	单价				合价			
				人工费	材料费	机械费	管理费和利润	人工费	材料费	机械费	管理费和利润
8-382	洗脸盆	10组	0.1	109.60	466.63	—	236.08	10.960	46.663	—	23.608
人工单价			小　计					10.960	46.663	—	23.608
23.22 元/工日			未计价材料费					31.815			
清单项目综合单价								113.05			

材料费明细	主要材料名称、规格、型号		单位	数量	单价（元）	合价（元）	暂估单价（元）	暂估合价（元）
	洗脸盆		个	1.01	31.5	31.815	—	
	其他材料费					—		
	材料费小计					—	31.815	

表 22-17

工程量清单综合单价分析表

工程名称：给排水工程　　　　　　　　标段：　　　　　　　

项目编码	031004014001	项目名称	地漏	计量单位	个	工程量	12

清单综合单价组成明细

定额编号	定额名称	定额单位	数量	单价				合价			
				人工费	材料费	机械费	管理费和利润	人工费	材料费	机械费	管理费和利润
8-447	地漏 DN50	10个	0.1	37.15	18.73	—	80.02	3.715	1.873	—	8.002
人工单价			小　计					3.715	1.873	—	8.002
23.22 元/工日			未计价材料费					13.90			
清单项目综合单价								27.49			

材料费明细	主要材料名称、规格、型号		单位	数量	单价（元）	合价（元）	暂估单价（元）	暂估合价（元）
	地漏　DN50		个	0.1	13.9	13.9	—	
	其他材料费					—		
	材料费小计					—	13.9	

表 22-18

工程量清单综合单价分析表

工程名称：给排水工程　　　　　　　　标段：　　　　　　　

项目编码	031004014002	项目名称	水龙头	计量单位	个	工程量	6

清单综合单价组成明细

定额编号	定额名称	定额单位	数量	单价				合价			
				人工费	材料费	机械费	管理费和利润	人工费	材料费	机械费	管理费和利润
8-438	水龙头 DN15	10个	0.1	6.50	0.98	—	14.00	0.650	0.098	—	1.400
人工单价			小　计					0.650	0.098	—	1.400

23.22 元/工日	未计价材料费			2.626		
清单项目综合单价				4.77		

材料费明细	主要材料名称、规格、型号	单位	数量	单价（元）	合价（元）	暂估单价（元）	暂估合价（元）
	铜水嘴	个	1.01	2.60	2.626	—	—
	其他材料费			—	—	—	
	材料费小计			—	2.626	—	

工程量清单综合单价分析表　　　　　　　　　　表 22-19

工程名称：给排水工程　　　　　　标段：　　　　　　第 14 页　共 14 页

项目编码	031004008001	项目名称	排水栓	计量单位	组	工程量	6

清单综合单价组成明细

定额编号	定额名称	定额单位	数量	单价				合价			
				人工费	材料费	机械费	管理费和利润	人工费	材料费	机械费	管理费和利润
8-443	排水栓 DN50	10 组	0.1	44.12	77.29	—	95.03	4.41	7.73	—	9.50
人工单价			小　计					4.41	7.73	—	9.50
23.22 元/工日			未计价材料费					14.00			
清单项目综合单价								35.64			

材料费明细	主要材料名称、规格、型号	单位	数量	单价（元）	合价（元）	暂估单价（元）	暂估合价（元）
	排水栓带链堵	套	1	14.00	14.00	—	—
	其他材料费			—	—	—	
	材料费小计			—	14.00	—	

（6）给水排水工程清单计价方法、技巧和经验

1）分析题干、回顾重点

由题干分析可知，该给水排水工程的管道材质分两类：给水管采用镀锌钢管，排水管采用铸铁管所以在进行施工图预算时，要按相应的材料套用定额。而且从题干还可知，该工程需要计算管道和管道刷沥青、银粉的工程量，具体分析根据图纸进行。

2）图形分析、要点点拨

由总工程图可知，该工程图由平面图和系统图组成。

①住宅平面布置图

通过对平面图的分析可知房间的布局、卫生间及厨房所设置的卫生器具的数量。该工程有两个给水系统和两个排水系统，以及连接各个卫生器具的给水管、排水管的长度。另外从图"注"可知：给水管中心距墙的距离为 0.05m，排水管中心距墙的距离为 0.1m，给排水立管距墙的距离均为 0.05m。

②给水系统图

给水系统由 GL-1 系统图和 GL-2 系统图组成。结合平面图，首先分析 GL-1 系统图，从系统图可知该系统的管道管径有 DN50、DN40、DN32、DN25、DN20、DN15 组成。

DN50 镀锌钢管是连接室外给水管网和一层用水设施支管之间的立管；DN40 镀锌钢管是一层用水设施支管与二层用水设施支管之间的立管；DN32 镀锌钢管是连接二层用水设施支管与四层用水设施支管之间的给水管；DN25 镀锌钢管是四层用水设施支管以上的立管距离；DN20 镀锌钢管是连接每层客厅卫生间的坐便器和浴盆之间的给水管；而镀锌钢管 DN15 则是连接每层卫生间外洗脸盆的给水管。通过对 GL-2 系统图分析可知，该系统中 DN40、DN32、DN25 与镀锌钢管 DN50 明装部分的工程量与 GL-1 系统中是一样的；DN50 镀锌钢管埋地部分同样是连接室外给水管网和地面处的给水管，只是与 GL-1 系统中的埋设长度不同而已；DN20 镀锌钢管在 GL-2 系统中是连接主卧室卫生间内的立管与蹲便器、浴盆和给水管；DN15 镀锌钢管是连接卫生间内立管与洗脸盆以及浴盆和厨房洗涤盆间的给水管。

③排水系统图

分析排水系统图时同样要结合平面图，通过 PL-1 与 PL-2 两个系统的对比可知，两个系统的管道管径均只有 DN100、DN50 两种，而在两个系统中连接室外排水管与各层立管的排水管均为 DN100 铸铁管。接下来按顺序分析横管部分的 DN100 铸铁管，在 PL-1 系统中横管 DN100 铸铁管是连接每层立管和浴盆、大便器之间的排水管，而在 PL-2 系统中 DN100 铸铁管也是连接每层立管和浴盆、大便器的排水管，两者的计算长度不同；DN50 铸铁管在 PL-1 系统中是连接每层坐便器、洗脸盆和地漏的排水管，在 PL-2 系统中 DN50 铸铁管除了连接每层坐便器与洗脸盆、地漏间的排水管外，还连接每层立管与厨房内的洗涤盆间的排水管。

3）定额与清单工程量计算规则的区别与联系

①管道

管道的工程量在定额和清单中均是以"设计图示中心线长度以 m 计算"。但是在套用定额时要注意各自的工作内容。如室内管道部分的"镀锌钢管（螺纹连接）"工作内容是"打堵洞眼、切管、套丝、上零件、调直、裁钩卡及管件安装、水压试验"，"承插铸铁排水管（水泥接口）"的工作内容为"留堵洞眼、切管、裁管卡、管道及管件安装、调制接口材料、接口养护、灌水试验"，对于工作内容中包含的项目不必另行计算工程量。

②卫生器具制作安装

在定额与清单中卫生器具均是以"设计图示数量计算的"。

4）工程量计算易错、易漏项明示

①工程量计算时，要注意给水立管、横管与墙面的距离相同，均为 0.05m，但是排水管立管和横管与墙的距离不同，分别为 0.05m 和 0.1m，所以在计算时要注意这些区别，正确计算工程量。

②在计算卫生器具安装的工程量时，从平面图上可得出其单层工程量，但是要注意的是需要用单层工程量乘以点的层数，然后得出总工程量。如：洗脸盆（普通冷水嘴）的工程量是用 2×6 组＝12 组计算得来的，其中"2"就是洗脸盆在每一层的总个数，"6"是住宅楼的总层数。

③在进行施工图预算时，要注意刷油工程量的计算。如"序号 10"对应的管道刷沥青第一遍工程量为"3.16"，"3.16"是用"（1.57＋24.87＋5.16）m²/10m²＝3.16"计算得来的，其中 1.57 为镀锌钢管 DN50 埋地部分的刷沥青工作量，24.87 分别是铸铁道

$DN100$、$DN50$ 刷沥青的工作量。

5）清单组价重、难点剖析

①清单组价时，首先应先分析每个清单项目所包含的工作内容，做到不重复计算。

②如果清单项目所对应的定额中含有未计价材料，那么在进行综合单价分析时，应该在材料费明细中分析未计价材料，计算出来计价材料费，其中材料费明细中"数量"一栏是用定额中的材料用量乘以"清单综合单价组成明细"中的数量得来的，其中"清单综合单价组成明细"中的数量是通过"定额工程量/清单工程量/定额单位"计算得来的。如表22-6中项目编码11-66，定额名称管道刷沥青第一遍的数量"0.019"是用"1.57（镀锌钢管 $DN50$ 埋地部分刷沥青的工程量）/8.24（镀锌钢管 $DN50$ 埋地部分的清单工程量）/10（管道刷沥青第一遍的定额单位）"计算得来的。

6）疑难点、易错点总结

除上述几条需要注意的内容外，以下内容在实际操作中也要关注：

①在工程量计算，尤其是复杂的管道工程量计算时，要分清管道的管径，按管径从大到小或从小到大依次计算工程量，避免缺项、漏项。

②在进行施工图预算表计算时，要注意"工程量"与"定额单位"的相互对应，如表22-4序号1的定额单位为"10m"，镀锌钢管 $DN50$（埋地）实际工程量为"8.24m"，那么相应的定额单位下的工程量就是"0.82"，保留两位小数。